电磁轨道发射理论与技术

ELECTROMAGNETIC RAIL LAUNCH
THEORY AND TECHNOLOGY

鲁军勇　马伟明　著

科学出版社

北京

内 容 简 介

本书系统论述了电磁轨道发射技术。第1章介绍电磁轨道发射技术的原理,综述了国内外研究现状,凝练了核心关键技术。第2章至第6章从发射能量流各个环节着手,系统深入地研究了脉冲能量存储、脉冲能量变换、高速大电流滑动电接触、一体化发射组件、系统控制与测试等技术的原理、方法、模型和理论公式,提出了工作于循环脉冲暂态的电磁轨道发射系统的新现象、新特点及独特设计方法,也是作者多年来对电磁轨道发射理论与技术的系统总结。第7章展望了电磁轨道发射技术在军事、民用、太空等领域的应用。

本书适合作为电气工程、电磁发射等专业高年级本科生、研究生的教科书或参考书,也可作为相关基础研究及工程技术人员的参考资料。

图书在版编目(CIP)数据

电磁轨道发射理论与技术 / 鲁军勇,马伟明著. —
北京:科学出版社,2020.10(2024.11重印)
ISBN 978 - 7 - 03 - 066377 - 1

Ⅰ. ①电… Ⅱ. ①鲁… ②马… Ⅲ. ①电磁推进—轨
道发射—研究 Ⅳ. ①V514

中国版本图书馆 CIP 数据核字(2020)第 197773 号

责任编辑:许 健 / 责任校对:谭宏宇
责任印制:黄晓鸣 / 封面设计:殷 靓

科 学 出 版 社 出版
北京东黄城根北街 16 号
邮政编码:100717
http://www.sciencep.com
南京展望文化发展有限公司排版
广东虎彩云印刷有限公司印刷
科学出版社发行 各地新华书店经销

*

2020 年 10 月第 一 版 开本:787×1092 1/16
2024 年 11 月第八次印刷 印张:32 1/2
字数:706 000
定价:200.00 元
(如有印装质量问题,我社负责调换)

序

电磁能装备是在较短时间内通过能量的存储、功率放大和调控,将电能变换为瞬时动能(如电磁炮)、热能(如固体激光器)或辐射能(如高功率微波)的装备。电磁轨道发射系统是电磁能向动能转换的一类装备,主要由能量存储、能量变换、直线推进和控制维护四部分组成,在运行速度、转化效率、可控性和全寿期成本等方面具有传统方式难以比拟的优势,是继机械能、化学能以来的又一次能量运用革命,在军民领域均有颠覆现有格局的重大战略意义。

电磁轨道发射技术以电能为基本组织形态,以信息流来实现对能量流的精准控制,涉及电气、材料、信息、数理等多个学科和领域的深度交叉融合。早在20世纪初,就有电磁轨道发射技术的雏形研究,受限于当时材料、器件、信息等技术的发展水平,其进展非常缓慢。自20世纪80年代以来,随着相关技术的突破,电磁轨道发射技术开始走上了快车道,在世界范围内掀起新一轮的研究热潮。近年来,随着各种新型金属材料、储能电介质材料、锂离子电池材料、绝缘复合材料、大功率开关器件和人工智能技术的快速发展,电磁轨道发射技术也有了较大突破,世界各国纷纷投入人力、财力组建实验室,研究成果呈现出百花齐放的势态。

然而,不同于传统的电气工程技术,电磁轨道发射系统始终工作于非周期暂态,瞬时功率达数万兆瓦、能量达数百兆焦、发射速度达几千米每秒、电流达数百万安培、脉冲时间为数毫秒、循环周期为几秒,系统运行于超大脉冲功率供电、高速、大电流、瞬态多物理场非线性强耦合等极端条件,现有的周期稳态或准稳态的设计分析理论已无法满足要求。而国内外有关电磁轨道发射技术的书籍极少,一般以其中某项关键技术或研究方向为主。本书凝聚了著者多年的研究心血,首次从发射能量流涉及的各个环节入手,结合电磁发射极端条件,全面、系统、深入地阐述了脉冲能量存储与转换、变换与传输、高速滑动电接触、超高速一体化发射组件、控制与测试等技术的设计方法、数学模型和理论公式,首次提出了非周期极限安全使用的概念、脉冲混合储能技术思想,发现了在非周期瞬态下的电磁能存储转化的多个特殊现象,系国内首次全面系统地对电磁轨道发射技术的理论总结,研究内容涵盖了电磁能的产生、存储、变换、传输、转换、检测、控制等全过程,研究成果推动了电磁能装备研制模式由实验主导向理论指导转变,促进了多学科交叉融合,研究结论对于电磁轨道发射系统的基础理论研究和工程化应用具有重要的指导价值。

　　电与磁在时空中相互作用,产生的电磁能逐步为人类认知和运用,也逐渐改变人类的生产和生活方式。电磁轨道发射技术作为新兴的学科技术,在能量高效运用、地面交通、航天发射、太空探索、颠覆性军事装备、新型材料冶炼等领域已呈现出重大的应用潜力。由于特有的强磁场、高速、大电流等极端条件,目前尚有许多不能预料的新效应、新现象及新应用,需要人类在未来的科研实践中发掘。

　　相信《电磁轨道发射理论与技术》一书的出版,能够对电磁发射技术发展起到积极的推动作用。借此希望更多的读者投身于电磁轨道发射技术的研究当中,为人类能量运用方式的进步贡献自己的力量。

2020 年 8 月于武汉

前　言

　　人类从原始社会徒手捕获猎物,历经使用石头、弓箭、火药、原子能等运用能量方式的进步。每当在能量获取方式上获得突破,人类社会就能在此基础上再前进一步。自20世纪以来,科学家一直在尝试利用电磁能来进行超高速发射,并基于新材料、大功率器件、信息网络等基础科学的突破,已取得了重大进展。发射方式从机械能发射、化学能发射变革为电磁能发射已是必然趋势。

　　电磁轨道发射是以电气工程为主,集材料、机械、力学、兵器、信息、控制等学科于一体的前沿科学,具有初速高、射程远、威力大、精度高等多种优点,瞬间可产生大电流、强磁场、超强脉冲功率和动能,在军事、民用及太空等领域都有着广阔的应用前景,为人类如何利用能量提供了新的途径。电磁轨道发射技术改变了传统能量运行方式,一旦在军事应用上取得突破,将引起未来作战样式的变革,并必将促进人类文明再发展一步。

　　电磁轨道发射是利用直线电机的原理,将负载加速至超高速的一种电磁发射技术,它突破了传统化学能发射的速度极限,被国内外学者广泛研究和践行。早在1901年,挪威奥斯陆大学物理学教授伯克兰(Birkeland)就获得了"电火炮"专利,之后德国、法国、英国、美国相继开展试验研究,但受限于材料和器件技术的发展,技术进展非常缓慢。直到20世纪70年代,随着脉冲功率技术的兴起和材料技术的发展,电磁轨道发射技术取得了长足的进步。1978年,澳大利亚国立大学马歇尔(Marshall)博士用550 MJ单极发电机和等离子体电枢,在5 m长的电磁轨道发射器上将3 g聚碳酸酯弹丸从静止加速到5.9 km/s,这一划时代的研究成果有力地证明了用电磁力可以把物体发射到超高速,给科学家以极大的鼓舞和启发。特别是到20世纪末,随着大功率器件、储能和金属材料、计算机等技术的快速发展,为电磁发射工程化应用提供了可能。因此,美国国防科学委员会曾预言"未来的高性能武器,必然以电能为基础",一个新的电磁发射研究高潮在世界范围内形成。进入21世纪,研究人员逐步突破了电磁轨道发射带来的能源小型化、轨道烧蚀等问题,研发了揭示电枢在导轨上高速滑动过程的专用软件,并应用到电磁轨道炮技术上,在十多年的时间里,将发射能级从几兆焦提升至几十兆焦,相关技术取得了重大突破,改变未来战争的利器呼之欲出。与此同时,还将研究触角延伸至月球电磁发射、太空探索等领域,为人类未来实现高效天地往返提供了新的思路。

　　然而,电磁轨道发射系统是一种工作于极端使用条件下的能量系统,数百兆焦的能量在几毫秒内释放,瞬时功率高达数万兆瓦,发射负载的速度高达数千米每秒,循环周期仅几秒,涉及了能量的存储、转化、传输、控制、检测及高速滑动电接触等多个环节,是多学科交叉融合的新兴学科技术,目前传统周期稳态分析理论无法运用于这种非周期瞬态工况。迄今,还没有一本著作来系统完整地分析电磁轨道发射系统所包含的理论方法和技术。

本书尝试从发射能量流各个环节着手,立足循环非周期瞬态工作模式和系统极限安全设计理念,瞄准能量存储、能量变换、高速滑动电接触、超高速一体化发射组件、控制与检测等诸多环节带来的新的科学问题,对电磁轨道发射技术进行全面系统的研究。第1章介绍电磁轨道发射技术的原理、构成、特点和设计方法,对美国、韩国、土耳其、俄罗斯、日本、中国等国家的研究现状进行综述,凝练核心关键技术。第2章介绍脉冲能量存储与管理技术,包括核心指标及主要储能形式,重点介绍大倍率锂离子电池储能和脉冲电容器储能技术,以及以两者为基础的脉冲混合储能技术、能量管理技术和保护技术。第3章介绍脉冲能量变换与传输技术,重点介绍基于非周期瞬态模式的大功率固态开关、调波电感器、脉冲成形网络等技术,介绍脉冲能量传输、调控和保护技术。第4章介绍高速大电流滑动电接触技术,对发射装置损伤机理、多物理场耦合计算、高效发射技术、高速载流滑动摩擦、身管热管理技术、膛口电弧模型、材料表面处理技术等进行阐述。第5章介绍超高速一体化发射组件技术,主要包括电枢、电磁发射内弹道、弹托分离和外弹道技术。第6章介绍系统控制与测试技术,主要包括系统顶层控制、故障诊断与预测和测试技术。第7章展望电磁轨道发射技术在军事、民用、太空等领域的应用。

本书在撰写过程中得到了谭赛、戴宇峰、程龙、李湘平、周仁、郭赟、李白、张晓、张永胜、马涛、龙鑫林、冯军红、李开、郑宇锋、刘浪、朱博峰、王鑫、李玉、罗毅飞、吴海、唐银银、张育兴等老师和曾德林、柳应全、杜佩佩、吴羿廷、严康为、崔峻玮、李松乘、武文轩、张嘉炜、张冠祥、胡鑫凯、杨雪峰、杜文统、蔡喜元、李超、熊诗成、王杰、吴海峰、武晓康、姜远志等研究生的帮助,在此一并表示感谢。同时,由衷感谢西安交通大学梁得亮教授、冶金自动化研究设计院李崇坚研究员对本书提出的宝贵修改意见。最后,感谢国家杰出青年科学基金(51925704)和国防科技卓越青年科学基金对本书研究工作的资助。

希望本书的出版能够对从事电磁轨道发射技术基础研究和应用研究的科技人员、高等院校相关专业的师生提供有益的帮助。

由于作者学术水平有限,不当之处在所难免,恳请同行专家和读者给予批评指正。

作　者
2020年5月于武汉

目　　录

第1章 绪 论

电磁发射技术是一种利用电磁力推进物体到高速或超高速的发射技术,它通过将电磁能在较短时间内进行存储、功率放大和能量调控,转化为发射载荷所需的瞬时动能,实现克级至几十吨级射弹或载荷的高初速发射,在发射速度、发射效率、可控性、隐蔽性和成本等方面具有传统发射方式无可比拟的优势,是继机械能发射、化学能发射以来的又一次发射技术革命,其本质是对电磁能的尽限运用。按照发射长度和发射末速的不同,电磁发射技术可分为电磁弹射技术、电磁轨道发射技术、电磁推射技术三种类型。本书主要介绍电磁轨道发射技术。

1.1 电磁发射技术概述

1.1.1 发展历程

纵观人类利用各种能量在发射技术上进行的尝试,发射及其发射器从低级到高级总体经历了三个发展阶段:

(1)机械发射。它是一种把机械能转化为动能的发射技术,是冷兵器时代"远距离"杀伤目标的一类动能武器,在历史上有过不可磨灭的贡献,如标枪、弓箭、弹弓和抛石机等。由于它为发射提供的瞬时功率小,所以难以把物体发射到高速度,一般在每秒几米到每秒几十米。

(2)化学发射。它是一种把化学能转化为弹丸动能的能量变换技术。化学发射器是中国发明的火药由阿拉伯人传到欧洲之后才兴起的,开始主要用于军事。化学发射器的出现使冷兵器大为逊色,标志着热兵器时代的开始,也标志着人类利用能量的巨大进步。典型的化学发射器有火枪、火炮、火箭等,能把物体发射到较高的速度,一般可达到每秒几百米乃至每秒千米。

(3)电磁发射。电磁发射技术是随着材料科学、电力电子器件、高性能控制芯片的发展而取得重大进展的一种发射技术,它是一种将电磁能转化为发射载荷所需瞬时动能的能量转化技术,可以突破传统发射方式的能量和速度极限,是未来发展的必然趋势。它是电磁能武器、电磁增程武器、飞机弹射装置等新概念武器装备的共性技术,其最主要的优点是能把被发射物体加速到超高速(≥3 km/s),在天基可把物体发射到 10~20 km/s 甚至更高速度。图 1-1 为电磁发射系统构成图,它由脉冲储能系统、脉冲变流系统、脉冲直线电机和控制系统四部分组成, 发射前通过脉冲储能系统将能量在较长时间内蓄积, 发射时通过脉冲变流系统调节输出瞬时超大功率给脉冲直线电机,产生电磁力推动负载至预定速度,控制系统实现信息流对能量流的精准控制[1-5]。

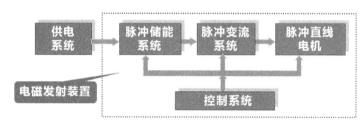

图 1-1 电磁发射系统构成图

1.1.2 技术分支

按照结构形式和作用原理不同,电磁发射技术可分为:

(1)接触式电磁发射技术,如轨道型电磁弹射器[图 1-2(a)]、轨道型电磁发射器[图 1-2(b)]。

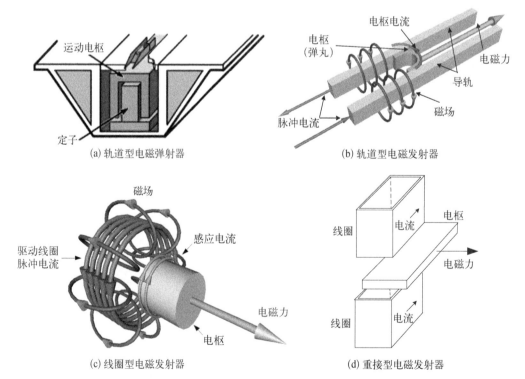

(a) 轨道型电磁弹射器

(b) 轨道型电磁发射器

(c) 线圈型电磁发射器

(d) 重接型电磁发射器

图 1-2 电磁发射技术的几种结构形式

（2）非接触式电磁发射技术，如线圈型电磁发射器［图 1-2(c)］、重接型电磁发射器［图 1-2(d)］。

按照发射长度和发射末速不同，电磁发射技术可分为以下三种类型：

（1）电磁弹射技术，发射距离为百米级、发射质量为吨级、发射速度为每秒数百米级。

（2）电磁轨道发射技术，发射距离为十米级、发射质量为数十千克级、发射速度为每秒数千米级。

（3）电磁推射技术，发射距离为千米级、发射质量为吨级、发射速度为每秒数千米至数十千米级，如图 1-3 所示。

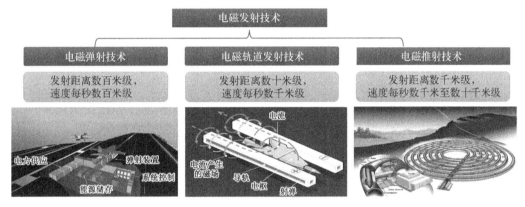

图 1-3　电磁发射技术分类

1. 电磁弹射技术

电磁弹射技术以长行程直线电机的电磁力为动力源，通过控制各段定子电流的通断，使挂接负载的动子在有限距离内进行"接力式"加速，最终使负载达到预期速度。它的典型应用是航母电磁弹射装置。

航母电磁弹射装置是目前最先进的飞机起飞装置，它不但适应了现代航母电气化、信息化的发展需要，而且具有系统效率高、弹射范围广、准备时间短、适装性好、控制精度高、维护成本低等突出优势，代表了现代航母的核心技术和标志性技术。美国将其视作实现"空海一体战"的利器和领跑世界航母技术的关键，已于 2013 年配备在下水的"福特"号航母上。电磁弹射技术应用于航母，将显著提升航母的综合作战能力，滑跃和传统弹射类型的航母将难以对电磁弹射航母构成实质性威胁。英国"威尔士亲王"号航母也将改装电磁弹射器，俄罗斯、印度新一代航母方案也考虑采用电磁弹射方案。除此之外，电磁弹射技术还可直接应用于隐蔽短跑道（如山洞、地下）飞机弹射，鱼雷、水雷弹射，导弹电磁弹射增程等场合。

图 1-4 为电磁弹射系统的组成图。储能系统输出交流电，通过动力调节系统先进行整流，再逆变为直线电机所需的电压和频率。由于直线电机行程较长，为了提高系统效率，将电机定子分为若干段，并采用分段供电的形式，通过闭环控制系统来实现分段切换和能量传递[6]。

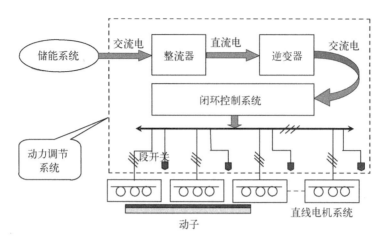

图 1-4 电磁弹射系统的组成图

2. 电磁轨道发射技术

电磁轨道发射装置(电磁轨道炮)是直接利用电磁能对弹丸进行发射的新概念动能杀伤武器,与传统火炮将火药燃气压力作用于弹丸不同,电磁轨道炮是利用电磁场的作用力,直接用电磁能将 $10\sim20$ kg 的弹丸发射至 $6\sim7Ma$ 的速度。与常规火药发射方式相比,利用电磁轨道发射技术发射的弹丸射程可提高 10 倍,射高可达 100 km,实现远程对陆精确打击、中远程防空反导、反临近空间目标等多重任务,将带来"海军战法的革命"。图 1-5 为电磁轨道发射技术作战效能示意图。

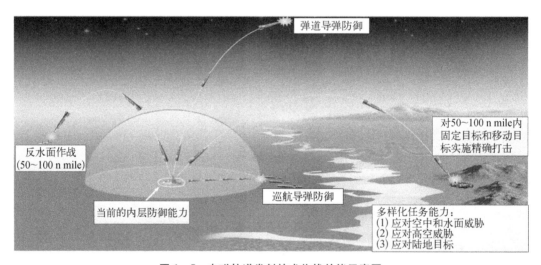

图 1-5 电磁轨道发射技术作战效能示意图

自 20 世纪 80 年代世界再次掀起电磁轨道炮研究热潮以来,欧美海军均认为这种新概念武器将最先应用于海军部队,这是因为现有科技条件下储能电源的体积过于庞大,而海军战舰具有宽敞的作战平台,并具有良好的发配电系统,便于提供电磁轨道炮所需的能量。特别是近年来舰船综合电力技术的应用,可将全舰的能量集中调配使用,能够为作战平台搭载电磁轨道炮提供行之有效的技术途径。美国于 2008 年、2010 年分别进行了出口动能为 10 MJ 和 33 MJ 的电磁轨道炮发射试验,将重约 10 kg 的弹丸加速至 2.5 km/s[7,8]。2013 年,美国解决了轨道抗烧蚀问题[9,10],预计将在 2025 年左右在不同吨位的舰船上装备不同炮口能级的舰载电磁轨道炮[11]。

3. 电磁推射技术

电磁推射技术利用电磁能实现空间物资快速投送或小型卫星等航天器的快速发射,出口速度可达数马赫到数十马赫。与电磁轨道发射方式不同的是,电磁推射一般采用直线电机或多级脉冲线圈作为发射装置,发射的动子与产生磁场的定子之间可以采用接触方式或悬浮方式。其中,采用悬浮方式可以达到更高的速度。电磁推射系统通过控制布置在千米级发射行程的定子线圈内的电流,产生电磁力使动子加速运行,从而实现大吨位负载超高速接力发射,图 1－6 为设想的线圈式电磁推射装置示意图。

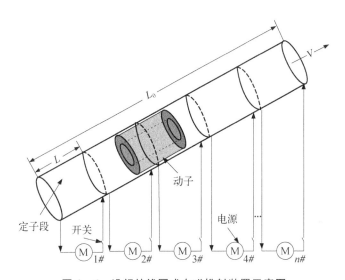

图 1－6　设想的线圈式电磁推射装置示意图

由于电磁推射系统使用的能源是电力,所以相比火箭而言,其具有成本低、环境污染小、适应性强、能量释放易于控制、可重复快速发射等优点。为保证电磁推射后卫星等负载能够顺利入轨,可采用“电磁推射+火箭”的复合发射方式,即利用电磁推射技术将卫星发射到一定速度,到达一定高度后让发动机点火,通过发动机推力使卫星持续加速后入轨。

20 世纪 80 年代,美国国家航空航天局(National Aeronautics and Space Administration, NASA)开始进行电磁线圈推射技术的概念性研发工作。1980 年,美国的研究人员在威斯汀豪斯研究和发展中心用电磁线圈炮成功地发射了一颗质量为 317 g 的弹丸,其飞行速度为 4.2 km/s。NASA 尝试修建一个长 700 m、仰角 30°、口径 500 mm 的电磁线圈巨炮,将 2 000 kg 的火箭加速到 4~5 km/s,推送到 200 km 以上的高度,使用这个系统可重复发射小型卫星或者为未来兴建大型近地空间站提供廉价的物资运输方式。20 世纪 90 年代初,美国桑迪亚国家实验室设计了一种线圈型电磁发射装置,由 9 000 级驱动线圈组成,发射装置长 960 m,倾角 25°,计划将 600 kg 重的电枢和 1 220 kg 重的飞行器加速到 6 km/s,加速度高达 2 000 g[12]。目前,NASA 正在开展工程应用前期论证,研究“电磁线圈推射+火箭”复合发射方式,已看到初步应用前景。

1.1.3　主要特点

相比其他发射方式,电磁发射技术具有“更高、更快、更强”三种典型特征。

(1)更高:首先指的是发射速度高,可超越化学能发射的速度极限,速度从每秒几十米到数十千米,传统火药仅 1 km/s 左右;其次是发射效率高,发射效率可超过 50%,传统发射方式(如蒸汽弹射)发射效率仅 4%~6%。有效载荷比大,推动负载的动子一般为铝制结构,例如,电磁弹射的动子采用铝板,电磁轨道发射的电枢采用铝块,图 1-7 为电磁发射的载荷。

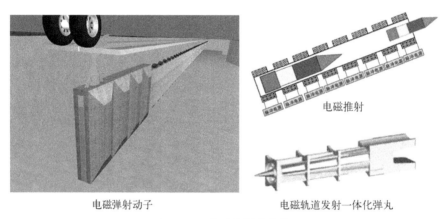

电磁弹射动子　　　　　　电磁推射　　电磁轨道发射一体化弹丸

图 1-7　电磁发射的载荷

(2)更快:首先指的是启动时间短,从冷态到发射仅需几分钟;其次是发射间隔短,可以在数秒内实现重复发射。保障要求低,对辅助配套设施要求低,仅需一定充电功率和少量冷却水,图 1-8 为非周期循环脉冲工作模式。

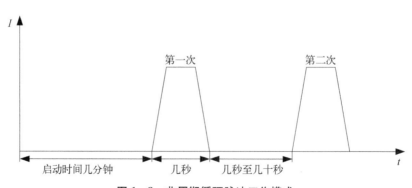

图 1-8　非周期循环脉冲工作模式

（3）更强：首先指的是发射动能大，电磁炮可达数十兆焦耳，电磁弹射可达百兆焦耳，航天推射可达千兆焦耳；其次发射负载可变，可灵活调节电流实现不同载荷发射；最后持续作战能力强，可靠性高，可维护性好，操作维护人员少，图 1-9 为电磁弹射与其他弹射能级对比示意图。

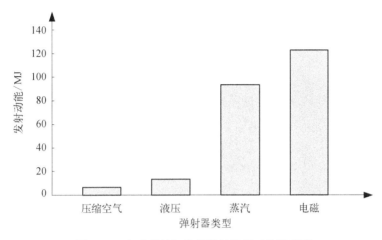

图 1-9　电磁弹射与其他弹射能级对比示意图

1.2　电磁轨道发射技术原理

1.2.1　基本原理

电磁轨道发射技术是电磁发射技术理论的一个重要分支，是接触式电磁发射的一种重要结构形式。电磁轨道发射系统主要由脉冲能量存储系统、脉冲能量变换系统、发射装置、一体化发射组件、控制及检测系统组成，如图 1-10 所示。

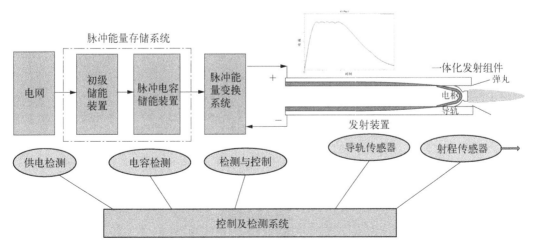

图 1-10　电磁轨道发射系统典型组成

1）脉冲能量存储系统

电磁轨道发射系统瞬时功率极高,直接用电网供电是不现实的。脉冲能量存储系统将电网能量通过蓄电池、飞轮储能、超级电容等方式进行存储,满足一定发射次数的能量需求,从而降低了电网容量,并消除了对电网的冲击。目前,为了同时提高脉冲能量存储系统的功率密度和能量密度,多采用"初级储能+脉冲电容"的混合储能方式。

2）脉冲能量变换系统

脉冲能量存储系统放电输出的脉冲,其电压和电流幅度并不能满足实际应用中对输出波形的要求,因此还需要通过脉冲能量变换系统对脉冲在时间上进行陡化、整形和电压变换等处理,并将其传输耦合至负载,实现功率的放大。

3）发射装置

发射装置是电磁发射系统的执行机构。与其他机电能量转换装置相比,电磁轨道发射装置本体结构相对简单,主要由两个平行轨道、绝缘支撑体、外围封装及预紧机构等组成,用于传导电流形成磁场,推动电枢加速前进,实际上是一个单匝的直流直线电机,是系统的核心组件。

4）一体化发射组件

一体化发射组件是电磁发射系统的发射对象,主要由电枢及有效载荷组成。在固体电枢电磁发射系统中,电枢既是构成电流回路的导电元件的一部分,也是运动部件,推动弹丸加速至预定速度。弹托是保证弹丸膛内发射安全的附属部件。弹丸是电磁轨道发射系统的有效载荷,是毁伤的执行部件。

5）控制及检测系统

控制及检测系统是实现电气、机械、辅助系统信息监测及协同工作的主体,是系统发射的检测和指挥机构,在掌握全系统健康状态的基础上,按照预定的流程开展智能诊断和逻辑控制,实现信息流对能量流的精准控制和诊断。

电磁轨道发射系统的工作过程为:电磁轨道发射系统的两根正负极导轨与电枢直接相连,相当于一台直流直线电机,其中电枢位于两个导轨之间,可以是固态金属,也可以是等离子体或者两者的混合体。工作时利用脉冲能量存储系统产生强大的瞬时脉冲功率,通过脉冲能量变换系统调节输出电流,在两根导轨之间产生强磁场,与流经电枢的电流相互作用,产生洛伦兹力,推动一体化发射组件沿轨道加速运动,通过调节导轨上的电流可以调节磁场和电枢上的电磁力,从而调节一体化发射组件的出膛速度和能级。加速完成后,一体化组件的电枢、弹托和弹丸分离,弹丸可飞行数百千米。经过脉冲能量存储系统的快速充电,即可实现第二次发射。

在发射过程中,轨道与电枢接触面产生多种物理和化学变化过程,包括接触面材料局部熔融,接触状态由固-固接触转换为固-液接触;接触面材料局部气化,造成压力过高迫使接触分离;接触面产生超高温等离子体;多种金属微粒在高温电磁环境下形成共晶合金导致电阻率增大;金属材料在高温条件下导电性能和机械性能劣化等。上述情况的发生会破坏滑动电接触所要求的稳定条件,导致轨道出现烧蚀,从而降低轨道的使用寿命和发射的稳定性。

1.2.2　基本方程

1. 等效电路

从电路的角度研究电磁轨道发射装置,装置本体是一个分布式阻抗负载,存在分布电感、分布电阻;在发射过程中,由于电枢和弹丸的运动,发射装置内串入电路中的阻抗随电枢坐标位置 x 而线性增加。

电枢可等效为一个阻性负载,同时考虑电枢与轨道间的接触电阻,则电磁轨道发射装置的等效电路模型如图 1-11 所示。

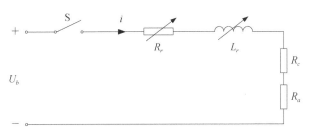

图 1-11　电磁轨道发射装置的等效电路模型

其中导轨的电阻和电感分别为

$$R_r = R_0 + R_r' x \tag{1-1}$$

$$L_r = L_0 + L_r' x \tag{1-2}$$

式中, R_r' 为发射装置的电阻梯度(单位长度的电阻),单位为 Ω/m; L_r' 为发射装置的电感梯度(单位长度的电感),单位为 $\mathrm{H/m}$; R_0 为电路中的初始电阻; L_0 为电路中的初始电感; R_c 为枢轨接触电阻; R_a 为电枢电阻。

忽略电路中的初始电阻及初始电感,根据图 1-11 所示的等效电路模型,馈电端的电压方程可写为

$$U_b = L_r \frac{\mathrm{d}i}{\mathrm{d}t} + i \frac{\mathrm{d}L_r}{\mathrm{d}t} + iR_r + i(R_c + R_a) \tag{1-3}$$

式中, i 为放电电流。

膛口的电压方程可写为

$$U_m = i(R_c + R_a) \tag{1-4}$$

其中, $\dfrac{\mathrm{d}L_r}{\mathrm{d}t}$ 项又可表示为

$$\frac{\mathrm{d}L_r}{\mathrm{d}t} = L_r' \frac{\mathrm{d}x}{\mathrm{d}t} = L_r'v \tag{1-5}$$

因此,馈电端的电压方程又可表示为

$$U_b = L_r \frac{\mathrm{d}i}{\mathrm{d}t} + iL_r'v + iR_r + U_m \tag{1-6}$$

当发射装置为恒流 I 激励时,馈电端的电压方程可简化为

$$U_b = IL_r'v + IR_r'x + U_m \tag{1-7}$$

忽略阻性损耗,发射装置的总能量可表示为

$$W = W_m + W_k = \frac{1}{2}L_r i^2 + \frac{1}{2}mv^2 \tag{1-8}$$

式中, m 为电枢的总质量; v 为电枢的速度。

对式(1-8)进行求导,可得发射装置的能量变化率为

$$\frac{\mathrm{d}W}{\mathrm{d}t} = iL_r \frac{\mathrm{d}i}{\mathrm{d}t} + \frac{1}{2}i^2 L_r'v + mva \tag{1-9}$$

另外,忽略阻性损耗,电源系统对发射装置的输入功率为

$$P_{\text{in}} = U_b i = iL_r \frac{\mathrm{d}i}{\mathrm{d}t} + i^2 L_r'v \tag{1-10}$$

由能量守恒、功率平衡可得

$$iL_r \frac{\mathrm{d}i}{\mathrm{d}t} + \frac{1}{2}i^2 L_r'v + mva = iL_r \frac{\mathrm{d}i}{\mathrm{d}t} + i^2 L_r'v \tag{1-11}$$

因此

$$F_t = ma = \frac{1}{2}L_r'i^2 \tag{1-12}$$

式(1-12)为表述电磁轨道炮驱动力与电感梯度、脉冲电流之间关系的经典公式,虽然在推导过程中忽略了阻性损耗,但在考虑阻性损耗的情况下,该式依然成立。

2. 运动方程

电枢的加速度为

$$a = \frac{F_t}{m} = \frac{L_r'}{2\,m}i^2 \tag{1-13}$$

电枢的速度为

$$v = \frac{L_r'}{2m} \int_0^t i^2 \mathrm{d}t \tag{1-14}$$

电枢的位移为

$$x = \frac{L_r'}{2m} \int_0^t \int_0^t i^2 \mathrm{d}t \mathrm{d}t \tag{1-15}$$

假设电流 i 为恒定值 I,则电枢出口时的动能为

$$\frac{1}{2}mv^2 = \frac{1}{2}L_r I^2 \tag{1-16}$$

考虑式(1-8),可得

$$W_m = W_k = \frac{1}{2}L_r I^2 \tag{1-17}$$

因此,在恒流源的驱动下,从电源侧输入的能量,1/2 转化为电枢的动能,1/2 作为磁能存储在发射装置的电感中。

1.2.3　发射装置设计

电磁轨道发射装置作为将电能转化为动能的执行机构,应满足以下基本要求:

(1) 内腔尺寸近似方形。为了提高有效载荷比,内腔设计接近方形,有利于减小一体化发射组件的寄生质量,提高发射效率。

(2) 较大的电感梯度。在所需推力不变的情况下,提高装置的电感梯度,可减小所需电流峰值,有利于减小导轨烧蚀、延长导轨寿命。

(3) 较小的线电流密度。线电流密度定义为脉冲电流峰值与导轨高度的比值。大量的国内外试验研究表明:发射装置的寿命与导轨的线电流密度密切相关。同时,线电流密度与膛压、导轨承受的磁压力成正比。因此,在满足身管内腔尺寸要求的前提下,应尽量减小导轨的线电流密度。

(4) 较轻和紧凑的结构。发射装置身管需要进行不同角度的发射,因而轻量化的身管有利于实现快速跟瞄和随动。

1. 电感梯度

电感梯度是电磁轨道发射装置中的关键参数,由发射装置的结构尺寸决定。针对电感梯度的计算,早期大量的研究集中在电感梯度的解析公式及改进公式上。如图 1-12 所示,发射装置的导轨厚度 w、导轨高度 h_r、导轨的间距 s 及电枢高度 h_a 等四个

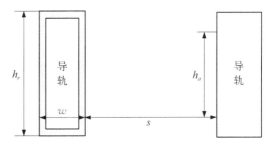

图 1-12　矩形导轨横截面示意图

参数均影响其电感梯度。

1）电感梯度的理论公式

对于矩形导轨，二维磁场及电流密度分布基本特点如图 1-13 所示。

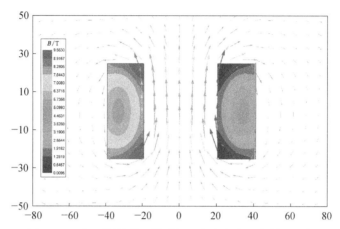

图 1-13　矩形导轨的二维磁场及电流密度分布基本特点

通过适当的简化，可采用公式法计算两条平行导轨的电感梯度，主要的经典公式有 Grover 公式、Kerrisk 公式和 Batteh 公式三种[13]。

（1）Grover 公式

1962 年，Grover 研究了低频磁场分布情况下导轨电感梯度，其公式为

$$L' = 0.4\left[\ln\left(\frac{s+w}{h_r+w}\right) + 1.5 + \ln k\right] \tag{1-18}$$

式中，$\ln k$ 可通过查表求得[14]。

（2）Kerrisk 公式

1981 年，Kerrisk 在计算矩形口径发射装置中导轨电流分布时，提出了高频下的导轨电感梯度计算公式：

$$L' = (A + B\ln F_1)\ln F_2 \tag{1-19}$$

式中，$F_1 = 1 + A_1\left(\dfrac{w}{h_r}\right) + A_2\left(\dfrac{w}{h_r}\right)\left(\dfrac{s}{h_r}\right)$；$F_2 = B_1 + B_2\left(\dfrac{s}{h_r}\right) + B_3\left(\dfrac{w}{h_r}\right) + B_4\left(\dfrac{s}{h_r}\right)\left(\dfrac{w}{h_r}\right)$；系数 A、A_1、A_2、B、B_1、B_2、B_3、B_4 均为已知的常数，具体值如表 1-1 所示。式（1-19）中的电感梯度 L' 的单位为 μH/m。

表 1-1　Kerrisk 公式中的参数

参数	数值
A	0.440 6
A_1	3.397

参数	数值
A_2	−0.066 03
B	−0.077 7
B_1	1.007 7
B_2	2.743 7
B_3	0.022 09
B_4	0.263 7

图 1-14 为采用 Kerrisk 公式计算得出的不同导轨尺寸下的导轨电感梯度对比。由图 1-14 中的对比可知：对于矩形导轨，当导轨厚度 w 一定时，s/h_r 越大，导轨电感梯度越大；当 s/h_r 一定时，w/h_r 越小，导轨电感梯度越大。

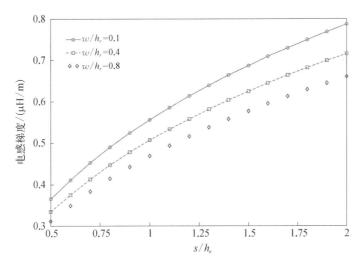

图 1-14　不同导轨尺寸下的导轨电感梯度对比

因此，为提高发射装置的电感梯度，应尽量增大导轨的间距，同时缩小导轨的高度，并在保证发射装置结构强度及载流能力的情况下，尽量减小导轨的厚度。

（3）Batteh 公式

Batteh 在分析等离子体电枢时，考虑了电枢高度对发射装置性能的影响，将电枢高度 h_a 引入导轨电感梯度的计算公式，得到的导轨电感梯度解析式为

$$L' = 0.8 \frac{s^2}{h_r h_a}[f(X_1) - f(X_2)] \tag{1-20}$$

式中，电感梯度 L' 的单位为 μH/m，且

$$f(X) = X\arctan X + \frac{1}{4}X^2\ln\left(1 + \frac{1}{X^2}\right) - \frac{1}{4}\ln(1 + X^2),\ X_1 = \frac{h + h_a}{2s},\ X_2 = \frac{h - h_a}{2s}$$

图 1-15 给出不同电枢高度 h_a 对导轨电感梯度的影响曲线,其中 $s/h_r = 1.0$。当 h_a/h_r 由 0.5 增加至 0.9 时,导轨电感梯度由 0.679 μH/m 减小至 0.643 μH/m,减小了约 5.3%。

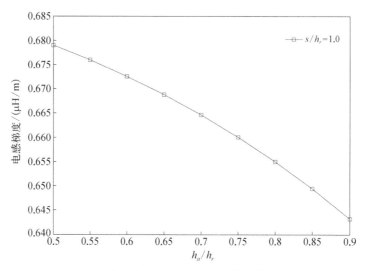

图 1-15　电枢高度 h_a 对导轨电感梯度的影响曲线

2) 电感梯度的仿真计算

对于实际的发射装置,导轨的截面结构常有平面型、凸面型和凹面型等形式,在发射过程中电感梯度并不是恒定的,它与电枢周围的磁场、电流分布情况密切相关。而经典的电感梯度计算公式,主要针对平面型导轨进行近似计算,无法考虑复杂的导轨截面结构及外围封装结构等因素的影响。因此,为得到更加精确的电感梯度,需要建立相应的有限元模型,通过仿真计算求得电感梯度。

在涡流场下,导体内电流渗透深度与频率的关系为

$$\delta = \sqrt{\frac{1}{\pi\mu\sigma f}} \tag{1-21}$$

式中,μ 为磁导率;σ 为电导率;f 为激励电流频率。

对于满足 $w/h_r = 0.5$、$s/h_r = 1.0$ 尺寸下的矩形导轨,图 1-16 为发射装置在不同激励电流频率及渗透深度下的电感梯度有限元计算值。从图 1-16 中可以看出:导轨电感梯度与内部的电流渗透深度基本呈线性关系;而导轨电感梯度随着激励电流频率的增加而迅速衰减。因此,导轨内的激励电流频率对其电感梯度影响较大。

图 1-17 给出 $w/h_r = 0.4$、s/h_r 从 0.5 至 2 变化时,有限元法与公式法计算得到的导轨电感梯度变化曲线。由于 Batteh 公式未考虑导轨厚度的影响,所以其计算值最大;当激励电流频率达到 5 000 Hz 时,有限元计算值与 Kerrisk 公式计算值非常接近,最大误差约为 1.5%。

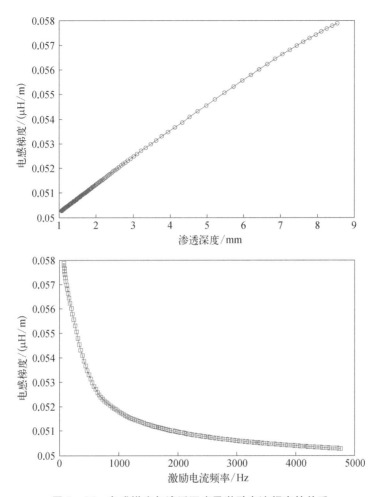

图 1-16 电感梯度与渗透深度及激励电流频率的关系

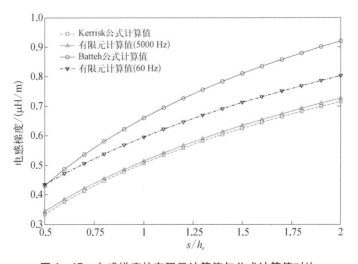

图 1-17 电感梯度的有限元计算值与公式计算值对比

2. 电阻梯度

当发射装置进行连续动态发射时,发射装置的电阻梯度对身管的温升影响较大,需要进行身管的热管理技术研究。如图 1-18 所示,假设导体的 y 方向为无限长,在阶跃电流的激励下,基于磁扩散方程可计算出导体内的电流趋肤深度 $\delta(t)$。

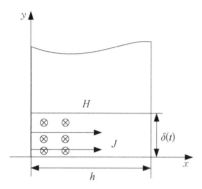

图 1-18   一维磁扩散模型示意图

对于一维磁扩散模型,对应的控制方程为

$$\begin{cases} \dfrac{\partial H}{\partial t} = \nabla^2 \left(\dfrac{\rho}{\mu} H \right) \\ J = \dfrac{\partial H}{\partial y} \end{cases} \tag{1-22}$$

式中,μ 为磁导率;ρ 为电阻率。利用傅里叶变换进行求解,磁场强度的解析值为

$$H(y, t) = H_0 \left(\frac{2}{\sqrt{\pi}} \int_{y/\sqrt{4\rho t/\mu}}^{0} \mathrm{e}^{-t^2} \mathrm{d}t \right) \tag{1-23}$$

导轨中的电流密度为

$$\begin{aligned} J_x(y, t) &= H_0 \frac{1}{\sqrt{\pi \rho t/\mu}} \mathrm{e}^{-y^2 \mu/(4\rho t)} \\ &= J_x(0, t) \mathrm{e}^{-y^2 \mu/(4\rho t)} \end{aligned} \tag{1-24}$$

则总电流 I 为

$$\begin{aligned} I &= h \int_0^\infty J_x(y, t) \mathrm{d}y \\ &= H_0 \frac{1}{\sqrt{\pi \rho t/\mu}} \int_0^\infty \mathrm{e}^{-y^2 \mu/(4\rho t)} \mathrm{d}y \\ &= H_0 h \end{aligned} \tag{1-25}$$

因此,导轨内表面的磁场强度为

$$H_0 = \frac{I}{h} \tag{1-26}$$

可求导轨表面的电流密度 $J_x(0, t)$ 为

$$J_x(0, t) = \frac{I}{h} \sqrt{\frac{\mu}{\pi \rho t}} \tag{1-27}$$

根据趋肤深度的定义,在趋肤深度范围外,导体内部的电流密度 J 为零,并且总电流满足

$$\frac{I}{h} = \delta J_x(0, t) \tag{1-28}$$

可得电流趋肤深度为

$$\delta = \sqrt{\frac{\pi\rho t}{\mu}} \tag{1-29}$$

　　铬锆铜合金、40Cr 钢合金、T7075 铝合金三种材料在不同时刻下的电流趋肤深度如表 1-2 所示。在 $t=0.1$ ms 时,三种材料的磁场及电流分布情况如图 1-19 所示。可见,选用电阻率大的材料,有利于导轨内电流均匀分布。

表 1-2　不同材料在不同时刻下的电流趋肤深度

材料	时间 t/ms						
	0.1	0.5	1.0	1.5	2.0	2.5	3.0
铬锆铜合金	2.3	5.2	7.3	9.0	10.4	11.6	12.7
40Cr 钢合金	7.8	17.5	24.8	30.4	35.1	39.2	43.0
T7075 铝合金	3.7	8.3	11.7	14.4	16.6	18.5	20.3

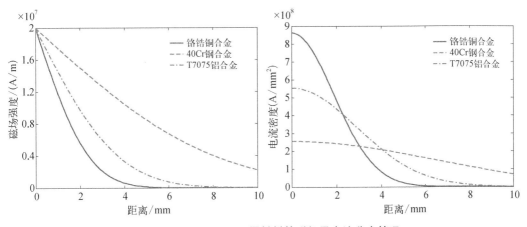

图 1-19　$t=0.1$ ms,不同材料的磁场及电流分布情况

1)电枢静止时的导轨电阻梯度

电枢在静止的情况下,导轨电阻梯度满足

$$R_r' = \frac{\rho_r}{h_r\delta} = \frac{1}{h_r}\sqrt{\frac{\mu\rho_r}{\pi t}} \tag{1-30}$$

假设电枢 a 为矩形,则电枢的电阻为

$$R_a = \frac{\rho_a s}{h_a\delta} = \frac{s}{h_a}\sqrt{\frac{\mu\rho_a}{\pi t}} \tag{1-31}$$

2)电枢运动时的导轨电阻梯度

电枢在运动的情况下,假设电枢做匀加速运动,则有[15]

$$R_r' = \frac{8}{3h_a}\sqrt{\frac{\mu\rho_r}{\pi t}} \tag{1-32}$$

因此,在电枢运动的情况下,导轨的电阻梯度为电枢静止情况下的 8/3 倍。

3. 线电流密度及膛压

电磁轨道发射装置在工作过程中,脉冲电流在导轨内表面流动。若导轨为矩形结构,则脉冲电流在导轨表面产生的温升与线电流密度之间的关系为[16]

$$\Delta T = \frac{2\mu_0 I^2}{\pi \rho_m c h_r^2} \ln\left(1 + \frac{\pi}{2}\sqrt{\frac{\rho_m c}{\mu_0 \kappa \sigma}}\right) \qquad (1-33)$$

式中,I 为导轨内通过的总电流;κ 为导热系数。不同材料的关键物理参数如表 1-3 所示。

表 1-3　不同材料的关键物理参数

材料	密度 ρ_m/ ($\times 10^3$ kg/m^3)	电导率 σ/ (MS/m)	比热容 c/ [J/(kg·K)]	导热系数 κ/ [W/(m·K)]	熔点 T_m/℃
铬锆铜合金	8.89	46.5	323	368	1 080
40Cr 钢合金	7.85	4.06	475	44.5	1 400
T7075 铝合金	2.80	19.2	1 200	170	635

不同材料的表面温升与线电流密度的关系如图 1-20 所示。从图 1-20 中可知:对于铬锆铜合金,可承受的最大线电流密度为 36.3 kA/mm;对于 40Cr 钢合金和 T7075 铝合金,可承受的最大线电流密度分别为 35.0 kA/mm 和 26.7 kA/mm。

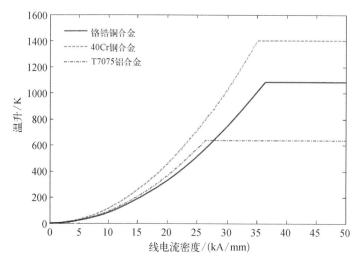

图 1-20　不同材料表面温升与线电流密度的关系

对于传统火炮,在进行身管设计前,必须先进行内弹道设计,确定膛压大小和分布随时间和行程的变化曲线,并作为火炮身管强度设计的重要依据。传统火炮膛压随时间及行程的变化曲线如图 1-21 所示[17]。

同理,电磁轨道发射装置的强度设计也必须先获得导轨上单位面积电磁力的大小、分

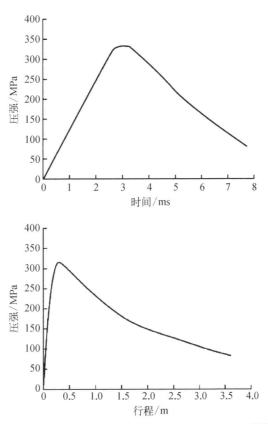

图 1-21　传统火炮膛压随时间及行程的变化曲线[17]

布规律随时间及电枢位移变化的曲线。参照传统火炮内弹道学的命名,电枢前端面的单位面积压力可称为膛压 P_d,其简化计算公式为[17]

$$P_d = \frac{1}{2}\frac{I^2 L'}{h_r s} \tag{1-34}$$

当导轨高度与导轨间距相同时,内腔口径近似为方口径,式(1-34)可简化为

$$P_d = \frac{1}{2}L'\left(\frac{I}{h_r}\right)^2 = \frac{1}{2}L'(I')^2 \tag{1-35}$$

设导轨表面单位面积的电磁压力为 P_r,则其简化公式为

$$P_r = \frac{\mu_0 I^2}{4\pi h_r s} \tag{1-36}$$

当导轨高度与导轨间距相同时,式(1-36)简化为

$$P_r = \frac{\mu_0}{4\pi}\left(\frac{I}{h_r}\right)^2 = \frac{\mu_0}{4\pi}(I')^2 \tag{1-37}$$

由式(1-35)和式(1-37)可知,对于方口径发射装置,膛压 P_d 和导轨间的电磁压力

P_r 均与线电流密度 I' 成正比。

4. 导轨平均温升

根据发射目标,可得出在发射装置完成一次发射时,导轨的载流量为

$$G = \int I^2 \mathrm{d}t = \frac{2mv}{L'} \qquad (1-38)$$

导轨的通流系数定义为

$$g = \int j^2 \mathrm{d}t = \frac{G}{A^2} \qquad (1-39)$$

上式中,I 为激励电流;A 为导轨的横截面积;j 为电流密度。

导轨在完成一次发射后的平均温升为

$$\Delta T = \frac{\rho_e G}{\rho_m c A^2} \qquad (1-40)$$

则导轨的平均温升与载流系数比值为

$$\frac{\Delta T}{g} = \frac{\rho_e}{\rho_m c} \qquad (1-41)$$

式中,ρ_e 为材料电阻率;ρ_m 为材料密度;c 为材料比热容。显然 $\dfrac{\Delta T}{g}$ 只与导轨的材料属性有关,在限制导轨平均温升的情况下,导轨的最小导电面积为

$$A = \sqrt{\frac{\rho_e G}{\rho_m c \Delta T}} = \sqrt{\frac{2mv\rho_e}{L' \rho_m c \Delta T}} \qquad (1-42)$$

5. 发射装置身管设计流程

在发射装置身管设计过程中,首先要明确装置的发射目标,主要包括:发射质量 m_a 和发射速度 v_m。根据四个主要限制条件:① 导轨线电流密度 I';② 峰值加速度 a_m;③ 导轨平均温升 ΔT;④ 膛压 P_d,发射装置身管设计流程图如图 1-22 所示。

在基于身管电感梯度预取值 L'_0 大小的假设条件下,通过以下步骤可确定身管的基本结构尺寸。

步骤 1:根据发射目标及导轨平均温升的限制,由式(1-42)可求出导轨的截面积 A;

步骤 2:根据峰值加速度 a_m 及电感梯度预取值 L'_0,确定导轨内流通的峰值电流 I_m,根据发射动能,确定导轨长度 L_b;

步骤 3:根据线电流密度 I' 的限制要求,确定导轨高度 h_r 及厚度 w;

步骤 4:根据 P_d、a_m 的限制及发射质量 m_a,结合已确定的导轨高度 h_r,求出正负极导轨间距 s,确定身管的口径;

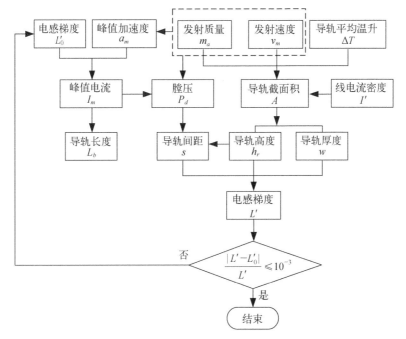

图 1-22　发射装置身管设计流程图

步骤 5：根据确定的导轨截面尺寸及内腔口径,修正电感梯度数值;

步骤 6：根据修正的电感梯度大小,重复步骤 2~步骤 4,直至收敛。

1.3　电磁轨道发射技术的优势

电磁轨道发射技术具有传统火药发射无法比拟的优势,突出体现在以下四个方面。

1）速度快、精度高、射程远、威力大

电磁发射通过调节电流可以获得基本恒定的加速度,因此负载速度可以持续增加。由于导轨电流可以调节,负载在膛内运动的加速度精确可控。出口电弧可以调节,后效应小,可大幅降低发射组件的扰动。同时,极高的飞行速度可以缩短弹丸的飞行时间,且大部分飞行时间处于大气层外,扰动小,后续利用制导技术对弹丸末弹道进行轻微修正即可实现精确打击能力。表 1-4 为电磁轨道炮与常规火炮指标对比。

表 1-4　电磁轨道炮与常规火炮指标对比

指标	MK45 127 mm （常规炮弹）	MK45 127 mm （增强制导炮弹）	155 mm 先进舰炮 （远程对陆攻击炮弹）	电磁轨道炮 （64 MJ 制导炮弹）
射程/km	24	117	150	370
初速/（m/s）	726	808	674	2 500
弹丸质量/kg	31.8	49.9	118	20.1

指标	MK45 127 mm（常规炮弹）	MK45 127 mm（增强制导炮弹）	155 mm 先进舰炮（远程对陆攻击炮弹）	电磁轨道炮（64 MJ 制导炮弹）
炮口动能/MJ	8.4	16.3	26.8	62.8
打击能量/MJ	—	2.2	7.8	16.9

2）负载结构简易、携弹量大、安全性好

以电磁轨道炮为例,由于依靠弹丸的超高速撞击动能来达到毁伤目的,取消了爆炸装药和推进剂,其弹丸的体积和重量只有传统 120 mm 火炮弹丸的 1/10～1/8,大幅减少了后勤保障费用,提高了安全性。此外,电磁轨道炮上舰后,其弹药库可以更加紧凑、安全,可携带更多的弹药,易于实现自动化装填,从而大幅提高舰艇作战能力。图 1-23 为电磁轨道炮弹丸与常规火炮弹丸比较。

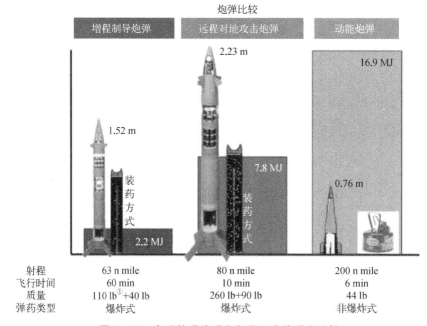

图 1-23　电磁轨道炮弹丸与常规火炮弹丸比较

3）加速过程平稳、发射效率高、能量易于调节

弹丸在炮管中受到的电磁力非常均匀且易于控制,因而弹丸稳定性好,有利于提高命中精度。发射时电能转化为动能的理论效率可达 50%,是传统火炮效率的 2 倍多。此外,电磁轨道炮还可根据目标的性质和距离,瞬间调节炮口动能,灵活变换载荷、速度、距离等发射诸元,实施多种作战行动,可实现短时发射多枚弹丸,缩短了作战反应时间。

4）具有不对称的成本优势

从发射能量的成本来看,电磁轨道炮不需要优良的合成燃料或推进剂,能源简易、

---

① 1 lb = 0.453 592 kg。

成本低,比火炮和导弹所需的特制推进剂要廉价得多,每发射一枚弹丸仅消耗 30 多度
(1 度＝1 千瓦时)电。当用于飞机和巡航导弹防御时,弹丸成本仅约为舰空导弹
的 1%。

1.4 电磁轨道发射技术的发展现状与趋势

1.4.1 发展概述

用电磁力推进物体到超高速的电磁发射概念,早在 20 世纪初就被众多学者提出和践行。1901 年挪威奥斯陆大学物理学教授伯克兰(Birkeland)获得了"电火炮"专利,并于 1902 年制作了一个线圈型电磁发射装置[图 1-24(a)];之后法国、英国、美国相继开展试验研究,到第二次世界大战前仅专利就达 45 项之多。第二次世界大战期间,德国、日本都曾研制过电磁轨道炮,1944 年德国的汉斯莱(Hansler)曾用电磁发射装置把 10 g 弹丸加速到 1.2 km/s[图 1-24(b)]。20 世纪 70 年代末澳大利亚国立大学的马歇尔(Marshall)博士团队用 550 MJ 单极发电机以及等离子体电枢,在 5 m 长的电磁轨道发射器上将 3 g

(a) 1902年Birkeland的电磁炮

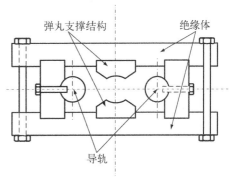

(b) 1944年德国Hansler设计的电磁轨道炮剖面图

(c) 1978年澳大利亚国立大学Marshall等设计的电磁轨道发射器

图 1-24 电磁发射研究早期成果

聚碳酸酯弹丸加速到 5.9 km/s,这一划时代的研究成果有力地证明了用电磁力可以把物体发射到超高速,给科学家以极大的鼓舞和启发。于是,从 20 世纪 80 年代开始,全世界再次掀起一个电磁发射研究高潮,许多国家纷纷建立实验室,投入大量人力、财力进行研究。美国国防科学委员会曾预言"未来的高性能武器,必然以电能为基础"。

20 世纪 80 年代初,随着美国"战略防御倡议"计划的实施,电磁轨道炮作为重点装备从概念研究进入了试验研制时期。美国陆军、空军和海军先后开展了一系列如超高加速度制导弹丸、超高速等离子体电枢及核动力初级能源等关键技术研究。由于电源小型化问题一直难以解决,而海军战舰具有宽敞的作战平台和良好的发供电系统,美国在电磁轨道炮的技术路线上进行了调整,采取了以海军为重点进行核心技术突破,带动相关需求方向应用成果转化的发展策略。1991 年,美国国防部成立了电磁轨道炮联合委员会,协调军队、能源部、国防原子能局及战略防御倡议机构进行电磁轨道炮的研究工作。近年来,随着新型储能、脉冲功率、大功率开关、特种材料和智能化网络控制等技术的快速发展,电磁轨道发射技术也有了较大突破。其中,美国成为电磁轨道炮研发的主力军,处于电磁轨道炮研发第一集团,俄罗斯、中国、日本、韩国、土耳其等国家和法德圣路易斯研究所等机构也开展了大量研究工作。俄罗斯主要以瞄准太空应用为主,日本主要以海军应用为主,韩国、土耳其以陆军应用为主,而法德圣路易斯研究所主要从事基础研究工作。

1.4.2 各国研究现状

1. 美国研究现状

无论是在电磁轨道炮理论研究方面还是在工程样机的研究进展方面,美国在世界范围内均较为领先。早在 1978 年,美国陆军推进实验室就提出未来武器应该依靠电磁能而非传统化学能发射,自此电磁轨道炮正式列入美军研究计划。

美国得克萨斯大学先进技术研究所(Institute for Advanced Technology,IAT)主要从事基础理论研究,于 20 世纪 90 年代中期开始研究电磁轨道炮,并在过去的 20 多年里进行了大量理论性研究和工程性试验,针对不同结构形状的炮管、导轨材料,不同结构形状及材料属性的电枢进行了理论分析及相应试验[18-20]。随后 IAT 进一步开展了兆安级导轨结构与材料、弹丸电枢结构与材料的研究,成功进行了 2 km/s 的电磁轨道炮缩比样机试验,并于 2013 年宣布其电磁轨道炮基础研究工作基本完成[21]。

美国电磁轨道炮的工程化研究主要由海军研究局来主导。2001 年 11 月,美国海军在 IAT 召开了一次海军电磁轨道炮发展研讨会,确定电磁轨道炮研制的预期目标是发展炮口动能为 64 MJ 的舰载电磁轨道炮。2003 年,美国海军与英国 QinetiQ 公司进行合作,成功研制了发射能级为 8 MJ 的电磁轨道炮试验样机,并成功进行了试验。迄今,经过长达十几年的努力,美国电磁轨道炮技术取得了长足的进步,炮口动能由 8 MJ 提高到了 32 MJ,并且在电源小型化、轨道寿命和超高速制导弹丸等方面取得了重大的技术突破,基本具备了进行工程化应用的能力[8]。美国海军电磁轨道炮发展主要分为以下两个阶段。

1）"创新海军样机"I 期计划

2005 年，美国海军启动"创新海军样机"I 期计划，如图 1 - 25 所示，共投入经费 2.5 亿美元，主要进行电源小型化、轨道抗烧蚀、改进型弹丸等关键技术攻关，验证系统的集成能力。该项目历时 7 个财年，实现 32 MJ 炮口动能战术样机的集成试验。2008 年完成了 10 MJ 炮口动能发射试验，2010 年完成了螺栓紧固式 32 MJ 炮口动能发射试验，验证了轨道烧蚀机理及抑制方法和 1∶1 脉冲电源单元集成等关键技术；2012 年美国海军在海军水面作战中心达尔格伦分部，对通用原子能（General Atomics，GA）公司和 BAE 系统公司研制的紧凑型复合身管 32 MJ 炮口动能的发射装置，进行了 100 次单发轨道寿命的发射装置内场试验，验证了复合缠绕身管高预应力缠绕和绝缘支撑体增韧等技术突破情况，BAE 系统公司的样机胜出。至此，第一阶段研制工作结束。

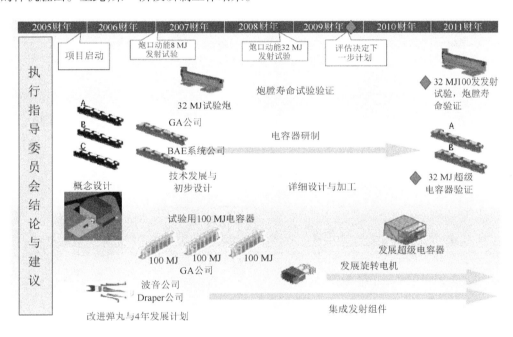

图 1 - 25 美国海军研究局"创新海军样机"I 期计划

2）"创新海军样机"II 期计划

美国海军在 2012 年完成 32 MJ 电磁轨道炮样机的工程测试后，并没有按照在 2001 年规划的重点进行能级更大的 64 MJ 电磁轨道炮的研制工作，而是将研究重点放在了 32 MJ 电磁轨道炮的实战化能力的提升上，主要研究发射身管、自动供输弹装置、舰船适装性及超高速弹丸（Hypervelocity Projectile，HVP）等。2013 年，美国海军开始了"创新海军样机"II 期计划，如图 1 - 26 所示，预算资金 2.4 亿美元，选择 BAE 系统公司作为连续发射型 32 MJ 炮口动能电磁轨道炮演示样机研制单位，并授予 3 450 万美元第一期研制合同，研制一门带自动装填、10 发/min、32 MJ 炮口动能的发射装置，预计历时 4.5 年，原计划在 2017 年完成陆上演示，重点突破并验证连续发射情况下的轨道抗烧蚀和热管理等技术；2013 年年底，又授予

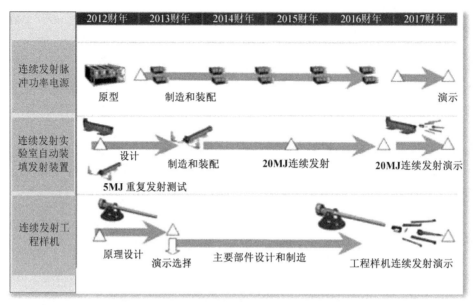

图 1-26　美国海军研究局"创新海军样机"Ⅱ期计划

BAE 系统公司 3 360 万美元电磁轨道炮制导弹丸的第一期研制合同,开展超高速弹药的研制工作,拟重点突破并验证制导弹丸抗高过载技术;海上外场演示试验和环境适应性测试工作于 2016 年启动,原计划安装在联合高速船上,重点突破并验证全系统的海洋环境适应性及弹丸制导控制等技术。

2017 年 3 月,美国海军水面作战中心达尔格伦分部的电磁轨道炮试验样机,在 20 MJ 出口动能的条件下,实现了平均 4.8 发/min 的射速。同年 7 月,该样机在 20 MJ 出口动能的条件下,实现了 10 发/min 的射速。此外,根据美国海军研究局发布的信息,美国海军 2018 年电磁轨道炮的重点研究是在 32 MJ 出口动能的条件下,实现 10 发/min 的射速。此外,GA 公司研制的 10 MJ 中程多任务电磁轨道炮系统也于 2017 年完成了装配工作,并运送到美国犹他州的达格威试验靶场进行进一步验收测试。通过这些研究,美国系统解决了高功率电源技术、发射装置技术、超高速制导弹技术及舰船适装性技术。

(1)高功率电源技术。目前,美国脉冲功率电源主要为脉冲电容型和脉冲发电机两种类型。但工程化研究的是脉冲电容型,主要有 GA、BAE 系统和雷神三家公司研制工程化脉冲电源。此类装置可以为电磁轨道炮提供所需的数千伏电压,且可以大规模的生产,成本控制在每焦耳 0.5~1 美元。但脉冲电容型的脉冲电源较重且体积较大,基于过去 30 年的经验来看,短时间内很难进一步提升其能量密度[22]。目前,主要研究工作集中在突破脉冲电源的连续发射能力及提升储能规模,并计划研制具备每分钟连续放电 10 次的具有 100 MJ 储能规模的标准电源模块。2016 年,GA 公司宣布其成功开发了能量不低于 415 kJ 的脉冲电容,比前期记录高出至少 20%,并且两个独立的脉冲电容均成功射击 500 发。

(2)发射装置技术。美国对多种形式的电磁轨道发射装置均进行了研究。除对不同身管形状的传统结构电磁轨道炮进行研究外,还针对增强型电磁轨道炮及多匝电磁轨道炮进行了研究,该结构与传统结构相比,身管具有更高的电感梯度,使得在相同电流下弹丸获得的推力更大,因而可以发射更重的弹丸。美国一体化电枢研究工作主要由 IAT 承担,其对包括 C 形电枢、等离子体电枢、鞍状 C 形电枢在内的各种类型的电枢进行了广泛研究,目前广泛采用的电枢类型是固体 C 形电枢[23]。由于电枢结构与导轨结构及材料设计均为核心技术,没有公开文献论述电枢结构参数与电磁发射应用要求之间的关系。关于导轨烧蚀,自 2009 年起,美国海军还启动了多学科融合交叉式研究,旨在对导轨-电枢接触面进行更加详尽的研究。GA 公司一直致力于中等口径的电磁轨道炮研究,2017 年 6 月其制造的 10 MJ 中口径多用途电磁轨道炮已经完成了最终的调试和安装。图 1-27 为 BAE 系统公司 32 MJ 电磁轨道炮,图 1-28 为 GA 公司 10 MJ 车载电磁轨道炮。

图 1-27　BAE 系统公司 32 MJ 电磁轨道炮　　图 1-28　GA 公司 10 MJ 车载电磁轨道炮

（3）超高速制导弹丸技术。美国在开发电磁轨道炮超高速制导弹丸时,发现这种弹丸也可用火炮发射,于是衍生了另一种核心武器[24]。2016 年 3 月 14 日,GA 公司宣布,在美国陆军犹他州达格威试验场,配装制导电子单元样机的电磁炮成功演示了编程动作,并通过遥测链路与地面站进行了部件性能通信。在本次试验中,完成了对制导电子单元、集成传感器和处理器的测试,降低了电磁轨道炮发射超高速弹丸的风险,提升了技术成熟度。此外,2017 年,在美国海军水面作战中心达尔格伦分部的电磁轨道炮样机试验中,也验证了超高速弹丸对静止目标的制导能力。

2. 俄罗斯研究现状

作为传统军事大国,苏联很早就开展了电磁轨道发射技术的研究。1957 年,Artsimovich 最早公布了等离子体轨道加速的研究成果,展示了电磁轨道发射技术的广阔前景。20 世纪 60 年代初期,Stolov 全面研究了电磁轨道发射技术,研制出将 2 g 的弹丸加速到 5.5~6 km/s 的发射装置[25]。尽管其团队较为保守地估计无法实现高于 6 km/s 的发射初速,但还是激发了大量团队投入电磁发射技术的研究,并取得了大量的研究成果。

洛夫勒物理技术研究所(Ioffe Physical-Technical Institute)在1996年和1997年研制出发射长度为0.6 m的高速轨道炮,将质量为0.45 g的弹丸加速至7.5 km/s,首次进行了相对速度为10 km/s及更高速度下0.001~1 g物体正面碰撞试验[26]。2016年7月12日俄罗斯科学院高温联合研究所(Joint Institute of High Temperature, Russian Academy of Sciences)实现将克级弹丸加速至11 km/s。然后,俄罗斯科学院西伯利亚分院流体动力学研究所(Institute of Hydrodynamics, Siberia Branch, Russian Academy of Sciences)与托木斯克国立大学(Tomsk State University)及特罗伊茨克热核研究所(Trotsk Institute of Thermonuclear Research)共同研发出大功率(峰值功率超过2 GW)磁流体脉冲发电机,从而为电磁轨道炮提供了更大功率的动力源。改进后的电磁轨道炮可将克级重量弹丸的最高发射速度提高到14 km/s,其负责人Savvateev也因此获得2018年国际电磁发射协会最高奖Harry Fair奖。而最近有实物公开报道的电磁轨道炮装置由俄罗斯科学院高温联合研究所于2017年公布的试验,该装置实现了将100 g塑料弹丸加速至3.2 km/s(图1-29)。遗憾的是,这三型装置都是等离子体电磁轨道炮,其材料的连续和持续发射将难以实现,最新研制的装置只能实现三次发射就必须更换身管。

图1-29　俄罗斯2017年公开的电磁轨道发射装置

除了上述公开的试验报道外,近年来,俄罗斯的主要研究精力放在了基于磁流体发电机供电的多轨速射轨道炮上。该型电磁轨道炮最早是由托木斯克国立大学应用数学与力学研究所的Afonin在2015年提出并设计的,并在近年的研究中论证了其可行性[27]。该型电磁轨道炮所采用的能源是俄罗斯自研的磁流体(MHD)发电机,理论计算表明该电磁轨道炮具有光明的前景,能够实现400 Hz的发射频率,可将5 kg的弹丸加速至2 km/s。该型电磁轨道炮最大的问题是轨道的发热限制了其连续发射的效率。为此,Lavrentiev水动力研究所的Shvetsov教授及其团队在充分考虑了电流趋肤效应下的轨道电流分布特性后,建立了三维仿真模型。仿真结果表明,通过对轨道材料和结构的优化设计,以及与此结构相对应的电枢材料的优化选型,可在5~6 m长的多轨发射器上,以200~300发/s的发射率连续发射10~16发质量高达800 g的弹丸,发射速度可达2~2.5 km/s,发射器通道中的轨道不会熔化,理论证明了该型电磁轨道炮具有巨大价值。

俄罗斯科学家一直认为要在实现高速和提高效率两方面取得重大进展，就需要更好地了解发射器的物理过程。因此，其对于电磁轨道炮等离子体轨道发射机理、金属电枢枢轨接触机理、材料优化、动态建模与仿真等问题都有很深的理论研究。俄罗斯电磁轨道发射系统主要有三个应用方向：一是拓展技术应用领域，将研究电磁轨道发射所突破的技术应用到其他领域。文献[26]应用超小口径轨道炮加速弹丸至 10 km/s，用来进行高速粒子碰撞的科学试验研究。文献[28]利用高速轨道发射装置进行了在高强度、高导电性基材上制备耐火涂料的可行性试验研究，阐明了在钢和陶瓷基体上沉积镍、钴和钼的可行性。结果表明，电磁力学涂膜法具有广阔的应用前景。二是小型电磁轨道炮的军事应用。俄罗斯军方于 2018 年透露其正准备开发一种带有电磁轨道炮和激光炮的坦克，在工作的第一阶段，他们将开发功能强大的坦克电源系统，它将携带能量密集型的有效载荷。在此之后，新坦克将装备激光炮和电磁轨道炮。三是航天应用。早在 2006 年，俄罗斯有五个大型科学和商业机构组织了相关研究人员，设计了一个关于利用电磁加速技术实现地球轨道有效载荷发射的火箭项目[29]。该项目提出以俄罗斯最先进的部件为基础，构建导弹地面加速系统，并分析了电磁助推与火箭末级加速有效载荷的可行性和经济效益。2016年 7 月俄罗斯科学院院长弗拉基米尔·福尔托夫更是公开表态，电磁轨道炮的研发主要计划用于航天领域，未来经过技术改进，或许能够直接用这种超级大炮将卫星射入太空，从而大大降低火箭发射的成本。

3. 土耳其研究现状

近几年，土耳其在电磁轨道炮上的突破主要来自两家公司，即 ASELSAN 公司与 Yeteknoloji 公司。前者与土耳其军方关系密切，隶属于土耳其武装部队基金会，长期为土耳其军方提供从武器系统到信息控制系统的全方位研发服务，是土耳其最大的国防电子公司。该公司在 2017 年伊斯坦布尔国防展览会（IDEF）上展示了电磁轨道炮系统（Tufan），较新成果由 Ceylan 等于 2019 年发表了论文[30]，该论文公开了基于 4 MJ 脉冲电源、25 mm 口径、3 m 长炮管的原型机，该原型机实现了 850 kJ 和 992 kJ 能级的发射试验，弹丸质量与炮口速度分别为 42 g、2 700 m/s 和 130 g、1 500 m/s。

另一家公司 Yeteknoloji 则专攻电磁轨道炮技术，近年来宣传较广，该公司已经推出两代产品，即 SAHI－209 Blok1（图 1－30）和 SAHI－209 Blok2（图 1－31），其中第二代产品参加了 2019 年的伊斯坦布尔国防展览会（IDEF）。两代产品的参数对比如表 1－5 所示。

表 1－5　Yeteknoloji 公司两代电磁轨道炮参数对比

型号	SAHI－209 Blok1	SAHI－209 Blok2
发射能级/MJ	1	10
轨道长度/m	3	7
弹丸参数	16 mm，300 g	35 mm，1 000 g
炮口初速/Ma	3	6
最大射程/km	10	50

　　可以看出,该公司的第一代产品更像是用于技术验证的原型机,而第二代产品的弹丸尺寸与炮口初速使其已经初步具备实际杀伤效能,而且可以装载于移动平台上,但由于公开文献中未提及其发射率,所以实际作战效能不明。

　　土耳其总体研究依托国防部下属合作的军火公司进行,军火公司内部与土耳其大学达成合作或者雇佣关系。也有部分大学独立开展科研性质的小型项目,侧重点在电磁发射共性技术上,包括电枢结构设计及控制仿真等,研究领域涵盖了电磁轨道炮和线圈炮。

图 1－30　SAHI－209 Blok1 型电磁轨道炮　　　图 1－31　SAHI－209 Blok2 型电磁轨道炮

　　相关文献[31,32]显示土耳其国内针对电磁发射领域的研究呈现出两极态势,一方面由政府扶持的军工企业有着较大的开发力度和较成熟的工程化经验,已经研制出了具备一定作战效能的电磁发射系统;另一方面没有与军工企业合作的地方大学在该领域的研究缺乏规模化和系统化,研究成果少且分散。未来土耳其大概率还是以军工企业为主进行研发,在现有基础上提高能级和发射速率。

　　4. 韩国研究现状

　　韩国的电磁轨道发射项目主要由韩国国防发展局(Agency for Defense Development, ADD)牵头,首尔大学、韩国电工技术研究院(Korea Electrotechnology Research Instituté, KERI)与韩国现代威亚有限公司相继参与过相关的研究工作。项目最早开始于 1989年,通过两年的原理论证,ADD 及相关机构设计了一门 10 mm 口径轨道发射装置及300 kJ 的电容式脉冲电源系统,可将一枚 1.3 g 重的弹丸加速到 4.3 km/s,并认为电发射项目应该集中于电热发射而非电磁发射,开始转向电热化学发射及其脉冲电源系统的研究[33]。

　　在经历了近 20 年的电热发射研究后,2011 年左右韩国重新开展了电磁轨道发射项目。借助前期电热发射研究积累的脉冲电源相关基础,ADD 通过近 7 年完成了 25 mm、40 mm、70 mm 口径三型样机的研制及模块化脉冲电源的设计工作,取得了一系列的技术进步,逐步提高了轨道发射系统的稳定性及成熟度。2018 年,ADD 开始考虑发射装置的车载平台设计,2019 年公布了国产晶闸管的设计情况,并在韩国军事科学技术学会(Korea Institute of Military Science and Technology,KIMST) 2019 年度会议上探讨了包含电磁轨道发射武器的未来智能战舰构想。韩国的电磁轨道发射项目已逐渐脱离了单纯的实验室研究,未来可能在车载及舰载平台的工程化、武器化及器件国产化方面取得进展。

1) 25 mm 小口径方腔轨道发射装置

2012 年,为开展电磁轨道发射技术的初步研究,ADD 研制了一门 25 mm 小口径方腔轨道发射装置。其中,电解铜(electrolytic tough pitch,ETP)发射轨道的横截面积为 30 mm×10 mm,总长度为 2 130 mm,有效加速长度为 1 940 mm,电感梯度为 0. 46 μH/m,电阻梯度为 0.15 mΩ/m。2 根轨道被 40 根螺栓固定在 G–10 玻璃纤维复合材料绝缘支撑体上,可承受最高 1 MA 电流带来的电磁斥力。韩国 25 mm 小口径轨道发射装置如图 1–32 所示[34]。

图 1–32 韩国 25 mm 小口径轨道发射装置

为加快项目进度,该型轨道发射装置在试验时借助此前用于电热化学发射的 2.4 MJ 脉冲电源系统。该系统由 8 个 300 kJ 电源模块并联组成,采用真空触发开关(TVS),通过分时触发可产生不同的电流波形。试验用 C 形电枢由 6061 铝制成,质量为 30 g,与轨道的单侧接触面积为 25 mm×27.6 mm,装填后的初始过盈量为 1.4 mm,预紧力为 3.8 kN。电流数据通过互感器配合电路计算的方式提取,电枢位置采用间距为 10 cm 的 18 个 B 探针阵列测量得到。

将电枢装填于距轨道尾部 19 cm 位置,通过调整脉冲电源的充电电压和放电时序,可实现 600~2 000 m/s 不同电枢初速的控制。观察发射后的轨道发现了烧蚀痕迹,其中,在电枢速度约为 1 400 m/s 时发生了转捩,在 1 800 m/s 左右发生了刨削。随后,ADD、KERI 与韩国现代威亚有限公司相继开展了 600 kJ、2.4 MJ、4.8 MJ 脉冲电源系统的研发与测试,以及用于电容充电的 LLC 谐振变换器的相关研究。

2) 40 mm 中口径轨道发射装置

2014 年,ADD、KERI 与韩国现代威亚有限公司向外界展示了其合作研制的 40 mm× 50 mm 中口径轨道发射装置。该型发射装置的轨道总长度为 5.6 m,有效加速长度为 5.1 m,电感梯度为 0.54 μH/m,电阻梯度 0.03 mΩ/m。轨道横截面为 50 mm×30 mm 的矩形,其中 50 mm 宽的区域中有 40 mm 与电枢表面直接接触,边缘部分用于限位,固定在 G–10 玻璃纤维复合材料绝缘支撑体上。来自 4.8 MJ 脉冲电源系统的同轴电缆分两组连接在装置尾部,如图 1–33(a)所示。试验用 C 形电枢质量约为 300 g,头部被聚碳酸酯复合材料包裹,如图 1–33(b)所示。电流数据由放置在 48 个电源模块上的罗氏线圈测量得到,放置在发射装置右侧的 B 探头可检测电枢位置,由此计算电枢的速度及加速度[35]。

设定充电电压为 6.5 kV,进行 20 次初速 2 000 m/s 的发射试验,峰值电流为 1 MA,发射

(a) 5.6 m发射装置　　　　　　　　　　(b) 试验用300 g电枢

图 1-33　韩国 40 mm×50 mm 中口径轨道发射装置

效率为 30%,其中摩擦损失约为 9%,尽管轨道因铝沉积而变得粗糙,但未发现明显的轨道损伤。随后提高电压,进行初速为 2 500 m/s 的发射试验,重复发射 3 次,观察到严重的轨道凿痕[35]。此后,ADD 围绕该型装置开展了一系列的理论研究,发表了关于电路暂态分析、发射过程建模、轨道动态响应、瞬态电感梯度数值分析、晶闸管电流临界上升率测试等研究成果。

3) 70 mm 口径轨道发射装置

在 2018 年的韩国军事科学技术学会年度会议上,ADD 展示了一门 70 mm 口径的轨道发射装置,如图 1-34(a)所示。该装置具有俯仰机构,其身管外壳采用复合材料缠绕成型,提高了轻量化程度。图 1-34(b)为该装置采用的铜基复合型轨道,其外层材料为铜,具有较好的导电性,内层材料为钢,可保证较高的强度和耐烧蚀能力[36]。

(a) 复合样机　　　　　　　　　　　　(b) 铜基复合型轨道

图 1-34　韩国 70 mm 口径轨道发射装置

ADD、KERI 与韩国现代威亚有限公司为该装置设计了 8 MJ 的脉冲电源系统。该系统由 8 个 1 MJ 的子系统构成,每个子系统包含独立的控制电路、充电电源、泄放电路及 10 个 100 kJ 的脉冲电源模块。在 8 kV 充电电压下进行该装置的发射试验,600 g 电枢在膛内加速 4.77 ms,最终达到 2 050 m/s 的出口速度,脉冲电源系统提供的 5.27 MJ 电能被转化为 1.27 MJ 的电枢动能,转化效率为 24.5%。

5. 日本研究现状

日本的电磁轨道炮研制在 20 世纪 80 年代后期就达到了活跃期,该时期主要着眼于利用等离子体电枢实现超高速发射,之后进行工程实践。早在 1980 年,东京理工大学便开展了电磁轨道炮项目,该项目的目的是开发一种能够将 1 g 弹丸加速至大于 10 km/s 的加速器,用于动态高压研究,并评估电磁轨道炮在速度大于 10 km/s 工作的可能性[37]。在之后的试验中,该团队使用 1 m 长的电磁轨道炮和 100 kJ 电容器组进行了初步试验,将 0.75 g 的弹丸加速至 1.8 km/s。1984 年,东京工业大学工程材料研究实验室开发了一种电磁加速器——二级轻气炮,采用 600 kJ 电容器组作为电源,但试验结果未能确定弹丸的精确速度[38]。

1986 年,日本国家工业化学实验室(National Chemical Laboratory for Industry, NCLI)研制了两种直径分别为 30 mm 方孔和 14 mm 圆孔的电磁轨道炮,并在系统中采用脉冲变压器以提高加速的效率。同时,研发了一种弹丸位置探测器,主要是利用闪光 X 射线摄影仪、电磁探针和光学探针对弹丸和等离子体电枢的位置进行测量。为了验证采用脉冲变压器能够提高系统加速的效率,NCLI 构建了一个采用脉冲变压器的 200 kJ 电容器组,并用 30 mm 方膛电磁轨道炮进行了测试,试验结果证明当弹丸(材料为聚碳酸酯)质量为 3 g 时,采用脉冲变压器可使弹丸的加速效率提高 5 倍左右[39]。

1986~1988 年,日本的空间和航天科学研究所(ISAS)开发了电磁轨道炮加速系统(HYPAC),如图 1-35 所示,当时的研究目的主要是进行行星科学试验[40]。整个试验系统中有三个电容器组,每个电容器组由八个并联的 0.25 mF 电容器组成,储能最大达 300 kJ。在试验中为了改变电流波形,系统加入了脉冲成形网络(pulse forming network, PFN),并对其产生的影响进行了研究。1991 年,ISAS 研制的 HYPAC 可将 1.1 g 弹丸加速至 5 km/s。1993 年,ISAS 通过试验发现,当弹丸在放电电流的前半周期结束时离开电磁轨道炮的炮口,此时的能量转化效率最高,并报道了使用 HYPAC 获得的最大试验速度已经达到了 7.45 km/s(弹丸质量为 0.87 g),试验电容器参数为 4 mF、288 kJ。

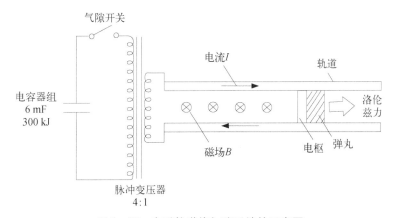

图 1-35 电磁轨道炮加速系统的示意图

在 20 世纪 90 年代,日本从事电磁发射的机构大量增加,其中日本防御部主要从事固体电枢和分段炮的研究,神户钢铁有限公司研究过二次电弧的问题,三菱电子有限公司进行过增强电磁轨道炮的研究。后来,由于等离子体电枢的导轨烧蚀、脉冲电源等遇到技术瓶颈,基本没有进行实用化研究。

2000 年左右日本完成了简单的低速加速装置,探讨了利用固体电枢的加速性能。2010 年,日本防卫省开始着手研发用于近程防御的小口径电磁轨道炮系统。2016 年,日本防卫省的陆上装备研究所申请了 10 亿日元,用于继续开展电磁加速系统的研究。

2018 年 7 月 31 日,日本防卫省的采办、技术和后勤局(ATLA)发布了一段视频,展示了一种小口径电磁轨道炮及相关的测试设备。2018 年 8 月 2 日,日本防卫省陆上装备研究所正式对外宣告其正在研制电磁轨道炮装置——电磁加速系统,该系统是电磁轨道炮的技术试验原型机,该装置安装有发射导轨、脉冲储能装置、电力控制器、散热系统等,如图 1-36 所示。在所展示的这套试验型电磁轨道炮系统中,其炮身管部分为 2 m 长的两根上下并排的铜制导轨,左右则为聚碳酸酯材料制成的两根绝缘导轨,炮口形状为 16 mm×16 mm 的正方形。试验用的弹丸为金属制的 U 形电枢装上尼龙材料的弹头,全长为 44 mm,宽为 16 mm,质量仅为 20 g,如图 1-37 所示。该电磁轨道炮系统在试验中可将重 20 g 的弹丸出口速度加速至 2 759 m/s(约 8 Ma),但能级只有 0.076 MJ。对于超高速带来的导轨烧蚀问题,日本防卫省陆上装备研究所将之前所使用的铜制导轨替换为新型材料制成的导轨(使用 70%钨和 30%铜制成的硬质合金),烧蚀程度降低到只有铜制导轨的 37%。试验用的弹丸也制成高速穿甲弹的形状,口径也增大到 35 mm,采用钢制弹芯和铝

图 1-36　日本防卫省陆上装备研究所研制的试验型电磁轨道炮系统

图 1-37　日本试验型电磁轨道炮的弹丸形状

制弹托,向实用型弹丸又接近了一步[41]。

对于电磁轨道炮系统的研究,日本防卫省陆上装备研究所计划在 2017～2020 年完成试验型电磁轨道炮的试制,2021 年进行实弹射击,并计划未来装备在海上舰艇平台。2018 年,日本陆上装备研究所制定新的研发目标:克服传统火炮在射程上和威力上的不足,大幅度地提高炮弹的威力,以便在岛屿争夺作战中有更强大的武器[41]。日本对于未来电磁轨道炮的设计参数为射程 200 km,最大飞行速度约为 2 000 m/s,弹丸质量为 10 kg,射速为 10 发/min,弹丸平均飞行速度达到高超声速水平。未来,日本计划在摩耶级驱逐舰上配备电磁轨道炮等动能武器,以强化舰艇的多任务作战能力。日本关于今后电磁轨道炮的实际武器应用已经有了自己的设想和规划,如图 1-38 所示。

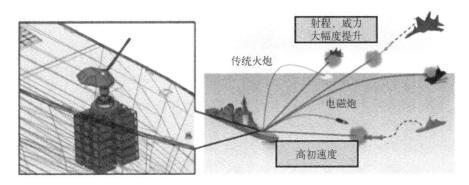

图 1-38　日本电磁轨道炮海军应用规划

6. 法德圣路易斯研究所研究现状

1987 年,法德两国国防部联合组建法德圣路易斯研究所(French-German Research Institute of Saint-Louis, ISL),共同开展电磁发射技术研究。其研究内容涵盖了不同口径电磁轨道发射装置、电枢、脉冲电源、超导体、超快速开关等多项关键技术。

ISL 设计的 PEGASUS 电磁轨道发射装置于 1998 年建成[图 1-39(a)],长 6 m,使用 50 mm 的圆形口径,具有分布式馈电(distributed current feed, DCF)能力。

PEGASUS 由一个 10 MJ 电容型电源供电,该电源由 200 个 50 kJ 的单元构成。该设备的轨道由 Cu-Cr 合金制成,绝缘体由玻璃钢制成。外壳由玻璃纤维和碳纤维复合材料缠绕而成。该设备电流承载能力达到 2 MA,使用带刷电枢的弹丸,能将质量为 350～650 g 的弹丸加速至 2.3 km/s,其整体效率达到了 30%。2002 年,ISL 对 PEGASUS 进行了口径优化[图 1-39(b)],使用 40 mm 的方形口径,此种结构有助于试验研究。优化后,PEGASUS 能将 1 kg 的弹丸加速至 2 km/s 以上。

ISL 利用 PEGASUS 进行如下研究:

(1) 高速度和 2MA 大电流下的弹丸和电磁轨道炮技术;

(2) 10 MJ 脉冲电源的模块化组件设计;

(3) 分布式馈电的测量和同步技术;

(4) 脉冲成形、测量及波形调控。

(a) 1998年50 mm圆形口径   (b) 2002年40 mm方形口径

图 1-39 ISL 的 PEGASUS 电磁轨道发射装置

ISL 关于高速滑动电接触的基础数据来自 PEGASUS。在随后的优化中,通过引入 C 形电枢(图 1-40),提高了 PEGASUS 的发射效率,整体效率分别是 23%(带刷电枢)和 41%(C 形电枢)[42]。ISL 还对轨道寿命、被发射组件与发射器结构开展了进一步的研究。目前,PEGASUS 能够将公斤级的弹丸加速至 2.5 km/s 以上,能量转化效率超过 35%。

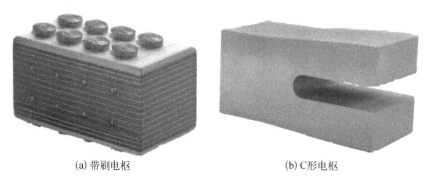

(a) 带刷电枢   (b) C形电枢

图 1-40 带刷电枢和 C 形电枢

为了减小大电流对电磁轨道炮的不良影响且不降低弹丸的加速度,ISL 对增强型电磁轨道炮进行了多年研究,并在 2005 年报道了其研制的增强型电磁轨道发射装置(图 1-41)及测试结果[43]。该设备长 1.5 m,使用 15 mm 方形口径,由电容型电源供电。测试结果显示,该设备的承载电流峰值约为 300 kA,能将质量在 20 g 左右的弹丸加速至 1.1 km/s。目前,ISL 研制的模块化增强型电磁轨道炮 MASEL 仍在进一步研究测试中。

ISL 为了实现可用于防御高超声速导弹(发射频率在 50 Hz 以上)的电磁轨道炮系统,在 2008 年研制建成了连续发射电磁轨道炮 RAFIRAI(图 1-42)[44]。RAFIRAI 装置长 3 m,使用 25 mm 方形口径,外壳由玻璃钢制成,由电容型电源供电,使用开放式炮身结构。开放式的结构能更加灵活地放置仪器,便于了解发射过程。RAFIRAI 利用电磁预加速的方法可实现三连发,在单发模式下能将弹丸加速至 2 km/s;在两连发的情况下该设备能将弹丸加速至 1 km/s,发射频率为 30 Hz[45]。多年来,ISL 对 RAFIRAI 的发射装置、弹丸及

图 1-41 ISL 的 15 mm 方形口径增强型电磁轨道发射装置

图 1-42 连续发射电磁轨道炮 RAFIRAI

电源等不断优化改进,该设备预加速装置达到了 4 级,供电电源达到了 10 MJ,能够实现五连发。目前,RAFIRAI 在单发模式下能够将 100 g 的弹丸加速至 2.4 km/s,相当于超过 100 000g 的加速度;在连续发射模式下(五连发)能将 120 g 弹丸加速至 880 m/s,发射频率为 56 Hz。

2017 年 ISL 展示了其研制的卡车式电磁轨道炮模型(图 1-43),并在展会期间进行了 5 mm×5 mm 弹丸试射,炮口速度达 120 m/s。

图 1-43 ISL 所展出的卡车式电磁轨道炮模型

2018 年 ISL 开发了一种口径更大的电磁轨道炮 NGL‐60(图 1‐44),这种电磁轨道炮采用 60 mm 方形口径。在 NGL‐60 的样机测试中,其电流水平超过了 2.13 MA(设计值为 2 MA),发射效率达到 22%。ISL 将对 NGL‐60 的储能量、发射组件、发射装置、力学性能等展开进一步的研究[46]。

图 1‐44 NGL‐60 电磁轨道炮

7. 中国研究现状

我国早在 20 世纪 80 年代就已经开始电磁轨道发射技术的研究。其中,海军工程大学、中国科学院电工研究所、北京特种机电技术研究所、南京理工大学、中国兵器科学研究院、西北机电工程研究所、中国工程物理研究院流体物理研究所、中国电子科技集团公司第二十七研究所(中电 27 所)、华中科技大学、燕山大学等多家单位进行了电磁轨道炮样机的试制和测试。从近十年国内发表的学术论文来看,电磁轨道炮技术的研究热度逐年升温,研究热点主要集中在发射装置的多场耦合仿真、一体化电枢的优化设计、混合储能技术、脉冲功率电源技术、滑动电接触和内弹道技术等方向,如图 1‐45 所示。

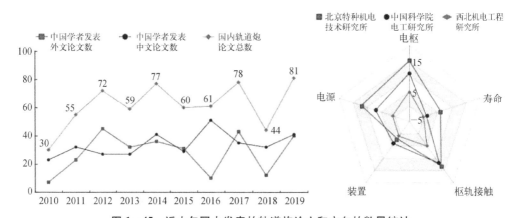

图 1‐45 近十年国内发表的轨道炮论文和方向的数量统计

海军工程大学在储能、电枢、发射装置、超高速弹丸和测试系统等方面开展了较为深入的研究。为了解决连续电磁发射瞬间对电网巨大的短时脉冲功率需求,研究提出了新型脉冲混合储能技术,在电网和脉冲电源间增加蓄电池系统以起到能量缓冲和功率放大的作用[47-49]。在电枢技术方面,提出了一种多因素作用下 C 形固体电枢优化设计方法,为电枢的最优化参数选择提供了依据[50]。在发射装置方面,建立了发射装置在发射过程中的多物理场耦合模型,采用马蹄形冷却槽和喷淋冷却的方法有效地抑制了发射装置的温升,实现了连续电磁发射的热量管理[51,52]。在相关技术突破后,对电磁发射一体化弹丸的磁场时空分布、弹托分离特性及内弹道动力学分析等方面进行了较为深入的研究,研制了装置孔径为 160 mm,磁场峰值为 10.2 T,磁场变化率达 5 487.5 T/s 的离线磁场测试装置,满足了制导弹丸离线和重复测试需要[53]。在测试系统方面,基于磁探针方法获得了电磁轨道发射系统的弹丸速度情况;基于光纤光栅原理获得了导轨温度时空分布规律和导轨应变时空分布规律。除此之外,在电磁轨道发射系统的控制策略和故障诊断方面开展了一定的研究[54,55]。

北京特种机电技术研究所从 2003 年起从事电磁发射技术的研究。2008 年与中国科学院电工研究所共同研制了 6 m 长轨道发射装置,如图 1-46 所示,口径为 30~40 mm,由 100 个 100 kJ 的脉冲电源模块(南京理工大学研究提供)并联驱动,脉冲功率电源模块由 6 个脉冲电容充电器充电,最大可充电至 10 kV(充电时长 60 s),单模块放电峰值电流约为 50 kA,可持续 5 ms,总放电流峰值为 1.8 MA,可将 1 kg 电枢加速到 2.1 km/s,炮口动能可以达到 2.2 MJ,电能转化效率达到 30%(最佳的试验效果是用 4 m 长导轨将 72 g 固体电枢加速到 2.55 km/s,电能转化效率为 10.2%)。由于实际电能转化效率与设计值存在较大偏差,刘培柱等进行了电能转化效率的试验和分析,发现电缆电阻和轨道电阻是影响电能转化效率的主要因素,仿真还表明通过改进同轴电缆可以使理论电能转化效率达到 40%。报告显示,截至 2012 年,北京特种机电技术研究所在该型装置上开展了电磁轨道炮寿命机理问题的研究,共进行超过 100 次发射试验,这些试验均是基于 1 MA 级电流和 200 g 级电枢开展的,为开展发射过程中电枢转捩和轨道刨削问题研究积累了大量数据[17,56-60]。

2013 年西北机电工程研究所开展了一种大口径高能级电磁轨道炮的设计论证工

图 1-46 6 m 长轨道发射装置和 100 kJ 脉冲电源模块及其充电器[57,59]

作[61],设计目标是发射直径 200 mm 的弹丸,质量大于 20 kg,速度为 2 500 m/s,炮口动能大于 62 MJ,并进行了电磁轨道炮身管设计的预紧机理分析[62]。文献[63]、[64]介绍了该研究所最新的一些研究进展,其脉冲电容器的储能规模约为 25 kJ,发射能级约为 7 kJ,可将7 g 左右电枢加速到 1 380 m/s,最大发射质量约 34 g,现阶段尚不具备大规模脉冲功率电源的高功率快速充电条件。但其研究重点已从基础研究向工程化探索转移,涉及枢轨电接触、动态变形及导轨侵蚀等问题,部分研究内容有一定的实用价值和创新性[65]。

2013 年,中国科学院电工研究所在 1 310 mm 长轨道发射装置上进行了低能级两连发试验,两发的试验电枢采用不同的结构(C 形和双 C 形),质量均是 5 g,出口速度约为800 m/s,出口频率为 166 Hz[66]。如图 1 - 47 所示,试验系统主要由大功率电容充电器、10个 100 kJ 脉冲电源模块、轨道发射装置、控制系统和测量系统组成。发射身管由进给部分和驱动部分组成,身管口径大小为 18 mm×18 mm;轨道由铜制成,厚度为 8 mm,电感梯度为 0.4 μH/m。

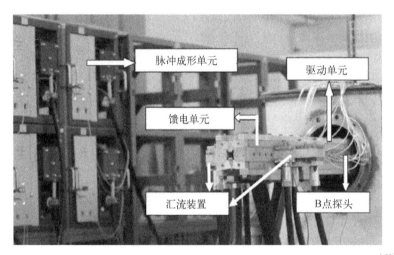

图 1 - 47　中国科学院电工研究所设计的两连发试验系统及试验用电枢结构[66]

2017 年,中国科学院电工研究所设计了两匝平面增强型电磁轨道炮,内径为 15 mm×23 mm,轨道长 2.5 m,由 270 kJ 脉冲动力系统驱动。电磁发射系统由高频高压电源、270 kJ脉冲电源、轨道发射装置、控制与测量系统、释放装置等组成,轨道发射装置如图 1 - 48 所

图 1 - 48　中国科学院电工研究所设计的两匝平面增强型电磁轨道炮[67]

示。试验电枢质量为 14. 895 g,出口速度接近 1 875 m/s,电能转化效率为 11. 13%[67]。

在工程化样机方面,中国科学院电工研究所针对工程应用要求发射装置紧凑化和小型化的特点,研制了一体化发射装置,如图 1-49 所示,其电流承载能力大于 600 kA,完成了 2 300 m/s 速度的试验验证[21]。

图 1-49　中国科学院电工研究所研制的一体化发射装置[21]

1.4.3　发展趋势

大口径、高能级、高射速、紧凑化、长寿命是国内电磁轨道发射系统从理论设计走向工程化所面临的必须要解决的问题。

(1) 目前国内公开的轨道发射装置均在 40 mm 以下,属于小口径。一方面是出于原理验证的成本考虑,期望在小口径的发射装置上积累更多的设计规范和技术方法,为研制大口径发射装置奠定基础;另一方面是为了尽早占领枢轨接触和寿命等高尖问题的理论阵地,但从实际研究来看,小口径装置的部分研究结论能否适用于大口径装置还有待验证。

(2) 高能级发射装置的研究主要受限于储能电源的储能密度、轨道电枢材料的通流能力和热管理等问题。当前技术条件下采用脉冲电容器作为脉冲电源是可行的,但是储能密度和充电时间是首要挑战。高能级连续大电流放电的工况将会引起更加显著的温升和寿命劣化问题。

(3) 作为一种替代传统火药发射的新型电磁装备,既要准备时间短,又要重复速率快,才能快速应对各个方面的威胁,因此高射速是电磁轨道炮武器化的首要问题。这就要求脉冲电源的充电时间要短,而且发射间隙要能够保证导轨和半导体器件的散热需求,同时需要具备连续装填的条件。

(4) 紧凑化是电磁轨道发射系统能否走向工程的关键因素。如果体积、重量过于庞大,适装性差,则无法满足移动平台需求。如果过于追求小型化,又有可能超过材料和器件的性能极限,带来安全性问题。

（5）长寿命既是出于成本考虑，又是满足武器可靠运行的必然需求。从现有研究看，在这方面国际上成熟的经验较少，国内还有大量工作要做，尤其是大口径、高能级发射装置的寿命研究问题。

1.5　电磁轨道发射特点与核心技术问题

1.5.1　基本特点

与传统电气工程技术相比，电磁轨道发射系统始终工作于非周期暂态，该类技术的鲜明特征是"瞬时功率达数万兆瓦、能量达数百兆焦、发射速度达几千米每秒、电流达数百万安培、脉冲时间为数毫秒、循环周期为几秒"，系统运行于超大脉冲功率供电、高速、大电流、瞬态多物理场、非线性、强耦合等极端物理环境，涉及电气、材料等多个学科和领域的深度交叉融合，常规周期稳态分析理论无法满足电磁发射系统的设计、分析和试验要求。图 1-50 为周期稳态和非周期暂态的电压波形。

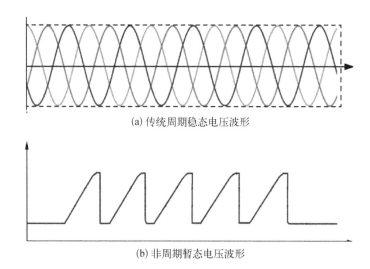

(a) 传统周期稳态电压波形

(b) 非周期暂态电压波形

图 1-50　周期稳态和非周期暂态的电压波形

如图 1-51 所示，对于系统包含的高密度脉冲储能、大功率器件、发射装置材料等核心部件，其性能都存在各自的极限边界，超出极限边界将一次性失效；三者也有其常规的周期稳态工作边界（降额使用），这两个边界的范围有数倍的差别。通过从系统的角度来找到储能、材料和器件安全工作区，并进行迭代设计，才能使全系统达到紧凑化。

目前，国际上还没有在这种工况下工作的设计准则和规范，若参照常规周期稳态方法设计，则装置体积、重量将过于庞大，无法工程应用；若过度追求小型化，则可靠性不高，可能超过极限工作的安全"红线"，引入重大安全隐患。如表 1-6 所示，以典型的导轨铜材和大功率器件为例，普通电机设计的铜线一般取电流密度为 5 A/mm²，而电磁轨

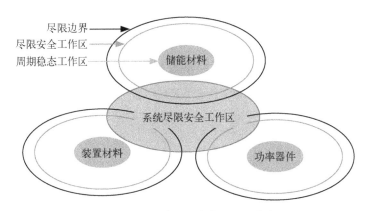

图 1-51 系统尽限安全工作区定义

道发射的导轨电流密度高达 5 000 A/mm^2,是其额定值的 1 000 倍。大功率晶闸管器件额定工作电流为 5 000 A,在电磁轨道发射系统作为开关使用,将用至 200 kA,是其额定值的 40 倍。

表 1-6 材料和器件在电磁轨道发射系统中的超额使用

	周期稳态使用	非周期暂态使用	倍数
铜材电密	5 A/mm^2	5 000 A/mm^2	1 000 倍
大功率晶闸管电流	5 000 A	200 kA	40 倍

由此可见,电磁轨道发射技术由于功率超大,需要拓展材料和器件精确模型的边界,实现超大能量系统的尽可能小型化设计,同时又能安全工作。而基于周期稳态的传统电气理论已不能满足系统设计要求,必须充分利用电磁轨道发射系统的短时重复非周期暂态运行模式,以系统中所包含的储能、器件、发射装置作为切入点开展尽限研究,充分挖掘器件和材料隐含的极限安全性能,从理论上说明各组成单元在特殊运行机制下的尽限安全工作区。

因而,电磁轨道发射技术的特点首先是尽限,即所涉及的电源储能方法、材料,器件的使用方式及拓扑结构,发射装置材料的使用均接近其物理极限;其次是"安全",即所有的设备均工作于尽限安全工作区内,通过建立一套非周期瞬态理论和法则来指导电磁轨道发射系统的设计和使用。

1.5.2 核心技术问题

依据电磁轨道发射的技术特点,从能量存储、转化、变换的角度无不体现出"尽限安全"的思想,由此引发的核心技术主要有脉冲能量存储与管理技术、脉冲能量变换与传输技术、高速大电流滑动电接触技术、超高速一体化发射组件技术、系统控制与测试技术等。

1. 脉冲能量存储与管理技术

脉冲能量存储系统采用"化学储能+物理储能"的复合储能方式,结合化学储能高能量密度和物理储能高功率密度的双重优势,实现电磁发射 10 000 MJ 能量的存储和瞬时功率 3 600 倍的放大。其主要包括初级储能蓄电池、次级储能脉冲电容、电池组均衡管理设备、脉冲功率放大保护设备、时序充放电控制及冷却设备。脉冲能量存储系统的关键技术如图 1-52 所示。

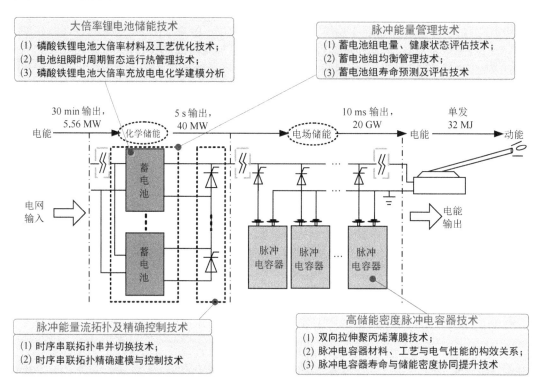

图 1-52　脉冲能量存储系统的关键技术

不同于常规储能系统的功率输出特性,脉冲能量存储系统的功率等级从蓄电池输入到脉冲电容输出放大了数千倍,具有周期循环脉冲输出和尽限应用特点,同时储存了数万兆焦能量以保证连续发射次数。脉冲储能系统需要满足能量存储等级、功率放大等级、脉冲循环寿命及安全可靠性等要求,涉及电气、电化学、电力电子、控制和信息等多学科,具体体现在尽限应用工况下容量和功率平衡配置、超高倍率锂电池、高储能密度脉冲电容器、能量转移拓扑及机理、储能系统健康评估及寿命预测、能量转移控制管理技术、脉冲强磁场抗干扰防护、高功率密度热管理、应急保护及均衡维护技术研究。

根据应用对象及环境的极限要求,电磁发射脉冲储能设计比常规储能系统设计指标要高出许多倍。对于规模庞大、结构复杂的高压储能系统,实现系统小型化,能量的快速、安全、可靠、精准转移,是脉冲储能系统可靠运行的难点。为实现系统小型化,需从储能材料和尽限应用两方面设计,提高基本储能单元电芯和脉冲电容的功率性能,以减少储能系统体积和重量。为实现能量的快速、精准转移,需要建立准确的能量转移拓扑和精确控制模型,并研制先进的电池管理系统(battery management system,BMS)。为了提高系统尽限应用能力,需从系统角度分析各个环节的健康状态,建立相应的寿命模型,评估系统整体的健康状态。为了提高系统运行的安全可靠性,尤其是小型化设计后运行于高压大电流情况下,需要对系统产生的脉冲强磁场实现自身及对外的良好电磁兼容防护。为了实现系统的小型化并延长系统使用寿命,需要设计高功率密度的热管理技术,促使电池、电容、开关工作于尽限临界安全状态。为保障储能系统在高压大电流工况下的安全,需要研究响应高速、持久可靠的安全保护技术。

2. 脉冲能量变换与传输技术

脉冲能量变换与传输是将储能系统输出的能量进行调节和整形,对百兆焦级的能量在毫秒级时间内进行调节和释放,放电电流达数兆安,瞬时功率达数万兆瓦,通过电缆将脉冲大电流传输至发射装置,其主要组成包括放电开关、调波电感器、传输电缆等部分,图1-53为脉冲能量变换与传输的关键技术。

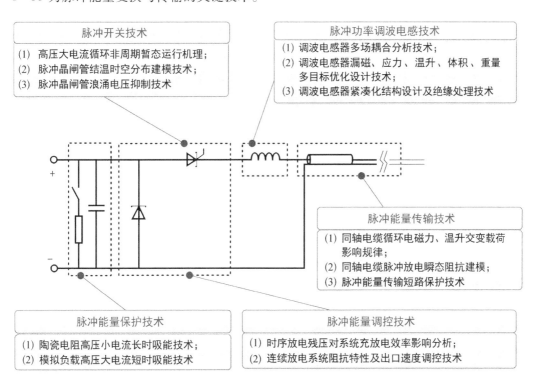

图 1-53　脉冲能量变换与传输的关键技术

放电开关运行于高压大电流循环非周期暂态工况,传统周期稳态理论无法满足分析要求;为提高电源集成密度,减少器件数量,放电开关通常工作于浪涌工况,运行过程面临着循环浪涌电流和电压过冲威胁,需要掌握放电开关循环脉冲暂态运行机理和运行边界,提高运行可靠性;针对浪涌能力尽限设计,需掌握开关晶闸管循环暂态过程结温时空分布规律,充分挖掘其浪涌电流尽限使用潜力;针对高压大电流放电造成浪涌电压过冲问题,需要建立开关晶闸管动态仿真模型,优化缓冲吸收电路,抑制浪涌过电压。

调波电感器的作用是将脉冲电容器释放的能量进行脉冲宽度调节,以配合发射装置中电枢的运动行程和时间。放电过程中调波电感器周围将会产生超过 10T 峰值的脉冲强磁场,较大的漏磁将会干扰周围设备和器件的正常工作,引入极大的安全隐患,需要综合电磁场、应力场、温度场、体积、重量等多方面因素,对调波电感器进行多目标优化设计,同时由紧凑化结构设计带来的绝缘距离小的问题,也需合理设计解决,以确保调波电感器的安全可靠运行。

单个脉冲功率电源模块放电电流峰值高达数十千安,放电瞬间相邻导体产生较大电磁力,需要使用同轴传输技术。在同轴电缆设计中,电缆内部铜丝在循环交变电磁力作用下,绞合稳定性变差,需要考虑内部导体的编织方式,提高同轴电缆内部结构的稳定性;针对同轴电缆连续放电温升过高的问题,需建立同轴电缆热仿真模型,通过优化电缆截面尺寸、冷却方式和放电周期以满足温控要求;同轴电缆短路故障容易引发能量倒灌,通过限流技术可防止系统能量向短路点聚集释放,避免电缆短路事故扩大。

电磁轨道发射具有能量调节灵活的优势,可实现发射弹丸速度的无级调控。脉冲能量调控技术主要包括平顶波电流输出、时序放电残压与调控、弹丸出口速度精确控制等技术。平顶电流输出主要保证弹丸推力持续和稳定,提高系统发射效率;脉冲储能系统时序放电造成多个脉冲电源模块的电容残压,通过调整充电策略可提升充电效率;系统连续放电过程存在温度积累,系统阻抗增加,需要相应的发射调控技术实现连发弹丸出口速度的精确性和一致性。

电磁轨道发射颠覆传统火药发射原理,其秒级充电过程将影响武器控制系统的决策,放电过程中分布式能量单元时序向发射装置释放能量,因此电磁轨道发射系统存在带压终止发射及发射能量残余问题。脉冲能量保护技术主要通过吸收系统残余能量,必要情况时吸收系统初始总能量,使系统回到安全状态。脉冲能量保护技术需要重点考虑能量吸收效率问题,因为吸收效率将影响武器控制决策和电系统性能指标。

3. 高速大电流滑动电接触技术

电磁轨道发射装置主要包括导轨、绝缘体、封装结构、膛口电弧转移装置、热管理与冷却、反后坐装置等部分。在高速电磁发射过程中,电枢与导轨存在高速大电流滑动电接触特有现象,这也是电磁轨道发射装置与其他传统机电能量转化装置的不同之处。电磁轨道发射装置在十毫秒级的动态发射过程中,将会承受数兆安的脉冲电流,内膛产生数十特斯拉的强磁场。极端的内膛环境导致枢轨界面快速熔蚀,同时伴随着材料性能急剧劣化、绝缘降低等问题,装置各部件均面临严酷的考验。图 1 - 54 为电磁轨道发射装置的组成和关键技术示意。

导轨是发射装置的核心部件,在发射时处于大电流、高温度、强磁场的苛刻工作环境下,会出现表面沟槽、刨削、转捩烧蚀及载流摩擦磨损等现象,将导致使用寿命缩短,并直接影响发射组件的膛内姿态和发射安全,需要研究导轨的损伤形式及损伤机理,提出相应的解决和减缓措施。绝缘体与导轨相连,起着电气绝缘和支撑固定导轨的作用。膛内物理场环境复杂,发射过程中产生的电弧、熔融铝侵蚀、热冲击对绝缘体性能会造成渐变式

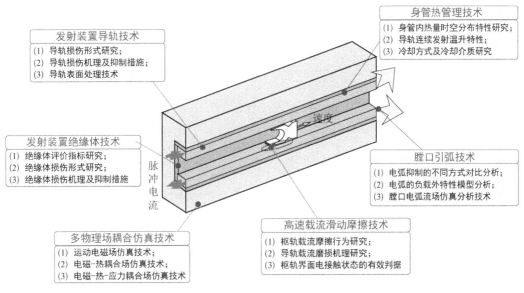

发射装置导轨技术
(1) 导轨损伤形式研究;
(2) 导轨损伤机理及抑制措施;
(3) 导轨表面处理技术

身管热管理技术
(1) 身管内热量时空分布特性研究;
(2) 导轨连续发射温升特性;
(3) 冷却方式及冷却介质研究

发射装置绝缘体技术
(1) 绝缘体评价指标研究;
(2) 绝缘体损伤形式研究;
(3) 绝缘体损伤机理及抑制措施

膛口引弧技术
(1) 电弧抑制的不同方式对比分析;
(2) 电弧的负载外特性模型分析;
(3) 膛口电弧流场仿真分析技术

速度

脉冲电流

多物理场耦合仿真技术
(1) 运动电磁场仿真技术;
(2) 电磁-热耦合场仿真技术;
(3) 电磁-热-应力耦合场仿真技术

高速载流滑动摩擦技术
(1) 枢轨载流摩擦行为研究;
(2) 导轨载流磨损机理研究;
(3) 枢轨界面电接触状态的有效判据

图 1-54 电磁轨道发射装置的组成和关键技术

的影响,最终会造成绝缘体损伤直至失效。因而,需要分析绝缘体的损伤形式及内在机理,为绝缘体性能优化和延长使用寿命提供理论依据。

高速大电流滑动电接触问题的多物理场耦合仿真是目前电磁轨道发射装置的研究热点及难点。由于滑动电接触问题的运动电磁场的特殊性,目前主流商业仿真软件尚不完全具备该问题的仿真能力,需要基于有限元理论,从控制方程出发研究运动电磁场的分析方法。在发射过程中,瞬时电流极大、速度极高,涉及了运动电磁场、温度场、应力场等多物理场及相互耦合的作用。在发射过程中,导体(导轨及电枢)上产生焦耳热和摩擦热,导致导体材料属性变化并进一步影响电磁场的分布。电磁场产生的力作用于导轨和电枢使其产生变形,变形的导轨进一步影响导轨上电磁场的分布。需要研究发射过程中的多物理场相互耦合及影响过程,精确分析导轨等核心部件的电、热、力等方面的物理场环境,确保身管性能的稳定性及发射的安全性。

材料的载流磨损是滑动电接触问题中的特有现象。摩擦副的磨损状态直接影响发射装置发射效率、使用寿命及发射组件的安全性及稳定性,需研究导轨及电枢材料间的载流摩擦行为,确定材料磨损的主要形式及能量来源,研究导轨磨损机理及电枢磨损量计算方法,确定描述枢轨接触状态的有效判据,提出枢轨接触特性改善方法。

身管热管理技术决定着发射装置的持续工作能力。在实际发射过程中,脉冲功率电源提供的能量中有相当一部分以导轨电阻焦耳热及滑动摩擦热的形式留存在导轨中。短时多次的热量积累、温度急剧上升会导致身管材料失效甚至报废。需要研究身管内的热量时空分布特性及连续发射温升特性,对比研究不同的冷却方式及冷却介质,确定适用于电磁轨道发射装置的热管理技术路线。

膛口电弧的转移及调控策略对身管发射效率、身管寿命及发射精度均有重要的影响。需要对比研究电弧抑制的不同方式,分析电弧的负载外特性模型,研究电弧流场计算方法,分析膛口电弧流场特点。

在多次发射后,导轨表面会出现严重磨损,可通过对其表面进行涂层处理来降低枢轨间摩擦系数、改善电接触性能、保护导轨基材、延长使用寿命。研究导轨表面不同的涂层制作方式,分析涂层处理后对枢轨接触性能的影响,对于延长身管寿命、提高身管免维护周期、改善内弹道及出口后的中间弹道特性具有重要的意义。

4. 超高速一体化发射组件技术

基于电磁轨道发射的超高速一体化发射组件(integrated launch package,ILP)采用次口径发射方式以满足不同发射口径和环境要求,以集成化的设计思想保证膛内发射安全等要求,整个发射组件包括电枢、超高速弹丸、弹托等部件,如图 1-55 所示。

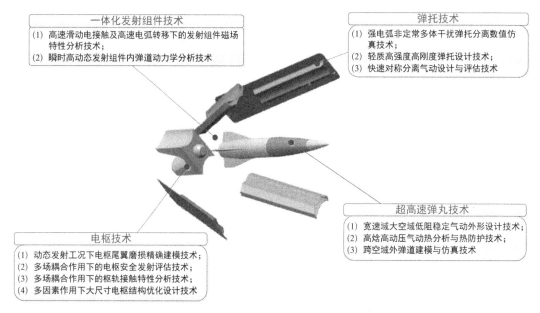

一体化发射组件技术
(1) 高速滑动电接触及高速电弧转移下的发射组件磁场特性分析技术;
(2) 瞬时高动态发射组件内弹道动力学分析技术

弹托技术
(1) 强电弧非定常多体干扰弹托分离数值仿真技术;
(2) 轻质高强度高刚度弹托设计技术;
(3) 快速对称分离气动设计与评估技术

电枢技术
(1) 动态发射工况下电枢尾翼磨损精确建模技术;
(2) 多场耦合作用下的电枢安全发射评估技术;
(3) 多场耦合作用下的枢轨接触特性分析技术;
(4) 多因素作用下大尺寸电枢结构优化设计技术

超高速弹丸技术
(1) 宽速域大空域低阻稳定气动外形设计技术;
(2) 高焓高动压气动热分析与热防护技术;
(3) 跨空域外弹道建模与仿真技术

图 1-55　超高速一体化发射组件技术

电枢是超高速一体化发射组件的重要组成部分,也是电磁发射装置的关键核心部件,其通过上下导轨形成回路,并产生巨大的驱动力推动一体化发射组件完成动态发射。然而,电枢工作环境恶劣,其不仅要适应膛内大电流、强磁场的环境,承受磨损、高温、高应力的考验,还要保证动态发射过程中与轨道的良好接触以最大限度地延长轨道使用寿命。此外,为提高一体化弹丸的有效载荷比,电枢还应有较小的质量,上述情况都对电枢的设计及性能提出了非常高的要求。因此,有必要对其关键技术进行深入的研究。针对动态发射过程中磨损量造成电枢性能下降问题,需要对其尾翼磨损量进行精确建模分析;针对高温、高应力工作环境影响电枢安全的问题,需要建立多物理场耦合模型,对其发射安全性进行评估;针对枢轨接触不良造成的电枢转捩问题,需要对多场耦合作用下的枢轨接触特性进行分析;针对提高弹丸有效载荷比的实际需求问题,需要研究多因素作用下的电枢结构优化设计技术。

超高速弹丸作为一体化发射组件的有效载荷,直接决定了系统的有效发射能量。在内弹道方面,相对于传统化学能武器,由于发射机理的改变,弹丸膛内发射环境更为复杂,表现为长时高过载和脉冲强磁场的耦合作用,其中发射过载最高达到 30 000 g,峰值磁场达 10 T,峰值持续时间超过 5 ms,并且在弹丸出膛瞬间,枢轨电流的快速转移,导致弹丸在膛口处磁场变化率极高,最大磁场变化率达每秒上万特斯拉。这一方面使得弹上磁场特性分析面临高速滑动电接触及高速电弧转移下的发射组件磁场建模难题,而弹上力学特性分析面临着瞬时高动态发射组件内弹道动力学建模难题;另一方面使得弹丸的膛内发射安全性设计面临巨大的挑战,如复杂电磁环境下弹载器件的布局设计和电磁防护设计,以及多体动力学冲击下的弹体及器件结构强度设计。在外弹道方面,需要突破跨空域外弹道建模与仿真技术,以及宽速域、大空域低阻、稳定气动外形设计技术,此外弹丸出口马赫数达到 7 以上,弹丸的稳定性变差,头部发热严重,头部驻点温度达到上千摄氏度,需要从弹丸的材料、结构及气动布局等多方面突破高熵、高动压气动热分析与热防护技术。

弹托作为电枢、弹丸及导轨之间的连接部件,在一体化弹丸的发射过程中起着膛内支撑、保护和导向的作用,出膛之后需要快速分离,以降低分离对弹体飞行稳定性和射击性能的影响。从分析上来说,相比传统火炮的炮口后效期,在发射组件出膛瞬间存在高速、高压燃弧效应,伴随着高速非定常流场及各种冲击波,使得弹托分离模型的精确建立较为困难,需要突破强电弧非定常多体干扰弹托分离数值仿真技术。从设计上来说,弹托的结构设计直接影响一体化弹丸在膛内的发射安全性,需要充分考虑弹托在膛内发射过程中的力学特性,确保膛内不发生结构破坏和分离现象。此外,弹托的气动外形设计直接影响弹托分离过程,需要针对其气动特性进行优化设计,确保膛外快速、对称分离。并且,弹托作为一体化发射组件的寄生载荷,在满足膛内发射结构强度要求和膛外快速、对称分离要求的前提下,需要进行轻质化设计,以提高一体化发射组件的有效载荷比。

5. 系统控制与测试技术

电磁轨道发射的控制系统是全系统的大脑,精确、有序地指挥着全系统发射的每一个流程。不同于传统大型电气系统,电磁轨道发射系统工作在非周期暂态超大功率工况,因此其控制和测试技术均面临新的挑战,图 1 - 56 为系统控制与测试核心技术。

系统控制与测试技术是指利用高精度、高实时的传感器检测技术精确采集和描述系统的状态,通过集成化的维护工作站进行数据的采集、传输、处理并为全流程的控制提供重要的辅助决策信息的综合信息处理技术。整个控制与测试系统由传感器采集部件、数据传输和处理部件处理器及信号交互部件等组成。高压脉冲储能系统的测量与控制系统的设计需要考虑稳定性、精确性和快速性等诸多核心问题,涉及传感器学、计算机网络、信号系统、控制学、神经网络科学等诸多学科。控制系统要适应电磁轨道发射这种工作在高压大电流强磁场极限工况,满足非周期暂态特征的复杂系统的需求,需要综合考虑检测的快速性、控制的实时性、决策的安全性、故障的预判性,从而达到利用信息流精确控制能量流的目的。电磁轨道动态发射的环境伴随着高电压、大电流、强磁场和强弧光等多种干扰

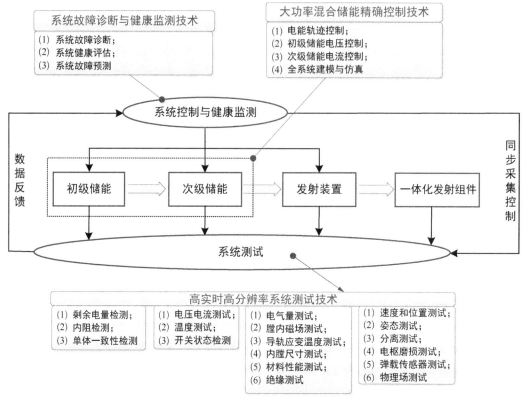

图 1-56 系统控制与测试核心技术

因素,与传统火炮发射环境截然不同,传统火炮发射试验方法及测试技术几乎无法直接适用于电磁轨道发射。

对于这种复杂大系统,其难点在于:

(1)系统规模庞大,实时性要求高。电磁轨道发射系统包含了从能量存储到能量变换的各个环节,时间尺度从秒级到毫秒级,功率从数十兆瓦到数万兆瓦,需要控制系统具有动态过程平稳、响应指令快速、跟踪值准确等特点,即具有稳定性、快速性和精确性,能够充分利用各种状态信息,在控制链路和软件逻辑上对系统状态进行实时自动调节,确保控制系统能快速正确决策,保证系统稳定安全运行。

(2)系统能量大,故障预测、诊断和保护要求高。发射瞬间能量高达数百兆焦,设备工作于"尽限"工作区,若系统不可靠,将带来灾难性后果。这就要求控制系统具有较高的故障预测能力和故障诊断及保护能力,通过对测量数据进行分析,能够评估当前系统的健康状态并进行故障预测。即使发射过程中出现故障,也能够及时切除故障,避免带来更大故障。

(3)测试对象复杂,测试种类多。电磁轨道发射系统存在强电磁场、强冲击、强弧光干扰等特点,需要引入光学、磁场线圈等非接触式测试方法,尽可能在每次试验中都能获取全面的测试数据并进行及时处理,这就要求测试系统具有对瞬态脉冲信号的高性能数据采集能力,以及良好的环境适应性。

1.6　小　　结

　　本章主要介绍了电磁发射技术的发展历程、技术分支及主要特点,并围绕电磁轨道发射系统重点介绍了其技术原理和基本设计方法,系统地总结了美国、俄罗斯、土耳其、韩国、日本、中国等国家以及法德圣路易斯研究所的研究现状,并提出了发展趋势。

　　由于电磁轨道发射系统工作于非周期暂态,运行于瞬态多物理场强耦合的极端物理环境,传统的周期稳态理论无法满足其分析需求。本书提出了循环非周期暂态的分析方法与理论,以及系统尽限安全使用理论的概念,并系统凝练了脉冲能量存储与管理、脉冲能量变换与传输、高速大电流滑动电接触、超高速一体化发射组件、系统控制与检测等方面的核心技术问题。

第 2 章　脉冲能量存储与管理

电能与其他的能量形态不同,其自身不能存储。为此,必须先将其暂时变换为其他的能量形态,之后再变换为电能进行利用,这种技术称为能量存储技术。常规的储能方式有机械储能、化学储能、静电储能和磁场储能等几种形式,而目前单一的储能方式难以同时满足电磁轨道发射系统的能量密度和功率密度需求,因此需要采用混合储能的技术形式。本章主要讲述脉冲能量存储的机理、模型和管理技术。

2.1　储能系统的原理与指标

2.1.1　基本组成与作用

脉冲储能系统是电磁轨道发射系统的能量来源。对于出口动能为 32 MJ 的电磁轨道发射系统,效率按 32% 计算,单次储能需要 100 MJ,发射过程只有 10 ms,则峰值功率达到了 20 GW,与三峡电站装机容量相当,直接从电网取能是不现实的。为了实现超高瞬时功率输出,一般选择目前较成熟的脉冲电容器向发射装置供电,发射时向负载提供 20 GW 的输出功率,若按照 5 s 发射一次的频率,则对脉冲电容器充电的峰值功率将达到 40 MW。一般动力平台上难以承受如此高功率,在综合电力舰艇上将对电网造成极大的冲击并影响其他电力设备的使用。因此,为了保证连续发射能力,必须在一定空间体积和重量限制下存储足够的能量,这就要求储能系统必须同时具备高功率密度和高能量密度。目前,单一储能形式很难达到此要求,如何为发射系统提供高能量密度、超高功率密度的能源成为其能否实际应用的关键。

海军工程大学在 2009 年率先提出了舰载电磁发射装置应基于蓄电池与脉冲电容器相结合的储能思路[68]。在电网和脉冲储能电源之间增加蓄电池,利用电能→化学储能→物理储能的两次能量转化,实现能量缓冲和瞬时功率放大,从而降低系统对电网的瞬时功率需求,在发射间隔仍为 5 s 的前提下,电网瞬时功率需求从 40 MW 降低为 5.56 MW。核心思想是充分利用化学储能的高能量密度和物理储能的高功率密度,如图 2 - 1 所示。

采用混合储能的形式使得在一种能源上难以满足的条件分解到复合的不同种类的能源上,使系统同时具有高功率密度与高能量密度的优势。混合储能采用两级储能,初级储

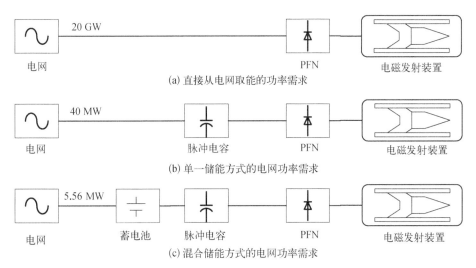

图 2-1　电磁轨道发射储能系统对电网功率需求

能从电网上吸收能量并进行存储,具有高能量密度。次级储能从初级储能获取能量并释放给发射装置,提供瞬时大功率,具备高功率密度。通过两级混合储能装置实现了普通电网能量到大电流、高电压、超高瞬时功率输出能量的转化。

　　电磁轨道发射用混合储能系统基本组成如图 2-2 所示,包括蓄电池、控制系统、充电装置、放电开关、保护装置、限流装置和脉冲电容等。

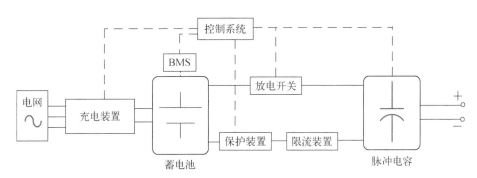

图 2-2　电磁轨道发射用混合储能系统基本组成

　　蓄电池为初级储能基本单元,负责电磁轨道发射持续工作所需能量的存储;脉冲电容为直接给发射装置供电的二级储能,负责单次发射能量的传递;BMS 为电池管理系统,负责电池状态监测、计算及均衡维护;充电装置负责将电网的能量按要求整形后输送给蓄电池;放电开关负责将蓄电池存储的能量释放给后一级储能单元;限流装置负责将蓄电池组放电主回路电流峰值限制在设定范围;保护装置主要用于防止放电主回路发生短路故障;控制器负责对上述设备状态汇总监测及按要求下发控制命令。

　　混合储能系统基本工作过程为:蓄电池储能系统短时(4.99 s 左右)快速给脉冲电容器充电,脉冲电容器充完 100 MJ 能量后蓄电池停止工作,脉冲电容对发射装置瞬时(0.01 s 左右)放电,完成一次发射。按照 12 次/min 的射速,依次发射 N 次后,再为蓄电

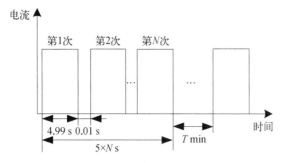

图 2-3　储能系统工作模式示意图

池充电 $T\,\text{min}$，而后再进行 N 次连续发射，如图 2-3 所示。因此，蓄电池处于大周期、小循环的短时重复工作模式。在这种工作模式下，电网的平均充电功率需求为

$$P = \frac{100 \times N}{60T} \qquad (2-1)$$

以典型的应用工况为例，N 为 100，T 为 30，则充电功率为 5.56 MW。

储能系统的能量转移过程分为四阶段：第一阶段为电能到化学能，这一阶段的特点是电网持续以 5.56 MW 的功率在 30 min 内给蓄电池组提供 100 发、约 10 000 MJ 的能量；第二阶段为化学储能到电场储能，这一阶段的特点是蓄电池组通过时序放电，为脉冲电容器提供瞬时 40 MW 的充电功率，在 4.99 s 内将电容器充到额定能量；第三阶段是电场储能到电磁能，这一阶段的特点是将脉冲电容器的储能以 20 GW 的功率在 10 ms 内释放到发射装置上；第四阶段是电磁能到动能，发射装置利用电能产生的洛伦兹力，推动电枢到达预定速度。以上四阶段在单发储能 100 MJ 的前提下，实现了 5 s 一次的发射频率要求。

从分析可知，若不采用混合储能技术而省去第二阶段的能量变化，直接从电能到电场储能，则其充电功率需求将达到 40 MW，比混合储能技术的功率需求增大 7.19 倍。可见，混合储能技术使得对电网的总功率需求大幅下降，从而易于电磁轨道发射系统的工程应用。

2.1.2　能量存储技术的核心指标

1. 储能能量与能量密度

储能系统是后端设备工作的能量来源，选择什么样的储能单元，储存多少能量，需要根据系统要求来配置。不同类别的电气系统对储能系统的能量需求不一样。例如，新能源动力汽车，需要在有限的空间内存储尽量多的能量以实现新能源动力汽车的续航能力最大化，因此能量密度是此类系统追求的重要指标。从早期比较成熟的铅酸蓄电池、镍氢电池，到近年来迅猛发展的锂离子电池，以及技术尚不成熟的燃料电池都是按此要求对标的，能量密度从 30 W·h/kg 提升到了 300 W·h/kg，并且还在不断探索如何进一步提高指标。风电和光伏发电装置配以一定容量的储能系统，可以起到平滑功率、提供不间断供电等重要作用。由于光伏发电系统一般装于陆上场地，对能量密度要求相对没有那么苛刻，铅酸蓄电池、锂电池、超级电容器都可配合此类系统，改善光伏发电系统整体特性。此类系统更侧重的是基于成本的容量配置。

高能级电磁轨道发射系统对能量的需求巨大，工作一次需要 100 MJ 能量，连续工作 100 次需要 10 000 MJ 能量，同时化学储能不能完全释放，且受到电池最大放电倍率等限制，以 50% 释能深度计算，则每个连续发射大周期需要存储 20 000 MJ 的能量；为提高适装性，需要考虑储能

单元及系统的能量密度,还要考虑功率密度要求,兼顾能量和功率限制来选用初级储能,因而初级储能能量密度在 $100\sim150\ \text{W}\cdot\text{h/kg}$,随着电池技术的不断发展,这一指标将持续提升。

二级储能为脉冲电容器,其储能密度如式(2-2)所示:

$$D_p = \frac{CU^2}{2V}\cdot K_p\cdot\eta = \frac{1}{2}\eta K_p\varepsilon_0\varepsilon_r E_p^2 \tag{2-2}$$

式中,D_p 为储能密度;C 为脉冲电容容值;U 为脉冲电容电压;V 为脉冲电容体积;ε_0 为真空介电常数;ε_r 为电容器材料的相对介电常数;E_p 为工作场强;η 和 K_p 则分别为介质放电效率和体积封装系数,前者指脉冲电容器可释放的最大能量占总储能的百分比,而后者指一个或多个单体在组成一定容量电容器产品时储能介质体积与产品实际体积的比值。

由此可见,提高脉冲电容器储能密度有四个基本方法,即提高放电效率、提高封装系数、提高介质材料的相对介电常数、提高介质材料的工作场强。目前,应用于电磁发射领域最先进的脉冲电容器为美国 GA 公司研发的储能密度为 3 MJ/m³、能量为 50 kJ 的 CMX型脉冲电容器,该电容器在 6.6 kV 的充电电压和 15 kA 的放电电流工况下,实测寿命达到了 1 400 次,但仍不满足工程应用要求[69]。

2. 储能功率与功率密度

系统的储能功率是指能量的输出速率,是储能系统的基本指标,在设计储能系统时需要根据后端设备需求来配置。在移动平台上的有限空间内,需尽可能使储能系统功率密度高,这样在额定功率需求下,储能系统占用的体积就小,适装性也就越好。

为了保障脉冲电容 40 MW 以上的充电功率,需要蓄电池在存储 20 000 MJ 能量的基础上,同时具有较高的功率密度,以减小系统体积和重量。这要求锂电池必须具备高倍率放电能力,即高功率密度。一般动力锂电池放电倍率在 5 C 以下,而在电磁发射这种脉冲场合,需要放电倍率为 40~100 C。

用于发射类的脉冲电容工作电压从几百伏到十几千伏,电流达数百千安培,时间在毫秒级,重复频率小于 1 Hz,而容量和储能规模一般可达毫法和百千焦量级。为了提高功率密度,需对电容器内部连接铜排进行优化,并设计良好的冷却通道,以进一步提高载流能力。

3. 循环工作频率与寿命

循环工作频率是指两次放电之间的时间间隔。发射频率越高,发热功率越大,储能系统的温升则越高,对冷却系统要求也相应越高。这就需要先进热管理技术将温升控制在合理范围内,否则影响储能系统循环寿命甚至安全性。

循环寿命直接关系储能系统的成本,寿命越长,使用成本越低。因此,绝大多数系统都希望所选的储能单元循环寿命越长越好,尤其是规模比较大、结构相对复杂、占全系统成本比例大的储能系统更需考虑循环寿命这项重要指标。部分储能系统甚至会牺牲其他性能指标以延长循环寿命,例如,城市交通有时会选择能量密度低的超级电容和钛酸锂电池而非能量密度高的三元锂电池作为基本储能单元,正是因为前者循环寿命指标高出后者一个数量级。每一种储能单元在设计时就考虑了自己的循环寿命特性,不同的使用方式也会导致其循环寿命特性发生变化。因此,在使用上如何延长储能系统循环寿命的相关研究层出不穷,一般通过优化充放电策略及基于电池管理的均衡策略来实现。

作为初级储能的蓄电池,延长循环寿命的方法有:① 采用良好的热管理技术,控制工作温度为理想范围;② 浅充浅放,避免出现过充过放行为;③ 采用均衡控制策略,保证电池组一致性。

当脉冲功率电源使用在连续循环充放电工况下时,重复频率会对电容器的循环寿命产生影响,其理论关系如式(2-3)所示:

$$L = L_0 + c_1 \ln(f_R/f_{R0}) \tag{2-3}$$

式中,L 为脉冲电源在设定工况的循环寿命;L_0 为脉冲电容在额定工况下的循环寿命;c_1 为循环寿命随频率变化拟合系数;f_R 为实际使用频率;f_{R0} 为基准频率。

脉冲电源的实际工作频率主要取决于充放电过程中的时间参数,具体包括充电时间、保压时间、放电时间和间隔时间。另外,对于储能规模较大的脉冲功率系统,一般连续工作次数有限,即一定次数的连续充放电之后还需要设置一定的冷却时间以帮助热量的耗散,确保安全。提高循环工作频率首先会引起电容器内部温升的加速累积,造成击穿自愈负荷增加、容量衰减和循环寿命缩短;此外,循环工作频率较大时介质弛豫去极化过程完成时间不足,会引起薄膜老化加速,进而造成电容器循环寿命缩短。

脉冲电容器的循环寿命除了与工作频率相关外,还与材料、工艺、电压、电流、温度、充电时间、保压时间、反峰比等因素相关,并且电容器的高储能密度和长循环寿命也是相互矛盾的应用指标,追求高储能密度的同时必须衡量其循环寿命。

4. 持续工作次数

储能系统持续工作次数是指从电网获取能量后,脱开电网不间断工作 N 次。与初级储能系统存储的能量直接相关。换言之,储能系统持续工作次数决定了初级储能的容量,而系统是以追求最大可持续工作次数为目标的,但这个指标又与系统体积、重量密切相关,储能系统持续工作次数越多,系统将更庞大。同时,储能系统持续工作次数也受系统自身温升影响,由于发射间隔短,系统温升难以恢复到初态,呈锯齿形规律上升,如图2-4

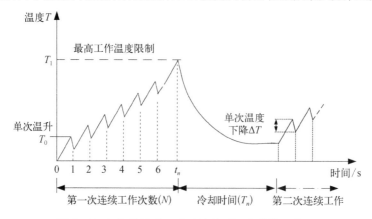

图 2-4　初级储能循环脉冲放电时温升曲线示意图

所示,最高工作温度下限限制了储能系统可持续工作次数 N。之后经过较长一段冷却时间 T_n 以后,再进行第二次连续工作,因而需要设计先进热管理技术保证温升在合理范围内,才能增加储能系统持续工作次数。

在应用工况固定的前提下,脉冲电容器的持续工作次数主要与内部温升相关,研究表明,电容器寿命随着实际温度的升高而呈指数规律衰减,如式(2-4)所示:

$$\frac{L}{L_0} = 2^{-\frac{T-T_0}{T_m}} \qquad (2-4)$$

式中,T_m 为拟合因子,一般取值为 $10\sim20$;T_0 为单次温升,这意味着每当环境温度升高 $10\sim20℃$,电容器使用寿命将降为原来的 $1/2$。根据以上公式可以确定脉冲电源在设定工作参数条件下的寿命 L 和额定工况下的寿命 L_0 的近似关系,建立持续工作次数与真实寿命的映射关系[70]。

对于储能系统,上述四项指标在一定范围内存在统一性,即一个储能系统设计时需同时考虑能量密度、功率密度、循环工作频率与寿命及持续工作次数要求。大部分系统希望四项指标都高,但实际上四者之间存在一定矛盾。例如,功率密度和能量密度,若功率密度非常高,则能量密度会偏低,反之亦然,如图 2-5 所示。

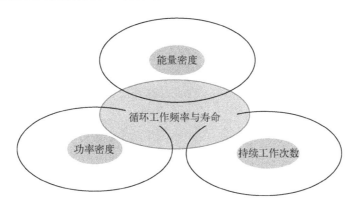

图 2-5　电磁发射储能系统设计示意图

为了克服单一电源性能上的局限性,目前只能依据现有的成熟技术,针对不同的应用场合,侧重四者之中的某一两点,或者为同时兼顾四项指标采用混合储能方式及平衡设计方法,充分利用循环脉冲短时工况及良好散热设计,以达到应用需求。

2.2　能量存储的主要形式

2.2.1　储能机理分类

现有的储能方式按照能量转化机理的不同,主要可以分为机械储能、化学储能、静电储能和磁场储能等四种类型。

1．机械储能

机械储能又称为物理储能，是通过机械物理的方法实现能量存储，常见的机械储能方式包括抽水储能、压缩空气储能、飞轮储能等。

1）抽水储能

抽水储能是为了解决电网用电高峰和低谷的供需矛盾而诞生的一种物理储能技术。它利用过剩的电力驱动水泵，将水从下水库抽到上水库储存起来，然后在需要发电的时候将水放出发电。抽水储能最早于 19 世纪 90 年代在意大利和瑞士应用，目前全世界共有超过 90 GW 的抽水储能机组在运行使用。

抽水储能的最大特点是储存能量大，非常适合于电力系统调峰和用作备用电源的长时间运行场合。但是，抽水储能电站受地形制约，当电站距离用电区域较远时，输电损耗较大。

2）压缩空气储能

压缩空气储能是在电力系统用电低谷时，利用电网中的富余电力，通过空气压缩机储存能量；在电力系统用电高峰时，释放压缩空气储存的能量并发电，向系统供电。

压缩空气储能电站是 20 世纪 50 年代发展起来的新型电能存储系统，从 90 年代开始，随着相关技术的逐步完善及电力质量和环境保护等的需求，压缩空气储能的研究逐渐被重视。压缩空气储能使用廉价的非峰荷电力压缩空气，仅使用少量的天然气或石油加热空气，运行成本很低，但对于储存空间的选取有一定地质方面的要求，即空间体积、承压能力及空间的密闭性。目前，人们正在改进压缩空气储能的部件和性能，随着压缩空气储能技术的不断发展和完善，将在若干方面优于抽水储能电站，成为一种经济可行的储能技术。

3）飞轮储能

飞轮储能的基本原理是将电能转化成飞轮的动能存储起来，在需要时再将其转化为电能供用户使用，主要由飞轮、电机/发电机、电力变换装置等组成，如图 2-6 所示。其中，飞轮本体是储能系统的能量存储单元，其存储的动能大小 E_{fw} 由其转动惯量 J 和转速 ω_{fw} 共同决定，如式（2-5）所示。

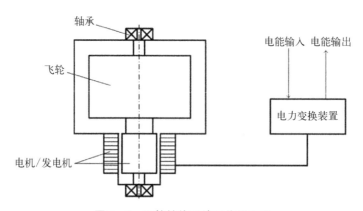

图 2-6　飞轮储能系统工作原理图

$$E_{fw} = \frac{1}{2}J\omega_{fw}^2 \tag{2-5}$$

在储能时,电能通过电力变换器变换后驱动电机运行,电机带动飞轮加速转动,飞轮以动能的形式把能量储存起来,完成电能到机械能转化的能量储存过程,能量储存在高速旋转的飞轮中;当释能时,高速旋转的飞轮拖动电机发电,经电力变换装置输出适用于负载的电流与电压,完成机械能到电能的转化。

飞轮储能在释能时,是机械能和电能的相互转化,因此其释能深度范围非常宽,特别适用于释能深度不规则的场合。目前,在大容量脉冲功率储能、分布式电力系统不间断供电系统(uninterruptible power system, UPS)、电动/混合动力车辆以及空间技术等领域,已经有大量的飞轮储能电源系统的应用。美国航母电磁弹射系统采用的是飞轮储能,在 2 s 内提供 200 MJ 的能量而不对航母的电力系统产生影响。日本原子能研究所的核聚变试验装置采用了容量为 215 MV·A 的惯性储能元件,在 30 s 内提供峰值为 160 MW 的电能,以补偿电力系统难以满足的部分。实际上,飞轮储能的应用并不仅局限于上述领域,而且有望为电磁轨道炮等对脉冲功率电源功率等级需求更高(吉瓦量级)的特殊负载提供直接能量源,这其中以补偿脉冲发电机(compensated pulsed alternator, CPA)最为典型。

补偿脉冲发电机,本质上属于一种同步发电机,其主要特征或关键技术主要有空芯、自激励磁、少极多相及补偿压缩,如图 2-7 所示。空芯励磁,即以强度密度更高的不导磁材料(复合材料或钛合金等)制成定转子,进而可以避免铁磁体磁饱和带来的转子气隙磁密受限问题。自激励磁,即在种子电流启动的基础上将电枢绕组感应产生的部分电能反馈给励磁线圈,进而可以避免使用外部励磁电流源带来的体积增大问题。少极多相为机电能量转化相关部件设计合适数目的磁场极对数和相数,进而可以方便地结合负载需求进行电流调波。补偿压缩,即利用电导率较高的电磁屏蔽筒的涡流效应,进而可以压缩电

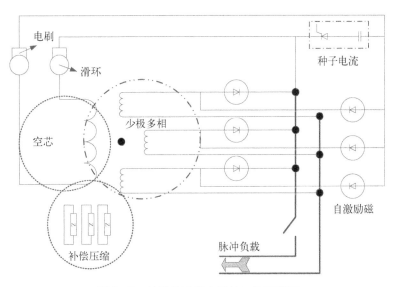

图 2-7　补偿脉冲发电机的工作原理图

枢绕组在脉冲放电过程中的磁通体积,达到减小其瞬态电感并增大负载电流的目的。综上,CPA 的工作过程和原理可以归纳为:首先在充电电动机的拖动下达到目标转速;然后通过半导体开关将预存在小容量电容器的静电能量传递到励磁绕组以产生种子电流和启动磁场;进而在电枢绕组电磁感应能量的正反馈激励下产生更大的气隙磁密和输出端空载电动势;最后根据负载的功率需求来判断是否已经达到激励电流的设定值,时序导通各相电枢绕组的放电回路半导体开关,进而形成最终的负载脉冲电流。

美国得克萨斯大学机电中心(UT - CEM)从 20 世纪 90 年代起,开始重点研究 CPA,其最先进的第五代 CPA 采用空芯、自激励磁、四极、四相的设计方案[71],其缩比样机在 11 kV 的输出电压下峰值电流为 700 kA,电流底宽为 2.75 ms,系统效率和炮尾效率分别为 21% 和 66%[72],而系统质量仅为 1 512 kg[73]。基于该缩比样机的全尺寸双对转 CPA 系统的目标电流峰值接近 2.5MA,即在 2 000 m/s 的目标弹丸速度下理论功率峰值或高达 6.25 GW,该 CPA 系统正由 Curtiss-Wright 公司来实现工程化,拟用于驱动炮口动能 2 MJ 的陆军车载电磁轨道炮,该旋转机械型脉冲功率电源系统的总惯性储能为 100 MJ,单发输出能量为 10 MJ,系统效率为 20%,炮尾效率为 66%(炮尾输入能量为 3 MJ),系统质量仅为 7 000 kg(2.6 m×1.3 m×2.0 m)。UT - CEM"关键技术计划"CPA 缩比样机实物图和工程化双对转样机概念图如图 2 - 8 所示。

图 2 - 8 UT - CEM"关键技术计划"CPA

2. 化学储能

化学储能是将电能转化为化学能进行储存。其常见的储能介质有铅酸电池、液流电池、钠硫电池和锂离子电池等。

1)铅酸电池

铅酸电池是目前技术最为成熟的二次电池,其正极活性物质是二氧化铅,负极活性物质是海绵状铅,电解液采用浓度为 27%~37% 的稀硫酸。关于铅酸电池的工作原理,1882 年 Gladstone 与 Tribe 经测定证明正负电极上放电产物都是硫酸铅,因此将铅酸电池体系的工作原理称为双极硫酸盐理论,反应式如式(2 - 6)所示。

$$正极：PbO_2+3H^++HSO_4^-+2e^- \longleftrightarrow PbSO_4+2H_2O$$

$$负极：Pb+HSO_4^- \longleftrightarrow PbSO_4+H^++2e^- \tag{2-6}$$

$$总电池反应：Pb+PbO_2+2H_2SO_4 \longleftrightarrow 2PbSO_4+2H_2O$$

铅酸电池的电动势可以用热力学状态函数与能斯特方程式求得。一般,铅酸电池的总电势约为 2.04 V。铅酸电池正极具有较高的电极电位,约为 1.7 V(相对于标准氢电极),负极电极电位约为-0.35 V(相对于标准氢电极)。

铅酸电池是一种历史悠久的储能技术,最早是由法国物理学家普兰特(Planté)于 1859 年发明的,其将两块铅板电极放置于稀硫酸中进行电解,不断变换通过电极的电流方向,电解一段时间后,就制成了具有能够储存能量和可控放电的二次电池。铅酸电池不仅端电压高、容量大,还具有成本低、技术成熟等优点,主要应用于电力系统的备载容量、频率控制、不间断电源系统。铅酸电池也具有明显的缺点,如能量和功率密度较低、循环寿命短、深度放电时电池损伤大、废旧电池污染环境等。另外,铅酸电池的放电倍率也比较低,一般在 10 C 以内。

2）液流电池

液流电池是一种大规模电化学储能装置,最早由 Thaller 于 1974 年提出,如图 2-9 所示。有别于传统固态电池,它的典型特点是将能量存储于电解液中。液流电池的电极本体不参与电化学反应,只是化学反应进行的场所。因而,液流电池的功率由电池或电堆决定,容量由电解液的浓度和体积决定,这使得液流电池设计灵活,在大规模储能中更具优势。根据电解液中活性物质的种类不同,典型的液流电池可分为全钒液流电池、全沉积型铅酸液流电池、多硫化钠/溴液流电池、锌溴液流电池、铁铬液流电池及有机液流电池等。尽管液流电池种类繁多,但它们具有相似的组成和结构。液流电池主要由电池或电堆、正负极储罐、循环泵和管路系统等部件组成。正负极储罐的作用是存储正负极电解液,电解液通过外接循环泵在正负极储罐和电池或电堆中循环流动,电解液平行流过电极表面并在电极表面发生电化学反应。电池正负极采用隔膜隔开,通过双极板收集和传导电流,实

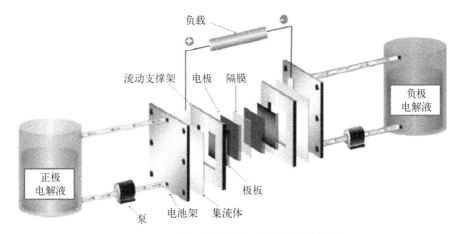

图 2-9　全钒液流电池组成和结构示意图

现化学能和电能之间的相互转化。

全钒液流电池[74]是液流电池的技术主流。全钒液流电池可避免正负极活性物质交叉污染,成本低、寿命长,而且可靠性高,无污染排放和噪声小,建设周期短,运行和维持费用较低,并且电池可以进行深度充放电。但液流电池能量密度和功率密度都较低。

3）钠硫电池

钠硫电池分为高温钠硫电池和室温钠硫电池两种。高温钠硫电池是在300℃附近充放电的高温型储能电池,金属钠是负极活性物质,液态硫是正极活性物质。高温钠硫电池具有较高的能量密度、电池系统体积小、开路电压高、能量效率高、内阻小、无自放电等优势。但是高温钠硫电池不能过充与过放,需要严格控制电池的充放电状态,目前已经被用于静态能量储存系统中。这导致高温钠硫电池自身有严重的安全问题和可靠性问题,限制了高温钠硫电池的广泛应用。

从2006年起,就有学者提出发展室温钠硫电池的目标。通常情况下,室温钠硫电池由金属钠负极、有机液体电解液、碳硫复合物正极及隔膜等组成。室温钠硫电池充放电过程中涉及复杂的电化学转变过程,生成一系列中间产物——长链聚硫化钠（Na_2S_n, $4 \leqslant n \leqslant 8$）及短链聚硫化钠（$Na_2S_n$, $1 \leqslant n \leqslant 3$）。图2-10展示典型的室温钠硫电池放电曲线[75]。室温钠硫电池也面临着众多问题,如循环寿命短、库伦效率低及活性物质利用率低等。

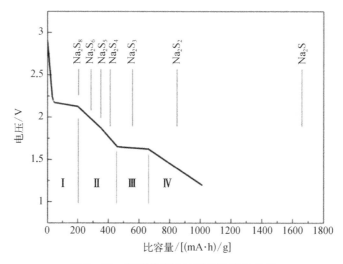

图2-10　典型的室温钠硫电池放电曲线

4）锂离子电池

以典型的钴酸锂/石墨锂离子电池为例,其工作原理如下:在充电时,锂离子在电化学势和外场的共同作用下从正极中脱出,通过电解液迁移至负极并嵌入其中,同时电子从外电路到达负极,使其保持电中性（图2-11）。放电过程则与之相反,锂离子从负极脱出重新嵌入正极,电子从外电路流向正极。

1976年,Whittingham首次将嵌入式过渡金属硫化物作为锂电池正极使用。TiS_2正极具有高的质量比容量及稳定的循环性能等优点得以应用在早期的锂二次电池上。1980年，Armand[76]提出摇椅式二次电池的概念，即正负极均为可嵌入和脱出锂离子的材料，锂离子在其中可逆地嵌入脱出，实现充放电。1980年，Goodenough等发现了能够可逆脱嵌锂离子，具有层状结构的 $LiCoO_2$ 正极材料[77]。正极材料中含有锂，使得负极不需要再使用金属锂作为负极，这为新型正负极材料的开发提供了新的思路。随后，具有尖晶石结构的 $LiMn_2O_4$ 和橄榄石结构的 $LiFePO_4$ 正极也逐渐被开发出来。而负极方面，相关研究发现结晶度差的非石墨化碳可以作为负极材料使用，极大地促进了摇椅式锂二次电池的快速发展。Sony 公司在 1989 年生产了第一支商品化的锂二次电池并申请了专利，在1991 年成功将其商业化。该电池以 $LiCoO_2$ 为正极、无序非石墨化石油焦炭为负极、溶解 $LiPF_6$ 的碳酸丙烯酯（PC）和乙烯碳酸酯（EC）为电解液。电池中由于未使用金属锂作为负极，所以称为锂离子电池。几十年来，锂离子电池的正极和负极材料都不断地更新和突破，锂离子电池凭借着其能量密度高、自放电速率低和使用寿命长等优势迅速在脉冲储能、新能源汽车、电动工具等领域得到推广应用，锂离子电池的最新进展在 2.2.2 节中详细介绍。

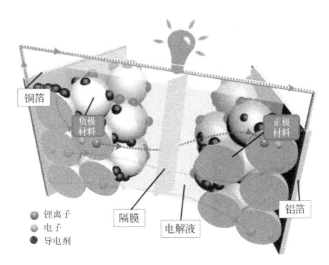

图 2 - 11　锂离子电池工作原理示意图

3. 静电储能

1）脉冲电容器

脉冲电容器是一种利用电场的作用使电介质极化，由此来进行储能的元件，其基本特性是隔直通交。静电电容器的基本结构是在两电极片之间以绝缘介质隔离，从而可以将电能储存于其间，其主要作用是储存电荷或作旁路、滤波、耦合、反耦合及调谐振荡等功能。

其储能密度与介电常数和电场强度的平方成正比，如式（2 - 7）所示。

$$D_p = \frac{1}{2}\varepsilon E_p^2 \tag{2-7}$$

式中,D_p 为储能密度;ε 为总介电常数;E_p 为电场强度。电容器储能具有功率密度超高、充放电速度快、适用温度和频率范围宽等优点,是非常实用、成本低、容易实现产业化的储能方式,目前制约储能密度的问题是材料和器件制备的工艺。这一部分将在 2.2.3 节重点介绍。

2)超级电容器(双电层型)

双电层型超级电容器根据电化学双电层理论研制,可以提供强大的脉冲功率,充电时处于理想极化状态的电极表面电荷将吸引周围电解质溶液中的异性离子,使其附于电极表面,形成双电荷层,构成双电层电容。

双电层型超级电容器是建立在德国物理学家 Helmhotz 提出的双电层理论基础上的全新的储能装置。该类装置利用电极和电解质间形成的双电层储能。在电极插入电解液后,施加在两个电极上的电场会使溶液中的阴、阳离子向两个电极迁移。电极表层的净电荷从电解液中吸引带异种电荷的离子,在界面的溶液一侧排列,形成一个与净电荷电量相等而电荷相反的界面层,即双电层(图 2 - 12)。在电压撤销后,由于电极中的净电荷与电极表面的离子层相互吸引,所以双电层可以稳定存在。放电时,正负电极的电子流入外电路负载,而电极上吸附的阴、阳离子又返回到电解液中,从而实现能量释放。

与脉冲电容器相比,超级电容器的优点是能量密度非常高。与电池相比,超级电容器的优点是功率密度高、充电速度快、使用寿命长、低温性能优越。

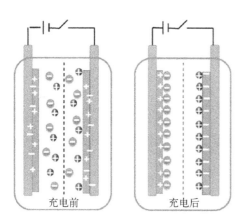

图 2 - 12　双电层型超级电容器充放电过程原理图

4. 磁场储能

磁场储能一般是指电感储能技术,是利用电感线圈将能量以磁场的形式存储起来,在需要时再将磁能释放到其他负载的储能技术。电感储能相比脉冲电容器储能具有高一个数量级的储能密度;相比旋转机械储能,其易于冷却且只需要存储一次发射的能量即可,结构相对简单。这些优势使电感储能型脉冲功率电源成为近年来诸多学者的研究热点,对设计和构建高储能密度、小型化脉冲功率电源系统具有很大的潜能。

对于一个特定的储能电感,给定储能线圈的电感 L_{co},允许通过线圈的最大电流为 I,可计算储能电感中能够存储的能量 E_{mag},如式(2 - 8)所示。

$$E_{mag} = \frac{1}{2} L_{co} I^2 \qquad (2-8)$$

储能密度 D_{mag} 为

$$D_{mag} = \frac{E_{mag}}{V_{mag}} = \frac{L_{co}I^2}{2V_{mag}} \qquad (2-9)$$

式中,V_{mag} 为储能电感所占用的体积,包括电感线圈所包绕的空气体积[78]。图 2-13 是原理基本相同的两种电感储能基本电路。

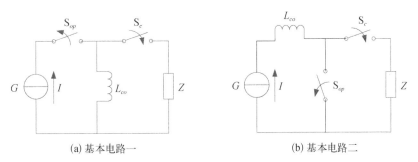

(a) 基本电路一　　　　　　　　　　　　　(b) 基本电路二

图 2-13　电感储能基本电路

由图 2-13 可知,基本的电感储能装置由充电电源 G、储能电感 L_{co}、断路开关 S_{op}、闭合开关 S_c 及负载 Z 组成。首先,S_{op} 闭合、S_c 断开,电源 G 以电流 I 对电感 L_{co} 充电,当电感达到所要求的储能值时,S_{op} 断开,同时 S_c 闭合,从而将电感存储的磁能传递给负载。就其实质而言,电感储能是将在储能电感内建立的电流以脉冲的形式传递给负载,从而使负载获得比用充电电源直接馈电时高得多的功率[79]。

电感储能根据电感线圈所使用材料的不同,可分为常规电感储能和超导电感储能两种形式。常规电感储能因为电感线圈阻值的存在,在电流流过线圈时将不可避免地产生损耗,导致能量难以长时间存储,能量传输效率较低。对于超导电感储能,其利用超导材料制成的电感线圈,在超导材料处于超导态时,电阻为零,电流可以在系统中无损耗流动,从而实现无损耗高密度储能。但是,超导材料只有在低于临界温度、临界磁场和临界电流密度下才呈现超导态,三个临界条件相互影响,当越过三个临界值中的任意一个时,超导态立即转变为常态,称为失超,将导致电阻从零快速增加[80]。为了防止失超,在设计超导线圈时要留有充足的安全裕度,并且设计合理的失超保护装置。这就导致超导电感储能系统相比常规电感储能系统更加复杂,除超导线圈、充电系统、控制系统外,一般还需包含超导开关、冷却系统、失超检测与保护装置等组成部分[81]。

电感器作为电感储能系统的核心器件,储能电感结构参数的设计是电感储能系统设计的关键环节。根据线圈绕制结构的不同,储能电感有空心平面螺旋型[78]、螺线管型[80]、环型[82]等多种结构形式。

电感储能系统中储能电感根据相互之间的耦合程度,又可分为相互独立型储能电感和高耦合系数型储能电感两种类型[78]。对于在电感储能技术方面处于领先地位的法德圣路易斯研究所(ISL)和美国得克萨斯大学先进技术研究所(IAT),在电感储能型脉冲电源设计和实现方面取得了较大的进展,提出了目前研究广泛的 XRAM(MARX 的反向拼写)和 STRETCH(Slow Transfer of Energy Through Capacitive Hybrid) Meat Grinder

两种典型电路拓扑,其中,XRAM 拓扑中使用的是相互独立的储能电感,电感通过从电源串联充电转换为并联放电的方式产生一个幅值约为各电感电流之和的输出电流[83];而 STRETCH Meat Grinder 拓扑中使用的是一组具有高耦合系数的储能电感,利用磁通压缩原理实现电流的倍增[84]。

电感储能相比脉冲电容器储能具有高一个量级的储能密度,但是在技术上不如脉冲电容器储能成熟,目前仍然处于发展阶段。能量转换用大容量断路开关技术是电感储能型脉冲电源的关键技术之一,该技术的突破将是电感储能型脉冲电源应用从概念走向实际的有效桥梁。

各种储能单元能量密度与功率密度分布示意图如图 2-14 所示,各种储能方式的优缺点如表 2-1 所示。

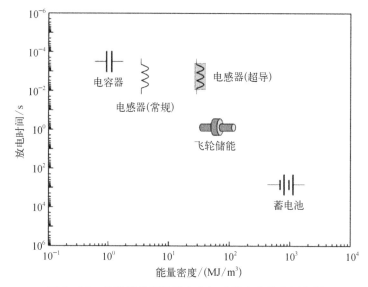

图 2-14　各储能单元能量密度与功率密度分布示意图

表 2-1　各种储能方式的优缺点

储能方式		能量密度/(MJ/m³)	放电时间	技术成熟度	优　点	缺　点
机械储能	抽水储能	5	h	成熟	储存能量大	能量密度低,场地要求高
	压缩空气储能	0.5	h	成熟	环保,成本低	场地要求比较高,能量转化效率较低
	飞轮储能	30(常规同步发电机)	s	成熟	技术成熟,寿命长,放电深度可大于50%	系统结构和控制复杂,热管理难度大,输出功率随着转速下降
		100(CPA)	ms		可直接给电磁轨道发射系统供电,兼顾能量密度高和功率密度高,放电深度约为30%	

续 表

储能方式		能量密度/ （MJ/m³）	放电 时间	技术 成熟度	优　　点	缺　　点
化学储能	铅酸电池	300	min/h	成熟	成本低，技术成熟	能量转化效率低，污染环境
	液流电池	250		比较成熟	成本低，寿命长，无污染，配置灵活	能量密度和功率密度低，生产成本高
	钠硫电池	540		比较成熟	能量密度高，内阻小，无自放电	安全性低，可靠性低
	锂离子电池	800		成熟	能量密度高，使用寿命长，额定电压高，绿色环保	需保护电路，生产成本高
静电储能	脉冲电容器	2	ms	成熟	功率密度高，技术成熟，充电速度快，使用寿命长	能量密度低
	超级电容器	20	s	比较成熟	与脉冲电容器相比能量密度高，低温性能良好	与脉冲电容器相比功率密度偏低
磁场储能		40	ms/s	开发中	能量密度高，功率密度高	成本高，对开关要求高，线圈多需配套低温冷却装置

几种典型应用于脉冲功率工况的储能有脉冲电容储能、超级电容储能、磁场储能、飞轮储能、电池储能，其中能量密度较高的为电池储能，功率密度较高的为磁场储能、飞轮储能及脉冲电容储能。考虑大型磁场储能还不够成熟，而飞轮储能（CPA）成本效率比过高，下面主要介绍锂离子电池储能和脉冲电容储能。

2.2.2　大倍率锂离子电池储能

锂离子电池是指通过锂离子在电池正负极之间往返嵌入与脱嵌，实现能量存储与传递的可充电电池。由于其具有储能密度高、功率性能好、循环寿命长、环境适应性强、维护成本低等优势，已经成为各行各业应用最广泛的二次电池，并且在交通运输、新能源与微电网等领域实现了大规模应用。

根据构成材料、荷电等级、体积形状及应用工况等的不同，锂离子电池的划分种类多样。按应用工况分类，锂离子电池可以划分为储能型、功率型和储能功率兼顾型三类。储能型锂离子电池是指存储能力强、储能密度高，而功率密度较低的电池，主要注重电池的续航能力，通常工作在较低的充放电倍率。功率型锂离子电池侧重于高充放电功率性能，具备较强的瞬时输出能力，而能量储存能力偏弱。储能功率兼顾型电池则在两者中间保持均衡的同时，在某一方面实现了突破，从而具备应用于特定场合的能力。

电磁发射混合储能系统要求锂离子电池满足热安全性、使用寿命、电压平台、输出阻抗等限制条件外，还需尽可能地提升放电倍率至 40 C 以上（甚至更高）。如果锂离子电池输出功率超出额定功率进行持续放电,往往会造成一系列问题,如电池输出电压过低无法满足需求、电池发热严重、电池寿命快速衰减等,而且存在产生潜在的热失控与燃烧风险。常规功率型锂离子电池很少在这样极端的输出工况下应用,因此电磁发射系统所使用的大倍率电池需要从实际应用出发,合理进行结构、材料与工艺匹配设计,以满足功率密度、储能密度、寿命与安全性要求。

1. 功率型锂离子电池分类

根据正极材料的不同,目前成熟的功率型锂离子电池可以被划分为钴酸锂(LCO)电池、锰酸锂(LMO)电池、镍钴铝(NCA)三元电池、镍钴锰(NCM)三元电池、磷酸铁锂(LFP)电池,以及采用钛酸锂作为负极的钛酸锂(LTO)电池。

1) 钴酸锂电池

钴酸锂电池正极材料为 $LiCoO_2$,其工作电压较高,可达 4.2 V 以上,同时具有较高的理论容量(274 mA·h/g),早期广泛应用在移动电子设备领域以满足大容量要求。但钴金属价格高昂,钴酸锂电池成本过高,且高电位引起电解液稳定性不足,温度到达 150℃ 会发生热失控。因此,在动力电池领域应用难度较大,主要应用领域为传统 3 C 电子产品[85]。

2) 锰酸锂电池

锰酸锂电池正极材料为 $LiMn_2O_4$,成本低廉,安全性能好,热失控温度高达 250℃,电压平台可达 4 V,因此具备较高的能量密度。但在高倍率高温循环工况下,电解液侵蚀、Mn^{3+} 离子的歧化溶出,以及晶格自发发生的 Jahn-Teller 畸变都会导致锰酸锂电池的容量衰减,严重影响电池使用寿命。目前学术界主要使用离子掺杂、表面包覆改性等方法改善锰酸锂电池的高温循环寿命;商业领域则主要针对低温使用场景,发挥锰酸锂电池的功率性能和容量优势,在低温启动电源、特种卫星电池等细分领域实现应用[86]。

3) 三元电池

三元电池是一类使用复合镍钴锰或者镍钴铝正极材料锂离子电池的统称。由于复合使用多种材料,三元电池往往能兼顾高电压、高容量、高稳定性的优势,且通过改变材料配比能够定向设计电池性能,平衡功率密度、储能密度与成本等各方面参数。NCA 和 NCM 三元电池的热失控温度分别为 200℃ 和 255℃,降低材料中镍的占比能有效改善电池稳定性。目前,优秀的高功率三元电池放电倍率可以达到 70~100 C。然而三元材料高温放氧的本征属性,使其难以避免热滥用和过充等情况下的起火燃烧。目前,针对该问题学术界和工业界提出了多种解决方案,但潜在的风险因素限制了其更大规模应用的前景[87]。

4) 磷酸铁锂电池

磷酸铁锂电池正极材料为 $LiFePO_4$,具有极其稳定的晶格结构,虽然电压平台低于上述三款电池,为 3.2 V,但安全性能与循环寿命十分出众,且成本低,适合大规模集成,目前已被大规模应用于电动汽车、规模储能、备用电源等领域。磷酸铁锂材料电导率和离子转移系数较低,一定程度限制了其高功率特性。然而在长期的产业发展中,已经开辟了一系列成熟的工业方法改善其功率特性,目前已经可以达到 100 C 以上的放电倍率。此外,磷酸铁锂材料平缓的放电平台为电力电子器件提供了更好的适配性[88]。

5）钛酸锂电池

钛酸锂电池指的是使用 $Li_4Ti_5O_{12}$ 替代传统碳素材料和石墨负极材料的锂离子电池，该类锂离子电池的正极材料可以是上述几种电池中的任意一种。相比石墨负极，钛酸锂电池负极功率性能十分出色，寿命可达 25 000 次以上，且具备快充能力。但钛酸锂电化学电位高于石墨，导致电池工作电压仅为 2.4 V，而且高昂的成本和尚不成熟的产业积累都制约了其发展。钛酸锂电池的长寿命能降低电池全周期成本，快充能力可弥补能量密度缺陷，因此目前少量应用于快充公交领域，也能够一定程度上替代超级电容[89]。

2. 大倍率磷酸铁锂电池

为了满足电磁发射系统的高能量密度与高功率密度，要求电池具备极高的大倍率放电能力，因此需要针对性地研发大倍率锂离子电池。电磁发射蓄电池组为连续循环脉冲放电工况，如图 2 – 15 所示，该工况与持续工作的动力锂离子电池完全不同，因而对电池的要求也存在很大区别。

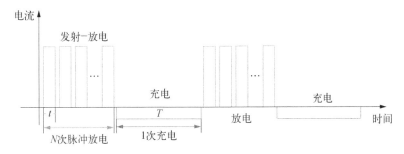

图 2 – 15　单体电池放电理论波形

电池系统连续脉冲输出工况为持续放电数秒后，停止放电完成发射，以此为脉冲周期重复 N 次为一个大循环。两次放电循环之间有 T min 用于锂电池充电。对单体电池而言，该放电工况等效于在总计 Nt s 内完全放电，放电倍率一般要求 20 C 以上。为了保证全系统安全，电池在热滥用条件下不得起火燃烧，且在机械损伤、短路及过充情况下不发生热失控。为保证系统功率输出能力，要求电池的末端工作电压高于额定电压的 80%，且全寿命周期应当支持 20 000 次以上的电磁发射。在上述基础上，电磁发射大倍率电池还需要尽量高的储能密度、相对低的成本及良好的一致性。

电磁发射应用工况对于常规锂离子电池十分苛刻，目前市面上的功率型电池很难同时满足所有指标。

（1）钴酸锂电池在高温下热失控问题难以解决；

（2）锰酸锂电池在高温下的寿命衰减严重，难以实现寿命要求；

（3）钛酸锂电池储能密度太低，且放电周期电压平台变化过大，放电末期电压下降严重，功率衰减较大，难以满足连续大倍率脉冲放电需求；

（4）基于凝胶电解质的三元电池安全性能高于液态三元电池，但是三元电池正极材料结构稳定性差，热分解加速电解液副反应发生，其仍存在安全隐患问题；并且凝胶电池放电倍率远低于液态电池，无法满足大倍率放电需求。

综合分析可知,技术成熟度高、材料结构稳定、储能密度高、具备大倍率放电能力的磷酸铁锂电池是电磁发射储能系统最合适的选择对象,可以从磷酸铁锂电池的反应机理、材料特性、结构设计及工艺优化等方面来分析改进其大倍率特性。

1）磷酸铁锂电池反应机理

磷酸铁锂电池正极材料为橄榄石结构,具有较稳定的结构形式,因此具备优良安全性能、高温性能和循环寿命,同时由于组分不含贵金属和重金属,磷酸铁锂电池价格低且环境友好。但磷酸铁锂的离子和电子传导率较低,直接使用纯磷酸铁锂制造的电极会导致较大的内阻并降低倍率性能,所以通常进行碳包覆处理。磷酸铁锂电池的负极一般使用碳素材料,如石墨、软碳、硬碳等,电解液溶剂通常使用碳酸乙烯酯（EC）和碳酸甲乙酯（EMC）,锂盐通常使用六氟磷酸锂（$LiPF_6$）。

在充放电过程中,磷酸铁锂电池正负电极之间发生的电化学反应式如式（2-10）所示。

$$正极：Li_yFePO_4 \xrightleftharpoons[放电]{充电} Li_{y-z}FePO_4 + zLi^+ + ze^-$$

$$负极：Li_xC_6 \xrightleftharpoons[充电]{放电} Li_{x-z}C_6 + zLi^+ + ze^-$$

$$总反应式：LiFePO_4 + 6C \xrightleftharpoons[放电]{充电} FePO_4 + LiC_6$$

$$(2-10)$$

式中,x 为锂元素在石墨 C_6 中的化学计量系数或摩尔数;y 为锂元素在磷酸铁 $FePO_4$ 中的摩尔数;Li^+ 为锂离子;z 为参与电化学反应的锂摩尔数或电子 e^- 摩尔数。

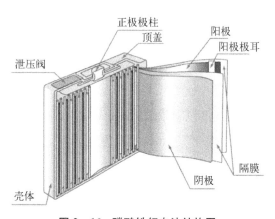

图 2-16 磷酸铁锂电池结构图

锂离子电池的核心部件为电芯,在电芯外是连接电芯的集流体、极柱、包装壳等,连接电芯的集流体和外部极柱或极耳承载电流,外部包装壳体为电芯提供电化学反应场所,同时保护电芯不受损伤,如图 2-16 所示。电芯由正负极片与隔膜层层叠加而成,正极片是双面涂覆锂材料的铝箔,负极片是双面涂覆碳材料的铜箔。铜箔与铝箔统称为集流体,起到固定电极材料与传输电流的作用。电芯浸没在溶解了锂盐的电解液中,充放电过程中锂离子在电解液中往返于正负极之间,在正负极材料之间发生高度可逆的嵌入与脱嵌反应,这种模式称为"摇椅模式"。

电池内阻是影响电池性能发挥的核心参数,决定了特定工况下电池输出电压、产热功率等,产热功率会影响电池温升,从而影响电池循环寿命与安全性。锂离子电池内阻反映了电池电子阻抗和离子阻抗,内阻分为欧姆内阻和极化内阻,受到电池结构、电极材料、制备工艺等方面的影响[90]。在大倍率磷酸铁锂电池的设计开发过程中,需要遵循从结构、材料、工艺三个方向围绕优化欧姆内阻与极化内阻两个目标进行。

2）材料优化

磷酸铁锂本征电导率与离子扩散系数较低,作为锂离子电极材料使用时通常会在材料表面包覆一层导电剂以降低欧姆内阻。针对电磁发射用大倍率磷酸铁锂电池,不仅需要考虑优化电子传导路径还需要考虑优化锂离子传播路径。因此,在正极材料制备过程中,会加大碳导电剂占比,或使用碳纳米管(carbon nanotube,CNT)、炭黑(SP)等复合导电剂。CNT 是线型导电材料,具有非常高的长径比;SP 为颗粒状,与活性物质颗粒直接接触会产生短距离隧道效应导电,电子传导能力较高。通过复合使用以上两种导电剂,能有效构建线-点式微观导电网络,从而降低欧姆内阻;降低磷酸铁锂颗粒的粒径,缩短离子扩散距离,纳米化的磷酸铁锂颗粒具有较大的比表面积,也能明显提升锂离子嵌入和脱嵌速率,有效降低极化内阻[91]。

大倍率工况导致电池使用环境温度较高,其电解液不仅需要高电导率,还需要具备较高的热稳定性。电解液由溶剂、锂盐和添加剂组成,溶剂通常决定了电解液的工作温度范围。主要采取以下措施对电解液进行改进:① 在大倍率磷酸铁锂电池的电解液设计中,使用热稳定性好的碳酸乙烯酯(EC)和碳酸二乙酯(DEC)作为溶剂主要组分,同时加入适量的其他溶剂以降低黏度;② 除了使用最常用的六氟磷酸锂(LiPF$_6$)作为主要锂盐外,混用一定量双氟磺酰亚胺锂(LiFSI),以提高电解液的电导率和高温稳定性;③ 使用 CO_2 或 Li_2CO_3 作为添加剂改善首充效率和高温稳定性;④ 使用碳酸亚乙烯酯(VC)改善 SEI 膜的稳定性与循环寿命;⑤ 使用硫酸乙烯酯(DTD)抑制电池高温循环阻抗的增长,改善高温循环性能,并使用 $LiPO_2F_2$ 降低电池界面阻抗[92]。

负极材料中,硬碳微观层间距大于石墨,在功率性能较好的人造石墨中混用一定比例硬碳材料,可使锂离子在嵌入负极时离子扩散系数更高,从而实现更高的充电倍率。

传统拉伸法制造的隔膜,孔隙率较低会加大极化、降低电池倍率性能,而较高的孔隙率利于电池倍率性能发挥,但是孔隙率较高会影响隔膜强度,高温下易发生热缩破裂,造成电池内短路从而引发安全事故。陶瓷隔膜在传统隔膜一侧或是两侧涂覆耐高温陶瓷层,在高温下不易发生热缩以改善热安全性。

3）结构优化

电池输出功率与容量、倍率、电压密切相关,需要合理设计面密度、集流体与隔膜厚度以实现最高功率输出能力。

涂覆材料越厚,材料中活性物质占比越高,能量密度也越高。降低涂覆厚度,增加导电剂占比,能降低极化内阻和欧姆内阻,提升倍率性能。但降低涂覆厚度,铜箔、铝箔与隔膜等不具备电化学活性的部分占比也相应提高,会引起活性成分体积、质量占比下降,导致电池能量密度下降。经过反复的试验测试,大倍率磷酸铁锂电池中,面密度设定为能量型电池的 1/10~1/5。

集流体汇集与极柱连接的部位称为极耳,极耳的形状与结构对电流在极片上的分布有明显影响。大倍率磷酸铁锂电池使用全极耳结构,如图 2-17 所示,正负极集流体在卷

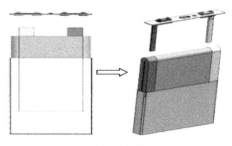

图 2-17 全极耳结构

绕式电芯的两侧引出且不进行切割，直接以大焊点通过软连接与极柱相连，这种设计牺牲了一定储能密度，但降低了欧姆内阻，实现了放电过程电流均匀分布，同时降低了局部过热风险[93]。

4）工艺优化

改良的电极活性材料需要与之相匹配的合浆工艺，以实现浆料均一，保证磷酸铁锂颗粒不团聚并与导电剂、黏合剂均匀分散。大倍率磷酸铁锂电池低面密度涂覆工艺可采用高精度涂覆智能闭环控制技术与 β 射线在线面密度检测技术，同时可使用一种三层涂覆石墨烯的涂碳铝箔工艺，通过"SP+石墨烯"在集流体表面的预涂覆，改善活性材料附着稳定性并降低接触内阻。

综上所述，大倍率磷酸铁锂电池重点要围绕降低内阻、减少极化、改善热稳定性与提高循环寿命的目标，从材料选型、结构设计、工艺匹配来进行优化。以满足电磁发射系统对放电倍率、循环寿命和安全性的严苛要求，并最大限度保留磷酸铁锂电池的储能密度，为电磁发射混合储能能量安全、快速传递提供基础。

3. 大倍率磷酸铁锂电池模型

为了研究电磁发射能量转移的规律，需要研究大倍率磷酸铁锂电池的电化学特性，本书提出两种大倍率电池模型：谢菲尔德（Shepherd）衍生模型和频域阻抗模型。两种模型分别用于表征磷酸铁锂电池在脉冲循环放电工况和大倍率电池工况下的电气特性。

1）Shepherd 衍生模型

单体电池模型可分为等效电路模型、电化学模型两类。其中，等效电路模型包括 Rint 模型、Thevenin 模型、二阶 RC 模型、PNGV 模型和 GNL 模型；电化学模型包括单粒子模型、准二维模型和简化的二维模型等。电化学模型从离子迁移入手以电化学反应动力学、传热学等描述锂离子电池的充放电特性，其计算精度和表征复杂度使其应用受到了限制。Rint 模型是简化内阻模型，将电池等效为一个电压源 E 和一个欧姆电阻 R_0 串联，如图 2-18 所示。

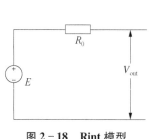

图 2-18 Rint 模型

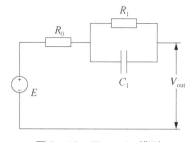

图 2-19 Thevenin 模型

Thevenin 模型在 Rint 模型的基础上更关注电池内部的极化特性，由一阶 RC 与 Rint 模型串联组成，R_1 和 C_1 分别为电池的极化内阻和极化电容，能够一定程度上反映欧姆极化和电化学极化对电池性能的影响，如图 2-19 所示。

二阶 RC 模型为优化 Thevenin 模型,是一种在电池老化或容量、温度等参数影响内阻较大时更加精细的模型,能够反映欧姆极化、电化学极化、浓差极化,具有较强的动态特性,在一阶电化学极化 RC 的基础上增加了一组浓差极化电容 C_2 和浓差极化电阻 R_2,二阶 RC 模型如图 2-20 所示。

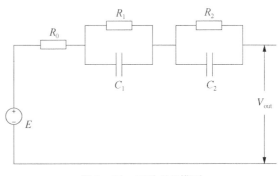

图 2-20 二阶 RC 模型

PNGV 模型是用于精确计算容量变化的 Thevenin 衍生模型,在电压源处串联了一个电容,具有较好的直流响应能力,如图 2-21 所示。其中,R_0 为欧姆内阻,R_1 为极化内阻,C_1 为极化电容,C_0 为积分电容,用于模拟电池吸收、放出电量的特性,描述负载电流累计产生的开路电压。

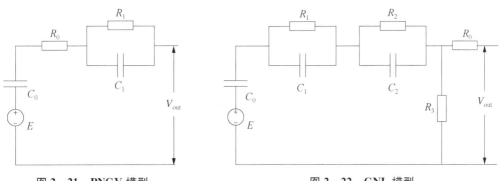

图 2-21 PNGV 模型   图 2-22 GNL 模型

GNL 模型是考虑自放电特性的二阶 RC 模型和 PNGV 模型的组合,具有较好的非线性动态特性,对于荷电状态和功率状态、自放电特性都有较为精确的表征,R_3 表示自放电电阻,如图 2-22 所示。

从 GNL 模型可知,为了得到较好的匹配效果,传统电池模型会增加模型内部 R、C 阶数,阶数越高则参数辨识越复杂,且模型适用性变窄。为了得到电磁发射蓄电池储能系统的电化学动态规律,首先建立电池理论模型,使电池充放电特性曲线良好匹配试验测试曲线。根据电池的充放电特性提取理论模型的方法快速且适用性较强,自 1965 年提出至今,Shepherd[94] 模型得到了广泛的应用与完善。从电池内部离子迁移的角度依据电化学反应机理描述电流,如式(2-11)所示。

$$i = i_0 e^{\alpha_c \eta_c ZF/R_c T} - i_0 e^{-(1-\alpha_c)\eta_c ZF/R_c T} \tag{2-11}$$

式中,i 为每平方厘米的电流密度;i_0 为每平方厘米的交换电流密度;α_c 为转移因子;η_c 为稳态活性电位;Z 为电子的转移数量;F 为法拉第常数;R_c 为气体常数;T 为开尔文温度。

将式(2-11)指数部分进行泰勒展开,当 η_c 足够小时,大于一次幂的部分可以忽略,如式(2-12)所示。

$$\eta_c = \left(\frac{R_c T}{Z F i_0}\right) i \qquad (2-12)$$

在放电过程中若只考虑极化对电池电位的影响,可得式(2-13):

$$E_c = E_{sc} - K_c i_{am} \qquad (2-13)$$

式中,E_c 为阴极电位;E_{sc} 为电池满充时开路电位;K_c 为每单位活性材料电流密度阴极极化系数;i_{am} 为活性材料电流密度。

对于多孔电极活性材料电流密度 i_{am},也可表示为未使用活性材料的反比,Q_c 为阴极活性材料容量,如式(2-14)所示。

$$i_{am} = \left(\frac{Q_c}{Q_c - it}\right) i \qquad (2-14)$$

假设阴极与阳极之间不存在活性材料容量差异,则可得电压 E 如式(2-15)所示。

$$E = E_s - K\left(\frac{Q}{Q - it}\right) i \qquad (2-15)$$

在式(2-15)的基础上考虑放电过程中内阻带来的电压降及电池在充满电时的浮压部分,可得

$$E = E_s - K\left(\frac{Q}{Q - it}\right) i - Ni + A^{-Bit/Q} \qquad (2-16)$$

若阴极与阳极的活性材料容量存在差异,则差异项也可由内阻项 Ni 表示。E_s 表示电池放电时的初始电压,$K[Q/(Q-it)]i$ 表示电压随放电深度的变化,Ni 项表示欧姆内阻引起的电压损失,$Ae^{-Bit/Q}$ 表示初始放电时电压的剧烈下降,如图 2-23 所示。

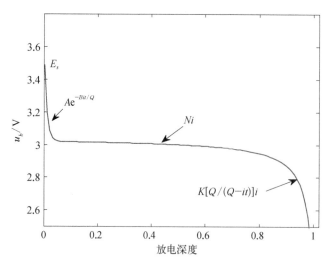

图 2-23　单体电池放电理论波形

整个放电曲线可分为三个阶段,分别由各个组成部分发挥主导影响:① $K[Q/(Q-it)]i$ 是极化内阻项,表示电池的极化过程,随着活性锂离子的消耗,极化对电位的影响程度逐渐加重,尤其是当可用电量趋近于零、it 接近 Q 时,极化项将成为电位下降的最主要部分。② Ni 是欧姆内阻项,在整个过程中可视为线性变化,影响电池的放电平台,决定了中间段平台电压的幅值。③ $Ae^{-Bit/Q}$ 是指数浮压段,表征电池从充满状态至放电平台期的浮压消耗阶段,随着放电倍率的增大,指数浮压段的下降会越来越迅速。

为了更精确地反映电流变化对电压动态特性的影响,并将开路电压(open circuit voltage,OCV)作为电池剩余容量(SOC)的函数,Tremblay 等对 Shepherd 模型进行了优化,增加了极化电压项以表征开路电压的特性[95],如式(2-17)所示。

$$E = E_s - K\left(\frac{Q}{Q-it}\right) i^* - Ni + Ae^{-Bit/Q} - K\left(\frac{Q}{Q-it}\right) it \qquad (2-17)$$

式中,$K[Q/(Q-it)]i^*$ 为极化电压部分;i^* 为随极化内阻波动的极化电流,是根据试验中电压在一个电流变化周期中微小的延时响应而设计的。根据磷酸铁锂电池多种试验工况下放电曲线与 Shepherd 模型曲线的对比分析,低倍率时模型能够较好地模拟试验曲线,但随着放电倍率的逐渐增大,模型难以表征电池的放电曲线。优化后的 Shepherd 模型无法使用的主要原因是:传统的锂离子电池极少用于大倍率脉冲放电工况,而大倍率放电中间阶段出现了明显的电压逆增长部分。因此,对模型进行了优化改进,衍生的谢菲尔德模型如式(2-18)所示。

$$E = E_s - K\left(\frac{Q}{Q-it}\right) i^* - Ni + Ae^{-Bit/Q} - K\left(\frac{Q}{Q-it}\right) it + n\lg(Dit + Ci^2Nt + M) \quad (2-18)$$

为了反映大倍率脉冲放电过程中电池的放电特性,在原模型基础上增加了温升增益项:$n\lg(Dit + Ci^2Nt + M)$。温升增益项表征了大倍率放电平台期电压逆增长的现象。增加了温升增益项的模型与试验曲线、传统 Shepherd 模型进行对比,如图 2-24 所示。可见

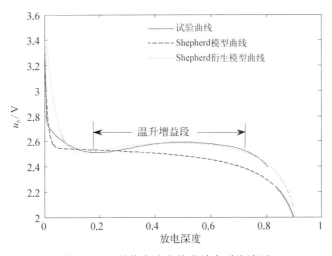

图 2-24　单体电池大倍率放电对比波形

传统的 Shepherd 模型无法表征电池大倍率放电特性,而增加了温升增益项的模型与试验曲线吻合较好。

温升增益项中 n 是充放电系数;Dit 为电池热容;Ci^2Nt 为内阻热交换量;M 为 lg 函数偏移项,lg 函数曲线在正区间上升与试验曲线存在较高契合度。试验曲线表明,大倍率放电时电池电压不再存在平台期,而是在指数浮压段快速跌落后出现了不降反升的特殊现象。从电化学反应的角度可理解为大倍率放电带来了温度的快速升高,高温能加速电极反应,减少极化导致的电压降,因此在放电深度 $0.2 \sim 0.7$ 部分出现了升高。尾部快速下降是由于电池可用电量达到极限,电量衰减效应对电压带来的影响占据了主导作用。

电池充电过程主要考虑充电结束阶段的电压陡升现象,可理解为充电过程中极化内阻平缓增加,在接近电池充满时刻正极能脱嵌的锂离子基本耗尽,导致极化内阻迅猛增加。极化项可由 $KQ/(it)$ 表示,理论上而言当 $it = 0$ 时,极化内阻无限大,而试验结果表明极化内阻影响占整个容量的 10%,因此充电时极化内阻项可表示为 $KQ/(it - 0.1Q)$。大倍率充电过程中磷酸铁锂电池模型如式(2-19)所示。

$$E = E_s - K\left(\frac{Q}{it - 0.1Q}\right) i^* - Ni + Ae^{-BQ^{-1}it} - K\left(\frac{Q}{Q - it}\right) it + n\lg(D_b it + C_b i^2 Nt + M)$$

$$(2-19)$$

Shepherd 衍生模型不同于 Thevenin 模型等通过增加电阻、电容器件表示电池的动态过程,分充电和放电两种情况分别将电池的理论模型融入试验过程中,计算精度高、响应快、适用范围广。

对于电池复杂的电化学过程,至今没有非常通用、计算速度快且效果优良的理论模型,通过大量试验数据积累的经验曲线提取得到了 Shepherd 衍生模型,融入理论模型中能够有效地表征电池各个倍率的充放电特性。以 1 C、30 C、60 C 放电为例,试验曲线与理论曲线对比如图 2-25 所示。

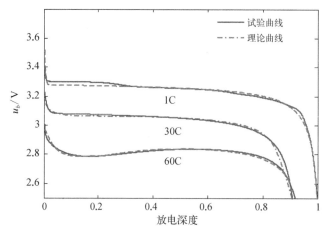

图 2-25 单体电池放电试验曲线与理论曲线对比

相比于图 2 - 24 中 Shepherd 模型曲线的偏离误差,图 2 - 25 中 Shepherd 衍生模型精度得到大幅提高。指数浮压段和电量消耗结束段存在较小偏差,属于仿真步长无法做到绝对精细带来的累积误差,整体趋势表明 Shepherd 衍生模型能够较好地反映电池的大倍率放电特性。

2) 频域阻抗模型

由于锂电池组在放电过程中会经历多个阶段,包括电极反应、极化过程和扩散过程,时间常数不同则难以通过时域外特性宏观表现,而在频域下却能表现出频率的一致性。对于间歇性放电,可以认为其脉冲个数为一;对于逆变或斩波应用,可视为工作在高频脉冲放电工况;对于低频循环周期放电,可视为工作在低频脉冲放电工况。因此,锂电池组均可以视为工作在周期性脉冲放电工况。

电化学电池的阻抗通常由正负电极区域的扩散阻抗 Z_d、电荷传输阻抗 R_{ct}、欧姆电阻 R_Ω 和高频感抗 jwL 组成,分布于电荷在固-液界面传输的所有过程中,对激励频率敏感的阻抗为扩散阻抗和接触阻抗中的高频感抗。

电极扩散阻抗 $Z_d(s)$ 可由法拉第定律定义,如式(2-20)所示。

$$Z_d(s) = \frac{\partial \eta}{\partial c} \frac{C(s, r)}{J(s, r)} = \frac{R_s \phi}{FD_s} \frac{\tanh(\beta)}{\tanh(\beta) - \beta} \qquad (2-20)$$

式中,$\phi = \partial \eta / \partial c$ 表示电极电势对锂离子浓度的偏导,是关于 SOC、T 和 SOH 的函数,在平衡态下可近似为常数。由于较为平坦的 OCV - SOC 特性,在磷酸铁锂电池的 SOC 中间区段 ϕ 为很小的常数。

完整的电池电化学模型应考虑多孔的电极电解液界面特征,并包含两个电极、电解液和集流体的物理现象,如图 2 - 26 所示。

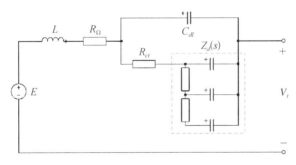

图 2 - 26　频域阻抗模型

频域阻抗模型的阻抗传递函数可表示为如式(2-21)所示。

$$Z(s) = \sum R_\Omega + \sum \left\{ \left[R_{ct} + Z_d(s) \right] \bigg/ \left(\frac{1}{jwC_{dl}} \right) \right\} + jwL \qquad (2-21)$$

由于扩散阻抗 $Z_d(s)$ 为双曲函数,式(2-21)所示的超越传递函数很难通过解析的方法求解,所以分为低频和高频两种情况进行讨论。

（1）低频工况，$\beta = R_s\sqrt{s/D_s} \to 0$。

$$Z_d(s)_{s\to 0} = -\frac{R_s\phi}{FD_s}\left(\frac{1}{5} + \frac{3}{\beta^2}\right) \tag{2-22}$$

式中，$\beta^2 = j\omega(R_s^2/D_s)$。低频下扩散阻抗可等效为 RC 串联阻抗，且频率越低容抗越大。将式（2-22）代入式（2-21），可以得到阻抗传递函数的实部和虚部。

$$Z_R(\omega) = R_\Omega + \frac{\omega(K_A + R_{ct})}{\omega^3(K_A + R_{ct})^2 C_{dl}^2 + \omega(1 + K_B C_{dl})^2}$$
$$Z_I(\omega) = j\omega L - j\frac{\omega^2(K_A + R_{ct})^2 C_{dl} + K_B(1 + K_B C_{dl})}{\omega^3(K_A + R_{ct})^2 C_{dl}^2 + \omega(1 + K_B C_{dl})^2} \tag{2-23}$$

式中，$K_A = -R_s\phi/(5FD_s)$，$K_B = -3\phi/(FR_s)$，K_A 和 K_B 是与频域无关的常数项。

（2）高频工况，$\beta = R_s\sqrt{s/D_s} \to +\infty$，$\tanh(\beta) \to 1$。

$$Z_d(s)_{s\to +\infty} = \frac{R_s\phi}{FD_s}\frac{1}{1-\beta} = -\frac{R_s\phi}{FD_s}\left(\frac{1}{\beta} + \frac{1}{\beta^2}\right) \tag{2-24}$$

式中，$\frac{1}{\beta} = \frac{1}{R_s}\sqrt{\frac{D_s}{j\omega}} = \frac{1}{R_s}\sqrt{\frac{D_s}{\omega}}\left(\cos\frac{\pi}{4} - j\sin\frac{\pi}{4}\right)$，因此高频下扩散阻抗可等效为瓦尔堡阻抗和电容的串联阻抗，且频率越高，扩散阻抗越小。将式（2-24）代入式（2-23），得到阻抗传递函数的实部和虚部。

$$Z_R(\omega) = R_\Omega + \frac{\omega R_{ct} + \omega^{\frac{1}{2}}K_C}{\left(\omega^{\frac{3}{2}}R_{ct} + \omega K_C\right)^2 C_{dl}^2 + \left(\omega^{\frac{1}{2}} - K_D C_{dl}\right)^2}$$
$$Z_I(\omega) = j\omega L - j\frac{\omega\left(\omega R_{ct} + \omega^{\frac{1}{2}}K_C\right)^2 C_{dl} - \omega^{\frac{1}{2}}K_D + K_D^3 C_{dl}}{\left(\omega^2 R_{ct} + \omega^{\frac{3}{2}}K_C\right)^2 C_{dl}^2 + \left(\omega - \omega^{\frac{1}{2}}K_D C_{dl}\right)^2} \tag{2-25}$$

式中，$K_C = -\phi/(F\sqrt{2D_s})$，$K_D = -\sqrt{D_s/2}/(FR_s^2)$，$K_C$ 和 K_D 是与频域无关的常数项。

采用脉冲方法或者单交流频率进行阻抗测量可以快速方便地得到电池的高频阻抗，通常用来获取电解液电导率的演变信息，但是更丰富的低频阻抗信息则难以得到。常见的交流阻抗测量方法有相敏检波法（PSD）、频响分析仪（FRA）和快速傅里叶变换。

PSD 和 FRA 仅适用于实验室条件下对单一电池进行测量，很难应用于实际电池系统的测量和分析。快速傅里叶变换可快速有效地对输入输出信号进行分析处理，得到电池系统的交流阻抗信息。Uwe Tröltzsch 等提出了一种可以同步在线测量多个频率阻抗的方法，用于分析在电池老化过程中复合电极模型参数的演化规律。该方法抓取工序中五个趋于稳态（电流均值为 0）的过程，对测量的电池电压和电流信号进行 DFT 变化，可得到较宽频域范围内的阻抗信息。其优点是：所有的频率可以同步测量，相比 EIS 测试，测量时间减小了 50%；缺点是：信噪比下降，使得频谱分解受到限制，再者，该方法很难获得电池动态过程中的阻抗信息[96]。

在电动汽车和储能系统中应用的锂电池组参数辨识方法需要满足以下特点：在线辨识、运算简单、无须外加激励或负载、无训练过程、易于实现。因此，在动态放电过程中直接采用频谱分析的方法进行阻抗参数提取是最好的选择。锂电池组在周期性脉冲放电过程中，应满足

$$E - V_t = I[Z_R(\omega) + Z_I(\omega)] \tag{2-26}$$

周期性脉冲放电过程的频域阻抗谐波分析如图 2-27 所示。

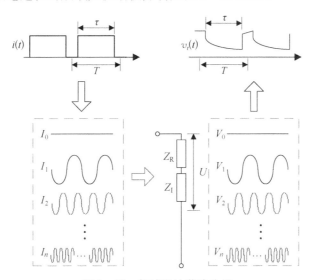

图 2-27　频域阻抗谐波分析

交流阻抗可表示为如式(2-27)所示。

$$
\begin{aligned}
Z_R^n &= \frac{\Re(U_n)\Re(I_n) - \Im(U_n)\Im(I_n)}{|I_n|^2} \\
Z_I^n &= \frac{-\Re(U_n)\Im(I_n) + \Im(U_n)\Re(I_n)}{|I_n|^2}
\end{aligned}
\tag{2-27}
$$

式中，$U = E - V_t$，为动态放电过程中的过电势；符号 $\Re$ 和 $\Im$ 分别为实部和虚部；标注 U_n、I_n 为谐波阶数。

低频脉冲放电通常应用于高能脉冲设备(激光设备、X 射线等)的短时蓄能，负载多为容性设备或感性设备，脉冲周期短则数十毫秒，长则数十分钟。界面过程和粒子扩散的稳态时间较长，瓦尔堡阻抗占主要成分，电池系统呈现低频阻抗特性。所采用的锂电池模型参数如表 2-2 所示，与参考文献中的电池参数一致，初始 SOC 为 50%，此时正极锂浓度计量值 $\theta_p = 0.401$，负极锂浓度计量值 $\theta_n = 0.689$[97]。

表 2-2　锂电池模型参数

参　　数	正　极	负　极
电极厚度 δ/m	36.4×10^{-6}	50×10^{-6}
粒子半径 R_s/m	1×10^{-6}	1×10^{-6}
固相扩散系数 $D_s/(\mathrm{m^2/s})$	3.7×10^{-16}	2.0×10^{-16}
锂浓度计量 $\theta_{0\%}$	0.936	0.126
锂浓度计量 $\theta_{100\%}$	0.442	0.676
交换电流密度 $i_0/(\mathrm{A/m^2})$	26	36
电极面积 $S_p/\mathrm{m^2}$	1.0452	1.0452
接触电阻 $R_\Omega/(\Omega/\mathrm{m^2})$	20×10^{-4}	
连接电感 $L_{id}/(\mathrm{H/m^2})$	$1\times10^{-6\,a}$	
双电层电容 $C_{dl}/(\mathrm{F/m^2})$	$5\times10^{3\,a}$	
法拉第常数 $F/(\mathrm{C/mol})$	96 485	
理想气体常数 $R_c/[\mathrm{J/(mol\cdot K)}]$	8.3143	
毗邻温度 T_{aj}/K	298.15	

注：上标 a 代表假设值。

低频下锂电池的频率响应特性如图 2-28 所示。可以看出，在极低频下，锂电池表现为电容特性，相角约-90°，这是由于 $\omega\to0$ 时，电感的阻抗作用可以忽略，而瓦尔堡阻抗和双电层电容的容抗作用在低频下起主导作用。当 $\omega>0.1\,\pi$ rad/s 时，容抗作用逐渐减弱，低频阻抗的幅值接近欧姆阻抗，$\omega=2\,\pi$ rad/s 时阻抗相角趋于 0，表现为纯电阻特性。

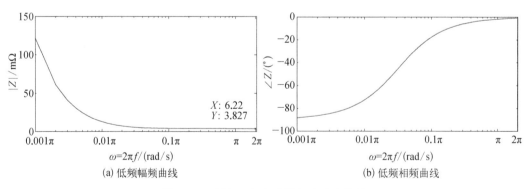

(a) 低频幅频曲线　　　　　　　　(b) 低频相频曲线

图 2-28　低频下锂电池的频率响应特性

高频脉冲放电通常应用于逆变器如电动汽车、推进电机等的变换电源，负载为交流电机绕组，脉冲周期依赖逆变 IGBT 的开关频率，通常不超过 1 ms。快速开关行为会带来动态的粒子扩散过程，集流体及连接件的杂散电感占阻抗的主要成分，电池系统呈现高频阻抗特性。采用表 2-2 所示的锂电池模型参数，高频下锂电池的频率响应特性如图 2-29 所示。

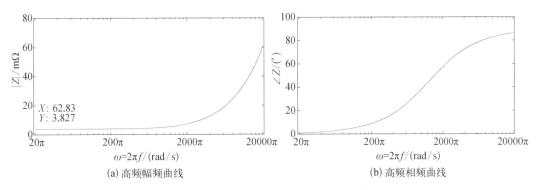

(a) 高频幅频曲线　　　　　(b) 高频相频曲线

图 2 - 29　高频下锂电池的频率响应特性

高频下阻抗相角均大于 0,这是由于随着频率的增加电感的作用逐渐占据主导地位。在较低频下,锂电池阻抗呈纯电阻特性,幅值接近欧姆阻抗,而在高频下,阻抗相角约为 90°,锂电池呈感抗特性。不同 L_{id} 取值下的高频 Nyquist 图如图 2 - 30(a) 所示,可以看出,L_{id} 取值越大高频下虚部阻抗增长越快。近似的全频段 Nyquist 图如图 2 - 30(b) 所示,可以看出,随着频率的增加,在极低频下 Nyquist 曲线近似呈线性衰减,低频下沿半圆弧变化,高频下虚部阻抗急剧增加并趋向于 ∞。阻抗半圆与实轴的交点约为 $R_\Omega - R_{ct}$,高频下实部阻抗仍然保持这个值。

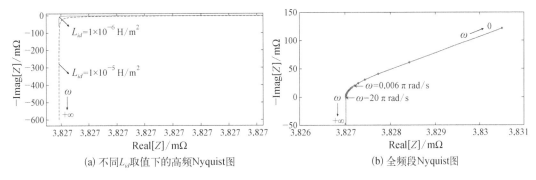

(a) 不同 L_{id} 取值下的高频 Nyquist 图　　　　　(b) 全频段 Nyquist 图

图 2 - 30　不同 L_{id} 取值下高频和全频段 Nyquist 图

为了验证频域阻抗模型的建模精度,设计一组 18 A·h 锂电池高倍率低频脉冲放电实验。测试对象为 LiFePO$_4$ 电池,脉冲放电周期为 5 s,占空比为 0.2,先进行 30 个周期的 10 C(电流 180 A)脉冲放电,紧接着进行 20 个周期的 30 C(电流 540 A)脉冲放电。

由于脉冲放电的周期性特点,仅需对前几个脉冲周期进行谐波分析即可得到适用于整个脉冲放电过程的交流阻抗谱。为验证频域阻抗模型的精度,将各频率下的过电势响应通过反傅里叶变换可得到时域下的过电势,实际测量的电压响应和模型计算的电压响应对比和模型误差分别如图 2 - 31(a) 和(b) 所示。

可以看出,10 C 脉冲放电时电压模拟误差为 ±20 mV,当放电倍率更改为 30 C 时,使用同样的交流阻抗参数预测的电压误差为 ±35 mV。值得指出的是,若在电流倍率发生变化时更新全频段的阻抗参数,可以达到更高的电压预测精度。等效电路模型参数会因放电

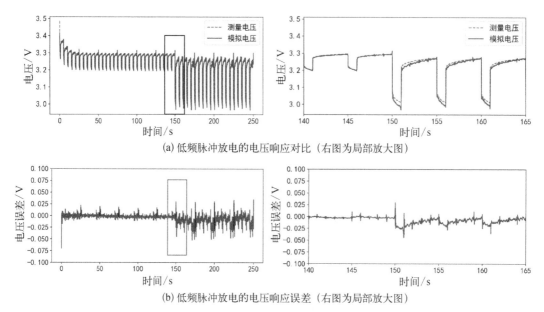

(a) 低频脉冲放电的电压响应对比（右图为局部放大图）

(b) 低频脉冲放电的电压响应误差（右图为局部放大图）

图 2-31　低频脉冲放电下频域阻抗模型误差对比

深度、电流倍率及电池温度等因素的影响而发生摄动，模型精度也会因此而改变，而频域阻抗模型由于将时域的信息转换到频域下，个别频率下阻抗参数的变化对整体精度的影响较小，因此可达到较稳定的精度。

4. 大倍率磷酸铁锂电池循环温度特性

根据 Newman 的电池产热理论，电池的产热可分为三部分，即反应热 Q_r、极化热 Q_p 和焦耳热 Q_J。Q_r 表征了电极反应过程中的熵变与焓变，为可逆热，吸热反应时 Q_r 取负值，放热反应时 Q_r 取正值。极化热 Q_p 指的是电池工作时偏离平衡电动势状态，从而产生的不可逆热，包括浓差极化与电化学极化两部分。焦耳热 Q_J 是指电流流经电池内部导电体时，由集流体、正负极材料的欧姆内阻产生的不可逆热[98]。电池的产热可由式（2-28）表示：

$$Q(t) = Q_r + Q_p + Q_J = nFT\left(\frac{\partial E_e}{\partial T}\right) + I\phi_p + I^2 r_{ohm} \qquad (2-28)$$

式中，n 为单位时间内反应进行的物质的量；F 为法拉第常数；T 为热力学温度；E_e 为电池电动势；ϕ_p 为电池极化偏压。随着电池充放电倍率的增加，三部分热量的占比将逐渐发生变化，单位时间内焦耳热的增长速度与电流平方成正比，增速远高于 Q_r 与 Q_p，因此在低倍率工况下反应热或极化热为主要产热源，大倍率充放电时焦耳热会成为主要热源。为了对大倍率充放电过程中的循环温升特性进行研究，建立电化学-热耦合模型进行仿真分析。

电化学-热耦合模型包括电荷守恒、质量守恒、能量守恒方程。电荷守恒包括固相与液相的电子与离子守恒，控制方程如式（2-29）所示。

$$\begin{cases} \nabla \cdot i_s + \nabla \cdot i_e = 0 \\ \nabla \cdot i_s = S_a j_n \\ i_s = -\sigma_s \nabla \phi_s \\ i_e = -\sigma_e \nabla \phi_e + \dfrac{2RT\sigma_e}{F}(1 - t_+) \nabla(\ln c_2) \end{cases} \qquad (2-29)$$

式中, i_s 与 i_e 分别为固相与液相电流密度矢量, 其中液相电流密度为电解液中离子流密度; ∇ 为拉普拉斯算子; S_a 为多孔电极比表面积; j_n 为电极表面局部电流密度; σ_s 与 σ_e 分别为固相与液相电导率; ϕ_s 与 ϕ_e 分别为固相与液相电位; R 为通用气体常数; t_+ 为锂离子迁移数, 用以表示反应迁移离子中锂离子占比; c_2 为液相电解质溶液浓度。

质量守恒主要针对正负极固相与液相中存在的锂离子质量守恒, 固相质量守恒如式(2-30)所示。

$$\frac{\partial c_1}{\partial t} = \frac{1}{r^2} \frac{\partial}{\partial r}\left(-r^2 D_1 \frac{\partial c_1}{\partial r}\right) \qquad (2-30)$$

式中, c_1 为固相电极活性材料内锂离子浓度; r 为锂离子距离活性电极材料球心距离; D_1 为锂离子固相扩散系数。液相质量守恒遵从式(2-31)的关系。

$$\varepsilon_e \frac{\partial c_2}{\partial t} = \frac{S_a j_n}{F} - \nabla \cdot J_2 \qquad (2-31)$$

式中, ε_e 为液相体积分数; J_2 为液相锂离子流量。锂离子在液相中的迁移过程服从关系式(2-32)。

$$J_2 = -D_2 \nabla c_2 + \frac{t_+ i_e}{F} \qquad (2-32)$$

式中, ∇c_2 为离子浓度梯度; D_2 为锂离子液相扩散系数。

能量守恒发生在整个反应过程中, 控制方程如式(2-33)所示。

$$\rho c_p \frac{\partial T}{\partial t} = q + \lambda \nabla^2 T \qquad (2-33)$$

式中, ρ 为密度; c_p 为比定压热容; λ 为热导率; q 为总发热量。

根据理论方程搭建仿真模型, 对磷酸铁锂电池大倍率应用工况进行循环充放电仿真。从正极铝箔、正极材料、隔膜、负极材料、铜箔五部分依次划分为六面立方体网格, 如图 2-32 所示。

以 60 C 放电 8 s 停 2 s 循环 19 次工况作

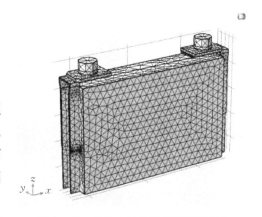

图 2-32　单体电池仿真模型网格划分

为仿真输入,循环试验波形如图 2 - 33 所示。

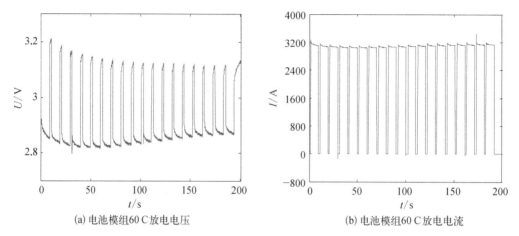

(a) 电池模组60 C 放电电压　　　　　　(b) 电池模组60 C 放电电流

图 2 - 33　循环试验波形

由图 2 - 33 可知,与持续放电过程中电压的渐变趋势不同,放电过程中电池电压伴随电流脉冲存在大幅度的起落现象,这对于温升增长存在一定的缓和作用。单体电池循环 60 C 放电温升仿真云图如图 2 - 34 所示。

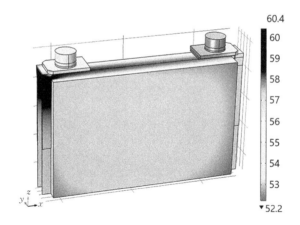

图 2 - 34　单体电池循环 60 C 放电温升(单位为℃)仿真云图

由图 2 - 34 可知,循环放电后仿真温升最高部位是负极柱附近,最高温度达到了 60.4℃,为电池极耳与极柱之间部位。对不同倍率的放电温升进行试验测试,以验证理论计算及仿真模型的有效性,试验测试结果如图 2 - 35 所示。

由图 2 - 35 可知,不同倍率充放电过程中,温升与倍率存在线性正比例关系,且随着倍率的增大负极柱温度逐渐成为最高温度点,且壳体、负极柱温升始终高于正极柱温升。对比仿真与试验温升结果,仿真温升略高于试验温升,相差 3～5℃,分析原因主要是试验过程极柱通过外部的连接铜排传递了热量,因此温升略低于仿真结果。通过仿真与试验的验证,说明磷酸铁锂电池在大倍率循环充放电应用过程中,温升范围处于极限应

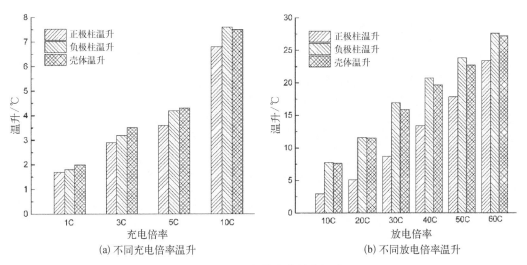

(a) 不同充电倍率温升　　　　　　　　　(b) 不同放电倍率温升

图 2-35　不同倍率充放电温升

用的边界,进一步对极耳和极柱的设计进行优化改进是提升磷酸铁锂电池倍率性能的重要方法。

2.2.3　脉冲电容器储能

1. 储能机理与应用指标

应用于电磁发射领域的高压大容量金属化膜脉冲电容器一般由多个单体串并联组成,其单体的基本制造过程一般为:首先在厚度仅为几微米的有机高分子聚合物薄膜表面蒸镀一层厚度仅为纳米量级的金属层作为存储电荷的正(负)电极,然后将两张不同极性的金属化膜按照一定的张力设计卷制为圆柱体,最后在圆柱体的两端喷涂一定厚度的金属层以实现内部电极与外部电路的电气连接,工程上一般采用留边、错边及加厚边等方式保证绝缘和接触强度。金属化膜脉冲电容器的结构原理如图 2-36 所示。

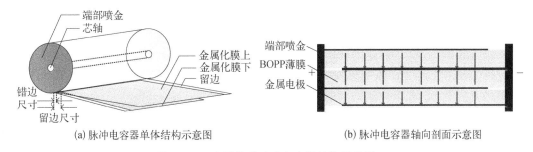

(a) 脉冲电容器单体结构示意图　　　　　　(b) 脉冲电容器轴向剖面示意图

图 2-36　金属化膜脉冲电容器结构原理图

根据脉冲电容器的结构原理,其可以看作由两张金属化膜组成的平行板电容器卷绕而成,而为了得到较大的容量和储能密度,一般卷绕长度可达数百米,卷绕层数则常常高达数千层,而薄膜的宽度(圆柱形单体的高度)由于受到卷绕机的限制和褶皱等因素的影响一般设计为百毫米量级或以下。每个金属电极在卷绕过程中不仅与同步卷绕的异性电极形成电容,而且会与其下层的异性电极形成电容,因此其电容值将是平行板电容器的 2 倍,如式(2-34)所示。

$$C = \frac{2\varepsilon_0\varepsilon_r S_p}{d_p} = \frac{2\varepsilon_0\varepsilon_r b_p L_p}{d_p} \qquad (2-34)$$

式中,ε_0 和 ε_r 分别为真空的绝对介电常数和介质薄膜的相对介电常数;b_p、d_p 和 L_p 则分别为介质薄膜的宽度、厚度和长度;S_p 为电极面积。

根据脉冲电容器的物理结构和工作原理,其储能方式与理想的平行板电容器类似,如图 2-37 所示。外接电源为正负金属电极,施加一个电场强度 E_p 之后,金属电极上将产生一定量的静电电荷,且当以相对介电常数大于 1 的电介质替代真空作为储能媒介时,金属电极上的静电电荷累积量会增加,具体的增加幅度与介电常数成正比,即在同等场强下,一般材料的介电常数越大,其存储电荷的能力也越强。

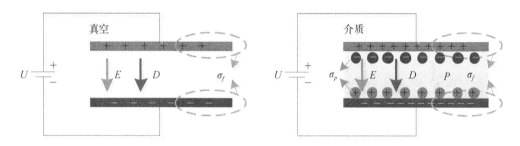

图 2-37　真空与介质储能原理对比

作为储能系统中的关键电气元件,脉冲电容器的主要应用指标包括储能密度、寿命、电压、电流等。目前,国际上最先进的脉冲电容器相关指标对比如表 2-3 所示。

表 2-3　脉冲电容器关键指标的典型值[69]

指标	GA@CMX		
储能密度(体积)/(MJ/m³)	3	3	2
储能密度(质量)/(kJ/kg)	2.4	2.3	2.7
能量/kJ	50	100	260
容值/mF	2.31	4.6	4
尺寸/in①	4.4×14.25×16.4	6.5×18.25×17	13.5×16×36
电压/kV	6.6	6.6	11.3
电流/kA	15	6	150

① 1 in = 2.54 cm。

续　表

指标	GA@CMX		
充电时间/s	3	7	180
寿命/%	1 400@−5	1 000@≤1	10 000@≤1

2. 介电材料与构效关系

高分子聚合物薄膜在金属化膜脉冲电容器中的重要性不言而喻,该种材料自身的物理特性和制备方法均会影响它的结构特性和电气特性,最终影响其作为储能介质的应用性能。高聚物薄膜在制备过程中所采用的工艺方法和参数不同,因而所得产品的应用性能也大相径庭。能够表征不同生产厂家所提供高聚物薄膜结构特性的参数主要有 5 个,分别是① 结晶度、② 拉伸取向一致性、③ 热收缩性能、④ 表面形貌和⑤ 化学成分。能够表征高分子聚合物薄膜电气特性的主要参数有 4 个,分别为① 击穿场强、② 电导率、③ 电滞回线和④ 介电频谱。BOPP 薄膜材料的参数体系如表 2−4 所示。

表 2−4　BOPP 薄膜材料的参数体系

	本 质 关 系	相 关 理 论
结构参量	① 熔融温度与结晶度	差示扫描量热(DSC)
	② 拉伸取向因子	同步辐射(二维 XRD)
	③ 热收缩性能	恒温箱
	④ 表面形貌	扫描电子显微镜(SEM)
	⑤ 化学键	红外光谱(IR)
	⑥ 结晶晶型与晶粒尺寸	X 射线衍射(XRD)
	⑦ 电极化学成分	能量分散谱(EDS)
	⑧ 厚度及其公差	多点测量与统计
	⑨ 抗拉强度	拉伸测试仪
电气参量	① 击穿场强	变温 Weibull 击穿统计
	② 薄膜电导率	$I−V$ 曲线
	③ 放电效率与能量密度	电滞回线($D−E$)
	④ 介电常数与损耗	介电频谱/温谱(BDS)
	⑤ 表面电阻率	四点探针法

击穿场强是介电薄膜的核心参数,直接决定了储能密度的物理边界。如何提高击穿场强,即如何建立薄膜结构参数与电气参数之间的构效关系,进而从制备工艺上优化薄膜应用性能的问题非常关键。

应用于脉冲电容器的 BOPP 薄膜的制备工艺相对复杂(图 2−38),可对其电气应用

图 2 - 38　电容器薄膜的制备过程

性能造成显著影响的因素大致包括粒料品质、结构参数及温度等几个方面,因此如果以击穿场强作为评价 BOPP 薄膜性能的指标,则可获取其构效关系如式(2 - 35)所示。

$$E_{bp} = f[i_a, a_s, M_r, d_p, \Delta d_p, X_c, X_s, R_m, Y_p, f_p, w_e, T_s] \qquad (2 - 35)$$

式中,结构参数依次代表等规度、灰分、相对分子量分布、绝对厚度、厚度公差、结晶度、晶粒尺寸、抗拉强度、杨氏模量、取向因子、表面润湿张力和热收缩率。其中,等规度等取决于进口的聚丙烯粒料,相关技术相对成熟,因此可优化空间有限;而取向因子、表面润湿张力和热收缩率分别影响表面形貌、电极附着力和耐高温性能,因此相关性较小。实践表明,不同厂家薄膜产品的厚度及其公差、结晶度及晶粒尺寸,还有刚度相关的抗拉强度、杨氏模量等对 BOPP 薄膜的击穿场强影响显著。厚度影响击穿场强的主要原因在于不同厚度薄膜的热响应差异,即厚度的影响机理主要体现在电热击穿的过程。结晶度主要通过影响薄膜材料微观载流子特性(包括载流子浓度和载流子迁移率)来影响薄膜电导率,进而影响薄膜的本征击穿场强。刚度对击穿场强的影响是在考虑电热效应的基础上,增加对电致应变效应的考量。介电强度的构效关系如表 2 - 5 所示。

表 2 - 5　介电强度的构效关系[99]

关键结构参数	本 质 关 系	相 关 理 论
厚　　度	$C_v \dfrac{\mathrm{d}T}{\mathrm{d}t} - \nabla(k\nabla \cdot T) = JE$	电热击穿理论
结晶度	$\dfrac{\sigma}{\sigma_0} = \exp[-\beta_\sigma(X - X_0)]$	电导本征击穿理论
刚　　度	$E_a = \dfrac{V}{t_0} = 0.6(Y_p/\varepsilon_0\varepsilon_r)^{1/2}$	电致应变理论

3. 制造工艺与核心参数

脉冲电容器在生产制造过程中要历经多个工序,按照先后顺序依次为蒸镀、卷绕、喷金、热处理、赋能、筛选、串并联、灌封、定型等,每一道工序或多或少都会对脉冲电容器的电气性能产生影响,进而影响其工作场强和储能密度。不同的生产厂家制造工艺种类和流程大同小异,但是工艺参数的设置和控制不尽相同,这导致了最终的脉冲电容器产品在电气性能上出现差异。脉冲电容器生产制造工艺流程如图 2 - 39 所示。

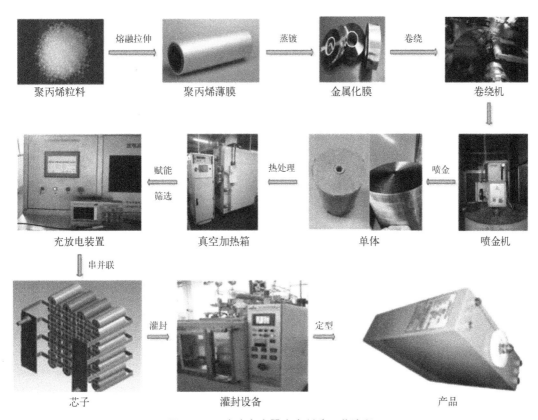

图 2-39 脉冲电容器生产制造工艺流程

脉冲电容器除了宏观的应用性能指标以外,还有一些与性能密切相关的电气参数,按照其制造过程和工作原理,这些电气参数可以分为三大部分,即薄膜质量、电气表征、应用性能,各部分中关键参数如表 2-6 所示。

表 2-6 脉冲电容器关键参数

参数类别	参数名称	常规取值	理论边界
薄膜质量	等规度/%	≥90	≥95
	灰分/10^{-6}	≥100	≤30
	厚度公差/%	≥2	≤2
	结晶度/%	60~70	≥80
	抗拉强度/MPa	30	≥30
电气表征	介电常数	2.2	≥2.2
	击穿场强/(V/μm)	500~600	≤820
	放电效率/%	90	≥90
	电导率/(S/m)	10^{-12}	$10^{-18} \sim 10^{-15}$

参数类别	参数名称	常规取值	理论边界
应用性能	储能密度/(MJ/m³)	2	3
	保压	150 V@5 s	≤50 V@5 s
	寿命	5 000	≥10 000

4. 电压跌落现象

实践表明,脉冲电容器在保压时间内,其端电压会出现缓慢的近似线性下降,下降的速度与保压时长、充电电压等密切相关。另外,端电压下降的速度还与产品质量及剩余使用寿命(remaining useful life, RUL)相关。脉冲电容器保压过程中电压跌落的试验现象如图2-40所示,其中,t_0是充电时间,t_1是保压时间,ΔU是电压跌落幅值。

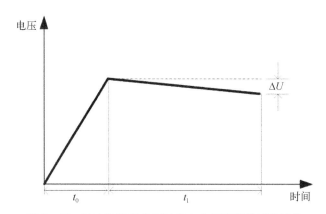

图2-40　脉冲电容器保压过程中电压跌落的试验现象

通过研究,发现影响电压跌落的因素主要有三个,即高场强下的介质泄漏,与基膜自身电导率有关;高场强下的局部击穿与自愈,与电弱点有关;高场强下的介质松弛极化,与空间电荷积累有关。

介质泄漏主要包括表面泄漏和体泄漏两部分,如图2-41所示。薄膜电导率在场强升高时逐渐增大,包括沿面电导率和厚度方向电导率,即绝缘电阻下降,漏电流的焦耳热损耗造成能量损失和电压跌落。自愈是金属化膜脉冲电容器的重要特征之一,其现象示意图如图2-42所示。薄膜内部不可避免的电弱点造成局部耐压能力下降,击穿瞬间厚度仅为纳米量级的金属电极被蒸发掉,重新恢复绝缘,该过程消耗的能量也是造成电压跌落的原因之一。松弛极化是高分子介电材料的物理属性,其电场示意图如图2-43所示。薄膜内部缺陷捕捉导电带上的自由电荷,造成空间电荷不断累积,空间电荷不能参与毫秒级时间尺度的脉冲放电,即造成能量的浪费,表现为电压跌落。介质泄漏造成的电压损失可以根据电导率的测量进行定量分析;自愈造成的电压损失可以根据充放电前后电容值的减小量进行定量分析;松弛极化造成的电压损失可以根据等效电路仿真进行定量分析。下面针对具体分析方法分别予以介绍。

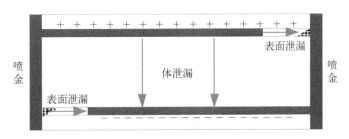

图 2-41　介质泄漏示意图

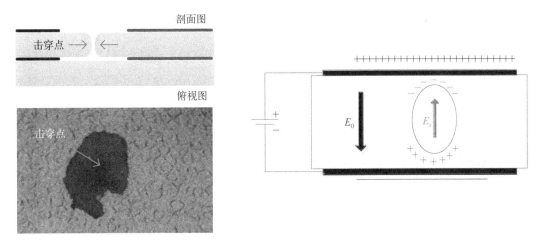

图 2-42　击穿示意图　　　　　　　图 2-43　松弛极化电场示意图

1）电导率与电压跌落的关系

脉冲电容器在充电结束并断开充电开关后,由介质泄漏引起的电压下降速率与介质薄膜自身的绝缘电阻大小相关,在不考虑外部放电支路时,电压与绝缘电阻的关系如式(2-36)所示。

$$u(t) = U_0 \exp\left(-\frac{t_k}{R_p C_0}\right) \qquad (2-36)$$

式中,U_0 为充电设定电压;t_k 为保压时间;$R_p C_0$ 为时间常数,表征了因漏电流而产生的电压下降速率。对于几何参数一定的金属化膜脉冲电容器,时间常数又可以简化为如式(2-37)所示。

$$R_p C_0 = \frac{d_p}{2\sigma L_p b_p} \cdot \frac{2\varepsilon L_p b_p}{d_p} = \frac{\varepsilon}{\sigma} \qquad (2-37)$$

式中,ε、σ 分别为介质的介电常数和电导率。所以,电压跌落与电导率的关系如式(2-38)所示。

$$u(t) = U_0 \exp\left(-\frac{t_k \sigma}{\varepsilon}\right) \qquad (2-38)$$

式中,σ 随着电压的变化而变化,当充电电压较高且保压时间较短时,可以按初始电压条件下的电导率测量值计算电压跌落,否则应按照一定的时间步长并根据实测电压对电导率进行动态修正。典型的脉冲电容器薄膜电导率随工作电压变化的实测曲线如图 2 - 44 所示。

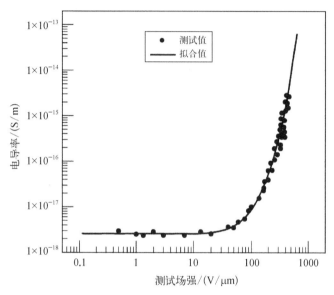

图 2 - 44   BOPP 薄膜电导率曲线

根据电导率曲线可得已知工作场强下的电导率,再根据真空介电常数及 BOPP 薄膜的相对介电常数,可计算得到在一定时间的保压过程中,因介质泄漏而导致的电压跌落幅值和百分比。

2）自愈与电压跌落的关系

根据电容器的储能原理,自愈引起的能量损失与保压过程前后电容值的关系如式（2 - 39）所示。

$$W_{sh} = \frac{C_0 U_0^2 - C_1 U_1^2}{2} \qquad (2-39)$$

式中,W_{sh} 为自愈消耗的能量;C_0 和 C_1 分别为保压过程前后的电容值;U_1 为在保压过程中仅由自愈引起的跌落后的电压值,显然,该值大于保压结束时实测的电压值。

由于自愈具有一定的随机性和多发性,所以自愈能量很难直接准确测量得到,而试验前后的电容值较易获得,在忽略充放电过程的自愈时,试验前后的电容值为保压过程前后的容值,而根据文献[100],自愈导致的电容值变化与自愈能量的大小均与自愈发生时金属电极蒸发掉的面积直接相关,则

$$\Delta C = C_0 - C_1 = \varepsilon S_{sh}/d_p \qquad (2-40)$$

$$W_{sh} = k_s S_{sh} \qquad (2-41)$$

式中，S_{sh} 为自愈面积；k_s 为可以通过试验方法拟合得到的常数，其物理含义为自愈能量和自愈面积的比例系数。

联立式（2−39）~式（2−41）可以得到仅由自愈导致的电压跌落幅值如式（2−42）所示。

$$\Delta U = U_0 - \sqrt{C_0 U_0^2 / C_1 - \left[\frac{2k_s d_p}{\varepsilon}(C_0 - C_1)/C_1\right]} \qquad (2-42)$$

可见，根据试验前后的电容值变化可以研究由自愈引起的电压跌落大小。对于高压大容量脉冲电容器，单次充放电造成的容值变化由于测量误差的存在难以准确获得，所以计算时需要根据寿命试验数据获得单次充放电的容值变化统计平均值。此类脉冲电容器典型寿命曲线，即容值随试验次数的增加而变化的曲线，如图 2−45 所示。

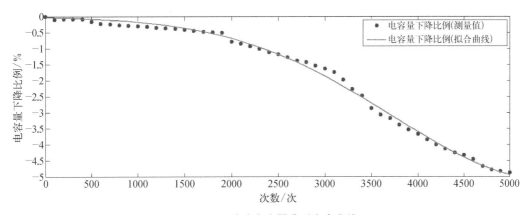

图 2−45　脉冲电容器典型寿命曲线

由图 2−45 可知，当 RUL 较大时，电容值下降的斜率基本保持恒定，因此利用统计平均值估算单次充放电中容量的下降幅度具有较高的准确性。

3）松弛极化与电压跌落的关系

松弛极化的存在使得介质储存了更多的电荷，相当于介电常数增大，电容量增大，但是有一部分电荷是无用的，因此常利用复介电常数的概念并以并联的电阻电容来模拟松弛极化，另外考虑到多种松弛极化机理的存在，需采用多个并联阻容支路来进行等效，此时金属化膜电容器等效电路如图 2−46 所示。

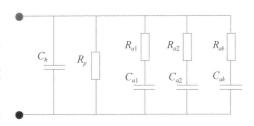

图 2−46　金属化膜电容器等效电路

其中，C_h 是指快速极化电容，由于快速极化以电子位移极化为主，速度很快，发生频率较高，而松弛极化过程中的空间电荷积累速度较慢，发生频率低于 100 Hz，所以 C_h 为在 100 Hz 测量频率下得到的电容值。C_{ak} 表示第 k 种机制的松弛极化过程引起的等效电容；R_{ak} 决定了第 k 种机制的松弛极化速度，典型的松弛极化时间常数可达数分钟甚至数小时，因此 R_{ak} 的取值一般高达数百兆欧至上万兆欧。R_p 表征了介质的电导泄漏。

由于不同机理的松弛极化时间常数不同,如转向极化和界面极化,所以并联阻容参数不同,需要用多个极化函数求和的形式来更加准确地刻画极化过程,定义极化时间函数如式(2-43)所示。

$$G(t, \tau_k) = \mathrm{e}^{-t/\tau_k}, \quad k = 0, 1, 2, \cdots \qquad (2-43)$$

式中, $\tau_0 = R_h C_h$ 为快极化的时间常数; $\tau_k = R_{ak} C_{ak}$ 为松弛极化支路的时间常数。充电过程总的极化电流由快极化电流和慢极化电流共同组成,如式(2-44)所示。

$$i_p = U_0 C_h [1 - G(t, \tau_0)] + U_0 C_h \sum_{k=1}^{4} f_k [1 - G(t, \tau_k)], \quad \sum_{k=1}^{4} f_k = \frac{C_a}{C_h} \qquad (2-44)$$

式中, C_a 为松弛极化的等效电容。因此,所有极化完成后总的电容值如式(2-45)所示。

$$C_s = \frac{Q_p}{U_h} = C_h \left(1 + \sum_{k=1}^{4} f_k\right) \qquad (2-45)$$

通过试验数据拟合的方式可获得极化支路的电容值 $C_{ak} = f_k C_h$,再根据 $R_{ak} = \tau_k / C_{ak} - R_1$,可以得到极化支路的电阻值。典型的松弛极化仿真曲线如图 2-47 所示。

根据仿真结果可以得到任意保压时间下,松弛极化所导致的电压跌落幅值及其与介质泄漏的比例关系。

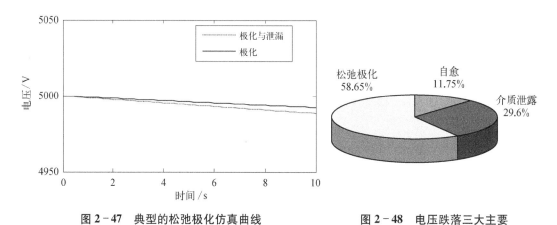

图 2-47　典型的松弛极化仿真曲线　　　　图 2-48　电压跌落三大主要因素所占比例

4) 定量计算

以上述理论分析为依据,计算得到导致电压跌落的三大主要因素所占比例如图 2-48所示。电压跌落的定量分析是保压性能针对性优化的必要前提,导致电压跌落的主要因素是松弛极化(占比 58.65%)和介质泄漏(占比 29.6%),因此保压性能优化的主要方法为减小漏电流和极化电荷。

5. 寿命评估与性能优化

电容器的寿命与其工作场强、放电反峰比以及工作温度都密切相关。工作场强对电容器寿命的影响最大,虽然提高电容器工作场强是提高其储能密度的关键手段,但是必须考量其对寿命的损害。使用寿命与工作场强的关系如式(2-46)所示。

$$\frac{L}{L_0} \propto \left(\frac{E}{E_0} \right)^{-m} \tag{2-46}$$

式中,m 为指数因子,由试验数据可以获得;L、L_0 为在场强 E、E_0 作用下的寿命,一般选择一个适中的场强下的寿命作为对比的起点。不同研究人员计算出的指数因子略有差别。由式(2-46)可知,当工作场强提高 10% 时,虽然储能密度能够提高 20%,但是使用寿命将下降 50%。而当工作场强提高 40% 时,虽然储能密度几乎增加一倍,但是使用寿命将下降到原来的 10%。另外,当场强进一步提高时,除了寿命下降外,还可能造成电容器的使用安全性和稳定性发生恶化,可能导致电容器芯部的短路失效故障。当工作场强相同时,不同的回路参数可导致电压电流的波形发生变化,即电压或电流反峰系数发生变化,根据脉冲放电电路的特点,电压和电流的反峰系数相等。

$$\frac{I_{rm}}{I_m} = \frac{U_{rm}}{U_m} = \beta \tag{2-47}$$

式中,I_m 和 I_{rm} 分别为正反向的电流峰值;U_m 和 U_{rm} 分别为正反向的电压峰值。使用寿命与反峰系数的关系如式(2-48)所示。

$$\frac{L}{L_0} \propto \left[\frac{\ln(1/\beta_0)}{\ln(1/\beta)} \right]^{-b} \tag{2-48}$$

式中,b 为拟合公式的指数因子。根据文献[101],当电容器放电时的反峰系数由 9.4% 增大至 65% 时,使用寿命下降为原来的 32.5%。电压反峰造成的寿命下降主要和介质薄膜的松弛极化相关,其机理是由于松弛极化过程中积累的空间电荷退化过程较慢,在正向电场的作用下,空间电荷的方向与正向电场相反,而当快速的放电过程中出现电压反峰时,反向的电场和空间电荷会影响介质薄膜中的畸变场强,导致介质薄膜缺陷区域出现老化,最终导致击穿。

由于温度会对介质薄膜的电气性能产生显著影响,所以温度对电容器的寿命也会产生重要影响。电容器的工作电流与电极方阻有关,电流密度不能超过可能使电极发生裂纹或电爆炸的阈值,并且电流导致的温升不能超过安全的温度值。即电流和温度存在阈值如式(2-49)所示。

$$I \leqslant I_{\max}, \quad T_0 + \Delta T \leqslant T_{\max} \tag{2-49}$$

式中,$I_{\max}$ 和 $T_{\max}$ 分别为金属电极可承受的最大电流和电容器可安全工作的最大温度值;T_0 和 ΔT 分别为初始环境温度和工作温升。综上可知,根据具体应用工况和各个参数影响寿命的作用机理,可以对脉冲电容器进行寿命评估和性能优化,即确保在安全工作的前提下实现各项应用指标的最优化。

根据前面分析,脉冲电容器高储能密度和长寿命是相互矛盾的应用指标,追求高储能密度的同时必须衡量其所需的最少的工作次数,即寿命。以一种金属化膜脉冲电容器为例,脉冲电容器储能密度、寿命与工作场强的关系如图 2-49 所示。

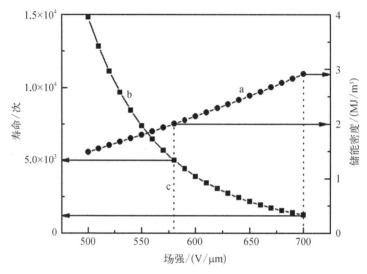

图 2-49　脉冲电容器储能密度、寿命与工作场强的关系

设计时首先根据脉冲电容器的实际寿命测试结果,确定初始工作场强 E_0 和初始寿命 L_0,然后根据工作场强和寿命的指数关系公式,得到寿命随工作场强增大而减小的曲线(图 2-49 中方标曲线 b),再作出工作场强和储能密度的关系曲线(图 2-49 中圆标曲线)。最后,按照目标工作场强作一条与 Y 轴平行的直线,其与两条曲线的交点为在该工作场强下所能达到的储能密度和寿命,也可根据系统所要求的使用寿命或者储能密度进行反向设计。

2.3　混合储能技术

2.3.1　混合储能形式

现阶段单一的储能技术很难同时满足高功率密度和高能量密度的特点。为了满足电网、孤立系统(岛礁、山区、船舶等)和新能源汽车等对可靠性和经济性的需求,混合储能技术应运而生。混合储能技术由两种或两种以上具有匹配特性的单一储能技术组合而成,使其在功率密度与能量密度、生命周期、响应速率等方面具有互补性。

用于非脉冲功率场合的混合储能概念最早出现在分布式发电领域,用于解决可再生能源供电的间歇性、电能质量差、稳定性、频率控制和负载不平衡等问题。组合两种或多种发电方式以缓解可再生能源的间歇性,混合高功率储能和高能量储能来解决电能质量和稳定性问题,通常采用"蓄电池+超级电容"的混合储能方式。分布式发电系统结构图如图 2-50 所示。通过在分布式发电系统中增加混合储能装置,可以将分布式电源间歇性和不确定性造成的影响降至最低。当电网负载较小时,将过剩的电能转化为混合储能系统中的机械能或化学能加以存储;当电网负载较大或充电负荷处于高峰时,将这部分能量转化成电能提供给充电负载,从而起到削峰填谷的作用。

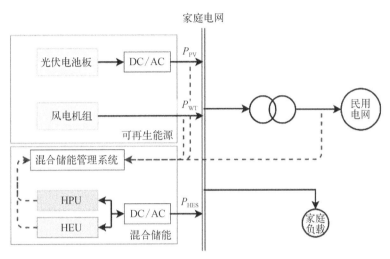

图 2-50　分布式发电系统结构图[102]

　　混合储能技术由两种或两种以上高能量密度单元(HEU)或高功率密度单元(HPU)按照一定的拓扑结构组合而成。拓扑结构根据有无 DC/DC 控制开关可以划分为无源拓扑和有源拓扑,还可以根据工作方式划分为并联拓扑和串联拓扑。不同拓扑结构的成本、控制策略和目的均不同,文献[102]从成本、效率、灵活性、复杂性和可控性等多个方面对并联拓扑进行了对比讨论,文献[103]对并联拓扑的控制方式和能量管理策略进行了研究。串联拓扑在新能源汽车里也有应用,主要解决两种储能单元的电压不匹配问题,但关键是如何在电池和恒流负载之间取得平衡,如图 2-51 所示。

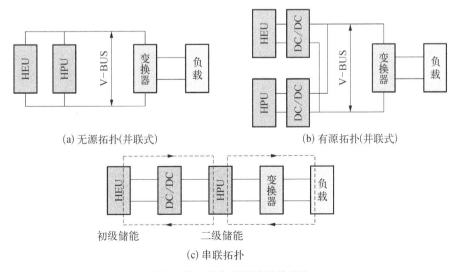

图 2-51　混合储能的拓扑结构

在脉冲功率领域,混合储能的作用并不是"削峰填谷",而是在相同能量的转移过程中实现功率的逐级放大,从而降低对电网的功率需求。根据储能单元的特性,初级能源和二级能源具有以下几种组合形式,如图2-52所示。在初级储能选择上,超级电容的储能密度相对较低,很难满足大规模储能系统小型化要求,但在高频率放电场合有优势。飞轮储能可提供较高的能量和功率,但需要较长的准备时间,而且成本、复杂性和安全性也是制约其发展的重要因素。因此,在低重复频率放电场合,通常选择蓄电池作为初级储能,在高重复频率放电场合,一般选择超级电容。脉冲电容器储能和电感器储能有极高的功率密度,通常作为二级储能的选择。本节主要讨论"蓄电池+脉冲电容"混合储能、"超级电容+脉冲电容"混合储能和"蓄电池+电感储能"混合储能这三种形式。

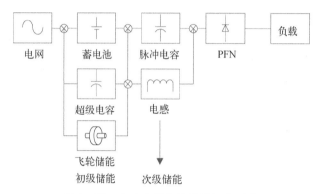

图2-52　大功率混合储能的组合形式

1. "蓄电池+脉冲电容"混合储能

2009年,海军工程大学提出了"蓄电池+脉冲电容"脉冲混合储能技术,采用的混合储能拓扑结构和实物图如图2-53所示。混合储能系统第一级由蓄电池组成,第二级由脉冲电容组成,其核心思想是将电网的能量在相对较长时间(几兆瓦-数十分钟级)传递给初级储能储存起来,以减小充电功率;当需要瞬时大功率放电时,初级储能在短时间内(几十兆瓦-秒级)给二级储能充电,二级储能再在极短时间内(吉瓦-毫秒级)向负载放电。在能量不变的前提下,混合储能系统起到了5.56∶40∶20 000的功率放大和时间尺度压缩作用,从而降低了对电网的瞬时功率需求。蓄电池与脉冲电容之间的直流变换方式有

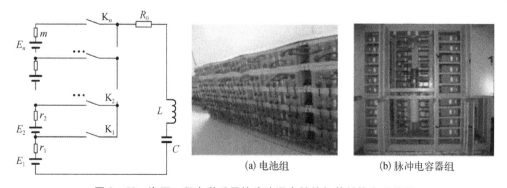

(a) 电池组　　　　　(b) 脉冲电容器组

图2-53　海军工程大学采用的脉冲混合储能拓扑结构和实物图

斩波方式、LC 串联谐振式和 LCC 串联谐振式,在对多种充电方式进行了深入的对比研究后,文献[104]和[105]提出了时序串联充电策略。

"蓄电池+脉冲电容"脉冲混合储能主要应用于数秒之间的能量传递场合,关键技术主要包含储能模型、控制策略、能量管理及保护等,这部分的最新进展将在 2.3.2 节重点介绍。

2. "超级电容+脉冲电容"混合储能

要想不断提升脉冲功率武器的重复使用速度,关键是缩短脉冲电容器的充电时间。超级电容的功率密度比锂电池高一个数量级,若能取代蓄电池成为初级储能,则可很大程度上提高功率输出能力,从而实现在数百毫秒之间的能量传递。再者,超级电容体积更小,更有利于储能系统的紧凑化设计。本书提出的"超级电容+脉冲电容"混合储能拓扑结构如图 2-54 所示。其工作过程可以分以下几个阶段:

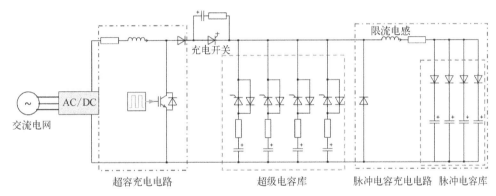

图 2-54　"超级电容+脉冲电容"混合储能拓扑结构

(1) 混合充电阶段。这一阶段启动充电开关,交流电网经三相整流后再 Boost 升压到 3 500 V 向超级电容和脉冲电容充电,Boost 开关的占空比由充电电流滞环控制,在电容器电压达到 3 000 V 后继续恒压充电,直至超级电容充满后断开充电开关。混合充电阶段的电流路径如图 2-55 所示。

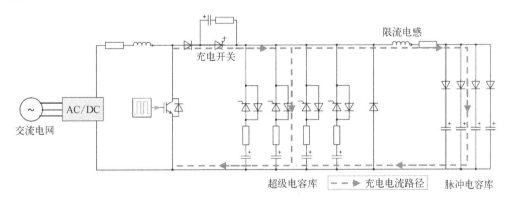

图 2-55　混合充电阶段的电流路径

(2) 第一轮放电阶段。此时脉冲电容充电完毕,可以进行第一轮放电。

(3) 脉冲电容充电阶段。由超级电容向脉冲电容充电,通过控制超级电容侧的晶闸管,可以实现多个超级电容并联放电,并联放电时总充电电流不变,可成倍地减少超级电容的放电电流。由于电路杂散参数较小,可在 0.2 s 向脉冲电容器充电至 3 000 V。

（4）充电截止阶段。当脉冲电容器电压达到 3 000 V 时,控制充电开关导通,此时充电电流（截止电流路径）会将超级电容侧的晶闸管截止。脉冲电容充电阶段和充电截止阶段的电流路径如图 2-56 所示。晶闸管截止后再次断开充电开关。

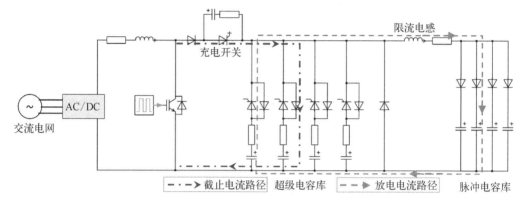

图 2-56　脉冲电容充电阶段和充电截止阶段的电流路径

（5）第二轮放电阶段。此时脉冲电容器充电完毕,可以进行第二轮放电。

"超级电容+脉冲电容"混合储能充放电过程仿真波形如图 2-57 所示,可以看出,在混合充电阶段 Boost 输出电流峰值不超过 2 000 A,关断电流在 200 A 以下,普通的功率器件即可满足要求。超级电容充电至 3 500 V,同时脉冲电容电压充电至 3 500 V,充电用时 600 s,一次性存储 20 发的能量。超级电容可在 0.2 s 向脉冲电容器快速充电,最快可达到 5 轮/s,实现了脉冲电容器的高重复频率使用。

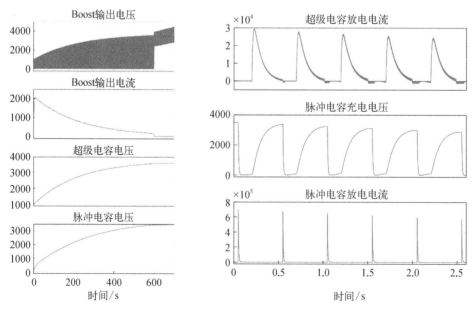

图 2-57　混合储能充放电过程仿真波形

如图 2 - 53 所示的混合储能拓扑结构有以下优点：① 充电电路简单易于实现；② 放电电路无大功率开关，节约了成本；③ 节省了第一轮充电时间，且脉冲电容器充电时间大大缩短；④ 超级电容库内各支路之间可自由均衡，直至所有支路电压一致，降低了超级电容的均衡成本；⑤ 超级电容的并联放电支路数目可调不会增加总放电电流，当超级电容满电时，可由较少的支路并联放电；当超级电容电量较低时，可增加支路数以减轻放电压力。但是存在以下缺点：① 主动力线路缺少物理隔离开关，静态时安全性难以保障；② 脉冲电容器第一轮充电需保压较长时间，存在一定风险，还需充分考虑电压跌落损耗。

和蓄电池一样，为了实现较高的功率输出能力，超级电容器可以进行串并联组合，由于自身具备较高的功率密度，一般采用多个超级电容串联的方式提升输出电压。串联结构可以增强超级电容的电流一致性，但是电容容值却随着串联个数的增加而成倍衰减，因此有必要根据实际工况对超级电容库的组成方式进行优化配置。文献[106]了提出基于成本分析的超级电容器和蓄电池混合储能优化配置方案，在分析总负荷特性的基础上，给出了混合储能的优化配置方案。文献[107]研究了基于充放电效率的超级电容组容量配置方法，无论采用哪种充放电方式，均需对充放电电流和功率进行限制，考虑效率因素会导致所需器件组数的增加。但是以上研究均是基于 10 kW 以内低功率民用场合，在高功率配置中的适应性有待进一步研究。

3. "蓄电池+电感储能"混合储能

电感储能具有能量密度高、成本低、寿命长等优点，它结构简单、启动时间短，具有静态结构，可灵活地集成在模块中，且仅需要较低电压的主电源，与电容式和惯性储能相比，具有更高的安全性。电感储能也存在一些缺点，如线圈损耗大、缺乏功率密度大的原动机等，同时，需要关闭非常大的电流，导致很难选择合适的开关。为了解决启动大电流的问题，蓄电池被用作电感储能的初级能源，这也是出于安全性和可移动性的考虑。

1997 年，以色列 Soreq NRC 设计并测试了一款 5 MW 电池电感型混合储能，并用来作为电热化学炮（ETC）的驱动电源[108]，拓扑结构和电路原理图如图 2 - 58 所示。其中，蓄电池组由 636 节低阻密封铅酸电池串联而成，通过小型接触器串接在母线上。真空断路器（VS）断开时触发 GCT 作为电路闭合开关，而爆炸驱动的开关（ACS）则用于中断电路，将线圈电流传递给负载，脉冲电流可达 50 kA，可在 0.3 s 内实现 8 发 0.5 MJ 的 ETC 发射任务[109]。

电流的突变和充电回路中的漏磁场能量，使得主开关关断时在其两端产生很大的电压应力而超出半导体开关所能承受的限值，故关断开关成为电感储能系统的关键问题之一。为解决这一问题，IAT 提出了 STRETCH Meat Grinder 的电池电感型混合储能结构，在电感储能系统中引入一个辅助电容，虽然其能量密度不及纯电感系统，但可有效降低关断开关两端电压，而且可增加电流倍增系数，但是需要自关断开关，成本太高。IAT 于 2007 年研制了一款电感型电源，脉冲电流可达 20 kA[110]，如图 2 - 59 所示。ISL 提出了 XRAM 结构[111]，电感通过从电源串联充电转换为并联放电，从而产生一个幅值约为各电感电流之和的输出电流，图 2 - 60 为 XRAM 电路拓扑及 ISL 二十级环形 XRAM 电感型电源。

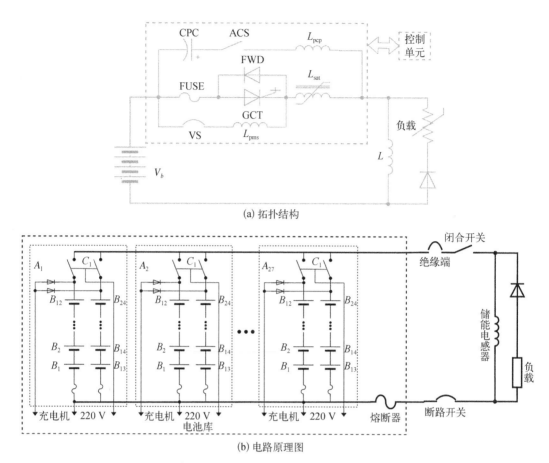

(a) 拓扑结构

(b) 电路原理图

图 2-58 以色列 Soreq NRC 研制的 5 MW 电池电感型储能电源

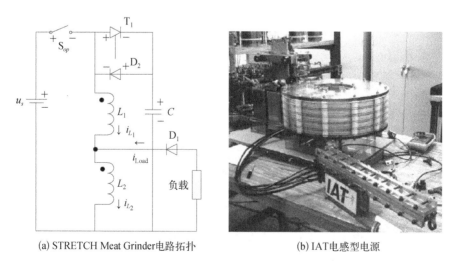

(a) STRETCH Meat Grinder 电路拓扑 (b) IAT 电感型电源

图 2-59 STRETCH Meat Grinder 电路拓扑及 IAT 电感型电源

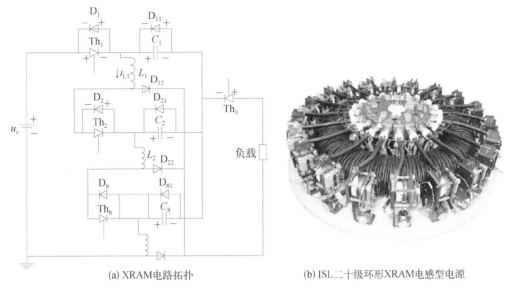

(a) XRAM电路拓扑　　　　　　　(b) ISL二十级环形XRAM电感型电源

图 2 - 60　XRAM 电路拓扑及 ISL 二十级环形 XRAM 电感型电源

　　清华大学提出了基于 ICCOS(inverse current commutation with semiconductor devices, ICCOS)换流的 STRETCH Meat Grinder 结构, 电路拓扑如图 2 - 61 所示[112]。在该拓扑中, 除晶闸管 T_3 和逆流电容 C_2 外, 其余部分为标准 STRETCH Meat Grinder 电路。通过触发主管 T_1 导通, 蓄电池 U_s 给电感 L_1、L_2 充电, 在充电电流达到预定的关断电流 I_0 时, 关断 T_1。如果两个电感是全耦合的, L_1 中的能量将会全部转移到 L_2 中, L_2 中的电流会急剧上升。由于 L_2 与负载相连, 负载中也会得到急剧上升的脉冲电流。但是实际中两电感是很难做到全耦合的, 当 L_1 断开时, L_1 中的漏磁通将会试图维持 L_1 中的电流, 从而在 T_1 两端产生高电压。电容 C_1 就是给电感 L_1 提供了一条导电通道, 使电感中的漏磁能量转移到 C_1 中去, 从而弱化了关断开关的电压应力。通过触发 T_2 可将 C_1 中的能量释放到负载中去。T_1 的关断利用的是 ICCOS 换流原理。逆流电容 C_2 中有预充电压 U_0, 晶闸管 T_3、T_1、U_s、连线电阻 R_s、电容 C_2 及负载 R_L 和 L_L 构成 ICCOS 逆流回路。触发晶闸管 T_3 导通, 逆流回路阻抗很小, 产生快速增大的逆向电流通过主管 T_1, 使其总电流快速下降至维持电流以下而关断, 此时逆流电容 C_2 上的电压仍为正值, 并且高于 U_s 瞬时值, 从而使主管 T_1 承受反压而保证其可靠关断[113]。

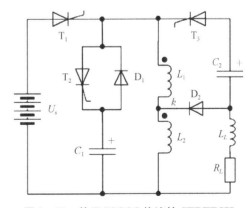

图 2 - 61　基于 ICCOS 换流的 STRETCH Meat Grinder 结构

　　图 2 - 62 为换流电路的工作过程, 在该电路拓扑中, 互耦电感 L_1 和 L_2 的取值是至关重要的, 因为 L_1 的非耦合磁通的能量最终储存在电容中; 如果耦合不好, 就必须使用大的电容。当 L_1 与 L_2 之比为 1 时, 即 $L_1 = L_2 = L_L$, 传递给负载的能量是最大的, 但缺点是在开

关过程中大量的初始能量必须存储在电容器中。当 L_2 与 L_L 之比小于 1 时，转移到负载上的能量减少，而储存在电容器上的能量增多。当 L_2 与 L_L 之比大于 1 时，在过渡过程中电容器储存的能量较少，向负载转移的能量也较少。如果增大 L_1 与 L_2 的比值，电流倍增就会增加，开关电压也会增加。峰值开关电压可以通过增加电容器的尺寸来降低，但这也增加了上升时间。L_1 需要有较小的电阻，以减少充电过程中的能量损失，并从主电源中获得最大的电流。同样，L_2 的电阻不能太大，因为 L_2 的电流非常大。

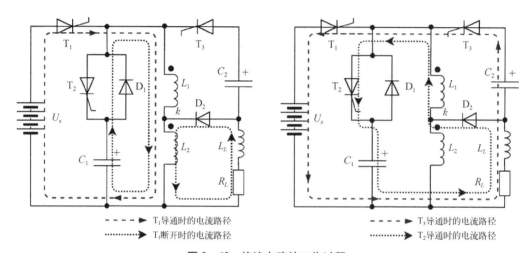

图 2-62 换流电路的工作过程

STRETCH Meat Grinder 模块具有显著的电流放大能力，但一个模块无法为电磁发射装置的负载电流提供足够的幅值和宽度。解决办法是并联多个 STRETCH Meat Grinder 模块，使得单个 STRETCH Meat Grinder 模块通过对称原则的等效负载电感为 $n\times L_L$，其中 n 是并联支路的数量。Yu 等[114]研究了两个和多个 STRETCH Meat Grinder 模块的控制策略问题，提出了比较准则，发现当第一个跨接电容器 C_1 反向电压最大时，触发第一个晶闸管，而第二个模块的最佳延迟时间是电容 C_1 对 L_1 完全反向充电结束的时机；当多个模块并联驱动时，可以通过模块化设计，协同触发多个模块放电，实现形状平坦、幅度适宜、持续时间较长的负载电流。双模块和多模块的拓扑结构如图 2-63 所示。

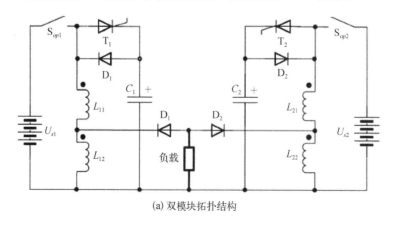

(a) 双模块拓扑结构

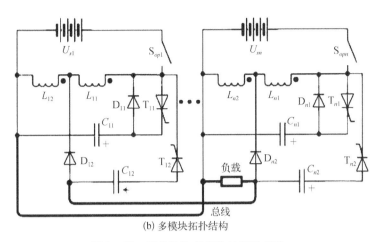

(b) 多模块拓扑结构

图 2 - 63　双模块和多模块的拓扑结构

2.3.2　混合储能建模

考虑目前技术的成熟性及主流研究方向,本小节主要介绍以"蓄电池+脉冲电容"相结合的混合储能方式。

1. 混合储能拓扑形式

混合储能系统常用的拓扑形式包括串联谐振、直流斩波、恒压和时序串联四种。下面对四种拓扑结构的特点进行分析比较。

1) 串联谐振

软开关串联谐振在较宽的电压范围内具有平均充电电流恒定和抗短路能力强的特点,常用于对高压电容器充电,混合储能串联谐振拓扑如图 2 - 64 所示。

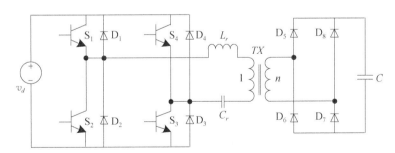

图 2 - 64　混合储能串联谐振拓扑

通过开关 S_i 在一个周期内的切换,变压器将能量传递至电容 C,充电过程可以分为四个阶段,电流波形如图 2 - 65 所示。

根据串联谐振的电路周期性工作特点,电容电压如式(2 - 50)所示,其中 C' 为 n^2C。

$$u(t) = \frac{8(C'C_r - C_r^2)}{(C' + C_r)^2}v_d + \frac{8(C'C_r - C_r^2)}{(C' + C_r)^2}v_d + u(t_0) \qquad (2 - 50)$$

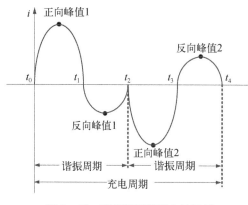

图 2-65 串联谐振周期电流波形

式中，C_r 为串联谐振电容容值；C' 为串联谐振等效脉冲电容容值；v_d 为直流电压源均值。

负载电容电压在一个充电周期内增量相同，为等台阶增长，若台阶间距足够小，则可近似为线性增长。前两个充电阶段是半个充电周期，为一个谐振周期，一个谐振周期内的平均电流如式(2-51)所示。

$$i_{avg} = \frac{2}{\pi} \frac{C' - C_r}{(C' + C_r)\omega_{ro} L_r} v_d \qquad (2-51)$$

式中，L_r 为串联谐振电感感值；ω_{ro} 为系统固有谐振频率。n 为串联谐振变压器变比，若初始电压为零，当 C' 远大于 C_r 时，将脉冲电容充至电压 u 所需时间如式(2-52)所示。

$$t = \frac{\pi}{2} \frac{unC'}{v_d} \sqrt{\frac{L_r}{C_r}} \qquad (2-52)$$

2) 直流斩波

直流斩波器是将电压值固定的直流电转换为电压值可变的直流电源装置，是一种直流对直流的转换器，可分为降压斩波、升压斩波、升降压斩波、Cuk 斩波、Sepic 斩波和 Zeta 斩波六种。混合储能直流斩波拓扑如图 2-66 所示。

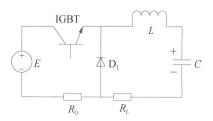

图 2-66 混合储能直流斩波拓扑

蓄电池组 E 为多个电池组串联组成的高压系统，通过 IGBT 与限流电感器 L、脉冲电容器 C 串联，其中 R_0 为串联电池组内阻，R_L 为电感器等效内阻。充电过程共分为两阶段：第一阶段 IGBT 闭合，蓄电池组向电感、电容充电；第二阶段 IGBT 关断，由电感通过二极管向电容充电。当系统欠阻尼时，电容器电压及电流如式(2-53)所示。

$$u(t) = e^{\alpha t}[C_1\cos(\beta t) + C_2\sin(\beta t)] + E \qquad (2-53)$$

$$I(t) = Ce^{\alpha t}[(\alpha C_1 + C_2\beta)\cos(\beta t) + (\alpha C_2 - C_1\beta)\sin(\beta t)] \qquad (2-54)$$

式中，$C_1 = u(0) - E$，$C_2 = \dfrac{\dfrac{I(0)}{C} - \alpha[u(0) - E]}{\beta}$，$\alpha = -\dfrac{R_0 + R_L}{2L}$，$\beta = \sqrt{\dfrac{1}{LC} - \dfrac{(R_0 + R_L)^2}{4L^2}}$，

$I(0)$、$u(0)$ 为初始状态。开关关断后进入电感续流阶段，续流过程以前一阶段结束时刻电压作为初始值，同理可得电容器的电压值。

3) 恒压

恒压方式是指直接将电池的额定电压通过电感加载于电容上，电路拓扑如图 2-67

所示。

恒压过程求解与直流斩波第一阶段相似,求解电流峰值如式(2-55)所示。

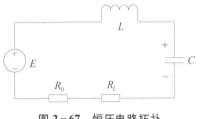

图 2-67 恒压电路拓扑

$$
\begin{aligned}
I'(t) = \ & Ce^{\alpha t}\cos(\beta t)(\alpha^2 C_1 + 2C_2\alpha\beta - C_1\beta^2) \\
& + Ce^{\alpha t}\sin(\beta t)(\alpha^2 C_2 - 2C_1\alpha\beta - C_2\beta^2)
\end{aligned}
$$
$$(2-55)$$

在相同的电池电压等级情况下,电流峰值会远大于其他几种充电方式。

4)时序串联

时序串联是通过控制开关的选择性导通完成蓄电池组逐级串联到主回路对脉冲电容充电,从而实现能量形式转化和功率快速放大,时序串联拓扑如图 2-68 所示。

时序串联充电的具体过程:首先闭合 KF_1,此时 1 号蓄电池组串入回路对脉冲电容 C 充电,这为第 1 阶段。t_1 时刻断开 KF_1,闭合 KF_2,电路进入第 2 阶段,蓄电池组 2 号与 1 号串联,一起对脉冲电容 C 充电。依次类推,直到时间 t_{n-1},电路进入第 n 阶段,闭合 KF_n,使 n 号电池组串联入网,至此所有电池全部串联对脉冲电容充电,如图 2-68 所示。待脉冲电容达到所需电压时断开所有开关,充电过程结束。

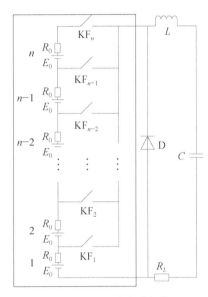

图 2-68 时序串联拓扑

混合储能拓扑中蓄电池组 E 与其对应的开关可视为一个标准能量变换单元,能量变换单元逐级串联进入主回路后,通过主回路开关、电感器等元器件向电容放电,可得到电路方程如式(2-56)所示。

$$
E_n = Ri(t) + u(t) + Ldi(t)/dt \tag{2-56}
$$

式中,E_n 为 n 组电池的端电压之和;$i(t)$ 为放电电流;$u(t)$ 为电容两端电压;R、L 分别为电路中对应的总电阻和电感。根据电气拓扑的固有特性可知

$$
E'_n = 0, \qquad \frac{du_c(t)}{dt} = \frac{1}{C}i_c(t) \tag{2-57}
$$

将式(2-57)代入式(2-56),求导得二阶微分方程如式(2-58)所示。

$$
d^2 i(t)/dt^2 + R/Ldi(t)/dt + i(t)/(LC) = 0 \tag{2-58}
$$

对于二阶齐次微分方程,系统在欠阻尼的情况下,可得式(2-59)。

$$
\Delta = R^2/L^2 - 4/(LC) < 0 \tag{2-59}
$$

求解可得电容器电压和电流如式(2-60)和式(2-61)所示。

$$u(t) = \mathrm{e}^{\alpha(t-t_n)}[k_1\cos\beta(t-t_n) + k_2\sin\beta(t-t_n)] + E_n \tag{2-60}$$

$$i(t) = C\mathrm{e}^{\alpha(t-t_n)}(\alpha k_1 + \beta k_2)\cos[\beta(t-t_n)] + C\mathrm{e}^{\alpha(t-t_n)}(\alpha k_2 - \beta k_1)\sin[\beta(t-t_n)] \tag{2-61}$$

式(2-60)、式(2-61)中,衰减时间常数、共振频率及待定系数为

$$k_1 = -E_n + u_n(0) \tag{2-62}$$

$$k_2 = \{i_n(0)/C - [u_n(0) - E_n]\alpha\}/\beta \tag{2-63}$$

$$\alpha = -R/(2L) \tag{2-64}$$

$$\beta = \sqrt{1/(LC) - R^2/(4L^2)} \tag{2-65}$$

由理论模型得到电磁发射蓄电池组放电波形如图 2-69 所示。

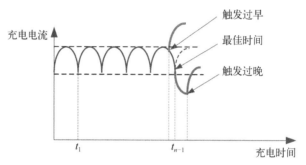

图 2-69　电磁发射蓄电池组放电波形

由图 2-69 可知,每一组电池参与放电时会产生一个电流波峰,在 t_{n-1} 时刻将第 n 组电池串联入网使电流在一定范围内实现近似恒定,触发时刻过早或过晚都将使电流超出此范围。若通过控制策略保持电流接近于恒定,则电容器电压可实现近似直线上升。

从效率、器件指标要求和纹波系数进行对比:串联谐振和恒压方式的效率较低,分别为 22% 和 40%,且电流波动很大,对器件参数指标要求较高。时序串联与直流斩波效率均近似达到了 76%,且都可减小纹波系数以实现近似恒流与线性升压。但相比于直流斩波,时序串联方式实现了充电过程中开关无高频动作,蓄电池放电电流脉动式缓慢变化,同时电池组分组后使得系统对器件参数指标要求更低。四种方式的拓扑对比如表 2-7 所示。

表 2-7　混合储能拓扑对比

	串联谐振	直流斩波	恒　压	时序串联
系统效率	22%	76%	40%	76%
器件指标要求	高	中	高	低
纹波系数	高	中	高	低
控制难易程度	高	高	低	中

综上所述,混合储能中电池到脉冲电容器能量传递过程采用时序串联的方法最优,实现了电容器电压线性升高,达到了提高系统效率、降低电流纹波系数、降低器件参数指标、优化各器件工况的目的。

2. 混合储能分组模型

在实现混合储能能量传递后,需要合理地划分电池组数以保障平稳的波形和系统的高效能。混合储能蓄电池分组是根据脉冲电容器能量需求和蓄电池放电能力共同约束进行的设计,脉冲电容器的能量转移规律如式(2-66)所示。

$$U_c = \sqrt{\frac{2Q_e}{\eta_1 n_c C_s}} \qquad (2-66)$$

式中,U_c 为脉冲电容器需要达到的电压等级;Q_e 为单次发射电容器所需能量;η_1 为放电的效率;C_s 为单台脉冲电容容值;n_c 为脉冲电容器数量。蓄电池放电的平均功率如式(2-67)所示。

$$P = \frac{Q_e}{T_{\mathrm{disc}}} \qquad (2-67)$$

式中,T_{disc} 为蓄电池组对脉冲电容的放电时间,放电过程中电压为线性增长,将放电过程视为恒流充电,则蓄电池系统的平均电流如式(2-68)所示。

$$I_f = \frac{2P}{U_c} = \frac{\sqrt{2Q_e \eta_1 n_c C_s}}{T_{\mathrm{disc}}} \qquad (2-68)$$

蓄电池系统具有 n_{disc} 次发射的储能,磷酸铁锂单体电池额定电压为 u_{cell},放电截止电压为 u_{off},容量为 vl_{cell},放电倍率为 $\mathrm{dr}_{\mathrm{cell}}$,并联数为 p_i,串联数为 s_j,其中 i,j 表示串、并联的顺序级别,为了满足脉冲电容的能量需求,蓄电池系统的串并联成组应满足约束,如式(2-69)所示。

$$
\begin{cases}
\mathrm{dr}_{\mathrm{cell}} vl_{\mathrm{cell}} \displaystyle\sum_{i=1}^{n} p_i \geqslant I_f \\[2mm]
u_{\mathrm{off}} \displaystyle\sum_{j=1}^{n} s_j \geqslant U_c \\[2mm]
u_{\mathrm{off}} vl_{\mathrm{cell}} \displaystyle\sum_{j=1}^{n} s_j \sum_{i=1}^{n} p_i \geqslant 3\,600 Q_e n_{\mathrm{disc}} \\[2mm]
T_{\mathrm{disc}} + T_{xl} \leqslant T_{ml}
\end{cases} \qquad (2-69)
$$

式(2-69)从混合储能拓扑放电的电流等级、电压等级、能量需求和放电总时长对蓄电池的串并联数量进行了约束,明确了混合储能拓扑的串并联数量依据。其中,T_{xl} 为放电结束后续流时长,T_{ml} 为脉冲电容充满电的最大允许时长,求解得到 p 和 s 的数值,能得到蓄电池串并联组数的解集。结合实际的空间排布,电池箱、脉冲电容和放电开关均设计为标准集成单元,以满足系统应用过程中的模块化和适装性。对于一个有 i 组标准集成单元的电池系统,共有如式(2-70)所示多种时序放电组合方式。

$$n_{fds}(i) = \sum_{k=1}^{i} A_i^k \qquad (2-70)$$

由式(2-70)可知,10 组标准集成单元的蓄电池组存在 9 864 100 种放电组合方式,其中,$i=10$。同理,4 组电池有 $A_4^1 + A_4^2 + A_4^3 + A_4^4 = 64$ 种放电组合方式,多种时序串联的方式为电池的均衡放电奠定了基础。在确定系统总的串并联数量后,对于蓄电池的分组数量也需要进行合理的划分。将分组数从 1~30 进行对比,电感值、电流均值、纹波系数、系统效率变化情况如图 2-70 所示。

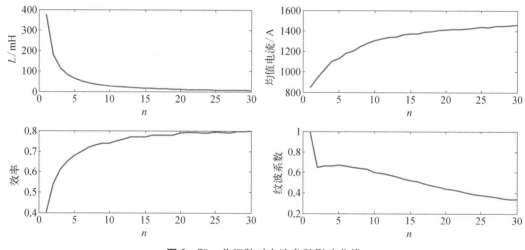

图 2-70　分组数对电流参数影响曲线

随着蓄电池分组数增加,蓄电池组电压降低,限流电感值减小,均值电流增加,效率提高,且纹波系数降低。但分组数并非越高越好,分组数越高,系统所需的开关越多,控制越复杂。在峰值电流不变的情况下,电感限流较电阻限流有明显优势。但受目前使用的电感器绕制与工艺限制,等效内阻与电感值存在线性关系,无法进行单独优化,若要保证峰值电流不变,在电池串联分组一定的情况下等效内阻与电感值只存在唯一解。此时,蓄电池串联分组将直接影响充电电流品质与系统性能。

在分析了混合储能采用时序串联方法的优势,并确定了电池系统的串并联数量、串并联分组数后,实现时序串联方法必须设计详细的电路结构。对比以下三种时序串联拓扑。

1) 首尾轮换时序串联

首尾轮换时序串联拓扑如图 2-71 所示。

首先闭合 KC_1、KC_3、KF_1,此时 1 号蓄电池组串入回路对脉冲电容 C 充电,此时为第 1 阶段。t_1 时断开 KF_1,闭合 KF_2,电路进入第 2 阶段,蓄电池组 2 号与 1 号串联,一起对脉冲电容 C 充电。以此类推,直到时间 t_{n-1},电路进入第 n 阶段,断开 KF_{n-1}、KC_3,闭合 KC_4,使 n 号电池组串联入网,至此所有电池全部串联对脉冲电容充电。待脉冲电容达到所需电压时断开所有开关,充电过程结束。若将各开关动作顺序由上至下颠倒,则电路可实现电池触发顺序首尾调换,从而实现各电池组首尾轮序放电。

首尾时序串联拓扑结构实现了混合储能能量的平稳传递,但始终存在 1 号电池组和 n 号电池组放电时间最长,而中间电池组放电时间短的问题。在同样的荷电状态下,经过多次循环放电后 1 号和 n 号电池组的电量下降最快,并且出现各个电池组之间能量不一致的状况。

尽管在充电过程中分别补充各组电池所损耗的电量,能够减小电池组间的能量差异,但电磁发射用混合储能系统存在连续上百次的周期性循环放电工况,仅依靠充电无法及时维持各个电池组的一致状态。为此设计了一种改进的全域轮换时序串联拓扑结构。

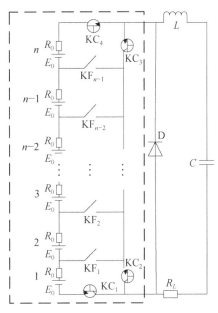

图 2 - 71　首尾轮换时序串联拓扑

2）全域轮换时序串联

全域轮换时序串联拓扑如图 2 - 72 所示。

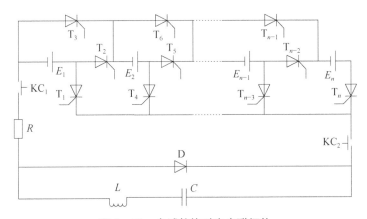

图 2 - 72　全域轮换时序串联拓扑

在蓄电池系统放电时,首先闭合主回路接触器 KC_1 和 KC_2,然后通过控制不同的晶闸管导通以实现电池组的任意顺序级联放电。这种放电拓扑的优势在于能够根据电池的荷电状态、安全系数等参数任意选择不同的蓄电池组放电,灵活地控制整个拓扑的输出能量等级。

如果要实现 $E_2 \rightarrow E_n \rightarrow E_1 \rightarrow E_{n-1}$ 顺序的逐级放电,则晶闸管的导通顺序:首先导通 T_3 和 T_4,蓄电池组 E_2 开始放电,电容器两端电压逐渐增大;当电流开始下降时,导通 T_5、T_{n-1} 和 T_n,此时晶闸管 T_4 由于电池组 E_n 旁通支路的反向电压而截止,从而电池组 E_2、E_n 串联通过晶闸管 T_n 向脉冲电容放电;以此类推,导通 T_2 后电池组 E_1、E_2 和 E_n 开始串联放电;最后导通 T_{n-2},则电池组 E_{n-1} 串联放电,从而实现所有电池组的串联放电。全域轮换时序串联电池充电时长如图 2 - 73 所示。

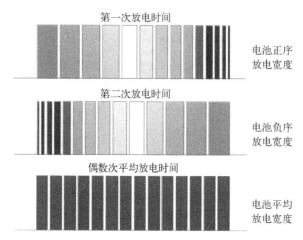

图 2-73　全域轮换时序串联电池充电时长

由此可知,控制晶闸管的导通时刻能够灵活地调整整个拓扑的能量分配和输出等级,避免了首尾轮换时序串联的不均衡现象。

3)串并切换时序串联

当采用全域轮换时序串联拓扑时,电池系统的输出电流完全依靠电池并联实现。由于电池系统体积与重量的限制,在不增加电池并联数的情况下若要进一步提高充电速度,只能通过两种方式:① 研发功率性能更好的电池。② 对系统充电策略与结构进行优化。现采用第二种方式对全域时序方法进行改进,通过电路拓扑的变化实现蓄电池先并联后串联对电容充电,在相同能级要求下提高充电速度,全域轮换时序串联拓扑结构如图 2-74 所示。

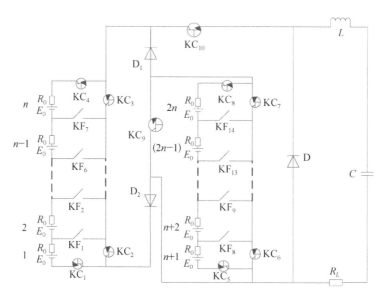

图 2-74　全域轮换时序串联拓扑

电路的工作过程:在 t_0 时导通 KC_{10}、KC_1、KF_1、KC_3、KC_5、KF_8、KC_7,1 号、$n+1$ 号电池组并联,通过二极管 D_1、D_2 对电容器充电。t_1 时断开 KF_1、KF_8,导通 KF_2、KF_9,此时

1 号、2 号电池组串联,$n+1$ 号、$n+2$ 号电池组串联,再并联对电容器充电。以此类推,直到所有电池全部入网。在 t_8 时,断开 KC_{10} 和电路右半边的所有开关,并联阶段充电结束。导通 KC_9、KC_5、KF_8、KC_7、KC_{10},9 号电池组通过 KC_9 串联至 n 号电池组末尾,电路进入串联阶段,按照时序串联方法依次将 $n+2$~$2n$ 号电池组全部串联入网,最终完成串并策略的充电过程。与时序串联策略对比如图 2-75 所示。

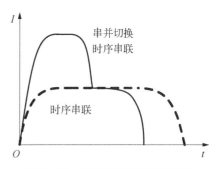

图 2-75　串并切换时序串联对比

通过电路拓扑切换实现了蓄电池先并联后串联对电容器充电,从而在不增加电池并联数与总数的情况下,将充电速度提高了 25%。

3. 混合储能时序串联精确控制

在确定了蓄电池串并联数量、蓄电池分组数及时序串联拓扑结构后,合理设计拓扑内的各个电气参数能够进一步提高系统的放电可靠性,需要确定的主要参数包括主回路电感值、电阻值和时序间隔。

(1) 电感值主要影响充电峰值电流和总充电时长。当电感值增大时,充电峰值电流变小,总充电时间增长,电流纹波变小,电流变化率减小,电压上升趋于固定斜率。当电感值变小时,充电峰值电流增大,电流纹波大幅增大,且充电峰值电流过大会增加主回路器件的通流承载压力和关断压力。电感参数变化对充电波形影响如图 2-76 所示。

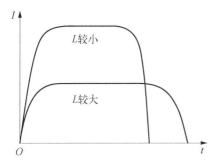

图 2-76　电感参数变化对充电波形影响

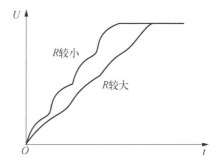

图 2-77　电阻参数变化对充电波形影响

(2) 电阻值主要影响充电效率和电压纹波。电阻增大主要影响电流波形的初始上升率,电阻越大,电流波形的初始上升率越小,充电波形到达峰值后,电阻对于电流纹波影响不大。电阻增大对于电压的影响主要在于上升过程中的电压纹波,电阻越大,电压纹波越小,且充电总时长增加。电阻参数变化对充电波形影响如图 2-77 所示。

(3) 晶闸管触发时序间隔对充电波形影响较大且影响方面更广,对电流峰值、总充电时长、电流纹波、电压纹波、关断电流、充电电池组数等均有明显影响。充电过程是通过在不同时刻触发特定的晶闸管实现的,因此时序间隔越小,电流峰值越大,电流、电压纹波越小,总充电时长减小,关断电流增大,且充电电池组数增多。时序串联策略的变化量包括:① 参与充电的电池组数量;② 选用的电池组序号;③ 电池组的充电顺序;④ 各组电池的充电时长;⑤ 充电关断电流。因此,达到最佳的充电波形、合理地设计充电参数是一个多目标最优化求解问题。

2.4 能量管理技术

在大倍率放电锂电池等高功率应用领域,电池系统是最关键也是极昂贵的组成部分之一,电池状态直接关系着整个系统的运行性能,因此必须进行科学有效的管理。电池管理是根据监测电池的实时信息(电压、温度、电流等)来估计电池的运行状态——荷电状态(state of charge, SOC)和健康状态(state of health, SOH)等,根据需要进行均衡控制以改善电池的不一致性能,并结合电池的历史信息来评估电池的剩余使用寿命(remaining useful life, RUL)。进行电池管理的设备通常称为 BMS,其重要性不言而喻。实施电池管理的目的和意义可归纳为以下几点:

(1)根据监测的实时信息进行充电和放电控制。一般来讲,为防止过充过放危害,电化学电池均有充电截止电压和放电截止电压,当监测电压接近阈值时,由 BMS 控制停止充放电操作,确保电池充放电安全,这是 BMS 最原始的目的。

(2)过温保护。电池温度失控不仅出现在充放电操作过程,随着电池材料的老化或滥用,还会出现内部短路、微短路等异常情况,因此相对于电压,电池温度的监测更为关键。当监测温度出现大幅度上升或是持续的正的 dT/dt 时,即使温度未达到阈值,BMS 应能根据实际情况判断是否进行温度失控预警。

(3)提高能量利用率。SOC 表征电池的剩余电量与额定电量之比,相比于截止电压,更适合作为充放电截止的条件。其原因是,截止电压是人为确定的在标准条件(室温、低倍率)下满电(或空电)时的开路电压(open-circuit voltage, OCV),而在实际的充放电操作中,开路电压并不可测,若以截止电压作为充放电截止的条件,则在大倍率充放电或低温下会出现超前截止的现象,即"充不满也放不空",如图 2-78 所示,虽然相对安全,电池却只在 10%~90% SOC 循环,减少了能量利用率。

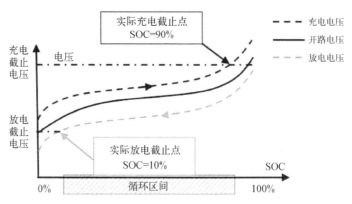

图 2-78 以电压为截止条件减少电池能量利用率

（4）延长电池寿命。一方面,准确的 SOC 和 SOH 估计可以预防电池过充过放及滥用,延长电池使用寿命;另一方面,对大规模储能电池来说,长期使用必然会出现不一致的现象,实施均衡控制可以增强电池的一致性,延长电池整体使用寿命。

目前,对于电池组管理技术的研究主要集中在以下几个方面:电池组的专家诊断系统、电池组 SOC 与 SOH 的估计、电池组的均衡管理策略等,本节主要讨论大规模高功率储能锂电池的状态估计技术、均衡控制技术和寿命评估技术。

2.4.1　状态估计技术

锂电池的模型参数分为两种:一种是内电路参数,如平衡电动势、内阻和极化参数等,是等效电路中实际存在的用以表征电池电气特性的量;另一种是状态参数,如 SOC 和 SOH,是人为设计用于描述电池剩余电量和老化程度等状态的指标。其中,SOC 和 SOH 是电池的最主要运行状态,也是 BMS 的核心功能之一,这些模型参数的一个重要特点是无法进行直接观测。因此,电池的状态估计技术一直是电池建模理论和工程应用中的热点和难点。

1. SOC 估计技术

SOC 定义为储能单体当前剩余的电量与满电状态下的额定存储电量的比值,用百分比表示。

$$SOC = \frac{Q_{rated} - \int i dt}{Q_{rated}} \times 100\% \qquad (2-71)$$

式中,Q_{rated} 为额定电量(A·h);i 为电池电流,充电时为负,放电时为正,积分表示当前循环内进出电荷量(A·h)。为了保证 SOC 始终在 0%~100% 取值,Q_{rated} 应在电池生命周期内结合 SOH 进行调整。

SOC 的估计方法可归纳为基于表征参数(OCV、阻抗谱等)的方法、安时积分法、基于模型的方法和基于数据驱动的方法。其中,基于表征参数的方法是通过表征参数与 SOC 之间的关系曲线,根据不同的放电倍率和环境温度分别查表,但 OCV 法需克服电池的极化效应,并需静置较长时间后才能采集,且估计精度依赖电压采集的精度;安时积分法是目前应用最广泛的方法,但该方法存在累积误差,估计精度受限于初始 SOC 值、电流测量精度和电流平稳性;基于模型的方法根据观测值对状态参数进行实时迭代更新,估计精度取决于模型的精确度;基于数据驱动的方法多是依赖精确的数学模型和大量的历史数据进行,可自适应地辨识模型参数之间的非线性关系。

在以上方法中,基于模型的方法对模型的精度要求较高,对不可预期的扰动有较强的自校正能力,是目前 SOC 估计的研究热点。文献[115]对近 10 年(2009~2018 年)研究论文中 SOC 估计数量和各种算法占比进行统计,如图 2-79 所示,可以看出,基于扩展卡尔曼滤波(extended Kalman filter, EKF)技术的 SOC 估计算法占比在 50% 以上。

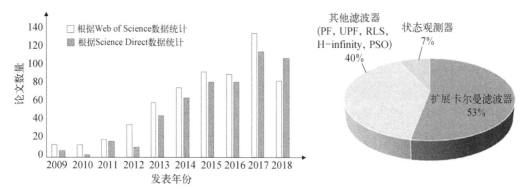

图 2-79　近 10 年(2009~2018 年)研究论文 SOC 估计数量和算法占比统计[115]

现有研究认为获取精确的 SOC 取决于三个因素：精确的电池模型、准确的内部参数和鲁棒性高的估计器。针对高功率动力电池在环境温度和电流倍率较大的情况下估计精度较低的问题，EKF 被认为是一种适应性较好的 SOC 估计算法。EKF 算法本质上是一种组合算法，在预测步骤采用安时积分法预测 SOC 的值，在更新步骤则采用 OCV 法进行观测修正，由于 OCV 需要通过模型计算，所以对模型精度的依赖程度较高。总体而言，EKF 算法可以获得比单纯的安时积分法和 OCV 法更高的精度，研究表明，估计误差可以保持在 5%以内。但传统的 EKF 算法认为所有的模型误差和观测噪声都服从正态分布，这在实际中并不能严格满足。此外，大规模高功率储能锂电池的 SOC 估计技术还存在以下技术难点：

（1）OCV-SOC 曲线是锂电池 SOC 估计过程中不可或缺的技术参数，用于根据模型计算的 OCV 实施 SOC 修正。然而，磷酸铁锂电池的 OCV-SOC 曲线过于平坦，导致在 SOC 的中间区段 5 mV 的 OCV 偏差会带来 10%左右的 SOC 波动，这限制了 SOC 估计算法的精度，因此采集芯片应具有较高的采集精度。

（2）温度对 SOC 估计的影响在很多文献中被提及，主要体现在两方面：一方面，温度引起的 OCV 变化；另一方面，温度引起的模型参数摄动。因此，在实际应用中，通常测量多个温度值下对应的 OCV-SOC 特性曲线，根据实际电芯温度进行插值计算。

（3）在脉冲放电条件下，部分电池组的单次放电时间只有几十毫秒，而传统的算法步长均在 1 s 左右，尤其是大规模储能应用下对每一节电池进行迭代运算几乎不可能。

为此，建立了以电池组为计算单元的采集和更新架构，确保电流采样频率不低于 1kHz，电压和温度采样频率不低于 100 Hz，从而提高系统的动态响应能力和估计精度。建立归一化电池组模型估计电池组 SOC，并根据单体动态过程修正单体电池的 SOC，再通过单体电池的 SOC 值来更新电池组的 SOC。锂电池组 SOC 估计更新和单体电池 SOC 的修正过程如图 2-80 所示。

锂电池组 SOC 可以用电池组的剩余容量与标称容量之比来定义，为

$$SOC_P = \frac{Q_{\mathrm{Prem}}}{Q_{\mathrm{Prated}}} \times 100\% \tag{2-72}$$

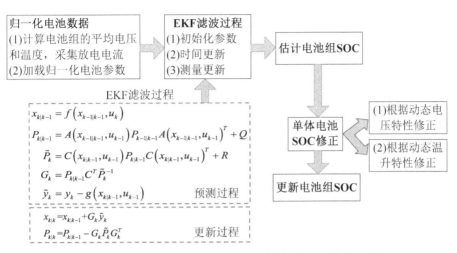

图 2－80　锂电池组 SOC 估计更新和单体电池 SOC 的修正过程

式中,Q_{Prem} 为电池组的剩余容量(A·h),是指当前时刻电池组中单体电池放电至下限截止电压(discharging cut-off voltage, DCV)时所能放出电量的最小值;Q_{Prated} 为电池组的标称容量(A·h),是指当前时刻电池组中单体电池充电至上限截止电压(charging cut-off voltage, CCV)时所充入电量的最小值与放电至下限截止电压时所放出电量的最小值之和,如式(2－73)所示。

$$\begin{cases} Q_{\text{Prem}} = \min_{1 \le i \le n}(\text{SOC}_i Q_i) \\ Q_{\text{Prated}} = \min_{1 \le i \le n}(\text{SOC}_i Q_i) + \min_{1 \le j \le n}\left[(1 - \text{SOC}_j)Q_j\right] \end{cases} \tag{2－73}$$

式中,i、j 分别为单体编号;SOC 和 Q 分别为单体 SOC 和标称容量。电池组 SOC 的定义如图 2－81 所示。

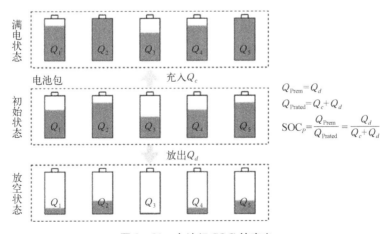

图 2－81　电池组 SOC 的定义

为了验证 SOC 的正确性,采用了大倍率锂电池组进行脉冲放电试验。试验电池组由 10 节 18 A·h 磷酸铁锂电池组成,额定电压为 32 V,通过大倍率(22 C)低频脉冲放电试验测得电池组的放电电压,脉冲周期为 0.2 Hz,占空比为 0.8,脉冲个数为 8,电压采样频率为 100 Hz。10 节单体电池的放电电压和电池组平均电压如图 2-82 所示。

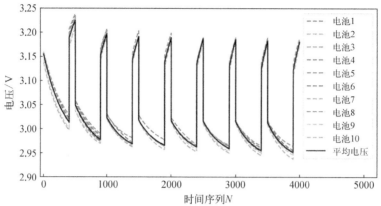

图 2-82　电池组脉冲放电试验电压曲线

通过 EKF 算法计算得到的电池组 SOC 及平均电压与预测电压如图 2-83(a)和(b)所示,SOC 估计误差和预测电压误差如图 2-83(c)和(d)所示。可以看出,估计 SOC 和更新 SOC 的误差均在 2.5% 以内且随着动态放电的进行不断减小,经过单体电池 SOC 修正后更新的电池组 SOC 更接近真实值。

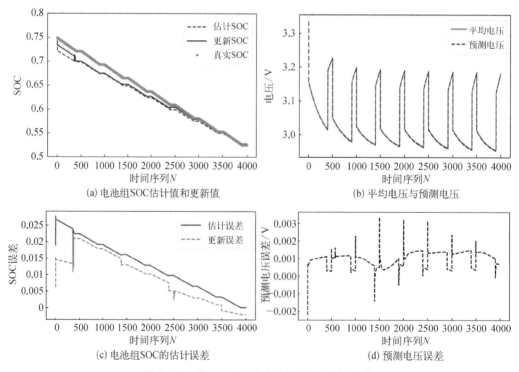

图 2-83　基于 EKF 的电池组 SOC 估计结果

2. SOH 估计技术

SOH 是描述电池老化程度和健康状况的指标,目前仍没有统一的定义标准。大多数研究以电池满电时的最大容量与出厂时的额定容量之比来定义 SOH,如式(2-74)所示。

$$SOH = \frac{Q_{aged}}{Q_{rated}} \times 100\% \qquad (2-74)$$

式中,Q_{aged} 和 Q_{rated} 分别为实际容量与额定容量。

近年来,随着电动汽车的快速商业化推广,对电池 SOH 的研究不断深入,大量的估计算法被提出,大体上可以归纳为直接测量法(定容法、阻抗谱法)、基于模型的方法(卡尔曼滤波法、粒子滤波法、最小二乘法)、基于数据驱动的方法(神经网络法、支持向量机法)等。其中,直接测量法仅能在实验室条件下进行,在实际工程应用中可行性较差;基于模型的方法多是通过辨识电池参数来实现,需要借助电池的历史信息分析关键参数随电池老化的变化规律;基于数据驱动的方法通过训练大量样本数据,提取当前运行数据中的特征点,输出与实际 SOH 最为接近的结果,是目前在应用中精度最高的算法,但是大量的运算消耗限制了其在板载管理系统中的应用。由于基于模型的方法和基于数据驱动的方法在实际使用中均存在计算量大、实现复杂的问题,而实际的板载管理系统更倾向于采用易于实现、运算简单的方法,所以也有较多的工程应用算法被电动汽车厂家采纳。如基于容量累积的方法、基于充电末端 OCV 比较方法和折算循环次数的方法,由于其精度较差,鲜有文献提及。

SOH 估计的难点在于电池的最大可用容量 Q_{aged} 不能直接测量或者观测,基于模型的 SOH 估计方法需要得到关键参数(内阻、极化参数等)与电池老化的函数关系,而单个的特征并不能完全代表电池老化程度,因此会出现 SOH 估计值在生命周期内波动较大的问题。相比较而言,提取电池的健康特征更为有效,放电电压、充电过程的表面温升、等时间间隔内的放电电压差等分别被提出作为衡量电池老化的健康特征。通过对锂电池在寿命循环试验中前 600 个循环的充电特性进行分析,可以提取电压-时间特征和 dQ/dV 特征作为 SOH 估计的健康特征,如图 2-84 所示。

基于 K 近邻(K-nearest neighbor , KNN)算法的脉冲放电锂电池 SOH 估计流程如图 2-85 所示。

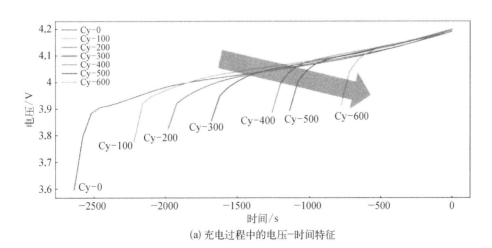

(a) 充电过程中的电压-时间特征

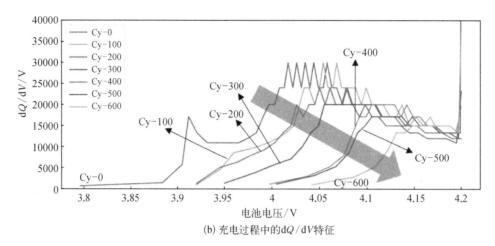

(b) 充电过程中的dQ/dV特征

图 2-84　锂电池标准充电过程中的健康特征

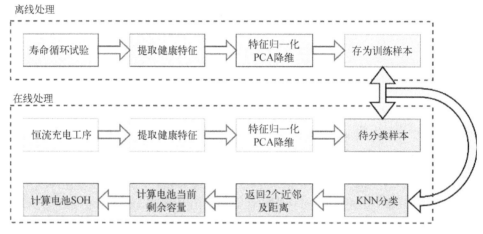

图 2-85　基于 KNN 算法的脉冲放电锂电池 SOH 估计流程

为了减小运算量,需要将训练样本和待分类样本均进行降维处理,训练样本的健康特征以表格形式存储在控制器内,待分类样本的实际健康特征和 KNN 算法得到的剩余容量与 SOH 及估计误差如表 2-8 所示。

表 2-8　降维处理的待分类样本与 SOH 估计

编号	特征值 λ_{i1}	特征值 λ_{i2}	特征值 λ_{i3}	实际 Q	估计 Q	误差/%	SOH/%
①	23.953 7	0.177 0	0.607 6	1.938 3	1.928 5	-0.5	91.1
②	21.270 9	0.100 5	0.368 8	1.809 4	1.800 3	-0.5	85.0
③	18.781 0	0.047 2	0.287 4	1.680 8	1.684 2	0.2	79.5
④	15.846 6	0.021 8	0.235 7	1.587 1	1.570 7	-1.0	74.2
⑤	13.637 6	0.013 6	0.160 4	1.496 8	1.508 3	0.7	71.2

KNN 算法得到的 SOH 估计值与真实值对比如图 2-86 所示,估计误差最大值出现在容量衰减较平缓的地方,这是由于两组健康特征的差异值较小难以区分,所以根据欧氏距

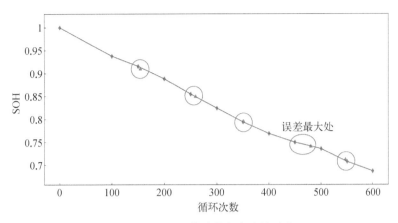

图 2-86　SOH 估计值与真实值对比

离插值得到的折算循环数和剩余容量误差较大。

3. 协同估计技术

由于模型的通用性,为了减少板载 BMS 控制器的运算量,更多的研究人员倾向于采用 SOC 和 SOH 协同估计技术,再者,SOC 和 SOH 协同估计更有利于协同优化各自的估计结果。Lee 等[116]提出了双 EKF 用于锂离子电池的 SOC 和剩余容量的协同估计。为了解决模型参数变化的问题,Wei 等[117]引入了模型参数最小二乘辨识和考虑老化影响的电池状态进行双 EKF 协同估计。类似地,Zou 等[118]提出了两种时间尺度下的 SOC 和 SOH 协同 EKF 估计方案,可在线估计 SOC、离线估计 SOH。Chen 等[119]提出一种多尺度双 H-∞ 滤波器来实时估计电池的 SOC 和容量,结果表明该模型具有更好的鲁棒性和更高的估计精度,SOC 可以收敛到参考值逐渐稳定在 2% 以内。然而,双滤波器的使用增加了运算量,多尺度问题也可能导致算法的发散。为了解决这一问题,Li 等[120]通过加速老化试验,研究了部分电压曲线与电池老化程度的关系,提出了一种基于等效电路模型的 SOC 和 SOH 协同估计方法。试验验证了该协同估计方法在不同驱动周期、不同温度下的有效性。结果表明,在不同的电池老化程度下,室温下的 SOC 估计误差最大可达 2%,在温度改变情况下,SOC 估计误差最大约为 6%。

以上研究方法虽在实验室条件下取得了较好的估计效果,但在大规模高功率储能电池应用上还存在以下问题:第一,建立以电池组为计算单元可估计电池组的 SOC,但无法体现单体电池的差异性,很难做到精确监控和管理;第二,单体电池在使用中的差异会进一步放大容量差异,必须对所有电池剩余容量进行估计,才能准确获得单体电池 SOC。为解决这一问题,本书采用一种协同估计电池(组)SOC 和 SOH 的方法。建立归一化电池组模型,将电池组作为一个计算单元,通过采集的电池组电压和放电电流进行基于 EKF 的电池组 SOC 估计,并提取动态充放电过程中的电压跌落差异、温升差异、充电末端 $\Delta V/\Delta SOC$ 特性作为特征量,分别用于修正单体电池 SOC 和更新单体电池容量。该算法在离线时更新单体电池容量,避免了估计波动对鲁棒性的影响,既可降低数十倍的运算量,又可实现对每一节单体电池的精确状态估计。本书提出的基于 EKF 的电池(组)协同估计算法流程图如图 2-87 所示。

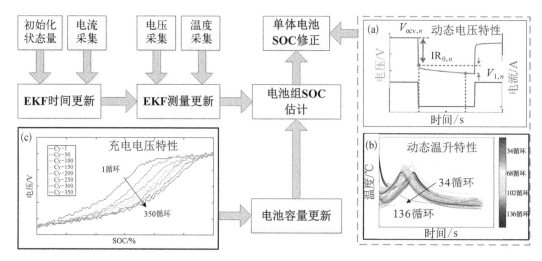

图 2 - 87   本书提出的基于 EKF 的电池(组)协同估计算法流程图

2.4.2   均衡控制技术

鉴于单体电池的电压较低,为了达到更高的功率输出能力和大容量需求,需要对电池进行串联、并联或者组合使用。文献[121]分析了三种组成形式,指出由于电池组内各单体电池在使用方面的不一致性,随着循环次数的增多,单体电池的不一致性逐渐恶化,将逐渐影响整个电池组的输出性能。锂离子电池的不一致性主要表现在两个方面:单体电池性能参数(电池容量、内阻和自放电率等)的差异和电池 SOC 的差异。电池的不一致现象主要有以下几种成因:

(1)生产过程的每个环节如配料时浆料的均匀度、涂布时面密度及表面张力的控制等都会造成单体电池性能参数的差异。

(2)在电池的使用过程中,连接方式和结构件/器件分散性、使用工况和环境都会给电池组的一致性带来影响。因为每个连接点所消耗的能量不一致,每个元器件或结构件的性能及老化速率等也都不一致,所以对电池的影响也不一致。

(3)由于电池组中每个单体电池所处位置不同,温度不同,性能衰减速率也不同,这些都会使单体电池的不一致被放大。

研究表明,电池组温度的不一致对单体电池性能的不一致性影响最大,而内阻等其他参数的不一致最终会影响温度的一致性。因此,为了保证电池组较好的一致性,延长使用寿命,通常引入均衡控制作为 BMS 的一个功能。目前,对于电池均衡控制技术的研究主要分为两方面:一方面是均衡电路拓扑的设计;另一方面是均衡控制策略的研究。均衡电路拓扑的研究主要包括对电路结构的设计和改进,其主要目标是降低成本、提高效率,而均衡控制策略需要根据具体的均衡电路及实际应用问题来制定。

1. 均衡电路拓扑

均衡电路拓扑结构,根据能量是否被消耗掉可以分为耗散型均衡电路和非耗散型均衡电路。耗散型均衡电路是最早提出并应用于商业化的均衡控制电路,主要是基于电阻放电的思路,特点是结构简单、可靠性高,但是存在耗能大、产热大的问题。目前,主流的 BMS 控制芯片均兼顾耗散均衡的功能,是活跃在动力电池均衡方面的主力军。几种常见的能耗型均衡方法如表 2-9 所示。

表 2-9　几种常见的能耗型均衡方法

均衡方法	细分种类	优　点	缺　点	均 衡 方 法
能耗型均衡	主动均衡	完全分流、分流电阻、分流器件	通过消耗电压较高的单体电池,可达到较好的一致性	(1) 均衡电流较小,耗时较长; (2) 能量消耗较大
	被动均衡	过充电均衡、固定分流电阻均衡		

为了解决能量浪费的问题,大量的非耗散型均衡电路拓扑被提出,涉及开关电容法、开关电感法、DC-DC 变换法、变压器法等均衡电路。非耗散型均衡的主要思路是直接或者间接将多余的能量从单体(组)电池转移到另一单体(组)电池。电容法和电感法结构简单,但是均衡效率较低,文献[122]在前面研究的基础上提出了改进措施,目的在于进一步提高均衡速率、降低能耗。基于变压器法的均衡电路拓扑,采用多输出隔离变压器结构,原边与电池正极相连,多绕组副边分别与各单体电池连接,通过 DC/DC+DC/AC 的充电组合,使充电电流的大小与充电电池电压相匹配,单体电压大的电池充电电流大,反之单体电压小的电池充电电流小,获得的能量也小,进而实现均衡,该类拓扑具备损耗小、效率快的优点,但结构复杂。

增加均衡电路必然会引起 BMS 体积的增加,还会带来可靠性的下降,因此基于板载管理系统的均衡电路拓扑大多采用成熟的低功耗集成芯片来解决电池组不一致性问题。目前,一些半导体公司推出其试验性均衡控制集成芯片及其解决方案,如 TI 公司的基于 BQ78L1114 等集成芯片的开关电感均衡方法、LT 公司的 LTC3300 集成芯片的基于双向变压器的均衡电路方案等。虽然现阶段非耗散型均衡控制技术尚不成熟,无法较好地应用于商业领域,但非耗散型均衡电路必将是电池均衡控制技术的发展方向。几种常见的非能耗型均衡方法如表 2-10 所示。

表 2-10　几种常见的非能耗型均衡方法

均衡方法	细分种类	优　点	缺　点
非能耗型均衡	相邻单体电池间均衡	开关电容法、双层开关电容法、Cuk 变换法、PWM 控制变换法、类谐振/谐振变换法、多变压器法	(1) 结构相对简单; (2) 总开关数和器件数较少	(1) 只能实现邻近电池的均衡; (2) 整体均衡涉及每一单体电池,操作复杂; (3) 开关上压降影响均衡效果
	任意单体电池间均衡	飞跨电容法、飞跨电感法、多相交叉变换法	单体电池直接向单体电池转移电荷,效率较高	(1) 开关上压降影响均衡效果; (2) 存在过均衡

均衡方法	细分种类	优　点	缺　点
非能耗型均衡	单体电池对电池组均衡 分流电感法、Boost 分流法、多变压器法、开关变压器法、多路变压器法、共时反激变压器法	当电池组中大多数较一致,只有少数电池偏高时,均衡效果较好	(1) 存在过均衡; (2) 当大多数单体偏低时均衡效果较差; (3) 开关损耗较高
	电池组对单体电池均衡 电压倍增器法、全桥变换器法、多变压器法、开关变压器法、多路变压器法	当电池组中大多数较一致,只有少数电池偏低时,均衡效果较好	(1) 存在过均衡; (2) 当大多数单体偏高时均衡效果较差; (3) 开关损耗较高
	单体电池与电池组双向均衡 双向多变压器法、开关变压器法、多路变压器法	均衡速率和转移效率较高	(1) 电路结构复杂体积较大; (2) 开关损耗较高

2. 均衡控制策略

均衡电路拓扑限定了均衡电流的流动方式,需要通过均衡控制策略来优化均衡步骤、提高均衡效率。目前,常见的均衡控制策略包括基于端电压的均衡控制策略、基于 SOC 的均衡控制策略和基于剩余容量的均衡控制策略。将端电压作为均衡变量的优点是不需要对每一单体电池的剩余电量进行预测,而且电池电压获取的方式较为简单,获取的精度也较高,具有方便实现和控制的优点。但是电池的端电压受很多因素影响,尤其是磷酸铁锂电池在平台区电压的波动较小,很难在线实施,且一旦开启均衡后,端电压需要在停止后较长时间才能恢复,因此基于端电压的方法实施起来相当耗时且可操作性不强。若以 SOC 为均衡目标,表面上看电池组可工作在同一循环区间,但由于不同电池劣化程度不同,可用电量 Q_{aged} 也各不相同,如图 2-88 所示,即使 SOC 均为 80%,电池的剩余电量却各不相同,而电池组在串联工作时转移的绝对电荷量是一致的,因此会出现"木桶效应",导致电池组的能量效率较低。

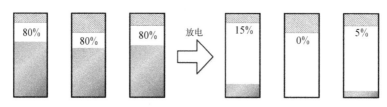

图 2-88　进行 SOC 均衡时电池组易出现"木桶效应"

因此,为了提高电池组的能量效率,均衡控制策略应以实现剩余容量一致为目标。不同单体电池劣化程度不同导致可用电量 Q_{aged} 不同,因此剩余容量一致并不代表 SOC 一致,均衡过程如图 2-89 所示。该方法还有一个好处,即在放电末端由于 SOC 不一致,SOC 较低的单体电池内阻较大,从示意图可以看出,在放电过程中,SOC 较高的单体电池老化程度较低,因此采用该方法还可实现电池组劣化程度均衡,增强单体电池之间的同步性。

大规模高功率储能锂电池的均衡控制涉及的主要问题是均衡电流、均衡电源、截止条件、截止时间的选择。均衡控制电路设计在 BMS 从控模块内部,安全起见,一般使用固态

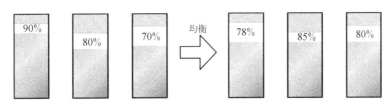

图 2-89　进行剩余容量均衡时单体电池的一致性较好

继电器作为切换开关,数量一般是电池单体数量的 2 倍左右,为了降低大量固态继电器的体积和成本,目前采用的非耗散型均衡电路的电流一般不超过 2A。大多数均衡电源均采用电池组供电,即选取高压失衡电池作为供电端,通过 DC/DC 来向外部电路输出电流,在实际使用中有三个问题:第一,开关损耗较大,单节电芯的一部分电压消耗在开关上带来均衡效率的低下;第二,由于每个单体电池均可能作为供电端,需要额外增加一倍的均衡开关;第三,在大部分由单体电池向电池组均衡或电池组向单体电池均衡的拓扑中,个别电池会在电芯内部形成环流影响电芯的电化学反应进程,缩短电芯的使用寿命。

　　为了解决以上问题,一方面建立了电池筛选预均衡的理论,旨在对出厂生产投入装配前的电池进行筛选,主要分为根据电压筛选和根据电容筛选等方法,筛选预均衡优点是可从源头上减小单体差异性,缺点是需要较长的筛选时间。另一方面,设计了一种主被动双向均衡拓扑,采用内置的开关电源模块供电(均衡电流为 1~2 A),将电池组划分为上半组和下半组,当上半组存在单体失衡时,与下半组(外部电源或电阻)进行均衡;当下半组存在单体失衡时,与上半组(外部电源或电阻)进行均衡。在均衡控制策略上,选择截止电压、截止 SOC 和截止时间作为综合截止条件,防止过均衡;均衡电流采用脉冲方式(均衡 10 s/间歇 1 s)用于在停止时监测端电压是否达到截止条件。该电路拓扑大大精简了电路结构,减少了固态继电器成本,而且缩短了均衡时间,提高了均衡效率。主被动双向均衡拓扑如图 2-90 所

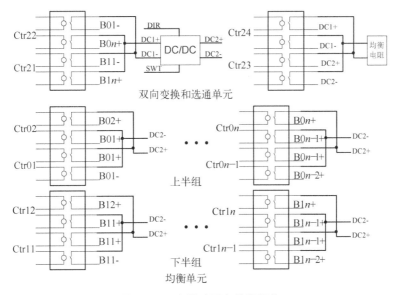

图 2-90　主被动双向均衡拓扑

示。B 连接电池端,DC 连接变换器端,DIR 和 SWT 分别为方向控制信号和使能信号。选通控制信号 Ctr21 和 Ctr22 分别控制上半组或者下半组电池作为高压侧,Ctr23 和 Ctr24 可控制工作在能耗模式,均衡控制信号 Ctr01～Ctr0n 和 Ctr11～Ctr1n 分别控制上半组或者下半组中的单体电池作为低压侧。

2.4.3　寿命评估技术

由于电池组不可避免的不一致性,很难界定电池组的更换周期,当部分电池达到寿命终点(EOL)时,若持续处于大倍率放电条件下,则很容易引起整体电池组性能的衰减甚至存在热失控、起火等安全隐患,因此在大规模高功率储能锂电池组中,有必要进行电池 RUL 的预测。现阶段,RUL 预测的研究主要集中在电池循环寿命预测上,在一定的充放电条件下,预测电池性能或 SOH 劣化到不能满足设备继续工作所经历的循环次数。由于数据的不可用性、模型的复杂性和系统的限制,并没有一个通用模型被认为是评估 RUL 的最佳模型。目前,行业里一致将 SOH 衰减到 80% 作为锂电池寿命的终点。为此,通常采用电池的 SOH 来表征电池的劣化状态,方法可以归纳为基于模型参数的 RUL 预测方法和基于数据驱动的 RUL 预测方法。

基于模型参数的 RUL 预测方法,是通过建立不同的电池物理模型,对模型参数变化趋势进行观测,实现电池的 RUL 预测,主要涉及劣化机理模型、等效电路模型和经验模型三种。一般而言,基于经验模型的 RUL 预测方法更易于实现、适用范围更广,对于电池这种非高斯、非线性退化过程具有良好的适应能力。基于模型参数的 RUL 预测方法在电池工况发生较大变化(温度、倍率等)时预测效果较差,因此在实际应用中还需结合工况进行修正。

考虑到电池的动态复杂性和非线性,采用基于前述模型的 RUL 预测实现过程较为烦琐,研究基于数据驱动的 RUL 预测方法成为该领域的热点,主要包括人工神经网络算法、支持向量机(SVM)算法等。人工神经网络算法基于大量的训练样本,通过自主学习能力对神经元进行训练,调整其权值和阈值,进而确定数据模型实现电池的 RUL 预测。SVM 算法通过较少的训练样本,以结构风险最小化为准则,提高了学习机的泛化能力,进而获得局部亦是全局最优解。

基于数据驱动的 RUV 预测方法规避了电池复杂的电化学反应建模,通过现有包含电池系统运行工况干扰等因素的电池外特性数据,推导出电池系统即将发生的状态趋势,实现电池的 RUL 预测,克服基于模型的 RUV 预测方法动态精度较差及普适性较差的问题。虽然基于数据驱动的 RUL 预测方法被认为是未来人工智能时代极具潜力的算法,但是需要大量的运算内存,这是目前板载 BMS 控制器无法支持的。因此,基于数据驱动的 RUL 预测方法仅能应用离线数据分析,现阶段尚无法应用到 BMS 中。

综上所述,虽然大多数 RUL 预测方法存在运算消耗大、难以推广应用的特点,但是随着嵌入式控制器和人工智能芯片的飞速发展,电池寿命评估技术必将成为最具前景的研究方向。一方面,动力电池组成本高,只有准确预测其寿命规律,才能最大限度地利用资源,节约成本;另一方面,在高功率脉冲武器应用中,高功率电池组是唯一的能量来源,电池寿命评估技术直接关系着整个武器系统的战斗能力。

加速老化是指电池(组)由于工作电流或环境(温、湿度等)的不稳定性或不均匀性而出现的老化进程偏快的现象,这是目前 RUL 预测中面临的主要挑战之一。由于导致电池加速老化的因素很多,很难在研究中逐个分离并在实验室测试符合实际工况的参考曲线,在预测模型中引入加速老化因子是一个很好的选择。在大规模高倍率锂电池系统中考虑加速老化因子对 RUL 预测的影响还有以下两点作用:① 大规模锂电池系统长期工作在高倍率工况下,且工作电流和放电深度波动较大,很难在实验室条件下得到参考容量衰减曲线用于 RUL 预测。② 单体电池的不一致性会引起不同程度的温度差异,而温度是诱导电池加速老化现象的最主要原因,如图 2-91 所示。一旦个别电池的工作温度超出其理想温度范围,电池的老化程度就会发生波动,考虑加速老化因子可通过监测所有电池的老化状态进行必要的位置调整,使其老化程度趋于一致[123]。

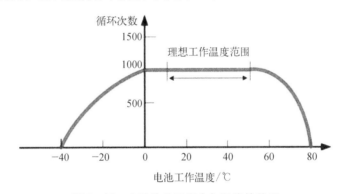

图 2-91　电池的使用寿命与温度的关系

在标准循环工况下,基于粒子滤波的锂离子电池 RUL 预测模型如式(2-75)所示。

$$\begin{cases} x_k = x_{k-1} + 1 + R \\ y_k = A\exp\{-[(\gamma x_k + B)/C]^2\} + Q \end{cases} \tag{2-75}$$

式中,x_k 为当前循环次数;y_k 为电池容量;γ 为加速老化因子;A、B、C 为模型系数;R 和 Q 分别为系统噪声和输出噪声的方差。

为了解决这一问题,本书开展了大倍率锂电池组的高温加速老化寿命试验,在自然对流的条件下进行周期性大倍率脉冲放电试验,放电过程中大多数的电池温度超过50℃,并在每20个循环对电池组进行定容标定,试验进行了 300 个循环。采用一种考虑加速老化因子的粒子滤波 RUL 预测模型,通过迭代更新模型参数和加速老化因子 γ,如图 2-92 所示,在第 160 个循环分别采用两种模型进行 RUL 预测,可以看出,当不考虑加速老化因子时,预测结果偏离了实际轨迹,而与参考曲线趋于一致,预测精度太差;而当考虑加速老化因子时,预测模型可以获得更高的预测精度。

考虑加速老化因子的 RUL 预测算法的最大优势是不需要在实验室条件测试严格符合实际工况的参考曲线,这在实际应用中是很难实现的。通过不断更新加速老化因子 γ,可以将标

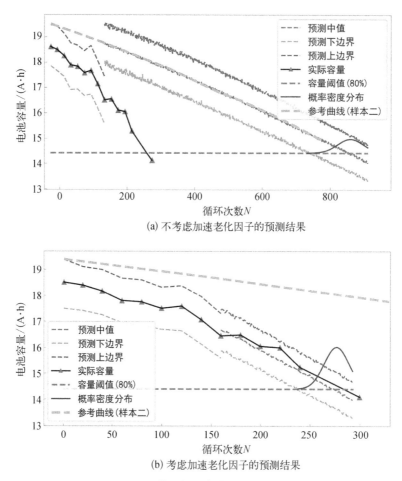

（a）不考虑加速老化因子的预测结果

（b）考虑加速老化因子的预测结果

图2-92　基于粒子滤波 RUL 预测模型

准循环下的参考曲线用于任意放电工况下的锂电池（组）RUL 预测，既节省了数据测试和处理的大量工作量，节约了控制器的运算消耗，又优化了 RUL 估计算法，增强了算法的鲁棒性。

2.5　储能保护技术

电磁轨道发射用锂电池储能系统作为可安装在车辆、船舶等移动平台上的复杂储能系统，具有电压等级高、工作电流大、储能单元多、体积要求严格等特点。针对该储能系统的保护技术，除了考虑常规大容量中高压直流系统无自然过零点、故障电流上升迅速、灭弧困难、过电压冲击大等难点外，还要顾及以下因素。

（1）体积要求：锂电池储能系统电池数目多、结构复杂、可能发生短路的路径很多，针对每个潜在路径需要配备合适的保护装置。因此，在满足基本保护要求的前提下，需要尽可能降低保护装置的体积与数量，以避免整体体积过于庞大。

（2）限流要求：储能系统内部各器件的排布非常紧凑，发生短路故障后如果不能快速限流,引起的局部小范围火灾很容易蔓延至整个系统,甚至引燃电池,造成巨大的二次破坏。因此,保护装置需要具备很强的限流能力,在短路电流远远未到达峰值前立即动作,抑制电流的继续增长。

（3）过电压要求:受体积与重量的约束,锂电池储能系统的绝缘等级有限,因此保护装置在实现限流分断时的过电压峰值需要尽可能小,以降低系统整体的击穿风险。

（4）低过载保护要求:锂电池储能系统应用于电磁轨道发射的额定工况为持续的大电流长脉冲,电流幅值达数千安培,非常接近远端短路时的电流值。因此,保护装置需要具备较强的低过载保护能力,在略微高于额定工况的故障电流下能迅速动作。

针对以上要求,本书首先讨论电磁轨道发射用锂电池储能系统可能发生的故障模式,进而分别对限流熔断器、直流断路器、直流故障限流器的原理和特点进行阐述,分析各保护技术在储能系统中的适用性。

2.5.1　系统故障模式

与传统车辆动力应用不同,电磁轨道发射用锂电池储能系统主要工作原理如图 2-93 所示。在系统中,首先由多个高倍率锂电池并联,以满足次级储能的短时充电电流要求,然后串联形成电压为 E_n 的电池包,与固态开关 K_n 组成单个电池组,再由多个电池组互联构成高达数十千伏的大规模高压储能系统,通过接触器 K_M、固态开关 K_C 等控制主回路通断,利用电感器 L、二极管 D 等实现主回路限流和续流,最终完成对脉冲功率电源电容器 C 的充电。图 2-93 给出主回路输出端电压、电流随时间的变化曲线。

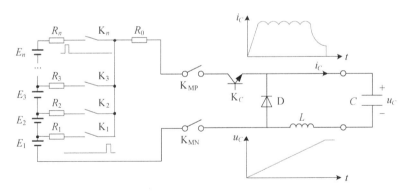

图 2-93　锂电池储能系统主要工作原理

锂电池储能系统的拓扑及工作模式具有以下特点:① 储能规模大且结构紧凑,整个系统总储能可达数万兆焦,电池数量达数十万节,加上数量众多的大功率固态开关,都需要集成在狭小的平台内;② 电池放电倍率高,常规锂电池放电倍率一般不超过 10 C,电磁发射用的锂电池放电倍率需要达到数十库;③ 系统放电工况复杂,通常为高压大电流循环脉冲连续放电工况;④ 系统复杂度高,除主电路外,还包含 BMS、放电控制系统、冷却系统等。

基于以上特点,为了降低安全风险,必须尽可能摸清并有效应对系统中存在的各种短路故障。结合锂电池储能系统的原理电路,罗列出可能面临的短路隐患如下,如图 2 - 94 所示。

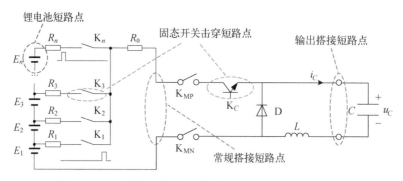

图 2 - 94　系统中可能出现的击穿短路及搭接短路示意图

1) 高倍率锂电池短路

电磁发射对锂电池的放电倍率要求很高,大量锂电池的频繁高倍率充放电难免会造成个别存在缺陷的电池锂枝晶快速生长,累积到一定程度从而刺穿隔膜,诱发电池内短路;同时,数目庞大的电池单体需要引入大量的电池连接件,因此潜在的外部短路路径很多,高倍率锂电池内阻很小,即使是单体电池的外短路也可形成数千安培的电流。应对该类短路问题,一方面需要对每单体电池进行实时监测,及时发现并反馈电池电压过低、温度过高、外形鼓包甚至漏气等异常现象,使全系统迅速进入保护状态,终止放电或者及时切除故障电池所在的电池组;另一方面对电池自身的短路安全性有很高要求,需要保证在发生最恶劣的内、外短路情况下电池不能起火、爆炸。

2) 固态开关击穿短路

锂电池储能系统在主回路及电池组中需要使用大量大功率固态开关,受温度过高、器件老化等因素的影响,固态开关在关断的过程中可能会发生过电压击穿,从而造成短路,此时主回路上的大电流将无法正常关断,输出电压无法正常控制,脉冲功率电源过压充电,超出其安全使用范围,造成器件损伤,甚至发生爆炸引发火灾。如果非指定的电池组固态开关在放电过程中短路,还会造成时序重叠,引起主回路过流。

3) 连接线路短路

锂电池储能系统需要在狭小的平台内布置各子系统及线缆,存在着正负极之间,以及正负极与地之间直接联通的可能,这种情况称为搭接短路。系统中可能出现搭接短路的位置包括主回路正负极之间,以及正负极线路与系统外壳之间等。此类短路可能出现在发射工况,也有可能出现在非发射工况,极端情况下短路电流在不到 1 ms 内即可上升至数十千安培,因此对限流保护装置的分断能力及动作时间等性能都提出了极高的要求,一旦限流失败将严重影响锂电池储能系统的安全运行。搭接短路还包括在脉冲功率电源损坏等情况下的输出短路,此时如果持续短路将会导致脉冲功率电源故障扩大,引起更大的损失。

4) 时序重叠过流短路

锂电池储能系统采用电池组时序串联方式向脉冲功率电源充电,由于主回路线路、固

态开关及限流电感器等设备的通流能力都是按照单组
最大放电电流去设计,仅留有一定安全裕度,如果人为
失误或者控制器运行错误导致 2 个或 2 个以上电池组起
始放电时间过近,则以上设备都有可能因为过流而引起
热烧毁,称该情况为时序重叠过流短路。图 2 - 95 中的
实线为正常时序时的电流曲线,此时脉冲触发信号 g_1 和
g_2 的时间间隔正常,如果触发信号 g_2 提前至 g_2',此时电
流将会超过安全阈值 i_m,从而引起过流短路故障。

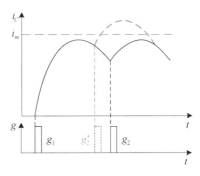

图 2 - 95　串联时序超前引起的
放电过流示意图

2.5.2　直流短路保护技术

针对电磁轨道发射储能系统的直流短路故障特点,本书主要对限流熔断器、直流断路
器、直流故障限流器三种直流短路保护技术进行介绍。

1. 限流熔断器

限流熔断器具有分断容量大、分断速度快、体积小、可靠性高、价格低、安装更换方便等
优势,适合运用于电磁轨道发射储能系统的直流短路保护方案中。根据限流分断原理,可
分为常规的高压限流熔断器、火工品辅助开断的混合型限流熔断器及火工品辅助电弧开
断器三类,下面对这三类限流熔断器的原理、特点及在储能系统中的运用分别进行介绍。

1) 高压限流熔断器

高压限流熔断器作为传统的电气系统保护装置,具有结构简单、价格低、体积小、寿命
长、稳定性高等优点,广泛应用于各种电气设备的保护方案中。如图 2 - 96 所示,高压限
流熔断器通常为圆柱形,外面为陶瓷外壳,里面是被石英砂填料包裹且螺旋缠绕了金属熔
体的陶瓷七星柱[124]。

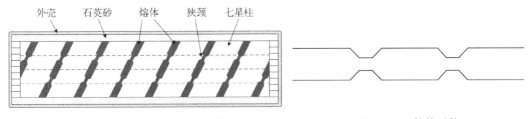

图 2 - 96　高压限流熔断器结构　　　　　　图 2 - 97　熔体形状

金属熔体采用一根或多根并联的形式,两端焊在熔断器的端盖上,每根熔体为带状,
每隔一段距离会开一个槽口,称为狭颈,如图 2 - 97 所示。狭颈部位经过设计,能满足正
常的通流需求。当发生短路故障时,电流迅速上升,电流密度集中的各狭颈同时起弧,加
上熔体周围石英砂的吸热降温作用,熔体总弧压快速上升,当超过系统电压时,短路电流
过零,从而完成短路分断。

常规的高压限流熔断器在低倍数的过载电流或短路电流条件下弧前时间长达 1 h,甚

至无法熔断,即表现为拒动,无法满足储能系统快速保护的需求。

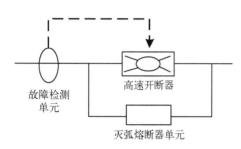

图 2-98　火工品辅助开断的混合型
限流熔断器原理图

2) 火工品辅助开断的混合型限流熔断器

火工品辅助开断的混合型限流熔断器主要由故障检测单元、高速开断器和灭弧熔断器单元三部分组成,如图 2-98 所示。当正常工作时,电流主要流经铜质/银质的高速开断器,通态损耗很低。当发生短路故障时,故障检测单元检测到异常电流,随即向高速开断器发出分断信号,高速开断器迅速分断并迫使电流转移至并联的灭弧熔断器单元中,灭弧熔断器单元内的熔体随后快速熔断起弧,产生弧压并限流,此时高速开断器已形成足够大的开距及较强的介质绝缘性,短路电流最终在灭弧熔断器单元中被分断。

火工品辅助开断的混合型限流熔断器可以根据高速开断器的动力源划分为炸药辅助式和火药辅助式两类,根据故障检测单元可划分为主动触发型和被动触发型两类,下面对上述分类进行具体阐述。

炸药辅助式高速开断器采用炸药爆炸的方式开断线路,根据结构形式可分为爆炸桥式、爆炸母线式及爆炸活塞式三种[125]。图 2-99 展示爆炸活塞式高速开断器结构,主要包括爆炸气缸、爆炸物、活塞、触头组件和接线排 5 个部分。当正常工作时,接线排和触头组件负责通流;当发生短路故障时,故障检测单元引爆放置在爆炸气缸中的爆炸物,爆炸推动活塞向触头组件中央的铜块撞击,将铜块撞入后侧的空腔内,触头组件的电气连接被打断,从而形成断口。爆炸活塞式结构将爆炸物与触头组件通过活塞分隔开,从而避免了触头组件正常通流时的高温对爆炸物的寿命产生影响,以及爆炸产物降低断口间介质强度导致重击穿的可能。

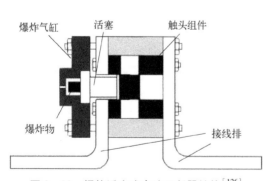

图 2-99　爆炸活塞式高速开断器结构[126]

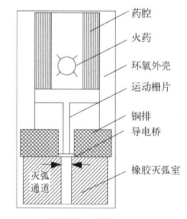

图 2-100　火药辅助式高速开断器结构[126]

火药辅助式高速开断器结构如图 2-100 所示,由两根铜排和连接在两者之间的导电桥、运动栅片、火药、药腔、环氧外壳、橡胶灭弧室组成。当正常工作时,电流经铜排和导电桥流通;当发生短路故障时引燃火药,所产生的高温高压气体推动运动栅片撞击导电桥,导电桥的薄弱环节被拉断,使得开断器上的电流快速转移到灭弧熔丝支路。相对于炸药辅助式开断器,火药辅助式开断器具有结构简单、体积小巧、质量轻、噪声小、适装性好等优点,但耐受大电流冲击能力弱于炸药辅助式开断器。

故障检测单元分主动触发型和被动触发型,主动触发型一般采用电子测控,通常由基于霍尔芯片的电流传感器、测控装置、脉冲变压器组成,拓扑结构如图 2-101 所示。其基本工作原理为:霍尔电流传感器监测主回路电流并向测控装置输出电压信号,测控装置通过故障判断程序对电压信号进行判别,如果发生短路故障,则测控装置迅速通过脉冲变压器向高速开断器发出分断信号。电子测控式故障检测单元检测速度快、保护范围宽,并且保护特性可依据用户需求设定,不足之处在于必须依赖外部电源工作。

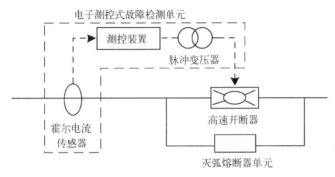

图 2-101 电子测控式故障检测单元拓扑结构

被动触发型采用电弧触发器,由两块铜板和连接在它们之间的银熔体及填料、包壳等构成,结构如图 2-102 所示。正常工况下熔体能够承载额定电流,当短路故障时,熔体迅速熔断起弧,电弧电压可直接引燃高速开断器内的火工品,即电弧触发器是集短路检测和触发于一体的器件。电弧触发器结构简单、元件少且无须外部控制和电源,具有高可靠性,但由于其是基于电热原理检测故障电流的,所以存在最小动作电流的限制,在低过载电流情况下动作时间相对电子测控式慢,在大短路电流下动作时间不短于电子测控式。以海军工程大学研发的额定 2 kA 的电弧触发器为例,对于预期峰值为 40 kA、峰值时间为 3.5 ms、正弦形上升的短路电流,电弧触发器动作时间仅为 0.95 ms,对应电流值约为 15.1 kA。

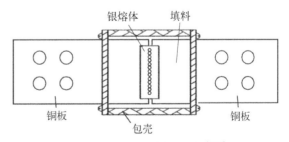

图 2-102 电弧触发器结构[127]

3) 火工品辅助电弧开断器

火工品辅助电弧开断器主要由故障检测单元、高速开断器两部分组成,如图 2-103(a)所示。其与前面所述火药辅助式高速开断器结构类似,但少了灭弧熔断器单元,进而在分断原理上存在本质的区别。火工品辅助开断的混合型限流熔断器是将短路电流换流到灭弧熔断器上进行灭弧分断,而火工品辅助电弧开断器是通过火工品推动绝缘栅片拉伸电弧,被拉伸的电弧形成高弧压,实现短路分断,分断原理如图 2-103(b)所示。

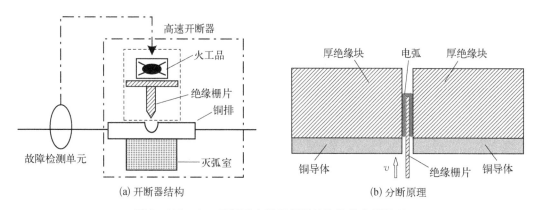

(a) 开断器结构　　　　　　　　　　(b) 分断原理

图 2‑103　火工品辅助电弧开断器结构及其分断原理

依靠灭弧熔断器中石英砂吸能强的优势,火工品辅助开断的混合型限流熔断器的最大分断能力优于火工品辅助电弧开断器,但火工品辅助开断的混合型限流熔断器需要依靠灭弧熔断器单元进行分断,有最小分断电流的约束,而火工品辅助电弧开断器无此约束,可分断低至零的电流。同时,由于减少了灭弧熔断器单元,所以其结构更加简单且体积小巧。海军工程大学已研发了 1 kV/1 kA 以内的低压产品,对于预期峰值为 24 kA、时间常数为 0.4 ms 的短路电流,可在 1.5 ms 内完成分断。该技术代表未来的发展趋势。

2. 直流断路器

直流断路器具有可重复使用、保护功能完善、灵活性高、使用成本低等优势,应用前景广阔。根据其结构和器件类型可分为纯固态直流断路器、自然换流式混合型直流断路器及强迫换流式混合型直流断路器三类,下面分别介绍其原理、特点及在本储能系统中的应用前景。

1) 纯固态直流断路器

纯固态直流断路器直接采用电力电子器件作为开关,配合测控单元及缓冲吸能组件,实现对短路故障电流的可靠分断。其造价高、通态损耗较大,但分断速度极快(微秒量级),具有优异的故障电流限制能力,且分断过程无弧、无光、无声响,理论上可实现无限次的开关寿命[127],因此多运用于对损耗要求较低、需要频繁开关且保护要求较高的场合。

纯固态直流断路器所使用的开关包含半控型与全控型两类,以可控硅为代表的半控型开关出现较早,具有容量大、损耗小、成本低的优点,工业应用广泛。但其较多地运用于交流开断领域,在直流开断时需要额外增加辅助回路产生电流过零点,结构及控制较为复杂。以 GTO、IGBT、IGCT 等半导体器件为代表的全控型开关可直接实现电流的快速关断,提高了故障电流的关断速度,进而在故障电流还远未到达峰值前快速限流分断,其缓冲吸能组件所需吸收的能量较小,可采用如图 2‑104 所示阻容

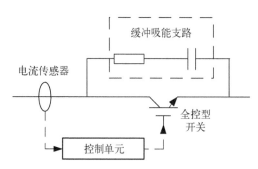

图 2‑104　采用全控型开关的纯固态直流断路器结构

串联的形式。

单个电力电子器件的电压、电流等级较低,对于大容量直流系统的开断,需要采取多个器件串、并联的形式,当器件较多时,整体结构与控制会非常复杂,因此目前纯固态直流断路器多应用于中低压领域。ABB 公司利用其研制的反向阻断型 IGCT 设计了 1 kV/1 MW 双向固态直流断路器,其 2.5 kV 的 IGCT 直径为 91 mm,1 kA 电流下的通态压降仅为 0.9 V,分断能力达 6.8 kA。美国 DTI 公司针对船舶电力开展了基于 IGBT 的 10 kV/8 MW 中压固态直流断路器的研发,通过 1 万次 10 kV、峰值电流 1 kA 的模拟短路限流开断试验验证了装置的可靠性[127]。

纯固态直流断路器无机械触头和运动机构,分断时不存在电弧烧蚀,具有极长的开关寿命。但纯固态直流断路器自身无法实现物理隔离,在分断电路后仍会有少量的漏电流,因此需配合隔离开关使用。

2) 自然换流式混合型直流断路器

自然换流式混合型直流断路器又称零电压式(zero voltage switch,ZVS)混合型直流断路器,其充分利用了机械开关的载流能力及固态开关的开断能力,从而可保证正常运行时较低的通流损耗与短路故障时较强的限流开断能力。

根据应用领域的不同,自然换流式混合型直流断路器可分为中低压与高压两类结构形式。适用于中低压领域的自然换流式混合型直流断路器包含机械开关、固态开关及限压吸能 3 条支路,如图 2-105 所示。当正常运行时,固态开关处于断开状态,主要由机械开关承担额定通流。当发生故障时,固态开关闭合,机械开关分断并起弧,弧压迫使电流向固态开关支路转移,等待机械开关的触头分离的开距足够大且介质绝缘性已基本恢复后,分断固态开关,电流转移至吸能支路中,最终过零开断。

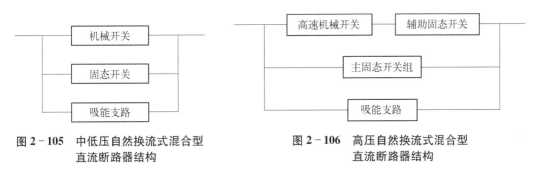

图 2-105 中低压自然换流式混合型 　　图 2-106 高压自然换流式混合型
　　　　　直流断路器结构 　　　　　　　　　　　　直流断路器结构

应用于高压领域的自然换流式混合型直流断路器由于固态开关支路的导通压降较高,此时机械开关数十伏的弧压难以实现换流,所以需要采用如图 2-106 所示结构,其正常通流支路采用高速机械开关与辅助固态开关串联的形式。当正常运行时,主固态开关组关断,辅助固态开关闭合;当故障发生时,主固态开关组闭合,辅助固态开关关断,电流被迅速换流到主固态开关组支路上,此时高速机械开关触头无弧分离,等形成足够耐压的断口后,主固态开关组关断,将电流转移至吸能支路中过零开断。

与中低压方案相比,高压方案的辅助固态开关会增加一定的通态损耗,但换流过程由固态开关实现,换流速度快、可靠性高,且实现了高速机械开关的无弧开断,使得该方案的分断能力、可靠性、使用寿命均有明显提高。图 2-107 为 ABB 公司 230 kV/2.6 kA 混合型高压直流断路器方案,其开断能力为 9 kA、开断时间为 5 ms,主固态开关组采用压接式 IGBT 反向串联的形式,从而实现短路电流的双向开断[128]。

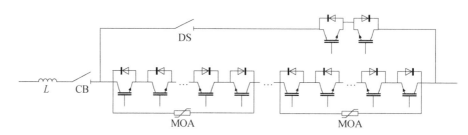

图 2-107 ABB 公司 230 kV/2.6 kA 混合型高压直流断路器方案

3) 强迫换流式混合型直流断路器

强迫换流式混合型直流断路器又称零电流式(zero current switch, ZCS)混合型直流断路器,其采用将预先充电的电容接入回路的方法人工构造过零点,从而实现直流开断。

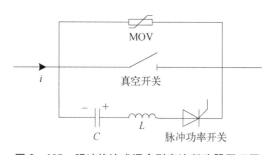

图 2-108 强迫换流式混合型直流断路器原理图

如图 2-108 所示,当发生短路故障时,真空开关立即分闸起弧,在产生足够耐压的开距后,脉冲功率开关迅速闭合,使预储能的换流电容 C 在电抗器 L 的限制下向主回路注入反向电流,迫使真空开关上的电流向换流支路转移,随后过零点使电弧熄灭,电容 C 被反向充电直至金属氧化物变阻器(metal oxide varistor, MOV)动作,逐渐吸能并最终实现电流的开断。

强迫换流式混合型直流断路器的机械开关设计难点在于:如何快速实现触头的分离,以及快速恢复弧后介质的绝缘性。通常采用高速的电磁斥力机构配合短间隙真空开关,可在几毫秒内完成分闸操作并恢复介质绝缘,适用于高压大电流场合。其相比限流熔断器具有可快速重合闸的优势,在限流开断后可快速恢复功能,缺陷在于装置机构较多、体积较大且可靠性较差。

3. 直流故障限流器

当系统发生短路故障时,限流器可通过提高回路中的阻抗来限制短路电流的大小。限流器不仅可以减轻断路器分断负担,缩短切断时间,而且可以大大降低电动力和热效应。直流故障限流器可分为被动式直流故障限流器和主动式直流故障限流器两大类[132]。被动式直流故障限流器是指在直流系统线路中串入限流电抗器,在发生短路故障时限制故障电流。主动式直流故障限流器只在直流输配电系统发生短路故障时,才将限流装置接入系统中,从而可降低系统正常运行时的损耗。

主动式直流故障限流器是目前直流故障限流器的主要研究趋势,其分类主要可分为基于超导材料的超导直流故障限流器、基于电力电子器件的固态直流故障限流器、其他直流故障限流器。下面将根据储能系统故障特点,着重对超导直流故障限流器、固态直流故障限流器进行介绍。

1) 超导直流故障限流器

基于超导材料的超导故障限流器(superconducting fault current limiter, SFCL),利用了超导材料的超导特性,在正常工作时,超导材料表现为超导特性,损耗极低。当发生短路故障时,超导材料失超,从而产生阻抗以限制短路电流。

(1) 电阻型 SFCL。

图 2-109 为电阻型 SFCL 拓扑[129],其中 U_0 为直流电源电压,R_{Load} 为负载电阻,VD 为二极管,R_s 为限流电阻,SC 为超导绕组,失超后其可以等效为线圈电感和可变电阻。当正常运行时,由于超导体无电阻,其两端电压为 0,二极管 VD 处于截止状态。当出现短路故障时,超导绕组因临界电流失去超导特性,并呈感性特征。此时二极管导通,R_s 和超导线圈 SC 同时对短路电流进行限制。

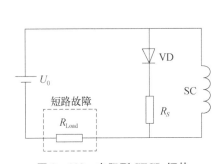

图 2-109 电阻型 SFCL 拓扑

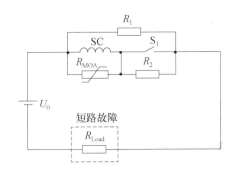

图 2-110 非失超型 SFCL 拓扑

(2) 非失超型 SFCL。

图 2-110 为非失超型 SFCL 拓扑[130],其中 U_0 为直流电源电压,SC 为超导线圈,R_1、R_2 为限流电阻,S_1 为高速开关,R_{Load} 为负载电阻,R_{MOA} 为金属氧化物避雷器。在正常工作时,S_1 导通,SC 处于超导态,不会增加通态损耗,超导线圈还能够提供平滑电感。当系统发生短路故障时,因为 SC 上电流不能突变,所以大多数短路电流通过旁路电阻 R_1。经过故障检测时间 Δt 后,S_1 迅速打开,R_2 用于限制 S_1 上的过电压,且 R_1 和 R_2 可一起限制故障电流的幅值[131]。在这个过程中超导线圈不失超,无须考虑失超恢复。

SFCL 损耗较低,控制简单,电流过载系数低,可靠性高,是一种理想的故障限流器。但超导带材的价格高,失超后需要快速制冷,响应时间长,主要应用在中高压、超高压或特高压直流输电系统中。

2) 固态直流故障限流器

基于电力电子器件的固态故障限流器(solid state fault current limiter, SSFCL)利用了电力电子器件的高可控特性,具有响应速度快、体积小等优点。基本工作原理为:当正常工作时,限流电抗器不接入主回路中;当发生短路故障时,利用电力电子器件的通断,将限流电抗器接入主回路中,从而达到限流的目的。

（1）串联开关型限流器。

图2-111为串联开关型限流器拓扑结构[132],其电路主要由GTO和限流器件组成,其中,SSCB为固态断路器。正常情况下GTO闭合,将限流电感短接。当发生短路故障时,GTO在短路电流到达峰值之前关断,使限流电感接入电路中,达到限流目的。

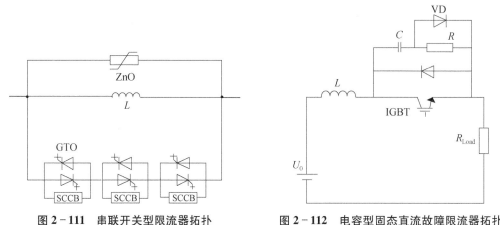

图2-111　串联开关型限流器拓扑　　　图2-112　电容型固态直流故障限流器拓扑

（2）电容型固态直流故障限流器。

电容型固态直流故障限流器拓扑如图2-112所示[133]。其中,U_0为直流电源,R_{Load}为负载电阻,L为线路电感,C、R、VD构成限流回路。当电网无故障时,电流流过IGBT。当发生短路故障时,IGBT断开,直流电源开始给电容C充电,电流方向没有发生改变,这一阶段在主回路电流降至零时结束,电流开始反向,电容将能量回馈到直流电源中,直至限流过程结束。

固态直流故障限流器成本适中,损耗较低,响应速度快,限流灵敏度可调,但固态直流故障限流器普遍采用电力电子器件,在高电压等级电网中应用时需要大量功率器件串、并联满足功率和耐压要求,对器件一致性和响应速度有较高的要求,可应用于对损耗和电能质量要求较高的场合。

2.6　小　结

本章在分析脉冲能量存储系统形式和机理的基础上,指出了储能能量与能量密度、储能功率和功率密度、循环工作频率和寿命,以及持续工作次数等四种核心指标,并重点分析了大倍率磷酸铁锂电池、脉冲电容器等两种储能方式,以及在循环脉冲模式下的数学模型和储能特性,对混合储能的模型、拓扑、能量管理及保护技术进行了深入研究,得到了以下基本结论:

（1）提出了"蓄电池+脉冲电容"的混合储能方式,可以大幅降低电磁轨道发射系统对电网的瞬时功率需求,在能量不变的前提下,起到功率放大和时间尺度压缩的作用。其核心思想是充分利用了化学储能的高能量密度和物理储能的高功率密度,瞬时功率需求可降低 86.1%,同时降低了电网瞬时功率冲击,提高了系统工程应用能力。

（2）锂电池在循环大倍率脉冲放电过程中,电池内部温度短时快速升高,加速了电极反应,减少了由极化导致的电压降,所以在放电深度为 20%～70% 部分出现了不降反升的现象。传统锂离子电池模型无法表征这一特性,提出的谢菲尔德衍生模型能够精确地表征大倍率充放电过程中电池电压平台不降反升的特性,在不同倍率下的试验曲线均与理论分析吻合。

（3）提出了脉冲电容器在脉冲放电前的保压阶段存在电压跌落现象的定量分析方法,从理论上分析了影响电压跌落的三大因素:松弛极化(占 58.65%)、介质泄漏(占 29.60%)和自愈(占 11.75%)。其中,主要因素是松弛极化和介质泄漏,因此保压性能优化的方法主要为减小漏电流和极化电荷。

（4）在充分对比串联谐振、直流斩波、恒压充电等传统脉冲电容充电模式的基础上,提出了蓄电池时序串联充电的新型混合储能拓扑电路,并分析了首尾轮换时序串联、全域轮换时序串联、串并切换时序串联等电路结构,推导得到了串联时序的数学模型和核心参数影响规律。结果表明:时序串联充电拓扑能够大幅提高电池组内部的均衡一致性,其中串并切换时序串联拓扑具有更快的放电速度。

（5）系统综述了电池管理技术的热点问题及研究方法。针对大规模高功率锂电池系统电池数量众多、传统状态估计方法运算量太大的问题,采用了以电池组为计算单元的采集和更新架构进行电池组 SOC 估计,提出了基于充电过程健康特征的 SOH 估计方法和考虑加速老化因子的锂电池寿命预测方法,试验结果表明以上算法可达到指标要求的精度,同时可节约控制器的运算消耗,并增强算法的鲁棒性。

第3章 脉冲能量变换与传输

电磁发射系统的储能能量不能直接提供给发射负载,必须经过整形、调制,才能满足负载的时间和功率要求。电能变换与传输主要定义了电能在空间转移和时间变换过程中的频率、相位及阻抗特性变换原理和方法,包括变电技术和开关技术。本章主要讲述脉冲能量的变换、传输、调控和保护技术。

3.1 概　述

电磁轨道发射系统运行于短时脉冲放电工况,储能系统到发射负载间主要存在能量变换和能量传输过程。其中,能量变换过程主要将脉冲电容存储的静电场能量进行整形,使得输出波形脉冲宽度和峰值满足负载发射要求,能量调制效果将直接决定发射效率等系统指标。能量传输主要实现脉冲能量在设备间的可靠转移,可通过电缆实现柔性连接或通过母排实现固定连接。系统能量单元间存在强耦合,能量传输过程需考虑故障模式下的限流措施,防止系统能量向故障点聚集,避免扩大故障范围。图3-1为电磁轨道发射系统组成原理示意图。

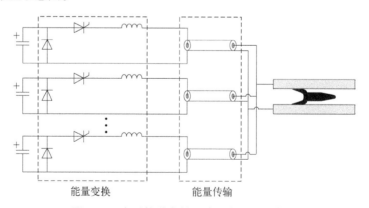

能量变换　　　　　　　能量传输

图3-1　电磁轨道发射系统组成原理示意图

能量变换拓扑中主要包括开关、调波电感器及续流器件,开关实现电流正向导通和反向阻断,调波电感器实现波形脉冲宽度和峰值的调节及中间储能,续流器件为中间储能提供能量释放通道。开关和续流器件常采用大功率固态开关,相对其他形式的开关,其具有体积小、可靠性高、寿命长的特点。调波电感器常采用空心结构,线性度高,电感值稳定。脉冲能量的传输介质通常为同轴电缆,其具有漏磁少、结构稳定性强、布局简单的优点。

在脉冲功率放电工况下,能量变换和能量传输面临若干问题,例如循环浪涌工况固态开关的尽限应用问题,调波电感器的磁场泄露和多场耦合问题,传输电缆的小型化、连发温升和结构稳定性等问题。

3.2 脉冲能量变换技术

3.2.1 大功率放电开关

在电磁轨道发射系统中,大功率开关位于储能与负载之间,用于实现两者之间能量的隔离与转换控制,通过调整开关导通时序可实现对负载电流的灵活调控。电磁轨道发射系统中,大功率开关承受高电压和强电流,自身应具有较低的电感、电阻值及较高的导通速度和重复频率,同时面向应用,还应满足体积、重量小和使用寿命长的要求。

1. 分类与特点

脉冲功率技术中应用的闭合开关有机械开关、油浸开关、火花隙开关、闸流管、TVS、等离子开关、磁开关及半导体开关等。适用于电磁轨道发射系统的大功率开关大致可分为气体开关和固态开关两大类,气体开关主要有火花隙开关和 TVS,固态开关主要是指半导体开关。

1)火花隙开关

火花隙开关是发展较早的气体开关,通常由主电极、接地极、触发极、绝缘容器及绝缘气体组成,也称三电极火花隙开关。三电极火花隙开关基本结构如图 3-2 所示。

开关内封装的绝缘气体通常使用 N_2、SF_6、CF_3I 等,其在静息状态下具有良好的绝缘性,通过击穿主电极与接地极间的气体产生电弧,来实现开关的导通。开关两端的电压超过击穿电压,或者通过触发极

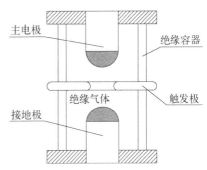

图 3-2 三电极火花隙开关基本结构

使主间隙的耐压强度降低,均可产生击穿效果。火花隙开关的使用寿命主要取决于电极的耐烧蚀性,通过定期清洗和更换电极,可延长开关使用寿命。采用多通道火花隙开关可以减小开关电感和电阻,进而导通上升速度更快的脉冲电流,同时能量沉积分布区域变大还可以降低电极损耗。

国内外研究人员一直试图研究获得高稳定性、低电感、低波动、长寿命、可重复放电的火花隙开关。2006 年,文献[134]介绍的 200 kV 多级多通道火花隙开关通流能力超过 50 kA。2016 年,中国工程物理研究院流体物理研究所研制的 100 kV 火花隙开关通流能

力大于 20 kA,重复频率为 20 Hz[135]。在电磁发射技术领域,2003 年,文献[136]介绍的电磁轨道炮系统中选用了 PI 公司生产的 ST－300 型火花隙开关,最大工作电压为 22 kV,工作电流为 500 kA,触发时延仅为 600 ns。2007 年,南京理工大学设计的电磁发射系统脉冲功率电源中使用了火花隙开关作为主开关,其额定电流为 200 kA,可在 1~5 kV 可靠触发[137]。

火花隙开关具有结构简单、成本低、通流能力强、耐受电压高的优点,但同时存在电极易老化、寿命短、工作稳定性差的缺点。火花隙开关触发电压高,易对周边设备造成电磁干扰,而且触发过程中会产生较大的损耗,快速连续使用必须通过主动冷却排除热量,难以满足电磁轨道发射系统对电源的小型化需求。另外,火花隙开关触发和导通时延较长,对于高精度脉冲电源控制不利,因此,火花隙开关通常应用于试验型电磁轨道发射系统。随着 TVS 技术和大功率半导体开关技术日趋成熟,火花隙开关在电磁轨道发射系统中的应用逐渐减少。

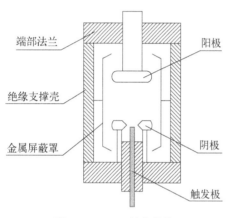

图 3－3　TVS 基本结构

端部法兰　阳极
绝缘支撑壳　阴极
金属屏蔽罩　触发极

2）真空触发开关

TVS 是将真空开关技术和三电极火花隙开关技术结合而来的大功率开关,特点是密封腔内采用近似真空作为电极触头间的绝缘和灭弧介质,工作压强需要维持在 10^{-4} Pa 数量级以下,TVS 基本结构如图 3－3 所示。

按照主电极结构,TVS 可分为平行板电极型结构、运动电极型结构、多棒形电极并列结构。运动电极型结构的特点是电极可活动,主间隙间距可调节。多棒形电极并列结构中阳极和阴极各有多个棒形电极交错排列,使得导通面积增大,避免了电弧收缩和电极烧蚀,大大提高了通流能力、延长了电极寿命,但结构复杂。按照触发方式,常见的可分为沿面击穿型和场击穿型 TVS。普遍采用的沿面击穿型触发电压低、重复触发方便、触发精度高、外触发电路简单,但沿面电阻会因金属蒸气沉积在触发极表面而降低,致使触发寿命缩短;场击穿型结构简单,触发极与主电极的绝缘表面没有任何填充材料和介质,不受金属蒸气污染,寿命长,但触发电压很高,时延的分散性较大,不利于精准控制。

TVS 的基础理论和试验研究始于 20 世纪 60 年代,主要集中在击穿机理方面。在电磁发射技术领域应用方面,1997 年,俄罗斯科学院物理研究所采用 TVS 研制了可输出最大 10 MA 的电源系统[138]。1999 年,德国研究人员采用 TVS 研制了由 6 个 90 kJ 电容放电模块组成的电源系统,每个模块的最高充电电压为 30 kV[139]。2016 年,俄罗斯研究人员开发测试了基于 RVU－43－1 型 TVS 的高压开关,耐压高达 25 kV,最大脉冲电流达 300 kA,脉冲上升速率高达 10 kA/μs[140]。2017 年,南京理工大学与中国兵器科学研究院合作,采用俄制 RVU－43 型多棒极 TVS 研制了 17 个额定工作电压为 13 kV 的 118 kJ 电容储能模块,单个模块短路放电最大电流为 52 kA,脉冲电源总储能为 2 MJ,用于电热化学炮发射试验[141]。

在相同通流容量下,TVS 的体积比火花隙开关缩小近 50%[141],真空电弧电压很低,电弧引入能量比空气电弧低得多,使得 TVS 电极烧蚀率低,相对火花隙开关延长了使用寿命。TVS 常应用在中等电压(10 kV 级)、中等通流(10 kA 级)、短时通流(10 ms 级)、重复频率高的场合。当 TVS 用于高电压、大电流脉冲领域时,存在触发时延和抖动较大、功率损耗较大、使用寿命受限等问题。TVS 靠电极材料提供金属蒸气电离形成的等离子体来完成开关导电过程,工作过程中电极表面烧蚀并产生脱附气体,在大电流作用下影响使用寿命。除此之外,对于电磁轨道发射技术工程化应用来说,TVS 仍然存在体积较大、结构不稳定、触发电路庞大复杂的缺点,无法满足电磁轨道发射技术工程化应用对紧凑化和可靠性的要求。

3）半导体开关

相对于气体开关,半导体开关技术起步较晚,但因其突出的技术优势而得到飞速发展。半导体开关具有体积小、寿命长、可靠性高等优点,逐渐成为脉冲功率开关的发展方向。常用的半导体开关有晶闸管(SCR)、门极关断晶闸管(GTO)、IGBT、金属氧化物半导体场效应晶体管(MOSFET)等。

SCR 最早出现在 20 世纪 50 年代,是电力电子技术诞生的标志,特点是功率等级高、通流能力强、成本低、技术成熟、重复频率相对其他半导体开关较低,属于半控型器件,在高压脉冲电源领域具有广阔的应用前景。GTO 克服了 SCR 不能自关断的不足,但其门极驱动功率大、开关频率较低、驱动电路较复杂,不适用于高压大功率及高频场合。MOSFET 诞生于 20 世纪 70 年代,采用电压驱动,驱动电路简单,开关频率高,输入阻抗高,外围电路简单,但电压电流容量小,通常用于低压高频设备。20 世纪 80 年代末出现了 IGBT,其特征是开关频率高、驱动功率小、耐压高、通态压降低、通流能力较强,上述半导体开关工作频率与功率等级近似关系如图 3-4 所示[142]。

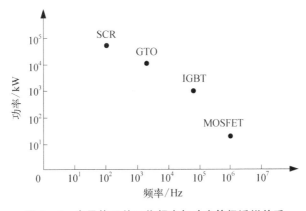

图 3-4　半导体开关工作频率与功率等级近似关系

对于电磁轨道发射系统来说,其重复频率在百赫兹以下,但瞬时功率极高,工作频率低但功率等级最高的晶闸管的重复频率基本满足连续发射需求,同时相比其他半导体开关具有最大的功率等级,满足高能级电磁轨道发射系统放电需求,是当前最适用于电磁轨道发射系统的半导体开关。

现阶段国内外均开发出多种功率等级的晶闸管,以满足不同场合的应用需求。增加晶圆尺寸可以有效提升器件功率等级,通过工艺优化同样可以改善器件耐压和通流能力。在国外,ABB 公司和英飞凌公司在大功率晶闸管制造方面具有较大优势。其中,ABB 公司的 6 in 晶闸管电压等级达到 8 500 V、浪涌电流能力达到 90 kA;英飞凌公司的 5 in 晶闸管电压等级达到 8 000 V、浪涌电流能力达到 90 kA。国内株洲中车时代半导体有限公司 2007 年成功研制出 6 in 8 000 V/4 000A 高压晶闸管[143],2018 年成功开发出 7 in 8 500 V/6 500 A 晶闸管[144]。

除 SCR 外,还有一种在脉冲功率领域具有发展潜力的半导体开关为反向导通双晶复合晶体管(RSD),由苏联于 20 世纪 80 年代提出。与传统晶闸管在门极附近先导通,逐步扩散至全域导通不同,RSD 基于等离子体换流原理实现全面积均匀导通,具有无导通时延的特性,有利于精准控制。目前,俄罗斯研制的 RSD 峰值电流达 500 kA,脉冲宽度可达 500 μs[145]。美国陆军研究实验室采用 12 只直径为 24 mm 的 RSD 串联,工作电压为 13.76~20 kV,其电流上升率 di/dt 可达到 24.5 kA/μs[146]。国内已研制出工作电压为 12 kV、峰值电流为 150 kA 的 RSD 开关[147]。相比传统半导体开关,RSD 通流能力强、di/dt 高、寿命长、成本低、损耗小且易于串并联,使用前景广阔,不足之处在于触发回路的磁开关体积庞大。

通过综合对比可以看出,半导体开关相比气体开关具有可靠性高、导通噪声低、寿命长等特点。其中,晶闸管相对其他半导体开关具有功率高、触发回路简单、易于集成的优点,是目前电容储能型电磁轨道发射系统广泛应用的大功率开关。

2. 晶闸管关键参数

电磁轨道发射用脉冲晶闸管运行于循环脉冲放电工况,包含两种时间尺度,单脉冲放电运行于毫秒级时间尺度,放电瞬时功率极高,晶闸管结温瞬间急剧升高;循环周期放电间隔为秒级时间尺度,期间脉冲电容器充电,晶闸管处于阻断状态,因而晶闸管结温缓慢降低。

电磁轨道发射用晶闸管具有如下运行特点: ① 脉冲电容器充电阶段,晶闸管承受逐渐增加的正向阻断电压;② 脉冲电容器保压阶段,晶闸管承受稳定的正向阻断电压;③ 脉冲电容器放电阶段,晶闸管承受短时脉冲大电流;④ 动态发射过程中,晶闸管承受炮尾反压并进入反向恢复过程;⑤ 连续脉冲放电下晶闸管结温不断升高,晶闸管通流能力和阻断电压能力逐渐降低。

1)直流电压阻断能力

脉冲电容器充电过程中,电压逐渐增加,当充电电压达到预设值后,充电回路断开,在此期间晶闸管处于直流电压阻断状态。晶闸管阻断电压参数包括断态和反向重复峰值电压 V_{DRM}/V_{RRM}、断态和反向不重复峰值电压 V_{DSM}/V_{RSM}。

2)浪涌能力

电磁轨道发射用晶闸管主要工作在浪涌放电工况,其通流指标包括电流上升率 di/dt、不可重复峰值电流 I_{TSM} 和电流平方时间积 I^2t 等参数。I_{TSM} 测试底宽通常为 10 ms,

与电磁轨道发射放电电流底宽相近,可用于评估晶闸管浪涌能力,此外还需保证 $\mathrm{d}i/\mathrm{d}t$ 和 I^2t 不能超过额定值。晶闸管的 $\mathrm{d}i/\mathrm{d}t$、I_{TSM} 及 I^2t 性能参数受晶闸管门极初始导通面积和阴极有效面积影响,然而,门极初始导通面积和阴极有效面积存在此消彼长关系,增加初始导通面积(门极图案复杂)可以提高晶闸管的 $\mathrm{d}i/\mathrm{d}t$ 耐受水平,但会降低晶闸管连续浪涌能力;增加阴极有效面积(门极图案简单)可以提高连续浪涌能力,但会降低晶闸管单脉冲 $\mathrm{d}i/\mathrm{d}t$ 能力。图 3-5(a)为简单晶闸管门极结构,其浪涌电流达 130 kA,但 $\mathrm{d}i/\mathrm{d}t$ 为 1 000 A/μs,图 3-5(b)为复杂晶闸管门极结构,浪涌电流为 90 kA,$\mathrm{d}i/\mathrm{d}t$ 高达 3 000 A/μs,可见门极结构对晶闸管浪涌能力影响明显。针对特定工况的大功率晶闸管应用,需协同设计,共同提升通流能力和电流扩散能力。

(a) I_{TSM}=130 kA@10 ms
$\mathrm{d}i/\mathrm{d}t$=1000 A/μs@500 μs

(b) I_{TSM}=90 kA@10 ms
$\mathrm{d}i/\mathrm{d}t$=3000 A/μs@500 μs

图 3-5 两种晶闸管的门极结构设计

3) 反向恢复参数

脉冲电容储能系统工作电压高达数千至上万伏,负载放电电流峰值高达数百万安,发射导轨感性阻抗部分导致负载电压抬升至数千伏,造成晶闸管非自然关断,晶闸管进入反向恢复过程,吸收支路设计不当极易造成晶闸管反向恢复失效,图 3-6 为晶闸管非自然关断过程中的电压电流曲线示意图。另外,串联使用晶闸管的反向恢复电流 I_{rr} 和反向恢复电荷 Q_{rr} 应尽量保持一致,反向恢复参数差异较大将影响动态均压效果。此外,无论

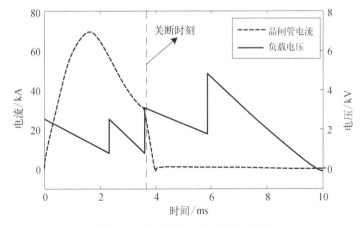

图 3-6 晶闸管非自然关断示意图

单管使用还是多管串联使用,均需要设置合适的吸收回路,以降低晶闸管反向恢复过程中的反压。理论上吸收电容值越大吸收效果越好,但吸收电容越大体积越大。吸收回路要结合回路参数和反向恢复特性设计。

4) 反向电压阻断能力

脉冲储能系统采用多模块和时序放电的方式向发射负载输送能量,先放电模块的晶闸管将承受负载电压带来的反压。该工作特征对晶闸管的反向电压阻断能力 V_{RRM} 和 I_{RRM} 提出要求,图 3-7 为晶闸管 V_{RRM} 和 I_{RRM} 测试波形。

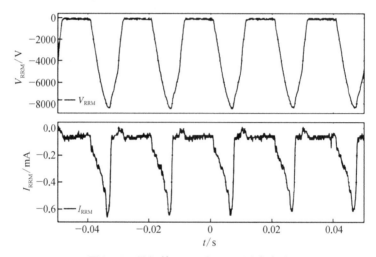

图 3-7　晶闸管 V_{RRM} 和 I_{RRM} 测试波形

通常情况下负载电压幅值与充电电压相当,并不会直接造成晶闸管反向过电压击穿,但负载电压会造成晶闸管非自然关断,引发反向恢复过程。高压大电流脉冲放电晶闸管反向恢复特性不同于常规稳态运行工况,脉冲放电正向注入电流高达数十至数百千安培,关断电压高达数千伏,引发的反向尖峰电压甚至高于工作电压数倍,持续时间为数十微秒,通常需要增设吸收支路来降低反向恢复尖峰电压。晶闸管 V_{RSM} 需根据反向恢复尖峰电压选取。

3. 循环浪涌放电温升特性

晶闸管耐压和通流等关键指标与结温密切相关,结温越高指标性能越差,掌握晶闸管循环浪涌放电温升特性,对于晶闸管极限安全设计至关重要。电磁轨道发射用晶闸管工作在循环浪涌模式,工作模式包含毫秒级脉冲放电和秒级循环放电过程。脉冲放电时,晶闸管导通电流首先聚集在门极附近,随后逐渐扩散到整个阴极面,因此导通过程极易在门极附近出现温度聚集效应,甚至造成晶闸管热击穿。循环放电过程中两次放电之间的间隔较短,晶闸管结温逐渐升高,温度无法恢复到初态,晶闸管性能逐次劣化,加装散热器可实现对晶闸管的冷却。因此,针对脉冲循环脉冲放电工况,有必要建立晶闸管温度场仿真模型,分析硅片、器件、组件在毫秒级脉冲放电及秒级循环放电工况下的温升特性。

1) 毫秒级脉冲放电硅片温升

当晶闸管流过脉冲大电流时,由于峰值极高、上升时间较短,电流在芯片内的分布并不均匀,不同位置的耗散功率也不同,芯片内温度会出现较大差别,一旦局部位置的温度达到硅的本征温度就会引发器件失效。另外,温度梯度会在芯片上形成较大的热应力,热应力超过一定值会使芯片发生破损。

晶闸管触发后并非一开始就处于全面导通状态,当触发电流流过晶闸管门极时,最开始只有门极附近的阴极区域导通,剩余部分仍处于阻断状态。经过导通区域载流子的横向扩展过程,脉冲电流才逐渐实现在整个阴极面的导通。导通区域扩展到整个阴极面所需要的时间称为扩展时间,图 3-8 为晶闸管导通初始时刻电流分布。

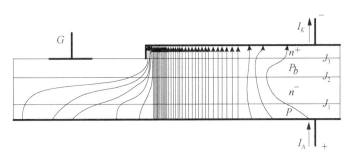

图 3-8　晶闸管导通初始时刻电流分布

晶闸管全面扩展时间与器件尺寸和扩展速度相关,大尺寸晶闸管扩展时间可达到数百微秒。Dodson 等通过试验手段观察过导通区等离子体的扩展现象,提出扩展速度与阳极电流密度有如下关系[148]:

$$v \propto J^{\frac{1}{n}} \tag{3-1}$$

式中,n 为一个与器件有关的取值在 2~6 的因子,式(3-1)已由 Yamasaki[149]利用红外探针装置所做测量结果予以证实。他发现,对无发射区短路点的晶闸管来说,n 取值为 2.1,而对有发射区短路点的晶闸管,n 取值为 2.7。Ikeda 等[150]利用一个监测探针系统得出了与式(3-1)中相同的关系式,而且证实增大门极触发电流可以增大初始导通区域,但是并不影响导通区域的扩展速度。

为了预测晶闸管在导通过程中芯片温升的时空分布特性,需采用半导体物理仿真软件对晶闸管进行精确建模仿真。现有半导体物理仿真软件对于微米级小尺寸器件仿真具有高效、精确的求解方案,然而对于厘米级大尺寸器件仿真的求解效率和精度相对较低。基于有限元方法和电流扩展速度相结合可以实现硅片结温时空分布仿真分析,为了简化计算,可假设晶闸管导通区域扩展过程匀速。文献[151]利用 Comsol 有限元仿真软件实现晶闸管导通过程电流和温度分布仿真,如图 3-9 所示,仿真晶闸管阴极版图为同心环结构,为降低建模复杂度,建模时忽略了门极十字交叉图案和门极线宽,将其简化成同心环门极图案。

(a) 实际版图　　(b) 简化版图

图 3-9　晶闸管阴极版图[151]

晶闸管导通区域的扩展速度 v 的范围在数米每秒至数十米每秒,具体数值与制备工艺和电密有关。大尺寸晶闸管的硅片、钼片和铜片采用叠加压装结构,现阶段难以实现导通区域扩展速度的精确测量。仿真过程中可通过设置不同的导通区域扩展速度,研究不同扩展速度下晶闸管的结温分布和变化情况[151]。

从图 3-10 中可以看出,导通区域的扩展速度越小,晶闸管的局部温度越高,其温升分布越不均匀。晶闸管的最高温度出现在电流峰值点之后,导通区域的扩展速度越慢,其最高温度出现的时刻越早。

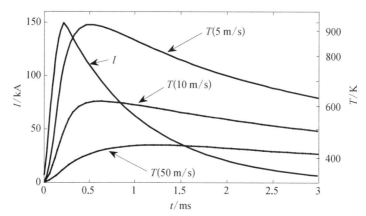

图 3-10　晶闸管的最高温度随时间变化曲线[151]

文献[151]在分析芯片温度分布时,对门极图案进行简化处理,以方便实现电流扩展过程中导通面积的动态调整,实际应用中门极图案样式繁多,包括十字状、螺旋状、雪花状等,简化门极图案将降低求解精度,无法获取真实的最高温升点,造成晶闸管浪涌电流能力评估不足。因此,还需进一步研究扩展速度影响因素及不规则门极图案扩展导通建模方法,实现对脉冲晶闸管结温时空分布的准确预测。

2)秒级循环放电器件温升

晶闸管秒级放电是周期循环过程,通常忽略器件结温分布不均匀性,采用热网络模型来进行器件的系统级热仿真。热网路模型包括 Foster 模型和 Cauer 模型两种,热网络模型假设结温分布均匀,通常用于周期稳态温升分析,其中,Foster 模型由晶闸管的瞬态温度响应曲线拟合得到,模型参数并没有实际物理含义。Cauer 模型可由 Foster 模型通过网络等效变换得到,模型中的热容用于表示蓄热过程,热阻用于表示热传导效率,参数具有等效物理含义,如图 3-11 所示。

Foster 模型和 Cauer 模型均可描述独立元件的热阻抗特性,但实际中会存在多个元件级联压接的情况,如晶闸管中的硅片、钼片和铜片。Cauer 网络结构较 Foster 网络结构具有级联性,级联后的新模型能够表征整体的热阻抗特性。

（1）无热源热传导材料的 Foster 模型

晶闸管采用双面散热技术,硅片为其发热源,硅片两侧各有一对钼片和铜片,两侧材料厚度相同,5 层材料通过压接或者冷焊后形成导电主体,侧边由陶瓷环密封,起到

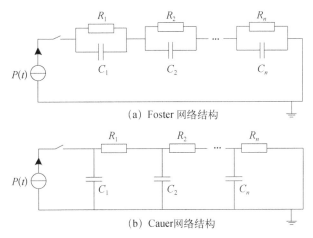

（a）Foster 网络结构

（b）Cauer网络结构

图 3-11　Foster 模型和 Cauer 模型

绝缘和保护的作用,陶瓷环内部充入惰性气体以保证绝缘性能。根据晶闸管的结构,可以得到晶闸管的传热特点:① 以晶闸管硅片为中心,两侧为对称结构,因此只需考虑一侧的热传导过程,把硅片等分成两片,中间面作为绝热层考虑;② 由于陶瓷和惰性气体的热导率比较低,所以硅片、钼片和铜片的侧面可以看作绝热情况;③ 硅片较薄,循环放电工况可将其视为等温体;④ 由于侧面为绝热,可忽略压装元件径向传热,只考虑轴向传热,同时把铜片与散热器相连表面进行恒温处理,图 3-12 为晶闸管热仿真简化模型。

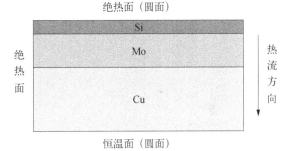

图 3-12　晶闸管热仿真简化模型

根据图 3-12 所示的模型建立热传导方程,设置相应初始条件和边界条件。由于热传导方程式线性和齐次的特点,所以可以运用分离变量法来求解。

对于圆柱形铜片,厚度为 L,一侧有稳定热流密度传导,另一侧为恒定温度边界,为方便计算,假设为 $0℃$。令热流传导侧 $x=0$,恒温侧 $x=L$,铜片温度分布 $u=u(x,t)$ 是距离和时间的函数,可以得到如下微分方程。

$$\begin{cases} \dfrac{\partial u}{\partial t} = K\dfrac{\partial^2 u}{\partial x^2}, & 0 < x < L,\ t > 0 \\[2mm] \dfrac{\partial u}{\partial x} = -\dfrac{Q}{k}, & x=0,\ u=0,\ x=L \\[2mm] u(x,0)=0, & 0 < x < L \end{cases} \qquad (3-2)$$

式中,u 为温度;t 为时间;x 为距离;引入热扩散率 $K=k/(\rho c)$,其中 k 为热传导率,ρ 为密度,c 为比热容;Q 为单位面积单位时间的传热量。

式(3-2)为非齐次的偏微分方程组,要化为齐次方程组求解。令

$$u(x, t) = u_s(x) + v(x, t) \tag{3-3}$$

式中,

$$u_s(x) = -\frac{Q}{k}x + \frac{LQ}{k} \tag{3-4}$$

得到新的齐次偏微分方程组:

$$\begin{cases} \dfrac{\partial v}{\partial t} = K\dfrac{\partial^2 v}{\partial x^2}, & 0 < x < L, \ t > 0 \\[2mm] \dfrac{\partial v}{\partial x} = 0, & x = 0, \ u = 0, \ x = L \\[2mm] v(x, 0) = -u_s(x), & 0 < x < L \end{cases} \tag{3-5}$$

可以求得

$$\begin{aligned} v(x, t) &= \sum_{n=0}^{\infty} c_n \sin\frac{(n + 0.5)\pi(L - x)}{L} \mathrm{e}^{-K[(n+0.5)\pi/L]^2 t} \\ &= \sum_{n=0}^{\infty} \frac{2Q}{Lk}\left\{\frac{1}{(n + 0.5)\pi/L}\left[L - \frac{(-1)^n}{(n + 0.5)\pi/L}\right] - \frac{L^2}{(n + 0.5)\pi}\right\} \\ &\quad \times \sin\frac{(n + 0.5)\pi(L - x)}{L}\mathrm{e}^{-K[(n+0.5)\pi/L]^2 t} \end{aligned} \tag{3-6}$$

最终可以求得

$$\begin{aligned} u(x, t) &= u_s(x) + v(x, t) \\ &= -\frac{Q}{k}x + \frac{LQ}{k} + \sum_{n=0}^{\infty}\frac{2Q}{Lk}\left\{\frac{1}{(n + 0.5)\pi/L}\left[L - \frac{(-1)^n}{(n + 0.5)\pi/L}\right] - \frac{L^2}{(n + 0.5)\pi}\right\} \\ &\quad \times \sin\frac{(n + 0.5)\pi(L - x)}{L}\mathrm{e}^{-K[(n+0.5)\pi/L]^2 t} \end{aligned} \tag{3-7}$$

式中,

$$u(0, t) = \sum_{n=1}^{\infty} r_n\left(1 - \mathrm{e}^{-\frac{t}{r_n c_n}}\right) \tag{3-8}$$

$$\begin{cases} r_n = \dfrac{8L}{k\pi^3(2n - 1)^2} \\[2mm] c_n = 0.5\rho c\pi L \end{cases} \tag{3-9}$$

式(3-7)为钼片或者铜片暂态热阻抗傅里叶级数形式的时域表达式,式(3-8)表明钼片等无源元件的暂态热阻抗可以用无穷阶 Foster 模型表示,通常采用二阶 Foster 模型即可较好地模拟元件的热阻抗曲线。

（2）有热源热传导材料的 Foster 模型

硅片为热源，令硅片厚度为 $2L$，由于硅片在器件中的中心位置，所以仅考虑硅片单侧热生成和热传导。x 为热流方向上相对晶闸管中心距离位置。假定晶闸管中心侧（$x = 0$）为绝热面，另一侧（$x = L$）为恒温面，则它的偏微分方程为

$$\begin{cases} \dfrac{\partial u}{\partial x} = K \dfrac{\partial^2 u}{\partial x^2} + A, & 0 < x < L, \ t > 0 \\[2mm] \dfrac{\partial u}{\partial x} = 0, & x = 0, \ u = 0, \ x = L \\[2mm] u(x, 0) = 0, & 0 < x < L \end{cases} \tag{3-10}$$

式中，u 为温度；t 为时间；x 为距离；引入热扩散率 $K = k/(\rho c)$，$A = \Phi/(\rho c)$，其中，k 为热传导率，ρ 为密度，c 为比热容，Φ 为单位时间内单位体积中热源的生成热。

式（3-10）为齐次偏微分方程组，要化为齐次方程组进行求解，令

$$u(x, t) = u_p(x) + v(x, t) \tag{3-11}$$

式中，令 $u_p(x) = [A/(2K)](L^2 - x^2)$ 得到新的齐次偏微分方程组：

$$\begin{cases} \dfrac{\partial v}{\partial t} = a \dfrac{\partial^2 v}{\partial x^2}, & 0 < x < L, \ t > 0 \\[2mm] \dfrac{\partial v}{\partial x} = 0, & x = 0, \ u = 0, \ x = L \\[2mm] v(x, 0) = -u_p(x), & 0 < x < L \end{cases} \tag{3-12}$$

最终，可以求得

$$\begin{aligned} v(x, t) = & \sum_{n=0}^{\infty} \frac{-2AL^2}{K[(n+0.5)\pi]^3} \\ & \times \sin \frac{(n+0.5)\pi(L-x)}{L} e^{-K[(n+0.5)\pi/L]^2 t}, \quad 0 < x < L \end{aligned} \tag{3-13}$$

$$\begin{aligned} u(x, t) = & \frac{A}{2K}(L^2 - x^2) + \sum_{n=0}^{\infty} \frac{-2AL^2}{K[(n+0.5)\pi]^3} \\ & \times \sin \frac{(n+0.5)\pi(L-x)}{L} e^{-K[(n+0.5)\pi/L]^2 t}, \quad 0 < x < L \end{aligned} \tag{3-14}$$

同理，有

$$u(0, t) = \sum_{n=1}^{\infty} r_n \left(1 - e^{-\frac{t}{r_n c_n}} \right) \tag{3-15}$$

式中,

$$
\begin{cases}
r_n = \dfrac{(-1)^{n-1}16L}{k\pi^4(2n-1)^3} \\
c_n = \dfrac{(-1)^{i+1}\pi^2(2n-1)^3\rho cL}{16(n-0.5)^2}
\end{cases}
\tag{3-16}
$$

式(3-14)为硅片的暂态热阻抗傅里叶级数形式的时域表达式,式(3-15)表明有源元件硅片的暂态热阻抗可以用无穷尽阶 Foster 网络参数表达,通常采用一阶 Foster 参数即可较好地模拟硅的热阻抗曲线。

(3)压装元件接触热阻分析

晶闸管在装配过程中,可能会由压力不足或压力分布不均匀造成元件接触面产生很大的接触热阻,造成晶闸管通态压降增加,器件损耗增加,通常增加压力可改善接触热阻。图 3-13 为实测 5 in 晶闸管接触热阻与压力的关系曲线,可以看出当压力从10 kN 逐渐增大到 140 kN 时,晶闸管的接触热阻是慢慢减小的,当压力继续增大到140~200 kN 时,接触热阻将趋于稳定。针对接触热阻的这种特性,通常器件施加压力能够保证接触热阻稳定即可,5 in 晶闸管压力通常为 110~140 kN,6 in 晶闸管压力通常为 165~190 kN。

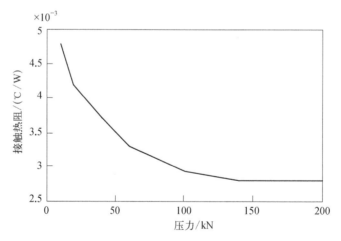

图 3-13　接触热阻与压力的关系曲线

(4)晶闸管瞬态热阻抗等效电路

通过 ABB 公司的 5STP 37Y8500 晶闸管手册,得到各层结构及热物理参数。根据式(3-15)和式(3-8)分别得到硅片、钼片和铜片的 Foster 模型,因为 Cauer 网络结构具有级联特性,所以将硅片、钼片和铜片的 Foster 模型变换为 Cauer 模型后进行级联得到整体Cauer 模型,然后在元件间加入接触热阻,最终得到晶闸管瞬态热阻抗等效电路。如图3-14 所示,虚线方框内表示各个材料的 Cauer 模型,其间的 R_6 表示硅片与钼片之间的接触热阻,R_7 表示钼片与铜片之间的接触热阻。

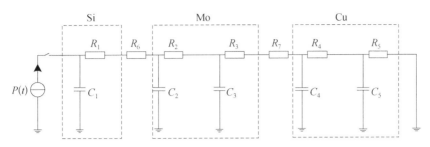

图 3 - 14　晶闸管瞬态热阻抗等效电路

　　分别采用 Cauer 模型和 ANSYS 有限元仿真得到晶闸管瞬态热阻抗曲线,并与晶闸管手册数据进行对比,如图 3 - 15 所示,三者仅存在细微差别,表明建立的晶闸管热传导瞬态热阻抗等效电路的有效性。

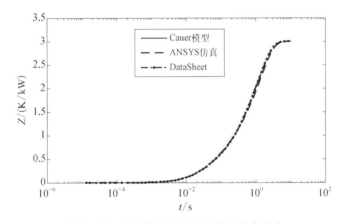

图 3 - 15　晶闸管瞬态热阻抗曲线仿真对比

3) 秒级循环放电开关组件温升

　　基于有限体积法(finite volume method, FVM)建立开关组件瞬态温度场求解模型,可将水冷散热器的热流固耦合过程等效成对流换热系数,同时将大功率半导体器件瞬态功率损耗等效成硅片的瞬态温升等方法,以提高开关组件整体连续发射温升求解效率。式(3 - 17)为考虑热流固耦合的热对流扩散方程,其中,等号左侧表示单位时间吸收热量,等号右侧第一项表示热生成率,等号右侧第二项表示热传导热功率,等号右侧第三项表示流体运输热功率。将开关硅堆模型剖分成多个体积元,将式(3 - 17)在任意体积元域内进行积分,得到包含温度状态量的微分方程组,采用数值计算方法对该微分方程组进行求解,得到任意体积元的瞬态温度响应。

$$\rho c \frac{\partial T}{\partial t} = \dot{q} + \nabla \cdot (k \nabla T) - \nabla \cdot (\rho c v T) \qquad (3 - 17)$$

　　剖分体积元中包含固体体积元和流体体积元,假设在柱坐标系下对模型进行剖分,对于任意剖分体积元 P,其相邻上下、左右及内外相邻体积元分别表示为 T、B、L、R、I、O。图 3 - 16 为剖分体积元示意图,其中,δ 表示尺寸,h 表示等效对流换热系数,v 表示流体速度。

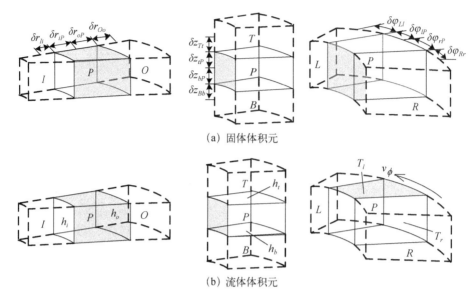

(a) 固体体积元

(b) 流体体积元

图 3 - 16　剖分体积元示意图

将式(3-17)分别在固体体积元和流体体积元域内进行积分,分别得到式(3-18)和式(3-19)所示微分方程,其中,R_{IP}、R_{OP}、R_{BP}、R_{TP}、R_{RP} 和 R_{LP} 表示相邻体积元间等效热阻,C_P 表示等效热容,电流源 I_R 和 I_L 分别表示流入热量和流出热量。

$$\frac{T_O - T_P}{R_{OP}} + \frac{T_I - T_P}{R_{IP}} + \frac{T_L - T_P}{R_{LP}} + \frac{T_R - T_P}{R_{RP}} + \frac{T_T - T_P}{R_{TP}} + \frac{T_B - T_P}{R_{BP}} = C_P \frac{\partial T_P}{\partial t} \quad (3-18)$$

$$\frac{T_O - T_P}{R_{OP}} + \frac{T_I - T_P}{R_{IP}} + \frac{T_T - T_P}{R_{TP}} + \frac{T_B - T_P}{R_{BP}} - I_L + I_R = C_P \frac{\partial T_P}{\partial t} \quad (3-19)$$

式(3-18)和式(3-19)可采用等效电路形式进行更直观描述,如图 3-17 所示,固

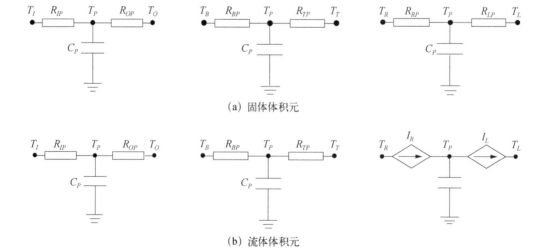

(a) 固体体积元

(b) 流体体积元

图 3 - 17　等效热网络电路

体体积元与相邻六个体积元间采用热阻表征热传输过程,流体体积元不仅与相邻四个固体体积元进行热传输,还与相邻两个流体体积元进行热输送,热输送采用等效电流源表征。

图 3-18 为仿真得到晶闸管和二极管连续 50 次发射结温曲线,可以看出放电瞬间结温迅速升高,经过短暂冷却后温度基本恢复到初始状态。在连续放电过程中,晶闸管结温最大瞬时温升为 55 K,二极管结温最大瞬时温升为 28 K。在连续放电后,晶闸管平均温升为 15 K,二极管平均温升为 10 K。可见脉冲放电瞬间结温较高,运行工况较放电间隔更为严苛,因此当大功率半导体器件运行于循环脉冲放电工况时,需重点关注脉冲放电过程结温特性,循环放电过程平均温升可通过提高水冷散热效率来降低。

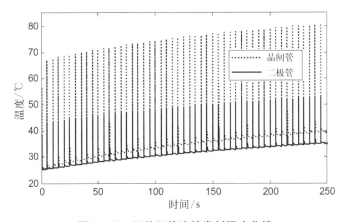

图 3-18　开关组件连续发射温度曲线

4. 脉冲放电反向恢复特性

1) 反向恢复过电压吸收

脉冲功率电源系统时序放电过程中极易造成晶闸管非自然关断,引发反向恢复过程,晶闸管承受反向尖峰电压,极端条件下晶闸管尖峰电压幅值甚至高于数倍工作电压,因此必须考虑晶闸管动态缓冲电路设计。

(1) 反向恢复过程建模

晶闸管在大电流注入条件下,关断过程中基区的过剩载流子不能立即消失,需通过漂移、扩散、复合等方式耗散掉,形成反向恢复电流并维持导通状态,不能立即关断。反向恢复电流及反向恢复时间与晶闸管结温、关断时刻通态电流、关断时刻电流变化率等因素有关。为了分析方便,可以对晶闸管的反向恢复电流建立行为数学模型,目前提出的模型主要有指数函数反向恢复电流模型和双曲正切函数反向恢复电流模型,指数函数反向恢复电流模型表达式为[152]

$$i_r(t) = \begin{cases} t\mathrm{d}i/\mathrm{d}t, & 0 < t < t_a \\ -I_{\mathrm{rr}}\exp\left(-\dfrac{t-t_a}{\tau}\right), & t \geqslant t_a \end{cases} \tag{3-20}$$

$$\tau = \frac{Q_{rr}}{I_{rr}} - \frac{I_{rr}}{2di/dt} \qquad (3-21)$$

双曲正切函数反向恢复电流模型表达式为[152]

$$i_r(t) = \begin{cases} tdi/dt, & 0 \leq t_1 \\[2mm] -I_{rr}\mathrm{sech}\left(\dfrac{t-t'_a}{\tau_a}\right), & t_1 \leq t \leq t'_a \\[2mm] -I_{rr}\mathrm{sech}\left(\dfrac{t-t'_a}{\tau_b}\right), & t \geq t'_a \end{cases} \qquad (3-22)$$

式中,Q_{rr} 为反向恢复电荷;I_{rr} 为反向峰值电流;di/dt 为关断电流变化率;τ、t_1、t_a、τ_a、τ_b、t'_a 分别为曲线拟合参数;Q_{rr} 与晶闸管电流过零时的电流变化率 di/dt 及关断时刻通态电流 I_T 有关,通常可以通过查阅数据手册得到。

指数函数反向恢复电流模型虽然容易从数据手册中提取参数,但是反向恢复电流在峰值处不连续,影响晶闸管反向电压求解精度。而双曲正切函数反向恢复电流模型比指数函数反向恢复电流模型描述反向恢复电流更加准确,但是需要确定 τ_a 和 τ_b 两个时间参数,模型相对复杂。

(2)缓冲电路设计

利用电容电压不能突变的特性,通常在晶闸管两端并联 RC 串联支路以达到抑制过电压的目的。另外,串联晶闸管反向恢复参数存在差异,通过并联 RC 可实现串联晶闸管动态均压,通常情况下串联晶闸管吸收 RC 参数相同,则串联晶闸管电压差 ΔU 可近似表示为

$$\Delta U = \frac{\Delta Q_{rr}}{C_d} \qquad (3-23)$$

式中,C_d 为并联吸收电容值;ΔQ_{rr} 为反向恢复电荷差值。可以看出,若串联晶闸管没有并联吸收电容,自身结电容较小,则反向恢复电荷差异性将造成极高的电压差,甚至造成晶闸管过压击穿,因此通常情况下串联晶闸管均需并联吸收电容。

对于过电压的保护方式,除了利用电容电压不能突变的特性外,还可以利用压敏电阻的非线性伏安特性。用压敏电阻制作的避雷器在电力系统中被广泛应用,但将压敏电阻用于脉冲晶闸管串联保护的情况却很少,这主要原因是现有的 RC 缓冲电路已经能够满足绝大部分的应用场景,但是在高电压、大电流、高电流上升率的应用场合中,仅有 RC 缓冲电路并不能完全保证串联晶闸管能够稳定工作。文献[153]提出了晶闸管旁路并联压敏电阻的方法,以进一步防止晶闸管承受过电压,提高了串联晶闸管工作的安全性和稳定性。

压敏电阻为无极性的非线性元件,其对外加电压十分敏感,对于低电压表现出高阻抗,对于高电压表现出低阻抗。压敏电阻选型主要关注伏安特性曲线和响应时间,压敏电

阻伏安特性关系可近似表示为

$$\lg V = B_1 + B_2 \lg I + B_3 \exp(-\lg I) + B_4 \exp(\lg I) \tag{3-24}$$

式中，B_1、B_2、B_3、B_4 为待定系数，这些待定系数通常可通过数据手册查询，图 3-19 为典型压敏电阻伏安特性曲线。

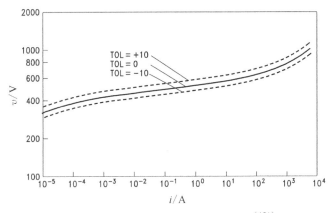

图 3-19　典型压敏电阻伏安特性曲线[154]

　　根据压敏电阻伏安特性曲线，通过评估压敏电阻吸收电流峰值和脉冲宽度查询电压是否满足被保护器件的耐压值。响应时间主要表征压敏电阻吸收尖峰电压脉冲宽度能力，若尖峰过电压变化率较高，压敏电阻可能无法发挥保护作用，目前压敏电阻响应时间可以达到百纳秒级，但仍然需要避免系统中出现高频电流、电压振荡现象。

　　2）反向恢复过电压测试

　　反向恢复测试要求晶闸管在承受通态电流时施加反向电压，采用两个脉冲电源模块并联放电可实现晶闸管千安培级截止电流和千伏级截止电压。图 3-20 为脉冲放电反向恢复测试电路拓扑，被测晶闸管对应模块为通态模块，施加反压模块为截止模块，通过调整两模块放电间隔可调节被测晶闸管截止电流和截止电压。

　　采用双模块进行反向恢复过程测试对放电负载具有一定要求。需采用阻性和感性复合负载，同时满足截止电压和回路 $I^2 t$ 要求。

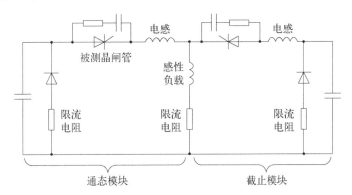

图 3-20　脉冲放电反向恢复测试电路拓扑

通过调整限流电阻安装位置和两模块充电电压,可实现图 3 - 21 所示的四种测试方案,以满足不同截止电流 I_T 和电流下降率 $\mathrm{d}i/\mathrm{d}t$ 的形成。

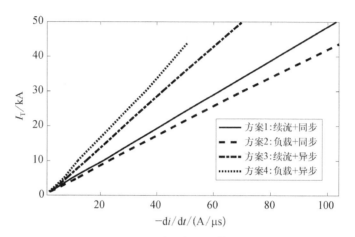

图 3 - 21　四种方案测量范围对比

3.2.2　调波电感器

电磁轨道发射用调波电感器的作用是将脉冲电容器释放的能量进行脉冲宽度调节,以配合发射装置弹丸的运动行程和时间。由于电磁发射过程是将百兆焦级的能量在数毫秒内释放,瞬时功率达数十吉瓦,放电电流达数兆安培,平均到单个脉冲功率电源模块上的放电电流峰值也能达到百千安培量级。正是由于脉冲功率电源工作峰值电流大,调波电感器相比传统电感器,需要承受超高的能量密度和超大的电流密度,放电过程中还会对周围产生脉冲强磁场,严重干扰周围设备和器件的正常工作,造成极大的安全隐患。因此,调波电感器相比传统电感器,需要综合电磁场、应力场、温度场、体积、重量等多方面因素进行多目标优化设计,在满足紧凑化集成需求的同时,确保调波电感器安全可靠运行。

1. 工作机理与主要形式

1) 工作机理

为了实现电磁轨道发射系统通过脉冲功率电源输出电流对发射弹丸初速和射程的精确控制,需要深入研究调波电感器的工作机理,掌握调波电感器对脉冲电流上升时间、峰值、脉冲宽度等物理量的影响规律。

脉冲放电电路可等效为 RLC 电路,已知电路电容 C、电感 L 和电阻 R,假定初始电容两端电压为 U_0,则电路电流为

$$i(t) = \frac{U_0}{\omega L}\mathrm{e}^{-\delta t}\sin(\omega t) \tag{3-25}$$

式中, t 为时间, $\delta = R/(2L)$ 表示电流的衰减情况,角频率表示为

$$\omega = \sqrt{\omega_0^2 - \delta^2} = \sqrt{1/LC - R^2/(4L^2)} \qquad (3-26)$$

根据以上分析,可对脉冲放电过程进行计算,设置仿真参数如表 3-1 所示。

表 3-1　电源模块仿真参数

参数	电容值 C/mF	充电电压 U_0/kV	电感值 $L/\mu\text{H}$	电阻值 $R/\text{m}\Omega$
数值	2	8	40、60、80	50、70、90

保持电容器初始充电电压、电容值及电感值不变,不同电阻值对应的脉冲电流波形如图 3-22(a)所示;保持电容器初始充电电压、电容值及负载不变,不同电感值对应的脉冲电流波形如图 3-22(b)所示。

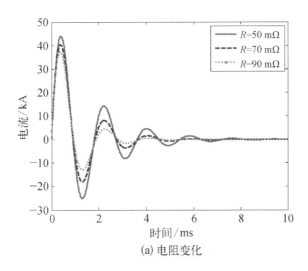

(a) 电阻变化

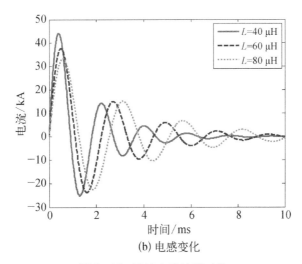

(b) 电感变化

图 3-22　脉冲电流波形对比

从图 3 - 22 中可以看出,电阻越大,脉冲电流峰值越小;电感值越大,脉冲电流峰值越小,脉冲宽度越宽。所以,降低电路电阻和电感有助于提高电路电流峰值,增加脉冲输出功率。脉冲放电电路一般由低电阻导线或同轴线连接电路中的电容、开关和负载,电路电阻不容易降低,因此电感值成为脉冲放电电路设计中调节放电电流的关键参数。

2）主要形式

在脉冲功率工况中,由于通过电感的电流很大,所以线圈内部的磁感应强度很高,如果使用铁心电感,铁心非常容易饱和,电感值线性度差。因此,在脉冲功率电源装置中一般选用空心电感。对于空心电感,按照结构的不同可以分为螺线管式电感器和平面螺旋式电感器。

（1）螺线管式电感器

螺线管式电感器根据绕制形状的不同,又可分为直线螺线管电感器和环形螺线管电感器。

① 直线螺线管电感器。直线螺线管电感器的结构如图 3 - 23(a)所示,该结构电感器的一大优点就是制作工艺简单。华中科技大学研制的脉冲功率电源中使用的电感器就是直线螺线管结构[155],如图 3 - 23(b)所示,电气参数为 10 μH/1 mΩ。

（a）直线螺线管结构示意图　　　（b）直线螺线管电感器实物

图 3 - 23　直线螺线管电感器

ISL 构建了一个 30 MJ 的脉冲功率电源储能系统[156],由 23 个 PFU 构成,每个 PFU 中有 2 台调波电感器,如图 3 - 24 所示,其采用的也是直线螺线管结构,电感值为 63 μH。

图 3 - 24　ISL 研制的脉冲电源

② 环形螺线管电感器。环形螺线管电感器的结构如图 3 - 25(a)所示。俄罗斯 NIIEFA 研究机构与南京理工大学合作研制了 1 MJ 脉冲功率电源系统[151]，该脉冲功率电源系统中调波电感器采用了环形螺线管结构，如图 3 - 25(b)所示。

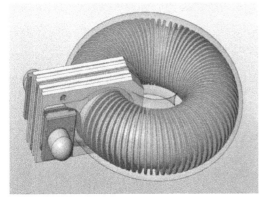 

(a) 环形螺线管结构　　　　　　　　(b) 俄罗斯研制电感器

图 3 - 25　环形螺线管电感器

（2）平面螺旋式电感器

平面螺旋式电感器一般采用铜箔卷绕结构，如图 3 - 26(a)所示。南京理工大学研制的脉冲电源所使用的电感采用铜箔卷绕式结构[158]，如图 3 - 26(b)所示，电感器体积为 160 mm×120 mm×120 mm，重约 7 kg，电感线圈外部填充环氧树脂以提高绝缘性能，两端用环氧绝缘板固定以抵抗电感电动力作用，电感值为 50 μH。

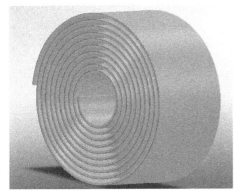 

(a) 铜箔卷绕结构　　　　　　　　(b) 南京理工大学研制的电感器

图 3 - 26　铜箔卷绕结构电感器

韩国电气研究院研制了一套由 8 个 600 kJ 电源模块组成的储能为 4.8 MJ 的脉冲电源系统[159]，每个电源模块又由 6 个 100 kJ 的单元模块组成，每个单元模块使用电感器 1 台，电感值为 31.5 μH，从图 3 - 27 所示单元模块中电感器的输出端引线方式可以看出，该调波电感器采用铜箔卷绕式结构[160]。

研究认为，在相同条件下，一般铜箔卷绕式电感器的储能密度要大于螺线管式电感器

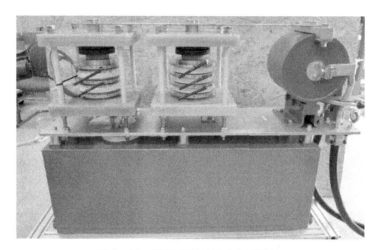

图 3 - 27　韩国研制的脉冲电源模块

的储能密度,体积相比螺线管式电感器也要小得多[155]。面对脉冲电源小型化的应用需求,相比螺线管式电感器结构,铜箔卷绕式电感器更加适合脉冲功率电源系统的集成和应用。因此,下面仅围绕铜箔卷绕式电感器展开进一步讨论。

2. 关键参数计算

调波电感器一般要求自身损耗低、能量密度高、漏磁少、质量轻、体积小。针对以上要求,一般将电感器的体积、重量、漏磁、电阻、温升和电感作为设计的关键参数。在上述关键参数中,由于铜箔卷绕结构电感器电感的解析计算方法与绕线式电感器不同,没有精确的解析计算公式;同时,电阻会随温度不断发生变化,难以准确计算。因此,本节重点针对铜箔卷绕结构电感器电感和电阻的计算方法展开讨论。

1) 电感计算

(1) 解析计算方法

以图 3 - 26(a)所示的铜箔卷绕结构电感器为例,假设 L 为调波电感器的电感,则电感器两端电压 $U = L\mathrm{d}i/\mathrm{d}t$。可通过以下两步将铜箔卷绕结构电感器的计算转换为线式电感器的计算方法。

步骤 1:铜箔卷绕矩形截面电感线圈的自感计算。

为计算铜箔卷绕结构电感器的电感值,可将每层铜箔均匀细分,将铜箔转换为绕线。假设电流在铜箔上均匀分布,每层电流为 I,每一层被分为 N 匝后,每匝电流变为 I/N。这样划分不改变整个磁体的电流分布,空间磁场不变、磁能不变。

$$E = \frac{1}{2}LI^2 = \frac{1}{2}L'(I/N)^2 \tag{3-27}$$

由式(3 - 27)可以得出折算关系:首先求解绕线式电感器的电感值 L',将其除以 N^2 后便可得铜箔卷绕结构电感器的电感值。

$$L = L'/N^2 \tag{3-28}$$

铜箔划分的匝数 N 要合理取值,并不是越大越好。因为 N 越大,计算时间越长,N 太小又不能保证计算精度。如图 3-28 所示,当划分匝数 N 大于 50 时,随着划分匝数的增大,计算精度并没有较大提高,而计算时间仍不断增加。

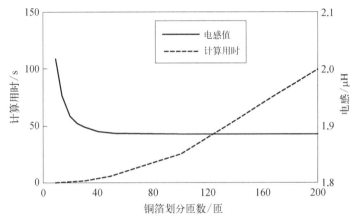

图 3-28 计算结果和耗时与划分匝数的关系[161]

为同时保证计算精度和计算效率,在划分匝数时每匝的高度要远小于线圈内半径,这样就可以保证计算精度。所以当划分匝数 N 满足式(3-29)时即可满足精度和效率要求。

$$N \geqslant 10h/R_i \tag{3-29}$$

式中,h 为铜箔轴向长度;N 为轴向所分计算匝数;R_i 为调波电感器的内半径。

步骤 2:绕线电感线圈自感的计算方法。

绕线电感线圈可看作由诸多同轴圆环线圈组合而成,可等效为圆柱线圈的自感计算方法,如下:

$$L' = 2\pi\mu_0 n_c^2 R_{ci}^5 T(q, p) \tag{3-30}$$

$$T(q, p) = \int_0^\infty U^2(1, p, x)(qx + e^{-qx} - 1)\,\mathrm{d}x \tag{3-31}$$

$$p = \frac{R_{co}}{R_{ci}}, \quad q = \frac{l_c}{R_{ci}}, \quad n_c = \frac{N_c}{(R_{co} - R_{ci})l_c} \tag{3-32}$$

式中,R_{co} 为外半径;R_{ci} 为内半径;l_c 为轴向长度;N_c 为匝数;$T(q, p)$ 函数称为电感线圈的形状函数。给定电感线圈结构参数,利用式(3-30)可计算出电感线圈的自感。

(2)仿真计算方法

电感线圈的每一圈设为一个节点,每个节点之间的支路由电感和匝间电容并联组成,非相邻匝间的电容远小于相邻匝间电容,可忽略不计[162],且不考虑电感器对地电容。电感器的仿真计算等效电路如图 3-29 所示,每一组电感、电阻和电容代表一匝线圈。

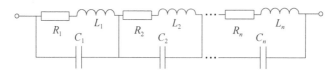

图 3 - 29　电感器的仿真计算等效电路

根据铜箔卷绕式电感器的结构,图 3 - 29 中每个支路的电感为电感线圈解耦后每匝线圈的等效电感。每匝线圈上的电压可由式(3 - 33)表达:

$$
\begin{bmatrix} \Delta U_1 \\ \Delta U_2 \\ \vdots \\ \Delta U_n \end{bmatrix} = \begin{bmatrix} L_{11} & L_{12} & \cdots & L_{1n} \\ L_{21} & L_{22} & \cdots & L_{2n} \\ \vdots & \vdots & & \vdots \\ L_{n1} & L_{n2} & \cdots & L_{nn} \end{bmatrix} \begin{bmatrix} \mathrm{d}i_1/\mathrm{d}t \\ \mathrm{d}i_2/\mathrm{d}t \\ \vdots \\ \mathrm{d}i_n/\mathrm{d}t \end{bmatrix} \tag{3 - 33}
$$

可得电感矩阵为

$$
\boldsymbol{L} = \begin{bmatrix} L_{11} & L_{12} & \cdots & L_{1n} \\ L_{21} & L_{22} & \cdots & L_{2n} \\ \vdots & \vdots & & \vdots \\ L_{n1} & L_{n2} & \cdots & L_{nn} \end{bmatrix} \tag{3 - 34}
$$

式中,ΔU_i 为第 i 匝线圈两端的电压;n 为线圈的匝数;电感矩阵中主对角线上的元素 L_{ii} 表示每匝线圈的自感,非对角线上的元素 $L_{ij}(i \neq j)$ 表示线圈匝间的互感。对于第 i 匝线圈,其两端电压应为

$$
\Delta U_i = L_{i1} \frac{\mathrm{d}i_1}{\mathrm{d}t} + L_{i2} \frac{\mathrm{d}i_2}{\mathrm{d}t} + \cdots + L_{in} \frac{\mathrm{d}i_n}{\mathrm{d}t} \tag{3 - 35}
$$

电感线圈是每匝线圈构成的串联回路,每匝线圈电流是相同的,即有

$$
\frac{\mathrm{d}i_1}{\mathrm{d}t} = \frac{\mathrm{d}i_2}{\mathrm{d}t} = \cdots = \frac{\mathrm{d}i_n}{\mathrm{d}t} = \frac{\mathrm{d}i}{\mathrm{d}t} \tag{3 - 36}
$$

式(3 - 35)可重写为

$$
\Delta U_i = (L_{i1} + L_{i2} + \cdots + L_{in}) \frac{\mathrm{d}i}{\mathrm{d}t} \tag{3 - 37}
$$

在对线圈进行解耦处理时,每匝线圈的等效电感可用式(3 - 38)表示:

$$
L_{ieq} = L_{i1} + L_{i2} + \cdots + L_{in} \tag{3 - 38}
$$

进一步可以得到,线圈对外表现的电感应为每匝线圈对外等效电感的代数和,同时为每匝线圈自感、互感的全部代数和。

$$L_{eq} = L_{1eq} + L_{2eq} + \cdots + L_{neq} \tag{3-39}$$

通过建立电感线圈的几何模型,利用 Maxwell 有限元仿真软件可以精确计算电感线圈的电感矩阵,从而可以求得每匝线圈的等效电感和电感线圈的等效电感。该计算结果可对解析计算结果进行评估,修正电感的计算,提升电感器电感值的设计精度。

2）电阻计算

电阻的大小决定了电感器损耗的大小,是电感器设计的关键参数。但是,电阻的精确计算非常困难,因为电阻会随着温度的变化而变化。因此,对电感器温度评估是电阻精确计算的前提。以平面铜箔卷绕结构电感器为例,假设绕制该电感器线圈的导体为纯铜,由热平衡公式可得

$$J^2 \rho(T)\,dt = \sigma(T)\,dT \tag{3-40}$$

式中,T 为铜的温度;$\sigma(T)$ 为单位体积铜的热容量;$\rho(T)$ 为铜的电阻率,二者都与导线所处的温度紧密相关,数学表达式如下:

$$\sigma(T) = \rho_{cu}(834 - 4\,007y + 4\,066y^2 - 1\,463y^3 + 1\,797y^4) \tag{3-41}$$

式中,$y = \lg T$。

$$\rho(T) = -3.41 \times 10^{-9} + 7.2 \times 10^{-11} T \tag{3-42}$$

变换后积分可得

$$\int_0^t J^2(t)\,dt = \int_{T_0}^T \frac{\sigma}{\rho}(T)\,dT = F(T)\Big|_{T_0}^T \tag{3-43}$$

式中,$F(T)$ 为铜导体热容特性和电阻特性随温度变化的积分关系式,该式的详细表达式比较复杂,可以采用拟合的方式先得到 $\sigma(T)/\rho(T)$ 的简易近似表达式:

$$\frac{\sigma(T)}{\rho(T)} = 8.67 \times 10^{14} e^{-\frac{T}{129.5}} + 5.15 \times 10^{15} e^{-\frac{T}{25.26}} + 1.03 \times 10^{14} \tag{3-44}$$

然后对温度 T 进行积分即可得到 $F(T)$ 的表达式:

$$F(T)\Big|_{T_0}^T = \int_{T_0}^T \frac{\sigma}{\rho}(T)\,dT = (1.03 \times 10^{14} T - 1.123 \times 10^{17} e^{-0.007\,7T} - 1.303 \times 10^{17} e^{-0.039\,6T})\Big|_{T_0}^T \tag{3-45}$$

设定初始温度并计算得到 $F(T_0)$,进一步可以计算得到 $F(T)$ 关于 T 的表达式,而 F 可以通过数值积分得到,反过来可以得到

$$T = F^{-1}\left(\int_0^t J^2\,dt\right) = F^{-1}(x) \tag{3-46}$$

式中,$x = \int_0^t J^2(t)\,dt$,经拟合可以得到 $T - x$ 关系式:

$$T = 68.350\,8\mathrm{e}^{\frac{x}{5.520\,4\times10^{16}}} + 8.585 \tag{3-47}$$

得到铜导体的温度之后即可得到该温度下铜导体的电阻：

$$R = \rho(T)\frac{l}{s} \tag{3-48}$$

式中，l 为铜箔的总长度；s 为铜箔的截面面积。将新得到的电阻代入电路方程又可得到下一步的电流和电流密度等参数。通过往复迭代，最终可以计算得到铜箔线圈电阻随温度的变化规律。

3. 优化设计方法

脉冲电感的焦耳热效应会使导线发热升温，当温度超过电感器绝缘材料的温度极限时，电感就会发生绝缘损坏而烧毁。因此，在设计电感器时，希望电感器的温升应尽可能小。对于铜箔卷绕式电感器，一般在电感器高度较小时，在放电过程中周围会产生很高峰值的脉冲磁场，若对外电磁辐射太大，则会干扰周围电子器件的正常工作。因此，在设计电感器时，也希望电感器的漏磁应尽可能小。同时，设计的电感器体积也应尽可能小，以满足电感器小型化的设计需求。综上可知，电感器的设计并非简单的单目标优化问题，而是一个工程当中更加多见的多目标优化问题。

1）多目标优化模型

由于温升、磁场、体积这三个优化目标的量纲和变化范围都不一样，需要进行归一化处理以便更好地对三个优化目标进行评价[163]。建立电感器多目标优化设计数学模型如下：

$$\begin{cases}
\min\quad f_1(i) = \dfrac{\Delta T(i) - \Delta T_{\min}}{\Delta T_{\max} - \Delta T_{\min}}, & i = 1, 2, \cdots, n \\[3mm]
\min\quad f_2(i) = \dfrac{B(i) - B_{\min}}{B_{\max} - B_{\min}}, & i = 1, 2, \cdots, n \\[3mm]
\min\quad f_3(i) = \dfrac{V(i) - V_{\min}}{V_{\max} - V_{\min}}, & i = 1, 2, \cdots, n
\end{cases} \tag{3-49}$$

$$\mathrm{s.t.}\quad L_0 - \varepsilon \leqslant L \leqslant L_0 + \varepsilon$$

式中，$\Delta T(i)$、$B(i)$、$V(i)$ 分别为第 i 个设计方案电感器的温升、线圈端部中心磁感应强度和体积；$\Delta T_{\max}$ 和 $\Delta T_{\min}$ 分别为调波电感器温升的最大、最小值；$B_{\max}$ 和 $B_{\min}$ 分别为电感器线圈端部磁感应强度的最大、最小值；$V_{\max}$ 和 $V_{\min}$ 分别为调波电感器体积的最大、最小值；$f_1(i)$、$f_2(i)$ 和 $f_3(i)$ 分别为第 i 个设计方案的温升、线圈端部中心磁感应强度和体积经过归一化后无量纲标幺值，三者均以最小化为目标且都大于 0 小于 1；L 为电感计算值；L_0 为电感设计值；ε 为电感设计误差。对 $f_1(i)$、$f_2(i)$ 和 $f_3(i)$ 进行加权求和，得到电感器的综合优化目标函数：

$$f(i) = k_1 f_1(i) + k_2 f_2(i) + k_3 f_3(i) \tag{3-50}$$

式中，k_1、k_2 和 k_3 分别为 $f_1(i)$、$f_2(i)$ 和 $f_3(i)$ 的权重系数，且 k_1，k_2，$k_3 \in (0,1)$。根据实际情况和设计偏好，可以给温升、漏磁、体积设定不同的权重系数，可相应得到不同的优化结果。

2）多目标优化求解

多目标优化问题（multi-objective optimization problem，MOP）的本质在于大多数情况下各目标是相互冲突的，某个目标的改善可能引起其他目标性能的降低，同时使得多个目标均达到最优是不可能的，只能在各目标间进行协调权衡和折中处理，使所有目标函数尽可能达到最优，类似于单目标优化问题的最优解在 MOP 中是不存在的，最优解不再是在给定约束条件下使所有目标函数最小的解，而是 Pareto 最优解[164,165]。为了后续描述方便，给出如下几个概念的定义：

（1）Pareto 支配：解 x^0 支配 x^1，记作 $x^0 > x^1$，当且仅当

$$f_i(x^0) \leqslant f_i(x^1), \quad i = 1, 2, \cdots, m$$

$$f_i(x^0) < f_i(x^1), \quad \exists i \in \{1, 2, \cdots, m\}$$

（2）Pareto 最优解：如果解 x^0 是 Pareto 最优的，当且仅当

$$\neg \exists x^1 : x^1 > x^0$$

（3）Pareto 最优解集：所有 Pareto 最优解的集合 P_S，为

$$P_S = \{x^0 \mid \neg \exists x^1 > x^0\}$$

（4）Pareto 前端：Pareto 最优解集对应的目标函数值所形成的区域 P_F，为

$$P_F = \{f(x) = [f_1(x), f_2(x), \cdots, f_m(x)] \mid x \in P_S\}$$

因此，MOP 的 Pareto 最优解其实是一个可接受的非劣解或者非受支配解，一般情况下，大多数 MOP 的 Pareto 最优解的个数很多，而 MOP 的最优解集就是包含所有这些 Pareto 最优解的一个集合。对于实际问题，必须根据对问题的了解程度，从大量的 Pareto 最优解中选择一部分来使用。

进化多目标优化（evolutionary multi-objective optimization，EMO）算法是解决 MOP 的一类重要算法，和单目标进化算法不同，EMO 算法必须提供一组数量尽可能大的 Pareto 最优解，要求这组解逼近问题的全局 Pareto 前端，并且尽可能均匀地分布在整个全局 Pareto 前端。大多数 EMO 算法的设计都是围绕如何有效地实现上述三个目的进行的。

由印度学者 Deb 等[166]提出的非劣排序遗传算法（non-dominated sorting genetic algorithm II，NSGA-II）是 EMO 算法中非常流行的 MOP 求解方法。该算法首先对种群 P 进行遗传操作，得到新种群；然后将两个种群合并，进行非劣排列和拥挤距离排序，形成新的种群

P_{t+1},反复进行直到结束。该算法计算效率高、计算结果优秀,因此电感器设计过程中的 MOP 求解最终选择 NSGA - II,具体计算过程描述如下:

(1) 参数初始化,包括种群个体数 N、最大遗传代数 t_{max}、交叉概率 ρ_c 和变异概率 ρ_m;

(2) 随机产生一个具有 N 个个体的初始种群 P_0,然后根据每一个目标函数的值对种群进行非劣排序;

(3) 对初始种群执行二元锦标赛选择、交叉和变异,得到新的种群 Q_0,令代数 $t=0$;

(4) 形成新的种群 $R_t = P_t \cup Q_t$,对种群 R_t 进行非劣排序,其中种群 R_t 的个体数为 $2N$;

(5) 对得到的非劣排列前端按照拥挤比较操作进行排序,挑选其中最好的 N 个个体形成种群 P_{t+1};

(6) 对种群 P_{t+1} 执行选择、交叉和变异操作,形成种群 Q_{t+1};

(7) 如果种群代数大于或者等于最大的遗传代数 t_{max},则终止迭代;否则,更新种群代数 $t=t+1$,转到步骤(4)。

关于非劣排列、拥挤距离和拥挤距离排序等的具体计算公式可参考文献[166]。

4. 循环工况特性分析

由于电流热效应及涡流效应产生的热量是温度场的激励源,温度变化产生的热应力与电磁场所造成的电磁力是应力场的激励源,温度变化导致的材料性质的变化又使得电磁场产生变化,应力场产生的形变也影响着电磁场的分布。因此,对调波电感器的循环工况特性进行分析,需要对调波电感器的电磁场、温度场、应力场之间的耦合进行分析。

1) 电磁-温度耦合分析

在强磁场的作用下,电磁热效应及涡流损耗使得电感器产热量较大,在电感器部分区域使用环氧树脂对电感器进行灌封,使得其散热能力进一步减弱,导致电感器内部出现明显的温升。对于铜箔卷绕式电感器,电流在每层铜箔上分布不均匀,加之电流的趋肤效应,使得其产生的温升在三维空间上分布不均匀,制约了调波电感器性能的提升。这就需要使用 ANSYS 多物理场耦合分析功能,利用载荷传递物理场耦合方法求解铜箔卷绕式电感器的电磁场与温度场的耦合结果。

电磁场分析与温度场分析同时进行,需要将每步的电磁场和温度场的分析结果写入相应的物理环境文件中,在下一步分析中,使用 LDREAD 命令读取上一步的分析结果并将其作为载荷使用,最终得到电磁场与温度场的耦合分析结果。

由于温升在大电流条件下会比较明显,且材料电阻率与温度相关,所以在仿真的材料设置中将铜箔材料的电阻率设置为非常数,铜电阻随温度变化的公式为 $R_2 = R_1(T + t_2)/(T + t_1)$,其中,$T$ 为电阻温度常数,t_1 为绕组温度,t_2 为换算温度,R_1 为测量电阻,R_2 为换算电阻。铜箔卷绕式电感器由铜箔紧密绕制而成,铜箔匝间绕有绝缘材料,其结构参数组成如表 3 - 2 所示[169]。

表 3-2 铜箔卷绕式电感器结构参数

结构参数	内径 r/mm	匝数 n/匝	高度 h/mm	铜箔厚度 a/mm	绝缘厚度 b/mm
数值	70	15	150	2	0.2

电感器材料部分物理属性如表 3-3 所示。

表 3-3 电感器材料部分物理属性

材料	电导率/ (S/m)	热导率/ [W/(m·K)]	比热容/ [J/(kg·K)]	弹性模量/ GPa	泊松比
铜	$58.1×10^6$	388	385	200	0.28
绝缘	$1×10^{-15}$	0.1	807	173	0.3

由于铜箔式电感器结构对称,为简化分析建立其 1/4 模型,在铜箔侧截面处设置对称边界条件。施加的脉冲电流波形如图 3-30(a)所示,连续发射过程中,每次充电间均有 10 s 进行冷却。

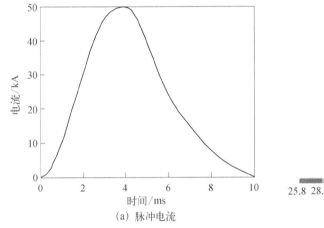

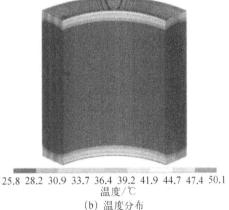

(a) 脉冲电流

(b) 温度分布

图 3-30 10 ms 内环面温度分布

铜箔温度上升主要是由电流的焦耳热造成的,故通电结束,即 10 ms 时刻温度最高,此时刻电感器温度分布如图 3-30(b)所示。

在采用自然风冷时,对电感器进行连续发射仿真,30 次连续发射时电感器最高温度随时间变化曲线如图 3-31(a)所示。进一步对外环面使用水冷的情况进行温升分析,在外环面处设置换热系数为 1 500 W/(m²·K),内环面处仍使用自然风冷,换热系数设置为 10 W/(m²·K),其温升变化情况如图 3-31(b)所示。

由上述仿真结果可知,30 次连续发射结束后电感器铜箔最高温度为 72℃,与采用自然风冷相比下降 42 K,说明水冷的作用是非常明显的,满足其 30 次连续发射的工作要求。

2) 电磁-温度-应力耦合分析

前面已经进行了电磁-温度的耦合分析,得出了在不同时刻的电磁场分布情况。电感器温度在连续发射工况下不断上升,导致铜箔的电阻率分布也变得不均匀,铜箔内电流分

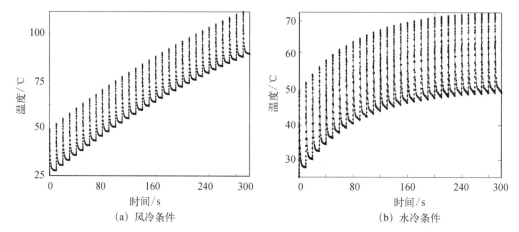

(a) 风冷条件　　　　　　　　　　　　(b) 水冷条件

图 3-31　30 连续发射电感器最高温度曲线

布将产生变化,进而磁场会产生轻微变化。铜箔的温度越高其电阻越大,使得铜箔在顶底两端的电流集中带(高温区域)的电流随通电时长的增加逐渐减小,铜箔电阻改变带来的电流的改变在一定程度上可以减弱集肤效应产生的电流不均匀现象。然而,经仿真对比发现其对电流大小的改变不足 1%,并且电流的分布趋势不发生改变,对磁场的影响也极小。由此可以得到,电感器所产生的磁场与铜箔受到的电磁应力分布随着电感器连续发射温度的升高带来的变化,可以忽略。因此,对电感器的应力分析,单发工况即具有代表性。下面对电感器在单发工况下的应力进行分析。

卷绕铜箔热应力的大小主要与温升有关,当固定方式保持不变时,温度越高铜箔所受的热应力越大。故通电结束,即 10 ms 时刻温度最高,此时热应力最大。选取此时刻对电感器的热应力进行分析,结果如图 3-32(a)所示。可以看出,电感器铜箔热应力分布与温度场分布相似,铜箔顶底两端显著高于其他区域。进一步对电感器所受到的热应力的最大值随时间变化情况进行分析,电感器 3 连续发射过程中铜箔所受热应力最大值随时间变化如图 3-32(b)所示,所受热应力的最大值为 9.6 MPa。

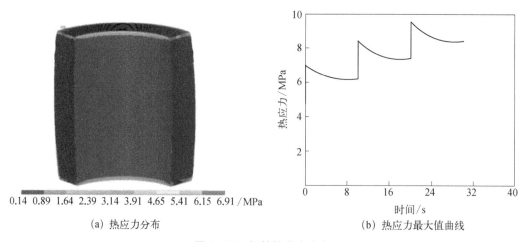

0.14　0.89　1.64　2.39　3.14　3.91　4.65　5.41　6.15　6.91 /MPa

(a) 热应力分布　　　　　　　　　　　　(b) 热应力最大值曲线

图 3-32　铜箔热应力分布

在电感器单发过程中,铜箔所受总应力最大值在电流峰值时刻 4 ms,其应力分布如图 3 - 33(a)所示,应变分布如图 3 - 33(b)所示。

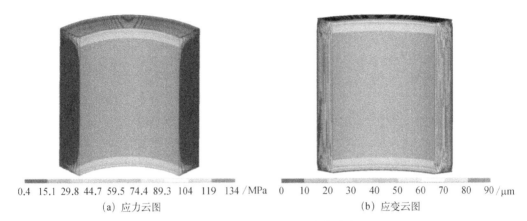

(a) 应力云图　　　　　　　　　(b) 应变云图

图 3 - 33　4 ms 时刻应力、应变分布

由图 3 - 33(a)可知,应力最大值为 134 MPa,低于材料屈服强度,满足应用要求。通过对比电感器铜箔所受热应力,可以看出热应力的最大值与所受总应力相比小 1~2 个数量级,且热应力较大的区域面积很小,故在考虑电感器结构设计时常常将热应力忽略,可以大大降低计算量。由图 3 - 33(b)可知,电感器铜箔应变最大值为 0.09 mm,位于中间层铜箔顶端面附近,同样满足应用要求。

3.2.3　脉冲成形网络

脉冲成形网络(pulse forming network, PFN)的主要功能是对初级电能进行压缩,调节输出脉冲波形向负载传输能量。电磁轨道发射电容型 PFN 主要包括高储能脉冲电容器、高功率晶闸管和续流二极管、大功率电感器和高精度控制系统。单个电源模块储能规模和放电功率有限,因此大规模脉冲功率储能系统通常采用多个脉冲成形单元(pulse forming unit, PFU)并联构成 PFN。

根据 PFN 中晶闸管所处位置,可分为 I 型 PFN 和 II 型 PFN[170]。假设 I 型 PFN 的晶闸管在负载支路,II 型 PFN 的晶闸管在脉冲电容支路。图 3 - 34 为两型 PFN 的电路拓扑,其中,

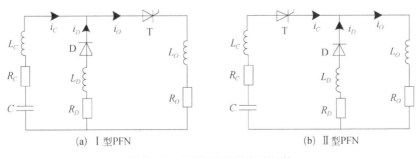

(a) I 型PFN　　　　　　　　　(b) II 型PFN

图 3 - 34　两型 PFN 的电路拓扑

脉冲电容器 C 为储能单元;晶闸管 T 为放电开关;D 为续流二极管;L_C 和 R_C 分别表示电容支路杂散电感和电阻(包括电容和母排的杂散电感和电阻);L_O 和 R_O 分别表示负载电感和电阻(包括电感器、同轴电缆和负载的电感和电阻);L_D 和 R_D 分别表示续流支路杂散电感和电阻,主要是续流硅堆的杂散电感和电阻。两型 PFN 拓扑均包含三条支路电流,分别为电容支路电流 i_C、续流电流 i_D 和负载支路电流 i_O。

1. Ⅰ型脉冲成形网络

Ⅰ型 PFN 电路拓扑,晶闸管放置在负载支路,晶闸管触发导通后储能电容开始向负载放电。Ⅰ型 PFN 放电过程可分为两个阶段:第一阶段,脉冲电容对负载放电,续流支路截止;第二阶段,续流支路开始导通。

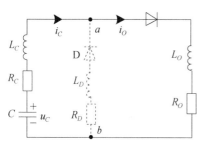

图 3 - 35　Ⅰ型 PFN 放电第一阶段

1) 第一阶段

Ⅰ型 PFN 放电第一阶段等效电路见图 3 - 35,晶闸管在触发开通后仅具有单向导通性,因此采用二极管等效。第一阶段续流支路电压 $u_{ab} \geqslant 0$,续流二极管 D 截止,$i_D = 0$,$i_C = i_O$,该放电阶段负载支路电流变换情况描述如下:

脉冲电容支路与负载支路构成 RLC 串联二阶电路,令 $R_1 = R_C + R_O$,$L_1 = L_C + L_O$。在图 3 - 35 所规定的电压电流的正方向下,按基尔霍夫电压定律(Kirchhoff's Voltage Law, KVL),可得下列方程:

$$- u_C + u_R + u_L = 0 \tag{3-51}$$

式中,电流 $i = i_C = i_L = - C \dfrac{\mathrm{d}u_C}{\mathrm{d}t}$,电压 $u_R = R_1 i = - R_1 C \dfrac{\mathrm{d}u_C}{\mathrm{d}t}$,$u_L = L_1 \dfrac{\mathrm{d}i}{\mathrm{d}t} = - L_1 C \dfrac{\mathrm{d}^2 u_C}{\mathrm{d}t^2}$。

将 u_R、u_L 代入式(3 - 51),得

$$L_1 C \frac{\mathrm{d}^2 u_C}{\mathrm{d}t^2} + R_1 C \frac{\mathrm{d}u_C}{\mathrm{d}t} + u_C = 0 \tag{3-52}$$

求解二阶线性齐次微分方程,电容 C 初始电压为 U_0,求得电容 C 上的电压 u_C 和电流 i 分别为

$$u_C(t) = \frac{U_0}{p_2 - p_1}(p_2 \mathrm{e}^{p_1 t} - p_1 \mathrm{e}^{p_2 t}) \tag{3-53}$$

$$i(t) = - \frac{U_0}{L_1(p_2 - p_1)}(\mathrm{e}^{p_1 t} - \mathrm{e}^{p_2 t}) \tag{3-54}$$

$$p_{1,2} = - \frac{R_1}{2L_1} \pm \sqrt{\left(\frac{R_1}{2L_1}\right)^2 - \frac{1}{L_1 C}} \tag{3-55}$$

式（3－55）为式（3－52）特征方程的特征根，通常放电回路中电阻值极小，电路工作在欠阻尼状态，即满足 $R_1 < 2\sqrt{L_1/C}$，此时特征根 p_1 和 p_2 是一对共轭复数，令

$$\sigma_1 = \frac{R_1}{2L_1},\ \omega_1^2 = \frac{1}{L_1 C} - \left(\frac{R_1}{2L_1}\right)^2 \tag{3－56}$$

则

$$p_1 = -\sigma_1 + j\omega_1,\ p_2 = -\sigma_1 - j\omega_1 \tag{3－57}$$

把 p_1 和 p_2 代入式（3－53）中，得电容电压 $u_C(t)$ 为

$$u_C(t) = \frac{U_0}{\omega_1}\mathrm{e}^{-\sigma_1 t}[\sigma_1 \sin(\omega_1 t) + \omega_1 \cos(\omega_1 t)] \tag{3－58}$$

把 p_1 和 p_2 代入式（3－54）中，得放电回路中电流 $i(t)$ 为

$$i(t) = \frac{U_0}{\omega_1 L_1}\mathrm{e}^{-\sigma_1 t}\sin(\omega_1 t) \tag{3－59}$$

在第一阶段，电容电压随时间逐渐减小，续流硅堆支路电压 u_{ab} 逐渐逼近 0，当续流支路电压 u_{ab} 降至 0 时，续流支路开始导通，放电过程将由第一阶段转入第二阶段，下面推导进入第二阶段的时刻。

续流支路电压 u_{ab} 可表示为

$$u_{ab}(t) = i(t)R_O + L_O\frac{\mathrm{d}i(t)}{\mathrm{d}t} \tag{3－60}$$

将式（3－59）代入式（3－60）得

$$u_{ab}(t) = \frac{U_0}{\omega_1 L_1}\mathrm{e}^{-\sigma t_1}[(R_O - \sigma_1 L_O)\sin(\omega_1 t_1) + \omega_1 L_O\cos(\omega_1 t_1)] \tag{3－61}$$

令 $u_{ab}(t_1) = 0$，可求解续流支路开始导通时刻为

$$t_1 = \frac{1}{\omega_1}\arctan\left(-\frac{\omega_1}{R_O/L_O - \sigma_1}\right) \tag{3－62}$$

为更加深入地理解放电过程中电流和电压变换过程，下面推导第一放电阶段中电流到达峰值的时刻和电容电压降至 0 的时刻。电流到达峰值的时刻，即电流变化率为 0，对放电电流进行求导得

$$\frac{\mathrm{d}i(t)}{\mathrm{d}t} = -\sigma_1\frac{U_0}{\omega_1 L_1}\mathrm{e}^{-\sigma_1 t}\sin(\omega_1 t) + \frac{U_0}{L_1}\mathrm{e}^{-\sigma_1 t}\cos(\omega_1 t) \tag{3－63}$$

令 $\mathrm{d}i(t)/\mathrm{d}t = 0$，可求解电流到达峰值的时刻为

$$t'_1 = \frac{1}{\omega_1}\arctan\left(\frac{\omega_1}{\sigma_1}\right) \tag{3-64}$$

令 $u_C(t) = 0$，可求解电容电压降至 0 的时刻为

$$t''_1 = \frac{1}{\omega_1}\arctan\left(-\frac{\omega_1}{\sigma_1}\right) = \frac{\pi}{\omega_1} - \frac{1}{\omega_1}\arctan\left(\frac{\omega_1}{\sigma_1}\right) \tag{3-65}$$

$$t'_1 - t''_1 = \frac{2}{\omega_1}\left(\arctan\left(\frac{\omega_1}{\sigma_1}\right) - \frac{\pi}{2}\right) \tag{3-66}$$

当满足 $R_1 \ll 2\sqrt{L_1/C_1}$ 时，可推导 ω_1/σ_1 趋向于正无穷大，则 $t'_1 \approx t''_1$，即电流到达峰值的时刻电容电压降至 0。当不满足 $R_1 \ll 2\sqrt{L_1/C_1}$ 时，t''_1 滞后于 t'_1。

分析续流导通时刻与电容电压降至 0 时刻差异，电容支路杂散参数 L_C 和 R_C 往往较小，而负载回路中包含电感器、同轴电缆和发射负载，则 L_O 相对 L_C 较大，R_O 相对 R_C 较大，因此可假设 $L_C \ll L_O$ 及 $R_C \ll R_O$，则

$$\sigma_1 = \frac{R_C + R_O}{2(L_C + L_O)} \approx \frac{R_O}{2L_O}, \quad \frac{R_O}{L_O} - \sigma_1 \approx \frac{R_O}{L_O} - \frac{R_O}{2L_O} \approx \sigma_1 \tag{3-67}$$

因此 $t_1 \approx t''_1$，则可认为续流支路开始导通时，电容电压同时也降为 0。

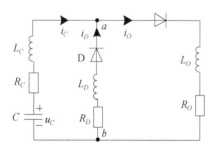

图 3-36 I 型 PFN 放电第二阶段

2）第二阶段

I 型 PFN 放电第二阶段等效电路见图 3-36，从 t_1 时刻开始，续流硅堆支路电压 $u_{ab} \geqslant 0$，续流二极管 D 开始导通，且满足 $i_O = i_C + i_D$。为简化公式表示的复杂度，设定第二阶段起始时刻为 0，电容和负载支路电流初始值均为 I_0，电流变化率初始值均为 I'_0，则 $I_0 = i(t_1)$，$I'_0 = i'(t_1)$，该阶段负载支路电流变换情况描述如下。

首先，分析电容和负载构成的放电回路，在图 3-36 所规定的电压、电流的正方向下，按 KVL，可得下列方程：

$$-u_C + u_R + u_L = 0 \tag{3-68}$$

式中，由于 $u_C(t_1) \approx 0$，所以 $u_C = -\frac{1}{C}\int_{t_1}^{t} i_C(t)\,\mathrm{d}t$，$u_R = R_C i_C + R_O i_O$，$u_L = L_C\frac{\mathrm{d}i_C}{\mathrm{d}t} + L_O\frac{\mathrm{d}i_O}{\mathrm{d}t}$，将 u_C、u_R 和 u_L 代入式（3-68）后，两边求微分得

$$L_C\frac{\mathrm{d}^2 i_C}{\mathrm{d}t^2} + R_C\frac{\mathrm{d}i_C}{\mathrm{d}t} + \frac{i_C}{C} + L_O\frac{\mathrm{d}^2 i_O}{\mathrm{d}t^2} + R_O\frac{\mathrm{d}i_O}{\mathrm{d}t} = 0 \tag{3-69}$$

　　然后,分析由续流和负载构成的放电回路,在图 3 - 36 所规定的电压、电流的正方向下,按 KVL,可得下列方程:

$$u_R + u_L = 0 \tag{3-70}$$

式中, $u_R = R_D i_D + R_O i_O$, $u_L = L_D \dfrac{\mathrm{d}i_D}{\mathrm{d}t} + L_O \dfrac{\mathrm{d}i_O}{\mathrm{d}t}$,将 u_R 、 u_L 代入式(3 - 70)得

$$R_D i_D + L_D \frac{\mathrm{d}i_D}{\mathrm{d}t} + R_O i_O + L_O \frac{\mathrm{d}i_O}{\mathrm{d}t} = 0 \tag{3-71}$$

　　由于满足 $i_D = i_O - i_C$,将其代入式(3 - 71),消去变量 i_D 整理后得

$$(L_D + L_O)\frac{\mathrm{d}i_O}{\mathrm{d}t} + (R_D + R_O)i_O = L_D \frac{\mathrm{d}i_C}{\mathrm{d}t} + R_D i_C \tag{3-72}$$

通常情况下满足 $L_D \ll L_O$ 、 $R_D \ll R_O$,式(3 - 72)整理可得

$$L_O \frac{\mathrm{d}i_O}{\mathrm{d}t} + R_O i_O = L_D \frac{\mathrm{d}i_C}{\mathrm{d}t} + R_D i_C \tag{3-73}$$

式(3 - 73)两边取微分得

$$L_O \frac{\mathrm{d}^2 i_O}{\mathrm{d}t} + R_O \frac{\mathrm{d}i_O}{\mathrm{d}t} = L_D \frac{\mathrm{d}^2 i_C}{\mathrm{d}t} + R_D \frac{\mathrm{d}i_C}{\mathrm{d}t} \tag{3-74}$$

　　将式(3 - 74)代入式(3 - 69)整理后得

$$\frac{\mathrm{d}^2 i_C}{\mathrm{d}t} + \frac{R_C + R_D}{L_C + L_D}\frac{\mathrm{d}i_C}{\mathrm{d}t} + \frac{1}{L_C + L_D}\frac{i_C}{C} = 0 \tag{3-75}$$

　　令 $R_2 = R_C + R_D$ 、 $L_2 = L_C + L_D$,通常电容-续流回路参数满足 $R_2 < 2\sqrt{L_2/C}$,令

$$\sigma_2 = \frac{R_2}{2L_2},\ \omega_2^2 = \frac{1}{L_2 C} - \left(\frac{R_2}{2L_2}\right)^2 \tag{3-76}$$

方程(3 - 75)通解表示为

$$i_C(t) = \mathrm{e}^{-\sigma_2 t}\left[c_1 \cos(\omega_2 t) + c_2 \sin(\omega_2 t)\right] \tag{3-77}$$

根据已知初始条件 $i_C(0) = I_0$, $i'_C(0) = I'_0$ 求解式(3 - 77)系数为

$$c_1 = I_0,\ c_2 = \frac{I'_0 + I_0 \sigma_2}{\omega_2} \tag{3-78}$$

最终得到方程(3 - 75)特解,表示为

$$i_C(t) = \mathrm{e}^{-\sigma_2 t}\left[I_0\cos(\omega_2 t) + \frac{I_0' + I_0\sigma_2}{\omega_2}\sin(\omega_2 t)\right] \tag{3-79}$$

式(3-72)整理后得

$$\frac{\mathrm{d}i_O}{\mathrm{d}t} = -\frac{R_D + R_O}{L_D + L_O}i_O + \frac{L_D}{L_D + L_O}\frac{\mathrm{d}i_C}{\mathrm{d}t} + \frac{R_D}{L_D + L_O}i_C \tag{3-80}$$

同样依据条件 $L_D \ll L_O$、$R_D \ll R_O$，式(3-80)整理后得

$$\frac{\mathrm{d}i_O}{\mathrm{d}t} = -\frac{R_O}{L_O}i_O + \frac{R_D}{L_D}i_C = \frac{R_O}{L_O}\left(\frac{R_D}{R_O}i_C - i_O\right) = \frac{R_O}{L_O}i_O \tag{3-81}$$

得负载支路电流为

$$i_O(t) = I_0\mathrm{e}^{-\frac{R_O}{L_O}t} \tag{3-82}$$

续流支路电流为 $i_D(t) = i_O(t) - i_C(t)$。

2. Ⅱ型脉冲成形网络

Ⅱ型 PFN 电路拓扑中晶闸管放置在电容支路。Ⅱ型 PFN 放电过程可分为三个阶段：第一阶段脉冲电容对负载放电，续流支路截止；第二阶段续流支路开始导通，同时电容开始反向充电；电容反压达到峰值后，由于电容支路晶闸管阻断，电容反压无法释放，电容支路电流为 0，进入第三阶段，仅续流支路继续导通。

1）第一阶段

等效电路见图 3-37，晶闸管放置在电容支路，触发导通后可等效成二极管。Ⅱ型 PFN 与Ⅰ型 PFN 第一放电阶段相同，当 $u_{ab}(t_1) = 0$、$u_C(t_1) = 0$ 时，进入第二放电阶段，即续流支路开始导通，电容开始反向充电。

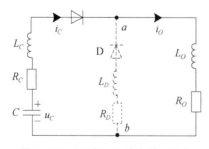

图 3-37 Ⅱ型 PFN 放电第一阶段

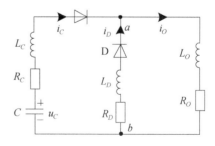

图 3-38 Ⅱ型 PFN 放电第二阶段

2）第二阶段

等效电路见图 3-38，Ⅱ型 PFN 与Ⅰ型 PFN 进入第二阶段时刻相同且放电拓扑相同，进入第二阶段后电容开始反向充电，当电容支路电流 i_C 降至 0 时，电容反压达到峰值。

令电容支路电流 $i_C(t_2) = 0$，得

$$\mathrm{e}^{-\sigma_2 t_2}\left[I_0\cos(\omega_2 t_2) + \frac{I_0' + I_0\sigma_2}{\omega_2}\sin(\omega_2 t_2)\right] = 0 \tag{3-83}$$

电容反压达到峰值时刻为

$$t_2 = \frac{1}{\omega_2}\arctan\left(-\frac{I_0\omega_2}{I_0' + I_0\sigma_2}\right) \tag{3-84}$$

电容反压峰值为 $u_C(t_2) = \dfrac{1}{C}\displaystyle\int_0^{t_2} i_C(t)\,\mathrm{d}t$，将第二阶段 $i_C(t)$ 代入整理后得

$$u_C(t_2) = \frac{I_0}{C}\int_0^{t_2}\mathrm{e}^{-\sigma_2 t}\cos(\omega_2 t)\,\mathrm{d}t + \frac{I_0' + I_0\sigma_2}{C\omega_2}\int_0^{t_2}\mathrm{e}^{-\sigma_2 t}\sin(\omega_2 t)\,\mathrm{d}t \tag{3-85}$$

$$\int\mathrm{e}^{-ax}\cos(bx)\,\mathrm{d}x = \frac{\mathrm{e}^{-ax}\left[b\sin(bx) - a\cos(bx)\right]}{a^2 + b^2} \tag{3-86}$$

$$\int\mathrm{e}^{-ax}\sin(bx)\,\mathrm{d}x = \frac{\mathrm{e}^{-ax}\left[-b\cos(bx) - a\sin(bx)\right]}{a^2 + b^2} \tag{3-87}$$

根据积分公式 (3-86) 和式 (3-87)，求解得到电容反压峰值为

$$u_C(t_2) = \frac{I_0(\omega_2^2 - \sigma_2^2)\sin(\omega_2 t) - (2I_0\sigma_2 + I_0')\omega_2\cos(\omega_2 t) - I_0'\sigma_2\sin(\omega_2 t)}{C\omega_2(\sigma_2^2 + \omega_2^2)}\mathrm{e}^{-\sigma_2 t}\Bigg|_0^{t_2}$$
$$\tag{3-88}$$

在电容支路电流降至 0 后，由于晶闸管双向阻断作用，电容器反压无法释放，同时也无法再次反向充电，因此，电容支路电流后续将保持为 0，电路进入第三阶段放电过程。

3）第三阶段

等效电路见图 3-39，第三阶段主要是回路电感能量释放过程，续流支路与负载支路构成 RL 串联一阶电路。同样，为简化公式表示复杂度，设定第三阶段初始时刻为 0，回路初始电流 $I_0 = i_O(t_2)$。

对于图 3-39 所示的 RL 串联一阶电路，解为

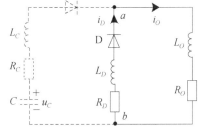

图 3-39　Ⅱ型 PFN 放电第三阶段

$$i_O(t) = I_0\mathrm{e}^{-\frac{R_D + R_O}{L_D + L_O}t} \tag{3-89}$$

最终，电路电感能量释放完毕后，由于晶闸管具有双向阻断特性，电容反压仍将无法释放。

3. 浪涌振荡电流产生与抑制

对于 Ⅰ型 PFN，进入第二阶段后，电容、续流和负载支路电流将持续到放电结束。根

据式(3-76)可知,I型PFN振荡电流特性与电容支路和续流支路参数密切相关,当满足 $R_2 < 2\sqrt{L_2/C}$ 时,电路处于欠阻尼状态,电容和续流支路电流出现振荡,振荡电流将造成续流二极管电流峰值、电流上升率、电流平方时间积分等的增加,若不加以抑制,则可能造成续流二极管热击穿。为了抑制电容和续流二极管构成的回路产生振荡,可通过调节电路参数使该回路处于临界阻尼状态或过阻尼状态,因此需满足 $R_2 \geqslant 2\sqrt{L_2/C}$ 。考虑到储能电容值 C 在储能规模确定后不能再进行调节,因此采用以下两种方法可达到消除振荡的目的。

1) 减小回路的寄生电感

寄生电感包括脉冲电容器、续流硅堆和线路连接线的电感,因此需要选择分布电感较小的电容器和续流二极管。二极管通常为标准化产品,寄生参数优化空间较小。脉冲电容器内部采用铜排连接实现电容芯子的串并联,通常为定制化产品,其寄生参数具有优化空间。减小线路寄生电感的做法主要是尽可能地缩短连接铜排,最直接的做法是把续流硅堆直接并在脉冲电容器两端,从而减小回路的寄生电感。然而,寄生电感在回路中是必然存在的,因此无法完全消除浪涌电流,只能通过优化布局结构减小回路的寄生电感,从而削弱回路中电流振荡现象。

2) 增加回路的电阻

回路的电阻包括脉冲电容内阻、续流硅堆内阻及线路内阻。增加回路的电阻主要有两种途径:一是在电容支路增加电阻;二是在续流硅堆支路增加电阻。在电容支路增加电阻,将降低PFN输出脉冲功率电流的峰值,并将降低储能系统瞬时输出功率,影响系统发射性能。在续流硅堆支路增加电阻,对放电电流峰值影响较小,但电流脉宽将变窄。

图3-40显示续流硅堆支路电阻调整前后电流波形,可以看出,在基本不改变负载脉冲电流输出峰值的前提下,增加续流支路电阻可消除脉冲电容和续流支路上的电流振荡现象。由于PFN中各器件寄生参数存在变化,为了防止回路从过阻尼状态(电流

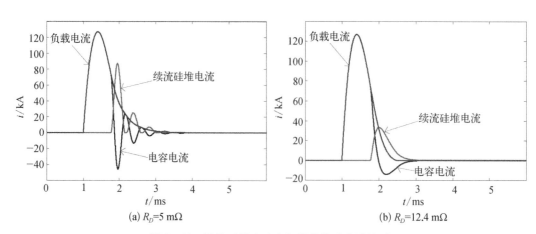

(a) R_D=5 mΩ   (b) R_D=12.4 mΩ

图3-40   续流硅堆支路电阻调整前后电流波形

非振荡状态)向欠阻尼状态(电流振荡状态)过渡,续流硅堆支路电阻值应保证一定冗余量。

然而,无论采取何种方式增加电阻,均会造成系统损耗增加,降低系统效率。因此,针对 I 型 PFN,可评估振荡电流下的电流峰值、电流上升率、电流平方时间积等参数是否满足器件额定值,若器件设计余量较大,则可忽略振荡电流影响。

4. 脉冲电容反向充电和释放

分析发现,不管是 I 型 PFN 还是 II 型 PFN,在放电第二阶段,电容均存在反向充电现象。I 型 PFN 可以在电容反向充电后进行释放,并在电容支路产生振荡,而 II 型 PFN 在电容反向充电达到峰值后,由于晶闸管的阻断作用,电容反压无法释放。公式(3-88)定量计算了电容反压峰值大小,但很难定性分析电容反压峰值的影响因素,可采用拉普拉斯变换方法在 s 域求解电容电压象函数 $U_C(s)$ 用于定性分析电容反压峰值影响因素。放电第二阶段开始时刻为 t_1,续流支路开始导通,电容支路和负载支路电流初始值为 $i_C(t_1) = i_O(t_1) = I_0$,根据拉普拉斯变换原理,电感等效成感抗和电压源,电容等效成容抗和电流源,由于 $u_C(t_1) = 0$,变换后的拓扑包含两个独立的电压源,不含电流源,可根据叠加定理分别求解各独立电压源作用下的各支路电流和电压,最后进行求和。图 3-41 为两个独立电压源作用下的电路拓扑[169]。

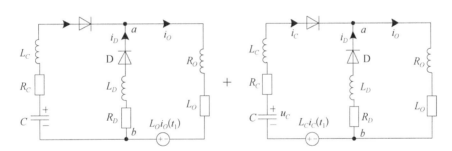

图 3-41　独立电压源作用下的电路拓扑

采用叠加原理,可求解得到电容电压象函数为

$$U_C(s) = \frac{(R_D + sL_D)L_O}{(L_D + L_C)Cs^2 + (R_D + R_C)Cs + 1}\frac{I_0}{Z_1(s)} + \frac{L_C I_0}{(L_O + L_C)Cs^2 + (R_O + R_C)Cs + 1}$$

$$(3-90)$$

式中, $Z_1(s) = R_O + sL_O + (R_D + sL_D) /\!/ (R_C + 1/(sC) + sL_C)$。

根据式(3-90)可知,电容反压由两部分组成:一部分是由负载支路存储有能量的电感等效电压源 $L_O i_O(t_1)$ 作用下在电容上引起的反向电压;另一部分是由电容支路存储有能量的电容漏感等效电压源 $L_C i_C(t_1)$ 作用下在电容上引起的反向电压。可以看出,续流支路电抗 $R_D + sL_D$ 和电容支路等效电感 L_C 越小,电容反向电压越小,因此可通过调节回路参数抑制电容器反向充电,图 3-42 为电容反向电压随 R_D 和 L_C 变化曲线。

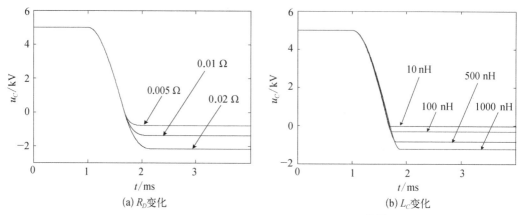

(a) R_D变化　　　　　　　　　　　　(b) L_C变化

图 3 - 42　电容反向电压随 R_D 和 L_C 变化曲线[169]

5. 两型 PFN 对比

1）通态电流损耗分析

Ⅰ型 PFN 晶闸管放置在负载支路,Ⅱ型 PFN 晶闸管放置在电容支路,图 3 - 43 显示电路参数相同情况下两型 PFN 放电电流对比,可以看出负载电流峰值和脉宽差异较小。另外,由于Ⅰ型 PFN 晶闸管导通时间贯穿整个放电过程,同时续流二极管电流出现振荡,因此Ⅰ型 PFN 器件的电流平方积分值均较Ⅱ型 PFN 高,对器件容量水平要求更高,Ⅱ型 PFN 最大优势是对器件容量水平要求相对偏低。

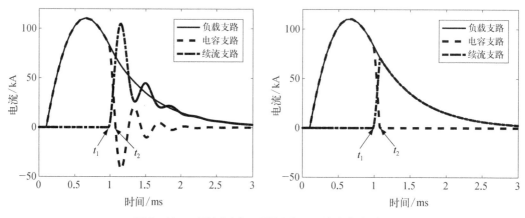

图 3 - 43　Ⅰ型（左）和Ⅱ型（右）PFN 放电电流对比

2）浪涌尖峰电压分析

Ⅱ型 PFN 续流硅堆通过电感器直接与负载连接,因此续流硅堆运行工况与负载特性强相关。文献[170]分析了续流硅堆在电热化学炮发射过程失效的原因：在时序放电过程中,感性负载容易引起负载电压极性发生翻转,造成续流二极管正向偏置导通,而主回路晶闸管导通将使得处于正向偏置的续流硅堆突然被施加反向电压,由于电容和续流支路电感较小,当电容电压较高时,极易引起续流硅堆反向恢复过电压击穿。图 3 - 44 为基于Ⅱ型 PFN 的并联放电拓扑结构,若放电时序设计不合理,则极有可能造成

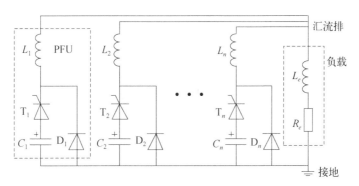

图 3–44　基于Ⅱ型 PFN 的并联放电拓扑结构

上述击穿现象。

图 3–45 为基于Ⅱ型 PFN 的线圈发射装置,虽然各级发射线圈和储能电源在空间上相互独立,但线圈间存在磁场耦合,先放电的线圈极易在相邻线圈感应出电压,造成相邻电源续流硅堆正向偏置导通,此时触发导通相邻电源晶闸管有可能造成续流硅堆反向过电压击穿。因此,Ⅱ型 PFN 不宜用于以感性阻抗为主导的发射负载。

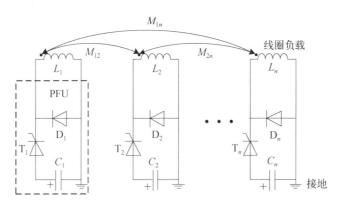

图 3–45　基于Ⅱ型 PFN 的线圈发射装置

对于Ⅰ型 PFN,续流硅堆与大容量脉冲电容并联,因此其承受浪涌尖峰电压的可能性极低。此外,晶闸管与调波电感或负载电感串联,可以降低晶闸管关断 di/dt,进而降低反向恢复电流和电荷。通过设计缓冲电路可降低反向恢复造成的尖峰电压,有效防止晶闸管反向过电压击穿。

3.3　脉冲能量传输技术

在脉冲功率技术的应用中,为了产生预期脉冲波形,需要将多个单元进行组合排布构成脉冲成形电路。脉冲能量传输技术用于实现各单元之间及单元到负载之间的能量传输。根据所产生波形的形状可将脉冲能量传输技术分为两类:一类是脉冲成形网络

PFN,用于产生上升沿大于 100 ns、波形宽度大于 500 ns 的长脉冲;一类是脉冲成形线 PFL (pulse forming line),具有分布参数特性,主要用于产生上升时间小于 10 ns、脉冲宽度小于 100 ns 的短脉冲。

3.3.1 脉冲传输成形线

PFL 技术在 20 世纪 60 年代首次应用于高压脉冲功率领域,成为很多脉冲功率系统的重要组成部分,在系统中主要起次级储能和脉冲压缩整形的作用[171]。PFL 的拓扑结构决定了其性能特点,设计完成后输出特性固定且体积庞大,很难对脉宽进行修改调节,因而使用场景往往有固定的特殊用途。相比之下,PFN 采用集中参数元件,输出特性便于调节,但受限于器件耐压能力,不适用于特高压领域[172]。

PFL 具有电压高、脉冲短、上升时间短的特点,可视为理想的方波发生器,非常适用于高能量、高频率、时间敏感的应用领域,其已广泛应用在脉冲 X 射线照相机、核爆模拟、高功率微波、惯性约束聚变研究、Z -箍缩、强脉冲中子源及粒子束等技术领域。

1. 结构与分类

按照空间结构进行分类,目前应用的主要有平板型传输线和同轴型传输线,还包括二者的多种衍生形式,如平行线、径向成形线、螺旋同轴线等。图 3 – 46 为平板型传输线和同轴型传输线的电场与磁场分布特性。

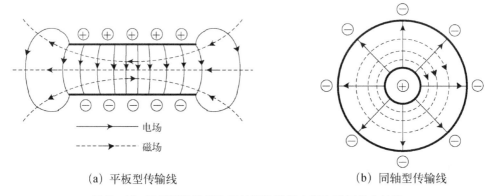

(a) 平板型传输线　　　　　　　　　　(b) 同轴型传输线

图 3 - 46　平板型传输线和同轴型传输线电场和磁场分布特性

PFL 传输线阴极和阳极间的电场起到电容储能作用,空间的磁场起到电感调波作用。从图 3 – 46(a)可以看出,平板两端存在边缘效应,边缘处电磁场分布不均匀,容易对输出脉冲造成影响,但平行板结构紧凑,兼容性好,易于实现模块化和固态化。图 3 – 46(b)显示同轴型传输线内部电磁场分布均匀,可大大减小边缘效应带来的不利影响,同时其空间构型较适合制成真空传输线。

为起到耐高压和电场储能的作用,通常 PFL 内部需要灌注储能介质。传统的储能介质为去离子水或甘油等液态介质,液态介质的运用被广泛认为是脉冲功率技术的重大突破,其优势在于技术成熟、门槛低,但相对介电常数较小,储能密度低,不利于小体积产生中长脉宽。油性液态介质必须避免夹带气泡和水分等杂质,对灌注技术有较高要求[173]。

固体储能介质可以有高介电常数或高耐压值,是 PFL 目前的发展趋势,平板型传输线与高储能密度复合材料结合可实现脉冲功率系统的固态化,充分发挥平板型传输线的结构优势。目前,具备应用前景的有绝缘薄膜和储能陶瓷,绝缘薄膜主要有聚酯薄膜或 Kapton 薄膜,储能陶瓷主要有钛酸锶钡陶瓷、聚合物复合陶瓷、玻璃陶瓷,高储能密度陶瓷材料技术水平的提高使得更多领域中的 PFL 有望摆脱液态绝缘介质[174]。

2. 单传输线

利用传输线形成、变换和传输脉冲最早源于无线电和通信技术。在脉冲功率系统中,PFL 输入端接升压充电器件,输出端接整流汇流装置和负载,输入端通常使用脉冲变压器、Marx 发生器或 Tesla 变压器进行高压充电[175]。目前,PFL 主要有单传输线和 Blumlein传输线两种工作方式,图 3 - 47 为最典型的同轴型单传输线工作原理。

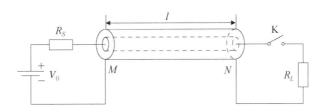

图 3 - 47　同轴型单传输线工作原理

图 3 - 47 中 M、N 间为同轴型单传输线,M 端为充电端,N 端为负载端,充电电压为 V_0。开关 K 在 $t=0$ 时刻闭合,图 3 - 48 为同轴型单传输线上的波过程。

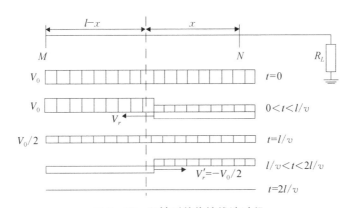

图 3 - 48　同轴型单传输线波过程

假设负载匹配且线路无损耗的情况,可在负载端得到幅值为 $V_0/2$ 的电压脉冲,脉宽与传输线长度相关。同轴型单传输线结构简单,设计与实现难度低,但对输入电压要求高,元件承压较大。

3. Blumlein 线

20世纪40年代，Blumlein基于传输线的波反射原理，首次提出了双同轴脉冲成形线技术，该技术形式称为Blumlein线，这对后续PFL的发展产生了极大的影响，图3-49为其基本工作电路。

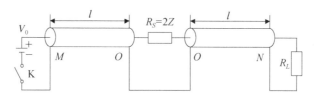

图 3-49　Blumlein 线基本工作电路

Blumlein线由两组特征阻抗和电长度均相等的单传输线构成，在不考虑线路损耗的情况下可在匹配负载上得到和输入电压相同幅值的脉冲，显著降低了输入端装置承压。Blumlein线可将输出端置于结构中心，降低系统绝缘难度，有利于脉冲功率系统的小型化设计，至今仍是应用最为广泛的PFL工作方式。

在PFL使用过程中，为进一步实现高压输出，往往在单传输线或Blumlein线的基础上进行级联使用。级联结构将电压增益、储能和脉冲成形集于一身，核心思想是将多个单体PFL输入端并联以较低电压进行充电，将输出端串联以实现电压倍增放电。大功率脉冲功率系统中多使用平板型或平行线型PFL进行级联，由于存在边缘效应而影响输出脉冲。级联PFL也可使用同轴型传输线来解决边缘效应，但受到级间寄生参数的影响而造成级数受限，同轴电缆较高的阻抗也使其只能输出相对较低的能量。图3-50为级联同轴型传输线原理示意图。

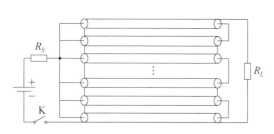

图 3-50　级联同轴型传输线原理电路示意图

3.3.2　大功率同轴电缆

电磁轨道发射脉冲能量传输线缆通流高达数百千安培，同轴型电缆相比平行型双导线作为脉冲功率能量传输介质具有磁场泄露强度低、电磁力结构稳定性强、安装维护方便等优势，因此广泛应用于大功率脉冲放电应用场合。电磁轨道发射PFN采用大容量脉冲电容器和调波电感器实现波形调节，同轴电缆寄生电容电感参数相对较小，因此其在电磁轨道发射系统中主要起到能量传输作用。由于使用数量庞大、脉冲放电电流幅值和循环放电频次高，所以同轴电缆的结构强度、温升及阻抗特性将影响系统运行稳定性和系统放电特性。

1. 电磁力分析和结构设计

如图3-51所示，同轴电缆由内导体、绝缘层、外导体及外护套构成。理想情况下，外导体导线沿圆周方向均匀分布,内导体横截面为圆形,电缆内部磁感应强度方向沿切线方向。因此,电缆的内、外导体层均受到电磁力作用,且内导体层受到沿半径向心的压力,外导体层受到沿半径向外的压力,而外绝缘层和外护套在一定程度上可约束外导体发生移位。

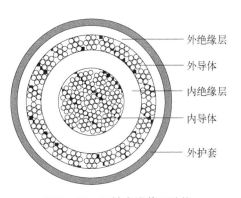

图 3-51 同轴电缆截面结构

同轴电缆内外导体通常采用绞合导线构成,且仅受到绝缘层在径向上的约束力,在圆周方向绞合导体间没有约束力,当电缆转角时,极易造成绞合导体沿圆周方向分布不均匀,造成绞合导体不仅受到径向力,还受到切向力。在切向力作用下,绞合导体发生移位,造成绞合导体分布更加不均匀,又进一步增加切向力,这种连锁反应最终将完全破坏绞合导体最初的顺序排布状态。因此,绞合导体在强电磁力作用下极易发生堆积、拉伸、扭曲等变形情况,造成绝缘层受力面积逐渐集中,当外绝缘层受力超出其承受能力时将发生破裂。图 3-52 显

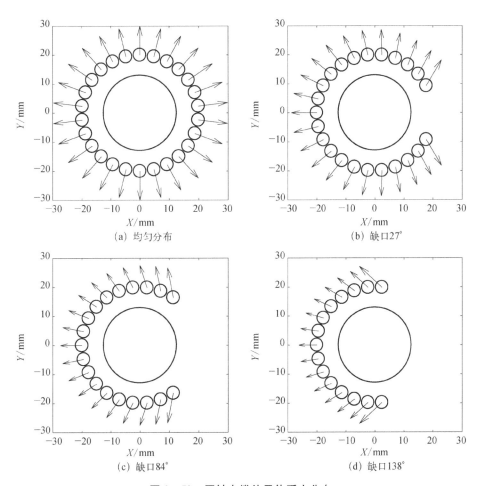

图 3-52 同轴电缆外导体受力分布

示绞合导体分布不均匀时的受力情况,可以发现导体堆积越明显,缺口处导体受力越大。

绞合结构电缆外导体圆铜导线仅按顺序排列,铜导线间的限位能力不强,容易因外力作用出现偏移,进而导致工作时出现电磁场分布不均匀的情况,铜导线易在强电磁力作用下发生滑移和变形,这是此类电缆的结构弱点[176]。为提高铜导线间的限位能力,外导体可由2层以上的编织结构构成,编织结构可约束铜导线在径向和切向发生移位,结构稳定性较高,图3-53为两种导体结构对比。

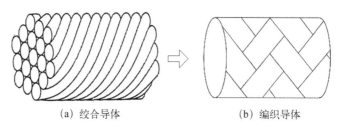

(a) 绞合导体　　　　　　　(b) 编织导体

图3-53　两种导体结构对比

2. 连续温升特性与冷却

同轴电缆在连续脉冲大电流冲击下温度不断升高,高温运行工况下的绝缘层老化速度加快,寿命大幅降低。同轴电缆温度场可采用有限元软件进行计算,有限元方法计算精度高,但是建模烦琐且计算时间长,对于短时重复载荷下的暂态温升问题求解效率较低。热网络法计算温度场效率较高,采用等效温升等效参数可提高脉冲载荷温度场求解效率,通过增加模型剖分密度可提高求解精度[177]。

1) 电缆导体等效参数计算

同轴电缆导体采用铜导线绞合而成,内部不可避免地存在空气间隙,因此需要对导体热容、热导率及密度参数进行等效。为简化分析,将内、外导体等效成热物性参数各向同性的单一材料,基于导体热容相等的原则,绞合导体等效体积比热容 c_{ve} 计算表达式为

$$c_{ve} = \frac{V_1 c_{v1} + V_2 c_{v2}}{V_1 + V_2} \qquad (3-91)$$

基于导体热阻相等的原则,绞合导体等效热导率 λ_e 计算表达式为

$$\lambda_e = \frac{V_1 \lambda_1 + V_2 \lambda_2}{V_1 + V_2} \qquad (3-92)$$

式中,ρ_1、c_1、λ_1、c_{v1} 和 ρ_2、c_2、λ_2、c_{v2} 分别表示空气和纯铜的密度、质量比热容、热导率、体积比热容,且满足 $c_{v1} = \rho_1 c_1$、$c_{v2} = \rho_2 c_2$;V_1、V_2 分别表示单位长度导体中空气和纯铜实际占有体积,V 表示单位长度导体轮廓体积,可按照导体轮廓尺寸计算 V,V_2 可根据导体实测质量并按纯铜密度推算,则 $V_1 = V - V_2$。

2) 热网络法建模

同轴电缆为径向对称结构,且轴向尺寸相比径向尺寸较大,因此可认为同轴电缆仅沿

径向存在温度梯度。为提高温度场求解精度,沿径向对电缆各结构层进行剖分,由于导体的热导率相对较大,导体截面温度梯度可忽略,所以仅对绝缘层截面进行剖分,图 3 – 54 为同轴电缆截面剖分示意图。

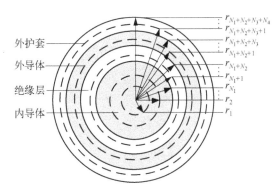

图 3 – 54　同轴电缆截面剖分示意图

其中,剖分单元总数 $N = N_1 + N_2 + N_3 + N_4$, N_1、N_2、N_3、N_4 分别表示内导体、绝缘层、外导体及外护套径向单元总数,令 λ_n、c_{vn}、ρ_n、T_n 分别表示单元 n 的热导率、体积比热容、密度及温度,r_{n-1} 和 r_n 表示单元 n 的内半径和外半径。其中,$n = 1, 2, \cdots, N$。

对于单元 $n = 1$,仅与外侧单元进行热交换,对于单元 $n = N$,其外表面设置成对流换热边界条件,根据能量守恒,得到任意单元热微分方程:

$$\begin{cases} C_1 \dfrac{\mathrm{d}T_1}{\mathrm{d}t} = \dfrac{T_2 - T_1}{R_1}, & n = 1 \\[3mm] C_n \dfrac{\partial T_n}{\partial t} = \dfrac{T_{n-1} - T_n}{R_{n-1}} - \dfrac{T_n - T_{n+1}}{R_n}, & n = 2, 3, \cdots, N-1 \\[3mm] C_N \dfrac{\mathrm{d}T_{N-1}}{\mathrm{d}t} = \dfrac{T_{N-1} - T_N}{R_{N-1}} - \dfrac{T_N - T_0}{R_N}, & n = N \end{cases} \quad (3-93)$$

式中,

$$\begin{cases} R_1 = \dfrac{\lambda_2 r_1 + \lambda_1(r_2 - r_1)}{4\lambda_2 \lambda_1 r_1}, & n = 1 \\[3mm] R_n = \dfrac{\lambda_{n+1}(r_n - r_{n-1}) + \lambda_n(r_{n+1} - r_n)}{4\lambda_{n+1}\lambda_n r_n}, & n = 2, 3, \cdots, N-1 \\[3mm] R_N = \dfrac{r_N - r_{N-1}}{4\lambda_N r_N} + \dfrac{1}{2r_N h_0}, & n = N \end{cases} \quad (3-94)$$

$$\begin{cases} C_1 = \pi c_{v1} r_1^2, & n = 1 \\[2mm] C_n = c_{vn}(r_n^2 - r_{n-1}^2), & n = 2, 3, \cdots, N \end{cases} \quad (3-95)$$

式中,R_{n-1} 为单元 $n-1$ 与单元 n 之间的热阻;R_n 为单元 n 与单元 $n+1$ 之间的热阻;R_N 为单元 N 与外界空气对流换热热阻;C_n 为单元 n 的热容;T_0 为环境温度;h_0 为外界对流换热系数。

3) 循环脉冲放电温升试验

仿真和试验分析同轴电缆在连续放电及冷却过程中的温度变化趋势,冷却工况分为自然冷却和强风冷却。图 3 – 55 为同轴电缆温度变化趋势,试验结果显示,同轴电缆在连续 25 次脉冲大电流冲击过程中,内、外导体及外护套表面温度不断升高,内导体最高温升分别为 29.4 K 和 29.3 K,外导体最高温升分别为 19.1 K 和 18.8 K,电缆外护套表面最高温升均出现在放电结束后,分别为 14.9 K 和 6.1 K。另外,两种冷却工况下电缆在小周期循环连续放电过程中温升相差较小,但在随后的大周期循环间隔冷却过程中,强风冷却效果明显,可见长时间强风冷却可有效降低电缆整体温度,进而减少大循环放电周期。

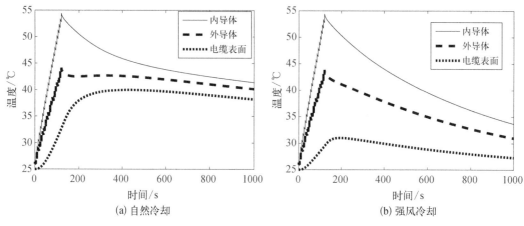

图 3-55　同轴电缆温度变化趋势

3. 瞬态阻抗特性

对于大规模储能系统,同轴电缆数量庞大,电缆阻抗在系统中占有较大比例。另外,同轴电缆导体截面尺寸较大,电缆导体在脉冲放电工况会产生趋肤效应,阻抗参数将发生瞬变[178]。研究同轴电缆等效阻抗在脉冲放电工况下的瞬变现象,可实现全系统阻抗分布的精确描述并提高系统建模仿真精度。

1) 建模方法

部分元等效电路(PEEC)法将导体划分为多个单元,每个单元用部分电阻和部分电感表示,单元之间的耦合用互感表示,最后将各单元等效电路连接后构成导体的等效电路模型。同轴电缆截面为圆形及圆环结构,因此主要讨论圆形及圆环截面的部分自感、互感及电阻的计算方法。

同轴电缆内、外导体由数千根细铜丝绞合而成,采用填充系数 f 表示导体有效导电截面积与导体轮廓截面积之比,根据测量得到的同轴电缆导体单位长度直流电阻 R_d、绞合铜丝电导率 σ 及导体轮廓截面积 S_o,可计算得到导体填充系数:

$$f = \frac{1}{\sigma R_d S_o} \tag{3-96}$$

同轴电缆导体轮廓为同轴圆形及圆环截面,因此可假设同轴电缆导体内部及外部磁场强度仅存在周向 φ 分量 $H_\varphi(r)$,且 $\partial H_\varphi(r)/\partial \varphi = 0$,按照文献[179]的方法推导圆形及圆环导体自感及互感公式时,可忽略导体填充系数 f 的影响,直接按照轮廓相同的纯导体来计算自感和互感。

自感及互感的计算需对导体截面进行积分,求解过程较复杂,采用几何平均距离方法求解单元部分自感及互感。假设导体的长度为 l,则单元部分自感 L_p 及部分互感 M_p 表示为[179]

$$L_p \text{、} M_p \approx \frac{\mu_0}{2\pi}l\left(\ln\frac{2l}{D} - 1\right) \tag{3-97}$$

式中,μ_0 为真空磁导率;D 为导体自身或导体间的几何平均距离,采用式(3-97)求解电感时需满足 $l \geqslant D$,且导体单元截面电流分布均匀。圆形截面导体几何平均距离表示为[179]

$$\ln D = \ln r - \frac{1}{4} \tag{3-98}$$

式中,r 为圆半径。圆环截面导体几何平均距离表示为[180,181]

$$\ln D = \ln p - \frac{q^4}{(p^2-q^2)^2}\ln\frac{p}{q} + \frac{1}{4}\frac{3q^2-p^2}{p^2-q^2} \tag{3-99}$$

位于圆环内部任意截面与圆环之间的几何平均距离可表示为

$$\ln D = \frac{p^2\ln p - q^2\ln q}{p^2-q^2} - \frac{1}{2} \tag{3-100}$$

对于填充系数为 f 的圆环导体,其等效直流电阻 R 表示为

$$R = \frac{l}{\sigma S_e} = \frac{l}{\sigma f\pi(p^2-q^2)} \tag{3-101}$$

式中,S_e 为导体有效导电截面积;σ 为绞合铜丝电导率;p 为圆环外半径;q 为圆环内半径。图 3-56 为基于 PEEC 法等效电路模型,其中,左半部分为内导体等效电路,右半部分为外导体等效电路。单元自感和电阻表示为 L_i 和 R_i,单元间互感表示为 $M_{i,j}$,电感采用式(3-97)计算,电阻采用式(3-101)计算,矩阵 $\boldsymbol{M}_{MN}$ 表示内、外导体单元间互感。

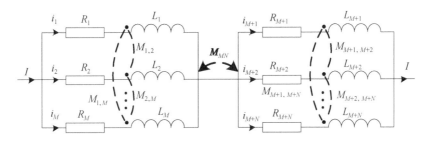

图 3-56　基于 PEEC 法等效电路模型

2）瞬态等效参数计算

根据图 3-56 所示的等效电路模型,在时域下求解同轴电缆内、外导体各单元支路电压得

$$V(t) = LI'(t) + RI(t) \tag{3-102}$$

电流 $I(t)$ 可通过试验方法获取，$I'(t)$ 为电流对时间的微分，对微分方程组(3-102)进行零状态响应求解，获得各支路瞬态电流分布。已知电阻矩阵 $\boldsymbol{R}$、电感矩阵 $\boldsymbol{L}$、各支路电流 $\boldsymbol{I}$ 及总电流 I，从功率损耗和电感储能角度可分别求解等效电阻 $R_e = E/I^2$ 和等效电感 $L_e = 2W/I^2$，功率损耗和电感储能分别为

$$E = \sum_{i=1}^{P} i_i^2 R_i = \boldsymbol{I}^{\mathrm{T}} \boldsymbol{R} \boldsymbol{I} \tag{3-103}$$

$$W = \frac{1}{2} \sum_{j=1}^{P} \sum_{i=1}^{P} i_i i_j M_{i,j} = \frac{1}{2} \boldsymbol{I}^{\mathrm{T}} \boldsymbol{L} \boldsymbol{I} \tag{3-104}$$

式中，当 $i = j$ 时，$M_{i,j} = L_i$，$P = M + N$。

图 3-57(a)为实测脉冲电流及 $\mathrm{d}i/\mathrm{d}t$，可以看出起始段 $\mathrm{d}i/\mathrm{d}t$ 较大，最后趋于零。图 3-57(b)为导体截面电流密度分布，且标识出由内到外单元编号，可以看出导体截面电流密度在瞬态电流工况下分布不均匀，在电流起始段 $\mathrm{d}i/\mathrm{d}t$ 较大，邻近及趋肤效应明显，导体截面电流密度分布差异较大，随着 $\mathrm{d}i/\mathrm{d}t$ 减小，电流密度分布趋于均匀。图 3-57(c)为

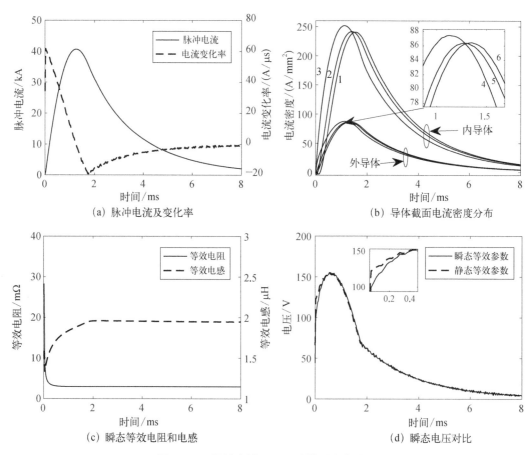

图 3-57   同轴电缆 PEEC 法模型仿真结果

计算得到瞬态等效电阻和电感,可以看出在起始段,邻近及趋肤效应明显,造成等效电阻偏大及等效电感偏小,随后邻近及趋肤效应减小,电流密度趋于均匀,可等效成直流工况,等效电阻及电感趋于稳定值,分别为 2.97 mΩ 和 1.94 μH,等效单位长度电阻和电感分别为 0.288 mΩ/m 和 0.188 μH/m。图 3-57(d)显示按照瞬态和直流等效参数计算得到的瞬态电压对比,可以看出差异主要集中在 0~0.5 ms 时间段,随后波形渐渐吻合,可推断邻近及趋肤效应对同轴电缆的伏安特性的影响主要集中在放电起始段。

3)宽频带参数化建模

PEEC 法等效电路模型较为复杂,且无法进行参数化建模,频域矢量匹配法(FD-VF)可有效、准确地对频域响应曲线进行有理函数逼近,并转换成等效电路模型[182-188]。有理函数 $Y(s)$ 采用部分分式形式表示为

$$Y(s) = \sum_{k=1}^{K} \frac{r_k}{s - p_k} \tag{3-105}$$

式中,r_k、p_k 分别为零点和极点;$s = j\omega$,ω 为角频率。式(3-105)每个求和项与电阻和电感串联支路的导纳等效,电阻和电感与零点和极点的关系式为

$$R_k = -\frac{p_k}{r_k}, \quad L_k = \frac{1}{r_k} \tag{3-106}$$

因此,有理函数 $Y(s)$ 与 K 个电阻和电感串联支路并联后的导纳等效。建立同轴电缆参数化等效电路模型,首先可对单位长度同轴电缆频域响应进行有理函数拟合,获得等效参数 R_k 和 L_k,则长度为 l 的同轴电缆等效参数可表示为 lR_k 和 lL_k。图 3-58 为同轴电缆宽频带、参数化等效电路。

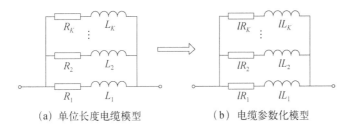

(a)单位长度电缆模型   (b)电缆参数化模型

图 3-58 同轴电缆宽频带、参数化等效电路

根据同轴电缆 PEEC 法等效电路模型,在频域下,各节点电压、各支路电流及阻抗矩阵关系式为

$$V(\omega) = Z(\omega)I(\omega) \tag{3-107}$$

同轴电缆内、外导体电压分别为 V_1 和 V_2,电流分别为 I_1 和 I_2,则式(3-107)可变换成

$$\begin{bmatrix} V_1 \\ V_2 \end{bmatrix} = \begin{bmatrix} Z_{11} & Z_{12} \\ Z_{21} & Z_{22} \end{bmatrix} \begin{bmatrix} I_1 \\ I_2 \end{bmatrix} \tag{3-108}$$

若同轴电缆内、外导体串联,则 $I_1 = I_2 = I$,令 $V = V_1 + V_2$,根据 $V = ZI$,得电缆阻抗表达式为

$$Z = Z_{11} + Z_{12} + Z_{21} + Z_{22} \tag{3-109}$$

对式(3-109)进行扫频计算可获得同轴电缆的频域阻抗特性 $Z(\omega)$。

图 3-59 为等效参数拟合对比,采用拟合参数建立同轴电缆宽频带参数化等效电路模型,并进行仿真和试验对比分析。电缆长度 $l_c = 10.3\text{ m}$,分别进行 4 000 V 和 6 000 V 两种工况脉冲放电试验,图 3-60 为同轴电缆电压仿真与试验结果对比,结果显示采用 FD-VF 参数化模型仿真结果与试验结果吻合较好,仿真模型可以准确描述放电起始段邻近及趋肤效应对同轴电缆电压分布的影响。

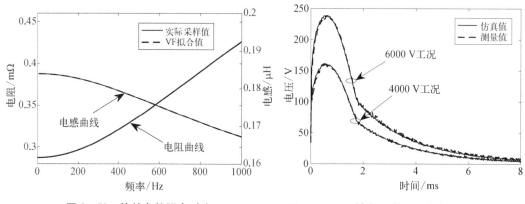

图 3-59 等效参数拟合对比   图 3-60 同轴电缆电压仿真与试验结果对比

3.3.3 瞬时故障能量限流技术

脉冲电源系统作为电磁轨道发射装置的能量源泉,系统储能高达数百兆焦,鉴于目前开关器件功率水平及发射电流波形调节需求,如此庞大的储能系统通常采用模块化集成设计。根据储能规模需求采用数十台至数百台 PFU 组成,多个 PFU 模块分别通过同轴电缆连接到汇流排,最终为发射装置提供数兆安培的大电流。在脉冲电源电流经同轴电缆传输到发射装置的过程中,如果某根或数根电缆发生损坏引起短路故障,将可能会对发射装置和脉冲电源乃至整个电磁发射系统造成严重损坏。因此,需解决脉冲电源系统的短路故障保护问题[189]。

1. 电缆短路故障分析

图 3-61 为 N 个 PFU 并联为发射装置供电示意图。当某根长度为 l 的同轴电缆发生短路故障时,假设故障处与发射装置距离为 x,脉冲电源系统与发射装置间可等效为两个回路,即短路点与 PFU 构成的放电回路 I,等效放电拓扑见图 3-62(a),剩余正常 PFU 与发射装置和装置侧故障电缆构成的放电回路 II,等效放电拓扑见图 3-62(b)。

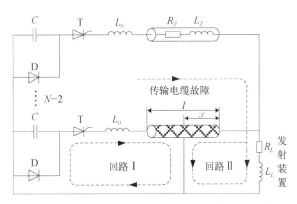

图 3-61　多个电源模块并联为负载供电结构示意图

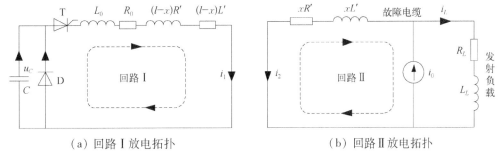

（a）回路 I 放电拓扑　　　　　　（b）回路 II 放电拓扑

图 3-62　回路 I 与回路 II 放电拓扑

　　建立图 3-61 的系统仿真模型,基于表 3-4 和表 3-5 对 11 号模块初始放电电缆短路的故障工况进行仿真,结果见图 3-63。

表 3-4　系统仿真参数

名　　称	符　号	数　　值
电容值	C	40.5 mF
电容初始电压	U_0	6.3 kV
调波电感值	L_0	10 μH
模块数目	N	11 个
导轨电阻梯度	R'	30 μΩ/m
导轨电感梯度	L'	0.52 μH/m
起始位置	S_0	0.1 m
弹丸质量	m	1 kg
轨道长度	l	6.5 m
电缆长度	l_{cab}	20 m

表 3-5　电源触发时序

模块编号	1~4	5	6	7	8	9	10~11
触发时序/ms	0	1.16	1.86	2.45	2.91	3.27	3.84

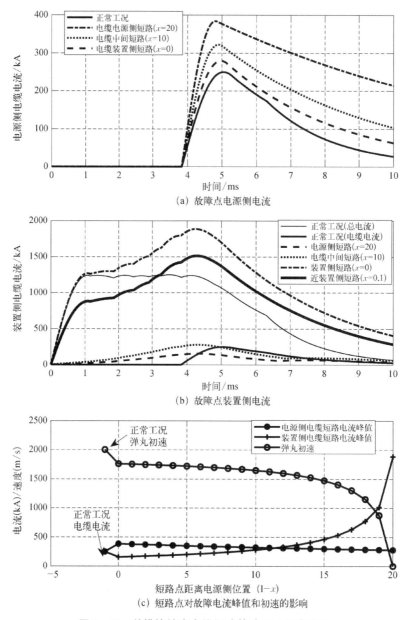

（a）故障点电源侧电流

（b）故障点装置侧电流

（c）短路点对故障电流峰值和初速的影响

图 3-63　单模块输出电缆短路故障工况仿真结果

图 3-63(a)和(b)分别给出了不同短路点所导致的电源侧和装置侧故障电流波形，图 3-63(c)给出的是短路点对故障电流峰值和初速的影响。可以看出，短路位置越靠近电源侧(x 越大)，电源侧电缆短路电流越大，极限工况电流峰值将达到正常值的 1.5 倍以上；短路位置越靠近装置侧(x 越小)，装置侧短路电流急剧增加，极限工况电流峰值高达正常值的 7.5 倍以上，甚至大于正常工况系统总电流。严重超过电缆载流设计值，将对电缆自身结构及邻近设备造成损坏。此外，短路工况下发射负载电流减小，弹丸初速下降，极端情况下，负载电流过小难以驱动弹丸运动，会造成枢轨接触烧蚀损坏导轨。因而，电磁发射系统设计应避免短路故障，同时需考虑短路故障保护技术。

2. 短路故障保护技术

通过以上分析可知,当电缆发生短路故障时,PFU 短路电缆电流相对较小,而发射负载短路电缆电流较大,而且故障位置距离发射装置越近,短路电缆电流越大,发射负载电流越小,严重情况下会造成发射导轨烧蚀。因此,需在传输电缆的发射负载端加装故障保护装置,如图 3-64 所示,通过加装限流器将短路风险限制在单个 PFU 中,以降低全系统运行风险。

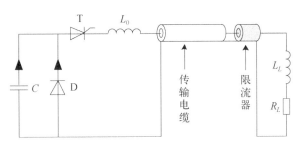

图 3-64　过流保护器安装位置

在正常情况下,故障限流器对系统运行的影响应尽可能小,因此它应具有较小的电阻和电感。当发生短路故障有超过限定值的大电流流过时,限流器能够迅速进行限流保护。故障电缆的短路电流可达数百 kA,可采用 2.5.2 节所述的超导型直流故障限流器、固态直流限流器等进行短路限流保护。

3.4　脉冲能量调控技术

PFN 由数量庞大的 PFU 构成,脉冲能量调控技术主要是对 PFU 输出电流进行组合,使得总输出电流满足电流峰值上升时间、电流峰值、电流脉宽及波纹系数,从而安全可靠地推动弹丸加速。

3.4.1　发射导轨电流调控

1. 电气参数特性分析

电磁轨道发射包含复杂的电场、磁场及温度场的耦合过程,由于电枢与导轨接触电阻、电流趋肤效应、摩擦力及温度等的影响,实际工作电路非常复杂。采用简化模型分析关键电气参数对发射性能影响规律,图 3-65 为电磁轨道发射系统简化电路模型。

其中,电容 C 作为储能元件,$u_C(t)$ 为电容器电压,L_0 为调波电感,$R_r(t)$ 为轨道电阻,$L_r(t)$ 为轨道电感,D 为续流二极管。通

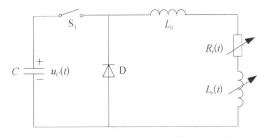

图 3-65　电磁轨道发射系统简化电路模型

过改变电磁轨道发射系统电气参数大小,仿真分析关键电气参数对脉冲电流峰值、峰值时间、加速时间和电枢出口速度等的影响,表3-6为系统仿真参数。

表3-6 系统仿真参数

名　称	符　号	数　值
电容值	C	80 mF
电容初始电压	U_0	2.5 kV
调波电感值	L_0	10 μH
导轨电阻梯度	R_r'	36 μΩ/m
导轨电感梯度	L_r'	0.46 μH/m
弹丸起始位置	x_0	0.5 m
弹丸质量	m	0.1 kg
轨道长度	l	10 m

如图3-66(a)所示,在保持储能不变的前提下,当C值由2F减小到5 mF时,电流峰值时间减小95%,电流峰值增加10%,电枢加速时间减小15%,电枢出口速度减小2.6%,因此,C主要影响脉冲电流的峰值时间。

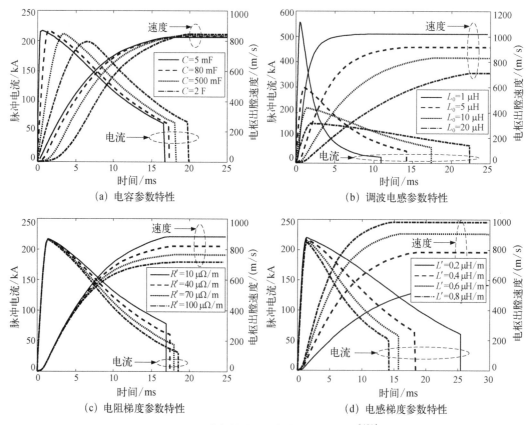

(a) 电容参数特性　　(b) 调波电感参数特性

(c) 电阻梯度参数特性　　(d) 电感梯度参数特性

图3-66 放电性能随电气参数变化曲线[191]

如图 3-66(b)所示,电感 L_0 由 20 μH 减至 1 μH 时,电流峰值增加 2.6 倍,电流峰值时间减小 72%,弹丸加速时间减小 52%,弹丸出口速度增加 30%,因此,电感 L_0 均会明显影响脉冲电流的峰值、峰值时间、弹丸加速时间和弹丸出口速度。

如图 3-66(c)所示,当电阻梯度由 0.1 mΩ/m 减至 10 μΩ/m 时,电流峰值及峰值时间几乎不变,弹丸加速时间减小 8.6%,弹丸出口速度增加 23.2%。主要因为弹丸在电流上升阶段位移很小,导轨电阻梯度主要影响电流下降阶段,电阻梯度越小,电流下降速度越慢,弹丸出口速度越大,弹丸加速时间越短。

如图 3-66(d)所示,当电感梯度由 0.2 μH/m 增至 0.8 μH/m 时,电流峰值减小 3.6%,电流峰值时间增加 1.7%,弹丸加速时间减小 44%,弹丸出口速度增加 74%。电感梯度主要影响电流下降阶段,电感梯度越大,脉冲电流下降速度越快,加速时间越短。电感梯度越大,弹丸所受推力越大,弹丸出口速度越大。

2. 放电时序对弹丸出口速度影响

电容储能式脉冲电源通常采用模块化设计,多模块放电时序会影响导轨电流波形,最终影响电枢出口速度。假设储能系统由 8 个电源模块构成,每个电源模块为 250 kJ,其参数如表 3-6 所示,设计四组电源模块触发时序,如表 3-7 所示[191]。

表 3-7 四组电源模块触发时序

模块编号	1、2、3	4	5	6	7	8
时序 T_1/ms	0	0.005	0.01	0.015	0.02	0.025
时序 T_2/ms	0	0.05	0.1	0.2	1.15	1.25
时序 T_3/ms	0	0.8	1.55	1.85	2.05	2.2
时序 T_4/ms	0	1.45	2	2.4	2.56	2.85

如图 3-67 所示,仿真得出四组触发时序下导轨电流波形和弹丸出膛速度。

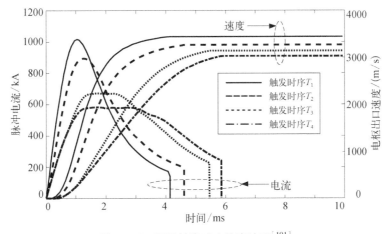

图 3-67 四组触发时序仿真波形[191]

通过对比可知:在储能模块和导轨长度一定的情况下,模块触发间隔越短,合成脉冲电流峰值越大,电枢的出口速度越快。T_1 触发时序下,电流的峰值约为 1.02 MA,峰值时间为 1.05 ms,经过 4.16 ms 的加速,弹丸的出口速度达到 3 446 m/s;在 T_4 触发时序下,电流峰值仅约为 0.58 MA,峰值时间为 1.36 ms,经过 5.87 ms 的加速,弹丸的出口速度达到 3 035 m/s。由 T_1 触发时序到 T_4 触发时序,电流峰值减少 43%,弹丸出口速度仅减少 11%。因此,在加速时间允许的情况下,通过合成平顶波的方式对弹丸加速,在满足出口速度要求的同时,可减小导轨和电枢电流峰值。考虑到强脉冲电流对导轨结构冲击较强,在实际应用中多采用时序触发方式获得较高峰值的平顶波以延长轨道寿命,提高整个系统的可靠稳定性。

3. 电磁轨道发射系统设计

通过上述分析可知,在电磁轨道长度和电容存储能量一定的情况下,需合理设计导轨尺寸结构,选取合适的材料,以提高导轨电感梯度和降低导轨电阻梯度。另外,电源模块采用时序控制触发,通过调节触发时序使导轨电流呈平顶波,且具有较小的峰值时间、较高的幅值和脉宽,最终提高弹丸的出口速度。例如,设计电磁轨道发射模型,假设炮管长度 l 为 6.5 m,弹丸质量 m 为 1 kg,弹丸出口速度 v 为 2 km/s,在导轨电流呈平顶波的情况下,设初速度为零,由式(3-110)可估算弹丸允许加速时间 t 为 6 ms。

$$t = \frac{2(l - x_0)}{v} \tag{3-110}$$

考虑到脉冲电流存在上升时间和下降时间,取平顶波上升时间 t_1 为 1 ms,峰值持续时间 t_2 为 4 ms,平顶波下降时间 t_3 为 1 ms。导轨电感梯度 L'_r 取 0.52 μH/m,由式(3-111)可估计出电流峰值 I_m 为 1.387 MA。

$$I_m = \sqrt{\frac{2mv}{L'_r t_2}} \tag{3-111}$$

脉冲电源采用模块化设计,通过时序放电方式合成平顶波电流。设计单个电源模块容量为 800 kJ,共 11 个电源模块,前四个电源模块同时触发,则每个电源模块输出电流峰值约为 400 kA,取电容器电压 U_0 为 6.3 kV,则电容器 C 为 40.5 mF,估算调波电感 L_0 为 10 μH,由式(3-64)可求得脉冲电流上升时间约为 0.99 ms,表 3-8 为电源模块触发时序[191]。系统设计仿真波形如图 3-68 所示,合成电流的峰值时间为 1.04 ms,峰值约为 1.4 MA,弹丸加速时间约为 5.54 ms,出口速度达 2 012 m/s,性能指标满足电磁轨道发射设计要求。

表 3-8　电源模块触发时序

模块编号	1~4	5	6	7	8	9	10	11
触发时序/ms	0	1.15	1.75	2.04	2.35	2.55	2.6	2.69

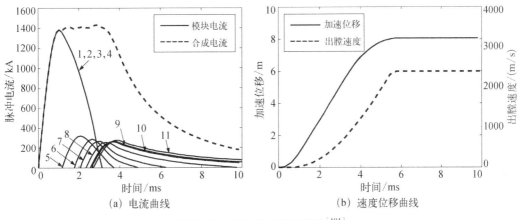

图 3-68 系统设计仿真波形[191]

3.4.2 放电残压与控制

多模块时序放电结束后部分脉冲电容器能量并未释放完毕,存在残压,主要原因是在脉冲大电流作用下,发射导轨感性阻抗部分造成负载电压抬升,部分模块处于脉冲电容器放电过程中晶闸管被提前关断。晶闸管采用单脉冲触发方式,当负载电压降低后,即使晶闸管重新恢复到正向阻断状态,由于没有触发信号,电容残余能量仍然无法释放。图 3-69 显示脉冲电容器放电时序对残压值影响,工况 2 第 4 组时序较工况 1 提前 200 μs,可以看出工况 2 第 4 组模块开始放电时第 3 组模块电容电压尚未降至零,此时晶闸管被提前关断,造成第 3 组模块电容器出现残压,因此,脉冲电容器残压幅值与负载特性和放电时序均相关。

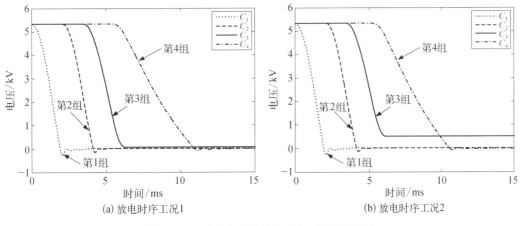

图 3-69 脉冲电容器放电时序对残压值影响

1. 残压对连续发射的影响

关于发射过程中残压问题,通常是发射后通过保护回路将脉冲电容器剩余能量释放到泄放电阻上。首先,保护回路放电时间要远大于系统放电时间,影响连发间隔;此外,保护放电带来热损耗,影响系统效率和热管理。因此,从残压状态继续对脉冲电容器进行充放电,可解决上述问题。

图 3-70 为多级混合储能系统拓扑结构[192],采用蓄电池对脉冲电容器进行充电,n 组蓄电池通过接力方式实现脉冲电容器电压逐级抬升。具体充电过程为:首先闭合 S_{C_1}、S_{C_3}、S_{F_1},1 号电池组串入回路对脉冲电容器 C 充电。t_1 时断开 S_{F_1},闭合 S_{F_2},2 号电池组与 1 号电池组串联对脉冲电容器 C 充电。以此类推,直到 t_{n-1} 时刻,断开 $S_{F_{n-1}}$ 和 S_{C_3},闭合 S_{C_4},使 n 号电池组串联入网,至此所有电池组全部串联对脉冲电容器充电,待脉冲电容器达到所需电压时断开所有开关,充电过程结束,通过调节蓄电池组串联入网时刻,可保证充电电流近似恒定,实现脉冲电容器电压线性抬升。在连续发射过程中,若脉冲电容器残压 U_{r_0} 超过单个蓄电池组电压 E_0,充电开关将处于反向截止状态,无法保证正常连续充放电。

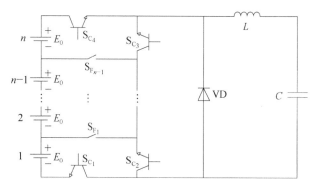

图 3-70　多级混合储能系统拓扑结构

2. 残压控制策略优化方法

图 3-71 显示连续两次充放电过程时序图,脉冲电容第一次放电后产生残压,第二次充电只需从残压 U_{r0} 充电至工作电压 U_0,采用恒流充电情况下,第二次充电时间 t_{C_2} 将比第一次充电时间 t_{C_1} 缩短。因此,在有残压情况下可以通过优化多级蓄电池组对脉冲电容器的充电时序来缩短充电时间。

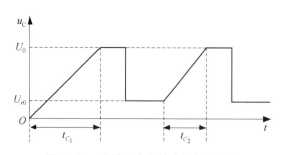

图 3-71　连续两次充放电过程时序图

图 3-72 显示充电及发射时序优化流程,通过在连续发射过程中对脉冲电源的充电时序和放电时序进行调整,实现有效利用残压。优化过程具体为:脉冲电容器第一次充

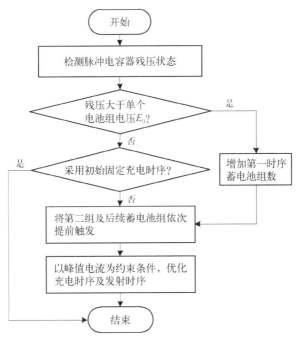

图3-72 充电及发射时序优化流程

电时可采用固定时序逐级串入蓄电池组,后续充电过程,需要首先判定电容残压幅值。如果残压较小,满足充电开关导通条件,则可以采用初始固定时序对脉冲电容器进行充电,此时充电时间无法缩短,也可直接串入两组蓄电池,依次将后续蓄电池组串入时序提前,缩短充电时间,脉冲电源发射时刻提前,整个连续发射充放电时间缩短。当残压很大,导致单组蓄电池无法正常串入时,根据残压大小可增加第一个充电时序的蓄电池组数,使其同时触发,然后将后续蓄电池组依次提前触发,同样可以缩短脉冲电容器充放电时间。时序优化过程中同样采用恒流充电方式,电流峰值需满足充电开关和限流电感器容量要求。

图3-73显示不同残压时充电过程中的电容器电压,单组蓄电池电压 E_0 为600 V,可以看出:当残压 U_{r0} 为400 V, $U_{r0} < E_0$,若充电时序未进行优化,则充电时间不变,若对充电

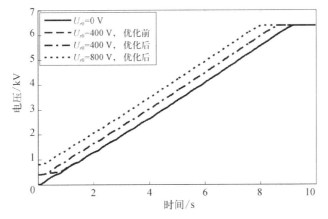

图3-73 不同残压时充电过程中的电容电压

时序进行优化,则充电时间缩短;当残压 U_{r0} 为 800 V, $U_{r0}>E_0$,采用优化充电时序后可有效缩短充电时间,且脉冲电容器残压越高,充电时间越短。因此,连续发射过程中通过动态调整多级混合储能充电时序可缩短系统充放电时间,从而提高连续发射射速指标。

3.4.3　连续发射弹丸出口速度一致性控制策略

电磁轨道发射系统可以依靠弹丸巨大的动能对目标实施致命打击,弹丸出口速度对发射射程、打击精度和杀伤能力具有重要影响。电磁轨道发射弹丸出口速度具有灵活可调的优势,但仍面临出口速度精准性和可重复性问题。试验发现,连续发射工况下,即使初始储能规模、分组放电时序和弹丸质量均相同,弹丸出口速度仍存在差异,并呈现出逐渐减小趋势。

1. 连续发射导轨电阻梯度变化规律

电磁轨道发射系统发射时导轨会产生大量的热量,连续发射时,即使在冷却水的作用下,热量也不能完全吸收,随着热量的积累,导轨温度升高,导轨电阻率并不是常数,而是随着温度升高逐渐增大,式(3-112)为电导率与温度的关系。

$$\rho = \rho_0 + \rho_0 \alpha \Delta T \tag{3-112}$$

式中, ρ_0 为初始电阻率; ΔT 为导轨温升; α 为电阻率的温度系数。连续发射工况下,导轨温度逐次升高,导轨电阻梯度增大,焦耳热损耗增加,系统效率降低,在初始储能规模相同的条件下,弹丸出口速度将逐次降低。在多次连续发射时,包括导轨、脉冲电源模块及同轴电缆等阻抗都会发生变化。当连续发射次数较少时,由温升引起的脉冲电源和同轴电缆阻抗差异相对发射导轨可以忽略,因此本书主要分析连续发射导轨阻抗特性对弹丸出口速度的影响规律。

根据导轨初始电阻率,通过迭代仿真和试验得到满足弹丸出口速度的导轨电流波形,根据电流波形仿真求解弹丸运动过程中导轨电阻梯度,求解时需考虑趋肤效应的影响。图 3-74

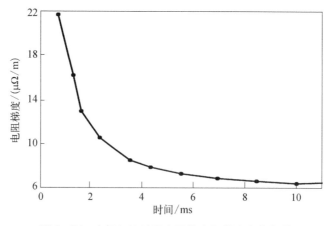

图 3-74　电枢加速过程中导轨电阻梯度变化规律

为电枢加速过程中导轨电阻梯度变化规律,发射初始阶段电流变化率较大,导轨电流趋肤效应明显,因此初始时刻导轨电阻梯度最大近 22 μΩ/m,随着放电电流逐渐平稳,导轨电阻梯度逐渐减小并趋于稳定,最小将近 6 μΩ/m,可见趋肤效应对导轨的电阻影响较大。

采用平均电阻梯度 $\bar{R}'$ 概念用于表征导轨整体电阻随温度变化的特性,对单次发射导轨的电阻梯度进行平均得

$$\bar{R}' = \frac{1}{t_{\text{out}}} \int_0^{t_{\text{out}}} R_i' \mathrm{d}t \approx \sum_{i=1}^N R_i' \Delta t_i / t_{\text{out}} \tag{3-113}$$

式中,t_{out} 为发射时间;N 为仿真时间载荷步;Δt_i 为时间步长。采用式(3-113)求解每次导轨平均电阻梯度,图 3-75 为仿真连续发射工况下导轨截面最大温升及平均电阻梯度变化规律,连续放电次数为 14,放电间隔为 12 s。可以看出,连续发射间隙去离子冷却水并不能将导轨上产生的热量全部带走,导轨温度不断升高,约第 7 次放电导轨达到热平衡。导轨电阻梯度与温升相对应,前 7 次放电导轨电阻梯度逐渐增加,随着导轨温升逐渐达到稳态,导轨电阻梯度也逐渐趋于平稳。

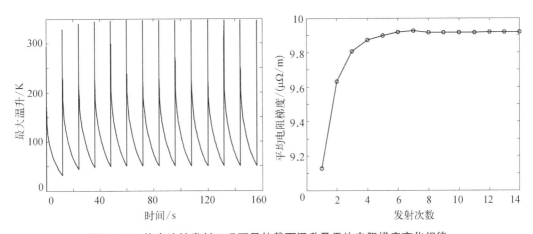

图 3-75　仿真连续发射工况下导轨截面温升及平均电阻梯度变化规律

2. 连续发射弹丸出口速度精确调控

通过对导轨连续发射温升特性分析可知,在快速连续发射条件下,即使采用去离子水冷却,仍然无法及时将导轨热量全部吸收,尤其是最初几次发射,导轨初始状态存在较大不同,导轨电阻梯度差距较大,如果采用同样的充电电压和放电时序来进行连续发射,必然导致弹丸出口速度出现偏差。相比较而言,脉冲电源的焦耳热较小,且脉冲电源和同轴电缆布置分散,通过去离子冷却水即可将脉冲电源产生的大部分焦耳热吸收,对于传输同轴电缆,同样可采取去离子水进行高效冷却。

综上所述,为了连续获得准确恒定的弹丸出口速度,必须优化调整连续发射方案。通过调节充电电压和发射时序均可实现出口速度精准调控,确保弹丸出口速度的一致性。调整发射时序方案需要在连续发射间隙重新调整发射时序并确认状态反馈,操作和校核

过程涉及数百脉冲电源模块,执行效率和可靠性相对低。调整充电电压方案相对简单和易实现,所有脉冲电源模块充电电压相同,只需根据预先仿真得到连续发射过程导轨电阻梯度的变化规律,提前设定每一次的蓄电池充电电压,或根据导轨检测温度实时更改充电电压,即通过增加脉冲电容的初始储能,使得在导轨焦耳热损耗增加的情况下保证弹丸出口动能,图3-76为连续发射过程充电电压调整流程。

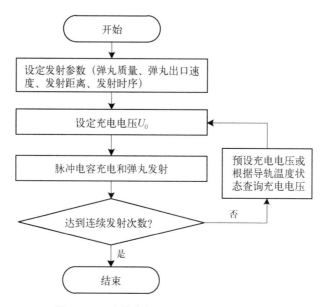

图3-76 连续发射过程充电电压调整流程

图3-77为仿真得到的三连发电阻梯度变化规律,可以看出,导轨温升积累造成三连发导轨电阻梯度逐次上升,根据式(3-113)求解导轨的平均电阻梯度分别为9.13 μΩ/m、9.55 μΩ/m和9.67 μΩ/m。将该结果代入仿真模型,以初速一致为设计目标进行仿真,通过调整两发间充电电压差值为23 V和14 V,最终实现连发初速的一致性。

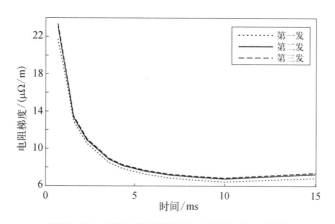

图3-77 3次连续发射导轨电阻梯度变化规律

3.5　脉冲能量保护技术

电磁轨道发射系统脉冲电容储能高达数百兆焦,正常情况下系统储能能量通过同轴电缆向发射负载释放,最终转化成弹丸动能及热损耗。但是,电磁轨道发射系统存在带压终止发射或发射能量剩余问题。脉冲能量保护技术主要用于吸收系统剩余能量,必要情况下用于吸收系统初始总能量,使系统回到初始安全状态,防止脉冲电容寿命缩短,同时保证设备检修人员安全。

3.5.1　高阻慢速能量保护

电磁轨道发射系统因故障终止发射或发射后有剩余能量,则需对电容上存储的能量进行释放,此时对能量释放速度的要求不高,通常采用高阻慢速能量释放方式。

陶瓷吸能电阻具有吸收能量高和热稳定性高的特点,稳定热冲击温度高达 300℃ ,是高阻慢速能量保护理想的能量吸收载体。由于制备工艺问题,高能陶瓷电阻的阻值一般为欧姆级,目前,国内外陶瓷吸能电阻单次吸收能量高达数十千焦,若需要吸收更大能量,则需要串联或并联使用。电容型脉冲电源可采用陶瓷电阻作为保护电阻,根据陶瓷电阻和保护开关布局位置的不同可分为分散型和集中型。

图 3-78 显示能量保护方式对比,方式 1 中每个电源模块配置一组吸能电阻和保护开关,该方式下每个电源模块可独立控制能量释放,具有更高的灵活性,但需要更多的开关和控制、反馈信号,增加了系统研制成本和系统控制复杂度。方式 2 中每个电源模块配置一组保护电阻,但开关为公用,即一个开关控制多个电源模块能量释放[193],该方式下开

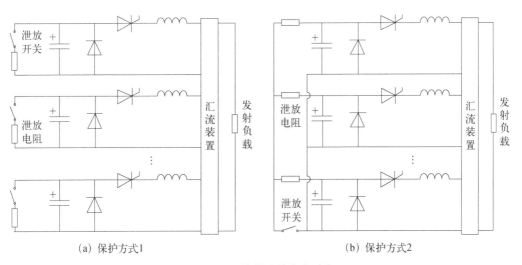

(a) 保护方式1　　　　　　　　　　　　(b) 保护方式2

图 3-78　能量泄放方式对比

关数量大大减少,控制复杂度降低,但开关容量成倍增加,另外,电源模块对外除保留充电和放电接口外,方式2还需要增加保护接口。

3.5.2　低阻快速能量保护

采用上述陶瓷电阻释放电容能量,存在放电时间常数大、单次能量释放时间长和热导率低连续能量释放时间间隔长的缺点,从而影响总控系统充电和放电流程。因而,对于能量释放速度和连续能量吸收能力要求高的应用场合,需采用一种低阻快速的能量保护措施。

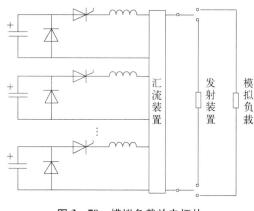

图 3-79　模拟负载放电拓扑

针对电源低阻快速能量保护需求,通常可采用在装置馈电处并联模拟负载的方式来实现能量吸收。模拟负载的电阻仅毫欧级,可保证能量的快速释放;通过设计高效冷却方式可提高连续能量吸收能力[194]。图3-79为模拟负载应用于多模块快速能量保护的电路拓扑。其中,模拟负载装置并联在发射负载馈电两端,需解决正常工况对发射导轨放电和异常工况对模拟负载放电的回路快速切换问题。此外,对于图3-79的拓扑还可采取分组时序放电方式降低峰值电流。

1. 模拟负载构成

图3-80为模拟负载装置,负载装置是由32根不锈钢空心管构成的,每两根钢管在后端通过铜排短接,共构成16个放电回路,所有放电回路并联后与系统中汇流装置连接,通过调整短接铜排个数可调节负载阻值。32根钢管交叉馈电,保证任意相邻两个钢管电流流向相反,从而实现电流均衡和减小钢管电磁力。钢管矩阵采用高强度绝缘材料隔开,实现电气隔离和结构加固。每个放电回路前端采用U形绝缘管连接,后端通过绝缘软管与进出水主管道连接,最终形成16个流道。

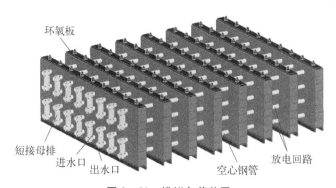

图 3-80　模拟负载装置

2. 模拟负载电磁力分析

对于钢管阵列构成的模拟负载,不同馈电方式下钢管所受电磁力不同,因此为尽可能减小钢管所受电磁力,确保模拟负载稳定性,需要对馈电方式进行优化分析。图 3－81 显示模拟负载两种馈电方式,分别为均匀馈电和交叉馈电。

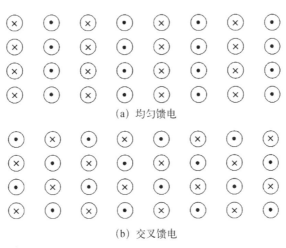

(a) 均匀馈电

(b) 交叉馈电

图 3－81 两种模拟负载馈电方式

采用解析法计算钢管受力情况,设回路电流峰值为 120 kA。可将钢管等效成细线模型,即假设全部电流从钢管轴心流过。任意两导线间作用力为 $F = \mu_0 I_1 I_2 / (2\pi R)$,其中,$\mu_0$ 为真空磁导率,I_1、I_2 为导线电流,R 为导线间距,采用叠加法计算每根钢管所受合力。图 3－82 为钢管电磁力分布,两种馈电方式下钢管电磁力分布均具有对称性,钢管受力对称可以避免水冷负载装置向侧边倾斜,减小水冷模拟负载底座受力;钢管所受电磁力在两种馈电方式下相差明显,交叉馈电钢管最大电磁力为 13 kN,而均匀馈电钢管最大电磁力为 31 kN,交叉馈电钢管最小电磁力仅有 0.6 kN,而均匀馈电钢管最小电磁力高达 14 kN,因此水冷模拟负载宜采用交叉馈电。

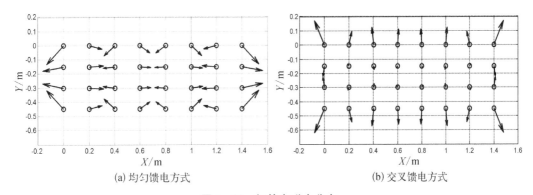

(a) 均匀馈电方式

(b) 交叉馈电方式

图 3－82 钢管电磁力分布

3. 模拟负载温升分析

模拟负载钢管在连续能量吸收情况下温升较高,过高的温升会造成环氧紧固件烧灼,影响系统运行稳定性,因此必须对模拟负载进行强制冷却。模拟负载钢管不仅作为电阻本体,其空心结构也可作为冷却流道,建立钢管及流体二维温度场分析的热网络模型(图3-83),模型中对钢管及流体端部做相应边界条件处理,其中,由于钢管端部截面积较小,端部对外散热可忽略,所以对其做绝热处理,而对流体端部做入口和出口边界条件处理。

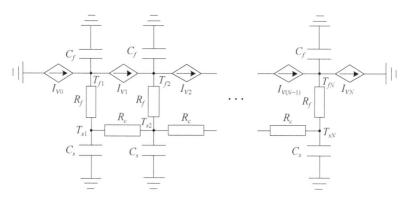

图3-83 去离子水冷却钢管热网络模型

其中,C_s 表示钢管单元的热容,C_f 表示流体单元的热容,R_f 表示钢管与流体间的对流热阻,R_c 表示钢管单元间的传导热阻,电流源 I_V 用于表征流体单元间的热量输送,其与流体单元温度相关,具体计算表达式如下:

$$C_s = S_s \Delta l \rho_s c_s , \ C_f = S_f \Delta l \rho_f c_f \tag{3-114}$$

$$R_f = \frac{1}{\pi D_i \Delta l h_f} , \ R_c = \frac{\Delta l}{S_s \lambda_s} \tag{3-115}$$

$$\begin{cases} I_{Vn} = S_f \rho_f c_f v_f T_{fn}, & n = 0, N \\ I_{Vn} = S_f \rho_f c_f v_f (T_{fn} + T_{f(n+1)})/2, & n = 1, 2, \cdots, N-1 \end{cases} \tag{3-116}$$

式中,S_f 为流体截面积;ρ_f 和 c_f 分别为流体密度和比热容;v_f 和 T_{f0} 分别为流体速度和流体入口温度;D_i 为钢管内直径;h_f 为钢内壁等效对流换热系数,轴向剖分单元尺寸 $\Delta l = l/N$,l 表示流体流经钢管的总长度,N 表示轴向剖分单元总数。基于上述热网络等效电路模型建立热网络微分方程组,式(3-117)和式(3-118)分别表示流体剖分单元和钢管剖分单元对应的热网络方程。

$$\begin{cases} \dfrac{T_{sn} - T_{fn}}{R_f} + \dfrac{T_{f(n-1)}}{R_v} - \dfrac{T_{fn} + T_{f(n+1)}}{2R_v} = C_f \dfrac{\partial T_{fn}}{\partial t}, & n = 1 \\[3mm] \dfrac{T_{sn} - T_{fn}}{R_f} + \dfrac{T_{f(n-1)} + T_{fn}}{2R_v} - \dfrac{T_{fn}}{R_v} = C_f \dfrac{\partial T_{fn}}{\partial t}, & n = N \\[3mm] \dfrac{T_{sn} - T_{fn}}{R_f} + \dfrac{T_{f(n-1)} + T_{fn}}{2R_v} - \dfrac{T_{fn} + T_{f(n+1)}}{2R_v} = C_f \dfrac{\partial T_{fn}}{\partial t}, & n = 1, 2, \cdots, N-1 \end{cases}$$

$$\tag{3-117}$$

$$\begin{cases} \dfrac{T_{fn} - T_{sn}}{R_f} + \dfrac{T_{s(n+1)} - T_{sn}}{R_c} = C_s \dfrac{\partial T_{sn}}{\partial t}, & n = 1 \\[4mm] \dfrac{T_{fn} - T_{sn}}{R_f} + \dfrac{T_{s(n-1)} - T_{sn}}{R_c} = C_s \dfrac{\partial T_{sn}}{\partial t}, & n = N \\[4mm] \dfrac{T_{fn} - T_{sn}}{R_f} + \dfrac{T_{s(n-1)} - T_{sn}}{R_c} + \dfrac{T_{s(n+1)} - T_{sn}}{R_c} = C_s \dfrac{\partial T_{sn}}{\partial t}, & n = 1,\, 2,\, \cdots,\, N-1 \end{cases}$$

$$(3-118)$$

图 3-84 显示模拟负载在去离子水冷却下连续发射温升曲线,可见钢管在入口和出口处温差较大,出口处冷却水温度在第 10 次放电后趋于稳定,且接近 100℃,若流体入口温度受环境影响有所增加,则该水冷负载存在连续发射过程中流体温度达到沸点的风险。图 3-85 为流体入口温度为 30℃时,不同流速下流体出口温度,可见提高流速可有效降低流体出口温度,降低流体热沸腾风险。

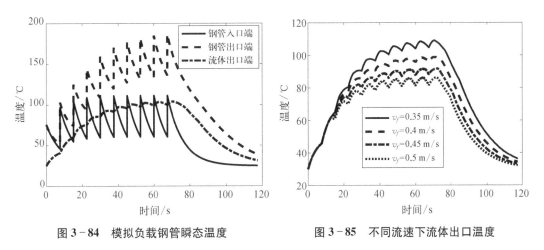

图 3-84　模拟负载钢管瞬态温度　　　　图 3-85　不同流速下流体出口温度

3.6　小　　结

本章依据非周期暂态工作条件和循环脉冲大电流带来的新的科学问题,对脉冲能量变换单元涉及的大功率晶闸管、调波电感器及两型 PFN 进行了深入分析,对脉冲能量传输用的同轴电缆的结构设计、连续脉冲温升和瞬态阻抗特性进行了研究,对输出能量的调控策略、连续放电弹丸出速一致性及保护技术进行了深入分析,得到了以下主要结论:

(1) 本章提出了电磁轨道发射用脉冲晶闸管关键性能指标需求,用于指导脉冲开关组件的设计。提出了脉冲晶闸管从芯片到组件、从毫秒级脉冲放电到秒级循环放电下的结温预测方法,其中,结温时空分布预测模型可用于评估晶闸管的单脉冲浪涌能力,而器件和组件结温预测模型可用于评估晶闸管的循环浪涌能力。提出了脉冲晶闸管在高电压、大电流脉冲放电工况下反向恢复尖峰电压的测试方法,有效指导脉冲晶闸管缓冲吸收回路的设计和验证。

(2)根据脉冲功率调波电感器的工作机理,通过对比电感器结构形式,表明铜箔卷绕式电感器更适合脉冲功率电源系统紧凑化集成。基于电感器关键参数计算方法和NSGA-II优化算法,提出了综合考虑温升、磁场、体积的调波电感器多目标优化设计方法。构建了调波电感器电磁场、温度场、应力场多场耦合仿真模型,得到了调波电感器的循环工况电热应力水平,证明了铜箔卷绕式调波电感器设计方案的可行性。

(3)采用解析法详细推导了两型电容型 PFN 放电过程,分析了脉冲电容器反向充电机理、影响因素及反压释放方法。分析了续流支路振荡浪涌电流的产生机理、影响因素和抑制方法,指出了两型 PFN 构成器件在浪涌电流和浪涌电压性能上的差异性,分析了两型 PFN 与不同电磁发射负载的匹配特性。

(4)分析了同轴电缆在脉冲大电流放电工况下导体受力特点,提出采用编织导线结构导体可以增强电缆结构稳定性,满足脉冲功率放电的需求。提出了同轴电缆连续发射温升高效预测模型,分析得出强风冷却可有效降低电缆整体温度,进而缩短大循环放电周期。建立了宽频带、参数化同轴电缆瞬态阻抗模型,实现脉冲同轴电缆瞬变阻抗特性预测。

(5)考虑电磁轨道发射系统循环发射工况造成系统阻抗不断变化的现实需求,建立了发射导轨连续发射温度场和等效电阻关系模型,提出连续发射过程中通过增加初始储能规模实现一体化发射组件的初速精准控制。针对脉冲储能系统时序放电造成能量残压的特殊现象,提出了通过调整混合储能充电策略来提升系统连续发射充电效率的新思路。

(6)针对电磁轨道发射系统能量残余问题,提出两种能量吸收方案。分析了陶瓷电阻分布式和集中式能量吸收方案的优缺点。提出了利用水冷式模拟负载装置实现能量高效吸收,设计了空芯管矩阵形式的水冷负载装置,进行了电磁、结构和温度场仿真分析,可满足大型储能平台下的能量高效吸收需求。

第4章　高速大电流滑动电接触

高速大电流滑动电接触是电磁轨道发射装置的特有工作属性,发射过程中会伴随着数兆安培的脉冲电流、数十特斯拉的磁场、接触面处高达 $7Ma$ 的滑动摩擦磨损及电弧烧蚀,带来了多物理场强耦合、循环脉冲力载荷冲击、循环热振、熔化磨损、电弧侵蚀与绝缘降级等一系列科学问题。本章主要讲述由高速滑动电接触引起的导轨与绝缘体的损伤机理、多物理场耦合计算、高效发射、滑动摩擦磨损、身管热管理、膛口电弧、后坐力及材料表面处理等技术。

4.1　高速发射的核心技术问题

4.1.1　发射装置类型与基本组成

1. 发射装置类型

与其他机电能量转化装置相比,电磁发射装置本体结构相对简单,主要由两根平行导轨、绝缘支撑体、外围封装及预紧机构等组成。

预紧机构的主要作用是约束发射过程中导轨间的排斥力,保证身管内腔尺寸的稳定性,确保枢轨间的良好接触。从预紧方式上讲,发射装置主要分为螺栓预紧型和复合缠绕型两大类。图 4-1(a)为螺栓预紧型发射装置,其特点是易于拆卸检查及更换损坏部件,主要用于实验室研究;图 4-1(b)为复合缠绕型发射装置,其主要特点为质量较轻,主要面向工程化应用。

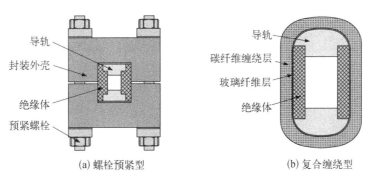

(a) 螺栓预紧型　　　　　　(b) 复合缠绕型

图 4-1　不同预紧方式的发射装置

从导轨的布局上讲,发射装置可分为单匝型导轨及多匝增强型导轨两种。其中,单匝型导轨发射装置只包含两条平行导轨,其主要特点为身管单位长度的质量小、电感梯度适中、等效电阻梯度相对较小、电枢前端磁场较弱等,便于身管的轻量化设计、弹丸引信及制导器件的布局,适用于中大口径及带发射载荷带制导器件的发射装置;如图4-2所示的串联增强型发射装置,其主要优点在于:电感梯度一般较大,在提供驱动力相同的情况下,需要脉冲电流更小,有利于减小电源系统的体积规模,因而在机动性要求高、中小口径发射器应用上有一定优势;但同时存在单位长度质量相对较大、导轨等效电阻梯度大、电枢前方存在的较强磁场对发射负载不利等问题。

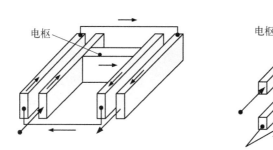

图4-2　串联增强型发射装置[195]

从导轨组成形式上讲,发射装置可分为单一铜材型及多种金属复合型两种。在早期的研究中,均采用单一铜材作为导轨材料,铜材主要包括 ETP Cu、C12000、C11000 等铜合金材料。电枢在高速运动过程中与导轨相互作用,可发生刨削现象,Larid 总结前人研究后发现[196]:材料屈服强度、密度与刨削阈值速度可以拟合成线性关系。因此,通过不同金属材料复合,在导轨内表面选择强度较高的钢结构等材料,在导轨外表面选择导电性较好的铜合金材料,可同时提高导轨强度、导电性能以及材料刨削阈值速度。

从导轨形式上讲,发射装置可分为平面型、凸面型、凹面型三种形式,如图4-3所示。

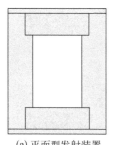
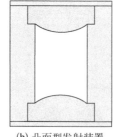
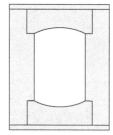

(a) 平面型发射装置　　　　　(b) 凸面型发射装置　　　　　(c) 凹面型发射装置

图4-3　不同的导轨截面结构

目前,大量的文献主要集中于平面型发射装置的研究,侧重于电磁发射装置的电枢与导轨接触(简称枢轨接触)匹配关系及电感梯度的研究;文献[197]对比分析了以上三种导轨形式下的导轨电感梯度、电磁力载荷下的导轨形变,以及与导轨相匹配的电枢结构,分析表明：与平面型及凹面型发射装置相比,凸面型发射装置的枢轨匹配性更好,电枢过盈量产生的接触压强更加均匀,如图 4-4 所示。

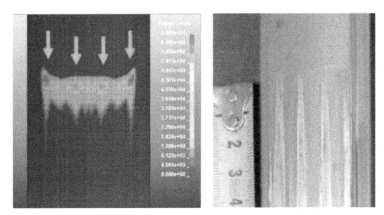

图 4-4 凸面型发射装置下的电枢启动过程[197]

从馈电形式上讲,发射装置又可分为集中馈电式和分布馈电式两种类型(图 4-5)。集中馈电式发射装置的馈电位置常位于身管尾端,随着电枢的运动,电流流经导轨的长度逐渐增加,带来较大的焦耳热损耗,降低了系统发射效率。为解决此问题,王莹和Marshall 等提出了分布馈电式发射装置[4,198],该类型装置的主要特点是：在身管长度上存在多个馈电接口,通过系统的放电控制,保证距离电枢位置较近的后方馈电接口为主要

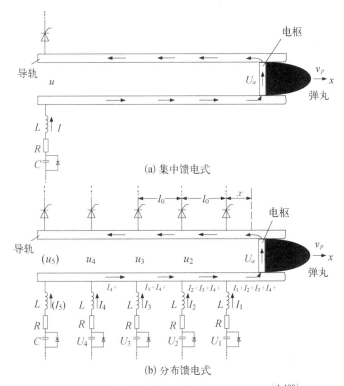

图 4-5 不同馈电形式的电磁轨道发射装置[4,198]

馈电点,有利于系统发射效率的提高。

另外,还存在一种特殊的装置结构,如图4-6所示的同轴式发射装置。它将传统的两个平行式导轨转换为同轴式导轨,电枢位于内、外导轨之间,其基本结构形式为圆环型。

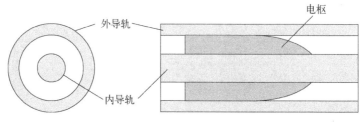

图4-6　同轴式发射装置

2. 发射装置基本组成

1) 总体构成

如图4-7所示,从结构组成上讲,电磁轨道发射装置主要由馈电装置、发射身管、引弧/消弧器、反后坐装置等设备组成。

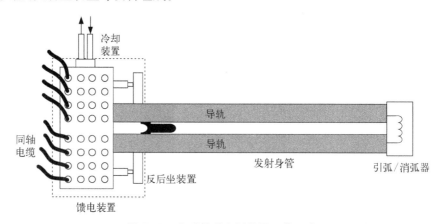

图4-7　电磁轨道发射装置总体组成

2) 馈电装置

馈电装置主要由上、下电缆母线板,中间绝缘体,同轴电缆孔,绝缘板等组成,主要作用是将脉冲电源输出的多路电流集中汇流到导轨上,发射时要承受电磁反作用力。不同的馈电装置形式对比如表4-1所示,其中T形结构较为常见。

表4-1　馈电装置形式对比

馈电装置形式	优　点	缺　点	馈电结构示意图
L形结构	结构最简单,加工方便,安装便捷,造价成本最低	载流能力有限,不便于采用同轴电缆,难以消除电磁干扰作用	

馈电装置形式	优　点	缺　点	馈电结构示意图
T 形结构	结构简单,加工方便,安装便捷,造价成本低、消除了电缆间的电磁干扰作用,载流能力高	占用空间大,电缆复进后退不便,导轨间的电磁扩张力大	
环形结构	受力情况好,总体结构布局好,载流能力强,反后坐装置的布置也更加灵活	结构相对复杂,要求加工精度高,造价成本高,导轨及电缆母线安装不便,导轨加工更换困难	

3)发射身管

发射身管是一体化发射组件的加速直接载体,其本身承载着发射过程中数兆安培级的脉冲大电流、电磁扩张力、枢轨之间的高速摩擦及电弧冲刷。发射身管主要由一对或者多对导轨、绝缘支撑体、外围预紧封装结构及轴向刚度增强结构组成。其中,导轨为脉冲电流的载体。绝缘支撑体将正负导轨进行绝缘支撑,并保证内腔尺寸的稳定性。外围预紧封装结构的主要目的是固定导轨和绝缘支撑体,同时提供径向刚度。轴向刚度增强结构的目的是保证身管的直线度,从而保证一体化发射组件的内弹道运行平稳。美国不同的电磁轨道发射装置研究单位采用的导轨及绝缘支撑体材料如表 4-2 所示。

表 4-2　美国电磁轨道发射装置研究单位采用的导轨及绝缘支撑体材料[4]

部　门	导 轨 材 料	绝缘支撑体材料
美国陆军装备研究与发展中心	钼铜复合层导轨	Al_2O_3 陶瓷加入环氧树脂;韧化增强 Si_3N_4、Al_2O_3、Al_2O_3/Cr_2O_3 陶瓷
Astron 研究所	采用等离子喷涂 Mo、W、化学气相沉积 W、铜焊石墨等手段处理铜导轨表面	热压 Si_3O_4;玻璃纤维和石英纤维织物增强聚酰亚胺
美国陆军弹道研究室	W、W-Re、Mo、Mo-TZM 包覆在铜基体或 Nb 增强铜导轨上	Si_3N_4、AlN 晶须增强 Al_2O_3 陶瓷;玻璃纤维增强聚酰亚胺
Eglln 空军基地	W、W-Re、Mo、Mo-TZM 包覆在铜基体或 Nb 增强铜导轨上;石墨黏接在铜导轨上	Si_3N_4、SiC 晶须增强 Al_2O_3 陶瓷
MER 公司	增强 TiB_2	韧化增强 Al_2O_3 陶瓷
得克萨斯大学	钼导轨;等离子喷涂钼导轨	石英黏合至树脂基体复合物;Al_2O_3 陶瓷;树脂基体复合物
西屋公司研究与发展中心	W、Mo 包覆铜导轨上	BN、Al_2O_3 加入环氧中;FP 氧化铝纤维加入环氧中;石墨纤维加入环氧中

4）引弧/消弧器

电磁轨道发射装置在发射过程中,电枢加速运动至脱离导轨瞬间,通常导轨内部的残余电流仍非常大。为了将残余能量释放,通常有两种方式:一种方式是引弧方式,即在膛口布置引弧器,当电枢远离导轨时,将电枢与导轨之间的电弧转移至两个引弧角之间,形成稳定的电弧。图4-8为电枢出膛瞬间,采用高速摄像机拍摄到的膛口电弧。另一种方式是消弧方式,即在膛口布置外部电路,与电枢回路并联,但阻抗比电枢回路大得多,因而电枢在膛内运动时,消弧回路电流极小。当电枢离开导轨时,主电流迅速转移到消弧回路上。这种电路的形式是膛口无电弧,隐身性好,大幅降低对膛口烧蚀。

图4-8　电磁轨道发射弹丸出膛瞬间的电弧

图4-9(a)是BAE系统公司研制引弧装置,可见膛口左右各有一对引弧角。图4-9(b)是IAT研制消弧装置,可见膛口左右各有一个外部并联回路。这两种结构各有优缺点。通过引弧装置,将电弧烧蚀部位由导轨迅速转移至引弧角,该结构与发射装置接口简单、引弧效率高、引弧性能稳定。消弧装置对膛口影响小,但发热较为严重,在大能级发射装置中应用有一定的局限性。

(a) BAE系统公司研制引弧装置　　　　　　　　(b) IAT研制消弧装置

图4-9　引弧器和消弧器结构

4.1.2　主要核心技术问题

1. 导轨烧蚀

在发射时,导轨承受着电枢的高速滑动电接触过程,处于大电流、高温度、强磁场的苛刻工作环境下,会出现表面刨削、转捩和电弧烧蚀及载流摩擦磨损等现象,可导致其使用寿命缩短,影响一体化发射组件膛内姿态,导致安全性降低,维护保养难度加大,在很大程度上限制了其发展。因此,导轨烧蚀问题是电磁轨道发射装置的首要核心技术。

2. 绝缘体性能劣化

导轨周围的绝缘体是电磁轨道发射装置的重要组成部分,它起着电气绝缘和支撑固定的作用。在重复发射过程中绝缘体会受到严重损伤,需要频繁更换,成为限制重复发射安全性和装置寿命的关键因素。由于电磁发射过程中膛内情况非常复杂,发射过程中产生的电弧、熔融铝侵蚀、热冲击对绝缘体性能造成渐变式的影响,最终会造成材料损伤直至失效。

3. 多物理场耦合

发射装置在发射过程中,瞬时电流极大、速度极高,涉及了运动电磁场、温度场、应力场等多物理场及相互耦合的作用。在发射过程中,导体(导轨及电枢)上产生焦耳热和摩擦热,导致导体材料属性发生变化,进一步影响电磁场的分布。电磁场产生的力作用于导轨和电枢使其产生变形,变形的导轨进一步影响导轨上电磁场的分布。研究发射过程中的多物理场相互耦合及影响过程,对精确分析导轨等核心部件的电、热、力等方面的物理场环境,以及发射安全性分析具有重要的作用。

4. 高效发射技术

电磁轨道发射装置在瞬时脉冲大电流下会产生非常可观的额外能量损耗,且其中很大比例集中于发射装置身管,目前全系统的能量利用效率仅为 30%~40%。因而,有必要提高发射效率,以便快速重复发射,并降低储能系统的总容量,改善发射装置各部件工作承载的电-热-力载荷水平。

5. 高速载流摩擦磨损

电磁轨道发射装置通过电枢连通上、下导轨,在电流及强磁场的综合作用下通过洛伦兹力驱动一体化发射组件完成发射,发射速度可达数千米每秒,发射过程中,由于机械摩擦作用及电弧烧蚀,导轨及电枢表面均会出现严重磨损,属于典型高速载流摩擦磨损问题。研究枢轨间高速载流摩擦磨损作用机理,分析导轨及电枢表面磨损规律,对于延长导轨使用寿命、优化电枢结构性能、改善枢轨接触特性具有重要意义。

6. 身管热管理技术

在电磁轨道发射装置实际发射过程中,脉冲功率电源提供的能量中有相当一部分以导轨电阻焦耳热及滑动摩擦热的形式释放。由于传导电流极高,电磁轨道发射装置内膛导轨的发热及温升极其可观,虽然单次发射对身管影响有限,但短时多次的热量积累、温度急剧上升会导致身管材料失效甚至报废。此外,身管内部腔压也高达数百兆帕,身管中导轨和绝缘支撑体等关键部件工作应力均处于安全使用边界。身管的高热力载荷环境给电磁轨道发射装置的材料选择和结构设计提出了非常高的要求。

7. 膛口电弧转移

在电磁轨道发射过程中,枢轨之间的电弧会向引弧角转移,剩余的大量能量在引弧装置中通过电弧热、辐射热等形式释放。膛口电弧的转移过程与导轨端面烧蚀、引弧安全性、引弧角使用寿命、电枢出膛稳定性息息相关,是电磁轨道发射装置设计中需要重点考虑的关键技术之一。

8. 发射过程的后坐力

当电枢在膛内受洛伦兹力向前加速时,馈电端同时受到向后的电磁反作用力,为减小发射过程中电磁力对电磁轨道发射装置的冲击,需要通过反后坐装置进行缓冲。由于电磁轨道发射装置的重量通常是电枢的千倍以上,电枢出膛口后,电磁轨道发射装置并不能立即停止,而是向后运动一定的行程后再次复进到位,后坐力及复进力大小、后坐复进行程对发射装置的射击精度、发射速率及对安装架体的冲击力等具有显著的影响,需要进一步开展研究。

9. 材料表面处理

在动态发射过程中,电枢尾翼与导轨直接作用,经过多次发射后,由于枢轨间载流摩擦作用、接触面电弧烧蚀等因素,导轨表面会出现严重磨损,通过对其表面进行涂层处理,可以降低枢轨间摩擦系数,改善电接触性能,保护导轨基材,延长使用寿命。研究导轨表面不同的涂层制作方式,分析涂层处理后对枢轨接触性能的影响,对于改善电磁轨道发射装置性能、优化表面处理工艺具有重要作用。

4.2　导轨与绝缘体损伤机理

电磁轨道发射装置的导轨和绝缘体在发射过程中,存在着复杂的机械、电气和热作用及强大的侧向力,电枢熔化和喷溅过程中可对导轨和绝缘体造成损伤。由于导轨和绝缘体在电磁轨道发射装置中占有很重要的地位,世界各国的研究人员在试验中普遍遭遇了导轨烧蚀和绝缘体失效的问题,成为制约工程化的核心技术之一。只有分析导轨和绝缘体损伤的主要机理,并提出有效的抑制技术,才能保证电磁轨道发射装置的使用寿命和可靠性。

4.2.1　导轨的损伤形式

在发射一体化组件的过程中,从馈电位置至膛口端部的发射行程内,导轨主要依次承受起始沟槽烧蚀、刨削烧蚀、转捩烧蚀等损伤形式,如图 4 - 10 所示。电磁轨道发射装置研究的关键技术之一就是减轻或避免以上三种主要损伤形式,从而提高导轨的使用寿命。

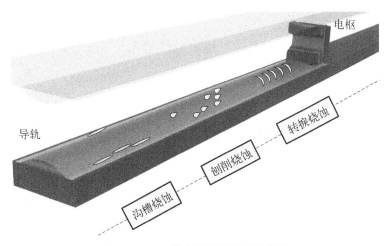

电枢

导轨

转捩烧蚀

刨削烧蚀

沟槽烧蚀

图 4-10　三种典型损伤形式示意图

1. 起始沟槽烧蚀

1988 年，在 IAT 的中小口径发射装置中，电枢起始位置的沟槽现象首先被发现。起始沟槽烧蚀的表现形式主要为：通常位于导轨起始位置，在电枢尾翼上下边缘处，始于尖锐的轴向沟槽，并逐渐变宽至不规则的样式，最终扩展至导轨与绝缘体结合部，且经过 10 余发的试验后，其沟槽深度可增大至 70 μm。图 4-11 为典型的导轨起始沟槽烧蚀形貌。

图 4-11　典型的导轨起始沟槽烧蚀形貌[199]

起始沟槽烧蚀发生在导轨起始端，这是由于电枢运动速度较低，所以电枢与导轨接触时间较长。在多次试射后发现：位于发射起始位置的导轨表面沟槽深度大于后端，且沟槽深度随发次数呈线性增长趋势。如图 4-12 所示，当进行重复发射时，起始沟槽烧蚀会逐渐加深加宽，最终会引起导轨边缘侵蚀，进而影响导轨寿命。

国外学者基于试验与 EMAP3D 软件，进行不同导轨材料的电磁、热量和应力的综合模拟分析后得出：导轨表面沟槽形成的主要原因是材料屈服应力低于局部高应力和局部温升带来的材料软化[200]。

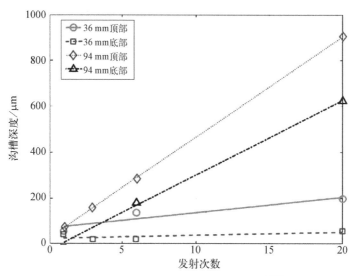

图 4 - 12　沟槽深度与发射次数的关系[201]

2. 刨削烧蚀

"刨削"一词原是机械加工中的术语,是指用刨刀对工件进行水平相对直线往复运动的切削加工方法。超高速刨削是指进行相对高速滑动的物体其接触材料界面由相对剪切运动导致的一种破坏失效现象。超高速刨削现象最初是在 20 世纪 60 年代的火箭橇试验中被人们关注的,后来在二级轻气炮试验中也相继出现。图 4 - 13(a)是美国霍洛曼空军基地火箭橇高速试验装置(The Holloman High Speed Test Track, HHSTT),HHSTT 的目标是能够将试验速度提高到 $10Ma$ 以上,然而在高速段(>8.5Ma)常常出现刨削现象,导致滑靴与导轨产生严重损伤甚至失效。图 4 - 13(b)为试验导轨上出现的典型刨削坑形貌,钢制滑靴沿钢制导轨滑行时产生了刨削,刨削坑长约 15 cm,深约 0.6 cm,呈细长的纺锤形。1978 年,澳大利亚国立大学的 Marshall 等首次报道了电磁轨道发射试验中出现的刨削现象。图 4 - 14 是电磁轨道发射装置试验中导轨上典型水滴状刨削坑。其典型特点为:刨削坑尖部指向馈电装置,弧部指向膛口。刨削坑从一个起始点开始,沿电枢的运动方向逐渐变宽变深,坑内表面凹凸不

(a) 双导轨火箭橇发射装置

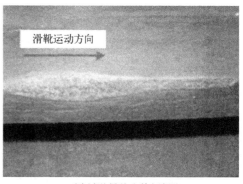

(b) 试验导轨上的刨削坑

图 4 - 13　火箭橇高速试验装置及试验导轨上出现的刨削坑[201]

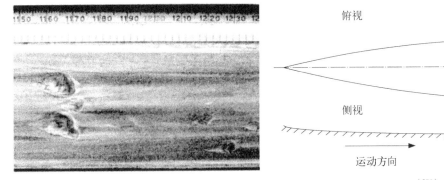

图 4-14　电磁轨道发射装置试验中导轨上典型水滴状刨削坑[201]

平,呈现熔融的表面状态,刨削坑最终收敛于弧形的尾边,尾边上常有熔融物堆积成的凸缘。

电磁轨道发射装置与火箭橇中的刨削现象虽然类似,但两者存在以下几点区别[202]:

(1)接触结构与滑动副材料的不同。火箭橇中的接触结构为火箭橇滑靴的一侧与其包覆的导轨斜面,滑靴与导轨的基体材料多使用钢,外加防磨覆层;而电磁轨道发射装置中的接触结构为固体电枢的两翼面与两根导轨的接触,电枢与导轨材料多采用铝合金、铜合金,以满足大电流传导的需要。

(2)接触界面受热环境的差别。火箭橇滑动副接触界面的热源主要来自滑动摩擦、气动力加热等;而电磁轨道发射装置滑动副电接触界面的热源主要来自焦耳热与摩擦热。

(3)滑动加速时间的差别。火箭橇试验达到的速度多数在 2.5 km/s 以下,且由于采用火箭推进,加速时间有几秒甚至几十秒;而电磁轨道发射试验达到的速度虽然与前者相当,但加速时间很短,通常只有几毫秒。

正是以上这些区别,导致了电磁轨道发射装置与火箭橇中的刨削损伤在形貌特征、产生规律上均存在着不同程度的差异。加上它们在使用环境、功能作用上的不同,决定了不能直接将火箭橇中刨削的研究成果照搬到电磁轨道发射装置的设计中。

在电磁轨道发射装置中,刨削出现的主要危害有:① 不利于枢轨界面良好的电接触;② 影响重复发射时的弹道一致性;③ 严重的刨削损伤可导致导轨直接报废,大大缩短了发射器的使用寿命,难以得到工程化应用。

3. 转捩烧蚀

转捩烧蚀的定义:在电磁轨道发射过程中,电枢与导轨间的接触状态在一定条件下由液膜接触转化为等离子体接触,同时接触面间伴随有电弧出现,进而发生烧蚀的一种现象。

转捩现象产生示意图如图 4-15 所示,转捩现象产生的电弧在枢轨表面产生剧烈的烧蚀,使接触表面质量变差,电枢运动更加不稳定,严重影响发射效果。通过对发射后导轨的微观形貌观察,发现电弧穿过了接触区,在铜基复合材料导轨表面发现许多电弧侵蚀痕迹和圆锥形烧蚀坑。

通常,从宏观参数上看,转捩会导致枢轨间的接触电压陡然升高,如图 4-16 所示。同时,接触电阻将急剧增加产生大量的热量,不仅浪费能量,还会影响发射速度及成功率,

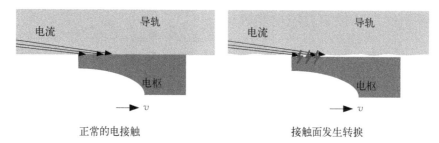

正常的电接触 接触面发生转捩

图 4 - 15 转捩现象产生示意图

进而缩短导轨的使用寿命。转捩导致的破坏主要来自内腔组件所产生的高能密度电弧放电,导轨表面受电弧侵蚀形貌如图 4 - 17 所示。其破坏形式主要包括导轨表面熔化、绝缘体消融及一些需要电绝缘组件的电破坏。此外,转捩还会对发射组件产生瞬时横向力,降低发射组件的稳定性,进而影响其内弹道特性。

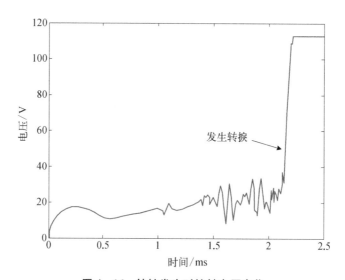

图 4 - 16 转捩发生时接触电压变化

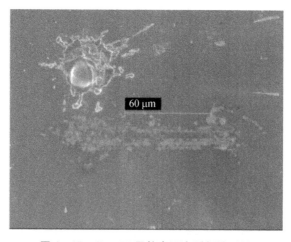

图 4 - 17 Cu - W 导轨表面电弧侵蚀形貌

4.2.2　导轨损伤机理

1. 起始沟槽烧蚀

在电磁轨道发射装置中,由广义欧姆定律可以得到

$$J = \sigma(E + v \times B) \tag{4-1}$$

电枢运动使得枢轨界面之间产生动生感应电动势。此外,枢轨界面熔化铝也会产生铝蒸气,在枢轨界面间的感应电动势达到一定幅值后,可导致枢轨界面边缘附近的铝蒸气电导通,即发生起弧放电。在放电过程中会产生 10 kA 级的寄生漏电流,当导轨局部温升超过导轨材料的软化温度时,导轨材料的屈服强度降低,此时作用在导轨表面的局部应力可超过高温时导轨的屈服应力,形成轴向的沟槽。当进行重复发射时,起始沟槽会逐渐加深加宽,引起导轨边缘侵蚀,进而影响导轨寿命。为了减少起始沟槽对导轨寿命的影响,可以采取以下措施来减少对导轨产生沟槽烧蚀损伤。

（1）选择高熔点、高密度、高比热容和高熔化潜热的金属材料作为导轨材料或者作为导轨表面涂层材料,尽量提高与电枢接触的导轨部分单位体积熔化所需吸收的热量,可以增强导轨的耐烧蚀性,表 4-3 给出不同材料熔化需要吸收的热量对比。

（2）对电枢周边进行倒角处理以降低电流密度集中,从而避免局部高温的产生。

（3）选择合适的电枢初始过盈量,以降低初始启动力。

（4）在导轨和电枢接触面涂抹润滑材料,如石墨烯等,以缩短启动时间,从而减轻焦耳热对导轨起始部分的影响。

表 4-3　不同材料熔化需要吸收的热量对比（室温 25℃）

材料	电阻率/ (10^{-8} Ω·m)	熔点 /℃	比热容/ [J/(g·K)]	密度/ (g/cm³)	熔化潜热 (熔点)/(J/g)	单位质量熔化 吸热/(J/g)	单位体积熔化 吸热/(J/cm³)
铝 Al	2.67	660	0.917	2.7	398	980.29	2 646.79
钛 Ti	54	1 667	0.528	4.5	419	1 285.97	5 786.89
铁 Fe	10.1	1 536	0.456	7.85	272	961.01	7 543.97
铜 Cu	1.694	1 083	0.385	8.9	205	612.33	5 449.73
钽 Ta	13.5	2 980	0.142	16.6	175	594.61	9 870.52
钨 W	5.4	3 387	0.138	19.3	193	656.95	12 679.25
钼 Mo	5.7	2 615	0.251	10.2	270	920.09	9 384.91
铼 Re	18.7	3 180	0.138	21.0	325	760.39	15 968.19

2. 刨削烧蚀

1）刨削形成的机理

针对刨削形成机理,国内外学者分别从试验及仿真的角度,开展了大量的研究[202]。

Gerstle 等[203]通过失效导轨观察和对刨削的金相分析,认为刨削产生的原因是高速滑动和大电流引起的局部升温,在导轨表面材料上形成了绝热剪切带,材料软化的热熔速率超过了其应变率和硬化率。

Laird 等[204]认为刨削是导轨表面存在的微观缺陷使得导轨表面有微小的凸起,在枢轨接触面高速运动时会产生一些小范围的碰撞,碰撞的力度非常大,以致材料出现类似流体的行为,最终使得导轨表面产生塑性变形,形成刨削。

Persad 等[205]对 25 mm 口径电磁轨道发射装置发射试验后的导轨进行了检测,通过粗糙度测试仪测出发生刨削对应位置的导轨背面高度差达到 50 μm,而未发生刨削对应位置的导轨背面高度差不超过 5 μm;对铜导轨刨削坑底部材料的显微观察发现有形变孪晶出现,而形变孪晶是铜材料受冲击变形的典型特征。这些现象充分说明了刨削不是由纯粹的接触热产生的,而是伴随着很强的冲击作用。此外,还统计得出导轨上与电枢接触的中心区域的刨削坑数量要明显高于边缘区域,研究了刨削发生前后材料的硬度变化,对于铜锆合金导轨,发射前的维氏硬度为 140 kg/mm²,试验后测得刨削坑区域的材料硬度增加明显(约为 170 kg/mm²)。此现象说明了刨削发生时在枢轨接触面法向导轨材料的塑性变形很大。根据刨削坑硬度测量结果推测:刨削会导致刨削坑邻近区域的材料硬度及导电性变得非均匀化。

Watt 等[206]通过试验对比了表面平整的导轨和表面有压缝的导轨对刨削起始速度的影响。试验结果表明,刨削产生时的阈值速度与导轨表面疵点的尺寸大小并没有必然的关系。他认为刨削是一种亚稳态现象,即电枢受干扰而非稳态地高速运动,在导轨中传播的弯曲波和瑞利翼散波是刨削形成的干扰源。

Stefani 等[207]认为枢轨中较硬材料的强度决定了刨削的阈值速度,理由是当较硬的材料未剥离时,是接触磨损过程,在较软的材料上留下的只是沟槽,只有当作用应力超出较硬材料的屈服强度时,这部分材料才被剥离并与较软的材料进一步作用产生更大的应力,形成刨削坑。其做了一系列试验验证该猜测,在 40 mm 口径电磁轨道发射装置上将电枢加速至 2.2 km/s,通过在铝合金电枢头部的聚碳酸酯中嵌入不同的金属块测试了不同硬度的金属材料与 C11000 铜导轨之间的刨削起始速度,得出较硬材料的硬度与刨削阈值速度下的冲击压力近似满足线性关系。

Tarcza 等[208]通过研究发现:材料屈服强度/密度与刨削阈值速度可以拟合成如图 4-18 所示的线性关系。因此,导轨材料强度的增加可以推迟刨削出现的时机,从而提高材料刨削阈值速度。由图 4-18 可见,铝和铜的刨削阈值速度可达 2.5 km/s,铝和钢的刨削阈值速度可达 3.5 km/s。

杨丹等[209]在螺栓预紧的小口径发射器上的试验发现:超过 85% 的刨削坑出现在螺栓附近,由于预紧螺栓处是导轨结构刚度系数较大的区域,所以推测发射器导轨结构刚度系数分布的不均匀性可以诱发刨削的产生。

针对电磁轨道发射装置中的刨削现象,Bourell 等[210]使用 EPIC2D 程序对铝电枢与铜导轨的刨削过程进行了二维数值模拟,发现导轨上百微米量级的微颗粒可诱发刨削,而电

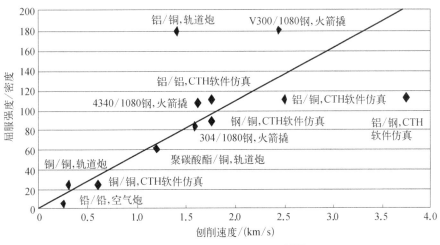

图 4 - 18　枢轨材料刨削阈值[208]

枢电磁力的施加对刨削没有明显影响。

国内学者[211-214]采用 LS - DYNA、ABAQUS 等有限元软件,对导轨刨削进行了二维及三维数值模拟,仿真的主要结论有:导轨表面微颗粒尺寸、电枢冲击速度、枢轨材料对刨削产生的影响较大;选择屈服应力较高的导轨、设计合理的电枢前角有助于降低刨削损伤;在超高速下可模拟出导轨刨削坑变浅的现象,并认为是由于侵蚀作用时间过短和应变率硬化效应的影响;认为电枢、导轨材料温度升高后强度降低,更容易发生变形,从而加剧刨削损伤。

综上所述,刨削原因大致可总结为微凸起诱导机理和干扰源机理,无论哪种机理,导轨间电枢超高速非稳态滑动冲击是导致刨削出现的直接原因。

2）刨削的抑制措施[202]

国外在寻求火箭橇刨削的抑制措施方面,开展了一些卓有成效的工作。例如,通过在导轨表面覆以底漆或环氧树脂材料,可以提高产生刨削的阈值速度。一些火箭橇试验已表明,通过在 AISI 1080 钢导轨的表面覆以 150 μm 以上的环氧树脂(低声阻抗)或氧化铁(高硬度)涂层,均可以阻止刨削的产生。文献[202]中描述显示,通常采用低声阻抗且硬度较高的导轨材料可以提高刨削的阈值速度,由于纯铜的声阻抗较高且硬度较低,所以导轨可采用铜合金材料。但由于刨削是发生在导轨表层,所以可以通过仅改变导轨表层的材料属性来达到抵抗刨削的目的,从而降低对导轨基体材料的要求[215]。

Watt 等[216]设计了一组试验研究了低声阻抗涂层对刨削的影响。对于没有电镀涂层的 UNS C15725(氧化铝弥散硬化铜合金)导轨,在 1.96 km/s 速度以上出现了刨削,而电镀 2～50 μm 厚的纯铝(99.9%)涂层的导轨均没有产生刨削,因此认为低声阻抗涂层材料可以有效阻止刨削的产生,能够对导轨基体材料起到保护作用。电镀铝涂层与发射后导轨表面的电枢铝沉积层相比,孔隙更少且与导轨基体的结合更好。光学显微镜对发射后的导轨表层观察显示,电镀铝涂层并没有剥落的现象,与导轨基体结合良好。

Siopis 等[217]通过 Ashby 图对众多材料进行了筛选,认为在铜基导轨的表层覆上钨、铬、镍、锆、钽等材料可以抵抗导轨表层的破坏,从而延长导轨寿命。

尽管超高速刨削现象已经被研究了几十年,但迄今依然缺乏刨削产生的理论机理及可靠的预测与预防措施,特别是电枢与导轨之间的高速滑动电接触伴随着电、磁、热、力多物理场与动态非线性接触过程,导轨刨削损伤的形成机理更加错综复杂,在理论建立与数值分析方面,仍有待进一步的研究。

3. 转捩烧蚀

电枢在加速运动过程中,在电磁力、摩擦力及焦耳热的共同作用下,电枢会产生一定量的磨损。在发射过程中,这可能导致枢轨接触不良甚至局部产生间隙,导致枢轨的接触电阻增大,甚至产生放电电弧,这均可引起枢轨接触面的热量急剧增大,材料在高温下性能的退化又进一步增大电枢材料的剥落,部分电枢材料在高温下可产生气化,同时随着电弧的出现会产生等离子体,最终均可使枢轨间的接触形式发生改变,它反映在两导轨间的电压上是膛口电压的幅值突然显著增加。图 4 - 19 为发射过程中伴随转捩发生时的典型脉冲电流及膛口电压波形,转捩发生的时刻约为 1.8 ms。

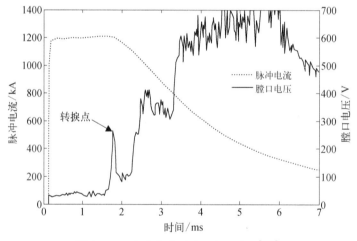

图 4 - 19　脉冲电流及膛口电压波形[216]

转捩的实质是枢轨之间的接触面液膜被破坏。根据接触电阻 CLM 模型,枢轨间的接触电阻率计算公式为

$$\rho_c l_c = \frac{\rho_{\text{rail}} + \rho_{\text{arm}}}{2} \cdot c \cdot \left(\frac{H_{\text{soft}} A_c}{F_c}\right)^m \tag{4-2}$$

式中,ρ_{rail} 为导轨电阻率;ρ_{arm} 为电枢电阻率;l_c 为接触层厚度;H_{soft} 为电枢硬度;A_c 为电枢导轨间接触面积;F_c 为枢轨间接触压力,对于铜铝接触对,$c = 10.4 \times 10^{-4}$ 且 $m = 0.63$。由接触电阻计算公式 $R_c = \rho_c l_c / A_c$ 计算得到理想情况下发射时平顶沿枢轨界面接触电阻为纳欧姆级。若枢轨之间失接触,则枢轨之间接触电阻会急剧增大。

目前,导致转捩发生的主要因素有:枢轨接触面上接触失压、电枢断裂、电枢电热容量太小、磁锯效应、$-\mathrm{d}I/\mathrm{d}t$ 效应(电流下降沿)、速度趋肤效应(熔化波烧蚀,如图 4 - 20 所示）、高速表面磨损等,其中,枢轨接触面上接触失压、电枢断裂、电枢电热容量太小、磁锯效应等机制引起的转捩现象均可通过优化电枢结构获得解决。因此,目前认为转捩的产生是多种效应共同作用的结果,其主要包括 $-\mathrm{d}I/\mathrm{d}t$ 效应(电流下降沿)、速度趋肤效应(熔化波烧蚀)、高速表面磨损等,如表 4-4 所示。

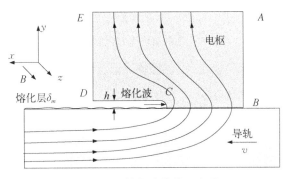

图 4-20　熔化波烧蚀示意图

表 4-4　国内外研究主要转捩机制及状态[218]

主要转捩机制	状　态
电流熔化波烧蚀造成接触压力缺失	电枢电热集中烧蚀周边接触区域,烧蚀会产生磁箍缩效应,由此导致枢轨分离
表面磨损(机械)造成接触压力缺失	枢轨接触面间的黏性力导致接触面材料过度损失,接触压力缺失导致枢轨分离
膛口处电力学效应($-\mathrm{d}I/\mathrm{d}t$)造成接触压力缺失	内膛磁场的快速减小在电枢上感应涡流,导致接触压力缺失和枢轨分离

对于 $-\mathrm{d}I/\mathrm{d}t$ 造成接触压力缺失导致的转捩产生机理,分析如下:如图 4-21、图 4-22 所示,在电流下降段,膛内的磁感应强度下降,磁通量减小,导轨和电枢内的磁通量开始向外扩散,电枢内的磁感应强度下降。由楞次定律可知,电枢区域磁通量变化会在电枢内部感应出涡流,涡流产生的磁场方向总是阻碍磁通量的变化,涡流的强度与磁通量变化率成正比,即与驱动电流的下降速率成正比,如果驱动电流下降得足够迅速,则电枢两臂内可能产生非常大的涡流,电枢两臂涡流使电枢内侧表层表现出与驱动电流方向相反的电流,最终造成枢轨接触面压力缺失,造成转捩的发生。

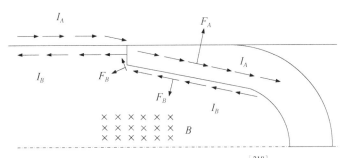

图 4-21　驱动电流与涡流示意图[218]

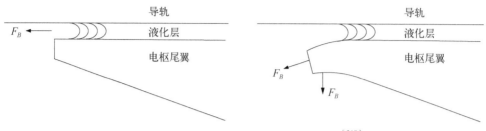

图 4 - 22　局部方向涡流导致转掞破坏形式[218]

针对转掞产生机理的研究,国内外学者提出了诸多假说,图 4 - 23 给出一种气泡引入诱导机理。在发射过程中,枢轨接触面的状态会由静态润滑到动态润滑转变,随着速度的提高,空气气泡可能从接触面的前端引入,对接触面状态产生影响,从而诱导出转掞现象的发生。

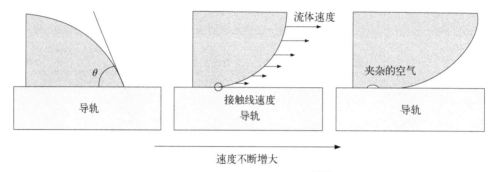

图 4 - 23　接触状态演变过程[219]

目前,在转掞机理尚不明确的情况下,需要从导轨材料选择、导轨结构设计、收口内膛设计、电枢结构设计及脉冲供电电流波形等技术措施来减少转掞的发生。在发射过程中,电、机械设计必须能够提供足够的接触载荷(1 g/A),设计时必须考虑电流的变化(特别是电流上升和下降阶段),以及高磨损的影响(通常按照 1 mm/m 考虑)。

4.2.3　绝缘支撑体的损伤形式

1. 绝缘支撑体的评价与选择

在电磁轨道发射装置中,导轨用于传导电流,并在膛内产生强磁场,推动电枢完成动态发射。绝缘支撑体用于支撑上、下导轨。在高压脉冲大电流通过时,绝缘支撑体要保证导轨间的电气绝缘,并在静态预紧与动态发射工况下保证机械结构稳定。在电流通过和电枢运动过程中,内膛中的焦耳热和摩擦热会传递到绝缘支撑体表面。因此,绝缘支撑体工作于极强的电磁、机械、温度耦合场环境中,极易发生损伤和失效。

一般来说,对内膛绝缘支撑体的研究主要分两条技术路线进行。一条是采用增韧陶瓷材料的技术路线;另一条是玻璃纤维增强树脂基复合材料的技术路线。着眼于电磁发射装置内膛的实际工作环境,从 20 世纪 80 年代开始,相关工作人员曾采用十几种材料,作为等离子体电枢的发射装置腔内绝缘支撑体材料使用,并通过每种材料在电磁发射后的变化,提出了一些选择和评价标准[220-223]。

1) 抗烧蚀能力

电磁轨道发射装置动态发射时腔内的高温,会造成绝缘支撑体的内表面烧蚀。而绝缘支撑体烧蚀后,一方面其烧蚀产生的气体环境会使枢轨间出现的微电弧迅速发展为严重的转捩故障;另一方面烧蚀引起绝缘体表面碳化,降低了绝缘电阻,影响发射安全性和发射效率。对于绝缘支撑体的抗烧蚀能力,可通过式(4-3)的熔化热流密度定量描述。

$$q = T_m \sqrt{\pi \rho c k / t_e} \tag{4-3}$$

式中,q 为材料发生熔化时的热流密度;T_m 为绝缘支撑体材料熔点;ρ 为绝缘支撑体材料密度;c 为绝缘支撑体材料比热容;k 为导热率;t_e 为材料在该环境下的暴露时间。

显然,根据该公式,材料自身熔点越高,其抗烧蚀能力越强,因而相比于树脂基复合材料,陶瓷类材料的抗烧蚀能力显然更强。

2) 抗热冲击性能

电磁轨道发射装置腔内温度会在几毫秒内迅速升高,因而绝缘支撑体不仅要承受稳定的高温作用,在温度载荷施加的瞬间还要承受较强的热冲击。电磁发射的瞬时热冲击会造成绝缘支撑体内产生极大的热应力,使绝缘体表面发生开裂,引起发射事故。为相对定量地描述绝缘体抗热冲击的能力,定义材料的弯曲强度与热冲击下热应力的比值为参考指标,得

$$TSR = \frac{\tau_m}{\sigma_h} = \frac{\tau_m(1-\nu)\sqrt{\rho c k}}{E \alpha_h} \tag{4-4}$$

式中,τ_m 为绝缘材料的弯曲强度;σ_h 为热冲击下材料的热应力;ν 为材料泊松比;α_h 为热膨胀系数;E 为材料弹性模量。可以看出,材料自身抗弯强度越高,其抗热冲击性能也越好。

3) 抗断裂能力

电磁轨道发射装置的绝缘体既要承受静态下的预紧载荷作用,还要承受动态发射下的拉伸和压缩交变应力的作用。为保证绝缘体结构的完整性,要求绝缘支撑体具有较强的抗裂纹扩展能力和抗断裂能力。这种能力可以通过断裂韧度表示:

$$K_f = \alpha \sigma_f \sqrt{s} \tag{4-5}$$

式中,K_f 为断裂韧度;α 为与裂纹形状和尺寸相关的常数;σ_f 为材料的断裂强度;s 为裂缝长度。值得注意的是,对于树脂基复合材料,由于材料本身的韧性较高,通常只要压缩和拉伸强度满足要求,就不会产生裂纹。而对于陶瓷材料,其 K_f 通常波动较大,需要特别关注。

4）重复发射后的击穿电压

在重复多次发射后,膛内绝缘支撑体表面会出现明显的烧蚀和碳化,对上、下导轨间的绝缘状态造成威胁。但目前该指标主要与射击次数、发射能级、口径、材料本身的含碳量等因素有关,具体情况主要通过试验的方式测定。表4-5给出不同绝缘材料的性能指标。可以看出,树脂基复合材料的抗烧蚀能力较差,有一定的抗热冲击能力,其力学性能较好,抗断裂能力强。陶瓷材料耐热性远高于树脂基复合材料,但其较差的断裂韧性严重地限制了其在电磁轨道发射装置中的应用。

表4-5　不同绝缘材料性能指标

材　料	烧蚀阈值/ $(10^8\ W/m^2)$	抗热冲击能力/ 10^6	断裂韧性/ $(MPa \cdot m^{1/2})$	备　　注
Lexan	0.23	0.2	—	聚碳酸酯
G-10	0.23	1.63	—	玻璃纤维增强环氧树脂基复合材料（GFRP）
G-11	0.24	1.70	—	玻璃纤维增强环氧树脂基复合材料（GFRP）
Al_2O_3	12.11	0.95	2.50	工业陶瓷
SiC	27.63	3.03	4.60	先进陶瓷
ZTA	7.28	7.94	9.89	增韧陶瓷

早期的电磁轨道发射装置能级和口径较小,且多为单发试验,因此大多使用上述材料作为电磁轨道发射装置的绝缘材料,同时这一阶段关于绝缘方面的问题研究较少。20世纪80年代,美国桑迪亚国家实验室 Olsen 等[224]开发了聚碳酸酯、聚醚酰亚胺、三聚氰胺等多种树脂的玻璃纤维布增强复合材料用于电磁轨道发射装置,试验结果发现采用三聚氰胺树脂作为基体的绝缘支撑体,其表面碳化程度远低于其他绝缘材料。随着试验能级和重复次数增加,电磁轨道发射装置的绝缘问题逐渐开始暴露。20世纪90年代,等离子体电枢和混合电枢用于解决滑动电接触问题,发射过程中产生大量电弧及等离子体烧蚀绝缘支撑体表面,导致热固性树脂的表面碳化严重,电磁轨道发射装置绝缘电阻大幅下降,因此 Rosenwasser 等[225,226]研究认为热固性树脂基复合材料无法应用于电磁轨道发射装置内膛绝缘体中,针对绝缘体烧蚀问题,开发了复相与晶须增强的 Al_2O_3 和 Si_3N_4 无机陶瓷材料。

通过对等离子体电枢电磁轨道发射装置的大量数据的积累和研究表明,等离子体电枢的应用前景有限,固体电枢逐渐成为电磁轨道发射装置中电枢的主流形式,铝/铜枢轨匹配性问题的解决,使得电磁轨道发射装置的工程化应用得到了迅猛推进,大口径内腔和高频率动态发射等工况,要求绝缘体不仅具备优异的抗烧蚀性能,而且具备耐冲击疲劳和熔铝烧蚀性能。而陶瓷材料的脆性大、抗疲劳性能差,容易断裂,又成为电磁轨道发射装置安全运行的一大隐患;高性能的结构/功能一体化复合材料可以扬长避短,显著提高发射装置的可靠性。

近年来,国内对绝缘体问题展开了大量研究,总结了内膛绝缘支撑体所出现的几种典型的损伤形式：金属污染、冲刷刨削、断裂分层和表面烧蚀。图4-24是采用玻璃纤维增强环氧树脂绝缘材料(G-10)的电磁轨道发射装置内膛绝缘支撑体，经过数十次动态发射试验后的宏观表面形貌[227]。

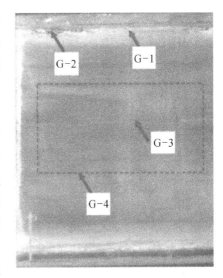

图4-24　动态发射试验后G-10绝缘支撑体的宏观表面形貌[227]

2. 金属污染

金属污染是指发射过程中滑动电接触产生的摩擦热和脉冲电流产生的焦耳热使枢轨接触区域金属熔融或气化产生液滴和蒸气黏附在绝缘体表面的现象。该现象降低了复合材料表面的绝缘性能，甚至导致膛内在发射过程中出现放电打火现象，严重影响发射装置的效率和安全运行[228]。从图4-24可以看出，除了绝缘体拼接处有明显的金属光泽外，大部分铝屑主要堆积在靠近枢轨接触的区域(G-1和G-2处)，通过图4-25中SEM微观形貌可以观测

到G-1处树脂的无定形组织中有一块明亮的铝屑斑块，内膛组件拆卸时也发现绝缘体与导轨直接接触的表面存在铜金属的侵蚀，如图4-26所示。表4-6中扫描电镜的元素能谱(energy dispersive spectrometer, EDS)分析结果也证实了这一点，绝缘体表面靠近枢轨接触的区域(G-1和G-2处)中Al和Cu的元素含量均明显高于中间区域(G-4处)。

图4-25　G-10绝缘体G-1区域的SEM微观形貌

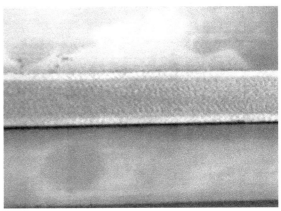

图4-26　金属铜对绝缘体的侵蚀

表4-6　G-10绝缘体表面不同区域的能谱分析(%)

元素比例	Al	O	Cu	Mg	Si	Zn	Ca	C
G-1	58.9	9.5	16.3	2.3	2.3	5.1	0.8	4.8
G-2	56.3	12.1	13.6	1.9	1.8	5.9	0.6	7.8
G-4	18.64	16.36	1.52	0.56	15.4	10.72	0.5	29.2

2011 年，Chakravarthy 等[229]采用透明聚碳酸酯材料作为电磁轨道发射装置的绝缘体，通过高速摄像机直接拍摄了整个动态发射过程中的金属污染，发现从电枢起始位置开始，就有金属蒸气和液滴产生，伴随着转换过程甚至产生等离子体弧光（图 4-27），电枢出膛后，大量金属蒸气和液滴留在膛内并沉积在导轨和绝缘体表面，当绝缘体表面的金属沉积到一定量时，可能导致上、下导轨短路而失去绝缘性能。

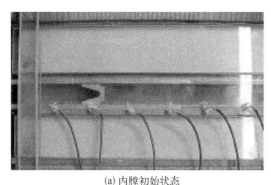

(a) 内膛初始状态　　　　　　　　　　　(b) 电枢转换过程中的等离子体烧蚀

图 4-27　电磁发射过程的高速摄像[229]

通过观察固体电枢表面的熔化状况和绝缘体表面金属的分布状况，推测金属液滴和蒸气主要产生于枢轨接触位置，并且当接触位置的熔融铝在发射过程中受到巨大的挤压力时，还会发生喷射现象，高速（>300 m/s）喷射的熔融铝会对绝缘体表面造成严重的冲刷损伤，侵蚀材料基体，降低绝缘体的机械性能[230]。苏子舟等[228]采用红外热成像技术测量出等离子体喷射物的温度高达 2 212.3℃，随着等离子体喷射物逐渐散去，在 80 ms 内导轨表面温度逐渐下降到 174.3℃。

Wetz 等[231]同样采用高速摄像的方法观测到从枢轨接触界面处熔融铝液挤出喷射的现象，并根据枢轨接触的挤压力、磁动力及流体特征这三个因素计算出喷射速度，由于电枢运动速度远超声速，且整个装置处于强磁场中，金属蒸气和液滴的运动过程较为复杂。因此，绝缘体表面的金属污染沉积规律及金属污染的消除方法有待进一步的研究。

3. 冲刷刨削

通过大量试验发现，绝缘体表面靠近枢轨接触面的区域除铝屑污染以外，还存在大量沟槽，不同工况下使用不同绝缘材料的沟槽尺寸各异，例如，图 4-24 中的 G-10 绝缘体在经过 15 次动态发射后产生的沟槽长约 10 mm，深 2~3 mm，而采用玻璃纤维布增强普通环氧树脂的绝缘材料层合板，仅 2 次动态发射后，靠近导轨上、下边缘处就可产生 40~50 mm 长的沟槽，同时表面铺层支离破碎，出现严重的剥离现象。

实际上，现场拆卸时发现部分绝缘支撑体表面的沟槽被金属填满，且结合强度非常高，必须通过磨削的方式才能清除金属残渣，从表 4-6 的 EDS 分析结果可以看出，图 4-24 中 G-10 绝缘体表面的 G-2 沟槽内也检测出大量 Al 和 Cu 元素，可以判断绝缘体表面靠近枢轨接触面的沟槽是由动态发射过程中喷射出的熔融铝液侵蚀而成的。

电磁发射过程中电枢在内膛的运动速度可以高达 $7Ma$，电枢压缩空气形成高温高压气流侵入绝缘体表面的沟槽,导致绝缘体层合板表皮鼓包甚至剥离。Hayes 等[232]研究固体电枢在电磁轨道发射装置内复合材料绝缘支撑体的损伤问题,发现一旦层合板层间界面存在弱界面,靠近内膛的表面就会在高速气流的冲击和剪切作用下剥落,最为严重的是狭长的发射装置内膛中无法清除剥离的表皮,导致随后的发射过程中剥皮不断增大并阻滞内膛,对于不可拆卸的缠绕型电磁轨道发射装置,只能整体报废。

4. 断裂分层

在电磁发射过程中,包括一体化发射组件、绝缘支撑体和导轨在内的内膛组件相互间存在机械冲击。在静态条件下,由于预紧力的存在,导轨和绝缘体相互挤压,在绝缘体内部产生一定的弯曲应力;在动态发射过程中,导轨受到电磁力的作用向外排斥,抵消预紧力并与绝缘体分离,电枢出膛以后,导轨在预紧力作用下迅速回落,对绝缘体产生巨大的压缩冲击作用,除此之外,由气动热和焦耳热引起发射前后内膛的极大温差,也会对绝缘体产生循环热冲击,在材料内部产生较高的温度梯度和热应力,所以热震性能较差和脆性较大的陶瓷绝缘体极易发生断裂,如图 4 - 28 所示。

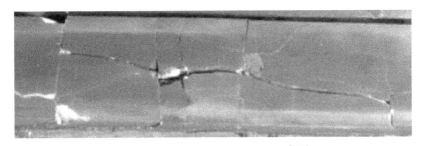

图 4 - 28　发生断裂的陶瓷绝缘体[232]

尽管二维织物使得纤维增强树脂基绝缘材料的平面内材料性能得到了强化,但层间界面弱作用是其断裂分层的主要诱因。根据层合板堆垛方向的不同,树脂基绝缘体存在多种分层失效现象。对于堆垛方向平行于内膛表面的绝缘体,靠近内膛的一侧,在循环热冲击作用下产生微裂纹(图 4 - 24 中的 G - 3 处),裂纹一般沿轴向长度方向分布,随着电磁发射次数的增加,热损伤沿厚度方向存在自蔓延效应,裂纹迅速贯穿整个厚度,导致绝缘体完全断裂并突出内膛,对发射组件的内弹道运行造成干扰,甚至引发事故(图 4 - 29)。

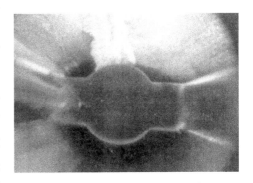

图 4 - 29　绝缘体 G - 10 的分层裂纹图

5. 表面烧蚀

表面烧蚀是指绝缘体在经历多次电磁发射过程后,表面树脂基体在高温热源和电弧闪络的作用下发生消融、降解和碳化等一系列变化,造成绝缘体的介电性能下降并破坏其表面平整性,甚至降低绝缘体整体的机械性能。

从如图 4-30 所示的 SEM 微观形貌和如表 4-6 所示的 EDS 分析结果可以看出：添加了金属氧化物粉末的环氧树脂基 G-10 绝缘体的 G-4 表面部分玻璃纤维裸露且表面非常光顺，该区域 C 元素的含量甚至高于 O 元素，表明包裹纤维的环氧树脂一定程度上被消融碳化，环氧基团发生降解[228]。

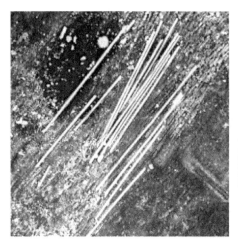

图 4-30　G-10 绝缘体 G-4 区域的
　　　　　SEM 微观形貌

图 4-31　绝缘体不同位置烧蚀损伤状况

高温热源和电弧闪络主要来自两方面：一方面发射过程中电枢高速运动产生的气动热和等离子电弧；另一方面电枢离开膛口后，与引弧器起弧，产生超高温等离子体，经测量电弧中心温度瞬间可达到 20 000℃，此时内膛形成较大的负压将高温等离子体吸入膛内，造成绝缘体表面严重烧蚀（图 4-31）。

燕山大学李帅通过有限元仿真，模拟电磁发射环境对绝缘支撑体的烧蚀过程，研究了不同初始电压条件下绝缘支撑体所处的温度场，并提出了采用氧化铝涂层对绝缘支撑体进行表面处理以改善其耐烧蚀性能的措施[221]。

Rosenwasser 等[226]通过大量试验数据计算出多种材料的烧蚀阈值（表 4-5）。Nornoo 等[233]则发现可以通过自由电弧速度的变化来确定绝缘材料的烧蚀阈值和烧蚀速率。

早期试验中研究人员发现：一些耐高温性能差的材料经过同样次数与能级的动态发射试验后表面烧蚀程度甚至低于耐高温性能好的材料。原因是环氧树脂基的 G-10 绝缘材料与耐高温树脂基绝缘材料的抗烧蚀机理不同，G-10 绝缘体环氧树脂体系配方中添加了大量的液体或固体阻燃剂填料，如溴代环氧树脂、十溴二苯醚、纳米氢氧化铝粉末等。当表面高温或电弧短瞬燎火时，溴代环氧树脂基团抑制了高分子碳链发生氧化降解和进一步碳化，并且高热容的氢氧化铝粉末传递热量较快，防止热量在表层树脂累积，从而显著增强表面的耐烧蚀性能，但副作用是填料小分子烧蚀脱离后，形成灰尘覆盖在导轨表面，因此发射前后必须进行清膛处理。

而高温树脂自身的玻璃化转变温度、热分解温度和烧蚀后的残碳率较高，树脂降解以后表面形成类似气凝胶结构的残碳层,降低热传导率并阻塞热气流向树脂深层的蔓延,但表面碳层累积过多会导致绝缘体表面电阻大幅下降,极易引发电弧闪络。因此,在选择绝缘体树脂基体时要综合考虑树脂的耐高温、低碳化率、低导热率和低热分解速率等性能指标。

4.3　多物理场耦合计算

电磁轨道发射装置在单次发射过程中,会伴随着强大的脉冲电流、高幅值磁场、枢轨接触面处存在高达 $7Ma$ 的高速滑动摩擦磨损及电弧烧蚀。在多次发射中,循环脉冲电流带来的力载荷冲击、脉冲热振、电弧侵蚀与绝缘降级,使得内腔环境极端苛刻与复杂,是多物理强耦合过程。其主要涉及电磁场、温度场、应力场、流体场等物理场及相互耦合的作用,如图 4 - 32 所示。

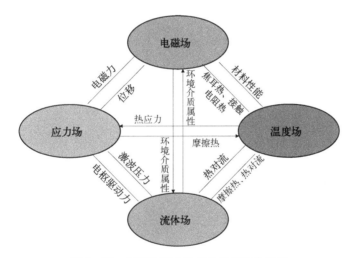

图 4 - 32　电磁轨道中的多物理场耦合关系

4.3.1　发射运动电磁场仿真

1. 运动电磁场问题的特点

电磁轨道发射器动态发射过程的数值计算一直是国内外学者研究的热点。然而,滑动电接触问题具有其自身的特殊性,主要表现为:运动分界面处需同时满足磁场强度 H、磁感应强度 B、电场强度 E、电流密度 J 等四个物理量的分界面条件。

$$\begin{cases} \hat{\boldsymbol{n}}_{12} \cdot (\boldsymbol{B}_1 - \boldsymbol{B}_2) = 0 \\ \hat{\boldsymbol{n}}_{12} \times (\boldsymbol{H}_1 - \boldsymbol{H}_2) = \boldsymbol{0} \end{cases} \tag{4-6}$$

$$\begin{cases} \hat{\boldsymbol{n}}_{12} \cdot (\boldsymbol{J}_1 - \boldsymbol{J}_2) = 0 \\ \hat{\boldsymbol{n}}_{12} \times (\boldsymbol{E}_1 - \boldsymbol{E}_2) = \boldsymbol{0} \end{cases} \tag{4-7}$$

对于图 4-33(a)所示的传统直线电机运动问题,在运动边界处,两侧的媒介均为空气,因此分界面处仅需满足式(4-6)中的分界面连续条件即可。采用 $A-\varphi$、A 法时,只需在分界面处保证矢量磁位 A 连续,即可满足上述分界面条件。

对于图 4-33(b)所示的滑动电接触问题,由于电接触分界面处仍需满足式(4-6)和式(4-7)两个分界面连续条件,所以必须保证 A 在分界面处连续,且由于在分界面处存在电流的流通,所以分界面处还存在着 E 的切向连续条件和 J 的法向连续条件,需要另行处理 E 的切向连续条件。另外,由于 J 的法向连续条件已经被隐含在简化的控制方程中,不需要特别处理。

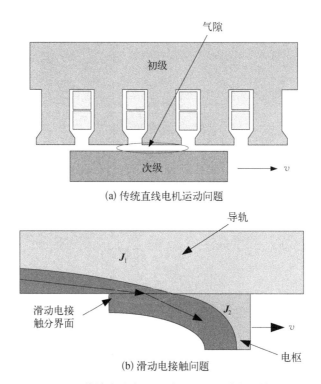

图 4-33 传统直线电机运动问题及滑动电接触问题

为解决这一类滑动电接触问题,部分学者基于有限差分法建立了二维下的电磁场、温度场数学离散模型,分析了电枢运动下的电流分布特点。然而,由于传统有限差分法的固有缺点,所以难以对复杂结构的电枢进行精确的分析。

一部分学者基于节点元法,在两个不同导体的分界面处采用双节点法,选择非连续的矢量磁位 A 处理电枢的运动问题,但这种方法并未在三维运动涡流问题中得到验证;另一部分学者利用棱边元法,选取 H 作为求解量,建立了电磁轨道发射器的三维有限元模型,并引入迎风因子处理电枢运动问题,在考虑电枢运动的同时,保持了网格拓扑结构不变。然而,迎风因子的引入,在电枢速度较大时导致的 Peclet 数增大会严重影响模型的收敛性和准确性。美国 Hsieh 等学者开发了具备进行电磁轨道发射器动态发射下的多物理场数值计算能力的三维机电分析程序代码 EMAP3D。此后,EMAP3D 分别通过与三维显式动力学程序代码 DYNA3D 耦合、引入弹塑性本构模块,弥补了电枢的刚体假设不足,针对计算规模需求不断增加,EMAP3D 又推出了并行计算版本,使其仿真效率大幅提升。目前,EMAP3D 已经比较完备,是迄今较为成熟的一款电磁轨道发射器动态发射数值模拟软件[234,235]。

2. 滑动电接触的二维运动电磁场

对于图 4-34 所示的二维电磁轨道发射装置的磁扩散问题,其电磁场控制方程为

$$\sigma\mu\frac{\partial B_z}{\partial t} + \sigma\mu v_x\frac{\partial B_z}{\partial x} = \frac{\partial^2 B_z}{\partial x^2} + \frac{\partial^2 B_z}{\partial y^2} \tag{4-8}$$

其求解域边界条件为

$$\begin{cases} B_z = 0, & S_4, S_5, S_6, S_7 \\ B_z = B_{z0}(t) = \mu J, & S_1, S_2 \\ \dfrac{\partial B_z}{\partial x} = 0, & S_3 \\ \dfrac{\partial B_z}{\partial y} = 0, & S_8 \end{cases} \tag{4-9}$$

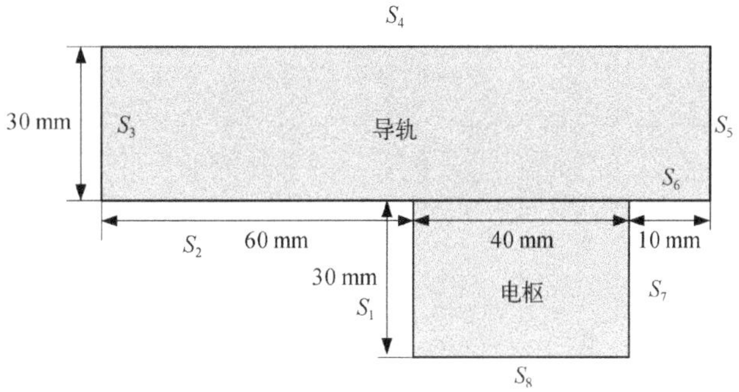

图 4-34　二维电磁轨道发射装置

式中,σ、μ、v_x 分别为材料的电导率、磁导率及电枢运动速度,以上参数均是与区域相关的参数,若假设导轨运动,则 v_x 为导轨运动速度,而电枢静止不动,则 v_x 为零;B_z 为电磁感应强度,对于二维问题,仅存在 z 方向分量;J 为施加的电流密度,其方向平行于求解域平面,对于边界 S_2,J 仅存在 x 方向,对于边界 S_8,J 仅存在 y 方向。模型中边界 S_1、S_2 处施加的电磁感应强度用于等效引入电流密度激励。

巴斯大学的 Rodger 在进行 MEGA 软件设计的过程中,分析了电枢运动情况下导轨内侧电流密度分布特点。模型结构及材料属性如表 4-7 所示,其中,电枢材料的电导率为 35 MS/m,导轨材料的电导率为 58 MS/m。在数值模拟过程中,电枢以 20 m/s 的恒定速度运动,施加的线电流密度为恒定值,大小为 10 kA/mm。

表 4-7　模型结构及材料属性

参　　数	电　枢	导　轨
长度/mm	40	110
厚度/mm	30	30
电导率 σ/(MS/m)	35	58

利用有限元数值计算平台,建立了电磁轨道发射装置的二维节点元模型及二维棱边元模型。图 4-35 给出二维棱边元模型计算至 $t=4$ ms 时的电流密度分布图。二维节点元模型及二维棱边元模型计算出的导轨内表面电流密度曲线如图 4-36 所示。

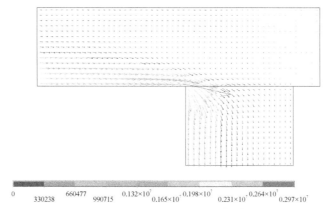

图 4 - 35　电流密度分布图[236]

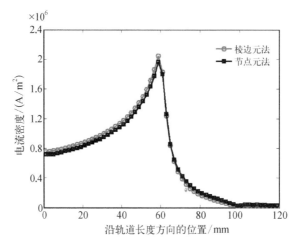

图 4 - 36　导轨内表面电流密度曲线[236]

　　由仿真结果可以看出,由于运动速度的存在,模型中的电流集中在枢轨接触面靠近电枢后侧及导轨内侧范围。这种典型的现象称为速度趋肤效应。关于电枢尾翼处电流渗透深度 δ 定义如图 4 - 37 所示,在枢轨接触面附近区域,假设导轨内的电流分布特点为:其 x 方向分量远大于 y 方向分量;电枢内电流的方向与电枢尾翼轮廓线 OC 平行,不同学者推导出的 δ 表达式如表 4 - 8 所示,公式中的参数见图 4 - 37。

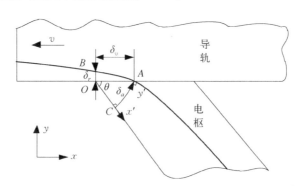

图 4 - 37　枢轨接触面电流分布及不同的速度趋肤深度公式[237]

表 4 - 8　不同学者推导出的 δ 表达式

学　　者	δ 表达式（$v = 1\,000$ m/s）
Paul Parks	$\delta_\nu = \dfrac{1.24\rho_a^2}{\mu\rho_r\nu} \approx 0.372$ mm
Barber & Dreizen	$\delta_\nu = \dfrac{\rho_a^2}{\mu\rho_r\nu} = 0.3$ mm
Merrill & Stefani	$\delta_\nu = \sqrt{\dfrac{\pi\rho_{\text{slab}}t_0}{\mu\nu}} \approx 0.3$ mm

速度趋肤效应不仅会造成枢轨内电流、磁场的集中,由于改变了导轨内的电流分布特性,也会对发射装置的集中电气参数产生较为明显的影响。

3. 滑动电接触的三维运动电磁场

对于如图 4 - 38 所示的电磁轨道发射装置三维求解域模型,在考虑电枢运动的情况下,将求解域划分为运动部分和静止部分两大子区域。其中,运动部分包括电枢及同侧的空气区域;静止部分包括导轨及同侧的空气区域。两大子区域分别采用独立的坐标参考系: 对于运动部分,采用运动坐标系描述;对于静止部分,采用静止坐标系描述。若采用 $\boldsymbol{A}$ 和 φ 作为变量,则整个求解域对应的控制方程可统一写为

$$\nabla \times (\nu\nabla \times \boldsymbol{A}) + \sigma\nabla\varphi + \sigma\frac{\mathrm{d}\boldsymbol{A}}{\mathrm{d}t} = \boldsymbol{0} \tag{4 - 10}$$

$$\nabla \cdot \left(\sigma\nabla\varphi + \sigma\frac{\mathrm{d}\boldsymbol{A}}{\mathrm{d}t}\right) = 0 \tag{4 - 11}$$

式中, ν 为磁阻率; σ 为电导率。以上参数均与区域有关,例如, σ 在空气区域为零,在导体区域不为零。

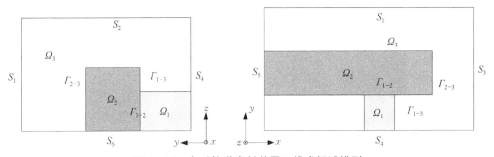

图 4 - 38　电磁轨道发射装置三维求解域模型

对于运动区域, $\boldsymbol{A}$ 对时间 t 的全导数与 $\boldsymbol{A}$ 对时间 t 的偏导数这两者之间的关系为

$$\frac{\mathrm{d}\boldsymbol{A}}{\mathrm{d}t} = \frac{\partial\boldsymbol{A}}{\partial t} + (\boldsymbol{v}\cdot\nabla)\boldsymbol{A} \tag{4 - 12}$$

式中, $\boldsymbol{v}$ 为导体的运动速度。显然,对于静止部分, $\boldsymbol{A}$ 对时间 t 的全导数与 $\boldsymbol{A}$ 对时间 t 的偏

导数相等。

若引入时间积分标量电位 V,则 φ 与 V 的关系为

$$\varphi = \dot{V} = \frac{\mathrm{d}V}{\mathrm{d}t} \qquad (4-13)$$

在如图 4-39 所示的求解区域中,在 $\Gamma_{i,j}$ 上有

$$\begin{cases} \boldsymbol{n}_{ij} \cdot (\nabla \times \boldsymbol{A}_i) = \boldsymbol{n}_{ij} \cdot (\nabla \times \boldsymbol{A}_j) \\ \boldsymbol{n}_{ij} \times (\nu_i \nabla \times \boldsymbol{A}_i) = \boldsymbol{n}_{ij} \times (\nu_j \nabla \times \boldsymbol{A}_j) \\ \boldsymbol{n}_{ij} \times (\nabla \dot{V}_i + \dot{\boldsymbol{A}}_i) = \boldsymbol{n}_{ij} \times (\nabla \dot{V}_j + \dot{\boldsymbol{A}}_j) \\ \boldsymbol{n}_{ij} \cdot \sigma_i (\nabla \dot{V}_i + \dot{\boldsymbol{A}}_i) = \boldsymbol{n}_{ij} \cdot \sigma_j (\nabla \dot{V}_j + \dot{\boldsymbol{A}}_j) \end{cases} \qquad (4-14)$$

在 S_i 上有

$$\begin{cases} \boldsymbol{n}_i \cdot (\nabla \times \boldsymbol{A}_i) = 0 \\ \boldsymbol{n}_i \times \sigma_S (\nabla \dot{V}_i + \dot{\boldsymbol{A}}_i) = 0 \end{cases} \qquad (4-15)$$

式中, $\boldsymbol{n}_{ij}$ 为区域 Ω_i 与 Ω_j 之间的分界面 $\Gamma_{i,j}$ 的单位法向矢量; $\boldsymbol{n}_i$ 为边界面 S_i 上的单位法向矢量;下标 i、j 表示求解域的编号,i、j 均为整数,且满足 $i < j$。

$$\dot{\boldsymbol{A}} = \frac{\mathrm{d}\boldsymbol{A}}{\mathrm{d}t} \qquad (4-16)$$

对于式(4-14)中的分界面条件,在分界面处采用双节点法并通过罚函数法保证上述所有分界面条件的成立。

公开文献给出了设于美国佛罗里达州实验室的奥卡卢萨电枢测试发射装置 OAT(Okaloosa Armature Tester, OAT)的结构尺寸。其主要截面尺寸示意图如图 4-39 所示,其中导轨高度为 31.75 mm,导轨厚度为 6.35 mm,该装置内膛尺寸为 25 mm×25 mm 方口径;与 OAT 发射装置配合试验的电枢型号为 MCA(Material Characteristics Armature, MCA)系列,其中,MCA103 电枢平面结构尺寸示意图如图 4-41 所示;图 4-40 给出数值计算平台计算结果与 EMAP3D 计算结果及试验

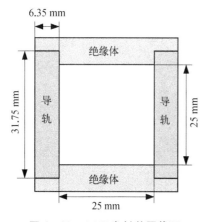

图 4-39   OAT 发射装置截面尺寸示意图[234]

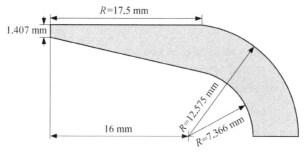

图 4-40   MCA 103 电枢平面结构尺寸示意图[234]

结果的对比。出口速度对比如表 4 - 9 所示。

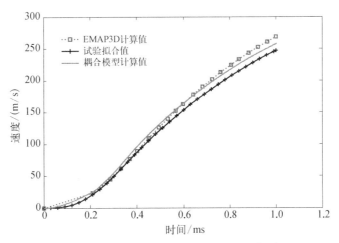

图 4 - 41　速度计算值与测试值的对比[234]

表 4 - 9　有限元数值计算平台与试验值的对比[234]

参　数	EMAP3D 计算值	耦合模型计算值	试验值
出口速度/(m/s)	268.2	257.1	247.0

图 4 - 42 给出电感梯度随时间变化曲线。仿真结果表明：电磁轨道发射装置的电感梯度 L' 在电流峰值时刻达到最大值，为 $0.46\,\mu H/m$，随后逐渐减小至 $0.42\,\mu H/m$。在峰值电流时刻以前，发射装置的电感梯度主要受电流上升率影响，由于电流在导体内的扩散深度与时间相关，所以电感梯度存在逐渐增加的过程，在电流峰值时刻之后，电枢的速度逐渐增大，电感梯度主要受速度趋肤效应的影响。

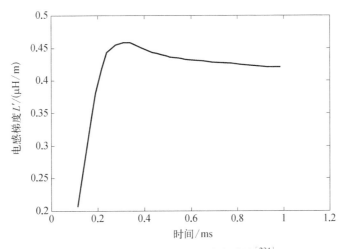

图 4 - 42　电感梯度随时间变化曲线[234]

4.3.2　多物理场耦合仿真技术

多物理场耦合分析是对两个或两个以上物理场之间存在相互作用的分析,耦合场分析方法按照求解方法不同可以分为直接方法和间接方法两种。直接方法多用于两个物理场之间是强烈耦合作用关系或者是高度非线性关系时,可使用相同的网格和单元,一次求解出所有物理场的自由度。当多物理场的相互作用非线性程度不是很高时,每种物理场可以相互独立地进行分析,不同物理场之间可以通过灵活高效的载荷传递方法进行相互耦合分析,直到收敛达到一定的精度。表4-10给出目前不同商业软件的多物理场耦合仿真能力对比。

表4-10　不同商业软件的多物理场耦合仿真能力对比

软件	是否具有运动电磁场计算能力	电磁-动力学耦合能力	动力学计算能力	多场重频计算能力
ANSYS	是 (ANSYS Electronics Maxwell中Band只适用有气隙的定转子结构;ANSYS Emag的基于UPFs语言二次开发可以计算滑动电接触)	弱 (Electronics Maxwell+Transient Structural可以耦合,但基于隐式解法易不收敛;Electronics Maxwell与ANSYS显式模块无法耦合)	一般 (隐式模块Transient Structural容易发散、计算能力弱;显式动力学计算能力良好)	弱
LS-DYNA	是 (但六面体网格计算能力强,四面体网格和三棱柱网格非常容易发散)	强(但与其他软件交互性差)	强	弱 (依靠重启动删除、增加Part,复杂,易错)
ABAQUS	否	一般	强	强 (预定义场、初始化应变场简单)
COMSOL	是 (高速情况下收敛困难)	强	一般	弱

在ANSYS商业软件中,采用APDL语言,利用Emag模块建立电磁轨道发射装置的电磁场分析模型,利用热场模块的13号单元建立其温度场模型,利用结构场模块的95号单元,采用APDL语言编写相关代码,可完成电磁场和温度场的顺序耦合计算。APDL语言下的磁-热耦合分析流程如图4-43所示。此外,ANSYS商业软件提供的Workbench操作界面较为友好,可方便地进行磁-热-结构顺序耦合,典型的耦合场界面如图4-44所示。

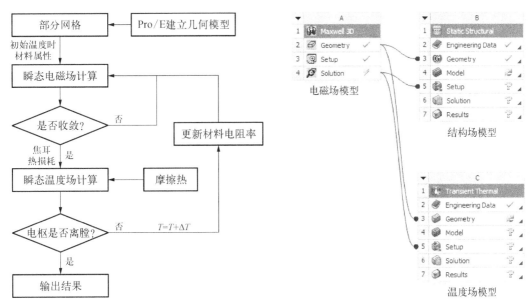

图 4-43　APDL 语言下的磁-热耦合分析流程　　　　图 4-44　Workbench 界面下的磁-热-结构顺序耦合场界面

4.3.3　发射过程的磁-热耦合模型

采用有限元理论,基于电磁场及温度场控制方程,可建立电磁轨道发射装置的磁-热耦合模型。对于如图 4-39 所示的电磁轨道发射装置求解域,其对应的温度场控制方程为

$$c\rho_m \frac{\mathrm{d}T}{\mathrm{d}t} = \nabla \cdot (\kappa \nabla T) + \frac{J^2}{\sigma} + \mu_f \boldsymbol{f}_c \cdot \boldsymbol{v} + E_L \tag{4-17}$$

式中,c 为材料的比热容;ρ_m 为材料的质量密度;κ 为材料的热传导系数;T 为材料的温度;$\boldsymbol{f}_c$ 为枢轨接触面处的压强;μ_f 为滑动摩擦系数;E_L 为单位质量的熔化材料吸收的潜热。

在求解域中,所有边界处的边界条件均为绝热边界条件,即

$$\hat{\boldsymbol{n}}_i \cdot \nabla T_i = 0 \tag{4-18}$$

电枢区域与导轨区域、导体区域与空气区域的分界面条件为

$$\begin{cases} T_i = T_j \\ \hat{\boldsymbol{n}}_{ij} \cdot \kappa_i \nabla T_i = \hat{\boldsymbol{n}}_{ij} \cdot \kappa_j \nabla T_j \end{cases} \tag{4-19}$$

结合 4.3.1 节中的运动电磁场模型,最终可建立电磁轨道发射装置的磁-热耦合模型。

1. 二维磁-热耦合模型

基于建立的磁-热耦合场模型,分析了不同运动速度下电磁轨道发射装置中的磁场、

温度场的分布特性。

对于图 4-34 所示的二维电磁轨道发射装置模型,其中枢轨的材料属性补充说明如表 4-11 所示,在激励磁感应强度 $B_z = 15$ T 时,分别计算了电枢 0 m/s、10 m/s、20 m/s、40 m/s、80 m/s 等不同恒定速度下的磁场、电流密度、温升等分布特性,图 4-46 为 $t = 5$ ms 时,不同速度下的磁场分布云图。

表 4-11　枢轨材料属性补充说明

区　　域	电　枢	导　轨
电导率 σ/(MS/m)	35	58
比热容 c/[J/(kg·K)]	1 200	385
热导率 κ/[W/(m·K)]	170	388

由图 4-45 可知,当激励磁场相同时,由于速度趋肤效应的影响,对于同一运动时刻 $t = 5$ ms,电枢运动速度越大,枢轨接触面处的磁场渗透深度越小。

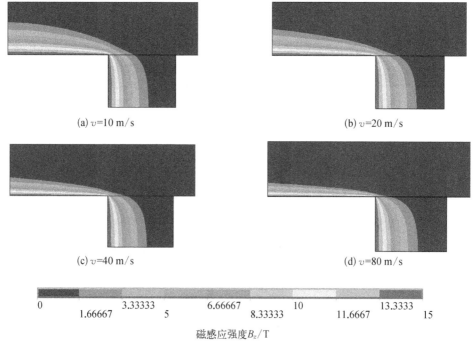

(a) v=10 m/s

(b) v=20 m/s

(c) v=40 m/s

(d) v=80 m/s

0		3.33333		6.66667		10		13.3333	
	1.66667		5		8.33333		11.6667		15

磁感应强度 B_z/T

图 4-45　不同速度下的磁场分布云图

模型计算了电枢分别在 0 m/s、10 m/s、20 m/s、40 m/s、80 m/s 等不同恒定速度下枢轨接触面处的磁场、压强及导轨内侧电流密度随位置变化的分布曲线,分别如图 4-46~图 4-48 所示。从图中可以看出:当电枢速度由 10 m/s 增至 80 m/s 时,电流密度由 3.73×10^9 A/m² 增加至 9.08×10^9 A/m²,同时,接触面压强由 37.8 MPa 增加至 62.1 MPa,最大压强位置由距电枢尾翼 2.5 mm 处移动至距电枢尾翼 1.5 mm 处。

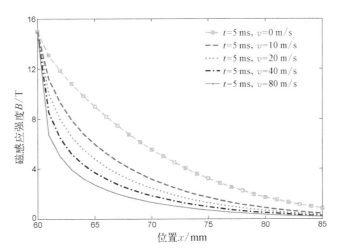

图 4 - 46　枢轨接触面磁场分布

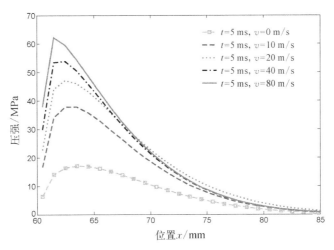

图 4 - 47　枢轨接触面压强分布

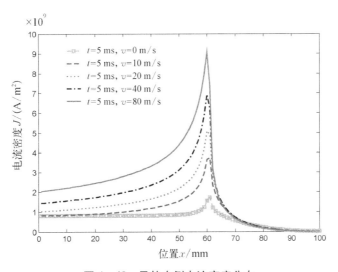

图 4 - 48　导轨内侧电流密度分布

1）无摩擦热时的温升

对于图 4‐34 所示的二维电磁轨道发射装置模型,在不考虑电枢材料熔化的情况下,图 4‐49 给出电枢静止及运动下的电枢区域温升云图。当电枢运动时,由于电枢尾翼处的电流密度增大,电枢的最高温升位于枢轨接触面下方且靠近电枢尾翼的位置。

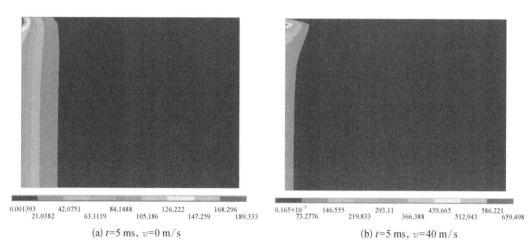

| 0.001393 | 42.0751 | 84.1488 | 126.222 | 168.296 |
| 21.0382 | 63.1119 | 105.186 | 147.259 | 189.333 |

(a) t=5 ms, v=0 m/s

| 0.165×10^{-5} | 146.555 | 293.11 | 439.665 | 586.221 |
| 73.2776 | 219.833 | 366.388 | 512.943 | 659.498 |

(b) t=5 ms, v=40 m/s

图 4‐49　电枢静止及运动下的电枢区域温升云图

如图 4‐50 所示,对于电枢部分:当电枢静止时,计算至 5 ms 时,电枢的最高温升为 189.3 K;当电枢以 40 m/s 的速度运动时,计算至 5 ms 时,电枢的最大温升增大至 659.5 K。

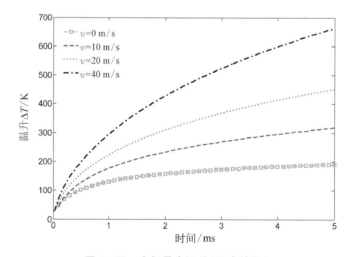

图 4‐50　电枢最高温升(无摩擦热)

如图 4‐51 所示,对于导轨部分:在只考虑焦耳热的作用下,由于电枢的运动,与电枢接触的导轨部分不断发生变化,导轨沿电枢运动方向的电流作用时间逐渐减小。因此,导轨的温升最高点出现在启动位置,且温升沿电枢运动方向衰减至零。

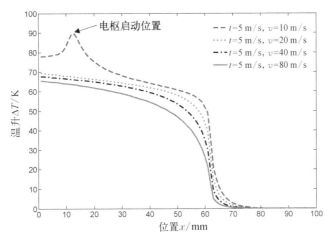

图 4-51　导轨内侧温升(无摩擦热)

2) 含摩擦热时的温升

考虑摩擦热的作用,并选取枢轨间的滑动摩擦系数为 0.15,图 4-52 给出电枢运动速度为 40 m/s 时,不同时刻下的导轨内侧温升。由图 4-52 中温升随位置变化的曲线可知:由于摩擦热的作用,对于靠近电枢的导轨部分区域,导轨内侧温升沿电枢运动方向呈增加趋势。在导轨内侧,$t=5$ ms 时位于电枢尾翼处($x=60$ mm)的温升由 35.1 K 增至 98.1 K。

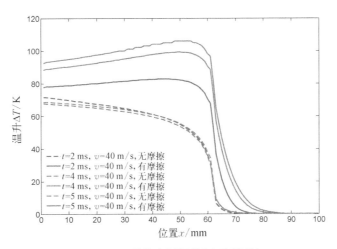

图 4-52　导轨内侧温升(含摩擦热)

2. 三维磁-热耦合模型

对于如图 4-39 和图 4-40 所示的 OAT 发射装置,基于三维磁-热耦合模型,并考虑如图 4-53 所示材料电导率的温度特性,计算出了动态发射条件下的枢轨温升特点。图 4-54 为电枢运动 1 ms 后的枢轨温度云图,图中可以看出,在不考虑摩擦力的作用下,导轨的温升峰值出现在起始段,具体数值约为 150 K。由图 4-54 可知:电枢喉部最高温升约 953 K,由于耦合模型并未考虑材料的熔化相变过程,电枢的最大温升区域已经超过电枢材料的熔化温度,表示电枢材料已经发生熔化。

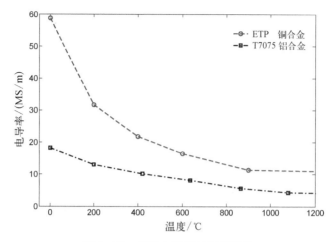

图 4‑53　材料电导率的温度特性

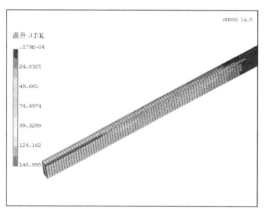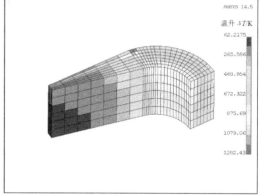

图 4‑54　$t=1$ ms 时,导轨及电枢的温度云图[234]

4.3.4　温度场与流体场的耦合

在电磁轨道发射装置中,温度场是流体场的热源,流体场是温度场的边界条件,温度场和流体场存在强耦合关系。流体场中流体需要满足质量守恒、动量守恒和能量守恒。如果用 φ 表示通用变量,则各控制方程都可以表示成以下对流扩散方程的通用形式:[238]

$$\frac{\partial(\rho\varphi)}{\partial t} + \nabla \cdot (\rho \boldsymbol{v}\varphi) = \nabla \cdot (\ell\nabla\varphi) + S_e \qquad (4-20)$$

式中,ρ 为密度;ℓ 为广义扩散系数;S_e 为广义源项。式(4‑20)中各项依次为瞬态项、对流项、扩散项和源项。以温度 T 为变量的能量守恒方程为

$$\frac{\partial(\rho T)}{\partial t} + \nabla \cdot (\rho \boldsymbol{v} T) = \nabla \cdot \left(\frac{\lambda}{c_p}\nabla T\right) + S_T \qquad (4-21)$$

式中, S_T 为流体的内热源。对于冷却水,其控制方程的源项为

$$S_w = h_f(T_r - T_w)\big|_{S_1} \qquad (4-22)$$

式中, h_f 为流道的对流换热系数; T_r 为流道导轨一侧的温度; T_w 为流道冷却水一侧的温度; S_1 为流固界面。对于导轨,其控制方程的源项为

$$S_r = Q_b + Q_c - h_f(T_r - T_w)\big|_{S_1} \qquad (4-23)$$

式中, Q_b 为导轨体电阻产生的焦耳热源; Q_c 为枢轨界面接触热源。计算出的导轨内流道流速分布和导轨温升随时间变化分别如图 4-55 和图 4-56 所示。

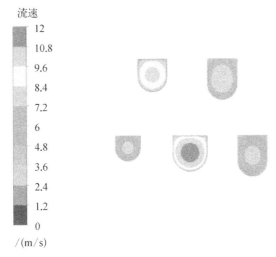

图 4-55　导轨内流道流速分布

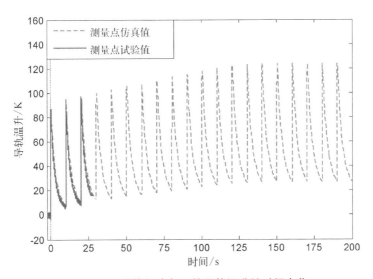

图 4-56　流体场冷却下的导轨温升随时间变化

4.3.5 发射过程的多物理场瞬态耦合模型

目前,具备考虑电枢运动下的电磁轨道发射多物理场瞬态耦合建模能力的软件,主要是国内外学者开发的实验室自用软件,如 EMAP3D 等软件代码。LS‒DYNA 软件是具备该仿真能力的商业软件。采用 LS‒DYNA 软件可考虑电枢运动的发射装置电磁‒温度‒结构耦合计算模型,同时可考虑导轨体电阻的焦耳热、枢轨接触电阻的焦耳热和枢轨界面的摩擦热。

以 30 mm×30 mm 矩形电磁轨道发射装置样机为对象,仿真计算得到了不同时刻的电流密度分布云图,如图 4‒57 所示。结果表明:电枢后方附近导轨区域的电流密度集中较为显著,电枢通过导轨某一位置后其截面上电流密度会出现逐渐减小的分布趋势。计算得出的导轨在不同时刻的温度分布云图,如图 4‒58 所示,由图中温度分布情况,可以看出导轨在电枢起始运动位置热量集中最为严酷。仿真结果中的导轨热量集中的空间分布特性对不同口径的发射器均具有适用性。

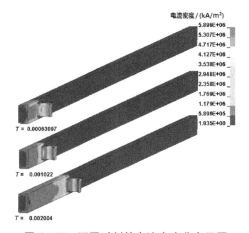

图 4‒57 不同时刻的电流密度分布云图   图 4‒58 导轨在不同时刻的温度分布云图

导轨垂向位移、导轨背部中心线轴向应变和导轨背部中心线等效应力随时间的变化分别如图 4‒59~图 4‒61 所示。其中,导轨应力集中沿轴向主要呈双峰曲线变化形式,

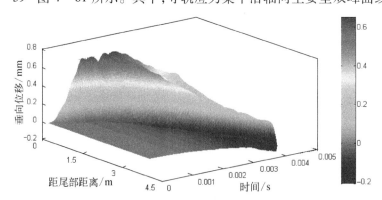

图 4‒59 导轨垂向位移的三维云图

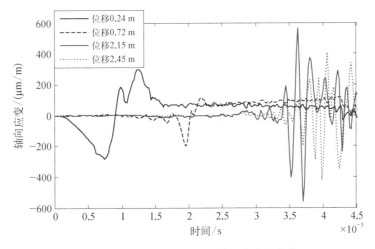

图 4 - 60 导轨背部中心线轴向应变仿真值

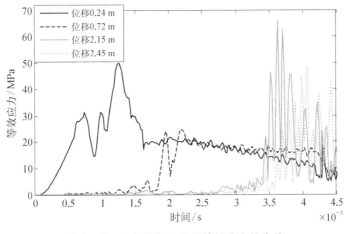

图 4 - 61 导轨背部中心线等效应力仿真值

导轨高速段应力水平较起始低速段更为严酷,说明导轨应力集中主要与电枢运动速度相关。

4.4 高效发射技术

4.4.1 发射过程身管能量分布

电磁轨道发射装置是将"蓄电池+脉冲功率单元"混合储能系统存储的电能转化为发射组件动能的机电能量转换装置。发射载荷在两导轨间和电枢前,根据不同目的可以是不同形状和材料。导轨的作用除了传导大电流外,还具有为一体化发射组件提供动力和导向的作用。电磁轨道发射装置发射效率,定义为一体化发射组件膛口动能与脉冲电源传递给电磁轨道发射装置总能量的比值,而电磁轨道发射全系统的发射效率,定义为一体化发射组件膛口动能与脉冲电容器存储能量的比值,两者存在明显的不同。本节涉及的"高效发射"是指提高电磁轨道发射装置的发射效率。

从电路的观点研究电磁轨道发射系统,其中电磁轨道发射装置是脉冲功率电源的负载,身管是沿其长度分布的电阻和电感,忽略枢轨接触面的电磁感应,其负载特性电路模型如图 4-62 所示。其中, U_c 为脉冲电容器电压, R_l 为同轴电缆等线路电阻, L_l 为同轴电缆等线路电感, U_b 为电磁轨道发射装置馈电电压, U_a 为电磁轨道发射装置膛口电压, R_c 为枢轨接触电阻, R_a 为电枢体电阻, L_m 为电枢前方身管段产生感生电动势的膛口电感。脉冲电容器从馈电端输入电磁轨道发射装置的能量在不同时刻主要组成部分也有所不同。电磁轨道发射装置电路负载特性在整个发射周期内按照有无电枢可明显分为发射阶段和续流阶段,如图 4-63 所示。发射阶段身管的阻抗特性因电枢运动而随其位置变化,其负载电阻和电感可分别表示为式(1-1)和式(1-2)。

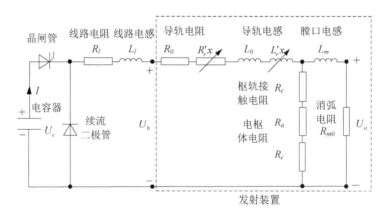

图 4-62 发射装置负载电路模型

不同阶段消弧器工作状态不同,其电阻值也不同,可以表示为

$$R_m = \begin{cases} \infty , & t \le t_{\text{out}} \\ R_{m0}, & t > t_{\text{out}} \end{cases} \qquad (4-24)$$

式中, R_{m0} 为上、下消弧器部件电离空气导通后的电阻值。

根据回路电压方程,馈电电压可表示为

$$U_b = L_r \frac{\mathrm{d}i}{\mathrm{d}t} + i \frac{\mathrm{d}L_r}{\mathrm{d}t} + iR_r + U_a \qquad (4-25)$$

将 $\dfrac{\mathrm{d}L_r}{\mathrm{d}t}$ 写成电枢速度 v_p 的形式,馈电电压变为

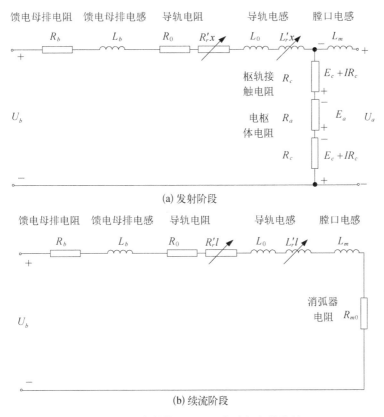

图 4-63　发射装置不同导电阶段负载特性

$$U_b = \frac{\mathrm{d}i}{\mathrm{d}t}(L_0 + L_r'x) + iL_x'v_p + i(R_0 + R_x'x) + U_a \qquad (4-26)$$

可见,发射阶段发射器的负载电特性取决于一体化组件的位置 x 和速度 v_p。根据馈电电压表达式可以得到在动态发射过程中,身管中一体化发射组件动能、克服枢轨间摩擦力做功和克服膛内空气阻力做功之和为

$$\int_0^{t_{\mathrm{out}}} i^2 L_r' v_p \mathrm{d}t \qquad (4-27)$$

身管电感磁场储能为

$$\int_0^{t_{\mathrm{out}}} i\frac{\mathrm{d}i}{\mathrm{d}t}(L_0 + L_r'x)\mathrm{d}t \qquad (4-28)$$

导轨引起的焦耳热损耗为

$$\int_0^{t_{\mathrm{out}}} i^2(R_0 + R_r'x)\mathrm{d}t \qquad (4-29)$$

接触电阻引起的焦耳热损耗、电枢引起的焦耳热损耗、电弧热为

$$\int_0^{t_{\mathrm{out}}} iU_a\mathrm{d}t \qquad (4-30)$$

脉冲功率电源从馈电端给身管输入能量。在一体化发射组件出膛口前的发射阶段，身管的阻性负载主要有馈电母排电阻、导轨电阻、枢轨间接触电阻和电枢体电阻；身管的感性负载主要有馈电母排电感和导轨电感。而在消弧器续流阶段，即从一体化发射组件出膛口到整个发射周期结束（通过消弧器电流为零）之前，身管的阻性负载主要有馈电母排电阻、导轨电阻和消弧器电阻；身管的感性负载主要有馈电母排电感、导轨电感和膛口电感。一体化发射组件出膛口时身管电感磁场储能可以表达为

$$W_m = \frac{1}{2}(L_0 + L_r'l)i_{out}^2 \tag{4-31}$$

式中，i_{out} 为电枢出口电流；l 为身管总长度。所以，忽略克服枢轨间摩擦力做功和克服膛内空气阻力做功，发射器的效率计算为

$$\zeta = \frac{\displaystyle\int_0^{t_{out}} L_r'i^2 v_p \mathrm{d}t}{\displaystyle\int_0^{t_{out}} i\left[iL_r'v_p + i(R_0 + R_r'x) + U_a\right]\mathrm{d}t + \frac{1}{2}(L_0 + L_r'l)i_{out}^2} \tag{4-32}$$

由式（4-32）可以得到，提高身管电感梯度、降低电阻梯度和减小出口电流 i_{out} 是提高电磁轨道发射装置发射效率的有效措施。

电磁轨道发射装置身管的热量来源因素多且相互耦合机理复杂。枢轨滑动电接触过程中，枢轨间会由于电枢臂振动、导轨表面粗糙不平顺、导轨接触面硬点等因素由横向和纵向的滑动转变为垂向的振动和跳动，电枢和导轨的振动与跳动产生滑动接触间断，引起枢轨间产生感应电动势。接触电阻焦耳热集中于加热最终分离的导电点。发射阶段的电路图如图4-63(a)所示，可得到脉冲功率电源输入身管的能量主要包括一体化发射组件动能、身管电感磁场储能、馈电母排焦耳热损耗、导轨焦耳热损耗、接触电阻引起的焦耳热损耗、电枢引起的焦耳热损耗、电弧热、摩擦热损耗和克服膛内空气阻力做功。

在如图4-63(b)所示的消弧器续流阶段，即从电枢和发射载荷出膛到整个发射周期结束（通过消弧器电流为零）之前，脉冲功率电源从馈电端输入身管的能量和身管电感磁场储能主要包括馈电母排焦耳热损耗、导轨焦耳热损耗和消弧器焦耳热损耗。

电磁轨道发射装置整个发射过程持续时间为10 ms级，期间热生成速率远大于散热速率，可近似看作绝热过程，并忽略与空气的热对流和对外界的热辐射[239]。枢轨接触界面的热效应如图4-64所示，接触面存在接触电阻焦耳热、摩擦热和电弧热三种热源。在发射过程中，导轨是摩擦副中的基体，随着电枢的滑动，未与电枢接触的导轨是没有导通电流且温度较低的部分[239]。因此，导轨具有一定的热扩散作用，而在发射过程中，电枢一直有大电流通过，并且始终与导轨存在摩擦，电枢几乎不存在散热功能，故可以忽略接触电阻焦耳热、摩擦热和电弧热传递给电枢的部分。此外，电枢材料熔化吸收的热量最终也将沉积于导轨表面而传递给导轨。接触面三种热源产生的热量均可以认为全部传递给了导

轨,因此电磁轨道发射装置身管中热量来源主要包括馈电母排体电阻产生的焦耳热、导轨体电阻产生的焦耳热、枢轨接触电阻产生的焦耳热、消弧器焦耳热、枢轨间摩擦热、一体化发射组件腔内运动克服空气阻力做功的气动热和枢轨接触界面间接触间断时产生的电弧热。

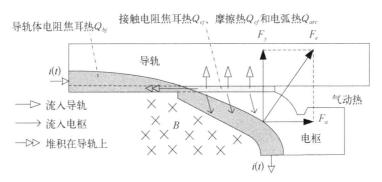

图 4-64　枢轨接触界面的热效应

由馈电电压和电流波形可以求得输入电磁轨道发射装置的总能量,由腔口电压和电流波形可以求得电枢焦耳热损耗、接触电阻焦耳热损耗、电弧热和消弧器焦耳热损耗之和。利用电磁-温度有限元耦合分析模型可以求得导轨焦耳热损耗和馈电母排焦耳热损耗。以 24 MJ 出口动能的装置为例,将发射载荷克服空气做功的气动热和封装涡流损耗归入其他杂散损耗,可以得出电磁轨道发射装置中各能量损耗占比,如图 4-65 所示。其中,单次发射中脉冲电源输入电磁轨道发射装置的总能量为 48.29 MJ,计算得到电磁轨道发射装置的发射效率为 49.7%。

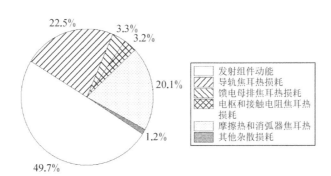

图 4-65　24 MJ 出口动能电磁轨道发射装置中各能量损耗占比

4.4.2　电枢启动位置对电感梯度的影响

1. 导轨电磁力

导轨是电磁轨道发射装置的核心通电部件,导轨总是由两根或多根组成的,且一般为偶数,图 4-66 给出了正负极导轨典型布置方式示意图。两根导轨结构形式相同,但

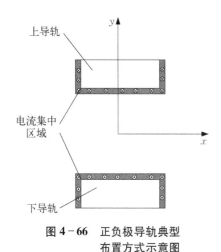

图 4-66　正负极导轨典型布置方式示意图

通入的电流大小相同、方向相反,与两者之间的电枢形成一个完整的通电回路。电枢在洛伦兹力的作用下,向前加速运动,与此同时,通电导轨也受电磁力的作用。

在二维模型中,根据导轨内部电流的分布特点,假设电流总是集中分布在导轨外表面,且靠近内腔侧的边缘上。根据 Biot – Savart 定律,电流源 Idl 在空间任意一点的磁感应强度为

$$\mathrm{d}\boldsymbol{B} = \frac{\mu_0 I}{4\pi R^3}\mathrm{d}l \times \boldsymbol{R} \qquad (4-33)$$

可推导出导轨所受的电磁力为

$$F_y = \frac{\mu_0 I^2}{4\pi}\sqrt{(l_r/s)^2 + 1} - 1 \qquad (4-34)$$

式中,$\boldsymbol{R}$ 为电流源指向该点的距离矢量;l_r 为导轨的轴向长度;s 为导轨间距。

当导轨轴向长度 l_r 远大于上、下导轨之间的间距时,式(4-34)可简化为

$$F_y = \frac{\mu_0 I^2 l_r}{4\pi s} \qquad (4-35)$$

如图 4-67 所示,与电流分布特点类似,导轨内的电磁力主要分布在导轨外表面,对于如图所示的正负极导轨,导轨间不仅存在上下方向、相互排斥的电磁力,导轨内部还存在左右方向、具有导轨内部挤压效果的电磁力。

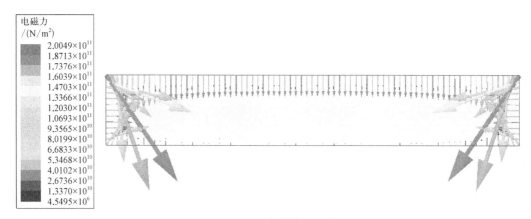

图 4-67　下导轨内电磁力密度分布特点

考虑电枢的影响,导轨内的电磁力沿长度方向是不断变化的,对于远离电枢的导轨区域,导轨内的电磁力主要体现为排斥力,且幅值基本相等,与二维平行导轨截面模型计算一致。

对于靠近电枢后方的导轨区域,由于电枢内产生磁场与导轨间磁场的叠加作用,导轨内的电流邻近效应更加明显,导轨所处的磁场更大,所以导轨内的电磁排斥力更大。对于电枢臂长对应的导轨区域,由于电流基本转移至电枢内部,所以导轨内的电磁排斥力逐渐减小。对于电枢前方的导轨区域,由于电流基本上不从此区域流过,所以电磁力衰减为零。

如图 4-68 所示,从长度方向上看,导轨所受的 y 方向电磁力梯度在电枢附近达到最大值;而所受的 x 方向电磁力梯度(单边)在通电侧、远离电枢的区域达到最大值,见图 4-69;同时,由于在枢轨接触面处电流从导轨内流向电枢,所以脉冲电流整体上存在 y 方向分量,此处的导轨存在 z 方向(电枢运动方向)的电磁力梯度,如图 4-70 所示。

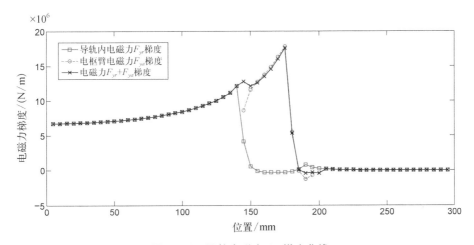

图 4-68　导轨电磁力 F_y 梯度曲线

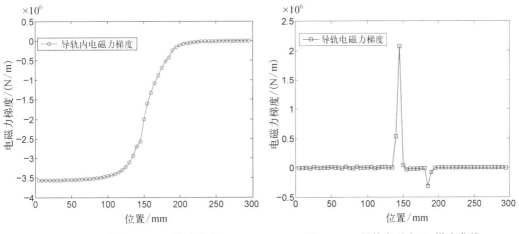

图 4-69　导轨电磁力 F_x 梯度曲线　　　图 4-70　导轨电磁力 F_z 梯度曲线

2. 电枢组件的电磁力

对于如图 4-71 所示的矩形口径发射装置示意图,其中,s 为导轨间距,h 为导轨高度,w 为导轨厚度,h_a 为电枢高度;x_s 为电枢的起始位置,导轨中的电流为 i。在电枢启动阶段,由于电流趋肤效应和邻近效应,电流主要趋近于导轨内表面,在分析时可近似将导轨内表面的电流简化为一个个电流线元。

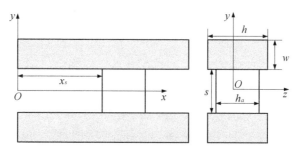

图 4 - 71   矩形口径发射装置示意图

根据 Biot-Savart 定律,积分得到电枢受到的电磁推力为

$$F_a = \frac{1}{2}L'i^2 = \frac{\mu_0 s}{\pi h}i^2 \arctan \frac{2x_p h}{s\sqrt{4x_s^2 + s^2 + h^2}} \tag{4-36}$$

则电感梯度 L' 的表达式为

$$L' = f(x_s) = \frac{2\mu_0 s}{\pi h}\arctan \frac{2x_s h}{s\sqrt{4x_s^2 + s^2 + h^2}} \tag{4-37}$$

式(4-37)中的函数与电枢起始位置 x_s 有关,其极限值为

$$\lim_{x_s \to \infty} f(x_s) = \frac{2\mu_0 s}{\pi h}\arctan \frac{h}{s} \tag{4-38}$$

则单调函数 $f(x_s)$ 可写为

$$f(x_s) = \eta \cdot \lim_{x_s \to \infty} f(x_s) \tag{4-39}$$

式中,η 为电枢的推力系数,可表示为与电枢启动位置、导轨间距及导轨高度相关的函数:

$$\eta = \frac{1}{\arctan \dfrac{h}{s}} \cdot \arctan \frac{2\left(\dfrac{x_s}{h}\right)}{\dfrac{s}{h}\sqrt{4\left(\dfrac{x_s}{h}\right)^2 + \left(\dfrac{s}{h}\right)^2 + 1}} \tag{4-40}$$

图 4 -72 是电枢的推力系数随无量纲数 x_s/h 和 s/h 取值的变化情况。可以看出,电枢在 4 倍口径处即可获得超过 99% 的推力,这就是著名的四倍口径法则。

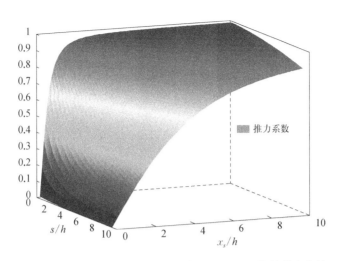

图 4-72　电枢的推力系数随无量纲数 x/h 和 s/h 取值的变化情况

4.4.3　封装材料对电感梯度的影响

封装材料作为电磁轨道发射装置的预紧结构,主要用于将身管组合成型,提供足够的约束力,避免发射过程中导轨间的排斥力将身管撑开。为起到较好的径向约束作用,封装结构往往选取模量、强度较高的钢质材料或碳纤维缠绕材料,其体积、重量往往远大于内腔的导轨及绝缘材料。

由电磁推力公式(1-12)可知,当电流一定时,电感梯度越大,电枢推力越大,在加速距离一定的前提下,电枢的出口动能也随之越大。因此,电磁轨道发射装置的电感梯度大小直接影响电磁轨道发射装置的效率,而电感梯度不仅与导轨截面结构及两者之间的间距有关,也与身管的封装结构及材料息息相关。

图 4-73 给出不同封装下的电磁轨道发射装置横截面结构,表 4-12 列出不同结构及材质形式封装结构电磁轨道发射装置及主要性能[240]。

表 4-12　不同封装类型的发射装置截面结构[240]

身　　管	口径/mm	电感梯度/(μH/m)
玻璃纤维缠绕	50	0.46
碳纤维+玻璃纤维缠绕	50	0.32
整体式钢环嵌套	50	0.30
分片式钢外壳	50	0.35

从材质上分类,封装结构可分为金属材料及非金属材料。其中,典型的金属材料为钢,典型非金属材料为环氧树脂材料、碳纤维等复合材料。金属材料具有模量大、强度高等优点,能够有效限制导轨的扩张,但存在重量大、材料内部存在很大感应涡流、降低身管

发射效率等问题。环氧树脂材料和径向螺栓结合形成的身管封装结构具有质量轻、内部无涡流等优势,但材料本身模量及强度均比较低,不适用于中大口径发射身管;碳纤维材料环向预紧缠绕为身管提供初始预紧力的封装结构,具有径向模量较高、质量较轻的优势,但在多次发射过程中,碳纤维环向缠绕层存在应力松弛问题,为身管提供的初始预紧力逐渐消失最终造成身管失效,且碳纤维缠绕型身管拆卸困难、难以维护。不同材料及结构形式下的封装构成的身管性能优劣性对比如表 4 – 13 所示。

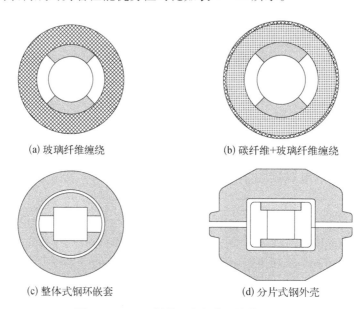

(a) 玻璃纤维缠绕　　　　　　　　(b) 碳纤维+玻璃纤维缠绕

(c) 整体式钢环嵌套　　　　　　　　(d) 分片式钢外壳

图 4 – 73　不同封装下发射装置横截面结构

表 4 – 13　几种发射身管性能优劣性对比[240]

封装材料	预紧形式	刚度	电感梯度	寿命	重量	维修性
钢	螺栓预紧	差	中	良	差	中
碳纤维缠绕	缠绕预紧	良	优	差	优	差
环氧复合材料	压力固化	差	优	差	优	差
层压钢	螺栓预紧	良	优	中	中	良
层压钢	热嵌预紧	良	优	中	良	差

4.5　高速载流滑动摩擦

4.5.1　发射过程的摩擦特性

载流摩擦磨损,是一种特殊工况下的摩擦磨损。它的准确定义是指处于电场或磁场中的摩擦副,在电流通过条件下摩擦副的摩擦磨损行为,包括干摩擦条件下及润滑条件下的摩擦磨损特性[241]。电磁轨道发射装置滑动电接触磨损行为属于典型的载流摩擦磨损。

当考虑枢轨接触面粗糙度时,在初始接触阶段,电枢表面熔化量较少,枢轨接触面间金属液化层厚度较薄且不足以覆盖粗糙度,两者主要为固-固接触方式,枢轨间摩擦热的主要来源为干摩擦,随着电枢表面熔化量的增加,枢轨接触面间的金属液化层厚度逐渐增加,此时逐渐由固-固接触方式转变为固-液-固接触方式,枢轨接触面间摩擦热的主要来源为黏滞摩擦。根据摩擦学中的斯特里贝克曲线,电磁轨道发射装置枢轨界面间摩擦可以分为三个阶段,即边界润滑、混合润滑和完全流体动力润滑。其中,边界润滑和完全流体动力润滑示意图如图 4-74 所示。

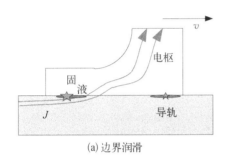 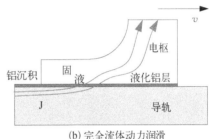

(a) 边界润滑　　　　　　　　　(b) 完全流体动力润滑

图 4-74　边界润滑和完全流体动力润滑示意图

边界润滑的摩擦系数的初始值也是整个滑动行为中摩擦系数的上限值,为干滑动摩擦系数。干滑动摩擦系数在电磁轨道发射装置中可以通过公式(4-41)推算出:

$$\mu = \frac{F_{\text{load}}}{F_N} \tag{4-41}$$

式中,F_{load} 为电枢的装填推力;F_N 为枢轨过盈机械压力。干滑动摩擦系数也可通过滑动摩擦试验平台测量得到。

Brown 等[242]在摩擦模拟试验机上测量了大电流密度下滑动电接触的滑动摩擦系数。采用的试验系统如图 4-75 所示,通过采用小接触面探针电极大地提高了电流密度,并采用灵敏测量系统测量电流、接触压力及摩擦力[242,243]。试验测量了铝和铜摩擦副的滑动摩擦系数,结果如图 4-76 所示。在试样结构、取样速度及环境保持不变但接触压力分别为 45 μN、90 μN 和 110 μN 的情况下,当无电流通过时,摩擦系数均为 0.14 左右,而当加载电流为 0.1 A 时,摩擦系数均下降至 0.04 左右。其试验结果表明,在大电流密度大于 10^{10} A/m² 下,电流可以

图 4-75　奥斯汀大学载流摩擦模拟系统

将滑动摩擦系数降低 50% 左右,同时滑动摩擦系数与载荷的大小相对独立。Wild 等也搭建了载流摩擦模拟系统用来测量载流对摩擦的润滑情况[244]。其试验平台如图 4-77 所示,其试验得到当干摩擦系数为 0.15 时,在加载电流 0.1 A 下,摩擦系数下降至 0.1 左右。其试验结果表明,电流可以将滑动摩擦系数降低 25%~30%。

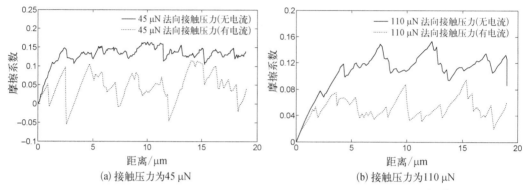

(a) 接触压力为45 μN   (b) 接触压力为110 μN

图 4-76　奥斯汀大学得到的不同接触压力下电流对摩擦系数的影响[242]

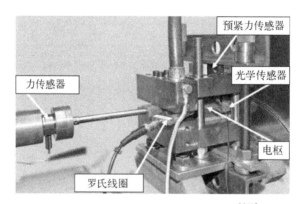

图 4-77　ISL 载流摩擦模拟试验平台[244]

在发射过程中,由于焦耳热的作用,电枢启动时即进入由干滑动摩擦向流体润滑过渡过程的边界润滑阶段,此时摩擦系数上限值为初始值干滑动摩擦系数,并随着发射进程不断降低。在较短的时间内,枢轨界面熔化铝产生充分,枢轨滑动摩擦进入流体润滑阶段。此时,枢轨滑动摩擦系数可以稳定在 0.04 左右。在边界润滑和混合润滑两个摩擦阶段,枢轨滑动摩擦系数经历了从干滑动摩擦系数不断减小并逐渐趋于下限饱和值流体润滑滑动摩擦系数的变化。轴承润滑摩擦中摩擦系数与运动速度、法向载荷和润滑剂黏度的关系如图 4-78 所示。

在电磁轨道发射的边界润滑和混合润滑过程中,由于起着润滑作用的液态铝逐渐增多,枢轨滑动摩擦系数不断降低。进入完全流体动力润滑阶段,发射组件速度的提高使得接触面应变率增大,从而导致枢轨滑动摩擦系数增大,但摩擦系数增大引起摩擦热量增加,使液态铝的黏度降低,又会引起摩擦系数减小,最终摩擦系数逐渐趋于饱和值。电磁轨道发射装置中枢轨滑动摩擦系数变化趋势如图 4-78 所示。在整个滑动摩擦阶段,枢

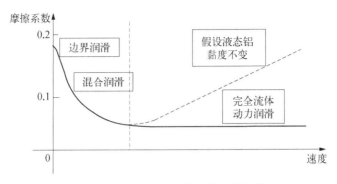

图 4 - 78　枢轨滑动摩擦系数变化趋势

轨滑动摩擦系数经历了从干滑动摩擦系数快速减小,然后逐渐趋于最小饱和值的变化规律。

4.5.2　枢轨磨损

电弧是一种气体放电现象,是指当两极存在电位差时,电荷通过两电极之间气体空间的一种自持性气体放电现象[245]。载流摩擦副在运行的过程中,振动、接触硬点等造成的表面间隙将会产生电弧。电弧产生的高温会使材料发生氧化、熔融、喷溅、蒸发和气化等现象,从而造成材料磨损率急剧升高,缩短摩擦副的使用寿命[246]。

在高速滑动过程中,枢轨接触面存在典型的载流摩擦磨损现象。在此过程中,接触表面会产生不同程度的温升,特别是在大载流、超高速的情况下,滑动电接触表面温度迅速升高,瞬态高温不仅严重影响导电性能,而且对金属合金接触表面产生磨损腐蚀,导致耐磨损性能下降[247]。

1. 导轨磨损的机理

在动态发射时,滑动电接触发射过程中大瞬态电流会在枢轨界面间产生感应电动势,继而形成电弧,产生大量的热量,在电枢的超高速滑动中,这些热量能够使得枢轨接触面发生熔化甚至气化烧蚀[200],导致枢轨界面电弧烧蚀最为直接的因素是转捩的出现。

金属蒸气的出现和枢轨间存在的感应电动势均为电弧的产生提供了条件。除了超高速滑动摩擦,速度趋肤效应可以加剧电枢材料熔化甚至气化产生金属蒸气。速度趋肤效应使电流集中分布于接触界面后侧局部区域,导致其附近电枢材料快速熔化脱落,熔化波前移,接触电阻焦耳热 I^2R_c 则集中加热剩余的导电斑点,到达一定程度温度急剧升高并达到材料的沸点引起爆炸性气化,在接触界面产生大量金属蒸气。在枢轨滑动电接触过程中,枢轨之间电枢臂振动、导轨表面粗糙不平顺、导轨接触面硬点等因素由横向和纵向的滑动转变为垂向的振动和跳动,继而产生滑动电接触间断,引起枢轨间产生感应电动势。金属蒸气在感应电动势作用下火花放电,产生大量电弧。

超高速滑动的电枢磨损产生的金属蒸气为电弧存在的主要形态,此类电弧对电极的

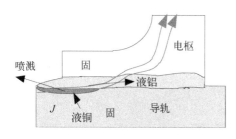

图 4-79 导轨表面材料熔化后被剪切磨损的过程

热流传输十分集中,加上电流在导轨表面的趋肤效应,局部升温导致电枢和导轨材料软化、熔化甚至气化[200]。导轨表面材料达到熔点附近软化,即导轨抵抗变形的能力非常低。导轨熔化部分与熔化铝混合形成磁流体,在电磁力作用下喷溅于内腔。导轨表面材料熔化后被剪切磨损的过程如图 4-79 所示,即枢轨之间导轨表面材料熔化后主要是通过受力运动形式损失材料。

Cooper 等[201]在电磁轨道发射装置多次试射后发现,位于膛口前端的导轨表面存在磨损损伤形式,如图 4-80 所示,且磨损深度随发射次数呈线性增长趋势,如图 4-12 所示。

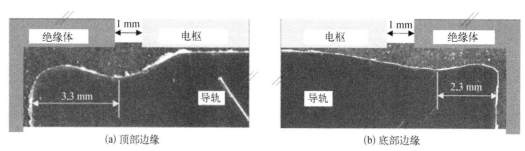

(a) 顶部边缘　　　　　　　　　　　　　　(b) 底部边缘

图 4-80 试验后导轨磨损与电枢和绝缘体的位置关系[201]

枢轨接触界面间的感应电动势由枢轨间接触间断引起,而金属蒸气又主要与枢轨接触状态有关。在导轨经过电弧磨损后,枢轨接触对 C 形电枢臂扩张量的需求增大。在 C 形电枢臂能够提供足够柔性的范围内,枢轨间感应电动势和金属蒸气的产生过程与初始状态相当,此时导轨电弧磨损量与发射次数呈正比关系。当电弧磨损后的枢轨接触对 C 形电枢臂扩张量的需求超出能够提供足够柔性的范围,枢轨接触状态高概率将急剧恶化,导轨电弧磨损量与发射次数也将呈指数函数关系增大,进而严重影响导轨寿命,最终导致其失效报废。

2. 电枢磨损机理

动态发射过程中电枢表面熔化是多物理场耦合问题,需要考虑电磁场、温度场、应力场及流场间的耦合作用,国外相关研究机构经过数十年的积累建立了 EMAP3D、HERB 等分析软件,采用多物理场耦合的分析方法对考虑熔化的滑动电接触过程进行了较为准确的分析[248],但计算耗时较长,可采用简化模型快速计算动态发射过程中电枢尾翼磨损量。

发射过程中,单位时间内的枢轨接触面间热量 Q 的主要来源为焦耳热 Q_j 及摩擦热 Q_f,同时,枢轨接触面间的热量也会分别传导给导轨和电枢,假设分别为 Q_r 和 Q_a,则有

$$Q = Q_j + Q_f = Q_a + Q_r \tag{4-42}$$

另外,设单位时间内电枢的熔化量为 m_f,则有

$$Q_a = m_f [H_a + c_a (T_m - T_0)] \tag{4-43}$$

式中,H_a 为电枢材料熔化潜热;c_a 为材料比热容;T_m 为材料熔点;T_0 为初始温度。

设单位时间内电枢的熔化体积为 V_a,电枢材料密度为 ρ_a,则有

$$m_f = \rho_a V_a \tag{4-44}$$

设某一时刻 t 电枢的运动速度为 v,枢轨接触面总面积为 S_c,$V_a = WS_c v$,则有

$$W = \frac{Q_a}{\rho_a S_c v [H_a + c_a (T_m - T_0)]} \tag{4-45}$$

因此,得到电枢尾翼表面平均磨损率 W 的关键是根据式(4-42)求解传导给电枢的热量 Q_a。假设馈电电流为 I,枢轨接触面间的接触电阻为 R_c,则有

$$Q_j = I^2 R_c \tag{4-46}$$

假设动态发射过程中枢轨接触面间的摩擦系数为 λ,枢轨间接触力为 F_n,电枢运动速度为 v,则有

$$Q_f = \lambda F_n v \tag{4-47}$$

因此,由以上分析可知

$$Q = I^2 R_c + \lambda F_n v \tag{4-48}$$

由分析可知,动态发射过程中传导进入导轨的总热功率为[249]

$$Q_r = \frac{\sqrt{\pi}}{2} \sqrt{\frac{v}{L}} (T_m - T_0) \sqrt{k_r \rho_r c_r} S_c \tag{4-49}$$

联立式(4-45)~式(4-49),得

$$W = \frac{I^2 R_c + \lambda F_n v - \dfrac{\sqrt{\pi}}{2} \sqrt{\dfrac{v}{L}} (T_m - T_0) \sqrt{k_r \rho_r c_r} S_c}{\rho_a S_c v [H_a + c_a (T_m - T_0)]} \tag{4-50}$$

在式(4-50)中,计算磨损率的关键是确定摩擦热计算部分中的接触力数值,由于接触力与电枢尾翼的磨损量为耦合关系,对于同样的馈电电流波形,当考虑电枢尾翼的磨损时,枢轨接触力会变小,同样枢轨接触力的变化也会反过来影响电枢尾翼的磨损量。因此,需要采用迭代的方式对式(4-50)进行求解,以确定电枢尾翼最终的磨损量,采用的计算流程如图 4-81 所示。

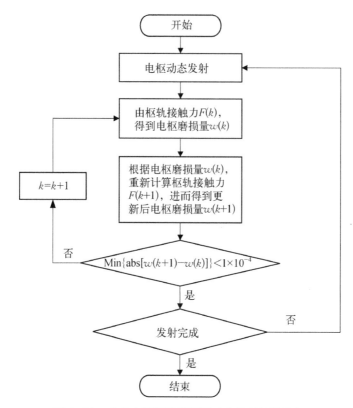

图 4‑81　考虑电枢尾翼磨损的动态发射计算流程

在计算流程中,焦耳热及摩擦热的计算也是进行电枢尾翼磨损量计算的重点,焦耳热要考虑界面状态对接触电阻的影响,摩擦热除了考虑干摩擦外,在电枢表面熔化后,还要考虑黏滞摩擦热,摩擦热及焦耳热的计算方法可参考 4.6.1 节相关内容。

4.5.3　枢轨接触状态判据

枢轨在发射过程中的接触状态可以通过膛口电压来宏观反映。它可以直观反映电磁轨道发射装置中枢轨接触状态,监测发射过程中是否存在膛内拉弧、转捩等现象,也是衡量电磁轨道发射装置动态发射性能的一项重要指标。然而,由于电磁轨道发射装置膛内为多物理场的强耦合环境,影响膛口电压的因素众多,所以需要结合场路之间的耦合分析才能对其进行准确计算。

1. 膛口电压的意义

膛口电压是动态发射过程中枢轨接触状态的重要监测指标。在正常运行工况下,若枢轨接触状态良好,则膛口电压量级较小,而一旦接触不良,则接触电压会急剧升高,产生拉弧,极大地缩短导轨使用寿命。因此,通过监测膛口电压数值可以判断动态发射过程中的枢轨接触状态,进而通过优化电枢结构对枢轨接触状态进行改良,延长导轨使用寿命。

如图 4-82 所示,在整个动态发射过程中,正常膛口电压波形平稳,表明枢轨接触状态良好,而异常膛口电压波形会出现突然增加的现象,表明动态发射过程中枢轨接触不良,出现了转捩,如图 4-83 所示。

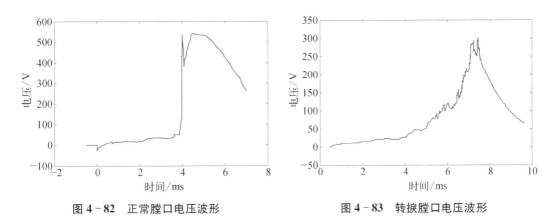

图 4-82　正常膛口电压波形　　　　　　图 4-83　转捩膛口电压波形

2. 膛口电压的组成

图 4-84 为膛口电压测量回路,除了枢轨接触电阻及电枢体电阻所产生的电压降外,导轨感应电流所产生的电压降及电枢两侧导轨互感所产生的感应电压也是膛口电压的重要组成部分。因此,在动态发射过程中膛口电压测量电路可简化为如图 4-85 所示。

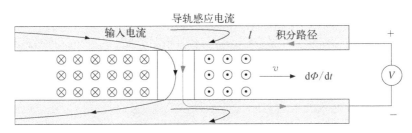

图 4-84　膛口电压测量回路

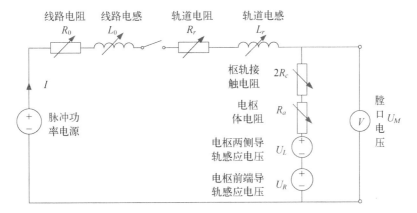

图 4-85　动态发射过程中膛口电压测量电路简化

膛口电压可表示为

$$U_M = U_A + U_L + U_R \qquad \qquad (4-51)$$

式中，$U_A = 2R_cI + R_aI$，表示枢轨接触电阻和电枢体电阻所产生的电压降，R_c 为枢轨接触电阻，R_a 为电枢体电阻，I 为输入电流；$U_L = \mathrm{d}\Phi/\mathrm{d}t = L_m\mathrm{d}I/\mathrm{d}t$，为电枢两侧导轨互感所产生的感应电压，$U_R = kI\sqrt{\mu\rho_{er}v/a}$，为电枢前端导轨所产生的感应电压，$k$ 为与发射装置尺寸相关的系数，μ 为周围环境磁导率，ρ_{er} 为导轨电阻率，v 为电枢运动速度，a 为膛口侧导轨磁场强度分布的特征长度，量级与导轨间距尺寸相同。综上，可得

$$\begin{aligned} U_M &= U_A + U_L + U_R \\ &= 2R_cI + R_aI + L_m\mathrm{d}I/\mathrm{d}t + kI\sqrt{\mu\rho_{er}v/a} \end{aligned} \qquad (4-52)$$

上述膛口电压组成首先由 Dreizin 等[250]于 1994 年提出，其理论推导过程为：令 a 为膛口侧导轨磁场强度分布的特征长度，其量级与导轨间距尺寸相同，由安培定律可知，膛口侧导轨的磁场强度幅值 B 约为 $\mu I/a$。同时，由于在 $\tau = a/v$ 这一时间间隔内，导轨表面始终存在感应磁场作用，所以由感应磁场所产生的感应电流的趋肤深度 δ 约为 $\rho_{er}\tau/\mu$，进而可得到导轨中的电流密度 j 为 $B/(\mu\delta)$，导轨中的电场强度 E 为 $\rho_{er}j$，又有 U_R 为 Ea，综上可得 $U_R = kI\sqrt{\mu\rho_{er}v/a}$。

另外，为了验证 $U_R = kI\sqrt{\mu\rho_{er}v/a}$ 项存在的合理性，Parker[251]在 1998 年设计了试验对该项进行了分析，验证试验原理示意图如图 4-86 所示，在一体化发射组件前端导轨表面嵌入一块高电阻率金属块，并测量电枢通过该区域前的膛口电压波形，并与理论分析结果进行对比。结果表明，理论分析与试验结果一致，如图 4-87 所示，证明了 Dreizin 等对该项电压增量分析的正确性。

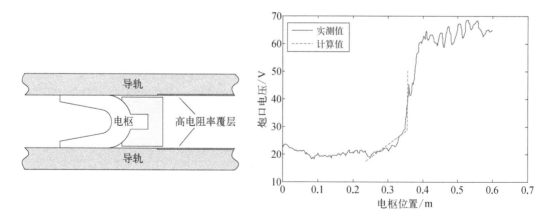

图 4-86　验证试验原理示意图　　　　图 4-87　理论分析与试验结果对比

除了速度项所引起的电压增量外，Dreizin 等[250]也采用理论计算对其他各项进行了分析，并与试验结果进行对比，如图 4-88 所示。结果表明，理论分析与实测结果完全一致，证明了上述膛口电压计算公式的正确性。

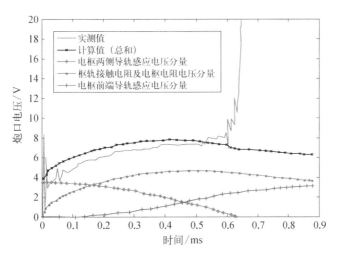

图 4 - 88　膛口电压理论计算与实测结果对比

4.6　身管热管理技术

4.6.1　导轨热量的空间分布特性

身管中发热体主要有馈电母排、导轨和引弧器,其中损耗集中分布于导轨。导轨的热量来源主要有四个方面:一是导轨体电阻产生的焦耳热;二是枢轨接触电阻产生的焦耳热传递给导轨的部分;三是枢轨接触界面接触间断时产生的电弧热传递给导轨的部分;四是枢轨间相对滑动摩擦产生的摩擦热传递给导轨的部分。枢轨接触电阻产生的焦耳热、接触界面电弧热和枢轨接触面摩擦热三者共同组成了接触界面的接触热。由 4.4.1 节分析得到枢轨间接触热可以近似的认为全部传递给了导轨。

1. 导轨体电阻产生的焦耳热量

高频趋肤效应会导致电流在导轨横截面中分布不均匀,电磁轨道发射装置矩形导轨横截面示意图如图 4 - 89 所示,假设高频趋肤效应下,导轨内的电流只分布在导轨外表面,对于二维静磁场问题,磁矢位 $\boldsymbol{A}$ 只有 z 方向分量 $\boldsymbol{A}_z$ 不为零,对应的控制方程为

$$\frac{\partial^2 \boldsymbol{A}_z}{\partial^2 x} + \frac{\partial^2 \boldsymbol{A}_z}{\partial^2 y} = -\mu \boldsymbol{J}_z \qquad (4-53)$$

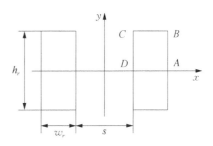

图 4 - 89　矩形导轨横截面示意图

式中,$\boldsymbol{J}_z$ 为导轨内的电流密度。

由于电流及其磁场并不穿过导体表面,所以磁矢位 $\boldsymbol{A}_z$ 在导体表面为常数。假设导轨中电流全部分布在导轨表面,把导体分割为许多沿 z 方向流动的单位线电流元,则坐标在

(x_0, y_0)的单位线电流元在(x, y)位置产生的磁矢位为[252]:

$$a_z(x, y, x_0, y_0) = -\frac{\mu_0}{2\pi}\ln\left[(x - x_0)^2 + (y - y_0)^2\right]^{1/2} \tag{4-54}$$

将电流条编号为$1, 2, \cdots, k, \cdots, N$。所有电流条在$(x, y)$位置产生的总磁矢位为

$$A_z(x, y) = \sum_1^N J_z \cdot a_z(x, y, x_k, y_k) = \text{Constant} \tag{4-55}$$

基于最小二乘法确定电流条的形状和数目,得到导轨表面的相对电流密度,并且得到电流分布的等效宽度为

$$h_e = \alpha_1 h_r + \alpha_2 w_r + \alpha_3 h_r \tag{4-56}$$

式中,α_1、α_2、α_3分别为内表面、上表面/下表面和外表面的权重系数。继而可计算得到单位长度的导轨电阻为

$$R_r = \frac{1}{h_e \sigma_r \delta(t)} \tag{4-57}$$

则t_1时刻电枢位移处单位长度导轨产生的焦耳热量为[253]

$$Q_{bj}(t_1) = \frac{1}{h_e \sigma_r}\int_{t_1}^{t_{\text{out}}} \frac{i^2(t)}{\delta(t - t_1)}\mathrm{d}t \tag{4-58}$$

式中,t_{out}为整个发射时长;$i(t)$为脉冲电流。

2. 枢轨接触电阻产生的焦耳热量

所有固体表面微观均为凸凹不平,有凸峰和凹谷。枢轨间接触是金属-金属塑性接触,实际上是两接触面的凸凹处在外力作用下形成的不连续斑点接触。考虑枢轨接触面粗糙度,两者之间为非理想接触状态,在多次动态发射后导轨表面会产生槽蚀,同时枢轨界面间的金属液化层凝固后会形成疏松、多孔的铝层,这些都会增加枢轨接触电阻,因此需要对此种情况下的枢轨接触电阻进行建模分析。在非理想接触状态下,枢轨间的实际接触面是许多接触斑点的面积之和,接触面积A_r只是名义接触面积A_c的一小部分。

图4-90中R_c为接触收缩电阻,d_c为接触斑点的直径。连续接触面无接触厚度,采用热通量表示接触电阻,其中接触面热通量为[254]

$$S_c = \rho_A J^2 c\left(\frac{H_{\text{soft}}}{P_{\text{cont}}}\right)^m \tag{4-59}$$

式中,c和m为接触常数,c和m的数值通过试验获得,对于 Al 和 ETP Cu 接触对,$c = 9.45\times10^{-4}$、$m = 0.63$;ρ_A为枢轨接触对的平均接触电阻率,设两接触对材料的电阻率分别为ρ_1和ρ_2,则有

$$\rho_A = \frac{1}{2}(\rho_1 + \rho_2) \tag{4-60}$$

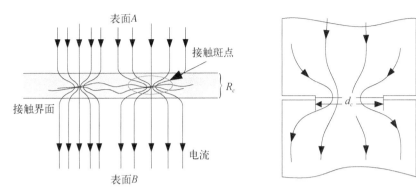

图 4 - 90　枢轨接触面示意图

枢轨接触电阻产生的焦耳热量表示成导轨位置的函数形式为[51]

$$Q_{cj}(x) = \begin{cases} \dfrac{\rho_r + \rho_a}{2}(\boldsymbol{J} \cdot \boldsymbol{J})c\left(\dfrac{H_{\text{soft}}}{P_n}\right)^m h_a(1 + x)\bigg/\dfrac{\mathrm{d}x}{\mathrm{d}t}, & x \leqslant d_a \\[3mm] \dfrac{\rho_r + \rho_a}{2}(\boldsymbol{J} \cdot \boldsymbol{J})c\left(\dfrac{H_{\text{soft}}}{P_n}\right)^m h_a(1 + d_a)\bigg/\dfrac{\mathrm{d}x}{\mathrm{d}t}, & x > d_a \end{cases} \qquad (4-61)$$

式中，ρ_r 为导轨材料电阻率；ρ_a 为电枢材料电阻率；h_a 为枢轨接触面的宽度；d_a 为 C 形电枢臂长度；P_n 为枢轨接触压强；F_0 为预压力。

3. 枢轨滑动摩擦热量

假设电枢不存在磨损，则摩擦力正比于枢轨间的接触压力，考虑电枢对导轨的电磁挤压力和电枢过盈量产生的预压力，接触压力可以表示为[255]

$$F_c(t) = P_n A_c = \frac{1}{2}\beta L'_e i^2(t) + F_0 \qquad (4-62)$$

式中，A_c 为接触面积；β 为 C 形电枢臂受到的电磁排斥力转化为接触压力的比例；L'_e 为身管的电感梯度。枢轨摩擦热量表示成导轨位置的函数形式为

$$Q_{cf}(x) = \begin{cases} \mu_c P_n h_a(1 + x), & x \leqslant d_a \\ \mu_c P_n h_a(1 + d_a), & x > d_a \end{cases} \qquad (4-63)$$

4. 枢轨接触间断时产生的电弧热量

枢轨接触间断时产生的电弧热与接触电阻产生的焦耳热对导轨的加热作用相类似，两者在枢轨接触界面的作用时间相同，只是热功率有所差异。电弧热表示成导轨位置函数形式为

$$Q_{arc}(x) = \begin{cases} E_c I h_a(1 + x)\bigg/\dfrac{\mathrm{d}x}{\mathrm{d}t}, & x \leqslant d_a \\[3mm] E_c I h_a(1 + d_a)\bigg/\dfrac{\mathrm{d}x}{\mathrm{d}t}, & x > d_a \end{cases} \qquad (4-64)$$

因为枢轨感应电动势仅为 10 V 级,在理想接触情况下,不失导轨中总热量空间分布规律性,假设忽略枢轨接触界面的电弧热。同样以 24 MJ 出口动能发射装置为例,当导轨材料的电阻率为 2.68×10^{-8} Ω·m、电枢材料的电阻率为 4×10^{-8} Ω·m、电枢材料硬度为 200 MPa、C 形电枢尾翼角度为 0.11π、导轨内侧导电区域边长为 230.72 mm、电枢臂受到的电磁排斥力垂直于导轨方向的分量转化为对导轨挤压力的系数为 0.42 和枢轨间接触面积为 1.2×10^{-3} m^2 时,由式(4-59)可以得到导轨体电阻产生的焦耳热量随电枢位移变化,如图 4-95 所示。根据公式(4-61)可以得到枢轨接触电阻产生的焦耳热量随电枢位移变化,如图 4-92 所示。由公式(4-63)可以得到枢轨接触界面摩擦热量随电枢位移变化,如图 4-93 所示。考虑到 4 倍口径段导轨体电阻引起的焦耳热与起始位置分布相同,得到单位长度导轨产生的热量随导轨位移变化,如图 4-94 所示。

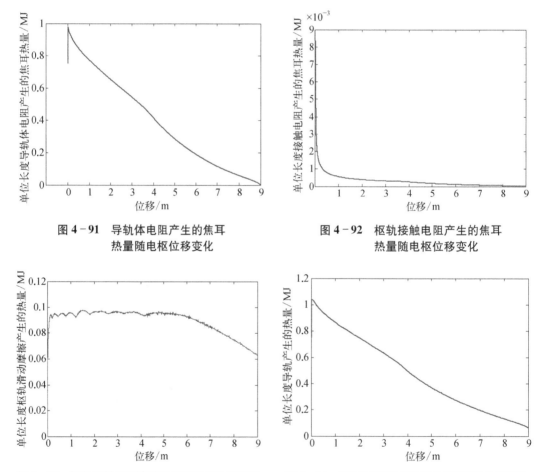

图 4-91　导轨体电阻产生的焦耳热量随电枢位移变化

图 4-92　枢轨接触电阻产生的焦耳热量随电枢位移变化

图 4-93　枢轨接触界面摩擦热量随电枢位移变化

图 4-94　单位长度导轨产生的热量随导轨位移变化

从图 4-91~图 4-94 中结果得到理想接触情况下导轨中的热量分布规律有:① 导轨中热量来源在电枢运动起始段以导轨体电阻焦耳热为主,之后摩擦热的地位逐渐上升;② 接触电阻产生的焦耳热和枢轨电弧热在总热量中占比较小;③ 导轨中总热量在电流上升沿结束时刻附近电枢对应位置达到最大值。

4.6.2　导轨冷却方式

导轨在导通数百万安培脉冲大电流使载荷实现超高初速发射的同时,也给导轨提出了承受极端热力载荷的严峻考验。在实际发射过程中,脉冲电源提供的能量不仅为发射组件加速,还有相当一部分能量以损耗形式释放。传导的电流极高,导轨的发热及温升都很大,特别是在连续发射过程中,导轨经过短时多次热量累积,致使导轨温度过高而失效。以 24 MJ 出口动能发射装置为例,在无冷却情况下导轨内表面最大温升随时间的变化如图 4-95 所示,经过 8 次发射,其最高温升将达到 600 K,已经达到材料软化温度,此时材料的强度将大幅下降,不能满足导轨的性能参数要求。所以,身管设计过程中必须要考虑热量管理问题,控制导轨温升在合理区间,才能满足身管连续发射的要求。电磁轨道发射装置技术正在朝着大口径、高出口动能及可连续发射的方向快速发展。高出口动能和可连续发射均意味着身管在热量管理方面有更苛刻的迫切需求。

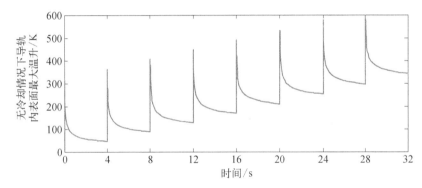

图 4-95　无冷却情况下导轨内表面最大温升随时间的变化

1. 冷却形式的确定

电枢在时间段$(t, t+\Delta t)$通过导轨单元 P 的过程如图 4-96 所示。第 $n+1$ 次发射电枢通过导轨单元 P 后的温度可以计算为[51]

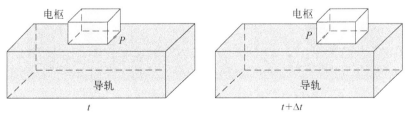

图 4-96　电枢通过导轨单元 P 的过程

$$T_{n+1} = T'_n + \frac{\mu_c P_n S_p d_a + (Q_{bj} + Q_{cj} + Q_{arc})\Delta t}{c_p \rho_p V_p} \tag{4-65}$$

式中,T_{n+1} 为第 $n+1$ 次发射一体化组件后导轨单元 P 的温度;T'_n 为第 $n+1$ 次发射前导轨

单元 P 的残余温度;S_p 为导轨单元 P 的表面积;c_p 为导轨单元 P 的材料比热容;ρ_p 为导轨单元 P 的材料密度;V_p 为导轨单元 P 的体积。连续发射下导轨热物理特性的主要技术指标有峰值温度和残余温度。残余温度是经过一次冷却后导轨的余温,这个温度已不再是初始环境温度。对于导轨单元 P,电枢通过它的过程中受力最为严酷,电枢通过导轨单元 P 后才会达到峰值温度,电枢尾翼通过时高温度与高应力同时存在,属于热力耦合下的最严酷环节。若提高身管的连续发射能力,则需要降低导轨温度。在连续发射过程中,电枢通过引起导轨单元 P 的温升 ΔT 基本为恒值,所以连续发射过程中热量管理的关键是控制发射时导轨的残余温度。

导轨冷却形式主要有内部流道冷却、膛内喷淋冷却和两者混合冷却三种方式。其中,内部流道冷却和膛内喷淋冷却的典型试验平台分别如图 4-97 和图 4-98 所示。该两种冷却方式的优缺点对比如表 4-14 所示。

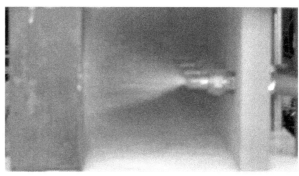

图 4-97　导轨内部流道冷却试验平台[256]　　　图 4-98　表膛内喷淋冷却模拟试验平台[257]

表 4-14　内部流道冷却和膛内喷淋冷却优缺点对比

项　目	优　点	缺　点
内部流道冷却	(1) 成熟冷却方式; (2) 闭环,冷却液传送与回收容易	(1) 降低导轨结构完整性; (2) 高流速下导轨可能被腐蚀
膛内喷淋冷却	内表面冷却效率高,可快速带走摩擦热	(1) 膛内积水,影响绝缘性能; (2) 对导轨内表面具有热冲击性; (3) 增加身管复杂性,工程实现难

膛内喷淋冷却的主要形式为采用喷嘴向膛内喷射去离子水,利用冷却水的相变带走热量,膛内容易残留积水,具有绝缘性难以保证、对导轨内表面热冲击大等缺点。此外,喷嘴一般设置在尾部,也会使得冷却水在膛内分布不均匀。

2. 冷却介质的选取

导轨内部流道冷却方式中,冷却介质按照蓄冷方式主要分为显热蓄冷、潜热蓄冷和热化学蓄冷。显热蓄冷是基于介质的温度降低来储存冷量,且在此温度范围内蓄冷介质不发生任何相变和化学反应。潜热蓄冷是利用物质相变来储存冷量,也称为相变蓄冷。而在一定温度范围内,某些物质吸热时会产生某种热化学反应,利用这一特性构成的蓄冷称为热化学蓄冷。目前,冷却介质比较成熟的是显热蓄冷和潜热蓄冷。

潜热蓄冷的冷却介质可以分为固体-液体、固体-气体和液体-气体三种类型。鉴于冷却介质流动性的特性需求,固体-液体相变冷却介质必须由液体介质作为载体。固体-气体和液体-气体相变冷却在长流道尾端容易出现冷却失效且固体或者液体汽化后迅速膨胀产生的压强变化会使得流道系统的安全性受到影响,另外流道的下垂性也会严重影响相变冷却的冷却性能,因而,流道固体-气体和液体-气体相变冷却对冷却管路的要求非常高。固体-液体相变冷却介质大致可以分为有机材料、无机材料和共晶材料三大类[258],如图 4-99 所示。

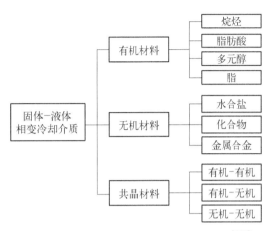

图 4-99　固体-液体相变冷却介质的分类[258]

其中,有机材料的优点是化学性质稳定、相变潜热高、相变温度稳定及自成核特性,但其主要缺点是相变潜热会逐渐退化、导热系数较低及再结晶制备困难;无机材料主要是水合盐和水,水合盐具有相变潜热高、热导率高、相变体积变化小、热应力效应小、毒性低、价格低等优点。然而,过冷现象、相分离、与常用金属(铜、铝、不锈钢)易发生腐蚀等问题,制约着水合盐在相变冷却介质中的应用。

液态冰浆是固体-液体混合冷却介质的典型代表。液态冰浆的一体化液冷系统[259]如图 4-100 所示。液态冰浆的相变冷却关键在于降低过冷度、促进冰晶成核和保证其良好

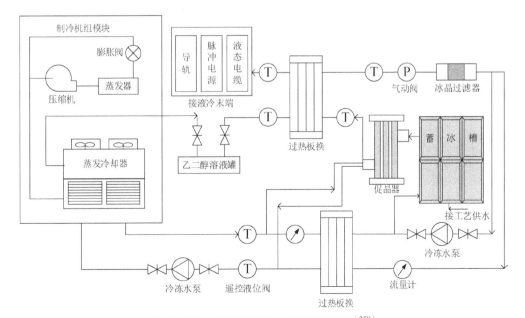

图 4-100　液态冰浆的一体化液冷系统[259]

的泵送流动性。水在结晶过程是一种亚稳态,一旦出现扰动就会破坏原有的平衡迅速结冰,这也造成了液态冰浆制备的难题。此外,固体-液体混合冷却介质还存在纳米流体的形式。纳米流体是指以一定的方式和比例在液体中添加纳米级金属或金属氧化物粒子而形成的纳米颗粒悬浮液。虽然纳米流体具有高导热系数的巨大优势,但需要解决高压大电流环境下流体介质的循环稳定性及电导率控制等问题。

显热蓄冷冷却介质中比较典型的有水和液态金属。液态金属存在绝缘和高导热率的矛盾,而去离子水则可以较容易地解决冷却介质与导轨绝缘的问题,并且在电气设备中已经有着较为成熟的应用。所以,去离子水不失为电磁轨道发射装置身管导轨内部流道冷却方式冷却介质的一种现实选择。

4.7　膛口电弧模型

4.7.1　膛口电弧特点

当一体化发射组件出膛时,导轨内剩余的磁能将以膛口电弧的形式释放掉,膛口电弧是一种等离子体。发射时的大电流使得电枢和导轨遭受严重烧蚀,加上固体电枢和导轨之间的高速摩擦及发生的转捩现象,膛口电弧中包含电枢和导轨中电离出来的 Al 和 Cu 离子,以及膛口附近被电离的大量空气等离子体。

2011 年,Weimer 等[260]利用高速摄像机记录了电枢出膛时电弧外泄和回流的详细图片,利用光谱仪分析出回流的电弧主要是由碱金属和 Al_2O_3 及 CuO 和 $Cu(OH)_2$ 构成的,回流期间的温度高达 4 000 K,必须有效地抑制电弧的产生及回流,否则膛口的烧蚀将会很严重。2018 年,Gao 等[261]针对电枢出膛时等离子体的向外膨胀和逆流现象,建立了三维数值模型,提出必须增加有效的引弧装置才能减少等离子体电弧对电磁轨道发射装置发射效率及寿命的影响。2019 年,Gao 等[262]为分析电磁轨道发射装置发射中的膛口流场,建立了膛口流场的金属蒸气和电弧的三维仿真模型,得到了电弧外扩和回流的运动特性,得出了有效的引弧方法是保证一体化发射组件高精度、提高装置高效率的必然要求。

该等离子体电弧温度极高(2 000~4 000 K),其离子密度大,由于膛口两端连通空气,膛内的空气密度低于电弧密度,电弧会在短时间内向膛口外急速扩张并出现危害极大的回流现象。电弧在短时间内聚集的大量热能会严重烧蚀绝缘及导轨材料,其产生的光污染、声污染及电磁辐射污染对人员的安全性及装置的隐蔽性都带来了巨大的挑战,同时膛口电弧作为发射末期的不确定因素,会影响一体化发射组件出膛的姿态,进而影响命中精度。

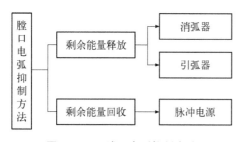

图 4 - 101　膛口电弧抑制方法

如图 4 - 101 所示,目前主要有两种膛口电弧的抑制方法：① 回收电枢出膛口后电磁轨道发射装置内的剩余能量；② 将剩余能量以其他能量形式释放。

4.7.2　膛口剩余能量回收

膛口剩余能量回收，即通过一些辅助设备将膛口剩余能量回收到储能系统中。Bernardes 等[263]将一个脉冲电源模块通过具有大通流能力的电缆和二极管并联在膛口，从而将剩余能量回收，并进行了理论上的仿真分析，发现该方案能够将初始存储能量的10%回收到脉冲电源中。Honig[264]利用如图 4 - 102(a)所示的开关电路和能量转移电容器将剩余能量回收到电感器中，用于后续发射。如图 4 - 102(b)所示，冬雷等[265]提出一种超导储能脉冲电源，并分析其工作模态，该超导储能脉冲电源可以实现在电枢出膛口时将电磁轨道发射装置中的电流减小至 0，并回收剩余能量，减少了系统 10.7%的能量损耗。剩余能量的回收理论上是比较经济的，其能量利用率较高，但是其缺点有：① 对后续发射造成影响，即脉冲电源的残余电压会导致其在后续发射时无法充电，导致连续发射失败[266]；② 回收效率不高，根据其仿真计算，大约只有 10%的剩余能量能够被回收[264,265]；③ 增加了电缆总长度和系统的体积和重量，减少了导轨有效发射长度；④ 工程实现较为复杂，为了控制膛口电压大小以防止枢轨间电弧烧蚀的产生，这些方法对电缆、电感和开关器件耐压能力要求很苛刻。

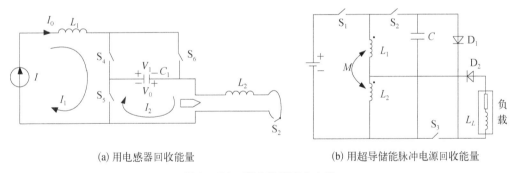

(a) 用电感器回收能量　　　　　　　　　(b) 用超导储能脉冲电源回收能量

图 4 - 102　剩余能量回收电路

4.7.3　消弧器

消弧器是一种剩余能量释放装置，其本身是在膛口位置与发射导轨并联的膛口分流器。随着电枢在膛内不断运动，电枢后方导轨电阻、电枢电阻、枢轨接触电阻之和不断增大，在发射末期导轨中的电流逐渐向消弧器转移。消弧器吸收的能量主要通过焦耳热的形式释放。根据膛口串联负载的类型，消弧器可分为阻感型消弧器、电阻型消弧器、阻容型消弧器三种；根据出膛时刻的电枢电流转移形式，消弧器又可分为膛口反向电源型消弧器、膛口开关导通型消弧器和可关断脉冲电源消弧器三种类型。

1. 阻感型消弧器

在膛口串联电阻-电感型消弧器,电枢出膛后,导轨的电流全部转移到阻感型消弧器中,直流回路未出现断路,因而减少了电弧的产生。图4-103为阻感型消弧器原理图,其中,1为膛口,2为电枢,3为导轨。其主要工作原理如下:电枢2在膛内运动时,一部分电流i_a流过电枢;另一部分电流i_s流过阻感型消弧器消弧回路。电枢出膛时,电流全部流经消弧回路,避免电弧的产生。此过程涉及两个阶段:第一阶段是电枢在膛内运动时,串联在消弧回路的导轨快速变短,消弧回路的电感快速减小,使得大量电流从电枢回路转移至消弧回路,从而减小了电枢出膛时膛口间的残余电流;第二阶段是电枢出膛后,导轨上的剩余磁能通过消弧回路继续释放,抑制了膛口电弧的发生。

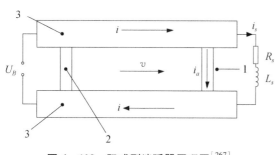

图4-103　阻感型消弧器原理图[267]

2. 电阻型消弧器

在膛口串联固定电阻或变阻器,可以有效减小出口电流。由于能耗大,一般设计有消弧器水冷系统。按照与导轨连接结构不同,电阻型消弧器又分可为外电阻型消弧器和内电阻型消弧器。

如图4-104所示的外电阻型消弧器原理图,其中,1为膛口,2为绝缘体,3为电阻环,4为消弧电阻,5为电枢,6为导轨。其主要工作原理为:电枢5在初始位置时,导轨6上的电流全部流过电枢;靠近膛口的导轨内侧安装电阻环3,并在电阻环处的导轨之间接入消弧电阻4,当电枢运动至电阻环时,电枢回路电阻会受电阻环电阻的影响而激增,大部分电流分流至消弧电阻,减小了电枢电流值;当电枢运动至膛口处的绝缘体2时,电流全部转移至消弧电阻回路,电枢电流降为零;最后实现电枢出膛时,膛口1不会出现电弧。因此,要求消弧电阻必须具备吸收大量能量和耗散大量能量的能力。

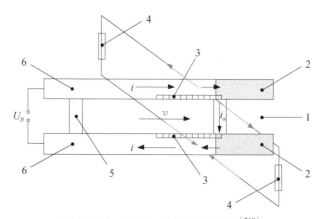

图4-104　外电阻型消弧器原理图[268]

如图 4-105 所示的内电阻型消弧器原理图,其中,1 为膛口,2 为消弧电阻,3 为电枢, 4 为导轨。其主要工作原理如下:电枢 3 在初始位置时,导轨 4 上的电流全部流过电枢; 靠近膛口的导轨内串联一对消弧电阻 2,当电枢运动经过消弧电阻时,开关 S_1、S_2 同时闭 合,一部分电流 i_a 经过消弧电阻流过电枢;另一部分电流 i_L 经 S_1 流过电枢,然后经 S_2 和 i_a 汇合回到总电流 i。在膛口处的导轨之前,存在 i_L 和 i_a 两电流方向相反的电流。最终 当电枢出膛时,电枢上的电流被抵消为零,膛口 1 不出现电弧。

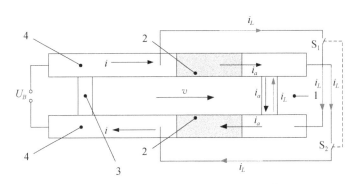

图 4-105　内电阻型消弧器原理图[269]

3. 阻容型消弧器

在膛口串联阻容型消弧器,将部分剩余能量通过电阻释放,其余剩余能量由电容器进 行回收,该方案的缺点是不利于连续发射。

如图 4-106 所示的阻容型消弧器原理图,其中,1 为膛口,2 为电枢,3 为导轨。其主 要工作原理如下:电枢 2 在膛内运动时,大部分电流流过电枢,小部分电流流过跨接在膛 口两端的消弧回路。电枢出膛时,电流全部流经消 弧回路,导轨的剩余电流对电容充电,导轨的剩余 磁能转移到电容中,避免了电弧的产生。图 4-106 中二极管是为了保护电磁轨道发射装置,避免消弧 电容对导轨放电,发生事故。在每次发射前,消弧 电容储存的能量需通过给脉冲电容充电或者电阻 消耗等形式释放。

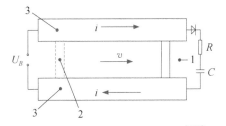

图 4-106　阻容型消弧器原理图[270]

4. 膛口反向电源型消弧器

在膛口另外增加一套脉冲电源,用来在电枢出膛瞬间给电枢通入反向电流,以抵消正 向残余电流。图 4-107 中,1 为膛口反向消弧电源模块,2 为膛口,3 为电枢,4 为导轨,5 为主电源模块。其主要工作原理如下:电枢 3 在膛内运动时,电流 i_a 流过电枢,使电枢加 速运动。电枢出膛瞬间,消弧回路晶闸管导通,反向消弧电源向电枢放电,电流为图 4-107 中的 i_L、i_a 和 i_L 方向相反,相互抵消,使得膛口不产生电弧。

5. 膛口开关导通型消弧器

在膛口增加一套开关,使电枢出膛时导轨残余电流经过开关支路,而不经过电枢回

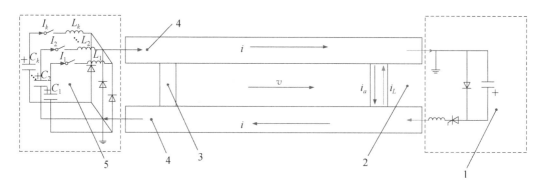

图 4 - 107　膛口反向电源消弧原理图[271]

路。图 4 - 108 中,1 为膛口,2 为电枢,3 为导轨。其主要工作原理如下:电枢 2 在膛内运动时,电流流过电枢,电枢出膛瞬间,开关 S 导通,剩余能量经消弧回路在导轨电阻上消弧,避免了电弧的产生。

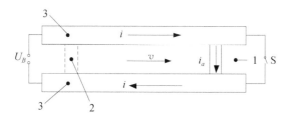

图 4 - 108　膛口开关导通消弧原理图[272]

1989 年,McKee 等[273]发明了一种利用电磁轨道发射装置自生磁场而设计的膛口开关。该开关包括短路部件 66 和 67,围绕导轨并靠近短路部件的柔性环 70 将两导轨连接起来。当电枢在 A 位置时,95% 的电流流过电枢,剩余的电流流过柔性环 70,膛口开关附近的磁场可忽略不计;当电枢运动至 B 位置时,导轨电流在膛口开关附近产生高磁场,该磁场与柔性环电流 I_R 相互作用,使柔性环沿短路部件方向加速,并相接触,此时可视为膛口开关闭合。当电枢运动至 C 位置时,电枢离开导轨,膛口电流通过 I_P 分流,可减小乃至消除膛口电弧。最后当导轨能量被消耗,导轨电流减小时,开关区域的磁场变弱,柔性环 70 在弹簧 74 的作用下弹回 A 位置,视为开关开路,实现重复使用的目的,如图 4 - 109 所示。

6. 可关断脉冲电源消弧器

图 4 - 110 中,1 为膛口,2 为电枢,3 为导轨,4 为可关断脉冲电源模块。其主要工作原理如下:当电枢 3 在膛内运动时,电流 i_a 流过电枢,电枢加速运动。电枢出膛瞬间,可关断脉冲电源开关 S 断开,导轨中电流急速下降至 0,在避免了膛口电弧产生的同时还能有效地回收导轨内的磁能。

目前该消弧器方案存在以下问题:① 减小电枢在出口前的电流和加速度,这样势必减小电枢的出口动能或者增加发射距离及发射装置的体积和重量;② 消弧器温度过高,对于大能级电磁轨道发射,巨大的能量都要通过消弧器以焦耳热的形式释放,这使得其

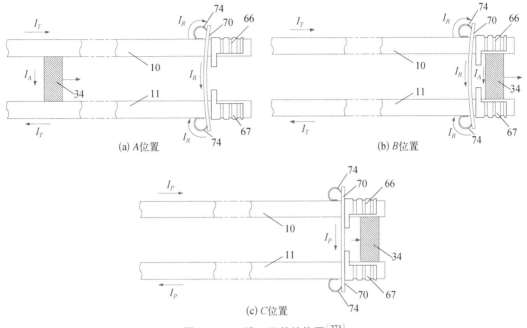

(a) A位置　　　　　　　　　　　　(b) B位置

(c) C位置

图 4-109　膛口开关结构图[273]

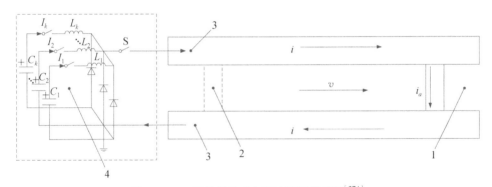

图 4-110　可关断脉冲电源消弧器原理图[274]

温度过高,必须外加冷却装置,这导致其设计复杂,增加了消弧器体积,且不利于实现快速发射;③ 不利于连续发射,采用将剩余能量部分回收、部分释放的方式,膛口储能设备的储能能力限制了连续发射次数,且设计复杂,电磁轨道发射装置随动性能受到较大的限制。

7. 消弧器电流转移过程

为了进一步说明电流的转移过程,以阻感型消弧器为例,将电流转移过程的两阶段做进一步说明[275]。

第一阶段,电枢在身管内运动,对应的原理图如图 4-111 所示。

电源系统一般由多个模块并联组成,电容组件容值为 C_k,初始电压设为 U_{ck},电感设为 $L_k(k=1,2,3,\cdots,n)$,U_B 为馈电电压,列出方程如下:

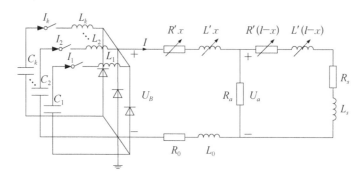

图 4-111　第一阶段原理图

$$\begin{cases} U_{ck} = L_k \dfrac{\mathrm{d}I_k}{\mathrm{d}t} + U_B \\ I_k = -C_k \dfrac{\mathrm{d}U_{ck}}{\mathrm{d}t}, \quad U_{ck} > 0 \\ I = \displaystyle\sum_{k=1}^{n} I_k \end{cases} \tag{4-66}$$

当 $U_{ck} \leqslant 0$ 时,令 $U_{ck} = 0$,则发射系统的电路方程组为

$$\begin{cases} U_B = (L_0 + L'x) \dfrac{\mathrm{d}I}{\mathrm{d}t} + U_a + (R_0 + R'x)I + IL'v \\ U_a = (L_s + L'l - L'x) \dfrac{\mathrm{d}I_s}{\mathrm{d}t} + (R_s + R'l - R'x)I_s - I_s L'v \\ U_a = I_a R_a \\ I_a = I - I_s \end{cases} \tag{4-67}$$

由于电枢运动过程中,膛口消弧器有分流作用,电枢前后磁场对电枢都有加速作用,所以电磁力方程表示为

$$\begin{cases} F = \dfrac{L'II_a}{2} + \dfrac{L'I_s I_a}{2} \\ m_a \dfrac{\mathrm{d}v}{\mathrm{d}t} = F \end{cases} \tag{4-68}$$

式中,F 为电枢所受电磁力;m_a 为电枢的质量;v 为电枢的运动速度。

第二阶段,电枢出膛瞬间在膛口将产生一定量的等离子体,引起少量电弧,与消弧回路并联,对应的原理图如图 4-112 所示。

设膛口残留的电弧电阻为 R_c,则流经 R_c 的电流 I_c 为电弧电流。

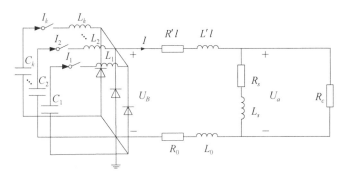

图 4-112 第二阶段原理图

$$\begin{cases} U_B = (L_0 + L'l) \dfrac{\mathrm{d}I}{\mathrm{d}t} + U_a + (R_0 + R'l)I \\[3mm] U_a = L_s \dfrac{\mathrm{d}I_s}{\mathrm{d}t} + R_s I_s = I_c R_c \end{cases} \qquad (4-69)$$

4.7.4 引弧器

1. 引弧器基本原理

引弧器是直接将剩余能量利用引弧块转化为电弧的能量释放装置,如图 4-113 为 BAE 系统公司制造的引弧器实物图。在膛口位置,导轨上并联引弧装置,在电枢出膛时,利用膛口电压及腔内的铝蒸气、碎屑等击穿引弧间隙,使大量的剩余能量通过电弧的形式释放出去。这种方式将电枢与导轨之间的电弧"引入"引弧装置中,在不影响电枢加速过程的情况下,可有效抑制枢轨之间的拉弧,并且尽快地将剩余能量释放,是目前最为可行的技术路线。

膛口电弧释放的剩余能量如式(4-70)所示,脉冲功率电源的充放电特性表明,引弧方案单次发射下膛口电弧可释放 30% 左右的初始储能。

$$Q_{arc} = \int U_{arc} I_{arc} \mathrm{d}t_{arc} \qquad (4-70)$$

式中,Q_{arc}、U_{arc}、I_{arc}、t_{arc} 分别为燃弧时消耗的剩余能量、电弧电压、电弧电流及燃弧时间。

引弧技术将电弧"引入"引弧角之间,电弧的高温燃烧将会对引弧角表面有巨大的热流输入和电弧

图 4-113 BAE 系统公司制造的引弧器实物图

力作用,引起引弧角的蒸发和熔池喷溅,造成引弧角的材料烧蚀,增大引弧角间距。而引弧角的这些变化会影响引弧角服役性能和膛口电弧的燃弧过程。作为发射系统的一部分,膛口电弧也会影响发射电路。

2. 膛口电弧负载外特性模型

膛口电弧负载外特性模型也称为电弧的黑盒模型,其最早由 Cassie[276] 在一次学术会议中提出。Cassie[276] 和 Mayr[277] 先后提出了 Cassie 电弧模型和 Mayr 电弧模型,这种模型忽略电弧内部细节,不考虑等离子体微观组成和物理过程,而是从宏观角度对电弧负载外特性进行研究。Cassie 电弧模型和 Mayr 电弧模型都是基于能量平衡的角度,对电弧的电压、电流、电导、时间常数和能量耗散建立联系,前者主要适用于大电流电弧,后者则对小电流电弧拟合较好。之后很多学者都对这两个模型进行过改进,提出相应的模型,如 Schavemaker 模型[278]、Habedank 模型[279] 和 KEMA 模型[280] 等。从本质上讲,这些电弧负载外特性模型都是在 Cassie 电弧模型和 Mayr 电弧模型基础上,针对不同的实际工况进行的改进。

电弧的黑盒模型认为电弧为线路中的一个两端元件,其特性可以通过非线性微分方程表示。电弧电导是电弧能量与时间相关的函数,即

$$g = F(Q, t) \tag{4-71}$$

式中,g 为电弧单位长度电导。

对式(4-71)进一步转化,并根据电弧的能量平衡,有

$$\frac{1}{g}\frac{\mathrm{d}g}{\mathrm{d}t} = \frac{F'(Q)}{F(Q)}\frac{\mathrm{d}Q}{\mathrm{d}t} = \frac{F'(Q)}{F(Q)}(P - N) \tag{4-72}$$

式中,P 为单位长度电弧输入功率;N 为单位长度电弧散出功率;Q 为电弧储存能量。

式(4-72)的具体表达形式取决于函数 $F(Q)$ 和 N 的数学表达式。根据电弧进行不同的假设,能够得到适用于不同条件下的电弧模型。

在电磁轨道发射时,引弧器工作电流为兆安级,引弧器电弧采用 Cassie 电弧模型进行描述。Cassie 通过对电弧的观察和分析认为:

(1) 电弧是圆柱形的气体通道,界面温度分布均匀;

(2) 电弧通道有明确的界限,电弧通道外几乎不导电;

(3) 电弧温度在时间和空间上均保持不变,即当电弧电流变化时,电弧通道直径随之变化,但是电弧温度并不变化;

(4) 电弧等离子体的能量和能量散出速度与弧柱横截面的变化成正比,能量的散出方式是气流因素引起弧柱变化;

在稳态条件下,电弧电压梯度为

$$E_0 = \sqrt{\mu N_c} \tag{4-73}$$

式中,E_0 为电弧电压梯度;N_c 为单位体积电弧散出功率常数;μ 为单位体积电弧电阻常数。

在静态时,电弧电压梯度为与电流密度无关的常数。在动态情况下,有

$$g = F(Q) = \frac{A}{\mu} = \frac{Q}{Q_c \mu} \tag{4-74}$$

$$g = AN_c = \frac{N_c Q}{Q_c} \tag{4-75}$$

式中，A 为电弧通道横截面积；Q_c 为单位体积电弧中的能量常数。

由式(4-74)得

$$F'(Q) = \frac{1}{Q_c \mu} \tag{4-76}$$

$$P = E^2 g = E^2 \frac{Q}{Q_c \mu} \tag{4-77}$$

将式(4-76)和式(4-77)代入式(4-72)中，得到 Cassie 电弧模型中动态电弧数学表达式为

$$\frac{1}{g} \frac{\mathrm{d}g}{\mathrm{d}t} = \frac{1}{\tau}\left(\frac{E^2}{E_0^2} - 1\right) \tag{4-78}$$

式中，τ 为电弧的时间常数，且

$$\tau = \frac{Q_c}{N_c} \tag{4-79}$$

确定电弧外负载特性参数是建立电弧负载外特性模型的主要任务，主要的方法有两种：一种是根据电弧负载外特性模型中待定参数的意义、影响因素及规律推导模型参数；另一种是用数学方法对真实试验数据进行演绎求解。膛口电弧负载外特性模型参数的确定是相当复杂的，膛口电弧与脉冲功率电源相互作用，并且受发射过程影响。电弧参数的确定不仅要考虑电弧本身的特性，还要知道电弧电流受电磁发射电路的影响。

图 4-114 为下膛口电弧负载外特性模型中参数 τ 随时间变化的曲线。同时，电弧时

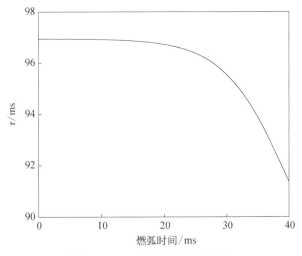

图 4-114　τ 随时间变化的曲线

间常数 τ 表征电弧存储能量与耗散功率的比值,τ 越小表明弧柱温度或热量变化越小。电磁发射时膛口电弧时间常数 τ 的时间变化曲线表明:① 在膛口起弧时,由于初始时刻输入能量较大,电弧储存的能量迅速增加,膛口电弧介质快速升温;② 燃弧后期,虽然膛口电弧散出功率减小,但是电弧输入功率也在减小,且电弧储存能量的下降速度大于其散出功率下降速度,电弧温度逐渐下降,直至最后熄灭。

    3. 膛口电弧流场计算

    膛口电弧介质为包含金属蒸气的电离空气,中心温度能够达到上万度。微观上,膛口电弧介质中的电子、离子和其他粒子在燃弧过程中发生强烈的质量、动量和能量的交换。宏观上,电弧也是一个热过程,其中发生着热传导、热对流和热辐射作用。此外,等离子体还具有流体流动的性质。膛口电弧涉及电磁场、流场、温度场等多物理场的耦合,如图 4-115 所示。

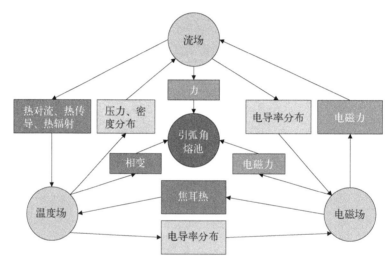

图 4-115 电磁发射技术膛口电弧多物理场耦合

    从流场角度来看,膛口电弧引燃后电弧介质温度在短时间内极速升高,电弧介质迅速膨胀使得气流呈爆炸式向四周扩散;电弧等离子体介质不同区域的温度不同,带来不同区域密度的不均匀性分布,受重力作用不同密度的介质发生对流;同时,等离子体内部为带电粒子,而带电粒子在磁场中会受到洛伦兹力的作用,引起带电粒子的定向流动。此外,引弧角烧蚀带来流场空间形状的改变,也会影响等离子体介质的流动。而等离子体介质的流动也会对引弧角表面熔池有正压力和剪切力的作用。

    从温度场角度来看,不同温度的等离子体介质的流动使得不同区域的等离子体发生热对流和热传导,进行热量交换;另外,电流在通电的电弧导体中流过产生巨大的焦耳热,是膛口电弧中最根本的能量输入。此外,电弧的高温使得其不断向引弧角和周围环境产生热辐射作用,向外界辐射热量,而引弧角吸收热量而升温,当其温度达到相变点时,引弧角表面材料发生熔化,甚至气化。

    从电磁场角度来看,不同电离程度的等离子体的流动带来等离子体电导率的空间变化,进而影响电流和电磁场的空间分布;另外,温度的变化也改变了等离子体介质的电离程度,进而使得介质电导率不断变化,电流和电磁场在局部位置集中。而电磁场对引弧角表面熔池有电磁力作用,从而驱动熔池流动。

综上,膛口电弧的燃弧是一个涉及电磁场、温度场和流场等多物理场强耦合作用的过程,因此对其物理过程的研究是最为关键和复杂的问题,对膛口电弧的统一描述需要综合其在各个物理场中的特性。

根据磁流体力学理论,认为电弧是一个宏观的、可压缩的导电流体,对电磁轨道发射装置膛口电弧进行流场、温度场和电磁场描述,分别在三个物理场模型中做出如下基本假设:

(1) 流场,膛口电弧等离子体及周围空间的空气流动状态为层流;

(2) 温度场,膛口电弧等离子体在局部是热力学平衡的;

(3) 电磁场,不考虑膛口电弧和引弧角及周边其他金属内的涡流。

膛口电弧等离子体满足流体的质量守恒定律,即单位时间内电弧微元体中等离子体质量的增加等于同一时间间隔内流入该电弧微元体的净质量[281]。由此,膛口电弧等离子体连续性方程为

$$\frac{\partial \rho}{\partial t} + \nabla \cdot (\rho \boldsymbol{V}) = 0 \tag{4-80}$$

式中,ρ 为膛口电弧等离子体中任意位置微元密度;$\boldsymbol{V}$ 为膛口电弧等离子体速度矢量。

方程等号左边第一项意义为单位体积内微元体中等离子体质量变化率,第二项意义为单位时间内流入该微元体的等离子体净质量。

膛口电弧等离子体满足流体的动量守恒定律,即任意位置的电弧微元体中等离子体的动量增加率等于作用在该电弧微元体的各种力之和[282]。

设 $\boldsymbol{F}$ 为电弧微元体受到的电磁力矢量,F_x、F_y、F_z 为电磁力 $\boldsymbol{F}$ 矢量在 x、y、z 方向的分量,u、v、w 分别为 $\boldsymbol{V}$ 在 x、y、z 方向的分量,即

$$\boldsymbol{F} = \boldsymbol{J} \times \boldsymbol{B} = F_x \boldsymbol{i} + F_y \boldsymbol{j} + F_z \boldsymbol{k} \tag{4-81}$$

$$\boldsymbol{V} = u \boldsymbol{i} + v \boldsymbol{j} + w \boldsymbol{k} \tag{4-82}$$

由此,电弧微元体在 x、y、z 三个方向上的运动方程(动量守恒方程)分别为

$$\begin{cases} \dfrac{\partial (\rho u)}{\partial t} + \nabla \cdot (\rho u \boldsymbol{V}) = -\dfrac{\partial p}{\partial x} + \nabla \cdot (\eta \nabla u) + F_x \\[2mm] \dfrac{\partial (\rho v)}{\partial t} + \nabla \cdot (\rho v \boldsymbol{V}) = -\dfrac{\partial p}{\partial y} + \nabla \cdot (\eta \nabla v) + F_y \\[2mm] \dfrac{\partial (\rho w)}{\partial t} + \nabla \cdot (\rho w \boldsymbol{V}) = -\dfrac{\partial p}{\partial z} + \nabla \cdot (\eta \nabla w) + F_z \end{cases} \tag{4-83}$$

式中,p 为电弧微元体上的压力;η 为等离子体动力黏度系数。

方程组等号左边第一项和第二项意义分别为某个方向上的电弧微元体内惯性力项和

体积力项;等号右边第一项意义为电弧微元体某方向上的压力项,第二项为某一方向上的黏滞阻力项,第三项为电弧微元体所受的电磁力项。

腔口电弧等离子体满足流体的能量守恒定律,即电弧微元体内热力学能的增加率等于进入电弧微元体的净热流量加上体积力和表面力对微元体所做的功。以焓 H 为变量的能量方程(能量守恒方程)为

$$\frac{\mathrm{d}(pH)}{\mathrm{d}t} + \nabla \cdot (\rho H V) = \nabla\left(\frac{\lambda}{C_p}\nabla H\right) + \frac{\mathrm{d}p}{\mathrm{d}t} + \frac{I^2}{g} + S_\varphi - q_r \tag{4-84}$$

式中,C_p 为电弧等离子体的比定压热容;λ 为电弧等离子体热导率;S_φ 为电弧等离子体黏滞耗散项;q_r 为电弧辐射散热项。

方程等号左边为焓变化率,等号右边第一项代表电弧导热散热能量,第二项为压力变化率,第三项为电流流过时产生的焦耳热,第四项为等离子体黏滞耗散能量,第五项为电弧辐射换热能量。

图 4-116 给出采用上述建模方法,仿真得到的腔口电弧在不同时刻下的温度分布特点[261]。

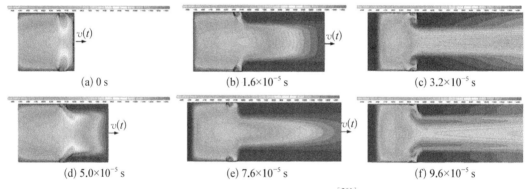

(a) 0 s　　　　　　　(b) 1.6×10⁻⁵ s　　　　　　(c) 3.2×10⁻⁵ s

(d) 5.0×10⁻⁵ s　　　　　(e) 7.6×10⁻⁵ s　　　　　(f) 9.6×10⁻⁵ s

图 4-116　腔口流场的温度分布[261]

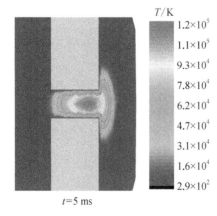

t=5 ms

图 4-117　腔口电弧温度分布(左边为内腔一侧,右边为腔口侧)

图 4-117 给出某工况下腔口燃弧 5 ms 时电弧温度分布。可以看出,此时腔口电弧温度高达 1.2×10^5 K,且腔口外侧温度较高,燃弧位置集中在引弧角之间腔口外侧。在燃弧过程中,发射装置还通有剩余电流,产生较大的横向磁场。此时,腔口电弧等离子体处于该横向磁场中,根据等离子体的特性,电弧介质内的带电粒子受到空间横向磁场洛伦兹力的作用,从而使得电流在电弧前部集中,引起电弧弧柱中心的向前偏移。

4.8　发射过程的后坐力

4.8.1　电磁发射后坐力

在传统火炮射击时,身管内膛火药燃气产生的压力一方面推动一体化发射组件向前加速运动;另一方面作用于炮身,产生一个向后的作用力,使炮身等构件产生后坐运动。由于电磁轨道发射的机理不同,后坐力产生的原因也完全不同。在电磁轨道发射装置发射过程中,一体化发射组件在强电磁场环境下受到向前的洛伦兹力加速向前运动,根据牛顿第三定律,发射系统会受到向后的反作用力,当发射能量足够大时,电磁轨道发射装置会产生后坐运动。随着发射能级的增加,发射过程中的后坐动能也将随之增大,架体所承受的冲击力也将越来越大,这将给架体的强度和刚度带来考验。为满足工程化应用时的安装环境要求,架体的体积和重量不能设计得过于庞大,为改善架体受力,引入反后坐技术成为必要。其方法是在电磁轨道发射装置的后坐部分与架体之间增加反后坐装置,通过一定的弹性力和制动力抑制后坐运动,使架体成为弹性架体,从而大大降低架体受力。常规火炮的反后坐装置能够使架体受到的后坐力降低到炮膛合力最大值的十几分之一到几十分之一。另外,为满足作战性能指标,电磁轨道发射装置还要具有连续发射能力,并具备一定的发射率,这就要求后坐复进时间不能过长,后坐部分在后坐结束后应能及时复进到待发位,使电磁轨道发射装置具备下一发一体化发射组件射击条件。因此,为控制后坐复进时间,达到发射率要求,相对于常规火炮,电磁轨道发射装置具有其自身不同的特点。所以,需要结合电磁轨道发射装置的后坐特点,并对其反后坐技术进行针对性的研究,研制出适合其使用的反后坐装置[283]。

如图 4-118 所示,由于实际的电磁轨道发射装置存在馈电结构,电枢向前运动的同时,在洛伦兹力的作用下,馈电区域存在向后方向的电磁力,图 4-119 给出激励电流与电磁反作用力的关系。

因此,电磁轨道发射装置发射过程中的电磁反作用力大小与持续时间和电流波形相

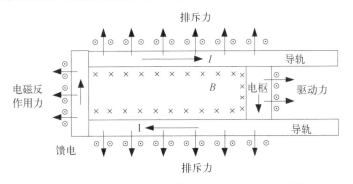

图 4-118　电磁轨道发射装置的电磁力分布示意图

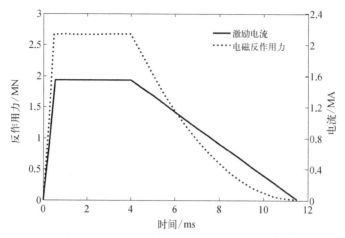

图 4-119　激励电流与电磁反作用力的关系[284]

关。在电磁力反作用力的作用下,电磁轨道发射装置向后运动,由于电磁轨道发射装置往往比较重,即使电枢出膛后,惯性的作用使电磁轨道发射装置仍向后运动,不断地向反后坐装置做功的同时,速度最终降为零,完成后坐过程的运行。随后,反后坐装置释放存储能量,将电磁轨道发射装置推送至发射前的初始位置,这一过程称为复进过程。

反后坐装置是通过能量的吸收和释放,将身管受到的幅值较大的脉冲型电磁反作用力调制成幅值较小且持续时间较长的后坐力后,再传递给架体,在满足发射精度及发射速率的同时,又减小了发射过程对架体的冲击。

4.8.2　后坐行程与后坐力的关系

1. 发射系统模型建立

电磁轨道发射系统简化实体模型如图 4-120 所示。馈电装置和身管组成后坐部分,后坐部分与摇架之间设置有反后坐装置,同时后坐部分导轨(位于馈电装置下方)嵌入起导向作用的摇架滑道内,射击时,反后坐装置为后坐部分提供制动力和复进力,使后坐部分沿摇架滑道做后坐复进运动。

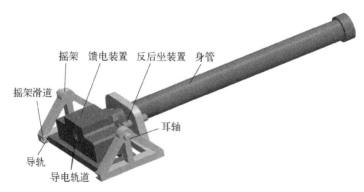

图 4-120　电磁轨道发射系统简化实体模型

发射时,后坐部分共经历后坐和复进两个过程。在后坐过程中,后坐部分向着膛口相反的方向运动,直至停止;而在复进过程中,向着膛口方向运动,直至回到待发初始位置。后坐部分在两个过程中的受力是完全不同的,以下结合平面示意图分别对后坐过程中和复进过程中后坐部分的受力进行分析,并建立两个过程的运动微分方程。

2. 后坐过程中受力分析

取后坐部分为研究对象,对射击时后坐过程中后坐部分的受力进行分析,受力关系如图 4‐121 所示。

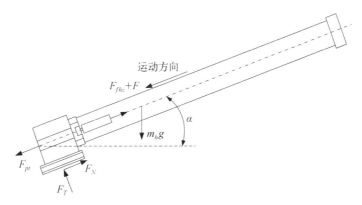

图 4‐121　后坐过程中的后坐部分受力关系

其中, F_{pt} 表示后坐主动力, m_h 表示后坐部分质量, $m_h g$ 表示后坐部分重力, F_N 表示摇架滑道对后坐部分的法向反力, F_T 表示后坐部分与摇架间的摩擦力, $F_{fhz}+F$ 表示反后坐装置阻力和紧塞件摩擦力,反后坐装置阻力 F_{fhz} 包含项与反后坐装置组成有关。事实上,后坐部分在后坐过程中受到的后坐主动力、约束反力和阻力构成的是空间力系,为建立运动学微分方程,需要做出部分假设对其进行简化:假设射击时上述作用力均作用在射面(过身管中心且垂直于地面的面)内,并且后坐部分为刚体,各零部件为刚性连接。

在假设条件下,后坐部分的受力成为平面力系。以身管轴线为 x 轴,电磁轨道发射装置模型的后坐运动微分方程为

$$m_h \frac{\mathrm{d}^2 x}{\mathrm{d}t^2} = F_{pt} - F_T - (F_{fhz} + F) + m_h g \sin \alpha \tag{4-85}$$

结合边界条件:当 $t=0$ 时, $v=0$ 、 $x=0$,对式(4‐85)进行积分得到后坐速度 v 和后坐行程 x 的微分方程为

$$v = \frac{1}{m_h} \int_0^t (F_{pt} + m_h g \sin \alpha) \mathrm{d}t - \frac{1}{m_h} \int_0^t (F_T + F_{fhz} + F) \mathrm{d}t \tag{4-86}$$

$$x = \frac{1}{m_h} \int_0^t \mathrm{d}t \int_0^t (F_{pt} + m_h g \sin \alpha) \mathrm{d}t - \frac{1}{m_h} \int_0^t \mathrm{d}t \int_0^t (F_T + F_{fhz} + F) \mathrm{d}t \tag{4-87}$$

由式(4‐86)和式(4‐87)可以看出,后坐运动是由主动力项 $F_{pt} + m_h g \sin \alpha$ 和阻力项

$F_T + F_{fhz} + F$ 叠加作用引起的,其中,主动力项中的 F_{pt} 仅在一体化发射组件出膛口前的时间段内存在,此时间段内主动力项远大于阻力项,后坐部分加速向后运动;当一体化发射组件出膛口时,主动力项变为恒定值 $m_h g \sin\alpha$,此阶段阻力项大于主动力项,后坐部分开始减速运动,直至停止后坐运动,因此后坐运动是先加速后减速的过程。需要指出的是,射击时,一体化发射组件在膛内时间仅十余毫秒,所以后坐部分加速时间很短,整个后坐运动减速过程占用更长的时间。

3. 复进过程中受力分析

在复进过程中,复进分力成为复进主动力,而重力分力成为复进阻力。同样取后坐部分为研究对象,对射击时复进过程中后坐部分的受力进行分析,受力关系如图4-122所示。

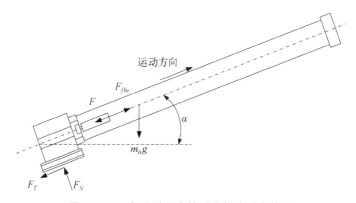

图4-122　复进过程中的后坐部分受力关系

与后坐过程相同,后坐部分在复进过程中受到的复进主动力、约束反力和阻力构成的也是空间力系,为建立运动学微分方程,同样做出假设加以简化:假设复进过程中上述作用力均作用在射面(过身管中心且垂直于地面的面)内,并且后坐部分为刚体,各零部件为刚性连接。

在假设条件下,后坐部分的受力成为平面力系。以身管轴线为 x 轴,复进运动微分方程为

$$m_h \frac{\mathrm{d}^2 l}{\mathrm{d}t^2} = F_{fhz} - F_T - F - m_h g \sin\alpha \tag{4-88}$$

式中,l 为复进行程,反后坐装置力 F_{fhz} 包含项与反后坐装置的组成有关。

结合边界条件:当 $t=0$ 时,$v=0$、$l=\lambda$,对式(4-88)进行积分得到复进速度 v 和复进行程 l 的微分方程为

$$v = \frac{1}{m_h}\int_0^t F_{fhz}\mathrm{d}t - \frac{1}{m_h}\int_0^t (F_T + F + m_h g \sin\alpha)\mathrm{d}t \tag{4-89}$$

$$l = \frac{1}{m_h}\int_0^t \mathrm{d}t \int_0^t F_{fhz}\mathrm{d}t - \frac{1}{m_h}\int_0^t \mathrm{d}t \int_0^t (F_T + F + m_h g \sin\alpha)\mathrm{d}t \tag{4-90}$$

由式(4-89)和式(4-90)可以看出,复进运动是由反后坐装置提供的复进主动力 F_{fhz} 与复进阻力 $(F_T + F + m_h g \sin\alpha)$ 叠加作用引起的。复进主动力主要由复进机提供,复进起始阶段,复进主动力大于复进阻力,后坐部分加速向膛口运动,随着复进行程的增加,

复进主动力持续减小,但是只要复进主动力大于复进阻力,后坐部分便始终处于加速运动状态,复进速度会越来越大,若反后坐装置中包含有驻退机,则驻退机提供的制退阻力随着速度的增加不断增大,当总复进阻力大于复进主动力时,后坐部分开始减速,可见,复进过程同样是先加速后减速的过程。

4.8.3　后坐阻尼技术研究

为了减小由后坐力引起的后坐行程,可以采用后坐阻尼技术,该技术主要包括以下几种类型。

1)弹簧式驻退复进机阻尼技术

弹簧式驻退复进机具有结构简单、工作可靠、性能不受环境影响而变化等优点,其缺点是质量大、不便于调整复进速度、容易疲劳,适合后坐能量不大的情况使用。

2)液体气压式复进机和节制杆式驻退机组合式阻尼技术

液体气压式复进机中的液体仅用来密封气体,复进活塞直接压缩气体。如图 4-123 所示,液体气压式复进机大大减少了液体,使复进机结构紧凑,质量较小。但由于复进活塞结构复杂,使密封可靠性差,因此液体气压式复进机一般应用于高压气源的系统中,以利于及时对复进机补充气体。

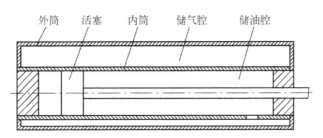

外筒　活塞　内筒　储气腔　储油腔

图 4-123　液体气压式复进机结构原理图[284]

液体气压式复进机工作原理是:在后坐过程中,后坐部分带动活塞运动,通过油液压缩气体储存复进能量,最终使后坐部分复进到初始待发位置。液体气压式复进机阻力的计算公式为[284]

$$F_c = A_c P_0 \left(\frac{V}{V - A_c x} \right)^n \tag{4-91}$$

式中,A_c 为活塞工作面积;P_0 为气体初始压力;V 为储气腔初始容积;n 为多变指数,$n = 1.4$;x 为移动距离。

如图 4-124 所示的节制杆式驻退机,其突出优点是动作可靠、容易满足对后坐复进过程中力和运动规律的要求,具有结构简单、缓冲性能易于控制等优点,可实现后坐复进过程的全程制动。

节制杆式驻退机工作原理是:后坐时,利用液体流过变截面流液孔时所产生的阻尼压

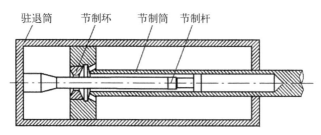

图 4-124 节制杆式驻退机结构原理图[284]

差形成液压阻力,吸收后坐能量,使后坐部分有规律地后坐;复进时,利用节制筒内部的变截面沟槽产生液体阻尼力,使后坐部分有规律地复进。节制杆式驻退机阻力的计算公式为[284]

$$F_r = \frac{K_m \rho}{2}\left[\frac{(A_r - A_m)^2}{A_x^2} + \frac{K_t}{K_m} \cdot \frac{A_p^3}{A_t^2}\right]v_r^2 \qquad (4-92)$$

式中,K_m 为主流的液压阻力系数;K_t 为支流的液压阻力系数;A_r 为节制杆式驻退机活塞工作面积;A_m 为节制环孔面积;A_x 为流液孔面积;A_t 为支流最小截面面积;A_p 为复进节制器工作面积;ρ 为液体密度;v_r 为节制杆速度。

3) 弹性阻尼体缓冲器

弹性阻尼体缓冲器内部填充半流体高分子化合物,具有高黏性、强压缩性、良好的化学惰性及热稳定性。当缓冲器受到外力冲击时,缓冲器活塞沿冲击的方向进入阻尼腔,特殊结构的活塞及精巧设计的多阻尼腔与高黏性阻尼介质产生极大的摩擦力,使冲击动能迅速转化为热能,达到良好的缓冲效果。在外力消失后,缓冲器利用阻尼介质预先精确贮存的弹性内能自动复位。

4.8.4 后坐过程的试验研究

发射试验时,对电磁轨道发射装置的后坐复进行程、后坐复进加速度、速度曲线及加速度曲线进行了测试。测试结果如图 4-125~图 4-128 所示,仿真计算结果及试验测试结果如表 4-14 所示。

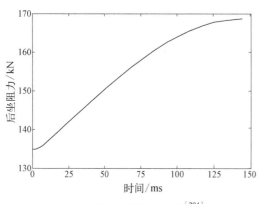

图 4-125 后坐阻力曲线[284]

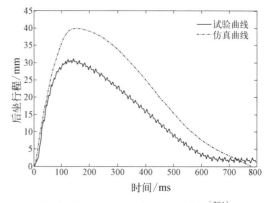

图 4-126 后坐与复进行程曲线[284]

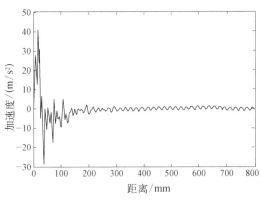

图 4-127　后坐与复进加速度曲线[284]

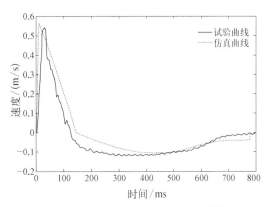

图 4-128　后坐与复进速度曲线[284]

表 4-15　后坐复进过程的仿真值与测试值[284]

参　数	最大后坐力/kN	最大后坐行程/mm	最大后坐速度/(m/s)
仿真值	—	39.9	0.57
测试值	168.6	31.1	0.54

试验结果表明：后坐力值大小近似为最大电磁反作用力（图 4-119）的 1/16，表明电磁轨道发射装置的反后坐装置起到了良好的缓冲作用，有效改善了底座架体受力。从表 4-15 中的数值可以看出，电磁轨道发射装置的后坐速度较小，而常规火炮的最大后坐速度是其数十倍，如某 130 J 火炮最大后坐速度达到 9 m/s。同时，从式（4-92）可以看出，驻退机力与后坐速度的平方呈正比关系，若使用相同的驻退机，则常规火炮驻退机力将是电磁轨道发射装置的百余倍。可以判断，若在电磁轨道发射装置上使用节制杆式驻退机，则需要专门针对电磁轨道发射装置自身后坐规律特点，优化节制杆式驻退机结构，减小节制流液孔面积，从而使得液体流过节制孔能够产生足够的液压阻尼力，进而提高驻退机力。

4.9　材料表面处理技术

4.9.1　表面处理方式

导轨是电磁轨道发射装置的核心部件，其使用寿命对于电磁轨道发射装置的工程化应用至关重要。随着研究内容的深入，研究人员发现通过预先添加导电涂层的方式可以改善枢轨接触界面滑动电接触性能，延长导轨的使用寿命，导轨表面处理也成为新的研究方向，但该研究仍处于起步阶段。根据涂层形式的不同，可以分为液态涂层和固体涂层。

1. 液态涂层

根据电接触理论，枢轨是通过接触界面间的导电斑点完成电流传输，实际接触面积要远小于名义接触面积。通过在枢轨接触面间注入液体导电涂层，可以显著增加实际导电面积,减小接触电阻,改善枢轨间的接触性能。前期,研究人员对液体金属及水膜等液态涂层作用机理进行了理论分析和试验研究[285]。

俄罗斯学者 Drobyshevski 等[286]考虑枢轨接触面间的速度趋肤效应、能量耗散及热传导过程,从理论上对滑动电接触中液态涂层的影响进行了研究,分析结果表明,液态涂层可显著抑制速度趋肤效应并降低枢轨接触界面的焦耳热和摩擦热。Ghassenmi 等[287]则设计了一种新型的电枢结构,注入金属铟,从理论角度分析了此时枢轨接触面间的热量及磁场分布,电磁轨道发射装置模型如图 4 - 129 所示。结果表明,新型电枢结构虽然对系统温度特性改善效果有限,但可有效提高枢轨间的有效接触面积,也可减小摩擦,延迟电枢表面熔化,但并没有设计试验对分析结果进行验证。

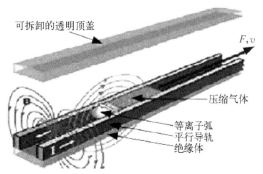

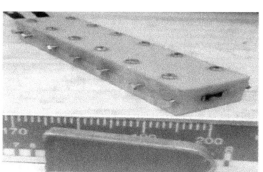

图 4 - 129　Ghassenmi 等[287]设计的电磁
轨道发射装置模型

图 4 - 130　Engel 等[288]试验用电磁轨道
发射装置及电枢

鉴于液态涂层对于改善枢轨接触特性的积极影响,也有学者设计了相关试验,并通过实测结果对有无涂层工况下的枢轨接触特性进行了对比。2016 年,美国学者 Engel 等[288]分别将液态镓铟锡和蒸馏水膜直接涂抹到枢轨接触界面作为导电涂层,进行了动态发射试验研究,试验过程中测量了膛口电压曲线,并通过分析电压中的噪声信号来评价不同接触条件下的枢轨接触性能,试验平台如图 4 - 130 所示。试验结果表明,相比未进行涂层处理的导轨,液态镓铟锡和蒸馏水膜的处理方式都可降低枢轨间的摩擦系数,提高一体化发射组件的出口速度,同时因为液态镓铟锡导电性能更好,所以比蒸馏水膜具有更低的噪声电压,说明液态镓铟锡更适合作为枢轨接触面间的导电涂层,但液态镓铟锡由于其本身材料的特性,仅适用于电枢或导轨为铜材料的情况,具有一定的局限性,并且目前涂层的施加方式也难以应用在后续工程化装备中。

综上所述,虽然从理论及试验研究上均能部分证实液态金属涂层对改善枢轨接触特性的积极作用,但无论发射过程中注入,还是在枢轨表面进行预处理的涂层形成方式,在实际应用中都还存在一定的障碍,有待后续的深入研究。

2. 固态涂层

固态涂层就是通过表面涂覆、表面改性或多种表面技术在导轨表面形成一种稳定的固态形式涂层,以延长导轨使用寿命或提高发射性能。Shvetsov 等[289]在研究铜镍合金涂层对导轨发射的影响时发现,涂层导轨有利于减轻电流趋肤效应和提高一体化发射组件的出膛速度,并有助于提高发射效率[289]。但由于发射过程中枢轨接触压力很大,瞬间局部压力可达百兆帕级,所以对于固态涂层,必须保证在上述工况下不出现裂纹。目前国内外学者也对导轨的表面处理技术进行了深入探索,固态涂层的制作方式也越来越多样化。根据电磁轨道发射装置的使用工况,本节主要对其中的电镀技术、热喷涂技术、气相沉积技术进行介绍。

1）电镀技术

电镀技术是通过电解原理,在基体表面沉积形成镀层的一种表面处理方法,通过这种处理方式,可以有效提高材料的耐磨性、导电性等,应用也较为广泛。早期人们通过该技术在 Cu 基体上镀银来制备导电、耐磨、自润滑的镀层隔离开关。当该技术拓展至电磁发射技术领域时,镀层材料也变得多样化。例如,Watt 等[290]曾采用电镀工艺在 Glidcop Al - 25 表面电镀不同厚度的 Al 涂层,如图 4 - 131 所示,试验后对比发现其可有效抑制导轨表面超高速刨削和摩擦磨损,验证了涂层对改善接触性能的积极作用及采用电镀技术制作涂层的可行性。

(a) 枢轨接触中心位置　　　　　(b) 枢轨接触边缘位置　　　　　(c) 枢轨接触外侧区域

图 4 - 131　动态发射试验后 50 μm 涂层光学显微图像

2）热喷涂技术

热喷涂技术是利用热源将喷涂材料加热至熔化或半熔化状态,并以一定的速度喷射沉积到经过预处理的基体表面形成涂层的方法。热喷涂技术在普通材料的表面上制造一个特殊的工作表面,使其达到防腐、耐磨、减摩、抗高温等多种功能要求。热喷涂技术具有以下显著特点：① 由于热源的温度范围很宽,所以可喷涂的涂层材料几乎包括所有固态工程材料；② 喷涂过程中基体表面热影响区域较小且可控,并且对基体的组织和性能几乎没有影响,工件变形也小；③ 设备简单,操作灵活,既可对大型构件进行大面积喷涂,也可在指定的局部进行喷涂；④ 喷涂操作的程序较少,施工时间短,效率高。热喷涂技术种类较多,根据加热喷涂材料的热源种类,主要分为火焰类、电弧类、电热类、激光类四种。火焰类包括火焰喷涂、爆炸喷涂等；电弧类包括电弧喷涂、等离子喷涂等；电热类包括感应加热喷涂等；激光类包括激光熔覆喷涂等,本节主要对其中的等离子喷涂、激光熔覆喷涂技术进行介绍。

超声速等离子喷涂技术是利用非转移型等离子弧与高速气流混合时出现的扩展弧得

到稳定聚集的等离子焰流进行喷涂的方法。在喷涂过程中,焰流温度高、粒子飞行速度快,可以熔化陶瓷、高熔点金属等难熔材料,制备的涂层粒子铺展均匀、片层结构致密,同时其强韧性能和高温力学性能都有显著的提高[291]。近年来,采用该技术制备的导电耐磨功能涂层可以有效地缓解载流摩擦过程中涂层表面刨削、烧蚀及高温磨损等失效形式,特别是在大载流、重载荷等苛刻环境下,对贵重零部件可以产生有效的保护。Cu 材料通常为电磁轨道发射装置的导轨材料的首选,在涂层材料的选择上,TiN、TaN、Al、Ni 等材料引起了人们的密切关注。同时,研究人员在涂层与对磨件之间涂覆润滑剂来增强其载流摩擦性能。Mo 熔点高、硬度大、热膨胀系数低、导电性好、减摩且耐磨,部分学者采用超声速等离子喷涂技术制备了 Mo 基涂层。测得该涂层的电导率为 6.01%IACS,W 的加入则提高了涂层的显微硬度,有效抑制了刨削和划痕的产生,其耐磨性、减摩性也有所增强[292,293]。图 4 – 132 为等离子喷涂工作环境及试制样件。

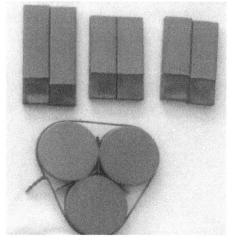

图 4 – 132 等离子喷涂工作环境及试制样件

激光熔覆喷涂技术是一种高效率的表面改性技术。与超声速等离子喷涂技术相比,其结合强度大幅度增加,对基体的热影响小,同时易实现自动化。但是,激光表面改性技术也存在诸多问题,如熔覆层表面容易产生裂纹,为防止熔覆层开裂和剥落,熔覆层和基体材料的热膨胀系数应满足相近原则等。

3) 气相沉积技术

气相沉积技术是利用气相中发生的物理、化学过程,改变工件表面成分,在表面形成具有特殊性能(如超硬耐磨层或具有特殊的电学性能等)的金属或化合物涂层的新技术。气相沉积技术通常是在工件表面覆盖厚度为 0.5 ~ 1 μm 的一层过渡族元素(钛、钒、铬、锆、钼、钽及铌等)与碳、氮、氧和硼的化合物。按照过程的本质可将气相沉积技术分为化学气相沉积(chemical vapor deposition, CVD)和物理气相沉积(physical vapor deposition, PVD)两大类。气相沉积技术是材料表面强化的新技术之一,已广泛应用于各类材料的表面硬化处理,主要应用的沉积层为 TiC、TiN。气相沉积技术所制造的涂层具有以下特点:

① 涂层硬度高、摩擦系数低,具有良好的自润滑性,耐磨性能好;② 涂层具有很高的熔点、化学稳定性好,基体金属在涂层中的溶解度小,摩擦系数低,因而具有很好的抗黏着磨损能力;③ 涂层具有较强的耐蚀能力;④ 涂层在高温下也具有良好的抗大气氧化能力。前期,科研人员也对该项技术在电磁发射领域进行了应用,如 Colon 等[294] 运用气相沉积技术制备了 TiN 和 TaN 两种导轨涂层,提高了导轨耐磨性能和抗电弧烧蚀性能。

图 4-133 为通过物理气相沉积技术制备的 Mo/Zr/Ta 三种纯金属薄膜涂层,通过纳米压入技术,测试得到薄膜的硬度均在 HV250 以上,略高于一般电磁轨道发射装置所采用的导轨材料,表明具有一定的强化效果,借助合金化和后续加工,涂层的力学性能可进一步提高。

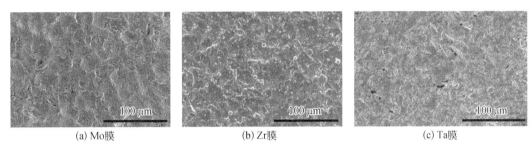

(a) Mo膜　　　　　　　(b) Zr膜　　　　　　　(c) Ta膜

图 4-133　通过物理气相沉积技术制备的纯金属薄膜涂层

图 4-134 为进行涂层处理后的铜块和未进行涂层处理铜块与铝件的摩擦磨损试验对比,结果表明,涂层处理后铝件摩擦力明显减小,表明了涂层具有自润滑性,有利于降低动态发射过程中枢轨间的摩擦系数。

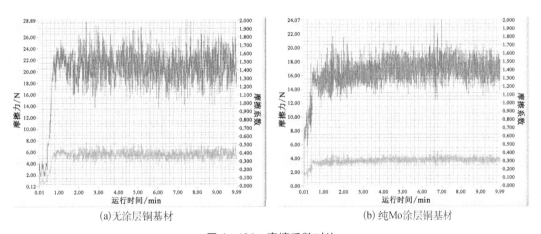

(a) 无涂层铜基材　　　　　　　　(b) 纯Mo涂层铜基材

图 4-134　摩擦系数对比

为验证涂层处理对导轨表面磨损性能的影响,采用压力钢球向下挤压喷有涂层的圆盘样件表面,经过 3 min 左右的持续摩擦后,喷有涂层的圆盘样件表面只有一圈印记,经过显微镜观察几乎没有出现凹陷情况,而同样工况下的铜样件表面却出现明显的凹面。

图 4-135 和图 4-136 分别为钢球与两种材料的表面摩擦情况及显微镜下观察情况对比。

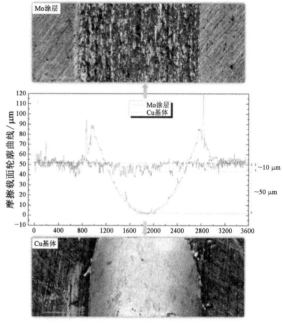

图 4-135　钢球摩擦情况对比　　　　　图 4-136　显微镜下观察情况对比

试验结果表明,向两种表面材料施加同样压强,在同样摩擦时间下,涂层表面几乎没有明显磨损,表现出优异的耐磨性能;而铜表面出现了明显的压痕,耐磨性能较差,表明涂层处理后材料表面的耐磨性能得到了显著提高。

4.9.2　表面处理对接触性能的影响

在电磁轨道发射装置的动态发射过程中,枢轨间为滑动电接触状态,在对导轨进行表面处理后,必然会影响两者间的接触性能,如图 4-137 所示。一方面,表面状态的变化会影响电流的导通;另一方面,界面状态的变化也会影响热量的产生。因此,要从电性能及热性能两个角度来分析表面处理对枢轨接触性能的影响。电性能主要是分析表面处理后

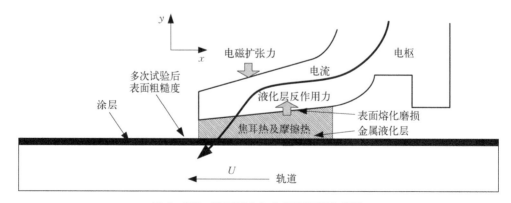

图 4-137　界面状态与电枢表面熔化磨损

对接触电阻的影响；热性能主要是指对枢轨接触界面间焦耳热及摩擦热等量值的影响，而分析焦耳热又与接触电阻的计算直接相关。因而，导轨表面处理将对枢轨接触界面间焦耳热及摩擦热带来影响。

1）焦耳热功率

设枢轨接触面面积为 S，则接触面间的接触电阻 R_c 为

$$R_c = \frac{\rho_c l_c}{S} \tag{4-93}$$

因此，考虑枢轨接触面为非理想电接触时，所产生的接触面焦耳热功率 Q_j 为

$$Q_j = I^2 R_c \tag{4-94}$$

式中，I 为馈电电流。

2）摩擦热功率

随着动态发射过程的进行，当枢轨接触界面间的温度超过电枢材料或其表面涂层材料的熔点时，其表面材料会发生熔化，在接触面间形成一层薄薄的金属液化层，但在枢轨接触面产生足量的金属液化层之前，枢轨接触面的摩擦热主要来源为干摩擦，随着接触面间热量的积累，金属液化层厚度增加，摩擦热主要来源为金属液化层的黏滞摩擦，不同的接触状态下，摩擦系数也不同。

采用金属液化层厚度 h 与接触面粗糙度 σ 的比值判断接触状态[295]，当 $h/\sigma \leqslant 1$ 时，枢轨接触面为干摩擦和边界润滑状态，此时摩擦系数较稳定，典型值为 $0.1 \sim 0.5$，铝和铜摩擦副在干摩擦状态下摩擦系数约为 0.2，因此可以采用这个数值来计算本阶段所产生的摩擦热；当 $h/\sigma > 1$ 时，枢轨接触面处于混合润滑和流体润滑状态，此时摩擦系数变化幅度较大，本阶段主要计算枢轨接触面间的黏滞摩擦热。

初始启动阶段，当电枢表面未发生熔化时，枢轨接触面间主要为干摩擦状态。图 4-138 中 $F_y(t)$ 为 t 时刻电磁力在垂直于枢轨接触面方向的分力，可通过求解电磁场并积分得到，设干摩擦状态下的摩擦系数为 λ，且此时电枢的运动速度为 $v(t)$，则产生的摩擦热功率 $Q_f(t)$ 为

$$Q_f(t) = \lambda F_y(t) v(t) \tag{4-95}$$

在电枢表面熔化以后，枢轨接触面间会产生一层金属液化层，该液化层在枢轨接触面会产生黏滞力，从而摩擦做功产生热量。设 ψ 为单位体积内金属液化层在单位时间内由

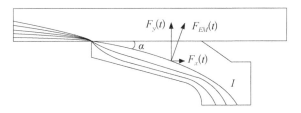

图 4-138　电枢尾翼受力分析

黏滞摩擦力产生的能量耗散,则

$$\psi = \tau \frac{\partial u_x}{\partial y} \tag{4-96}$$

式中,τ 为切应力,表示单位面积所受到的黏滞摩擦力,单位为 Pa;u_x 为枢轨接触面金属液化层的水平方向速度。

由文献[296]可知,在考虑粗糙度时,枢轨接触面间金属液化层的切应力 τ 为

$$\tau = \frac{\eta U}{h}\left(\phi_f + \frac{2y - h}{h}\phi_{fs}\right) + \frac{2y - h}{2}\phi_{fp}\frac{\partial p}{\partial x} \tag{4-97}$$

式中,η 为金属液化层的黏滞系数;p 为金属液化层的分布压强;h 为金属液化层厚度;ϕ_f、ϕ_{fs} 和 ϕ_{fp} 均为剪应力因子,其值分别见文献[297]。

在考虑枢轨表面粗糙度时,枢轨接触面金属液化层的水平方向速度 u_x 为

$$u_x = \frac{1}{2\eta}\phi_x\frac{\partial p}{\partial x}(y - h)y - U\left(1 - \frac{y}{h}\right) + \frac{3U\sigma\phi_s}{h^3}y(y - h) \tag{4-98}$$

式中,σ 为接触面粗糙度,令 σ_a、σ_r 分别表示电枢与导轨的表面粗糙度,则 $\sigma = \sqrt{\sigma_a^2 + \sigma_r^2}$;$\phi_x$ 和 ϕ_s 均为流量因子。

因此,联合以上各式可得

$$\begin{aligned}
\psi &= \tau \frac{\partial u_x}{\partial y} \\
&= \left[\frac{\eta U}{h}\left(\phi_f + \frac{2y - h}{h}\phi_{fs}\right) + \frac{2y - h}{2}\phi_{fp}\frac{\partial p}{\partial x}\right] \\
&\quad \left[\left(\frac{1}{2\eta}\phi_x\frac{\partial p}{\partial x} + \frac{3U\sigma\phi_s}{h^3}\right)(2y - h) + \frac{U}{h}\right]
\end{aligned} \tag{4-99}$$

设金属液化层的黏滞摩擦热功率为 $Q_f(t)$,则

$$Q_f(t) = \iiint_V \psi \mathrm{d}V = Y\int_0^h\int_0^L \psi \mathrm{d}x\mathrm{d}y \tag{4-100}$$

式中,V 为金属液化层体积;Y 为电枢尾翼宽度;h 为金属液化层厚度;L 为电枢尾翼长度;η 为金属液化层的黏滞系数。

根据以上分析,可将摩擦热的产生方式分为机械摩擦和黏滞摩擦两个阶段,摩擦热功率 $Q_f(t)$ 可表示如下:

$$Q_f(t) = \begin{cases} \mu F_y(t)v(t) \\ Y\int_0^h\int_0^{L_1} \psi \mathrm{d}x\mathrm{d}y \end{cases} \tag{4-101}$$

3）总热功率

综合以上分析,总热功率中需要考虑由枢轨接触电阻所产生的焦耳热功率及摩擦热功率,摩擦热功率需要分阶段计算机械摩擦热功率及黏滞摩擦热功率。因此,总热功率 $Q(t)$ 可表示为

$$Q(t) = Q_j(t) + Q_f(t) = \begin{cases} I^2 R_c + \mu F_y(t) v(t) \\ I^2 R_c + Y \int_0^h \int_0^{L_1} \psi \mathrm{d}x \mathrm{d}y \end{cases} \quad (4-102)$$

在动态发射过程中,枢轨接触面间所产生的总热功率会分别传导进入导轨和电枢,如图 4-139 所示。通过求解枢轨接触面中传导进入电枢的热量,可计算电枢表面材料的熔化速度。设枢轨接触面对电枢和导轨的传热功率分别为 Q_a 和 Q_r,则有

$$Q = Q_a + Q_r \quad (4-103)$$

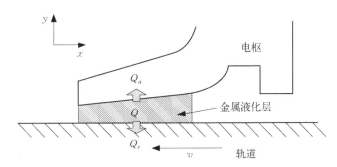

图 4-139　枢轨接触面热量传递

在动态发射过程中,枢轨接触状态复杂,但整个过程中电枢表面持续受热升温熔化,而导轨不断有新的表面成为接触面,因此枢轨接触面间所产生的热量相对于电枢为静态持续热源,相对于导轨为移动热源。

当电枢表面温度达到材料熔点时,即会产生熔化,设 T_m 为材料熔点,T_0 为枢轨接触面间的初始温度,则动态发射过程中单位面积内传导进入导轨的热功率 q_r 为

$$q_r = \frac{\sqrt{\pi}}{2} \sqrt{\frac{v}{L}} (T_m - T_0)(k_r \rho_r c_r)^{1/2} \quad (4-104)$$

式中,k_r 为导轨本体或表面涂层材料的热导率;ρ_r 为导轨本体或表面涂层材料的密度;c_r 为比热容;L 为枢轨接触面长度。枢轨接触面总面积为 $S = YL$,由式(4-104)可得传导进入导轨的总热功率为

$$Q_r = q_r S = \frac{\sqrt{\pi}}{2}(T_m - T_0) Y(vLk_r \rho_r c_r)^{1/2} \quad (4-105)$$

联立式(4-103)~式(4-105),可得动态发射过程中枢轨接触面间金属液化层所产生的黏滞摩擦热传导进入电枢的热功率 Q_a。同时,设单位时间内电枢的熔化质量为 m_f,则

$$Q_a = m_f[H_a + c_a(T_m - T_0)] \tag{4-106}$$

式中,H_a 为电枢本体或表面涂层材料的熔化潜热;c_a 为材料比热容;T_m 为材料熔点;T_0 为初始温度。

设电枢下表面熔化速度为 V_f,电枢表面与导轨的接触面积为 S,则

$$V_f = \frac{m_f}{\rho_a S} \tag{4-107}$$

采用上述方法,通过将相关参数替换为涂层或本体的材料属性,可以对电枢表面材料的熔化速度进行对比,评估未进行表面处理、导轨表面处理或电枢表面处理等工况下对电枢表面熔化性能的影响,从而对枢轨接触性能进行评价。然而,涂层处理虽然提高了导轨的耐磨性能,但涂层厚度、电阻率、热导率等参数均会影响电枢表面熔化磨损状态,进而影响枢轨接触性能。以其中一种钼涂层处理后的导轨表面为例,涂层厚度为 0.5 mm,采用上述模型对涂层处理后的电枢熔化磨损性能进行分析,并与未进行涂层处理的导轨表面进行对比,结果如图 4-140 所示。

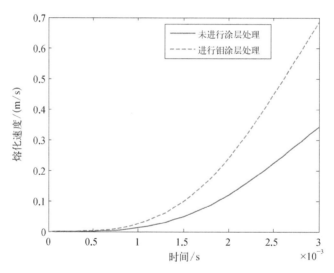

图 4-140 有无涂层时电枢表面熔化磨损速度对比

分析结果表明,涂层处理后电枢表面熔化量增大,进而影响枢轨接触性能。因此,在实际应用中,需根据不同的发射工况对涂层材料性能、厚度等关键参数进行优化,以满足使用要求。

4.10 小　　结

本章围绕电磁轨道发射装置在运行过程中带来的高速大电流滑动电接触问题,对导轨与绝缘体的损伤形式和损伤机理进行了研究,分析了身管能量分布、枢轨电磁力和封装

材料的影响,建立了考虑电枢运动的多物理场耦合模型,对高速载流滑动摩擦特性进行了分析,提出了身管热管理方法,同时对腔口电弧模型、发射后坐力及导轨材料表面处理技术进行了研究,得到了以下基本结论。

(1)导轨主要存在低速沟槽、中高速刨削及高速转捩烧蚀三种主要损伤形式,本章总结了导轨不同损伤形式的损伤机理,提出了相应的应对和减缓措施;绝缘体作为内腔支撑体,存在金属污染、冲刷刨削、断裂分层及表面烧蚀四种绝缘体损伤形式,提出了抗烧蚀能力、抗热冲击性能、抗断裂能力及重复发射后的击穿电压四个评价指标。

(2)基于有限元理论,分析了滑动电接触问题的运动电磁场特点及有限元分析难点,基于 $A-\varphi$、A 法,建立了发射装置的二维及三维运动电磁场仿真模型,并与 MEGA 及 EMAP3D 程序代码仿真结果进行了对比分析,验证了模型的准确性;在此基础上,开展了磁-热耦合仿真方法研究,得到了动态发射条件下的导轨及电枢温升特性,分析了摩擦热对枢-轨接触面温升的影响特性;通过对目前主流商业软件在发射装置的多物理场耦合仿真能力的对比,表明 LS-DYNA3D 软件在电磁场-温度-结构多物理场建模方面具有明显的优势。

(3)研究了发射过程中身管能量分布特性,获得了一次完整发射中能量的耗散形式;导轨欧姆损耗占比 22.55%,腔口电弧损耗占比 20.1%。为了提高发射效率,需要尽可能提高电感梯度(如增加导磁性好的封装材料)、减小欧姆损耗(如分段导轨、分布式电源供电等),并考虑腔口能量回收。得到了导轨内热量的空间分布特性及连发温升特性,对比分析了内部流道和表面喷淋两种冷却方式的优劣性,系统地介绍了显热蓄冷、潜热蓄冷和热化学蓄冷三种蓄冷方式的冷却介质。

(4)在发射过程中,导轨及电枢均存在明显的载流磨损,分析了导轨磨损机理,提出了高速载流摩擦磨损规律。提出了高速载流动态摩擦系数曲线及与常规非载流摩擦系数的区别。干摩擦系数约 0.15,混合润滑摩擦系数约 0.04。

(5)腔口电弧的转移及调控策略对身管发射效率、身管寿命及发射组件发射精度均有重要的影响。根据电弧抑制方式的不同,可分为剩余能量释放和剩余能量回收两种方式,目前较为成熟的是剩余能量释放方式,其具体的结构形式可分为引弧器和消弧器两大类;引弧器是将导轨间的电弧转移至可更换的引弧角之间,从而保护了导轨;通过对电弧负载外特性模型及电弧流场计算方法研究,分析了腔口电弧流场特点。

(6)综合对比了液态涂层及固态涂层的特点及制作技术,并介绍了两类涂层的现有试验效果和当前进展。同时,针对固态涂层开展了对比试验,结果表明:涂层处理后的导轨表面自润滑性好,耐磨性能也明显提高。另外,建立了电枢熔化模型,分析了涂层处理对枢轨接触性能的影响。

第5章　超高速一体化发射组件

超高速一体化发射组件是电磁轨道发射系统的发射载荷,需要在膛内强磁场、高过载下实现稳定安全运行。出膛后弹体要在强电弧和高速来流作用下实现与电枢和弹托的分离,并在大空域、宽速域的条件下达到预定射程和末动能,涉及的学科多,物理机理复杂,存在诸多技术难题。本章主要讲述超高速一体化发射组件的电枢设计、膛内磁场和动力学分析、弹托分离及外弹道技术。

5.1　概　　述

5.1.1　组成及特点

超高速一体化发射组件(integrated launch package, ILP)是电磁轨道发射的对象,主要由电枢、弹体、弹托等部件组成,如图5-1所示。

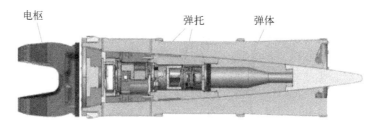

图5-1　超高速一体化发射组件结构示意图

电枢是超高速一体化发射组件设计的核心,它将电磁能转化成弹丸动能,推动弹体及其组件向前高速运动。电枢与轨道过盈接触,在高速滑动中存在焦耳热、摩擦热及气动热等现象。

弹体是指最终形成有效战斗力的部分,是超高速一体化发射组件的有效载荷。在电磁发射过程中,弹体的轴向加速度载荷非常大,对弹体的结构强度设计提出了很高的要求。由于发射初速高,气动外形设计直接影响着弹丸的气动阻力,进而影响射程。

弹托主要起支撑、加强和膛内导向作用,避免弹体在膛内横向窜动。在弹丸出膛后,弹托依靠瞬间气动力将锁定机构拉开,实现弹枢分离。由于弹托属于无效质量,所以必须减重设计。一般来讲,弹托分为金属弹托和非金属弹托,超高速一体化发射组件工作过程如图 5-2 所示。

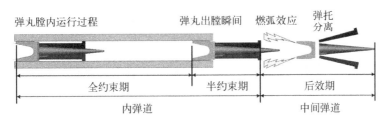

图 5-2 超高速一体化发射组件工作过程

根据电磁轨道发射技术的原理,超高速一体化发射组件具备以下技术特点:

1) 组件的发射动力来源于电枢

电磁轨道发射弹丸采用电枢取代了传统的药筒,电枢内部通以兆安培级电流产生强大的电磁驱动力,运动过程中电枢与轨道之间存在高速滑动电接触,运行工况复杂。此外,电枢温升速率达到 10^4 K/s,应变率达到数千每秒,对其材料性能影响极大。

2) 组件在发射过程中要承受强磁场

在膛内发射过程中,弹丸内部磁场表现为低频(约为 1 000 Hz)、高强(约为 10 T)特性,出膛时枢轨电流的快速转移,以及等离子体电弧在燃弧过程中的运动和膨胀,导致膛口磁场分布极其复杂,会带来制导弹丸内部引战系统安定性、制导控制系统中磁敏感器件失灵、执行系统电机失效等问题。

3) 组件在发射过程中要承受高过载

弹丸发射过载达到 3 万 g,发射过程中电枢与弹体之间刚性连接,致使弹性波在连接结构内传播,不可避免地引起弹丸发生横向和纵向的振动,且受弹丸质心偏差、身管直线度等非理想因素的影响,弹丸的横法向振动进一步加剧,对弹丸结构及弹丸内部器件的抗高过载设计提出了很高的要求。

4) 组件出膛后弹托需快速对称分离

电磁发射超高速弹丸的出口速度达到 6~7 Ma,由于初速大,弹体与弹托分离所产生的激波干扰较常规弹丸更为强烈,并且初速越大导致弹体的气动稳定性越低,出膛后要求弹托尽可能快速对称分离,降低弹托分离对弹体初始姿态的扰动。

5) 弹丸需要大空域、宽速域惯性稳定飞行

电磁发射超高速弹丸的射程达到 200 km,射高达到 100 km,飞行速度在 2~7 Ma,弹丸的气动特性发生了大幅变化。强烈变化的大气环境特性和弹丸气动特性不仅增加了弹丸气动分析的难度,而且增加了弹丸制导稳定控制的不确定性。

5.1.2 发展现状

20 世纪 70 年代,随着雷达、光电及微电子技术的兴起和发展,制导炮弹成为世界上

各军事强国研究的热点。最早问世的制导炮弹是铜斑蛇(Copperhead)155 mm 激光半主动末制导炮弹,这款制导炮弹是美国于 20 世纪 70 年代末开始研制的,于 1982 年开始装备部队,有效射程约为 3 km。20 世纪 90 年代后,随着惯性导航技术、全球定位系统(Global Position System,GPS)及微电子技术的发展,各国争相研制采用惯性导航与卫星(GPS)导航复合制导方式的制导炮弹,这种制导方式成本低、制导精度高、不受天气和射程的影响,具备发射后不管、远程打击命中精度高的优点,至今仍是远程火力打击制导炮弹的制导方式。目前,美国在该领域处于世界领先地位,其陆军和海军一直致力于远程制导炮弹的研究,先后开发出"神剑"制导炮弹、EX－171 滑翔增程炮弹、远程对陆攻击制导炮弹(long range land attack projectile,LRLAP)等制导炮弹,如图 5－3 所示。这些弹种采用火药发射,初速低,部分带有火箭发动机,与电磁轨道发射弹丸的作用机理和膛内运动过程存在本质区别。

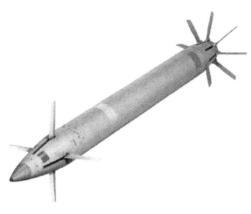

图 5－3　美国海军的远程对陆攻击制导炮弹

21 世纪初,随着电磁发射技术的发展,美国开始开发超高速弹丸(HVP)。随着项目的进展,后续发展为通用制导弹丸,可通过电磁轨道炮和传统火炮发射,主要用于防空反导和对陆火力支援,其主要特点是通用化、低阻、多平台发射和多任务作战。

2005 年,美国海军研究办公室将 HVP 作为电磁轨道炮第一阶段的一个分系统,主要适配于电磁轨道炮。该弹丸出口速度达到 2 500 m/s,可打击 250 n mile 外的目标,飞行时间大约为 6 min,飞行高度大于 100 km,弹丸落速仍有 3~4 Ma,通过动能毁伤目标。2012 年,美国海军在完成第一阶段主要任务后,启动了第二阶段研究计划,认为这一阶段的研究重点是 HVP,并于 2013 年对 HVP 项目单独拨款,授予 BAE 系统公司 3 360 万美元的开发和验证合同,2015 年开展 HVP 关键部件设计、飞行模拟仿真、毁伤效能评估及弹载器件开发和验证等工作,2017 年完成飞行试验。

2016 年,美国国防部战略研究能力办公室在预算申请中增加了"超高速火炮武器系统(hypervelocity gun weapon system,HGWS)项目",旨在集成海军电磁轨道炮和 HVP 的研究成果,以提升现役海军和陆军火炮防空反导、反舰、对陆打击、火力压制等多任务能力。计划持续投入 5.15 亿美元,开展 HGWS 项目研制,其中涉及 HVP 的主要工作包括优化陆军火炮用 HVP 发射药、部件和通信系统,并开展实弹射击试验等。

从结构上来讲,HVP 采用无翼式气动布局,其中 4 个 X 式尾翼可完成 2 片和 4 片尾翼的偏转实现弹体姿态控制,超高速一体化发射组件采用次口径通用化设计,可兼容美国海军现役的 127 mm 舰炮、155 mm 先进舰炮系统及电磁轨道炮系统,如图 5－4 所示。采用了次口径设计,弹丸初速较高、射程较远,若采用 127 mm 舰炮系统发射,则射程可达 74 km 以上,若采用 155 mm 先进舰炮系统发射,则射程可达 130 km 以上,若采用电磁轨道

(a) 安装在127 mm发射系统的超高速弹丸

(b) 安装在155 mm发射系统的超高速弹丸

(c) 安装在电磁轨道炮系统的超高速弹丸

(d) HVP弹丸外形

图 5 - 4　美国超高速弹丸发射平台及一体化发射组件

炮系统发射,则射程可达 185 km 以上。在大射程下,需要精确制导才能提高对目标的命中概率,美国采用 GPS 或指令制导方式、动能和高爆两种战斗部形式,可完成对目标的点对点或点对面的毁伤。

针对 HVP 项目,美国的研究目标是研制可精确制导的高超声速射弹。一是实现超远程一体化弹丸的任务模块化,包括满足海军远程火力支援、对海打击、反巡航导弹和支持未来拓展任务领域的需求;二是平台通用化,要能适应未来多任务平台,实现与传统火炮系统和未来电磁轨道炮系统兼容的设计、改进、装配、测试和演示验证;三是超远射程,为海军提供 2 倍于当前能力的水面火力支援;四是大幅度降低弹丸成本,以提供更多的打击火力。

5.1.3　关键技术

1) 电枢设计技术

电枢在发射过程中,要产生数兆牛顿的电磁推力,工作在高温、高应力、大变形的严苛条件下,耦合了电磁场、温度场及应力场等多物理场,运行工况非常复杂,而电枢本体又是超高速一体化发射组件的无效质量,需要最大限度地降低其质量。电枢关键技术包括高强高韧高熔点电枢用铝合金材料优化技术、考虑轨道表面状态影响的电枢尾翼熔化精确建模技术、考虑多物理场耦合作用的电枢安全发射评估技术、多因素作用下大尺寸电枢最小质量结构优化设计技术等。

2) 膛内磁场和动力学分析技术

超高速一体化发射组件在 10 m 的加速距离内,面临高过载、强磁场、非定常流场等恶劣环境,涉及了组件从启动到出膛过程的物理现象、能量转化、弹体运动和身管响应等问题。其关键技术包括组件沿轴向和径向的磁场时空分布特性、内弹道稳定运行机理、非周期暂态电磁力作用下组件的响应机理、超高速一体化发射组件动态发射过程数值计算方法等。

3）弹托分离技术

电磁轨道发射装置的身管截面一般采用异形截面,为了保证弹丸在腔内安全可靠运行,需要设计匹配装置截面的弹托以保证一体化发射组件在腔内稳定安全运行,出腔后快速分离。而弹托本身为无效载荷,应尽量减少其质量,由此带来的关键技术包括高过载、高冲击环境下的弹托力学分析和结构设计技术,复杂电弧、多体非定常干扰环境下的弹托分离数值仿真和气动分离设计技术,以及多约束条件下的弹托质量优化设计技术等。

4）外弹道技术

如何利用超高速弹丸的高初速特点是弹丸外弹道设计首要面对的问题。首先,要优化弹丸的气动外形,使得弹丸的气动阻力尽量小;其次,规划较为合理的飞行弹道,以提高弹丸的射程和末端动能;最后,要考虑弹丸的飞行稳定性、气动防热等问题,尤其是弹丸需要具备一定的稳定度,使得其在初始扰动或大气干扰下不会失稳。

5.2 电枢设计技术

5.2.1 电枢分类

电枢是产生弹丸高初速的执行机构,在动态发射过程中,在兆安培级电流的作用下,电枢不仅要承受高应力,还要承受由焦耳热及摩擦热所产生的高温,其性能将直接影响电磁发射系统的发射性能、效率与安全性。按照不同的分类形式,电枢种类有很多。

1. 按照形态分类

根据动态发射过程中电枢的形态,可以将电枢分为固体电枢、等离子体电枢和混合电枢三种类型[298],如图 5-5 所示。

通常情况下,固体电枢(图 5-6)适用于速度低于 3 km/s、加速度低于 3 万 g 的发射工况。在电枢结构设计合理的情况下,动态发射过程中枢轨间可以保持良好的接触,但一旦超过速度极限(>3 km/s),采用目前已知材料的固体电枢,都会导致轨道表层出现一定程度的剥落,破坏轨道结构,严重影响其使用寿命。

等离子体电枢是目前所知仅有的一种可以适用于 3 km/s 以上发射速度的电枢类型,如图 5-7 所示。等离子体电枢是通过等离子体

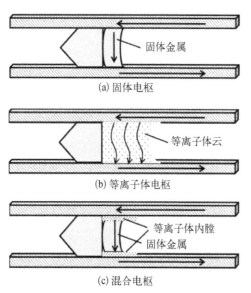

(a) 固体电枢

(b) 等离子体电枢

(c) 混合电枢

图 5-5 不同类型的电枢

连通上、下轨道,产生电磁驱动力,从而推动弹丸产生超高速。尽管如此,但其同样存在一些难以克服的问题,例如,动态发射过程中,所产生的等离子蒸气温度极高,因此会造成轨道和绝缘体表面烧蚀,导致装置使用寿命大幅降低。发射后在膛内可能会滞留一部分等离子体,这部分等离子体可能会连通上、下轨道形成旁路分流,从而减小等离子体电枢的有效推力。

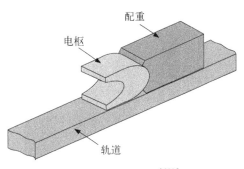

图 5-6　固体电枢[299]

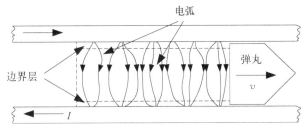

图 5-7　等离子体电枢的电流流动[300]

　　介于以上两种电枢之间的为混合电枢,如图 5-8 所示。混合电枢是两种类型导体的"混合",主体部分为固体金属,但与轨道接触的部分为等离子体。由于在目前情况下采用固体电枢及等离子体电枢突破 3 km/s 的速度极限时均会损伤轨道,缩短轨道使用寿命,所以为了获得更高速度,混合电枢可能是满足要求的唯一选择,但目前混合电枢结构膛内运行不稳定,因此没有得到广泛应用。

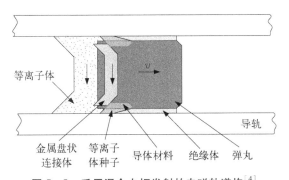

图 5-8　采用混合电枢发射的电磁轨道炮[4]

　　对于电磁轨道发射装置,其发射效率是最为重要的指标之一,而以上各种类型的电枢其本身物理性质不同,发射效率也不同。通常情况下,影响发射效率的主要因素为电枢本体寄生质量及焦耳热和摩擦热所带来的能量损耗。通过考虑不同因素对发射效率的影响,可以对各影响因素的作用进行深入认识。文献[4]中采用特定参数对考虑各种情况下不同类型电枢的发射效率进行了定量分析,但分析规律不失一般性,结果如图 5-9 所示。

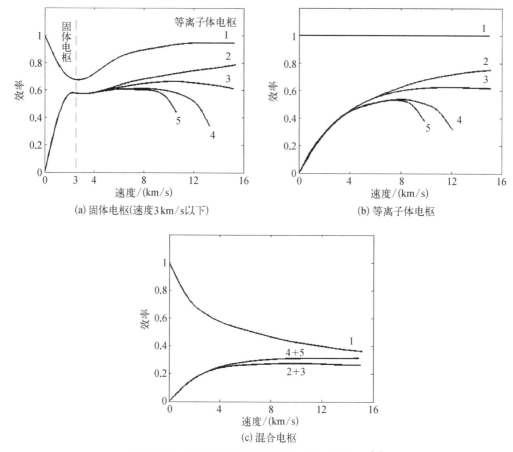

图 5-9   不同类型电枢的发射效率与速度曲线[4]

图 5-9 中不同曲线分别代表考虑了不同的影响因素对发射效率的影响。曲线 1 仅考虑了电枢本体质量的影响;曲线 2 增加了电枢电阻的影响;曲线 3 又增加了摩擦阻力的影响;曲线 4 和曲线 5 主要考虑了发射过程中焦耳热和摩擦热烧蚀导致枢轨接触间隙变化所带来的影响,所以此时主要的影响对象为等离子体电枢和混合电枢。

图 5-9(a)代表固体电枢(速度 3 km/s 以下)发射效率随速度的变化规律,对于现有发射条件,固体电枢的最高发射速度为 3 km/s,超过该速度固体电枢则表现出等离子体电枢的特征。在 3 km/s 以下的速度范围内,随速度增加,电枢质量增大,因此效率迅速降低;由于文献[4]对于固体电枢在考虑其他因素时的分析为简化过程,采用了理想条件,如枢轨接触面摩擦系数为 0 等,所以曲线 2~5 在固体电枢状态时发射效率基本一致,但实际上随着多种非理想因素的加入,能量消耗会逐渐增大,发射效率也会逐渐降低。图 5-9(b)为等离子体电枢发射效率随速度的变化规律,由于其本体质量较小,所以曲线 1 几乎不受影响;而考虑其他因素后,发射效率明显降低,特别是考虑全部影响因素后,等离子体电枢发射效率随速度增大先逐渐增加后又降低,在可接受的发射效率范围内,最大发射速度为 10 km/s,因此该类型电枢发射速度和效率存在一个平衡问题。对于混合电枢,由于其主体为固体电枢,所以仅考虑质量影响时其变化趋势与固体电枢类似,考虑其他因

素影响后,随速度增大其发射效率逐渐增加,对于图 5-9(c)中考虑较多因素后的曲线 4+5 相比曲线 2+3 发射效率反而略有增加,这是因为考虑焦耳热及摩擦热作用后,电枢主体的金属固体部分会发生熔化使得寄生质量减小,从而导致发射效率增加。与前两种电枢相比,混合电枢有显著的优势,相比于固体电枢,该类型电枢没有速度限制,相比于等离子体电枢,达到一定的发射速度后,其发射效率几乎不再受速度影响,因此掌握其控制机理有较为广阔的应用前景。

2. 按照形状和材料分类

固体电枢的形式较多,根据其形状及与轨道接触方式的不同,可以分为 C 形电枢、V 形电枢、刷状电枢及磁性闭塞体电枢等[301]。C 形及 V 形电枢结构较为简单,分别如图 5-10 和图 5-11 所示。其中,C 形电枢因其结构简单,在电磁轨道发射装置中应用较为普遍,设计的样式较多;V 形电枢刚性较大,柔性不足,在动态发射过程中不足以保证枢轨间的良好接触。

图 5-10　IAT 设计 C 形电枢

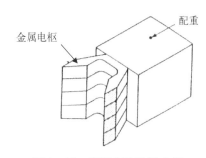

图 5-11　早期分层 V 形电枢

刷状电枢及磁性闭塞体电枢的实物分别如图 5-12 和图 5-13 所示。图 5-12 为法德实验室所设计的刷状电枢,多次的动态发射试验现象表明,当电流通过电刷流入电枢时,枢轨接触面间会产生磁吹力,电刷无支撑作用,从而使得电枢容易脱离轨道表面,难以保持与轨道间的良好接触;图 5-13 所示的磁性闭塞体电枢采用铝制楔形块与两边轨道接触,在弹簧的作用下提供与轨道间的初始接触力,动态发射过程中通过电流产生电磁排斥力保持与轨道的良好接触,虽然该设计可以极大地减轻电枢质量,但其除了上、下表面

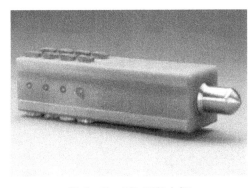

图 5-12　ISL 刷状电枢

图 5-13　IAT 磁性闭塞体电枢

会与轨道产生滑动电接触外,内部两个楔形块与钢制本体之间还存在两个静态接触面,如果电枢发生振动,两个内部接触面可能会产生旋转,从而导致接触不良,进一步影响枢轨间的接触性能,因此该设计的可靠性还需要进一步的加强。综上所述,从实用性角度考虑,目前 C 形电枢技术是电磁轨道炮研究领域的重点和热点。

按照材料划分,电枢可分为铝电枢、铜电枢及混合材料电枢,如图 5-14 所示。

(a) 铝电枢　　　　　　　　　(b) 铜电枢　　　　　　　　(c) 混合材料电枢

图 5-14　不同材料电枢

3. 按照电枢表面处理分类

对于固体电枢,在动态发射过程中最重要的是要保证枢轨间良好的接触性能,防止其出现转捩,这样不仅能够保证弹体在身管内的平稳运行,也可以减少枢轨间的接触电弧,延长轨道的使用寿命。因此,围绕这一目标,在普通 C 形电枢的基础上又进行了改进,对结构和电枢表面进行了多种设计。

图 5-15 为三种普通 C 形电枢改进后的结构形式,图 5-15(a) 相对于普通 C 形电枢主要做了 3 处改动:喉部进行马鞍形设计、尾翼进行圆角设计及头部增加了前导向结构。喉部马鞍形结构可以使喉部电流分布更加均匀,防止出现磁锯现象;尾翼的圆角设计可以使其在速度趋肤效应影响时的电流分布更加均匀,防止出现不均匀烧蚀现象;头部的前导向结构可以缓解接触面电流及热量的局部集中现象。对于该结构通过试验验证了其改进效果,结果表明,改进后结构的炮口电压波形更为平稳,电枢表面的烧蚀也更为均匀,枢轨间接触状态得到了优化。

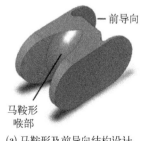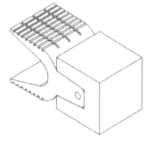

(a) 马鞍形及前导向结构设计　　　　(b) 尾翼分叉式结构设计　　　　(c) 表面沟槽设计

图 5-15　C 形电枢结构改进设计[301-303]

图 5 - 15(b)为一种适用于圆形内腔的 C 形电枢结构,在尾翼还采用了分叉结构设计,目的是降低电枢尾翼的刚度,增加其柔性,当尾翼其中一半面积与轨道接触不良时,另一半则可以保证枢轨间的良好接触,提高接触的可靠性,然而试验结果表明,该种改进效果并不理想,还需要继续研究。图 5 - 15(c)为一种表面进行沟槽设计的电枢结构,在同等接触压力下,枢轨间的接触压强更大,有利于改善枢轨间的接触状态。

对于自润滑式的电枢结构,国内外学者也进行了较为深入的研究。图 5 - 16 为 2008 年佐治亚理工学院的 Wang[296] 设计的一种在动态发射过程中可向枢轨接触界面间注射润滑溶液的电枢结构,所喷涂的润滑剂通常为低熔点的金属合金材料,如铋、锡、铟等金属的合金,以保证在稍高于常温环境下材料即可转换为液态。随着动态发射过程的进行,液体注入接触面,形成一层薄薄的金属液化膜,增大两者的接触面积,进而达到改善接触性能的目的。图 5 - 17 为在枢轨接触面间分别不喷涂和喷涂润滑剂后不同位置轨道表面的粗糙度情况,相比原轨道表面,喷涂润滑剂后轨道表面粗糙度并没有明显的变化,而不喷涂润滑剂的轨道表面粗糙度则增加明显,说明在动态发射过程中润滑剂确实可以保护轨道,降低轨道表面的粗糙度,进而改善枢轨接触性能。

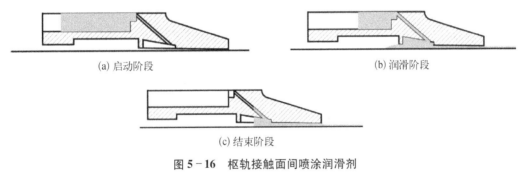

(a) 启动阶段　　　　　　　　(b) 润滑阶段

(c) 结束阶段

图 5 - 16　枢轨接触面间喷涂润滑剂

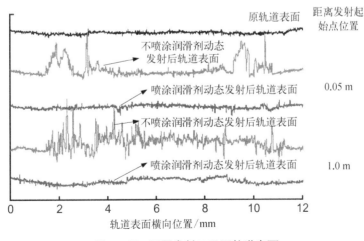

图 5 - 17　不同发射工况下轨道表面

除此以外,国内学者也通过在电枢表面喷涂石墨烯涂层进行自润滑处理,增强枢轨间的接触性能,处理前后电枢状态对比如图 5 - 18 所示[304]。

(a) 表面处理前的电枢　　　　　(b) 表面进行石墨烯涂层处理后的电枢

图 5-18　处理前后电枢状态对比

试验结果表明,普通电枢表面烧蚀严重,而石墨烯涂层电枢表面轻微烧蚀,表明石墨烯涂层具有抗电弧烧蚀、保持电枢稳定滑动的作用。因此,石墨烯涂层对电枢滑动起到了润滑的作用,在提高电磁轨道炮滑动电接触性能方面展现了较好应用潜力。

本节分析了固体电枢、等离子体电枢及混合电枢等主要电枢类型,目前的研究结果表明,在现有技术条件下,固体电枢易于控制、发射效率高、对内膛损伤小,是当前的主要发展方向。海军工程大学目前已完成了原理样机、缩比样机和工程样机的研制和试验工作,各样机主要适配于固体电枢,通过不同口径尺寸及不同能级的考核,对固体电枢技术进行了充分验证,后面将重点介绍固体电枢。

5.2.2　固体电枢设计

1. 设计要求

(1) 导电性能要求:电枢在承载电流为 5 MA,持续时间为 10 ms 的情况下,作为移动电流元,应具有一定的导电能力。

(2) 强度性能要求:电枢在膛内承受几百兆帕的膛内压力,同时电枢内部承受电磁扩张力作用,会产生大量内应力。

(3) 耐高温性能要求:电源电流很大,会导致电枢局部电流密度集中,而温度与电流密度的平方成正比,因此电枢材料需具有较高的熔点。

(4) 绝缘性能要求:为了满足发射质量要求,必须在电枢与负载之间放置绝缘隔板,以避免金属配重影响电枢内部电流分布。

(5) 导向性能要求:为避免电枢因受力不稳而产生转动,造成对炮膛绝缘体的破坏或引起枢轨接触不良,电枢需要具有导向功能。

(6) 安全性能要求:在发射过程中,会伴随电弧、光、热及弹丸巨大动能,因此设备、操作人员的安全需要从管理上予以重视。

2. 关键尺寸对电枢性能影响分析

电枢的关键尺寸包括喉部厚度、尾翼长度、尾翼厚度及尾翼倾角,这些关键尺寸对电枢性能的影响较大,其结构示意图如图 5-19 所示。

1)喉部厚度 H_1

电枢喉部需要传导瞬时大电流,若喉部厚度尺寸设计不合理,则易集聚电流,发生烧蚀现象。

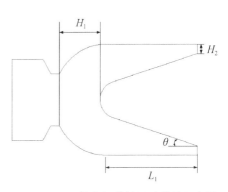

图 5-19 固体电枢关键尺寸结构示意图

当电枢喉部为所需最小截面积时,电流可以渗透到整个截面,但刚好能够承受动态发射过程中通过电枢的电流,因此在发射结束时喉部局部会发生熔化;当电枢喉部截面积过大时,电流也可以渗透到整个截面,但由于截面积较大,平均电流密度较低,所以在整个发射过程中电枢的喉部不会熔化,但会造成电枢的质量过大,降低超高速一体化发射组件的有效载荷比。此外,还可能出现虽然电枢喉部截面积足够大但电流仅在部分区域渗透,造成局部温度过高进而出现熔化,该情况下未对喉部截面积进行充分有效的利用且增加了电枢的质量,因此在设计过程中应尽量避免此种情况出现。

确定电枢喉部厚度尺寸需要先确定喉部最小截面积,截面积与电枢宽度的比值为喉部厚度尺寸,最小喉部截面积可以通过发射过程中达到熔化的临界通流量来确定。根据发射目标,可得完成一次动态发射电枢喉部的通流量为

$$G = \int I^2 \mathrm{d}t = \frac{2Mv}{L'} \tag{5-1}$$

电枢的通流系数定义为

$$g = \int j^2 \mathrm{d}t = \frac{G}{A^2} \tag{5-2}$$

式中,M 为一体化组件的质量;v 为弹丸出膛速度;I 为激励电流;A 为电枢喉部截面积;j 为电流密度。

电枢的平均温升为

$$\Delta T = [\rho_{ea}/(c_a \rho_a)] \cdot \int j^2 \mathrm{d}t \tag{5-3}$$

联立以上各式可得在电枢允许的温升范围内喉部的最小导电面积为

$$A = \sqrt{\frac{\rho_{ea} G}{\rho_a c_a \Delta T}} = \sqrt{\frac{2Mv\rho_{ea}}{L'\rho_a c_a \Delta T}} \tag{5-4}$$

式中,ρ_{ea}、ρ_a、c_a 分别为电枢材料的电阻率、密度及热容率;L' 为电感梯度;ΔT 为电枢温升。

电枢喉部厚度等于喉部面积除以电枢允许宽度 Y：

$$H_1 = \frac{A}{Y} \qquad (5-5)$$

另外，电流趋肤深度为

$$\delta = \sqrt{\frac{\pi \rho_{ea} t}{\mu}} \qquad (5-6)$$

从电枢的电磁特性考虑，为使电枢喉部不出现局部电流密度过高的情况，电枢喉部厚度至少应大于其趋肤深度。因此，一旦确定了喉部厚度尺寸，应先采用趋肤深度公式计算在实际发射过程中电流的渗透深度，若满足要求，则进行三维计算以分析喉部电流密度分布，防止局部电流密度过大的情况出现。

2）尾翼长度 L_1

C 形电枢的尾翼有两个重要作用：其一，提供足够的初始接触力以保证电流顺利通过轨道进入电枢，初始接触力可以通过设置合适的过盈量实现，过盈尺寸可根据"1 g/A"的原则确定；其二，在膛内加速时，电枢尾翼需要保证枢轨间的可靠滑动电接触。确保枢轨间良好接触的关键是电枢尾翼的柔韧性，当经过多次发射试验后膛内局部尺寸发生变化时，柔韧性强的电枢其尾翼会及时产生形变以消除间隙，从而保证枢轨间的良好接触，反之则难以适应膛内尺寸的变化，甚至会造成枢轨间的不接触产生电弧，发生转捩。电枢尾翼的柔韧性可以通过调整 C 形电枢的喉部及尾翼尺寸进行改善，喉部越薄、尾翼越长，电枢的柔韧性越好，但尾翼过长也会增加不必要的质量。

电枢尾翼的长度根据喉部厚度的倍数进行确定，通常情况下，当电枢尾翼长度为 1 倍的喉部厚度时，电枢刚度太强、柔韧性太差；当电枢尾翼长度为 4 倍的喉部厚度时，可以改善电枢的柔韧性，但同时会造成电枢的无用质量过大。当 C 形电枢的尾翼长度为 2~3 倍的喉部厚度时，可以兼顾其柔韧性及质量，是最合适的尾翼长度尺寸。

3）尾翼厚度 H_2

电枢尾翼厚度是根据动态发射过程中尾翼的磨损量确定的，若电枢表面所产生的磨损量超过尾翼厚度，则可能会影响枢轨间的良好接触甚至发生转捩。因此，可通过计算电枢尾翼的磨损量，在此基础上设计尾翼厚度尺寸。考虑安全裕量，电枢尾翼厚度尺寸通常为磨损量的 1.5~2 倍。

4）尾翼倾角 θ

若保持电枢尾翼长度及厚度尺寸不变，电枢尾翼倾角越大，喉部半径尺寸越小。当喉部半径尺寸过小时，在速度趋肤效应及邻近效应的作用下，电流容易集聚在喉部表面，热量积累到一定程度时喉部容易发生熔化产生磁锯效应，进而破坏电枢结构，如图 5-20 所示。

从速度趋肤效应的角度考虑，如果枢轨接触面是理想的，则接触面电流渗透深度可以按照式(5-7)进行计算[305]：

$$\delta_v = \frac{\rho_{ea}^2}{\mu \rho_{er} v \theta^2} \tag{5-7}$$

式中，μ 为空气磁导率；ρ_{er} 为轨道电阻率；θ 为电枢尾翼倾角。由式(5-7)可得，θ 越小，δ_v 越大，从而避免电流的集中，防止喉部热量集聚产生熔化。

图 5-20　电枢喉部出现熔化[306]

3. 发射装置尺寸对电枢性能影响分析

针对不同的打击目标及使用要求，通常需要设计不同口径尺寸的发射装置，因为电枢与发射装置是紧耦合的，所以不同的发射装置就需要适配不同尺寸的电枢。电枢尺寸不同，对电枢性能的主要影响因素就会发生变化，为缩短研制周期，降低研发风险，国内外学者提出采用模化方法来研究尺寸变化对装置性能的影响。模化方法是指不直接研究工程样机本身，而是采用与之相似但尺寸不同的模型来进行研究的一种方法。通过采用适当的模化方法，对原型与模型之间的试验结果进行匹配，从而得出不同尺寸下装置性能的变化规律。

1997 年，Hsieh 等[307]针对采用固体电枢的电磁轨道发射装置，根据电磁扩散方程、热扩散方程、动量方程和运动方程提出了一种可以精确反映两种尺寸装置下温度场和应力场的相似关系，理论推导结果表明，时间的相似常数是几何相似常数的平方，电流幅值与几何相似常数是线性关系。为验证上述分析结果的正确性，作者建立了有限元分析模型，利用 EMAP3D 程序对电磁轨道发射装置进行了电磁-温度耦合仿真分析，并将计算得到的电磁力导入 ABAQUS 中进行了应力场分析。结果表明，全尺寸装置和0.707 缩比模型中温度场、应力场的分布规律相似、幅值相同，验证了理论推导结果的正确性，初步表明了尺寸在一定的范围内变化，装置性能具有一定的相似性。国内金龙文等[308]基于电磁轨道炮物理场模化方法，研究了电磁排斥力作用下的原型与模型轨道动态响应和枢轨接触界面润滑性能等问题的相似性，并利用数值仿真方法对理论分析结果进行了验证计算。该研究结果表明，电磁轨道炮模化方法发展至今虽然已经取得了一定的成果，但是，目前尚未出现一种理想的电磁轨道炮模化方法可以同时进行所有物理量的匹配。因此,在设计模型试验时,首先应明确通过模型试验所要达到的目的和需要匹配的物理量,然后根据具体需求选择合适的模化方法,这是目前较为有效的研究途径[309]。

综上所述,不同尺寸发射装置的设计过程是可以互相参考的,但超过一定的边界范围后,某些物理量可能会出现剧烈变化。然而,现有文献较少涉及该项研究内容,也没有说明超过相应的范围后温度、应力等性能的变化规律。因此,在设计适配不同口径尺寸发射装置的电枢结构时,除了采用物理相似性的研究结论外,还必须综合采用现有理论及商业软件对实际结构尺寸下的性能进行分析,以保证动态发射过程中的安全发射及接触性能。

5.2.3 电枢发射安全性

在动态发射过程中,最重要的是要保证发射安全性,一旦电枢本体出现断裂,则会造成系统损坏,因此电枢动态发射过程中的安全性分析尤为必要。

1. 发射过程中电枢故障模式

通常情况下,影响电枢安全发射的故障主要为断裂,其断裂模式主要包括尾翼断裂、喉部断裂等。

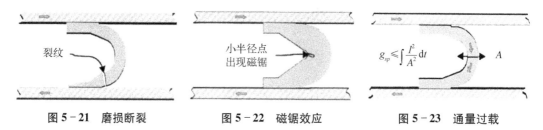

图 5-21　磨损断裂　　　　图 5-22　磁锯效应　　　　图 5-23　通量过载

电枢出现断裂的原因主要可分为以下三种,即磨损断裂、磁锯效应及通量过载,如图 5-21~图 5-23 所示[218]。下面分别对其产生原因进行分析。

1) 磨损断裂

在动态发射过程中,在枢轨接触面焦耳热及摩擦热的作用下,电枢尾翼会出现熔化,导致其出现磨损现象,一旦磨损量过大,电枢尾翼及喉部的转接处是温度及应力的集中区域,在以上因素的共同作用下,此处极易出现断裂,造成重大事故,电枢磨损量可采用本书 4.5.2 节中的方法进行计算。

2) 磁锯效应[4]

根据 5.2.2 节中电枢各关键尺寸对其性能影响分析所述,磁锯效应是指电枢尾翼倾角设计过小或者结构设计不当,在其喉部积累了大量的热量和应力以后,在以上效应的综合作用下,喉部就会出现熔化甚至裂纹,如图 5-24 和图

图 5-24　喉部熔化

5-25 所示。

3) 通量过载

通量过载是指在所进行的发射工况下,电枢本体所通过的通流量超过了电枢材料所能承受的极限,继而出现熔化甚至断裂的现象,如图 5-26 所示[310]。

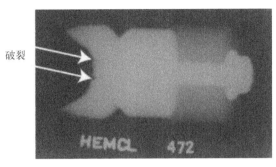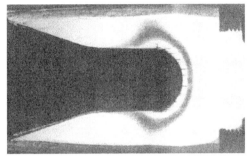

图 5-25　喉部裂纹　　　　　　　图 5-26　回收电枢剖面存在裂纹

从图 5-26 可知,喉部为动态发射过程中热量的集聚区域,这是因为在邻近效应的作用下喉部附近会聚集大量的电流,从而产生大量的热量,当喉部尺寸设计不当时,极易出现熔化。

2. 电枢发射安全性分析

为保证动态发射过程中的安全性,对所设计的电枢需要在考虑以上因素的基础上进行反复校核,分析流程如图 5-27 所示。

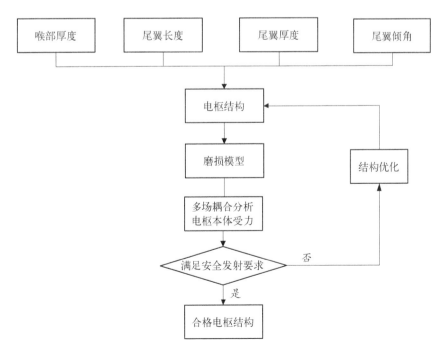

图 5-27　动态发射过程中电枢安全性分析流程

考虑电枢发射安全性的分析流程为：首先根据电枢结构的喉部尺寸、尾翼长度、尾翼厚度、尾翼倾角等进行初步设计，在此基础上，采用 4.5.3 节中电枢磨损量计算方法计算磨损量，考虑磨损影响，并耦合电磁场、温度场及应力场对其本体强度进行校核，如果电枢材料性能满足安全发射要求，则能够保证安全发射，若无法满足安全发射要求，则还需要对相应的结构尺寸进行优化。

5.2.4　枢轨接触性能

在动态发射过程中枢轨接触性能通常采用膛口电压进行评价。若整个发射过程中电压平稳且幅值较小，则表明枢轨接触状态良好；若动态发射过程中电压突然抬升，则电枢可能出现转捩，需要对其结构进行优化。下面分别通过电流起始阶段、电流平顶期及电流下降阶段的电压异常波形对枢轨接触性能进行分析。

1. 启动阶段枢轨接触不良

启动阶段炮口电压噪声主要受枢轨间接触状态的影响，电枢表面未熔化之前，枢轨间为"固-固"接触状态，根据电接触理论，此时电流通过枢轨接触面上分布的导电斑点进入电枢，因此动态发射过程中可能存在电弧，从而使得起始阶段的炮口电压中出现噪声。图 5-28 为 Rada 等[311] 在试验中测量到的炮口电压波形，试验结果表明，在馈电电流的第一个周期中炮口电压的噪声较大，而后噪声逐渐减小。

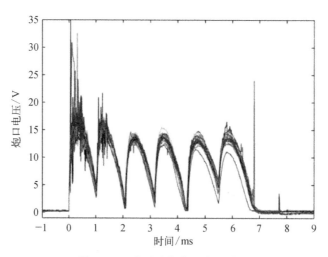

图 5-28　启动阶段炮口电压波形

电枢在膛内的运动属于滑动电接触，根据电接触理论，枢轨间的微观接触面可以分为名义接触面积、实际接触面积和传导电流面积，如图 5-29 和图 5-30 所示[241]。

其中，A_n 为名义接触面积，A_r 为实际接触面积，A_c 为传导电流面积，三者满足的集合关系式可表示如下：

$$A_c \in A_r \in A_n \tag{5-8}$$

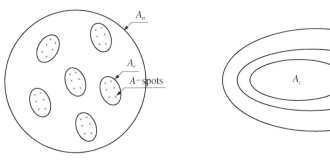

图 5 - 29　三种接触面积　　　　　　　图 5 - 30　接触区域集合

霍尔姆根据微观接触的距离将微观电极分为两种类型,如图 5 - 31 所示。定义微观电极的接触间隙为 h,两导电斑点之间发生放电时的最小距离为 d,当 $h<d$ 时,定义为电阻性接触[图 5 - 31(a)],当 $h>d$ 时,定义为电容性接触[图 5 - 31(b)]。滑动电接触的接触面复杂,采用上述方法可以得到其等效传导电路模型,将接触间隙等效为电阻和电容的并联,从而得到等效传导电路,如图 5 - 32 所示。

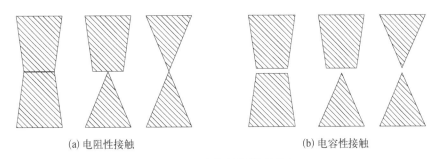

(a) 电阻性接触　　　　　　　　　　　(b) 电容性接触

图 5 - 31　电接触的微观状态

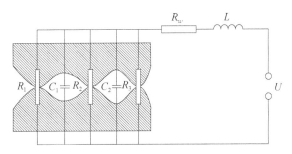

图 5 - 32　滑动电接触枢轨接触面等效传导电路

图 5 - 32 的阴影部分代表上、下载流接触面,根据不同的接触类型等效为相应的电阻或电容,其中 R_1、R_2、R_3 等效为电阻性接触时的接触电阻,C_1、C_2 等效为电容性接触时的接触电容,U 为外加电源电压,并假设回路总电感为 L,在不考虑摩擦接触区接触电阻时,回路总电阻为 R_w。令 $v_a(t)$ 表示 t 时刻载流摩擦副之间的接触电压降,则有

$$v_a(t) = U - R_w i - L \frac{\mathrm{d}i}{\mathrm{d}t} \qquad (5-9)$$

当滑动接触瞬间断开时,电流与接触电压降之间的关系变为

$$i \to 0 \Rightarrow R_w i \to 0 \Rightarrow -L \frac{\mathrm{d}i}{\mathrm{d}t} \gg 0$$
$$\Rightarrow v_a(t) \gg U$$

(5-10)

由式(5-10)可知,当滑动接触断开时,电流瞬间减小,回路电感会产生很高的自感电动势,当自感电动势超过起弧电压时,就会产生电弧。

在电枢运动的起始阶段,电枢表面还未开始熔化时,枢轨间为"固-固"接触状态,电阻性接触与电容性接触共存,容易造成接触不良,从而产生电弧,表现为在炮口电压上出现噪声。随着发射过程的进行,枢轨接触面温度逐渐升高,当温度超过电枢材料的熔点时,电枢表面就会发生熔化,并在枢轨接触面间形成一层薄薄的金属液化膜,可改善两者的接触性能,从而减少甚至消除电弧,进而减少炮口电压噪声。对于此种情况,可以通过在电枢表面喷涂低熔点金属来避免,其原理是使枢轨接触界面间金属液化层的形成时间提前,减少界面电弧的产生,从而对轨道进行保护,延长其使用寿命。

2. 电枢臂摩擦振动

在动态发射过程中,膛口电压在某一段时间内会突然产生噪声,如图5-33所示。国外学者 Watt 等[312]通过分析,认为这可能是在动态发射过程中,电枢与轨道产生滑动摩擦从而使电枢臂出现振动,导致枢轨接触面出现间歇性接触,从而在炮口电压中出现噪声,并且这种现象出现后,容易引起电枢转捩的发生。因此,电枢臂的振动很可能与动态发射过程中电枢的转捩有着直接的关系。

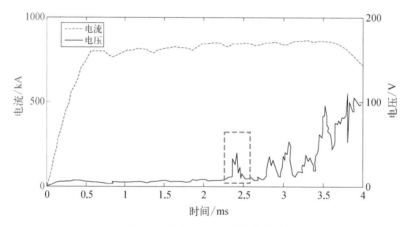

图5-33　电枢臂摩擦振动产生噪声

佐治亚理工学院的 Chung 等[313]通过对电枢进行模态分析,发现在动态发射过程中,电枢臂确实存在振动,并给出了四种振动模式,如图5-34所示。

通过设置不同的过盈量,分别分析了电枢在预紧和不预紧工况下的振动情况,分析结果表明,在以上两种工况下所给出的四种振动模式的持续时间均小于电枢在膛内的动态发射时间。因此,发射过程中电枢臂肯定会发生振动。

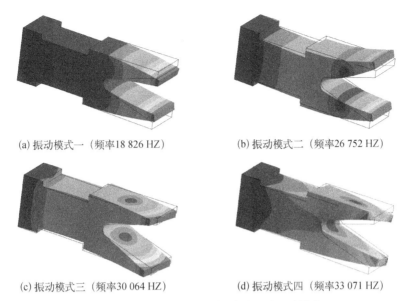

(a) 振动模式一（频率18 826 HZ）　　　　(b) 振动模式二（频率26 752 HZ）

(c) 振动模式三（频率30 064 HZ）　　　　(d) 振动模式四（频率33 071 HZ）

图 5 - 34　运动状态下电枢臂的四种振动模式

$$K\{\Phi_i\} = \omega_i^2 M\{\Phi_i\} \tag{5-11}$$

式中，K 为刚度矩阵；$\{\Phi_i\}$ 为第 i（$i=1,2,3,4$）种模式的特征向量；ω_i 为模式 i 的固有频率；ω_i^2 为特征值；M 为质量矩阵。因为电枢在动态发射过程中不会产生阻尼机制，所以可以采用式(5-11)对电枢的振动模式及振动频率进行计算。

　　如果不考虑电枢运动的约束条件，电枢可能会产生以下六种运动模式，如图 5-35 所

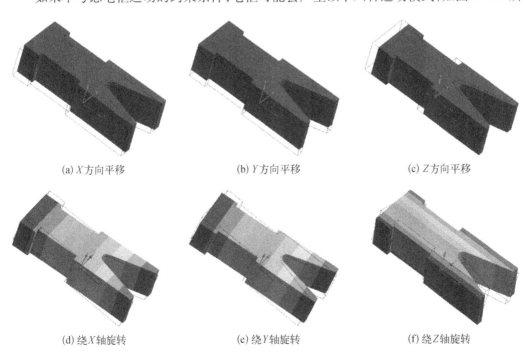

(a) X方向平移　　　　　　(b) Y方向平移　　　　　　(c) Z方向平移

(d) 绕X轴旋转　　　　　　(e) 绕Y轴旋转　　　　　　(f) 绕Z轴旋转

图 5 - 35　电枢无约束状态下的六种运动模式

示。其中,前三种代表沿 X、Y、Z 轴的平移运动,后三种代表绕 X、Y、Z 轴的旋转运动。

由以上分析可知,电枢结构设计不合理确实会导致动态发射过程中电枢臂的摩擦振动,从而影响枢轨接触性能,在炮口电压中出现噪声。Watt 等[302]根据分析结果,对电枢结构进行了优化,成功减小了噪声,试验结果也验证了动态发射过程中电枢臂会产生摩擦振动这一观点的正确性。

3. 电枢转捩

对电枢转捩原因的分析众多,至今没有一个公认的结论,但由于电枢转捩通常发生在电流下降阶段,所以分析认为是此时尾翼产生了一种反向作用力,从而使其脱离轨道,产生拉弧[218]。

在电枢设计过程中,为避免电枢发生转捩,可以通过考虑动态发射过程中磨损的影响,对不同动态发射过程中的枢轨接触力进行分析,根据"1 g/A"的可靠电接触原则对所设计电枢的接触力进行判断,若整个动态发射过程中两者间的接触力能够满足上述要求,则所设计结构能够保证动态发射过程中枢轨间的良好接触,否则还需要对电枢结构进行优化。

5.2.5　结构优化设计

在考虑各关键尺寸对电枢性能影响规律的基础上,对其结构进行优化设计。选取电枢的关键尺寸(喉部厚度 H_1、尾翼厚度 H_2、尾翼长度 L_1 及尾翼倾角 θ)为自变量,由于动态发射过程中,电枢要承受高温、高应力的严苛条件,同时考虑到一体化弹丸的有效载荷比,选取电枢质量及发射过程中电枢所承受的应力及温度作为优化对象,所以电枢结构设计可以归为多目标优化问题。要建立多目标优化模型首先需要确定电枢各关键尺寸的初始取值范围,然后在其中选取样本空间,建立自变量到目标量之间的函数模型,最后采用优化算法求得非劣解空间并根据工程应用条件选取最优解。

1. 建立目标函数及约束条件

根据分析,优化目标函数可表示为

$$\min \boldsymbol{y} = f(\boldsymbol{x}) = [\text{stress}(\boldsymbol{x}), \text{ temp}(\boldsymbol{x}), \text{ mass}(\boldsymbol{x})]^{\mathrm{T}} \qquad (5-12)$$

式中,$\boldsymbol{x} = [H_1, H_2, L_1, \theta]^{\mathrm{T}}$ 为需要优化的 4 个变量,H_1、H_2、L_1、θ 分别为喉部厚度、尾翼厚度、尾翼长度及尾翼倾角;stress($\boldsymbol{x}$) 为动态发射过程中电枢所承受的应力函数;temp($\boldsymbol{x}$) 为温度函数;mass($\boldsymbol{x}$) 为质量函数。

2. 最优拉丁超立方试验设计

拉丁超立方试验设计是一种在较少的试验次数内最大限度地获取设计空间信息的方法,对处理求解耗时的工程问题十分适合。该设计方法具有随机选点特性,可使输入组合相对均匀地填满整个空间,并且每个设计变量水平只使用一次,因此该方法具有通过较少的样本点即可反映整个设计空间的特性,是一种效率高、均衡性能好的试验设计方法。

图 5-36 为二因素问题中正交试验抽样、全因子设计抽样、随机拉丁超立方抽样及最优拉丁超立方抽样的对比。在工程中,为保证效率,通常会初次选取较少的样本点建立模型,但样本点数量较少时容易引起所建立模型的精度不足,此时可采用增加样本点数量的方法来建立更为精确的模型,通常采用以下两种方法:① 增加最优拉丁超立方选取维数;② 采用遗传拉丁超立方试验设计方法。

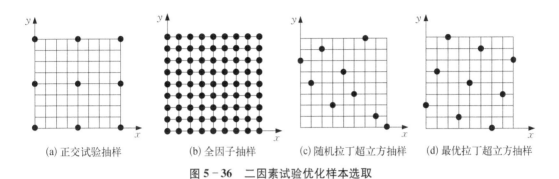

(a) 正交试验抽样　　(b) 全因子抽样　　(c) 随机拉丁超立方抽样　　(d) 最优拉丁超立方抽样

图 5-36　二因素试验优化样本选取

采用方法①的优点是算法简单,可通过直接更改选取维数来增加样本点数量,但第二次选取的样本点集可能与第一次所选取的样本点集完全不重合,因此需要对第二次选取的所有样本点重新分析,工作量大;采用方法②虽算法较为复杂,但可极大地减少需重新分析的样本数量,快速建立更高精度的模型。

采用遗传拉丁超立方试验设计方法选取样本点的原理如图 5-37 所示。在原始样本

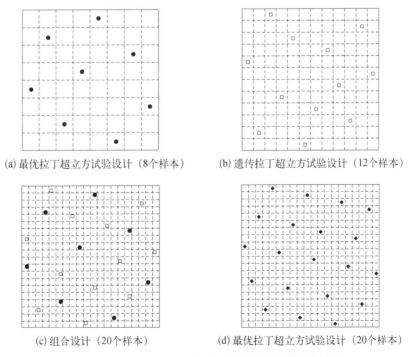

(a) 最优拉丁超立方试验设计（8个样本）　　(b) 遗传拉丁超立方试验设计（12个样本）

(c) 组合设计（20个样本）　　(d) 最优拉丁超立方试验设计（20个样本）

图 5-37　遗传拉丁超立方试验设计方法选取样本点的原理

点的基础上按照优化准则产生新的样本点,然后将两次产生的样本点合并组成新的样本空间,进而建立下一代精度更高的计算模型,提高计算效率。采用遗传拉丁超立方试验设计方法所选取的样本点与原样本点所组成的新的样本空间同样需满足投影均匀性及空间均匀性原则。

3. 响应面参数化模型

利用所选取的样本点构造出能够反映样本整体信息的模型是优化过程的关键,由于所建立模型大致代表了设计空间的分布趋势,所以也称为代理模型,其基本架构如图 5-38 所示。

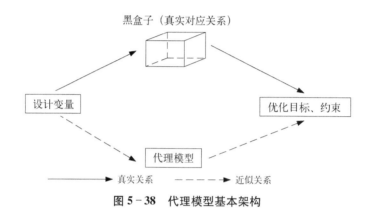

图 5-38　代理模型基本架构

构造代理模型的形式多样,但选用何种形式会对所构建模型的精度产生影响。常见的代理模型有多项式响应面模型、径向基函数模型、支持向量机模型、组合模型等,其中,多项式响应面模型由于构造简单、计算量小,并且设计变量和目标变量关系明确,成为工程中常见的代理模型。多项式响应面模型的通用表达式为

$$y = f(\boldsymbol{x}) + \varepsilon = \sum_{i=0}^{N} \alpha_i \phi_i(\boldsymbol{x}) + \varepsilon \tag{5-13}$$

式中,$\boldsymbol{y}$ 为响应;$f(\boldsymbol{x})$ 为目标函数;ε 为所建立模型与实际数据的误差;$\phi_i(\boldsymbol{x})$ 为基函数,是由各个自变量所表示的多项式函数;α_i 为基函数系数;N 为基函数的数量。

4. NSGA-Ⅱ参数化计算模型

对所建立的多项式响应面模型进行求解,并获得最优解是多目标优化问题的关键。多目标优化问题的求解方法众多,根据是否需要假设偏好信息,可以将现有的求解方法分为基于偏好的经典方法和智能优化方法两大类。

基于偏好的经典方法实际上是将多目标优化问题转化为单目标优化问题进行求解,方法简单易行,但在实际运用中偏好信息通常难以获取,并且单次求解过程只能获得一个最优解,因此会造成求解结果不适合实际工况的情况,效率低下。智能优化方法则无须在求解前假定偏好信息,单次求解可以得到整个最优解集,进而可根据实际工况在最优解集中选取所需要的最优解,极大地提升了求解效率。因此,智能优化方法是近年来多目标优化领域的研究重点。

常用的智能优化方法包括遗传算法、粒子群算法、模拟退火算法、蚁群算法等。其中，遗传算法中带有精英保留策略的第二代遗传算法 NSGA-Ⅱ由于结构简单高效，且能保证解的分布性和收敛性，在工程问题中得到了广泛的应用。因此，本节采用 NSGA-Ⅱ对所建立的多项式响应面模型进行求解，具体优化流程如图 5-39 所示。

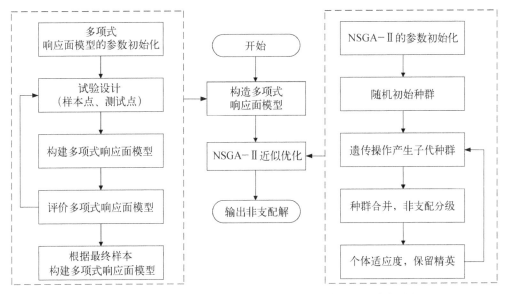

图 5-39　基于多项式响应面模型与 NSGA-Ⅱ的多目标优化流程

5. 优化过程及结果分析

采用带精英保留策略的 NSGA-Ⅱ对电枢的关键尺寸进行优化设计，多目标优化算法不存在唯一的全局最优解，而是各个目标在不同权重系数下组合的一系列解的集合，称为多目标优化问题的 Pareto 最优解集，也称为非劣解或非支配解。由于 Pareto 最优解集中所对应的任何一个目标函数值在不使其他目标函数值恶化的条件下已不可能再进一步改进，所以 Pareto 最优解集中的每个解仅是多目标优化问题的一个可以接受的。对于实际的工程问题，在求得多目标优化问题的 Pareto 最优解集后，往往要根据设计者对问题的了解程度及偏好，从众多最优解集中挑选合适的一个或者多个解作为问题的最终解。

在建立的多项式响应面模型的基础上，采用多目标遗传算法 NSGA-Ⅱ对模型进行优化，得到电枢结构优化设计的 Pareto 最优解集，分别绘出解集的三维分布及在二维平面上应力、温度及质量两两之间的分布关系，如图 5-40 所示。

在所得的 Pareto 最优解集中，综合考虑各个目标，以得到最优妥协解，在本案例中，最优妥协解可根据电枢本体质量最小原则进行选取，这是为了保证弹丸有效载荷比最大化，以提高弹丸的杀伤力，得到最优妥协解，从而完成电枢结构的优化设计。随后，对动态发射过程中的电枢发射安全性和枢轨接触特性进行分析，结果表明，电枢可适应膛内复杂环境，且枢轨接触状态良好，能够满足使用要求。

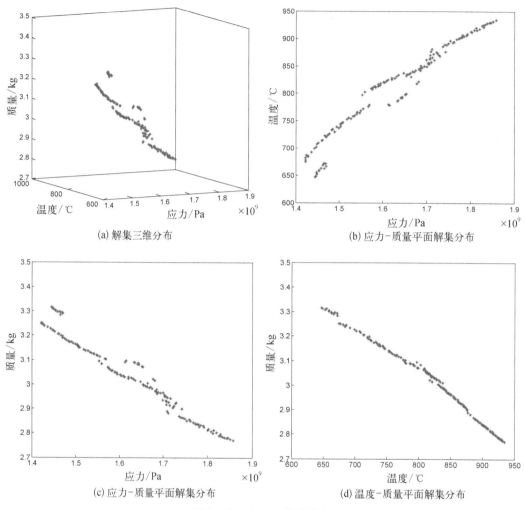

(a) 解集三维分布　　　　　　　　　(b) 应力-质量平面解集分布

(c) 应力-质量平面解集分布　　　　　　(d) 温度-质量平面解集分布

图 5－40　Pareto 最优解集

5.3　膛内磁场和动力学分析

5.3.1　膛内多物理场耦合机理

电磁轨道发射弹丸膛内运行是涉及电磁、结构、温度和相变等多物理场、多相态及高速运动耦合的复杂过程。通过对各物理场进行研究、总结,得到了如图 5－41 所示的电磁轨道发射弹丸膛内多物理场耦合机理。

(1) 电磁场、结构场耦合机理:瞬态电磁场求解得到的电磁力是结构场的直接输入,反过来电磁力引起的装置和电枢的动力学响应会影响电枢、轨道的电流分布和磁场分布。

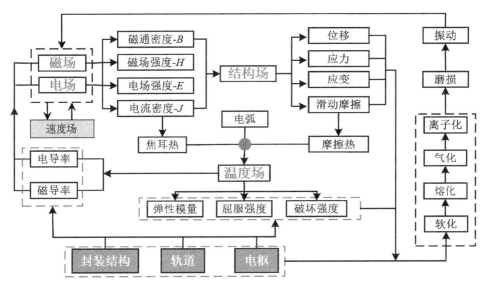

图 5-41　电磁轨道发射弹丸膛内多物理场耦合机理

（2）电磁场、温度场耦合机理：通流条件下枢轨的焦耳热、枢轨非理想接触产生的电弧热是内弹道温度场的重要组成部分，而温度场通过对电枢、电磁轨道发射装置组件材料电气性能参数的影响，直接影响电枢、轨道的电流和磁场分布。

（3）结构场、温度场耦合机理：枢轨滑动摩擦热是膛内温度场的重要组成之一，温度场对电枢、轨道弹性模量、屈服强度和破坏强度等力学性能参数的影响，会直接影响电枢、轨道的动力学响应。

（4）物理场、速度场耦合机理：弹丸在多物理场耦合作用下伴随着高速滑动电接触，出膛瞬间伴随着高速引弧运动过程，使得在膛内多场耦合建模过程中还要考虑速度带来的模型空间相对运动和边界条件差异性问题。

内弹道的核心研究对象是电枢、弹体和轨道，研究内容包括枢轨匹配性、弹体发射环境特性、枢弹匹配性及弹炮匹配性。枢轨匹配性研究在 5.2 节已做介绍，弹体发射环境特性包括过载特性和磁场特性，其中过载特性在 6.2.2 节进行介绍，本节主要介绍弹体的发射磁场特性，以及枢弹匹配和弹炮匹配带来的膛内动力学特性。

5.3.2　弹丸发射磁场特性分析

1. 难点及现状分析

磁场特性是发射组件运行环境特性的重要组成部分，对超高速一体化发射组件内部电子元器件、战斗部装药等器部件的布局和设计至关重要[314]，按照一体化发射组件的运动先后顺序分为膛内磁场特性和膛口磁场特性。由于电枢在轨道上存在高速滑动电接触行为，超高速一体化发射组件的运动磁场产生机理极其复杂，而现有的商业有限元软件尚不具备动态发射工况下的运动电磁场仿真能力，所以不能直接得到发射组件膛内的磁场特性。

电磁发射弹丸的膛内磁场主要取决于放电电流波形和速度趋肤效应,其幅值与电流大小及弹丸速度有关,而其变化率主要受电流变化率的影响。弹丸出膛瞬间,膛口电流小于膛内峰值电流,因此膛口磁场幅值小于膛内磁场幅值。然而受引弧结构的影响,枢轨之间的电流快速转移到引弧器上,虽然流经轨道的总电流未发生大的变化,但此时主电流位置发生了变化,引弧时间极短,导致膛口磁场变化率极大,引弧过程示意图如图 5-42 所示。针对电磁轨道发射弹丸出膛时特有的拉弧现象造成的弹上磁场变化问题,目前尚无公开的研究报道,且拉弧过程伴随着高温、高压、高速等离子燃烧,导致膛口磁场的分析较为困难,缺乏可供参考的成熟方法。

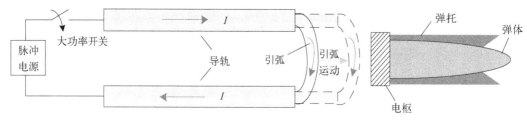

图 5-42 炮口引弧过程示意图

强磁场会对弹上舵机、传感器等部件上的磁性材料性能造成影响,进而引起部件工作性能的变化,而强电磁变化将对弹上感性器件带来致命伤害,导致整个制导控制系统失灵。对于带炸药的战斗弹,快速变化的磁场将在电火工品内部产生感应电流,并加热铝粉添加剂或电点火桥丝,致使其周围的药剂发生热分解,引起早炸现象[315]。因而,有必要对发射过程中的弹上磁场特性进行分析。

2. 解决思路及方法

1) 膛内弹载磁场分析

为了实现对弹丸膛内运动磁场的分析,需要解决两个方面的问题:① 弹丸运动情况下磁场控制方程的建立和求解;② 弹丸运动的模拟。针对这两个问题,不少研究人员从不同的方程形式,如 $A-\varphi$ 法、$E-B$ 法等对弹丸运动情况下的控制方程进行了推导,并采用不同的方法实现对弹丸运动的模拟,如移动网格法、移动自由度法及移动材料属性等方法。同时,针对弹上运动磁场模型的求解问题,采用了不同的求解器进行求解,如 ANSYS Multiphysics、COMSOL、LS-DYNA 等,取得了一定的成效,但均不能完全模拟。

此处通过对电磁发射弹丸运动电磁场控制方程进行变量变换,将其变换为标准的输运方程形式,并给出其边界条件。利用 Fluent 标准输运方程求解器进行求解,并结合动网格技术模拟弹丸在膛内的运动,从而实现弹丸膛内运动电磁场的仿真,分析流程图如图 5-43 所示。

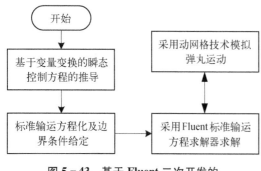

图 5-43 基于 Fluent 二次开发的
运动磁场建模方法

2）膛口弹载磁场分析

为了实现对弹丸膛口引弧磁场的分析，需要解决两个问题：① 弹丸出膛过程中引弧器上电流的获取；② 引弧过程中磁场变化的等效模拟。对于第一个问题，国内外研究人员在电弧模型方面开展了大量的研究，包括以能量平衡理论和电弧通道的电弧数学模型、将电弧假定为若干电流元片段组成的链式电弧模型，以及以流体力学和电磁学耦合建模为思想的磁流体动力学（magnetic hydro kinetics，MHD）电弧模型，其中，MHD 是最接近电弧真实状态的模型，但存在建模计算难度大，且不易收敛的问题。对于第二个问题，由于涉及复杂的等离子体起弧和运动，所以直接建模难度较大。

针对电磁发射弹丸出膛时特有的拉弧现象，首先基于柯西电弧模型建立电磁发射弹丸的引弧电流转移模型，获得引弧器上的电流变化；其次将引弧等效为具有一定长度和半径的导体，构建由导体和电枢，以及轨道和引弧器两个回路组成的三维瞬态磁场仿真模型；最后通过引入速度修正项，得到考虑引弧运动的膛口磁场仿真模型。同时，为了实现对引弧运动速度的测量，引进了双目视觉测量原理，通过高速摄像机拍摄引弧运动，结合空间标定参数和拍摄时间参数解算出引弧运动的速度，分析流程图如图 5 - 44 所示。

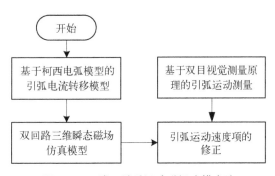

图 5 - 44　膛口引弧运动磁场建模方法

3. 弹上磁场建模

1）膛内运动磁场建模

（1）瞬态电磁场控制方程推导

由安培定律可知

$$\nabla \times \boldsymbol{B} = \nabla \times \nabla \times \boldsymbol{A} = \mu \boldsymbol{J}_s - \mu \sigma (\partial \boldsymbol{A}/\partial t + \nabla \phi) \tag{5-14}$$

此处采用规范变换确保解的唯一性，如式（5 - 15）所示，其中，φ 为引入的变换标量，可根据需要任意选取。

$$\tilde{\boldsymbol{A}} = \boldsymbol{A} + \nabla \varphi, \quad \tilde{\phi} = \phi - \partial \varphi/\partial t \tag{5-15}$$

研究发现，存在 φ 满足

$$\nabla \cdot (\sigma \nabla \tilde{\phi}) = 0 \tag{5-16}$$

采用 $\tilde{\boldsymbol{A}}$ 和 $\tilde{\phi}$ 重写安培定律，为书写方便，仍用符号 $\boldsymbol{A}$ 和 ϕ 表示 $\tilde{\boldsymbol{A}}$ 和 $\tilde{\phi}$，则有

$$\nabla(\nabla \cdot \boldsymbol{A}) - \nabla^2 \boldsymbol{A} = \mu \boldsymbol{J}_s + \mu \boldsymbol{J}_e \tag{5-17}$$

在式（5 - 17）中左边加入 $-\nabla[\nabla \cdot (\sigma \boldsymbol{A})] = \sigma \boldsymbol{A}$，并令 $\boldsymbol{A}^* = \sigma \boldsymbol{A}$，其中非导体域内的电导率 σ 取为 1，并假定求解域内的不同导体材料的电导率为各向同性，则在除边界面的求

解域内满足

$$\begin{cases} \nabla^2 A + \mu J_s - \mu\sigma\nabla\phi = \mu\sigma\partial A/\partial t \\ \nabla^2 A^* + \mu\sigma J_s - \mu\sigma^2\nabla\phi = \mu\sigma\partial A^*/\partial t \\ \nabla\cdot(\sigma\nabla\phi) + \partial(\nabla\cdot A^*)/\partial t = 0 \end{cases} \quad (5-18)$$

对于非导体域,$A^* = A$,则非导体域满足以下控制方程:

$$\begin{cases} \nabla^2 A = \mathbf{0}, \quad \nabla\cdot A = 0 \\ \nabla^2 A^* = \mathbf{0}, \quad \nabla\cdot A^* = 0 \end{cases} \quad (5-19)$$

假定轨道输入端电流为 $I(t)$,源电流密度 J_s 由电流守恒定律获得,如式(5-20)所示,其中 U 表示电势。

$$\begin{cases} J_s = -\sigma\nabla U, \quad \nabla\cdot(J_s) = \nabla\cdot(-\sigma\nabla U) = 0 \\ I(t) = \iint\limits_S (-\sigma\nabla U - \sigma\partial A/\partial t - \sigma\nabla\phi)\,\mathrm{d}S \end{cases} \quad (5-20)$$

(2)边界条件设定

在不同导电介质分界面满足

$$\begin{cases} n\cdot(\sigma_1\partial A_1/\partial t + \sigma_1\nabla\phi_1) = n\cdot(\sigma_2\partial A_2/\partial t + \sigma_2\nabla\phi_2) \\ n\cdot(\sigma_1\nabla U_1) = n\cdot(\sigma_2\nabla U_2) \end{cases} \quad (5-21)$$

对于导电介质与非导电介质的分界面,满足

$$n\cdot\nabla\phi = -n\cdot\partial A/\partial t, \quad n\cdot(\sigma\nabla U) = 0, \quad n\cdot\nabla A_{1n} = n\cdot\nabla A_{2n} \quad (5-22)$$

此外,在分界面上还需满足

$$n\times(A_1 - A_2) = \mathbf{0}, \quad n\times(A_1^*/\sigma_1 - A_2^*/\sigma_2) = \mathbf{0} \quad (5-23)$$

在磁场平行边界面上满足

$$\begin{cases} n\times A = \mathbf{0}, \quad n\cdot\nabla A_n = 0 \\ n\times A^* = \mathbf{0}, \quad n\cdot\nabla A_n^* = 0 \end{cases} \quad (5-24)$$

在磁场垂直边界面上满足

$$\begin{cases} n\cdot A = \mathbf{0}, \quad n\cdot\nabla A_t = n\cdot\nabla A_\tau = 0 \\ n\cdot A^* = \mathbf{0}, \quad n\cdot\nabla A_t^* = n\cdot\nabla A_\tau^* = 0 \\ n\cdot(\sigma\nabla U) = n\cdot(\sigma\nabla\phi) = 0 \end{cases} \quad (5-25)$$

在电流输入端满足

$$\begin{cases} \boldsymbol{n} \cdot (\sigma \nabla U) = - \boldsymbol{n} \cdot \boldsymbol{I}(t)/S - \boldsymbol{n} \cdot (\sigma \partial A/\partial t + \sigma \nabla \phi) \\ \boldsymbol{n} \times \boldsymbol{A} = \boldsymbol{0}, \quad \boldsymbol{n} \cdot \nabla A_n = 0, \quad \boldsymbol{n} \times \boldsymbol{A}^* = \boldsymbol{0}, \quad \boldsymbol{n} \cdot \nabla A_n^* = 0 \qquad (5-26) \\ \phi = 0 \end{cases}$$

在电流输出端满足

$$\begin{cases} \boldsymbol{n} \times \boldsymbol{A} = \boldsymbol{0}, \quad \boldsymbol{n} \cdot \nabla A_n = 0 \\ \boldsymbol{n} \times \boldsymbol{A}^* = \boldsymbol{0}, \quad \boldsymbol{n} \cdot \nabla A_n^* = 0, \quad U = \phi = 0 \end{cases} \qquad (5-27)$$

（3）控制方程规范化表示

根据上述推导,电磁场的求解变量包括电势 U、$\boldsymbol{A}$ 和 ϕ,同时为了求解方便引入了 $\boldsymbol{A}^*$,将其各自满足的控制方程写成 Fluent 用户自定义标量（user defined scalar, UDS）标准输运方程形式,如式（5-28）所示[316]。

$$\frac{\partial (\rho \Psi)}{\partial t} + \frac{\partial (\rho \Psi u_i)}{\partial x_i} = \frac{\partial}{\partial x_i} \left(\Gamma \frac{\partial \Psi}{\partial x_i} \right) + S_\Psi \qquad (5-28)$$

式（5-28）中从左到右分别为非定常项、对流项、扩散项和源项,其中,Ψ 为求解标量, ρ 为非定常项系数,Γ 为扩散系数。

瞬态电磁场控制方程汇总如下:

$$\begin{cases} \nabla \cdot (\sigma \nabla V) = 0, \quad \nabla \cdot (\sigma \nabla \phi) = 0 \\ \nabla \cdot (\nabla A) - \mu \sigma (\nabla V + \nabla \phi) = \mu \sigma \partial A/\partial t \\ \nabla \cdot (\nabla A^*) - \mu \sigma^2 (\nabla V + \nabla \phi) = \mu \sigma \partial A^*/\partial t \end{cases} \qquad (5-29)$$

（4）运动磁场建模

上述推导过程给出了采用 Fluent UDS 求解瞬态电磁场方程的思路,下面给出采用 Fluent UDS 结合 Fluent 动网格技术求解运动电磁场的思路。顾名思义,动网格技术是指在数值计算过程中,为了适应求解域内物体运动状态变化带来的计算需求,通过网格变形算法实现网格自适应变化的一种技术,分为主动型动网格和被动型动网格。其中,被动型动网格通常是指物体的边界运动规律往往未知,需要通过计算物体边界上的受力或力矩得到,在电磁轨道发射内弹道运动过程中,弹丸在电磁力的推动下向前加速运动,其运动规律取决于当前所受电磁力,此处所描述的弹丸膛内运动问题就属于被动型动网格问题。

在计算流体力学（computer fluid dynamic, CFD）软件中, 如 Fluent 软件,动网格技术包括弹簧光顺法、铺层法及网格重划三种方法。对于主动型动网格问题的处理手段包括采用宏定义描述物体的边界运动（如 DEFINE_PROFILE）或采用给定外力并只保留物体运动方向六自由度运动（DEFINE_SDOF_PROPERTIES）方程描述,空气域的网格变形通常采用铺层法即可实现。而对于主动型动网格问题,需要通过软件实时计算物体边界的受力和力矩,并作为六自由度运动方程的输入,空气域的网格变形通常需要采用弹簧光顺法和网格重划的方法配合使用才能实现。

当考虑弹丸运动情况时,安培定律如下:

$$\nabla \times \nabla \times \boldsymbol{A} = \mu \boldsymbol{J}_s - \mu \sigma (\partial \boldsymbol{A}/\partial t + \nabla \phi) + \mu \sigma (\boldsymbol{v} \times \nabla \times \boldsymbol{A}) \tag{5-30}$$

直接求解含速度项的瞬态电磁场控制方程将带来求解矩阵不对称、枢轨接触面边界条件难以处理等难题[317]。通过引入伽利略变换,得到变速情况下的坐标变换,如式(5-31)所示。

$$(\boldsymbol{r}', \ t') = \boldsymbol{r} - \int_0^t \boldsymbol{v} \mathrm{d}t \tag{5-31}$$

式中,$\boldsymbol{r}$、$\boldsymbol{r}'$ 分别为静止坐标系和运动坐标系下的位置矢量,进而得到运动坐标系下的三维涡流场控制方程。

$$\nabla' \times \nabla' \times \boldsymbol{A}' + \mu \sigma (\partial \boldsymbol{A}'/\partial t' + \nabla' \phi') = \mu \boldsymbol{J}_s' \tag{5-32}$$

式(5-32)表明:当采用运动坐标系描述三维运动涡流场时,速度项被消除,其中上标"′"表示运动坐标系下的变量。采用 Fluent 动网格技术和 Fluent UDS 分别模拟弹丸运动和求解瞬态电磁场控制方程对应的输运方程,即可实现电磁发射弹丸运动电磁场仿真。弹丸及其周围空气域网格采用动网格技术以速度 $\boldsymbol{v}$ 向前平移,$\boldsymbol{v}$ 由式(5-33)获得,其中,Ω 表示弹丸空间区域。

$$\boldsymbol{v} = \frac{1}{m} \int_0^t \iiint_{\Omega} [\boldsymbol{J}_s(\tau) + \boldsymbol{J}_e(\tau)] \times \boldsymbol{B}(\tau) \mathrm{d}V \mathrm{d}\tau \tag{5-33}$$

2)膛口引弧磁场建模

(1)引弧电流转移模型

实际上可将电弧看成一个开关电阻与电枢并联,电枢在膛内时开关呈断开状态,而当电枢脱离轨道时,电弧开关开始闭合,则整个电磁发射过程中的等效电路图可用图5-45表示,其中 S_a 表示电弧开关。而有关电弧转移模型的推导详见第4章,此处不再赘述。

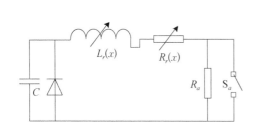

图 5-45　电磁发射等效电路图

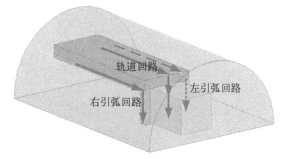

图 5-46　膛口磁场仿真几何模型

(2)膛口引弧三维瞬态磁场模型

通过建立包含轨道回路和引弧回路的三维瞬态磁场仿真模型,并利用电流不突变原理,即转移前轨道上电流与转移后引弧电流相等,控制轨道回路和引弧回路之间的开断,模拟枢轨之间电流的转移过程,膛口磁场仿真几何模型如图 5-46 所示。

在此基础上,建立瞬态电磁场控制方程,由安培定律可知

$$\nabla \times \boldsymbol{B} = \nabla \times \nabla \times \boldsymbol{A} = \nabla(\nabla \cdot \boldsymbol{A}) - \nabla^2 \boldsymbol{A} = \mu \boldsymbol{J}_s - \mu \sigma \left(\frac{\partial \boldsymbol{A}}{\partial t} + \nabla \phi \right) \tag{5-34}$$

源电流密度 $\boldsymbol{J}_s$ 由电流守恒定律获得,如式(5-35)所示。

$$\begin{cases} \boldsymbol{J}_s = -\sigma \nabla U \\ \nabla \cdot (\boldsymbol{J}_s) = \nabla \cdot (-\sigma \nabla U) = 0 \end{cases} \tag{5-35}$$

假定轨道输入端电流为 $\boldsymbol{I}(t)$,由上述推导可知流过轨道的总电流为

$$\boldsymbol{I}(t) = \iint_S (\boldsymbol{J}_s + \boldsymbol{J}_e) \mathrm{d}S = \iint_S \left(-\sigma \nabla U - \sigma \frac{\partial \boldsymbol{A}}{\partial t} - \sigma \nabla \phi \right) \mathrm{d}S \tag{5-36}$$

放电总电流用 I_t 表示,引弧电流用 I_a 表示,直接加载在引弧回路输入端。假设弹丸出膛时刻为 t_m,则加载在轨道回路输入端的电流 I_r 可用式(5-37)表达:

$$I_r(t) = \begin{cases} I_t, & t \leqslant t_m \\ 0, & t > t_m \end{cases} \tag{5-37}$$

在上述两个回路电流的激励下,通过求解三维瞬态电磁场方程,即可得到电流静态转移时膛口磁场变化。

(3)引弧运动修正模型

实际上,在惯性力和电磁力的作用下,引弧会产生膨胀并向前运动,相当于一个移动的导体向前运动,其运动速度必将引起膛口磁场的变化,因此在建模过程中应当考虑引弧运动速度的影响。在模型中考虑以引弧器为参考点,测量点相对引弧器反向运动,并忽略弹丸在横向和上、下方向的速度,即只有发射方向的速度,则考虑引弧运动后的测点磁场变化率可用式(5-38)表达,其中 $v(t)$ 表示引弧速度,并随时间发生变化。

$$\frac{\mathrm{d}\boldsymbol{B}}{\mathrm{d}t} = \frac{\partial \boldsymbol{B}}{\partial t} + \frac{\partial \boldsymbol{B}}{\partial x}\frac{\mathrm{d}x}{\mathrm{d}t} + \frac{\partial \boldsymbol{B}}{\partial y}\frac{\mathrm{d}y}{\mathrm{d}t} + \frac{\partial \boldsymbol{B}}{\partial z}\frac{\mathrm{d}z}{\mathrm{d}t} \xrightarrow[\mathrm{d}z/\mathrm{d}t=0]{\mathrm{d}x/\mathrm{d}t=0} \frac{\mathrm{d}\boldsymbol{B}}{\mathrm{d}t} = \frac{\partial \boldsymbol{B}}{\partial t} - v(t)\frac{\partial \boldsymbol{B}}{\partial y} \tag{5-38}$$

有关引弧运动速度 $v(t)$ 的计算可通过理论建模分析或试验测量的方式获得。理论建模分析方法包括前面所说的建立链式电弧模型或 MHD 电弧模型,建模难度大、计算周期长且不能保证计算精度,此处采用试验测量的方法。利用光学测量技术对电弧弧根运动进行测量[318],搭建了基于三维双目视觉测量原理的电弧弧根运动拍摄和测量系统,如图 5-47 所示。通过图像跟踪算法获得弹丸前进方向亮光区域边缘的运动曲线,并将其作为引弧的运动速度。

通过有限元求解得到引弧和弹丸相对静止时的磁场变化率,再将测量得到的引弧速

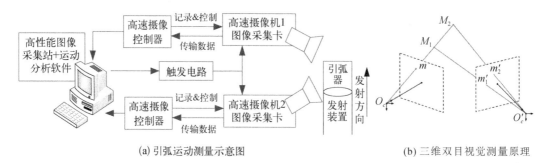

(a) 引弧运动测量示意图　　　　　　(b) 三维双目视觉测量原理

图 5‒47　双目视觉成像测量炮口弧根运动示意图

度代入式(5‒38)中,即可得到修正后的弹丸膛口磁场特性。

4. 数值仿真与分析

1) 膛内磁场仿真分析

采用上述模型对电磁轨道发射弹丸过程中的弹丸内部运动电磁场进行仿真分析,图 5‒48 为轨道和电枢的三维模型,模型参数: 轨道长度 $l_r = 10$ m,高度 $h_r = 60$ mm,宽度 $w_r = 120$ mm;电枢长度 $l_a = 100$ mm,高度 $h_a = 120$ mm,宽度 $w_a = 100$ mm。并在轨道端面施加如式(5‒39)所示的激励电流 I,仿真分析在电流作用下弹丸在膛内的运动过程及其运动电磁场变化情况。

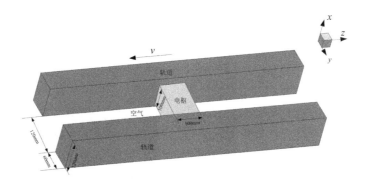

图 5‒48　轨道和电枢三维模型

$$I(t) = \begin{cases} I_0\sin(\omega t), & 0 \leqslant t \leqslant t_1 \\ I_0, & 0 < t \leqslant t_2 \\ I_0 e^{-\frac{t-t_2}{\tau}}, & t_2 < t \leqslant t_3 \end{cases} \quad (5\text{‒}39)$$

式中,ω 为 PFN 电路的共振频率;$t_1 = \pi/(2\omega)$;$\Delta t_2(t_2 - t_1)$ 为电流平流段的时间长度,对电磁发射效率影响很大;τ 为 PFN 模块的时间常数,输入电流曲线如图 5‒49(a)所示。

仿真得到弹丸中轴线最大磁感应强度变化曲线如图 5‒49(b)所示,弹丸中轴线最大磁感应强度为 5.2 T,相比不考虑速度趋肤效应时下降 7%。同时可以发现,磁感应强度的峰值出现在电流平顶波阶段的起始时刻,随后受速度趋肤效应的影响,电流趋肤深度减小,导致电枢前端弹丸内部磁场强度逐渐减小。

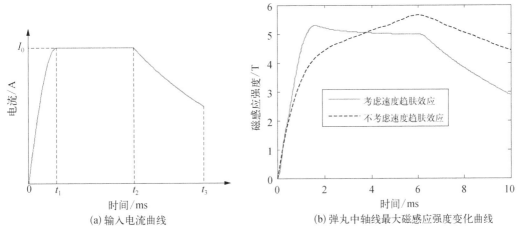

(a) 输入电流曲线　　　　(b) 弹丸中轴线最大磁感应强度变化曲线

图 5 - 49　运动磁场仿真结果

　　根据上述分析结论,为了实现对弹丸发射过程中强磁场幅值进行模拟,并不需要模拟持续时间与激励电流峰值时间等长的磁场信号,因为弹丸内部峰值磁场出现在电流上升至峰值时刻。这极大地减弱了后期电磁轨道发射弹丸发射磁场模拟平台搭建过程中所要承受的热力问题。

　　2) 膛口磁场仿真分析

　　采用上述膛口磁场仿真模型分析在膛口处弹丸内部的磁场分布,图 5 - 50(a) 为放电电流,图 5 - 50(b) 为引弧电流,选取考察点如图 5 - 51 所示。由于考察点随着弹丸一起运动,所以在引入速度修正项时仅修正引弧速度大于弹丸运动速度的时间段,因为一旦引弧速度降到小于弹丸运动速度,考察点离引弧角的位置逐渐增大,速度项的影响可忽略不计,则引入的速度修正公式可用式(5 - 40)表示。

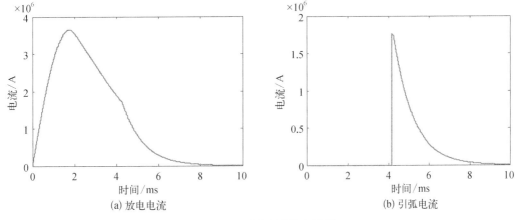

(a) 放电电流　　　　　　(b) 引弧电流

图 5 - 50　引弧电流仿真结果

$$v_i = \begin{cases} v_a - v_p, & v_a \geqslant v_p \\ 0, & v_a < v_p \end{cases} \tag{5-40}$$

式中,v_a 和 v_p 分别为引弧速度和弹丸出膛后的运动速度,并且由于引弧时间较短,可忽略弹丸速度的变化,v_p 可视为常数,其值取为弹丸出膛速度。得到考察点的磁感应强度和磁场变化率分别如图 5-52(a)和图 5-52(b)所示。

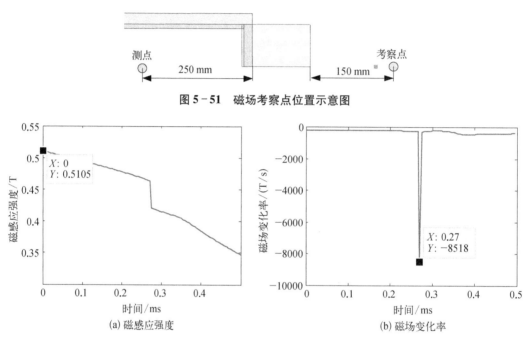

图 5-51　磁场考察点位置示意图

图 5-52　考察点膛口磁场仿真结果

同时,为了对比弹丸膛内与膛口磁场的差异,给出发射过程中考察点磁场在膛内的变化情况,如图 5-53 所示。可见发射过程中,弹丸内部磁场强度最大值时刻在膛内,峰值达到 0.871 2 T,但最大磁场变化率仅为 759.2 T/s,而磁场变化率最大值时刻在膛口,峰值

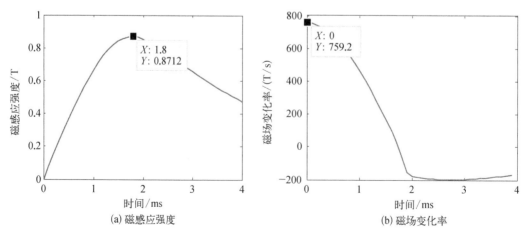

图 5-53　考察点膛内磁场仿真结果

达到 8 518 T/s,是膛内最大磁场变化率的约 11 倍,但其磁感应强度峰值只有 0.510 5 T。

由于强磁场对不同弹载器件影响机理不一样,例如,舵机等带有铁磁材料的器件在强磁场作用下会出现退磁现象,导致舵机性能下降,所以需要对膛内的高幅值磁场进行特定防护。而对于某些电子设备,尤其是带有感性元器件的弹载器件,如弹载电源板,其对磁场变化率更为敏感,过高的磁场变化率会在器件内部形成大电流,从而造成器件的过流失效,因此需要对膛口强变化磁场进行特定防护。

5.3.3 膛内动力学特性研究

电磁轨道发射弹丸动力学特性重点研究动态发射过程中的弹丸动力学参数预测、身管动力学特性和考虑身管动力学特性的内弹道仿真模型,本小节主要介绍机电耦合电枢动力学参数预测模型、轨道动力学响应模型、电磁发射的临界速度和电磁结构耦合下弹丸发射过程数值模拟。

1. 机电耦合电枢动力学参数预测模型

弹丸在发射过程中所受的力包括洛伦兹力、摩擦力(静摩擦和滑动摩擦)、轨道的压力、空气阻力、黏滞力、重力等。弹丸沿轴线方向主要受电磁感应产生的推力(洛伦兹力)F_t,见式(1-12)。

为了保证良好的导电性以避免烧蚀,电枢和轨道之间采用过盈配合,电枢会受到正负极轨道的压力。电枢和轨道之间是"固-固"接触,电枢沿轨道滑动,电枢不可避免地要受到摩擦力的影响。电枢与轨道的接触压力为[319]

$$F_{cont} = \frac{1}{2}\beta L' I^2 \cos\theta + F_p(\varepsilon) \tag{5-41}$$

式中,F_p 为由电枢与轨道过盈配合引起的压力,该压力与过盈量 ε 有关;β 为电枢臂受到的电磁力垂直于轨道方向的分量转化为对轨道挤压力的系数(取值为 0.42);θ 为电枢尾翼角度。接触压力不能过小,过小则枢轨的接触状态较差,容易在电枢加速过程中拉弧而损坏轨道。

枢轨之间的摩擦阻力为

$$F_f = \mu_f F_{cont} \tag{5-42}$$

在实际的发射过程中,随着电枢的磨损,枢轨接触界面的摩擦系数和接触电阻都是动态变化的,开始阶段为干摩擦,摩擦系数较大,当电枢由于焦耳热和高速摩擦热发生熔化后,滑动摩擦系数急剧减小,为简化计算,可假设枢轨间滑动摩擦系数 U_f 在整个发射过程中保持恒值 0.1。在弹丸低速运动阶段,弹丸所受的阻力主要是摩擦力,但在高速发射时,弹丸的高速运动会产生冲击波,对弹丸的运动产生阻碍,空气阻力也会成为重要的阻力来源。空气阻力的大小与弹丸的速度和其气动外形有关,可表示为

$$F_{\text{air}} = \frac{\gamma + 1}{2}\rho_{\text{air}}\left(A_{\text{bore}}v^2 + A_{\text{bore}}xa + \frac{1}{2}C_f l_{\text{bore}}v^2 x\right) \tag{5-43}$$

式中,γ 为阻力系数,对于空气,$\gamma = 1.2$;ρ_{air} 为空气密度,取为 $1.297\ \text{kg/m}^3$;A_{bore} 为炮膛的截面积;x 为电枢运动的位移;a 为电枢加速度;C_f 为常系数,取为 0.003;l_{bore} 为炮膛内截面周长。

弹丸在其运动方向上受到的合力 F、加速度 a、速度 v 和位移 x 分别为

$$\begin{cases} F = F_t - F_f - F_{\text{air}} \\ a(t) = F/m \\ v(t) = \int_0^t a(\tau)\,\mathrm{d}\tau \\ x(t) = \int_0^t v(\tau)\,\mathrm{d}\tau \end{cases} \tag{5-44}$$

联立式(1-12)、式(5-42)~式(5-44),可以得到

$$ma(t) = \frac{L'I^2}{2} - \mu_f\left[\frac{1}{2}\beta L'I^2\cos\theta + F_p(\varepsilon)_f\right] - \frac{\gamma + 1}{2}\rho_{\text{air}}\left(A_{\text{bore}}v^2 + A_{\text{bore}}xa + \frac{C_f l_{\text{bore}}v^2 x}{2}\right)$$
$$\tag{5-45}$$

方程(5-45)将电磁轨道动态发射过程的动力学参量和电学参量联系在一起,这也是电磁轨道发射内弹道动力学基本方程。理论上对于给定的电磁轨道发射装置,在已知充电电流时序情况下,可以得到任意时刻电枢加速度、速度、位置。

2. 轨道动力学响应模型

螺栓预紧型电磁轨道发射装置及动力学响应物理模型如图 5-54 所示,主要包括封装结构、预紧螺栓和轨道。封装结构一方面可以保证电磁轨道发射装置具有足够的电感梯度以提高效率;另一方面将上、下轨道绝缘且阻止弧光从炮膛内部泄露。预紧螺栓可以

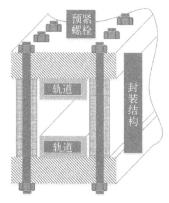

(a) 螺栓预紧型电磁轨道发射装置

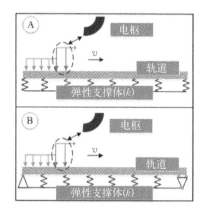

(b) 动力学响应物理模型

图 5-54　螺栓预紧型电磁轨道发射装置及动力学响应物理模型

提供发射装置的纵向刚度、保证整个发射装置的挠度,并且可以克服动态发射过程轨道和电枢受到的电磁排斥力。

由于电磁轨道发射系统结构复杂,为了得到其动力学响应解析解,必须对模型进行等效和简化处理。目前,多数学者将轨道的结构响应通过一个带有弹性支撑体的梁进行模拟,轨道用梁模型进行模拟,绝缘支撑体和封装结构通过弹性支撑体或者有限数量的弹簧进行模拟,轨道和封装结构的交互作用通过弹性刚度系数进行模拟,沿轨道方向与弹丸运动速度相同的电磁力通过载荷方程进行模拟。

电磁轨道动态发射过程中主要受到轨道排斥力、电枢尾翼电磁排斥力(枢轨接触力)、电枢轴向电磁推力作用,本书以 Bernoulli-Euler(伯努利-欧拉)梁为研究对象,将电枢等效为移动载荷 f_a,轨道电磁排斥力等效为移动载荷 f_r,其动力学控制方程如式(5-46)所示。

$$EI_z \frac{\partial^4 w(x, t)}{\partial^4 x} + m_r \frac{\partial^2 w(x, t)}{\partial t^2} + C_t \frac{\partial w(x, t)}{\partial t} + kw(x, t) = f(x, t) \quad (5-46)$$

式中,EI_z 为轨道的抗弯刚度;w 为取决于时间 t 和轴向位置 x 的轨道变形量,$w = w(x, t)$;m 为轨道单位长度质量,$m = \rho l_r l_h$,ρ 为轨道材料密度,l_r 为轨道宽度,l_h 为轨道厚度;E 为轨道弹性模量;I_z 为轨道截面惯性矩,主要取决于轨道截面形状和截面积,是用于衡量截面抗弯能力的几何参数;C_t 为弹性支撑体的阻尼系数;k 为弹性支撑体的弹性刚度系数。

这里载荷控制方程可以通过阶跃函数进行描述

$$f(x, t) = f_r - f_r \cdot h(x - vt) \quad (5-47)$$

对公式(5-47)进行 Laplace-Carson 变换和傅里叶变换,可以得到轨道的动力学响应的解析解[320]为

$$\begin{cases} w(x, t) = \frac{2}{l} \sum_{n=1}^{\infty} \left\{ \frac{f_r \cdot n\pi v^2}{\lambda_n^2 \mu_n^2 \rho Al} + \frac{f_r \cdot n\pi v^2 [\mu_n^2 \cos(\lambda_n t) - \lambda_n^2 \cos(\mu_n t)]}{\lambda_n^2 \mu_n^2 (\lambda_n^2 - \mu_n^2) \rho Al} \right\} \\ \lambda_n = \sqrt{\frac{EIn^4 \pi^4}{\rho AL^4} + \frac{k}{\rho A}}, \quad \mu_n = \frac{n\pi v}{l} \end{cases} \quad (5-48)$$

在此基础上,假设电磁轨道发射装置采用单脉冲充电、电流在电枢区域均匀分布,考虑充电时间非常短,而温度响应时间相对较长,因此忽略动态发射过程中电枢温度的改变。于是,可以得到电枢垂向温度分布如下[321]:

$$T = T_f + \frac{Q(t) l_r^2}{8\lambda_T} \left[1 + \frac{4\lambda_T}{l_r \alpha_F} - 4 \left(\frac{y}{l_r} \right)^2 \right] \quad (5-49)$$

式中,$Q(t)$ 为焦耳热功率;α_F 为电枢材料的热扩散系数;T_f 为电枢中部的温度;λ_T 为电枢材料的热传导系数。

假设两根轨道限制电枢的热扩散,取电枢垂向的平均温度来计算电枢的应变,考虑到时间非常短,忽略短时间内温度的改变,于是可以得到电枢的热应变为[321]

$$\varepsilon_{T(t)} = \alpha_T \frac{1}{d} \int_{-d/2}^{d/2} T \mathrm{d}y = \frac{Q(t)l_r\alpha_T}{12}\left[\frac{d}{\lambda_T} + \frac{6}{\alpha_F}\right] \tag{5-50}$$

式中,α_T 为电枢材料的线性膨胀系数。考虑到电枢热膨胀的均匀性,电枢作用于轨道的力可以假设为均布力。于是,可以得到电枢作用于轨道的热膨胀力为

$$f_T = \varepsilon_{T(t)}E_d l_r \cdot 2a = \alpha_T \frac{1}{l_r} \int_{-d/2}^{d/2} T \mathrm{d}y = \frac{2aQ(t)E_d l_r^2 \alpha_T}{12}\left(\frac{l_r}{\lambda_T} + \frac{6}{\alpha_F}\right) \tag{5-51}$$

将式(5-51)代入载荷控制方程,通过采用振型叠加法求解动力学控制方程,便可以得到任意时刻考虑电枢热膨胀的动力学响应解析解[320]:

$$\begin{cases} W(x,t) = \dfrac{2}{m}\sum_{i=1}^{\infty}\left[\dfrac{\sin(i\pi x/l)}{W_i}\right]\left\{\begin{array}{l}\dfrac{f_r l[1-\cos(\omega_i t)]}{i\pi\omega_i} - \dfrac{f_r lW_i[\cos(\omega_i t)-\cos(u_i t)]}{i\pi(u_i^2-\omega_i^2)} \\[3mm] + \dfrac{f[u_i\sin(\omega_i t)-\omega_i\sin(u_i t)]}{u_i^2-\omega_i^2}\end{array}\right\} \\[5mm] W_i = \sqrt{k/(\rho A) + EIi^4\pi^4/(\rho Al^4)} \end{cases}$$

$$\tag{5-52}$$

目前的研究主要以梁模型为研究对象,得到了恒速移动载荷下动力学响应的解析解,但是还存在以下问题:① Bernoulli-Euler 梁忽略了梁的剪切刚度和转动惯性矩;② Timoshenko 梁虽然考虑了上述影响因素,但是解析模型难以实现载荷随时间、位移的幅值变化,对电磁轨道发射装置设计指导有限。另外,虽然国内外已经开展了大量的电磁轨道发射装置动力学响应研究,但由于其内腔物理机理异常复杂,公开发表文献的试验结果与理论解、数值解存在较大差异,所以这些数据不能有效用于对电磁轨道发射装置动力学响应问题的研究,除此之外,还没有有效、直接、安全的手段获得可靠的试验结果,需要寻求简便、可靠的模型验证手段。

3. 电磁发射的临界速度

早在 1927 年,Timoshenko 已经认识到轨道动力学响应问题,并且以位于弹性支撑体上的 Bernoulli-Euler 梁为对象,推导得到了恒定移动载荷下梁模型临界速度的解析解,但是 Timoshenko 是基于压杆失稳的概念推导得到临界速度。20 世纪俄罗斯、美国等国高速列车、火箭橇设计出现的问题逐渐让研究学者意识到临界速度设计的重要性,1998 年瑞典国家铁路局测试了 X2000 高速列车在软土地基上运行时的振动,发现当列车速度提高到 200 km/h 时,列车轨道中产生的最大振动位移竟然达到 14 mm 之多[322]。

自 21 世纪以来,以 Timoshenko 等的研究为基础,国内外研究学者发现电磁轨道炮存在同样的问题,包括美国陆军研究实验室 Tzeng、美国海军水面作战中心研究人员

Nechitailo 和 Lewis 等均通过不同的推导方法得到了临界速度的解析解[320],并把这个速度定义为电磁轨道炮的共振速度,但并没有给出物理解释。

为探究该问题,以图 5 - 55 所示的理想压杆物理模型(等截面、材料满足胡克定律等)为研究对象,开展临界速度问题的研究。

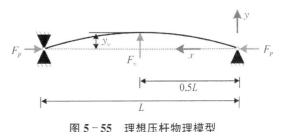

图 5 - 55　理想压杆物理模型

在两端压缩力 F_p、横向力沿 y 轴正向、幅值为 F_v 的作用下,可以得到理想压杆挠曲线方程,如式(5 - 53)所示。

$$\frac{\mathrm{d}^2 y_v}{\mathrm{d}x^2} = -\frac{M(x)}{EI} = -\frac{F_p y_v}{EI} - \frac{F_Q x}{2EI} \qquad (5-53)$$

在杆模型的两端有如式(5 - 54)所示的定解条件。

$$\begin{cases} x = 0 \\ v = 0 \end{cases}, \quad \begin{cases} x = L \\ v = 0 \end{cases} \qquad (5-54)$$

根据二阶偏微分方程的求解方法,可得到压杆中点的形变如式(5 - 55)所示。

$$y_v \bigg|_{x=\frac{L}{2}} = \frac{F_Q L^3}{48EI} \frac{3\left[\tan\left(\frac{L}{2}\sqrt{\frac{F_p}{EI}}\right) - \frac{L}{2}\sqrt{\frac{F_p}{EI}}\right]}{\left(\frac{L}{2}\sqrt{\frac{F_p}{EI}}\right)^3} = \frac{F_Q L^3}{48EI} g(\xi) \qquad (5-55)$$

其中,

$$g(\xi) = \frac{3\left[\tan(\xi) - \xi\right]}{\xi^3} = 1 + \frac{2}{5}\xi^2 + \frac{7}{105}\xi^4 + o(\xi^4)\cdots, \quad \xi = \frac{L}{2}\sqrt{\frac{F_p}{EI}} \qquad (5-56)$$

由式(5 - 55)和式(5 - 56)可以确定:

(1) 当理想杆的轴向压力足够小时,轨道中点的变形可以得到稳态解,也即在横向载荷消失时,理想杆的横向变形可恢复。

(2) 但是当轴向压缩力足够大,达到临界值 F_{cr},即 $\xi = \pi/2$ 时,$g(\xi)$ 为正无穷大,因此只要存在横向力,压杆中点的变形将趋于无穷大,必然会导致压杆失稳,如式(5 - 57)所示

$$\lim_{g(\xi) \to \infty}\left(y_v \bigg|_{x=\frac{L}{2}}\right) \to \infty \qquad (5-57)$$

综上,可以明确电磁轨道发射装置临界速度物理解释为:由横向弹性支撑体的杆,在轴向冲击力作用下发生屈曲(失稳)变形,基于该条件下的临界压缩力公式可推导得到临

界速度。这里的临界值 F_{cr} 正是临界速度证明过程中出现的临界压缩力。

对于如图 5-54(b)所示的电磁轨道发射装置动力学响应模型,其临界压缩力为

$$F_{cr} = 2\sqrt{EIk} \tag{5-58}$$

式中,k 为弹性支撑体的刚度系数。

当以一定速度移动的载荷作用于上述模型时,梁的变形,会对梁本身产生附加轴向压缩力[323]:

$$F = \rho A v^2 \tag{5-59}$$

式中,ρ 为轨道的材料密度;A 为轨道的截面积。

因此,联合式(5-58)和式(5-59),可以得到如式(5-60)所示的临界速度表达式,电磁轨道炮的临界速度可称为临界冲击速度[324]。

$$v_{cr} = \sqrt[4]{\frac{4EIk}{(\rho A)^2}} \tag{5-60}$$

在 Timoshenko 等研究的基础上,Crandall、Florence 等以位于弹性支撑体的 Timoshenko 梁模型为研究对象,得到了三个临界速度[324]。美国海军水面作战中心研究人员 Nechitailo 和 Lewis 认为后两个临界速度在实际中没有实际意义,并且他们在研究中认为,在以式(5-46)作为控制方程的条件下,可以假设动态发射过程中的轨道垂向变形为

$$w(x, t) = he^{ir(x-vt)} \tag{5-61}$$

式中,h 为变形幅值;r 为一个不定值,主要取决于轨道变形幅值,但是可以确定的是任意时刻轨道的变形幅值必然为实数,将该公式代入方程(5-46),可得

$$
\begin{aligned}
&EI_z \frac{\partial^4 [he^{ir(x-vt)}]}{\partial^4 x} + m\frac{\partial^2 [he^{ir(x-vt)}]}{\partial t^2} + khe^{ir(x-vt)} = 0 \\
&\Rightarrow EI_z h(ir)^4 e^{ir(x-vt)} + mh(irv)^2 e^{ir(x-vt)} + khe^{ir(x-vt)} = 0 \\
&\Rightarrow e^{ir(x-vt)} h\{EI_z[(ir)^2]^2 + mv^2(ir)^2 + k\} = 0
\end{aligned} \tag{5-62}
$$

于是可得到

$$(ir)^2 = \frac{-mv^2 \pm \sqrt{(mv^2)^2 - 4EI_z k}}{2EI_z} \tag{5-63}$$

由于 $(ir)^2$ 为实数,也即方程(5-62)必须保证方程(5-63)有两个实根,所以可以反过来确定

$$(mv^2)^2 - 4EI_z k \geqslant 0 \Rightarrow v_{cr} \geqslant \sqrt[4]{\frac{4EI_z k}{m^2}} = \sqrt[4]{\frac{4EI_z k}{(\rho l_r l_h)^2}} \tag{5-64}$$

通常情况下，临界速度取最小值，因此得到的临界速度结果与 Timoshenko 的临界速度解析式一致。对于宽为 l_r、厚为 l_h 的矩形截面轨道，其截面惯性矩为

$$I_z = (l_r)^3 l_h / 12 \tag{5-65}$$

于是，可以得到矩形截面轨道的临界速度表达式为

$$v_{cr} = \sqrt[4]{\frac{Ekl_h}{3l_r\rho^2}} \tag{5-66}$$

由目前的文献发现，研究学者主要讨论第一个临界速度，因为实际中电磁轨道发射装置的设计必须要避免发射装置的临界速度小于使用速度，所以从实际使用的角度，更高的临界速度并不具有实际意义。

本书选用简化的实验室用电磁轨道发射装置模型为研究对象，选用模型参数如表 5-1 所示。本书中所用电磁排斥力、枢轨接触力参数依据表 5-1 中所给的轨道电感梯度、电枢尺寸得到，计算临界速度 $v_{cr}=1\,660$ m/s，此处不再详述。

表 5-1　模型参数

$l/$m	$\rho/(\mathrm{kg/m^3})$	$E/$GPa	$k/(\mathrm{N/m^2})$
8.0	8 900	120	5e^9
$h/$m	$A/\mathrm{m^2}$	$I/\mathrm{m^4}$	$d/$m
0.136 93	0.006 4	1.0e^{-5}	0.012
$b/$m	$f_r/(\mathrm{MN/m})$	$f_a/(\mathrm{N/m})$	电感梯度/$(\mathrm{\mu H/m})$
0.046 74	4.22	8.44	0.461

为研究实际电磁轨道发射装置动态发射过程中的动力学响应问题，控制电源输出为如图 5-56(a)所示的电流波形，对应速度和位移曲线如图 5-56(b)所示。

由于目前还没有有效的手段进行电磁轨道发射装置瞬态电磁场仿真，所以采用有限元和试验修正相结合的方法，可以得到动态发射过程中枢轨接触力和轨道排斥力，通过有限元软件计算得到峰值电流时刻枢轨接触力和轨道排斥力，依据式（5-67）可以计算得到任意时刻枢轨接触压力和轨道排斥力，计算得到枢轨接触力、轨道电磁排斥力最大值随时间变化如图 5-57 所示。

$$F(x,\,t) = F_{max}(x)\frac{I^2(t)}{I_{max}^2} \tag{5-67}$$

式中，$I(t)$ 为任意时刻的电流；I_{max} 为动态发射过程最大电流；$F_{max}(x)$ 为峰值电流时刻的电磁力。通过对有限元软件的二次开发，实现移动电磁力幅值不同时刻、不同位置的变化，研究实际中电磁轨道发射装置动力学响应问题。

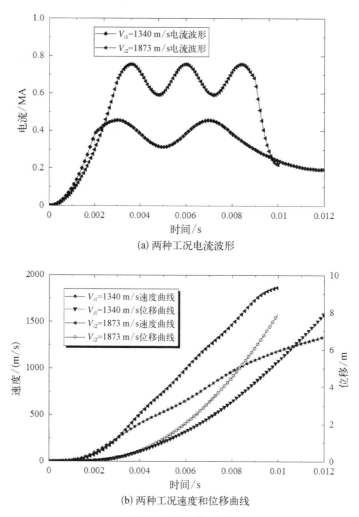

(a) 两种工况电流波形

(b) 两种工况速度和位移曲线

图 5 - 56 计算工况

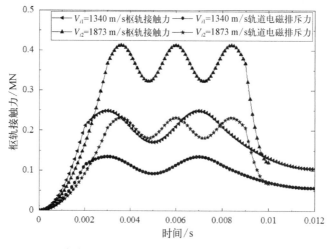

图 5 - 57 枢轨接触压力和轨道电磁排斥力最大值随时间变化

为研究实际电磁轨道发射装置动态发射过程中临界速度对轨道动力学响应的影响规律,以三维矩形截面轨道为研究对象,实现了轨道电磁排斥力、枢轨接触力随时间、发射距离的瞬态加载,进行了两种初速 $V_{i1}=1\,340\,\mathrm{m/s}$、$V_{i2}=1\,873\,\mathrm{m/s}$ 工况下动态发射过程动力学响应研究。

图 5-58 为初速 $V_{i1}=1\,340\,\mathrm{m/s}$ 工况对应的电流下降段轨道动力学响应结果,可以发现,随着电流幅值减小,轨道变形幅值整体减小,在不考虑临界速度影响的工况下,轨道变形幅值与电流呈正比关系;图 5-59 为初速 $V_{i2}=1\,873\,\mathrm{m/s}$ 工况对应的电流下降段轨道动

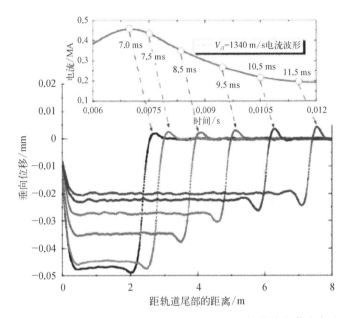

图 5-58　初速 $V_{i1}=1\,340\,\mathrm{m/s}$ 工况,电流下降段轨道动力学响应结果

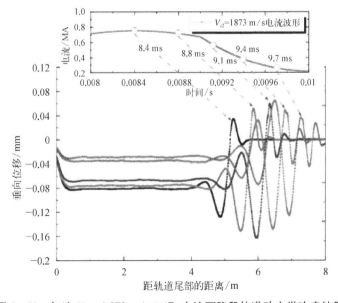

图 5-59　初速 $V_{i2}=1\,873\,\mathrm{m/s}$ 工况,电流下降段轨道动力学响应结果

力学响应结果,发现随着电流幅值减小,轨道变形幅值先整体增大,在9.1 ms左右达到最大值,此时瞬时速度为1 678 m/s,接近临界速度理论值1 660 m/s;9.1 ms后轨道变形幅值逐渐较小。

可以发现:当初速V_{i2}=1 873 m/s时,在电流下降段受临界速度影响,展现出与初速V_{i1}=1 340 m/s时轨道动力学响应完全不同的规律,轨道变形幅值不再与电流幅值成正比,而是在达到临界速度以前已经开始增加,在达到临界速度时最大。

图5-60为初速V_{i1}=1 340 m/s工况对应的动态发射过程轨道最大变形幅值和电流对比,图5-61为初速V_{i2}=1 873 m/s工况对应的动态发射过程轨道最大变形幅值和电流对比。可以发现,在达到临界速度以前,轨道最大变形幅值变化规律与电流幅值变化规律具有较好的一致性,振动周期与电流脉动周期一致,在保证发射装置电感梯度一

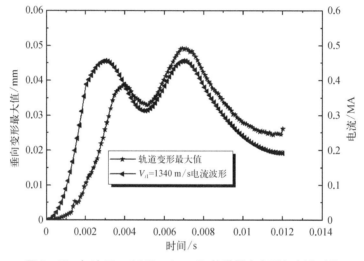

图5-60 初速V_{i1}=1 340 m/s工况,轨道最大变形与电流对比

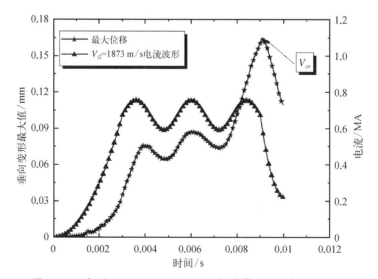

图5-61 初速V_{i2}=1 873 m/s工况,轨道最大变形与电流对比

定的条件下,可以认为电磁力正比于电流的平方,而电磁力作为激励源,与轨道变形幅值正相关。

对于初速 $V_{i2}=1\,873$ m/s 工况,8.4 ms(对应速度 1 538 m/s)以后,电流幅值已经开始下降,但是轨道最大变形幅值继续增加,在 9.1 ms(对应速度 1 678 m/s)左右达到最大值,可以发现在该发射工况下,临界速度并非仅在临界值附近产生影响,从发射速度 1 500 m/s 左右,已经开始对轨道动力学响应产生影响。

4. 电磁结构耦合下弹丸发射过程数值模拟

对于一体化弹丸,电枢和配重体之间通过连接机构将推力传递给弹丸,理论上会将连接结构刚度设计得足够大,保证传递给配重体的推力损失最小,而在这个过程中弹性波在传递结构中的传递,导致弹丸不可避免地发生横向振动和垂向振动。因此,在一体化弹丸设计中,一方面通过电枢和轨道的配合方式限制弹丸的横向振动和垂向振动[325];另一方面通过弹枢连接机构、弹炮匹配机构及合理地设计枢轨接触压力来约束弹丸的横向振动和垂向振动。由于电磁轨道发射弹丸的速度可以达到 2 000 m/s,所以虽然通过上述方法一定程度上可以减弱弹丸内膛运动过程的振动,但是弹丸在高速段运动时仍然呈现出剧烈的振动特性,这就对弹丸膛内发射安全性提出了更高要求[234]。

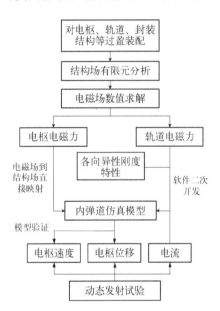

图 5-62　电磁轨道发射装置电磁结构耦合内弹道仿真流程图

1)电磁结构耦合内弹道仿真模型

电磁轨道发射装置动态发射过程包含装填和发射两个阶段,分别为起始弹道和内弹道。目前,文献中在进行电磁轨道发射装置电磁场计算时,通常忽略电枢过盈量的影响,这里为了解决该问题,采用顺序结构、电磁耦合方法,先开展电枢挤进的静力学有限元计算,在计算完结构场后,把其结果作为电磁场的输入,以考虑电枢过盈量对电磁场计算结果的影响,图 5-62 为电磁轨道发射装置电磁结构耦合内弹道仿真流程图。

为了更加真实地加载电枢电磁力,通过将峰值时刻电枢电磁力直接耦合到结构场,其幅值通过式(5-67)进行控制。轨道电磁力分布和幅值随时间和电枢位置变化,通过式(5-68)进行轨道排斥力加载[326]。

$$f(x,\,t)=f_1(f_r(x),\,f_a(x))\cdot g(x)\cdot f_a(t)$$

$$g(x)=\begin{cases} f_1, & x < vt \\ 0, & x \geqslant vt \end{cases} \tag{5-68}$$

对于各向异性弹性支撑体控制方程,可将弹性支撑体弹性刚度系数写成式(5-69),其中,k_A、k_R 分别为弹性支撑体径向刚度系数和旋转刚度系数。

$$\begin{cases} k_A = k_A u(t) \Rightarrow k_A(x, y) = k_A u(x, y, t) \\ k_R = k_R \varphi(t) \Rightarrow k_R(x, y) = k_R \varphi(x, y, t) \end{cases} \tag{5-69}$$

式(5-69)表明,对于任意时刻,弹性支撑体任意位置处的弹性支撑刚度系数、旋转刚度系数均需要对该位置、该时刻轨道的变形量、旋转量进行分析才能确定,因此每个计算步都需要循环搜索,首先确定 k_A 和 k_R,才能开展下一步的数值计算,这里通过自编三重迭代循环程序,通过弹性支撑体控制方程的修改,实现式(5-69)的加载,最终建立的内弹道仿真模型如图5-63所示。

图 5-63　内弹道仿真模型

2)控制方程和计算方法

对于瞬态动力学问题,系统的有限元控制方程为[327]

$$Mu''(t) + Cu'(t) + Ku(t) = F \tag{5-70}$$

式中,M 为质量矩阵;C 为阻尼矩阵;K 为刚度矩阵;F 为外加载荷;u 为位移。在控制方程中,各个系数矩阵为

$$u(t) = \sum_{i=1}^{n} u_i(t), \quad F = \sum_{i=1}^{n} F_i(t), \quad M(t) = \sum_{i=1}^{n} M_i(t), \quad C = \sum_{i=1}^{n} C_i, \quad K = \sum_{i=1}^{n} K_i \tag{5-71}$$

式中,M_i 为单元质量矩阵;C_i 为单元阻尼矩阵;K_i 为单元刚度矩阵;F_i 为单元外加载荷;u_i 为单元位移。

为了能精确描述动态发射过程随时间变化的动力学特性,采用直接数值积分的显示算法,并用中心差分格式计算速度、加速度,如式(5-72)所示。

$$v = u' = \frac{u_{t+\Delta t} - u_{t-\Delta t}}{2\Delta t}, \quad a = u'' = \frac{u_{t+\Delta t} - 2u_t + u_{t-\Delta t}}{\Delta t^2} \tag{5-72}$$

显示算法可直接通过上一时刻的动力学参量求解得到下一时刻的结果,大大提高了计算效率,如式(5-73)所示。从式(5-73)可以明显看出,只要给定方程的初始值,就可以不用对刚度矩阵求逆,直接得到下一时刻的动力学参量,大大提高了计算效率,尤其是对涉及材料非线性、几何非线性的问题,显示算法具有明显的速度优势。

$$M(u_{t+\Delta t} - 2u_t + u_{t-\Delta t}) + C\frac{\Delta t}{2}(u_{t+\Delta t} - u_{t-\Delta t}) + Ku_t(t)\Delta t^2 = \Delta t^2 F_t$$

$$\Rightarrow \left(M + C\frac{\Delta t}{2}\right)u_{t+\Delta t} + (K\Delta t^2 - 2M)u_t + \left(M - C\frac{\Delta t}{2}\right)u_{t-\Delta t} = \Delta t^2 F_t \tag{5-73}$$

$$\Rightarrow u_{t+\Delta t} = \frac{1}{2M + C\Delta t}[2\Delta t^2 F_t - (2K\Delta t^2 - 4M)u_t - (2M - C\Delta t)u_{t-\Delta t}]$$

但是对于显示算法的计算,为保证结果收敛,必须满足一定的稳定条件:

$$\Delta t \leqslant \Delta t_{cr} \leqslant T_n / \pi \tag{5-74}$$

式中,T_n 为系统的最小固有振动周期,可以通过特征频率计算或者试验得到。由于电磁轨道发射装置动态发射过程是典型的瞬态动力学问题,显示算法可以考虑真实电枢和轨道材料模型,对研究弹丸膛内动态发射安全性具有重要的应用价值。

5.4　弹托分离技术

自 20 世纪 60 年代,苏联将长杆式脱壳穿甲弹用于 115 mm 坦克炮以来,弹托分离成为次口径弹丸普遍采用的发射方式[328]。传统意义上的弹托分离技术常用于反装甲类目标的脱壳穿甲弹。由于发射原理不同,电磁发射弹丸的弹托分离装置在设计上与常规的尾翼稳定脱壳穿甲弹有着明显的不同。

有研究表明,对于脱壳穿甲弹,弹托分离过程中的机械干扰(摩擦干扰、挤压干扰、撞击干扰)、气动干扰等扰动是造成弹丸密集度降低的主要原因。对于某些几何形状的弹芯和弹托,引起散布的原因约 1/3 来自弹托分离过程中的机械扰动[329]。可见,弹托分离技术是一体化发射组件的关键技术,直接决定了次口径弹丸的射击精度。

电磁发射弹丸弹托分离装置设计应满足以下三个要求:

(1)保证膛内发射安全性,弹托刚度和强度满足膛内高过载使用要求,且膛内锁紧力大于分离力,保证弹托不会在膛内分离;

(2)出膛后分离快速、同步、对称,尽可能减小对飞行弹体的干扰;

(3)弹托应进行轻质化设计,尽可能提高有效载荷比。

5.4.1　弹托分离方案

1. 弹托结构组成

传统的脱壳穿甲弹,其弹托由弹托本体及紧固件(尼龙弹带或紧固环)组成[330]。目前,国内外已装备的尾翼稳定脱壳穿甲弹的弹托多数采用铝合金马鞍形弹托,沿弹体对称轴均分成三瓣的结构形式,弹托与弹体由若干个环形槽齿啮合成为一体,为尾翼稳定脱壳穿甲弹的一种典型结构,如图 5 - 64 所示。

电磁发射弹丸的弹托通常包含传力板、弹托和锁定分离机构。其中,传力板用来连接弹体和弹托,并传递电枢电磁推力;弹托在膛内起定心和导向作用,且传递弹体的横法向力;锁定分离机构包含弹托连接件,通常是带削弱槽的紧固环或锁定板等,在膛内起锁紧弹托的作用,并且出膛之后在气动分离力的作用下迅速断开,保证弹托快速分离。

2. 弹托分离原理

传统的脱壳穿甲弹按弹托分离方式来分类,主要有两种:一种主要靠空气动力完成

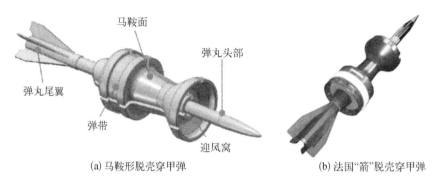

(a) 马鞍形脱壳穿甲弹   (b) 法国"箭"脱壳穿甲弹

图 5-64 脱壳穿甲弹模型和实物

分离动作,称为阻力型弹托分离弹,如我国研发的 120 mm 脱壳穿甲弹;另一种在火药气体后效和空气动力的共同作用下进行分离,如美国的 M735 脱壳穿甲弹,称为混合型弹托分离弹。前者分离速度相对较慢,但对弹丸的扰动较小,成为目前普遍采用的分离方式。常用分离原理如下:在膛内时,尼龙弹带后的弹托外表面受到的火药气体压力产生使三瓣弹托抱紧的力,即脱壳阻力;迎风窝内壁产生使卡瓣和弹丸分离的力,即脱壳动力。弹带出炮口后,作用于弹托外表面的火药气体压力(脱壳阻力)骤然减小,而迎风窝内的脱壳动力减小相对缓慢,二者逐渐产生了较大的气动分离力。在分离力的作用下,尼龙弹带所受拉应力超过其抗拉极限从而断裂;弹托在气动力和力矩的作用下,逐渐远离弹体。

与传统的脱壳穿甲弹不同,电磁发射弹丸没有高温火药燃气提供弹托抱紧力,必须采用紧固件锁紧。电磁发射组件的弹托分离原理如下:膛内由电枢提供推力,电枢推动传力板,传力板推动弹托和弹体向前共同运动;弹托之间由紧固件提供锁紧力,在膛内始终处于抱紧状态。出膛后,弹托外表面压强迅速降低,而弹托前端迎风窝压强较高,进而产生较大的气动分离力和力矩。弹托绕底部张开,拉动紧固件。当紧固件应变达到断裂延伸率时,紧固件破坏,弹托张开。弹托张开后,所受气动阻力远大于飞行弹丸,逐步落后于飞行弹丸,并且张大至某一角度后对弹体飞行不再产生干扰,至此弹托分离过程完成。

表 5-2 对比电磁发射一体化组件与传统脱壳穿甲弹弹托区别。可以看出,二者在设计上存在明显的不同。电磁发射一体化组件由于推力直接来源于电枢及传力板,所以弹体和弹托之间通常不采用螺纹连接。电磁发射超高速弹丸通常并不依靠单纯的动能毁伤,而采用搭载引战系统方式和制导控制器件等。因此,飞行弹丸弹径较大,弹丸直径与口径之比通常大于 0.6。相对于长杆式脱壳穿甲弹,其弹托更薄,且发射过载更高,需要进行专门的抗高过载设计。

表 5-2 电磁发射一体化组件与传统脱壳穿甲弹弹托区别

对比项目	传统脱壳穿甲弹	电磁发射一体化组件
外包络面	圆形	近似方形
膛内锁紧方式	气动锁紧	紧固环或锁定板

续　表

对比项目	传统脱壳穿甲弹	电磁发射一体化组件
分离方式	阻力型气动分离、火药燃气气动分离	阻力型气动分离
弹托数量	3	2 或 4
弹托形状	马鞍形	加强筋+定心部
壁厚	较厚	较薄
发射过载	≤1.2 万 g	3.0 万 g

5.4.2　分离机构分离过程分析

1. 难点及现状分析

弹托分离是弹体、弹托及其他附属组件相互气动甚至机械干扰的过程,对弹体飞行稳定性和作战效能有较大影响[331],弹托分离干扰示意图如图 5-65 所示。

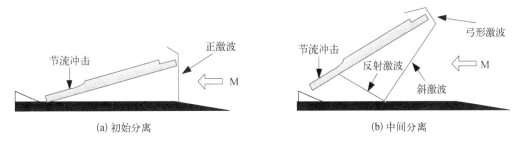

(a) 初始分离　　　　　　　　　　　　　　　　(b) 中间分离

图 5-65　弹托分离干扰示意图

目前,国内外采用试验分析、理论建模和数值仿真的方法对弹托分离过程做了大量研究。电磁轨道发射一体化组件的弹托分离机构在结构形式、运行环境等方面与脱壳穿甲弹存在本质的差异,具体体现在:① 受限于电磁轨道发射装置的轨道截面形状,其弹托一般采用上、下两瓣结构,而对于脱壳穿甲弹,综合考虑其结构刚度和减速比,一般采取周向三瓣结构[332];② 脱壳穿甲弹弹托在膛内承受药筒火药燃烧的冲击力、高速旋转产生的离心力、膛内气动力及与身管内壁之间的摩擦碰撞力,在出膛瞬间还受到火药喷出气体的作用,电磁发射一体化组件弹托在膛内则承受了电枢的推力、感应电磁力、高速气流冲击力及与身管内壁之间的摩擦碰撞力,出膛瞬间还会受到等离子体拉弧产生的气动力和电磁力的作用。这些差异导致两者的弹托分离过程采用的方法和模型有所区别。

在膛内弹托分离研究方面,文献[333]将脱壳穿甲弹弹托在膛内的运动过程分为三个阶段:① 炮管位置阶段;② 制退器位置阶段;③ 出制退器阶段,并对每个阶段的弹托受力进行了分析。在炮管位置阶段,弹托在膛内受气动合力的作用具有抱紧特性而不会发生分离;在制退器位置阶段,弹托的旋转离心力增大,且部分火药气体的泄漏,导致弹托受到的合力具有拉断弹托的作用;而在出制退器阶段,迎风槽压力释放速度小于背风槽压力释放速度,导致迎风槽与背风槽的压力差骤增,产生弹托分离力,如图 5 - 66(a)所示。

在膛外弹托分离研究方面,就传统火炮发射脱壳穿甲弹的弹托分离过程,文献[334]基于风洞测力试验,分析了尾翼稳定脱壳穿甲弹在 4.5 Ma 时弹托分离存在的机械干扰和气动扰动;文献[335]和[336]采用解析方法对弹托分离过程中的受力和运动情况进行了分析。解析法无法模拟高超声速弹托分离过程中的湍流现象,导致得到的仿真结果与试验结果相差较大。文献[337]~[340]基于动网格技术耦合流体控制方程和六自由度运动方程对高超声速弹托分离过程进行了仿真分析,并与试验结果进行了对比,结果表明采用 CFD 分析弹托分离过程精度较高,如图 5 - 66(b)所示。

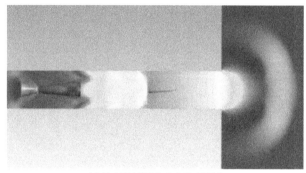
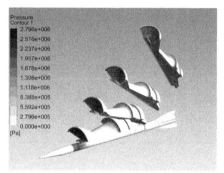

(a)膛内弹托气动分离仿真研究　　　　　　　　　(b)膛外弹托气动分离仿真研究

图 5 - 66　弹托气动分离仿真研究

对于电磁轨道发射一体化弹丸的弹托分离研究,文献[341]采用扫描摄影机、X 光机及磁感应线圈的测试数据对电磁轨道发射一体化弹丸的弹托分离过程进行了试验研究和仿真分析,表明电磁轨道发射弹丸与传统火炮在炮口物理场存在本质性的区别。但其仿真方法高度依赖试验结果,即通过试验结果修正金属弹托受到的电磁力,导致仿真模型的通用性不强。

2. 解决思路及方法

针对金属弹托在膛内和膛口会受到强电磁作用的特殊现象,采用时频分析方法获得发射过程中电流瞬时频率变化曲线,结合 Ansoft Maxwell 参数化扫描方法得到的金属弹托在不同电流频率下受到的上、下张开方向的电磁力和电磁力矩,从而可得到弹托在出膛过程中受到的电磁吸力。而对于出膛过程中的弹托分离气动力计算,可借鉴传统脱壳穿甲弹的弹托分离仿真分析方法,采用基于动网格技术的弹托分离仿真方法和模型,并利用 Fluent UDF 将分离过程中的电磁力作为运动载荷添加到六自由度弹托分离运动仿真模型中,分析流程图如图 5 - 67 所示。

3. 弹托气动力建模

当一体化弹丸在膛内运动时,金属弹托受到膛内变化磁场形成的电磁力的作用,且受到膛内高速气流的冲击。而在膛外弹托分离过程中,金属弹托受到炮口磁场形成的电磁

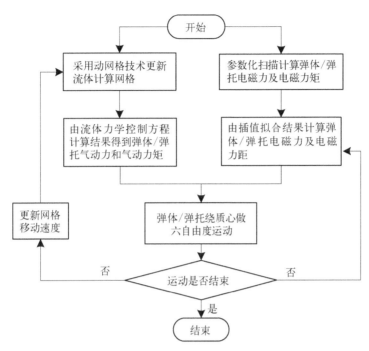

图 5-67　腔内/腔口弹托分离仿真分析流程图

力的作用,并在高马赫来流作用下与弹体分开。因此,一体化弹丸的腔内 CFD 分析及腔外的弹托分离过程均涉及磁场与流场的耦合分析。此外,弹丸的运动会引起弹丸周围流场区域网格的变形,而动网格技术[343]可有效解决求解域存在运动和变形的问题。

1)动网格技术

有关动网格技术的概念及特点在 5.3.2 节已做介绍,在此不再赘述。此处对应弹托腔内气动力分析,在弹丸运动曲线已知的情况下属于主动型动网格问题;而对应弹托腔外气动力分析,弹托在气动力的作用下与弹体产生相对运动,弹托的运动规律取决于弹托表面的气动力和气动力矩,因此该问题属于被动型动网格问题。

2)控制方程

(1)基于动网格的流体控制方程

根据纳维-斯托克斯(Navier-Stokes, N-S)方程,对于求解域为体积可变的控制体,采用积分守恒型方程可得求解域气体满足

$$\frac{\partial}{\partial t}\iiint_{V(t)} \boldsymbol{Q} \mathrm{d}V + \oiint_{S(t)} (\boldsymbol{F} - \boldsymbol{Q}\boldsymbol{u}_g) \cdot \boldsymbol{n} \mathrm{d}S = 0 \tag{5-75}$$

式中, $\boldsymbol{Q} = [\rho, \rho\boldsymbol{u}, E]^{\mathrm{T}}$, $\boldsymbol{F} = \boldsymbol{Q}\boldsymbol{u} + \boldsymbol{G}$, $\boldsymbol{G} = [0, \boldsymbol{P} \cdot \boldsymbol{n}, \boldsymbol{P} \cdot \boldsymbol{u}]^{\mathrm{T}}$; ρ, $\boldsymbol{u}$, E 分别为流体的密度、速度及单位体积内的能量; S 为控制体的外表面; $\boldsymbol{n}$ 为 S 的法向量; $\boldsymbol{u}_g$ 为动网格的移动速度。

(2)六自由度运动方程

若忽略弹体和弹托在运动过程中的形变,则可将弹体和弹托作为刚体处理。任何自

由刚体的运动,都可以看作刚体的质心运动和绕质心运动两种运动的合成。在惯性坐标系下,刚体质心平移动力学方程为

$$\dot{\boldsymbol{v}}_c = \int_0^t \frac{1}{m} \sum \boldsymbol{F}_c \mathrm{d}t + \boldsymbol{v}_0 \tag{5-76}$$

式中,$\dot{\boldsymbol{v}}_c$ 和 $\boldsymbol{F}_c$ 分别为惯性坐标系下刚体的运动速度和外部合力;$\boldsymbol{v}_0$ 为弹体或弹托的运动初速。刚体绕质心运动的动力学方程为

$$\dot{\boldsymbol{\omega}}_B = L^{-1} \left(\sum \boldsymbol{m} - \omega_B \times L\omega_B \right) \tag{5-77}$$

式中,ω_B 为刚体在体坐标系下的转动角速度。通过弹体和弹托的速度和加速度更新其位置信息,并利用动网格技术更新其网格信息,即可实现弹托分离过程的仿真。

4. 数值仿真与分析

以文献[341]中的电磁发射一体化弹丸模型为例进行仿真分析,如图 5-68 所示。

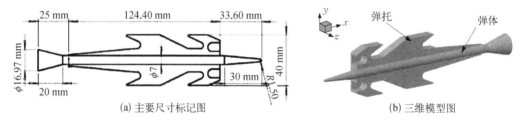

(a) 主要尺寸标记图　　　　　　　(b) 三维模型图

图 5-68　电磁发射一体化弹丸模型

为了验证本书弹托分离仿真模型的准确性,将文献[341]中 X 光机拍摄得到的弹托前缘的运动轨迹与仿真得到的结果进行对比,并给出了不考虑电磁力作用下的弹托前缘运动轨迹,如图 5-69 所示,仿真数据与试验数据基本吻合,对比结果表明引弧电磁力将阻碍上、下弹托的分离[342]。

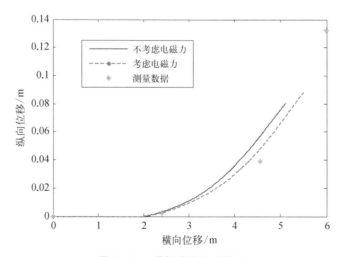

图 5-69　弹托前缘运动轨迹

5.4.3　轻质高强度弹托技术

在电磁轨道炮发射能量一定的前提下,弹托的轻质化设计可以提高弹丸的有效载荷,增强弹丸的毁伤威力。在高过载、高初速等严酷环境下,保证弹托能够实现膛内对弹丸可靠运动导向、膛外快速无干扰分离的基础上,如何对弹托进行轻质化设计是电磁轨道炮弹丸研制的关键技术之一。

以美国 BAE 系统公司设计的 HVP 为例,如图 5 - 70 所示。其弹托设计包含了诸多理念,可以提供很多的参考:

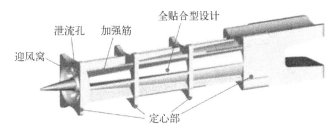

图 5 - 70　美国 HVP 一体化发射组件示意图

(1) 弹托内表面与弹体采用全贴合设计,可以对弹体在膛内的振动起到很好的约束作用。

(2) 采用加强筋设计来提高刚度,减小一体化弹丸在膛内的振动,弹托较长,前定心部距离电枢较远。

(3) 设计多个定心部来分担前定心部与膛内碰撞力,提高前定心部的强度安全裕度,同时在半约束期提供定心作用,减小半约束期的扰动。

(4) 在弹托前端迎风窝设计有泄流孔,可以将迎风窝内的高压气流导入弹托外壁,增加弹托在膛内的气动抱紧力。

(5) 弹托数为四瓣或两瓣方案。弹托数直接影响弹托的刚度及弹托与弹体的减速比。对于长杆式脱壳穿甲弹,有研究表明[332,333]:四瓣式的弹托比两瓣式、三瓣式的弹托刚度小,将使弹丸膛内扰动增大,而三瓣式的刚度和对称性适中。因此,脱壳穿甲弹弹托数常取三瓣。由于采用凸面次口径轨道,电磁轨道发射弹丸无法采用三瓣方案来满足对称性的设计要求。因此,美国早期公布的 HVP 电磁轨道炮发射视频中采用了四瓣方案,如图 5 - 71(a)所示,2014 年之后美国展出的样品弹采用了抗扰动能力更强的两瓣方案,如图 5 - 71(b)所示。

电磁轨道发射弹丸的一体化发射组件中的紧固件起锁紧弹托的作用。常见的紧固件包含带削弱槽的锁定板和紧固环,螺钉、螺栓连接件也可以起到紧固作用。脱壳穿甲弹的尼龙弹带常作为弹托的紧固件,电磁轨道发射弹丸也可以在定心部位置设计嵌入式环形的尼龙导向带,可以起到定心和锁紧的双重作用。

 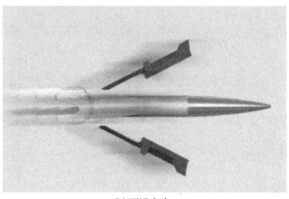

(a) 四瓣方案　　　　　　　　　　　　　　(b) 两瓣方案

图 5-71　美国 HVP 弹丸的四瓣和两瓣方案

5.4.4　弹托设计技术

1. 难点及现状分析

弹托在一体化弹丸的发射过程中起着膛内支撑、保护和导向的作用,出膛之后需要快速分离,以减小分离对弹体飞行稳定性和射击性能的影响[344-346],迎风窝作为弹托分离力的主要来源,其结构设计直接决定了弹托分离性能。文献[333]采用经验公式计算了脱壳穿甲弹弹托受到的旋转离心力、火药气体作用力和迎风槽分离力,以及尼龙弹带的抗拉力和迎风面压力,通过对迎风面斜角进行参数优化,获得了保证膛内发射过程中弹托所受分离合力最小的结构参数,并进行了试验对比验证,但该方法适用于对弹托结构非常规则情况下的优化设计。文献[335]通过对弹托迎风窝结构进行直线段近似化处理,基于激波和膨胀波理论得到了弹托表面上的压力解析计算模型,计算精度较经验公式有很大提升。

然而,电磁轨道发射一体化弹丸的发射环境与传统火炮存在本质差异,导致两者结构差异较大,如图 5-72 所示。弹托在出膛瞬间不像传统火炮发射弹丸弹托一样承受巨大的火药后效作用,因此在优化设计指标上,传统火炮弹丸弹托除了追求轻量化要求以外,还强调分离过程中弹托对弹体的机械干扰力矩和气动干扰力矩的冲量矩最小。而电磁轨道发射一体化弹丸受其与电枢连接结构的影响,弹托与弹体之间的机械干扰可忽略不计,

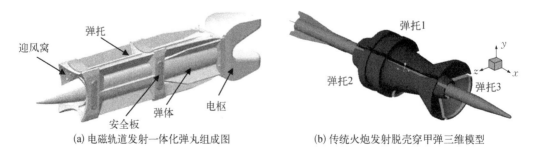

(a) 电磁轨道发射一体化弹丸组成图　　　　　(b) 传统火炮发射脱壳穿甲弹三维模型

图 5-72　电磁轨道发射一体化弹丸与传统火炮发射弹丸对比

但由于其分离初速远大于传统火炮,弹托与弹体之间的气动干扰较大,所以要求弹托满足轻量化和分离时间最小化要求。

2. 解决思路及方法

通过上述分析可知,对于电磁轨道发射一体化弹丸弹托的优化设计,其核心是对弹托受到的气动分离力进行最大化设计,以保证出膛瞬间在气动力的作用下上、下弹托迅速分离,减少对弹体初始飞行姿态的干扰。因此,可先基于激波和膨胀波理论建立弹托表面压力计算模型,再对弹托迎风窝结构参数化建模,并设计优化指标,最终结合遗传算法对弹托迎风窝结构参数进行优化设计,优化设计流程图如图 5-73 所示。

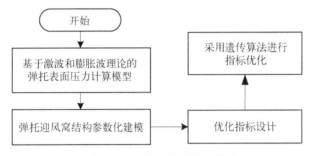

图 5-73　弹托优化设计流程图

3. 设计模型及优化算法

1) 弹托迎风窝气动力计算模型

超声速来流在弹托迎风窝上、下表面流动,经过外凸处时形成膨胀波,经过内凹处时形成激波,如图 5-74 所示。

对于迎风窝直线上的压力可通过激波和膨胀波计算公式获得,而对于迎风窝内槽的曲线,可将

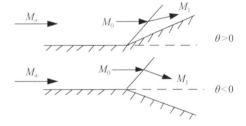

图 5-74　超声速气体在壁面流动

其划分成有限段斜线近似构成,并假定来流压力在每一个斜线上相等[335]。由激波和膨胀波理论可知,对于任一段斜角为 θ 的直线上的压力及马赫数分布,可用式(5-78)和式(5-79)确定,当 $\theta<0$ 时,来流在斜线上形成膨胀波,当 $\theta>0$ 时,来流在斜线上形成激波。

$$P_1 = \begin{cases} \left(1 + \dfrac{k-1}{2}M_1^2\right)^{\frac{-k}{k-1}} \Big/ \left(1 + \dfrac{k-1}{2}M_0^2\right)^{\frac{-k}{k-1}}, & \theta < 0 \\[2mm] \left[1 + \dfrac{2k}{k+1}(M_1^2\sin^2\beta_w - 1)\right]P_\infty, & \theta > 0 \end{cases} \tag{5-78}$$

$$\begin{cases} v_1 = \sqrt{\dfrac{k+1}{k-1}}\arctan\sqrt{\dfrac{k-1}{k+1}(M_1^2-1)} - \arctan(M_1^2-1), & \theta < 0 \\[3mm] M_1 = \sqrt{\left[\dfrac{2k}{k+1}M_\infty^2\dfrac{\sin\beta_w\sin\theta}{\cos(\beta_w-\theta)} + 1\right]\Big/\sin^2\beta_w}, & \theta > 0 \end{cases} \tag{5-79}$$

式中，M_0 为来流波前马赫数；M_1 和 P_1 分别为波后马赫数及压力；M_∞ 和 P_∞ 分别为来流马赫数及来流压力；v_1 为经过膨胀波后的普朗特-迈耶函数，分别由式(5-80)和式(5-81)确定。

$$\tan\theta = \frac{M_1^2\sin^2\beta_w - 1}{\left[M_1^2\left(\dfrac{k+1}{2} - \sin^2\beta_w\right) + 1\right]\tan\beta_w} \tag{5-80}$$

$$v_1 = \theta + \delta + ql/v + v_0 \tag{5-81}$$

式中，v_0 为经过膨胀波前的普朗特-迈耶函数，通过式(5-79)中普朗特-迈耶函数与马赫数之间的函数关系获得；q 为弹托的俯仰角速度；l 为该段斜线中心与弹托质心的距离；v 为弹托的飞行速率。

当来流马赫数一定时，由式(5-80)中激波角、气流折转角与马赫数的关系，必定存在一个最大的气流折转角 θ_{max}，使得当 $\theta>\theta_{max}$ 时，式(5-80)无解，即来流在斜线处产生的激波曲线与过斜线端点的垂线无交点，形成脱体激波，θ_{max} 可用式(5-82)表达[347]。

$$\theta_{max} = 4\sqrt{M_\infty^2 - 1}^{\,3}\Big/\left[3\sqrt{3}\,(k+1)M_\infty^2\right] \tag{5-82}$$

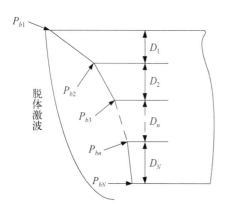

图 5-75 迎风窝脱体激波后各段斜线的压力分布示意图

当来流在弹托上形成脱体激波时，可假定弹托迎风窝各段斜线上的压力由滞止压力到声压均匀变化，迎风窝脱体激波及各段斜线压力分布示意图如图 5-75 所示。

各段斜线的压力计算公式如式(5-83)所示。

$$P_{bn} = P_{stag} - (P_{stag} - P_{sonic})\sum_{i=1}^{n}D_i\Big/\sum_{i=1}^{N}D_i \tag{5-83}$$

式中，P_{bn} 为图 5-75 中第 n 段斜线上的压力；D_i 为第 i 段斜线对应的径向长度；P_{stag} 和 P_{sonic} 分别为滞止压力和声压，计算公式如式(5-84)所示；P_b 为来流经过脱体激波前的压力。

$$\left\{\begin{array}{l} P_{stag} = P_\infty\left\{(k-1)\left(\dfrac{k+1}{2}M_\infty^2\right)^{\frac{k}{k-1}}\Big/\left[2kM_\infty - (k-1)^{\frac{1}{k-1}}\right]\right\} \\[3mm] P_{sonic} = P_b\left[1 + \dfrac{2k}{k+1}(M_\infty^2 - 1)\right] \end{array}\right\} \tag{5-84}$$

联立式(5-78)~式(5-84)可计算弹托迎风窝表面某一段斜线上的压力分布。图

5-76 为一般情况下迎风窝在柱坐标系下的几何模型(未给出 φ 轴),其中迎风窝的外表面用 $r_1(\varphi, z)$ 表示,内表面用 $r_2(\varphi, z)$ 表示,H 表示弹托的最大径向高度,L 表示迎风窝的最大深度,h 表示弹托的最小厚度。

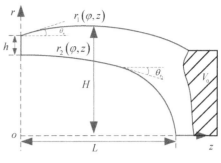

图 5-76　弹托迎风窝在柱坐标系下的几何模型

根据图 5-76 所示的弹托迎风窝在柱坐标系下的几何模型,设迎风窝上表面某点的压力为 $P_u(\varphi, z)$,下表面某点的压力为 $P_d(\varphi, z)$。将迎风窝上、下表面离散成一系列直线段,各线段压力用 $\tilde{P}_u(\varphi, z)$ 和 $\tilde{P}_d(\varphi, z)$ 表示,可结合式(5-78)~式(5-84)的弹托表面压力计算公式求得,则得到弹托迎风窝上、下表面压力的垂向分量为

$$
\begin{cases}
F(r_1) = \displaystyle\sum_{n=1}^{N_{r1}} \int_0^{\varphi} \tilde{P}_u(\varphi, z) r_1(\varphi, z) \frac{l_{r1}(n)}{\sqrt{(\partial r_1 / \partial z)^2 + 1}} \mathrm{d}\varphi \\
F(r_2) = \displaystyle\sum_{n=1}^{N_{r1}} \int_0^{\varphi} \tilde{P}_d(\varphi, z) r_2(\varphi, z) \frac{l_{r2}(n)}{\sqrt{(\partial r_2 / \partial z)^2 + 1}} \mathrm{d}\varphi
\end{cases}
\tag{5-85}
$$

式中,N_{r1}、N_{r2} 分别为 r_1 和 r_2 曲线段上划分的直线段数量;$l_{r1}(n)$ 和 $l_{r2}(n)$ 分别为该直线段的长度;φ 为弹托的横向跨角。

2) 优化设计模型

在对图 5-76 所示的弹托迎风窝在柱坐标系下的几何模型进行线段化后,将出现多个设计参量,利用遗传算法对该多变量系统进行优化设计,同时针对传统遗传算法易陷入局部最优的问题,采用保优选择策略,可有效加快收敛速度。假定弹托迎风窝有 n 个设计参量,用 $\boldsymbol{x}_k$ 表示,$k=1, 2, 3, \cdots, K$,K 为群体规模。

$$
\boldsymbol{x}_k = (X_1, X_2, \cdots, X_n)
\tag{5-86}
$$

式中,$X_i \in (a_i, b_i)$($i=1, 2, \cdots, n$),X_i 为染色体上基因的编码值,a_i、b_i 分别为染色体中各个基因的上、下限,K 为群体规模。

目标函数的确定:根据弹托设计的易分离性和轻质化设计要求,其中易分离性可用图 5-76 中迎风窝垂向方向的压力总和(用 F_{sum} 表示)与弹托总重量的比值衡量,轻质化可用图 5-76 中迎风窝的体积(用 V 表示)衡量。因此,可定义目标函数为

$$
f(\boldsymbol{x}_i) = w_1 \frac{F_{sum}}{\rho(V + V_0) a_{max}} + w_2 \frac{V_{max} + V_0}{V + V_0}
\tag{5-87}
$$

式中,w_1 和 w_2 分别为易分离性和轻质化设计权重;ρ 为弹托材料密度;用 V_0 表示图 5-76 中除去迎风窝之外的弹托体积;a_{max} 和 V_{max} 分别为所有迎风窝结构中最大的垂向分离初

始加速度及最大的迎风窝体积。

通过对群体中每个个体的目标函数进行适应度评价,即可筛选出接近最优解的个体,并在此基础上使用选择算子产生下一代染色体,以避免基因缺失,并提高全局收敛性和计算效率。具体步骤如下:

首先将 K 个初始群体代入模型,计算出所有个体的目标函数值;然后按其对应数值的大小进行降序排序;最后根据其排列序号的大小分配个体被选中的概率。选择方案:由于目标函数值大的个体具有较高的适应度,所以直接选择前面的 M 个个体复制一份,替换排在最后的 M 个个体,中间的 $K-2M$ 个个体保持不变。

$$
\begin{cases}
x_i = x_i, & i = 1, 2, \cdots, K - M \\
x_i = x_{i-K+M}, & i = K - M + 1, K - M + 2, \cdots, K
\end{cases}
\tag{5-88}
$$

遗传算法中,在交叉运算之前还必须先对群体中的个体进行配对。目前,常用的配对策略是随机配对,即将群体中的 L 个个体以随机的方式组成 $L/2$ 对配对个体组,交叉运算在这些配对个体组中的两个个体之间进行。

交叉运算决定了遗传算法的全局搜索能力,它的设计和实现与所研究的问题密切相关,一般要求它既不要太多地破坏个体编码串中表示优良性状的优良模式,又要能够有效地产生出一些较好的新个体模式。

综合考虑,算术交叉运算比较适合,运算效果也最好(如果 $A'(B') \leqslant a$,则 $A'(B') = a$;如果 $A'(B') \geqslant b$,则 $A'(B') = b$),具体操作如下:

$$
\begin{cases}
A' = pA + (1 - p)B \\
B' = pB + (1 - p)A
\end{cases}
\tag{5-89}
$$

式中,p 为 $(0,1)$ 之间的随机数,调节 p 的大小可以控制交叉运算的变化范围;A、B 分别为交叉父代个体;A'、B' 分别为生成的下一代个体;a、b 分别为染色体中各个基因的取值范围。

遗传算法中的变异运算,是指将个体染色体编码串中的某些基因座上的基因值用该基因座的其他等位基因来替换,从而形成一个新的个体。在遗传算法中,使用变异算子主要有以下两个目的:一是改善遗传算法的局部搜索能力;二是维持群体的多样性,防止出现早熟现象。

对于被选中的某个染色体中的某个基因 X,变异操作采用的方法为

$$
X' = X_{\min} + (X_{\max} - X_{\min}) \times \beta
\tag{5-90}
$$

式中,β 为 $(0, 1)$ 之间的随机数;$X_{\max}$ 为染色体中被选中基因值的上限;$X_{\min}$ 为染色体中被选中基因值的下限;X' 为变异后产生的新基因值。

通过上述遗传算法中的选择、交叉、变异过程,设置迭代次数或收敛残差,即可获得最优的弹托迎风窝结构参量[348]。

5.5 外弹道技术

5.5.1 弹丸气动特性

弹丸气动特性主要是指弹丸在设计的气动布局下的气动力和气动力矩特性,核心是弹丸的气动布局设计,包括弹体外形、弹翼外形、尾翼外形及各个部件的相对位置关系等。其设计的原则是气动阻力最小,具有满足战术要求的飞行稳定性。对于制导弹丸,气动布局的设计还要满足控制系统的要求。对于超高速弹丸,弹丸飞行的空域和速域跨度较大,带来的气动特性变化范围较宽,使得气动布局设计复杂。但整个弹丸的气动设计原则仍是不变的,即气动阻力和飞行稳定性满足总体要求。

1. 保持超高速弹丸在大空域、宽速域范围内气动阻力最小

根据空气动力学理论,弹丸的气动阻力主要包括三大部分:摩擦阻力、涡流阻力及波系阻力。对于弹丸的气动阻力,一般采用式(5-91)进行计算:

$$R_x = \rho u^2 S C_x / 2 \tag{5-91}$$

式中,$\rho u^2/2$ 为动压;S 和 C_x 分别为弹丸的特征截面积和气动阻力系数。其中,动压与大气密度和飞行速度相关,在弹丸设计过程中无法更改,弹丸的特征截面积越小,弹丸的阻力越小,而气动阻力系数与弹丸的外形相关。根据弹丸的阻力特性,可将气动阻力系数分解如下:

$$C_x = C_{xf} + C_{xd} + C_{xw} \tag{5-92}$$

式中,C_{xf} 为摩擦阻力系数;C_{xd} 为涡流阻力系数;C_{xw} 为波系阻力系数。目前,仍没有理论解析解获得这些阻力系数,只能通过一些半经验公式对其进行估算,随着 CFD 的发展,这些系数均可通过数值计算获得。

摩擦阻力系数 C_{xf} 主要与流经弹体表面的雷诺数、马赫数相关。对于亚声速飞行弹丸,摩擦阻力可占总阻力的 35%~40%,而对于超声速飞行弹丸,摩擦阻力只占总阻力的10%左右。此外,摩擦阻力还与弹体表面粗糙度相关,若弹体表面较为粗糙,则摩擦阻力系数增大 2~3 倍。

涡流阻力系数 C_{xd} 与弹体底部涡流形成的低压区导致的压差阻力相关。若在大攻角下,边界层发生分离,涡流阻力会继续增大。涡流阻力系数主要与弹丸的长径比和收缩比相关,值得说明的是,涡流阻力系数是弹丸零升阻力的主要组成部分,对于亚声速飞行的弹丸,涡流阻力约占阻力的 60%~65%;对于超声速弹丸,涡流阻力约占总阻力的30%~35%。

波系阻力系数 C_{xw} 与超声速流体受到压缩后形成激波导致的动压损失相关。显然波

系阻力系数与飞行马赫数相关,此外,波系阻力系数与弹丸外形也有很大关系,尤其是弹丸头部的长径比和母线形状。对于亚声速飞行的弹丸,波系阻力系数为零;对于超声速弹丸,波系阻力约占总阻力的50%~60%。

此外,弹丸的阻力系数还与弹丸的飞行姿态相关,若弹丸飞行过程中存在攻角,则会产生与攻角相关的诱导阻力。随着攻角的增大,弹丸的诱导阻力也会逐渐增大。

从整个弹丸的阻力系数来看,弹丸的气动外形设计需要考虑弹丸的特征截面积、长径比、收缩比及母线形状。电磁轨道发射的超高速弹丸,减阻设计至关重要,若外形设计不合理,阻力较大,则弹丸的能量损失过大,从而达不到预定的射程。因此,减速设计是弹丸外形设计首先要考虑的问题。

以美国 HVP 为例,见图 5-4(d)。整个弹丸最为显著的特点如下:一是在允许的范围内,尽量减小弹丸的直径,即减小弹丸的特征截面积;二是增大弹丸的长径比,HVP 的长径比是传统弹丸的 1.6~1.8 倍;三是舍弃了原来的弹丸三段设计思路,即头锥外形、圆柱段弹身和船尾构型,而是采用幂次曲线或卡门曲线一体成型,这显然有利于降低弹丸的波系阻力。弹丸的弹翼设计同样要考虑减阻,并减小弹翼的剖面面积。

需要说明的是,弹丸设计也不能只追求减阻,还需考虑弹丸的飞行稳定性、结构强度和毁伤性能。尤其是对于制导弹丸,还需考虑弹丸的升阻特性。而减阻设计与这些性能往往是矛盾的,需要折中处理。

2. 超高速弹丸必须具备飞行稳定性

弹丸的飞行稳定性是指弹丸飞行过程中弹轴不过于偏离弹道切线的性能,体现了弹丸抵制外界扰动的一种能力。从数学上来讲,弹丸的飞行攻角 δ 应满足

$$\delta < \delta_c \ \text{或} \ \delta \to 0 \qquad (5-93)$$

则称弹丸是稳定飞行的,式(5-93)中 δ_c 为攻角设计允许值。根据弹丸的飞行稳定特性,弹丸可大致分为两类:陀螺稳定的弹丸和尾翼稳定的弹丸。传统弹丸一般采用高速旋转的陀螺效应来稳定弹丸,从而提高落点精度,而电磁轨道发射的超高速弹丸采用尾翼稳定飞行。对于尾翼稳定的弹丸,主要分为静稳定性和动稳定性。静稳定性是指弹丸在扰动停止的初始时刻是否具有恢复原始飞行状态能力的趋势,而动稳定性是指弹丸在扰动停止的最终时刻是否有恢复到原始飞行状态的能力。对于不旋转的尾翼稳定弹,弹丸具有静稳定性就一定具有动稳定性。

对于尾翼稳定弹,若弹丸的压心位于质心之后,则是静稳定性的。对于无控弹,只有弹丸的静稳定度具有一定裕量,才能确保弹丸在整个飞行过程中是始终稳定的。一般来讲,对于无控的尾翼稳定弹,当静稳定度达到 10%~15%时,弹丸就能保持良好的静稳定性。作为尾翼稳定的超高速弹丸,需要根据弹丸的气动布局设计来控制弹丸的压心位置,从而控制弹丸的稳定性。因此,弹丸的气动布局设计较为重要,但是弹丸的气动布局设计并非唯一。一般来讲,弹丸的气动布局设计大致有四种形式:正常式气动布局、鸭式气动布局、无尾式气动布局和无翼式气动布局,如图 5-77 所示。

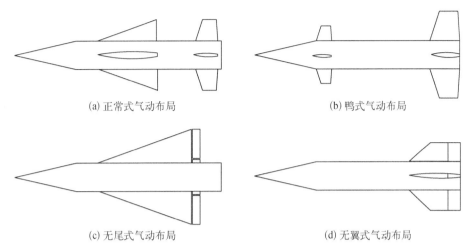

(a) 正常式气动布局　　　　　　　　　　　(b) 鸭式气动布局

(c) 无尾式气动布局　　　　　　　　　　　(d) 无翼式气动布局

图 5 - 77　弹丸气动布局示意图

弹丸正常式气动布局的弹翼布置在弹身中部,靠近弹丸质心位置,尾舵布置在弹身尾部,见图 5 - 77(a)。这种气动布局由于弹翼位于质心位置,弹丸的升阻特性较好,压心变化范围较小,尾舵效率比较高。同时,弹翼比较固定,使得对后舵面的洗流干扰较小,弹丸控制的线性度较好。但是缺点也比较明显,即弹丸的动态响应特性较差,而且尾舵提供的是负攻角,即对弹丸的法向控制产生负效果。

鸭式气动布局见图 5 - 77(b),与正常式气动布局相反,鸭式气动布局的舵面位于弹身靠前部位,弹翼一般位于弹丸的尾部。这种布局方式最大特点是弹丸的升阻比较大,而且鸭舵的偏转方向与攻角方向一致,故舵面的控制效率更高,而且弹丸的动态响应更快。但是鸭式气动布局的缺点也比较明显:一是弹丸的气动阻力较大,初始稳定性较差;二是舵面的气流下洗效应明显;三是鸭舵滚转控制能力较弱。随着技术的发展,这些缺点均得以克服:首先,可通过折叠式的鸭舵结构减小弹丸的初始速度衰减和提高弹丸的稳定性;其次,可通过减小鸭舵的展长减小来流的下洗作用;最后,通过 6~8 个尾翼周向分布进行旋转,减小下洗效应产生的诱导滚转力矩。正是这些措施的实施,使得鸭式气动布局得到了广泛的应用。美国"神剑"系列制导炮弹、美国海军的远程制导炮弹、法国"鹈鹕"制导炮弹、意大利的"火山"制导炮弹均采用鸭式气动布局。

无尾式气动布局见图 5 - 77(c)。该气动布局是在弹翼后增加操纵舵,没有弹体尾翼。这种气动布局结构的主要优势是弹丸静稳定度较高,气动阻力相对较小,但是难以协调弹丸稳定性和操纵性。若弹翼靠前设计,则虽然增加了操纵性,但弹丸的稳定性降低了,而且影响了弹丸的阻尼力矩特性;若弹翼靠后设计,则弹丸的静稳定性过大,使得控制效率降低。这种气动布局极大地降低了设计上的灵活性。因此,很少有弹丸采用这种气动布局。

无翼式气动布局见图 5 - 77(d)。可见,这种气动布局只有尾翼或尾舵,也称为尾翼式气动布局,弹翼和尾舵布置在弹丸的尾部。一般来讲,无翼式气动布局采用尾翼和尾舵组合的方式,尾翼主要起稳定作用,尾舵主要起控制作用。这种气动布局的优势是气动阻力较小,设计和制造成本较低,适用于质量比较小的弹丸。由于弹翼布置在尾部,所以弹丸具有较大的静稳定度。但是,这种气动布局的缺点是舵效较小,弹丸的机动性较差。

美国电磁轨道发射的 HVP 采用了无翼式气动布局,这也是基于电磁轨道发射弹丸的特性来进行设计的。首先,弹丸飞行速度高,出口速度可达到 7 Ma,这对弹丸的静稳定度要求较高,而无翼式气动布局刚好满足这一要求。其次,弹丸飞行的高速段主要是在稠密的大气层中,减阻设计非常重要,而无翼式气动布局的气动阻力相对较小。最后,电磁轨道发射超高速弹丸的质量相对较小,若采用其他气动布局,则弹翼占有一部分质量,采用无翼式气动布局则可有效保证战斗部质量,增强弹丸的毁伤能力。此外,质量较小的弹丸的相对过载较大,这也弥补了无翼式气动布局弹丸机动性较差的缺点。值得说明的是,为进一步提高弹丸的机动性,HVP 的整个尾翼均是舵面,这有效提高了舵面效率,但是负效果是降低了弹丸在控制过程中的稳定特性,增大了铰链力矩。

表 5-3 总结上述四种弹丸气动布局的对比结果,其中,正常式气动布局和鸭式气动布局是最为常见的两种气动布局。

表 5-3 常见的弹丸气动布局对比

序号	布局方式	优 缺 点	应用举例
1	正常式气动布局	升阻比较大,舵控效率高,压心变化范围小,弹丸控制线性度较好;弹丸动态响应特性差,诱导阻力大	"铜斑蛇"制导炮弹
2	鸭式气动布局	舵控效率高,升阻比较大,弹丸动态响应快;弹丸阻力较大,稳定性较差,滚转控制较困难	"神剑"制导炮弹、LRLAP、ERGM
3	无尾式气动布局	结构简单,弹丸稳定性好;操纵性和稳定性难协调,阻力较大	"蝰蛇"制导弹
4	无翼式气动布局	气动阻力小,弹丸稳定性好,结构简单,成本低;弹丸舵控效率低,机动性较差	美国 HVP 制导炮弹

5.5.2 飞行外弹道特性

电磁轨道发射一体化弹丸的飞行外弹道是指弹丸从弹托分离结束后开始,至到达目标产生攻击效果的全过程,它直接影响弹丸的作战性能。从弹道本身的特性来说,电磁轨道发射超高速弹丸的最大射程超过 200 km,是传统火炮的 8 倍,最大射高超过 100 km,导致其外弹道特性不同于常规弹丸,见图 5-78[11]。

1. 外弹道模型

若忽略弹体飞行过程中的变形,将弹体作为刚体处理,则任何自由刚体的运动都可以

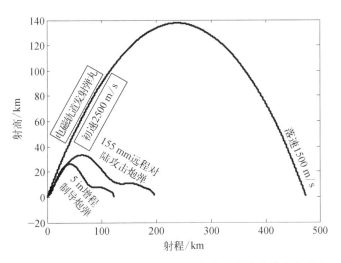

图 5 - 78　电磁轨道发射超高速弹丸与传统火炮弹道曲线对比

看作刚体的质心运动和绕质心转动两种运动的合成,弹体飞行过程中受力示意图如图 5 - 79 所示。其中,$o - x_d y_d z_d$、$o - x_2 y_2 z_2$、$o - \xi \eta \zeta$ 分别表示平动坐标系、弹道坐标系和第一弹轴坐标系。

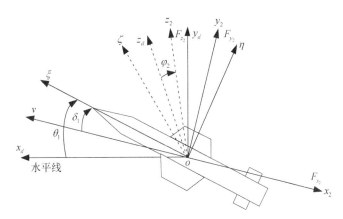

图 5 - 79　弹体飞行过程中受力示意图

1) 质心动力学和运动学方程[349]

假定弹丸质量均匀分布、弹丸轴对称,则可得弹丸的质心动力学方程如下:

$$
\begin{cases}
m \dfrac{\mathrm{d}v}{\mathrm{d}t} = F_{x_2} \\[3mm]
mv\cos\psi_2 \dfrac{\mathrm{d}\theta_1}{\mathrm{d}t} = F_{y_2} \\[3mm]
mv \dfrac{\mathrm{d}\psi_2}{\mathrm{d}t} = F_{z_2}
\end{cases}
\tag{5-94}
$$

式中,F_{x_2}、F_{y_2}、F_{z_2} 分别为外力(包括重力和气动力)在弹道坐标系三个轴上的分量。

弹丸在地面坐标系下的质心运动学方程如下:

$$
\begin{cases}
\dfrac{\mathrm{d}x}{\mathrm{d}t} = v\cos\psi_2\cos\theta_1 \\[2mm]
\dfrac{\mathrm{d}y}{\mathrm{d}t} = v\cos\psi_2\sin\theta_1 \\[2mm]
\dfrac{\mathrm{d}z}{\mathrm{d}t} = v\sin\psi_2
\end{cases}
\tag{5-95}
$$

2) 绕质心转动的动力学和运动学方程

弹丸绕质心转动的动力学方程如下:

$$
\begin{cases}
C\dfrac{\mathrm{d}\omega_\xi}{\mathrm{d}t} = M_\xi \\[2mm]
A\dfrac{\mathrm{d}\omega_\eta}{\mathrm{d}t} + C\omega_\xi\omega_\zeta - A\omega_\zeta^2\tan\varphi_2 = M_\eta \\[2mm]
A\dfrac{\mathrm{d}\omega_\zeta}{\mathrm{d}t} - C\omega_\xi\omega_\eta + A\omega_\xi\omega_\eta\tan\varphi_2 = M_\zeta
\end{cases}
\tag{5-96}
$$

式中,A 和 C 分别为赤道转动惯量和极转动惯量;ω_ξ、ω_η、ω_ζ 分别为弹丸在第一弹轴坐标系下三个方向的转动角速度;M_ξ、M_η、M_ζ 分别为弹丸在弹轴坐标系下三个方向的力矩。弹丸绕质心转动的方程如式(5-97)所示。

$$
\begin{cases}
\dfrac{\mathrm{d}\varphi_a}{\mathrm{d}t} = \dfrac{\omega_\zeta}{\cos\varphi_2} \\[2mm]
\dfrac{\mathrm{d}\varphi_2}{\mathrm{d}t} = -\omega_\eta \\[2mm]
\dfrac{\mathrm{d}\gamma}{\mathrm{d}t} = \omega_\xi - \omega_\zeta\tan\varphi_2
\end{cases}
\tag{5-97}
$$

2. 弹道仿真及分析

采用上述外弹道模型仿真超高速弹丸[350]的飞行外弹道特性,其弹体气动外形和气动系数随马赫数和攻角变化曲线如图 5-80(a)~(d)所示。

采用 Simulink 软件求解式(5-95)~式(5-97)构成的微分方程组,搭建基于 Simulink 的弹丸六自由度外弹道仿真平台[351]。对如图 5-80(a)所示气动外形的弹丸外弹道进行仿真,并代入如图 5-80(b)~图 5-80(d)所示的气动系数,得到弹丸以初速 1 500 m/s、2 000 m/s 和 2 500 m/s 出膛时不同射角对应的弹道曲线,如图 5-81~图 5-83 所示,可见三种弹丸初速对应的最大射程分别为 87 km、211 km 和 348 km,相对应的射角为 55°、53° 和 52°,落点速度为 528 m/s、1 109 m/s 和 1 680 m/s。

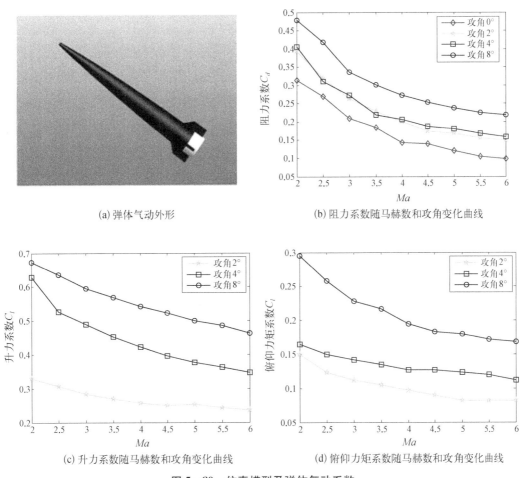

(a) 弹体气动外形

(b) 阻力系数随马赫数和攻角变化曲线

(c) 升力系数随马赫数和攻角变化曲线

(d) 俯仰力矩系数随马赫数和攻角变化曲线

图 5-80　仿真模型及弹体气动系数

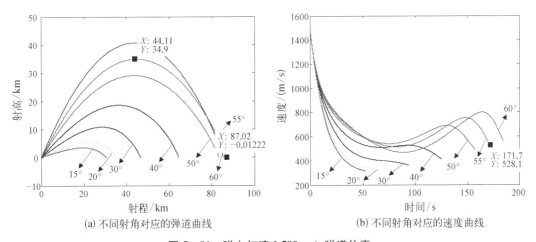

(a) 不同射角对应的弹道曲线

(b) 不同射角对应的速度曲线

图 5-81　弹丸初速 1 500 m/s 弹道仿真

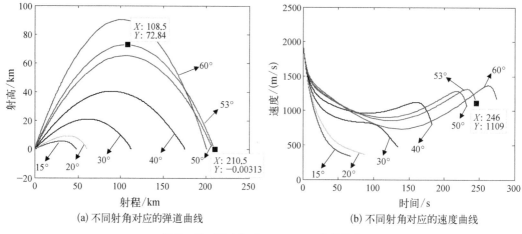

(a) 不同射角对应的弹道曲线　　　　　　(b) 不同射角对应的速度曲线

图 5 - 82　弹丸初速 2 000 m/s 弹道仿真

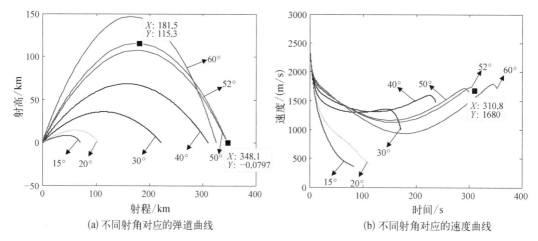

(a) 不同射角对应的弹道曲线　　　　　　(b) 不同射角对应的速度曲线

图 5 - 83　弹丸初速 2 500 m/s 弹道仿真

5.5.3　气动热与热防护

1. 气动热环境分析

高超声速弹丸气动加热引起的"热障"问题一直是弹丸设计的瓶颈。若热防护系统设计存在瑕疵,则很有可能引起飞行器的破坏,从而导致整个飞行任务的失败。电磁轨道发射弹丸具有高初速、远射程、大空域、瞬时温升快(几秒达近 2 000℃)、飞行时间长等特点。电磁轨道发射弹丸在海平面就达到了高超声速,发射初期几秒内热流密度达到数兆瓦每平方米。气动热环境远恶劣于一般的火炮炮弹,必须进行热防护设计。弹丸鼻锥及翼前缘瞬间温升极快且动压较高,热防护材料必须具备较好的抗热震性和较高的抗过载能力。

电磁轨道发射弹丸通常为尾翼稳定弹,翼前缘的热环境恶劣,峰值温度甚至会超过头部驻点。图 5 - 84 和图 5 - 85 给出典型外形电磁轨道发射弹丸在 6 Ma 初速下的翼前缘热流和温度曲线。可以看出,由于出炮口马赫数较高,热流密度峰值超过了 10 MW/m²,温度在 10 s 以内迅速升至 1 000℃ 以上,超过了普通钢的许用温度,需要采用热防护。达到峰值以后热流密度和温度迅速降低,因此电磁轨道发射弹丸热防护的关键在于要能耐受前 10 s 以内的瞬时温升。

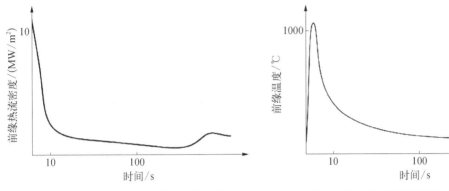

图 5-84　翼前缘热流密度随时间变化　　　　图 5-85　翼前缘温度随时间变化

2. 热防护技术

高速飞行器所用的典型热防护技术可以分为三类:被动热防护、半被动热防护及主动热防护[352]。一般来讲,热防护方式从被动-半被动-主动变化时,飞行器表面温度逐渐降低,工作热流密度上限逐步升高,但结构的花费、复杂性及重量也逐渐增加。被动热防护技术原理如图 5-86 所示,包括隔热及辐射散热等,是目前航天飞机和 X-37B 等天地往返飞行器主要采用的热防护技术[353]。在实际应用中,这些飞行器往往采用多种 TPS 材料以适应不同部位的防热,X-37B 表面热防护材料分布示意图如图 5-87 所示。

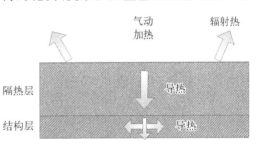

图 5-86　被动热防护技术原理

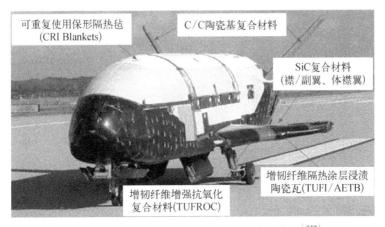

图 5-87　X-37B 表面热防护材料分布示意图[352]

受重量和体积的限制,电磁轨道发射弹丸常采用被动热防护技术。其热防护系统设计需满足以下条件:① 具有一定的抗冲击能力,可承受膛内峰值 2 万~3 万 g、持续时间 10 ms 级的瞬时高过载;② 热震性好,可以承受几秒内瞬时温升 1 000℃ 而不发生结构破坏;③ 耐高温性,可短时耐受 1 000℃ 以上的高温。

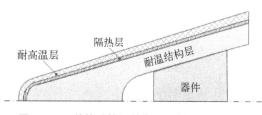

图 5-88 给出前缘防热隔热"三明治"热防护方案,最外层是耐高温层,这层的材料选择最为关键,需要根据使用环境来确定。其次是隔热层,该层通常选用导热系数较低的材料,如发泡胶或者气凝胶,但其抗高冲击过载性能需要仔细考虑。最内层是耐温结构层,该层为承力结构,对耐温能力要求相对较弱。

图 5-88　前缘防热隔热"三明治"热防护方案

表 5-4 给出目前被动热防护技术常用的耐高温层材料[354]。电磁轨道发射弹丸可以根据发射工况及自身的气动热环境,选用合适的材料。结合尾翼稳定弹静稳定度及侵彻的要求,弹丸头部会选用密度较高的钨合金;翼前缘通常采用高温合金钢,最高耐温可达 1 100~1 200℃。若高温合金钢仍满足不了前缘防热的需求,则可以喷涂耐高温陶瓷涂层或者采用复合材料。

表 5-4　被动热防护技术常用的耐高温材料

分　类	名　　称	使 用 情 况	最高使用温度/℃	密度/(kg/m³)
超高温陶瓷	硼化锆/铪	尖锐前缘	>1 800	6 085/10 500
复合材料	高/低温可重复使用表面隔热瓦	航天飞机迎风面中温度区域/低温度区域	1 300/650	9.2/4
	增强碳-碳复合材料	航天飞机鼻锥/翼前缘	1 500	44.7
	增韧纤维增强抗氧化复合材料	X-37B 鼻锥/翼前缘	1 700	400
金属 TPS	γ-TiAl	SR-71	900	3 800
	镍基氧化弥散增强合金	高温涡轮叶片	1 200	7 500~8 300
	铬镍铁合金	X-15 外表面	1 400	8 410
	钨合金	穿甲杆	>1 900	17 000~18 000
隔热毡	表面保护隔热毡	航天飞机背风面中热流区域	1 200	—
	增韧可重复使用隔热毡	航天飞机背风面低热流区域	400	1.6

5.6　小　　结

本章系统介绍了超高速一体化发射组件的功能、组成结构及现状,详细梳理了电枢设计、弹体设计和弹托设计思路和研究成果,重点分析了电枢的分类、固体电枢设计方法、发射安全性、枢轨接触性能及结构优化设计方法,总结了超高速一体化发射组件在膛内的磁场特性和动力学特性、出膛后的中间弹道弹托分离及外弹道气动特性、弹道特性、气动热及其防护技术,得到了以下基本结论:

(1) 综合对比设计的难易程度、发射效率等影响因素,明确了固体电枢是当前的主要发展方向,提出了固体电枢的设计要求,并从理论角度分析了各关键尺寸的确定原则,指出了合格电枢结构的设计标准是保证发射安全性及动态过程中的枢轨接触特性,以电枢的尾翼长度、尾翼厚度、尾翼倾角及喉部厚度为关键参数,建立了多目标优化模型。分析结果表明:所建立模型可以使电枢结构在设计过程中兼顾质量、温度及应力要求,使其性能达到最优。

(2) 建立了基于 Fluent 二次开发的膛内运动磁场仿真模型,以及基于双回路和引弧速度修正的膛口运动磁场仿真模型,得到了弹丸发射过程中的磁场特性,揭示了速度趋肤效应及引弧过程对弹上磁场的影响。研究结果表明:受速度趋肤效应的影响,弹上峰值磁场下降了 7%,受枢轨电流转移的影响,弹上膛口最大磁场变化率是膛内最大磁场变化率的 11 倍。

(3) 建立了考虑身管刚度特性的电磁结构耦合内弹道仿真模型,结合解析法证明了轨道临界速度是由轨道失稳造成的,从而揭示了电磁轨道发射装置临界速度的物理本质,并给出了电磁轨道发射装置临界速度的计算方法和计算结果,以及临界速度对轨道动力学响应的影响。研究结果表明:受临界速度的影响,轨道变形不再与电流变化保持一致,呈现陡增趋势,过临界速度后又逐渐减小。

(4) 建立了考虑电磁轨道发射弹丸特有的高速高压燃弧效应,以及多体非定常流场干扰的弹托分离仿真模型,仿真和试验结果表明:出口电弧在弹托上产生的电磁力将阻碍上、下弹托分离;进一步针对弹托的轻质、快速分离要求,建立了基于激波和膨胀波理论的弹托迎风窝气动力计算模型,并提出了基于遗传算法的弹托迎风窝优化设计方法。

(5) 介绍了电磁轨道发射超高速弹丸大空域和宽速域飞行的气动特性,并建立了其飞行外弹道模型,获得了不同初速下的弹道特性。仿真结果表明:弹丸以初速 1 500 m/s、2 000 m/s 和 2 500 m/s 射击时最大射程分别为 87 km、211 km 和 348 km。进一步分析了弹丸高初速带来的气动热,分析结果表明:当弹丸以 6 Ma 出膛时,热流密度峰值超过了 10 MW/m^2,温度在 10 s 内迅速升至 1 000℃以上,对此给出了适用于其气动热防护的措施。

第6章　系统控制与测试

系统控制与测试技术通过快速交互的信息处理方法,对数据进行采集、传输、处理并生成全流程的控制辅助决策信息,采用多种控制算法,对系统的能量转化过程进行稳定、快速、精确控制,并依据故障诊断与预测模型对系统健康状态进行评估,确保系统安全。本章主要介绍系统控制技术、系统故障诊断与预测技术和系统测试技术。

6.1　概　　述

6.1.1　系统控制技术

控制系统是电磁轨道发射系统的顶层"大脑",实现对系统的能量转化控制、状态监测、故障诊断和预测及保护,并实现数据资源共享,及时发现、排除运行过程中出现的问题,实现系统的功能检查与故障诊断、系统测试与参数设定、系统状态的自动调节与监控、动静态参数的自动测量与处理、测量结果的管理与检索,并与武器系统连接,接收并发送发射公告等。

电磁轨道发射控制系统组成框图如图6-1所示。顶层控制系统通过控制器将各种指令下达至脉冲能量存储、能量转化与传输、电磁轨道发射装置、一体化发射组件和测试系统,同时收集上述系统的状态、事件数据,使系统的能量能够按照预定的发射轨迹快速安全流动。

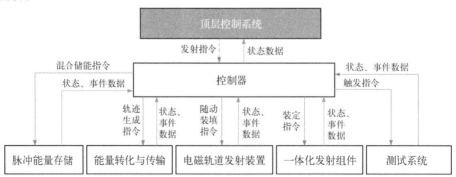

图6-1　电磁轨道发射控制系统组成框图

控制系统要实现对 20 GW 的功率控制,需具有动态过程平稳、响应指令快速、跟踪值准确等特征,即具有稳定性、快速性和精确性,能够充分利用各种状态信息,在控制链路和软件逻辑上对系统状态进行实时自动调节,确保各种指令能快速正确执行,保证系统稳定安全运行。电磁轨道发射系统控制技术示意图如图 6 - 2 所示。

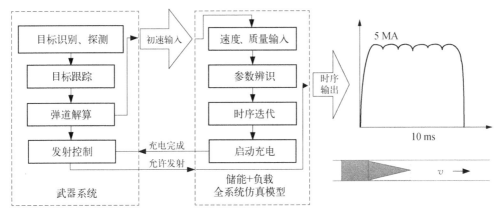

图 6 - 2　电磁轨道发射系统控制技术示意图

1)稳定性

稳定性是指系统动态过程的振荡倾向及其恢复平衡状态的能力。对于稳定的系统,当输出量偏离平衡状态时,应能随时间收敛且最后回到初始平衡状态。稳定性是保证控制系统正常工作的先决条件。

2)快速性

快速性是指当控制系统的输出量与输入量之间产生偏差时,消除这种偏差的快慢程度。快速性好的控制系统,消除偏差的过渡时间就短,更能响应快速变化的输入信号,因而具有较好的动态性能。对于电磁轨道发射系统这样的复杂大系统,其控制的快速性体现在两方面:一方面是在秒级的充电过程(蓄电池给脉冲电源充电)中,其各种状态的采集及数据的传输、处理需要满足时效性要求,也就是在一个发射周期内能判读各种状态数据并给出系统状态判定和健康趋势的估计;另一方面是在毫秒级的放电过程(脉冲电源给电磁轨道发射装置放电)中,对放电前后的晶闸管带压情况及电磁轨道发射装置的工作状态进行快速判读。在整个充电、放电及装填过程中,对事件数据进行分级处理,响应异常事件,做到分级、分类别地快速故障定位与隔离,防止故障扩大。

3)精确性

精确性,即控制精度,以一体化发射组件的初速和出膛姿态为衡量标准。首先要保证控制系统的控制精度,必须保证能量源的精度,即电容器电压精度。其次要将系统发射时的参数变化反馈到控制模型中,对动态过程进行调节。

为了使系统具有上述特点,需要搭建正确的网络控制架构,采用合适的控制算法和策略,生成储能系统的充电电压指令和能量转化的脉冲成形指令,实现系统的精确控制和连续发射,并确保在任何可能造成能量传输故障的情况下快速实现系统保护。

6.1.2　系统故障诊断与预测技术

　　电磁轨道发射系统结构复杂，包括多个分系统、数十万个元器件，所有元器件间交错耦合，综合实现复杂的能量存储、转化与传输功能，庞大的元器件数量严重降低了系统的可靠性；系统独特的非周期瞬时超大功率发射工况，使得大量元器件工作在极限工况下，增加了元器件的故障概率；瞬时的超大功率导致系统故障时危害极大。因此，对系统进行故障诊断与预测，是这种能量系统必须解决的问题。图6-3为典型电磁轨道发射系统故障诊断与健康监测拓扑。当发射系统工作时，各传感器实时采集数据并上传至数据中心，初步处理后将数据送入故障诊断与健康监测系统，快速完成状态监测、故障诊断、预测等功能，并辅助生成发射控制决策送入集中控制中心，执行发射流程或保护流程。

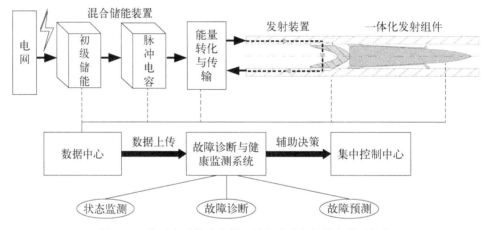

图6-3　典型电磁轨道发射系统故障诊断与健康监测拓扑

　　1) 电磁轨道发射系统故障诊断技术

　　电磁轨道发射系统故障诊断的难点包括：① 系统属于多场动态耦合，发射瞬间超大功率瞬时馈入发射轨道，一体化发射组件与轨道高速摩擦，引起的高动态结构场、电磁场、热场耦合使得系统模型异常复杂，难以建立精确的故障诊断数学模型；② 系统是非周期瞬态工况，采集到的信号也呈现非周期脉冲特性，难以直接应用已有的信号处理方法来侦测异常；③ 电磁轨道发射技术属于新兴技术，积累的数据库偏少，数据偏置严重（故障样本数据很少），应用数据驱动方法的故障诊断精度很低，难以直接应用。

　　当前，针对复杂系统的故障诊断方法大体包括四种：基于精确建模的故障诊断技术、基于知识的故障诊断方法、基于信号处理的故障诊断方法和基于大数据驱动的故障诊断方法。对于电磁轨道发射系统，可在现有故障诊断方法的基础上研究新的更有针对性的故障诊断方法，如基于已有知识简化和等效变换模型的故障诊断方法；基于已有知识处理信号得出异常与故障联系的诊断方法；应用已有知识在数据中进行故障诊断。此外，电磁轨道发射系统在每次发射时，通过高频采集设备可以采集到高频时间序列数据，这些时间序列在同工况下很"相似",当系统异常时,时间序列也会有异常的表现,因此可基于时间序列异常侦测进行系统故障诊断。

2)电磁轨道发射系统故障预测技术

故障预测技术是在故障发生之前预报故障发生的一项技术,是健康监测系统有别于传统故障诊断系统的重要特征。通过提前预测可能发生的故障可以提前停止系统工作进入维修状态,大幅降低故障发生的概率,提高系统可靠性。然而,故障预测技术也是健康监测中最难的技术之一,当前主要包括以下三大类的方法。

一是基于概率统计模型的故障预测技术。通过大量故障数据的概率统计得出故障的概率估计,实现故障预测。该方法最大的特点是基于大量的数据统计规律实现,不依赖实际的系统模型,对预防性维修的实施有重大作用。然而,针对电磁轨道发射系统,因系统的应用较少,故障的数据同样很少,概率统计的规律很难代表真实的情况。

二是基于失效模型的故障预测技术。通过建立精确的失效分析模型和大量的寿命试验数据,建立器部件或系统的失效分析数学模型,以此来预测故障。该方法的应用较为广泛,预测效果较好,然而其最大的不足是需要建立精确的失效分析模型,而电磁轨道发射系统的非周期瞬时超大功率发射工况导致大部分器件均工作在极限工况下,此时部分器件和设备的失效机理暂未明确,需要进行大量的研究,以期具有部分预测功能。

三是基于时间序列预测的故障预测技术。该技术应用极为广泛,成功应用案例较多。通过将某个测点或多个测点的数据转换为时间序列开展对时间序列的预测,最终预测系统可能出现故障的点。电磁轨道发射系统特殊的工况致使得到的时间序列是非周期、非稳态、瞬时脉冲型的,已有的时间序列预测方法难以直接应用,需要研究改进的、针对性的时间序列预测方法来预测故障点。

因此,为实现电磁轨道发射系统故障预测的目标,首先可以从研究器件在极限工况下的失效机理开始,通过大量的试验得到器件级的失效模型,掌握规律。其次可以改进已有的时间序列预测技术,从已有的历史数据中预测未来可能的数据值,并以此预测系统未来的健康状态。

表 6-1 为电磁轨道发射系统故障诊断与故障预测技术综述。

表 6-1　电磁轨道发射系统故障诊断与故障预测关键技术综述

关键技术	可能的方法	电磁轨道发射系统应用难点	可 行 方 向
故障诊断	精确建模方法	模型复杂,多场耦合难以精确建模	(1)应用已有知识,分别提出针对性的基于模型简化、信号处理建模和数据驱动的组合式故障诊断方法; (2)时间序列异常侦测故障诊断方法
	基于知识诊断方法	知识建模复杂,应用对象单一,重复性差	
	信号处理方法	面对非周期时域信号,已有处理方法适用性差	
	大数据驱动方法	数据少,样本偏置	

续　表

关键技术	可能的方法	电磁轨道发射系统应用难点	可 行 方 向
故障预测	概率统计模型方法	样本少,概率统计精度差	(1) 研究循环脉冲工况的失效机理; (2) 提出针对性的时间序列预测,实现故障和寿命预测
	失效模型建模预测	极限脉冲工况下失效模型有待研究	
	时间序列预测方法	数据点庞大,瞬时脉冲预测难题	

6.1.3　系统测试技术

科学理论的建立、工程技术的应用都要通过大量的试验和测量,通过分析获取的数据来验证理论、模型的正确性和可靠性。尤其是工程技术中的研究对象往往复杂,必须依靠试验研究来解决实际问题,因此由测试技术作为支撑,积累原始测量数据,是工程设计和研究中十分必需和必要的工作。在电磁轨道发射系统中,测试技术可为系统控制、设计验证、故障诊断、健康监测等各方面提供数据支撑,是系统研制过程中不可缺少的重要环节。电磁轨道发射系统测试技术的难点主要包括以下几个方面。

(1) 强电磁场。电磁轨道发射技术利用电磁能产生推力,同时会产生较强的电磁场,对测试系统中的传感器、信号传输线缆及数据采集设备的抗干扰能力提出了较高要求。

(2) 强冲击。电磁轨道发射系统在发射一体化发射组件的过程中,电枢与轨道的超高速电滑动接触产生剧烈的热冲击、压力冲击及机械振动冲击等,使得直接接触式的测试技术往往难以实现,在这种情况下,测试系统不得不大量引入光学、磁场线圈等非接触式测试方法,增加了传感器布设及数据后处理的难度。

(3) 弧光干扰。一体化发射组件在出膛过程中产生强烈的弧光,严重干扰了高速摄像机对一体化发射组件出膛过程的观测,对于传统的光幕测速方法也是一个巨大的挑战,采用 X 射线或者特殊波段的激光穿透弧光是较为可行的测试方法,但大大增加了测试的成本。

(4) 高可靠高精度要求。高能级的电磁轨道发射试验投入的人力、时间、经费成本较高,要求测试系统尽可能在每次试验中都能获取全面的测试数据,测试系统的高可靠性可以极大地加快电磁轨道发射系统的研制进度。另外,电磁轨道发射不同于传统的火炮发射,其一体化发射组件的发射初速、过载等参数都可以被精确控制,但需要足够高精度的测试数据作为支撑和反馈,可以说,测试精度在一定程度上决定了系统控制精度。因此,作为测试工作人员,在获取测试数据的同时,必须定量评估测试数据的精度,并且不断探索更高精度的测试技术。

在电磁轨道发射系统中,测试技术的对象主要包括储能系统、发射装置及一体化发射组件,其中,储能系统的测试方法与传统电气量测试方法类似,本书不做详细介绍。针对发射装置和一体化发射组件,主要测试内容如图 6-4 所示,包括对发射过程中装置电流、电压等电气参数,一体化发射组件在膛内的运动参量,导轨温度及应变,发射装置其他重点关注部件的温度及应变,膛口振动,后坐行程等参量进行测量,以及对出膛瞬间电枢磨损状态进行观测,对一体化发射组件膛口初速、出口姿态、飞行姿态、稳定飞行速度、一体化发射组件分离过程、一体化发射组件毁伤效能等进行观测,对发射过程中的噪声、温度、冲击波物理场进行监测,以及对发射装置重点部件的材料性能进行测试等。

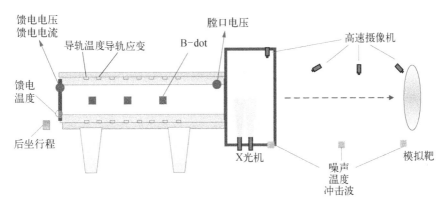

图 6-4　电磁轨道发射系统主要测试内容

6.2　能量转换控制技术

电磁轨道发射系统的控制系统采用分级分层的控制架构,上层完成数据处理和下达控制指令的任务,下层实现快速数据采集、处理与分析的本地检测与应急管理任务,其中心任务是按照预设轨迹控制电能从初级储能到二级储能,再到发射装置快速安全流动。

6.2.1　电能控制技术

1. 电能轨迹控制

控制系统主要控制电能从蓄电池到脉冲电容再到发射装置的传递过程。由于底层系统数量较多,控制节点多,所以需要顶层控制系统能够快速处理底层信号并按照预定逻辑进行数据交互。

电磁轨道发射系统电能轨迹控制框图如图 6-5 所示。控制系统在 t_0 时刻控制初级储能开始输出电能到二级储能,在此期间,需要协调底层控制器对初级储能和二级储能进行能量管理和状态检测,一旦发现系统异常应能立即停止充电,并控制保护系统对二级储能的能量进行安全泄放。若在充电过程中系统状态完好,则充电至发射时所需电压,即到

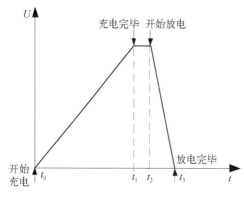

图 6-5　电磁轨道发射系统电能轨迹控制框图

达 t_1 时刻,此时切掉初级储能的能量源,保证系统处于单发储能状态。在发射前的 $t_1 \sim t_2$ 时间段,控制系统要执行以下动作:① 要确认初级能源已经完全切断;② 要快速收集脉冲能量转化、传输、发射装置、一体化发射组件的所有状态和信息,决策能否正常发射;③ 要快速生成 PFN 信息,得到开关硅堆的触发逻辑和时序;④ 要与武器系统进行信息交互,接收发射公告。如果上述动作都正常,则控制系统在 t_2 时刻下达发射指令,二级储能的能量按照预设的状态对发射装置进行能量释放,在数毫秒内将一体化发射组件加速至超高速。如果上述动作不能得到执行,则需要决策执行保护动作,并检测系统温升,决策能否从 t_0 时刻重新执行任务。在正常工况时,t_3 时刻放电完毕,然后对全系统进行状态检查,通过检测系统将速度、姿态等信息上传至顶层控制系统,判断此次发射任务是否有效。

图 6-5 中有两个时序控制。第一个是 $t_0 \sim t_1$ 阶段的初级储能输出电压时序控制;第二个是 $t_2 \sim t_3$ 阶段的二级储能输出电流时序控制。下面分别介绍这两种控制方法。

2. 初级储能输出电压时序控制

初级储能输出电压决定了二级储能的放电电压,也将决定一体化发射组件的速度能否达到预期目标,因而必须对初级储能的输出电压进行精确控制。基于"蓄电池+脉冲电容"的混合储能系统采用蓄电池组时序串联入网的方式实现对脉冲电容进行恒流充电,电容电压线性上升。但受初级储能蓄电池的限制,电路只能按序将电池组串联入网。例如,当电池组电压为 120 V 时,电容器充电电压只能以 120 V 为步进进行调节,显然精度过低不利于后期发射调速。为了提高充电电压精度,可采用闭环反馈控制电容器充电电压。充电开始后将蓄电池全部时序串联入网,利用主回路开关控制充电结束,希望实现电容器电压精确充至设定值。但控制延迟与电感续流等因素会导致电容器过充,因而影响总体储能,并将大幅缩短电容器使用寿命。

1) 过充原因

为了提高充电电压精度,可采用闭环反馈控制电容器充电电压,如图 6-6 所示。控制系统设置电压并下发至可编程逻辑控制器(programmable logic controller, PLC),在开始充电后,PLC 实时监测电压传感器上的电压数值,当传感器数值等于计算机设置值时,执

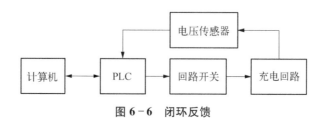

图 6-6　闭环反馈

行回路开关关断命令,断开充电回路,此时电容电压将
达到计算机设置值。但这种方法电容器充电电压将存
在较大过充。

图 6-7 为放电回路简化等效电路图,由电池 U、
回路开关 F、等效电阻 R_0、限流电感 L_0、脉冲电容 C_0、
续流二极管组成。

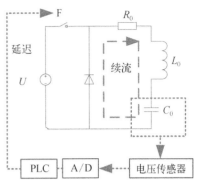

从电路结构上看,电容电压的过充现象,即电容实
际电压高于设定电压,是反馈控制回路中存在延迟导
致电压过充和回路开关关断后电感续流产生的过充。

图 6-7　放电回路简化等效电路图

延迟过充由电压传感器采集数值经 A/D(analog to
digital)转换至 PLC,再由 PLC 执行关断回路开关过程中的延迟产生。当回路开关断开
时,限流电感 L_0 内的能量经续流回路向电容器充电,产生续流过充。

2)延迟过充

$$v_{延迟} = \text{delay}_{总} \cdot l \tag{6-1}$$

如式(6-1)所示,延迟过充 $v_{延迟}$ 与延迟时间 $\text{delay}_{总}$、电压曲线斜率 l 有关,电压曲线
斜率由电路参数决定。求得延迟时间即可计算此部分过充电压数值。分析反馈回路,延
迟主要包括电压传感器延迟、A/D 转换延迟、PLC 程序延迟、主回路开关动作延迟四部分。
由于 PLC 内部程序执行时采用串行执行,即首先刷新 PLC 各输入口且将输入量存储于内
部输入寄存器,之后执行内部语句,但在此过程中并不刷新输出端口,只将输出量保存在
输出寄存器中,待程序执行完毕,统一根据输出寄存器刷新输出端口。所以,在 PLC 收到
电压传感器采集量后,需要等待一个 PLC 程序执行周期才可刷新输出端口,如图 6-8 所示。

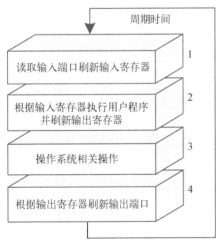

最好的情况为:在步骤 1 时采集到输入端电
压刚达到设定值,则经过程序执行周期后输出端控
制回路开关关断,延迟一个程序执行周期。最坏的
情况为:在步骤 1 时采集到输入端电压略小于设
定值,则在步骤 2 中执行程序判断时读取的是输入
寄存器内的值并进行比较(虽然此时实际值已超过
设定值),不执行回路开关关断动作,必须在第二次
程序循环时才监测到电压值超过设定值,最后关断
回路开关,这种情况将消耗 2 个程序执行周期。综
合控制系统延时,时间约为 30 ms,这样导致电容器
电压比预定值高。

图 6-8　PLC 程序执行周期

3)续流过充

根据能量守恒定律,电感能量在续流后转移至电容器中,使电容器电压上升。

$$\frac{1}{2}CU_0^2 + \frac{1}{2}LI_0^2 = \frac{1}{2}CU_1^2 \qquad (6-2)$$

式中,U_0 为续流前电容电压;U_1 为续流后电容电压;I_0 为回路开关关断瞬间回路电流。推导得续流过充电压为

$$\Delta U = U_1 - U_0 = \sqrt{U_0^2 + \frac{L}{C}I_0^2} - U_0 \qquad (6-3)$$

为定量分析两种延迟过充的具体数值,进行了混合储能电容器充电试验。利用蓄电池组对电容器进行充电,设定电容器充电电压为 350 V,在保护检测点传感器检测到电压达到 350 V 后,经过 A/D 转化、PLC 等延迟,到达保护动作点才执行关断回路动作,期间延迟为 29.2 ms,测得电压延迟过充为 210 V。开关断开后,进入续流阶段,从保护动作点到充电结束,测得电压上升 13 V,为续流过充。两种过充试验数据与理论分析一致。

试验表明,延迟过充、续流过充的存在使得电容器充电电压误差过大,并且当设定的充电电压值接近电容器耐压值时,过充将显著缩短电容器寿命。因为电容器耐压水平与储能密度呈反比例关系,储能密度成为关键参数的同时决定了电容器耐压水平无法进一步得到提高,所以要防止电压过充。

4) 改进方法

针对以上问题,采用双补偿方式,实现电容器充电电压的精确调节,如图 6-9 所示。

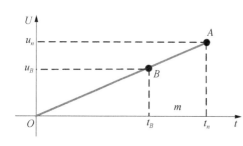

图 6-9 时序串联补偿控制原理

（1）延迟过充处理：由式（6-1）可知,电容器在线性升压过程中的电压过充与反馈回路的延迟时间呈线性关系。

图 6-9 中纵轴 U 为脉冲电容电压,点 A 为停止充电位置,坐标为 (t_n, u_n)。沿时间轴向前推 m 得到位置点 B,坐标为 (t_B, u_B),其中电压 u_B 为关断电压 u_n 与延时产生的过压之差。将控制器关断电压设为 u_B,使回路主开关提前关断,从而补偿控制延迟时间,达到抵消延迟过充的目的。

（2）续流过充处理：续流过充与延迟过充不同,延迟过充为时间守恒,是一个固定的延迟时间产生的过充,可通过向前推移一段控制时间来抵消;而续流过充为能量守恒,是由电感器中的能量通过续流回路转移到电容器与等效内阻上引起的电压过充,无法直接获得补偿时间值。设定电压处于点 A,能量守恒定律如式（6-4）所示。

$$\frac{1}{2}Li_L^2 - W_{RL} = m_2 i_{avg} E_n \qquad (6-4)$$

式中,E_n 为回路中的电池电压;W_{RL} 为电感能量在内阻上的损耗;i_L 为续流初始阶段回路电流。由于混合储能的时序串联实现了电流近似恒定,取 $i_L = i_{avg}$,其中 i_{avg} 为电流均值。

通过电感储能计算出释放相应能量时蓄电池所需时间 m_2,如式(6-5)所示。

$$m_2 = \frac{Li_{avg}^2 - 2W_{RL}}{2i_{avg}E_n} < \frac{Li_{avg}}{2E_n} = m_3 \tag{6-5}$$

将点 A 在时间轴上向前推 m_2,得到点 B。计算点 B 电压后,将此电压值设为保护电压即可抵消续流过充。续流过充补偿的关键在于续流起始阶段电压、电流取值。因为电池组时序串联入网实现了近似恒流充电,所以电流取波形抖动的平均值即可。因为经过延迟补偿后续流过电压较小,所以电压取实际设定电压值即可。在续流阶段电感器部分能量损耗于等效内阻并未全部转移至电容器中,但等效内阻损耗的能量较低,可忽略,所以最终以 m_3 代替 m_2 作为补偿时间。从而通过时序串联的精确控制实现能量的精确转移,达到脉冲电容电压精确控制的目的。

3. 二级储能输出电流时序控制

控制系统要依据不同的发射工况实时生成电流曲线,这就需要合适的触发策略和时序,来对 PFN 的开关硅堆进行正确触发。目前,常见的触发策略主要有位置传感器直接触发和时序触发两种类型。采用位置传感器直接触发对应不同的导轨类型和分布式储能类型,一般适用于发射距离长或者速度较低、作用时间较长的场合。时序触发依赖仿真模型的精度,需要将每个开关硅堆的触发时序事先下发到 PFN 控制器,一般适应于短行程、超高速轨道发射的场合。

1) 位置传感器直接触发

位置传感器直接触发策略一般适用于较长距离或较低速度发射的系统,在电磁弹射或线圈发射时常采用位置传感器直接触发方式。在电磁轨道发射系统中,如图 6-10 所示的等距离分段电磁轨道发射装置和等时间分段电磁轨道发射装置[198]等类型中,可以在导轨上布置触发传感器。当一体化发射组件到达该位置时,位置传感器感应到磁场变化,输出信号给总控系统,触发 PFN 进行时序放电,依次实现加速。

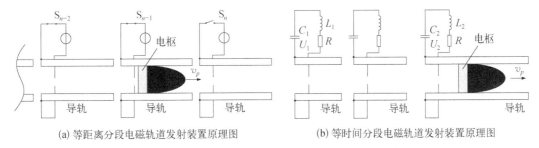

(a) 等距离分段电磁轨道发射装置原理图　　　(b) 等时间分段电磁轨道发射装置原理图

图 6-10　位置传感器直接触发电磁轨道发射系统

2) 时序触发

时序触发控制是通过系统仿真模型,按照预设能级和速度对 PFN 触发进行仿真,得到输出电流曲线。在发射时,通过顶层的过程逻辑控制给出启动及逻辑切换命令,底层控制器按照预定的时序控制脉冲电源放电,实现开环条件下的脉冲电流输出,得到符合品质要求的导轨电流。

按照电磁轨道发射系统的电压方程和运动方程,结合脉冲电源模型,可以在 MATLAB/Simulink 中建立电磁轨道发射系统仿真模型,如图 6-11 所示。

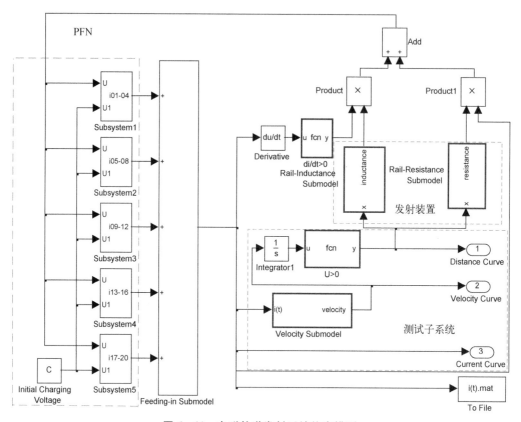

图 6-11　电磁轨道发射系统仿真模型

以 20 个放电模块为例,对 $U_1 \sim U_{20}$ 脉冲电源模块给定不同的放电时刻,构成放电时序阵列并进行预加载,当系统给出触发信号时,各模块控制器根据接收到的时序对应时刻启动相应模块放电,各模块依序输出电流,如此通过电流叠加获得平顶波电流,如图 6-12 所示。

4. 馈电控制

在电磁轨道发射系统中,电流从脉冲电源馈入导轨的方式是影响系统发射效率的重要因素之一,电磁轨道发射馈电方式主要包括三类:尾部馈电、膛口馈电和分布式馈电。

1)尾部馈电

常见的馈电方式是将电流从发射装置尾部加载至导轨上,经过电枢形成电流回路,产生推力推动电枢加速前进,如图 6-13 所示。由于身管电阻损耗和电感的剩余磁能,采用尾部馈电方式的电磁轨道发射效率相对较低,这限制了电磁轨道发射系统的性能提升。

2)膛口馈电

速度趋肤效应是枢轨之间滑动接触过程中发生转捩的主要原因,当电枢速度达到某

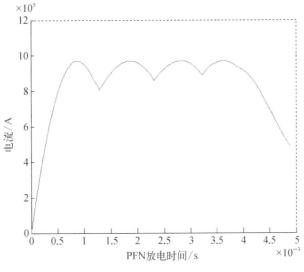

图 6 - 12　平顶波电流

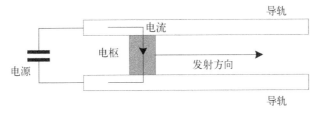

图 6 - 13　尾部馈电

临界值时,往往会出现转捩的现象。有研究[355]表明,当电流从膛口方向馈入导轨时,可有效增大发生转捩时的速度,从而提高系统的最大安全发射速度。通过数值计算可以得到,膛口馈电方式可将速度上限提高近 3 倍。膛口馈电如图 6 - 14 所示。

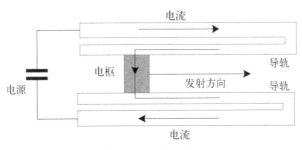

图 6 - 14　膛口馈电

3）分布式馈电

分布式馈电[356]如图 6 - 15 所示,这种馈电方式包括两部分电感,一部分常规电感位于电源系统附近;另一部分电感位于轨道全长周围,类似于轨道的同轴电缆。当电枢在膛内运动时,电感和轨道之间的开关逐个闭合,储存在轨道和电感中的能量在发射过程中逐渐得到释放并加载在电枢上,因此可以得到更高的发射效率。

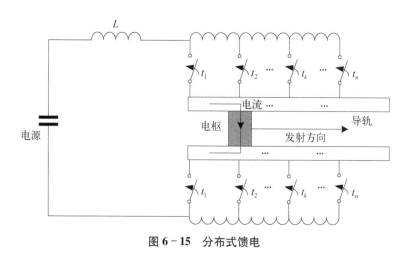

图 6-15　分布式馈电

分布式馈电使得电磁轨道发射系统可以实现数公里的加速距离,因此更加适合类似于太空发射的任务需求。

6.2.2　系统仿真模型

电磁轨道发射系统是典型的时变非周期系统,在发射过程中随着一体化发射组件在膛内运行位置的变化,回路阻抗和频率均发生变化。因而,控制电源输出达到预期波形极具挑战,也是目前研究的热点。近年来,众多学者针对特定的系统和目标提出了不同的控制策略,其中出口速度和发射电流是影响系统性能的重要特征量,一体化发射组件在膛内加速过载高达数万 g,电流波形将直接影响过载。通过电流的精准控制可实现对膛内过载的精确控制,也是保证系统安全的重要措施。

1. 电磁轨道发射系统建模

图 6-16 给出的是电磁轨道发射系统电路结构示意图。对于高能级系统,脉冲功率电源由数十至数百个电源模块(pulse power module, PPM)组成,并联提供数百万安培的脉冲电流。所有 PPM 的输出并联连接至装置,两条导轨和电枢组成放电回路,在导轨之间产生高强磁场,电枢在电磁力作用下向前加速运动至膛口。通常轨道长度约为 10 m,若出口速度要达到 2 500 m/s,则平均加速度高达 3.5 万 g 左右。因而,减少加速度的峰均比,使得一体化发射组件尽可能在膛内匀速加速运动,可有效减小峰值过载,降低一体化发射组件抗过载设计的难度。

图 6-17 给出的是典型和理想电

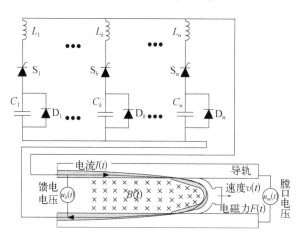

图 6-16　电磁轨道发射系统电路结构示意图

流波形,其为单个方波形式,对应的一体化发射组
件也是匀加速,此时所需轨道加速距离最短,过载
峰均比也最小。然而,实际系统中电流波形总有
上升和下降阶段,到达峰值后也会有一定程度的
纹波存在,典型电流波形如图 6－17 中实线所示。
图 6－16 中每个 PPM 都可以通过晶闸管 $S_k(k=1,$
$2, \cdots, n)$ 控制。晶闸管的不同开通时刻 $\{t_{O1}, \cdots,$
$t_{Ok}, \cdots, t_{Om}\}$ 和每次开通的个数 $\{n_1, \cdots, n_k, \cdots,$
$n_m\}$ 序列确定了整个系统的输出电流,构成了系统
的控制策略。其中,n 是所有 PPM 的个数,t_{Ok} 是
第 k 组触发晶闸管的时刻。

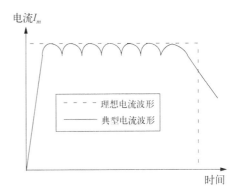

电流 I_m

- - - - - 理想电流波形
———— 典型电流波形

时间

图 6－17　典型和理想电流波形

系统控制的一个重要目的是通过设计时序 $\{t_{O1}, \cdots, t_{Ok}, \cdots, t_{Om}\}$ 使得输出电流为近
似方波形式。

1）脉冲功率电源建模

在图 6－16 中,第 k 个 PPM 由电容器 C_k、电感器 L_k、晶闸管 S_k 和二极管 D_k 组成。若
将装置馈电部分电压记为 $u_b(t)$,则第 k 个 PPM 满足下面的微分方程。

如果当前时刻 $t < t_{Ok}$,则第 k 个 PPM 没有被触发,其满足

$$\begin{cases} \dfrac{\mathrm{d}u_{ck}(t)}{\mathrm{d}t} = 0 \\[2mm] \dfrac{\mathrm{d}I_{ck}(t)}{\mathrm{d}t} = 0 \end{cases} \tag{6-6}$$

如果当前时刻 $t \geqslant t_{Ok}$,则第 k 个 PPM 已经被触发,其满足
① 二极管两端电压 $u_{dk}(t) \leqslant 0$,则有

$$\begin{cases} I_{ck}(t) = -C \cdot \dfrac{\mathrm{d}u_{ck}(t)}{\mathrm{d}t} \\[2mm] u_{ck}(t) = L \cdot \dfrac{\mathrm{d}I_{ck}(t)}{\mathrm{d}t} + R_c \cdot I_{ck}(t) + u_b(t) \end{cases} \tag{6-7}$$

② 二极管电压 $u_{dk}(t) > 0$,则有

$$\begin{cases} u_{ck}(t) = 0 \\[2mm] L \cdot \dfrac{\mathrm{d}I_{ck}(t)}{\mathrm{d}t} + u_b(t) + R_d \cdot I_{ck}(t) = 0 \end{cases} \tag{6-8}$$

式中,$u_{ck}(t)$ 和 $I_{ck}(t)$ 分别为电容器的电压和电流;$u_{dk}(t)$ 为二极管的电压;C 为电容容
值;L 为电感的电感值;R_c 和 R_d 分别为电源回路在放电阶段和续流阶段的等效串联

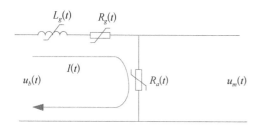

图 6 - 18　装置和一体化发射组件等效电路图

电阻。

2）装置和一体化发射组件建模

图 6 - 18 是装置和一体化发射组件等效电路图。其中，$L_g(t)$ 和 $R_g(t)$ 是轨道的动态电感和电阻，$I(t)$ 是轨道电流，$R_a(t)$ 是一体化发射组件的动态电阻。定义装置口部电压为 $u_m(t)$，则以下方程成立。

$$
\begin{cases}
u_b(t) = R_g(t) \cdot I(t) + L_g' \cdot v(t) \cdot I(t) + L_g(t) \cdot \dfrac{\mathrm{d}I(t)}{\mathrm{d}t} + u_m(t) \\[2mm]
I(t) = \displaystyle\sum_{k=1}^{n} I_{ck}(t) \\[2mm]
u_m(t) = \dfrac{k_r}{\sqrt{t}} \cdot I(t)
\end{cases}
\tag{6-9}
$$

式中，k_r 为与轨道和一体化发射组件结构及材料相关的常值系数；$L_g(t)$ 和 $R_g(t)$ 的具体计算公式见式（6 - 10）。其中，L_{g0} 和 R_{g0} 分别是一体化发射组件在起始位置处接入回路的轨道电感和电阻；R_g' 和 L_g' 分别是轨道的电阻梯度和电感梯度。

$$
\begin{cases}
L_g(t) = L_{g0} + L_g' \cdot x(t)，\qquad L_g' = \dfrac{\mathrm{d}L_g(t)}{\mathrm{d}t} \\[2mm]
R_g(t) = R_{g0} + R_g' \cdot x(t)，\qquad R_g' = \dfrac{\mathrm{d}R_g(t)}{\mathrm{d}t}
\end{cases}
\tag{6-10}
$$

$$
\begin{cases}
a(t) = \dfrac{F(t)}{m} = \dfrac{L_g'}{2m} \cdot I^2(t) \\[2mm]
v(t) = \dfrac{L_g'}{2m} \cdot \displaystyle\int_0^t I^2(t) \cdot \mathrm{d}t \\[2mm]
x(t) = \dfrac{L_g'}{2m} \cdot \displaystyle\int_0^t \left(\int_0^t I^2(t) \cdot \mathrm{d}t \right) \cdot \mathrm{d}t
\end{cases}
\tag{6-11}
$$

因此，式（6 - 6）～式（6 - 11）给出了全系统的数学模型，其中，m 为一体化发射组件质量，$v(t)$ 为速度，$a(t)$ 为加速度，$x(t)$ 为位移。

2. 电流控制策略

对于导轨式系统，系统控制目标见式（6 - 12），控制策略应满足

$$
\begin{cases}
(I(t))_{\text{peaks}} \leqslant I_m \leqslant I_{0\max} \\[2mm]
v(t_{\text{exit}}) = v_m
\end{cases}
\tag{6-12}
$$

电流峰值应小于轨道结构确定的最大值 I_m，在出口时刻 t_{exit} 的电流应大于峰值的 50%，以保证出口时刻轨道和一体化发射组件之间的可靠电接触，如式（6-13）所示。

$$\begin{cases} I(t_{exit}) \geqslant 50\% \times (I(t))_{max} \\ u_0 < u_m \end{cases} \tag{6-13}$$

1）确定 $t=0$ 时刻触发的 PPM 个数

首先，对于给定的出口速度 v_m、给定的发射质量 m 及加速距离 l，输出电流的峰值 I_m 可通过式（6-14）计算。

$$\bar{I}_m = \sqrt{\frac{2 \, m\bar{a}}{L_g'}} = \sqrt{\frac{mv_m^2}{l \cdot L_g'}} \Rightarrow I_m = 1.2 \sqrt{\frac{mv_m^2}{l \cdot L_g'}} \tag{6-14}$$

式（6-14）中，取电流峰均比为 1.2，这是试验结果的一个典型值，后续根据仿真结果还可调整；从而，根据计算得到的 I_m，在 $t=0$ 时刻触发的 PPM 个数可通过下面的方法确定。初始，一体化发射组件处于静止或以较低速度运行，轨道阻抗变化缓慢，对输出电流影响小，可简化处理。可先假设 PPM 向固定阻抗的负载放电，根据式（6-7），此时输出电流峰值可通过式（6-15）估计，其中 n_1 是首次触发的 PPM 个数。

$$\begin{cases} \hat{t}_{m1} = \dfrac{\arctan\left[2\omega\left(\dfrac{L}{n_1} + L_{g0}\right) \Big/ \left(\dfrac{R_c}{n_1} + R_{g0}\right)\right]}{\omega} \\[4mm] \hat{I}_{m1} = \dfrac{u_m}{\omega\left(\dfrac{L}{n_1} + L_{g0}\right)} \cdot \sin(\omega \cdot \hat{t}_{m1}) \cdot e^{-\frac{\hat{t}_{m1}}{2} \cdot \left[\left(\frac{R_c}{n_1} + R_{g0}\right) \Big/ \left(\frac{L}{n_1} + L_{g0}\right)\right]} \\[4mm] \omega = \sqrt{\dfrac{1}{\left(\dfrac{L}{n_1} + L_{g0}\right) \cdot C \cdot n_1} - \dfrac{\left(\dfrac{R_c}{n_1} + R_{g0}\right)^2}{4\left(\dfrac{L}{n_1} + L_{g0}\right)^2}} \end{cases} \tag{6-15}$$

根据式（6-15），可预估在不同 PPM 个数下的输出电流峰值，进而可确定满足 $\bar{I}_m \leqslant \hat{I}_{m1}(n_1) \leqslant I_{0max}$ 的触发个数 n_1。

2）确定时序 $\{t_{02}, \cdots, t_{0k}, \cdots, t_{0n}\}$

根据式（6-15），确定了在 $t=0$ 时刻触发的 PPM 个数 n_1。然后，剩余的时序 $\{t_{02}/n_2, \cdots, t_{0i}/n_i, \cdots, t_{0m}/n_m\}$ 可根据图 6-19 所示的控制策略流程图进行设计。

以计算第 i 个时序 t_{0i} 和 n_i 为例。首先，令个数 n_i 为 1；然后，计算当前时刻 t_{0k} 触发

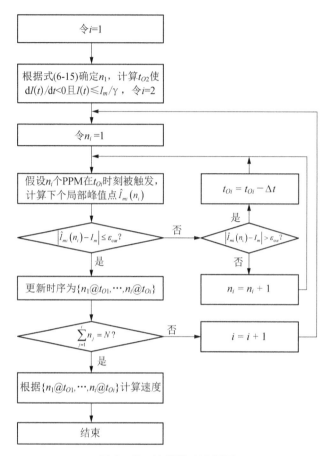

图 6-19　控制策略流程图

n_i 个 PPM,下一个电流峰值 $\hat{I}_{mi}(n_i)$,其中时刻 t_{Oi} 由前 $(i-1)$ 个时序确定。接着,判断电流峰值 $\hat{I}_{mi}(n_i)$ 是否满足误差要求。如果满足误差要求,则记录下当前 t_{Oi} 和 n_i 作为第 i 个触发时序。否则若电流峰值偏小,触发个数 n_i 加 1,如果电流峰值偏大,则触发时刻 t_{Oi} 增加一个时间步长 Δt。根据该方法迭代计算,直到电流峰值满足误差要求。然后,更新 k 到 $i+1$,计算下一个时序,直到所有 PPM 都被触发。

当所有时序计算完成时,可根据式(6-6)~式(6-11)模型计算得到发射全过程的输出电流、位置、速度和加速度。如果速度计算值比预定 v_m 大,则可通过减小初始电压或延迟最后一个时序的时刻点进行调节。如果速度计算值比预定值小,可通过将电流峰值 I_m 调大重新计算。

3) 算例分析

选取表 6-2 中的参数用于仿真,来验证所述方法的有效性。将表 6-2 中的值代入式(6-15),计算得到 I_m 为 1.03 MA。然后,计算在不同触发 PPM 个数情况下的输出电流第一个电流峰值,见图 6-20(a)。可见,随着触发个数的增多总输出电流增加,但是单个 PPM 输出电流减小。

表 6 - 2　脉冲电源参数值

符　号	值/单位	符　号	值/单位
C	20 mF	R_{g0}	100 μΩ
L	15 μH	L_{g0}	1 μH
R_c	2 mΩ	l	6.5 m
u_m	6 kV	R_g'	36 μΩ/m
L_g'	0.47 μH/m	k_r	7.8×10^{-8}
m	1 kg	n	20
I_{0max}	2 MA	v_m	1 500 m/s

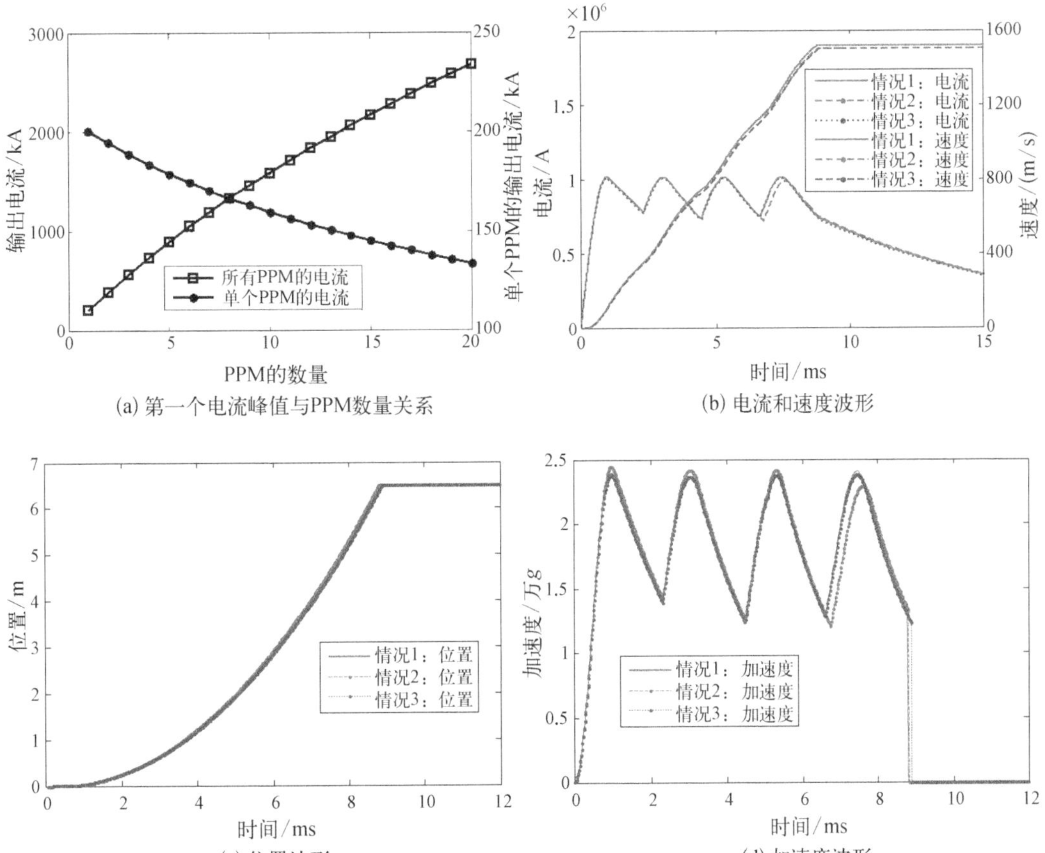

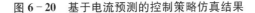

(a) 第一个电流峰值与PPM数量关系　　　　(b) 电流和速度波形

(c) 位置波形　　　　　　　　　(d) 加速度波形

图 6 - 20　基于电流预测的控制策略仿真结果

从图 6 - 20 可以看出,在 $n_1 \geqslant 6$ 时, $\bar{I}_m \geqslant 1.03 \times 10^6$ A,然后可计算得到各参数,结果见表 6 - 3。可见,输出电流的各个峰值满足设计要求,在该时序下出口速度为 1 518 m/s。根据所述方法对电压和时序进行调整,同时得到了两种使出口速度严格为 1 500 m/s 的结果,见图 6 - 20(b)。对应的位置和加速度波形见图 6 - 20(c) 和图 6 - 20(d),加速度波形与电流波形接近,峰值加速度可达 2.5 万 g。

表 6-3　PPM 的仿真时序

参　数	情况 1	情况 2	情况 3
初始电压/V	6 000	6 000	5 925
初始能力/MJ	7.2	7.2	7.02
时序	0 ms/6	0 ms/6	0 ms/6
	2.3 ms/3	2.3 ms/3	2.3 ms/3
	4.45 ms/5	4.45 ms/5	4.45 ms/5
	6.6 ms/6	6.78 ms/6	6.6 ms/6
出口速度/(m/s)	1 518	1 500	1 500
出口动能/MJ	1.152	1.125	1.125
效率/%	16	15.63	16.02

可见,这种控制策略可以基于峰值预测确定 PPM 的触发时刻和触发个数。基于所述策略,输出电流可进行优化设计,使得输出电流各个局部峰值一致,实现对加速距离和加速度峰均比的优化设计。

6.3　故障诊断与预测技术

相较于一般复杂大系统,电磁轨道发射系统因其复杂结构和脉冲极限工况,故障模式更为复杂,发生故障后危害更大。因此,基于复杂系统可靠性、安全性和经济性等考虑,研究以故障诊断与预测技术为核心的预测与健康管理(Prognostics and Health Management, PHM)技术意义重大。复杂大系统的维护和健康管理策略主要经历了事后维修、预防维修、视情维修三个阶段。

事后维修是指故障发生后进行的被动维修。其明显的劣势是故障已经发生,造成了较大的破坏性。预防维修是根据器部件寿命进行的定期维修,优势是计划性和可靠性,缺点是降低了经济效益和器件使用效率。视情维修是指基于状态的维修(condition-based maintenance, CBM),即能够在准确的时间对准确的器部件采取准确的维修活动(3R)。视情维修既能给维护人员足够的时间进行维修计划和维修实施,又能较大限度地利用器部件的全部使用寿命。快速故障诊断技术的实现是事后维修和预防维修的基础,而故障预测技术则是视情维修的重要保证。

故障诊断与预测技术是电磁轨道发射系统健康监测的核心技术,本节重点分析电磁轨道发射系统的故障诊断与预测技术的需求和特点,总结凝练关键技术,并分别介绍提出的针对性强、高效实用的故障诊断与预测技术。

6.3.1　故障诊断与预测体系

1. 故障诊断分析

故障诊断一般是指利用各种传感器测量信息,应用故障诊断方法快速识别并定位故障的过程。就电磁轨道发射系统而言,因其特殊组成和发射工况,故障诊断有以下几个特点。

(1)故障诊断快速性特点。电磁轨道发射系统工作周期为数秒级,连续发射间隔为秒级,故障诊断需求的时间尺度更短,需要在更快的时间内诊断出故障。

(2)故障诊断方法的复杂性特点。整个电磁轨道发射系统结构复杂,多场高度耦合下,器件失效模式异常复杂,且在有限的传感器测点下故障的识别和定位非常复杂。急需研究最大化利用和挖掘信息的故障诊断方法。

(3)多信息、多方法融合故障诊断特点。电磁轨道发射系统包括了电气、机械、气动等部分,对于不同的部分,采用的诊断方法可能不一样。所以,电磁轨道发射系统的故障诊断必然要融合多种传感器信息,组合多种故障诊断方法。

基于以上的特点,研究针对性的故障诊断方法是本节的主要内容。如 6.1.2 节中分析,当前已有的复杂系统故障诊断方法难以直接应用,急需提出新的具有针对性的故障诊断方法。本书提出了以下两种故障诊断方法。

(1)基于知识的组合式故障诊断方法。因为传统的基于精确故障建模、信号处理、大数据驱动和知识的故障诊断方法均难以单一适用于电磁轨道发射系统,所以研究多方法融合的诊断方法是一个较好的方向。组合式故障诊断方法的另一个思路是将已有的先验知识融入精确故障建模、信号处理和大数据驱动,以此实现精确故障诊断。

(2)基于时间序列异常侦测的故障诊断方法。电磁轨道发射系统的一体化发射组件加速时长为数毫秒,通过高频采样(10 kHz～1 MHz)传感器可获得大量单次发射的动态曲线,称为"事件数据",本质上为时间序列。同工况下,电磁轨道发射系统正常发射所产生的时间序列非常"相似",异常情况下则会出现微小的异常波形。因此,通过侦测时间序列异常波形可以有效诊断系统故障。

2. 故障预测分析

故障预测是指通过当前和历史的已有全部数据(包括认知、测量序列和检测评估结果等),基于合理的推断预测出未来可能发生的故障及故障发生时刻的过程,是电磁轨道发射系统大幅提高可靠性的重要保证。如 6.1.2 节介绍的故障预测技术概述,当前常用于故障预测的三大类技术均很难直接应用于电磁轨道发射系统的故障预测,因此需提出新的有效方法。基于作者团队在该领域的多年实践,本书提出以下两个高效的故障预测技术路线。

(1)基于大量寿命试验和概率统计的故障预测技术。电磁轨道发射系统的特殊脉冲工况决定了其大部分器件均工作在非周期循环脉冲极限工作状态下,其失效机理不同于传统应用工况。因此,通过大量的器件寿命试验提取特征参数规律,应用概率统计的方法将变得实用。然而,该方法需要解决包括特征参数提取、规律统计和器件存在特性差异情况下的精确故障预测问题。

（2）基于时间序列的故障预测技术。大量的试验表明,传感器测得的电磁轨道发射系统高动态数据能够反映系统的健康状态。因此,将每次发射所得的传感器数据转换成时间序列,通过预测时间序列未来的可能值,可以用于预测系统故障。不同于传统系统,具有高频数据点脉冲工况的时间序列预测需要高效处理大数据、高非线性变化规律的预测算法。

6.3.2 基于知识的组合式故障诊断方法

专家知识也称为领域知识,通常泛指专有领域的所有认知,在此处可以理解为可用于电磁轨道发射系统故障诊断的所有知识,如系统组成、元器件特性认知、故障诊断经验、数学模型、理论知识、已有的仿真结果等。最大化地利用这些认知,可以帮助改进已有的基于精确建模、信号处理和大数据驱动的故障诊断方法。基于知识组合式故障诊断方法思路框图如图 6-21 所示。实践表明,通过上述思路提出的故障诊断方法能够实现精确的快速故障诊断。

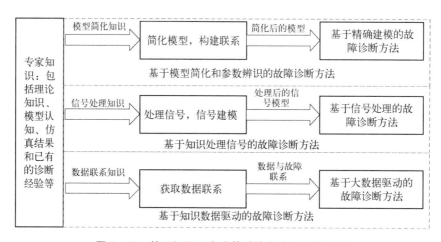

图 6-21 基于知识组合式故障诊断方法思路框图

1. 基于模型简化和参数辨识的故障诊断方法

复杂电气系统的故障诊断多采用精确建模方法,由于电磁轨道发射系统的电气电路结构复杂,支路和元器件多,精确建模比较困难,所以需要简化模型。可以基于已有的对于电路和器件参数的认知来简化模型,并将未知的参数进行合并辨识,然后关联参数变化与故障的联系,实现故障诊断。该方法称为基于模型简化和参数辨识的故障诊断方法。本节以大规模 PFN 充电回路为例,详细阐述该方法的具体步骤。

1）大规模 PFN 充电回路简化等效建模

典型 PFN 充电回路示意图如图 6-22(a)所示,每个 PFU 包括隔离用的二极管、电容器和线路电阻等,可以把模型简化为每个支路只包含等效电感 l_n、电阻 r_n 和电容 C_n 等参数的等效模型,如图 6-22(b)所示,并建立精确数学模型如式(6-16)所示。

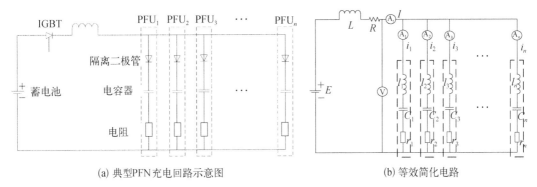

(a) 典型PFN充电回路示意图　　　　　　(b) 等效简化电路

图 6-22　大规模 PFN 充电回路示意图

$$
\begin{cases}
E = L \cdot \dfrac{\mathrm{d}I(t)}{\mathrm{d}t} + R \cdot I(t) + V(t) \\[2mm]
I(t) = i_1(t) + i_2(t) + \cdots + i_n(t) \\[2mm]
V_d(t) = l_1 \cdot \dfrac{\mathrm{d}i_1(t)}{\mathrm{d}t} + r_1 \cdot i_1(t) + \dfrac{1}{C_1}\int_0^t i_1(t)\,\mathrm{d}t \\[2mm]
\vdots \\[2mm]
V_d(t) = l_n \cdot \dfrac{\mathrm{d}i_n(t)}{\mathrm{d}t} + r_n \cdot i_n(t) + \dfrac{1}{C_n}\int_0^t i_n(t)\,\mathrm{d}t \\[2mm]
V_d(t) = V(t) - V_{\mathrm{on}}
\end{cases}
\tag{6-16}
$$

式(6-16)中各参量物理含义可参见图 6-22(b),其中,V_d 为单个支路虚线框内的等效总电压,V_{on} 为隔离二极管的导通压降,通常为常值,由器件决定。L、R、l_i、r_i、C_i 为需要实时求解的量,E 和 V_{on} 为提前已知的量,$V(t)$、$I(t)$、$i_1(t)$、$i_2(t)$、$\cdots$、$i_n(t)$ 均为测量值,可以认为是已知的。分析上述模型,问题的本质变为如何通过已知的测量值,并结合数学模型,精确地辨识出各个 PFU 支路的电气参数 l_n、r_n、C_n,从而实现故障诊断。

2）参数高精度在线辨识方法

在模型简化后,等效参数的变化可以反映系统的异常状态,因此问题转化为多参数精确辨识问题。采取分步辨识的方法:① 数学推导初步辨识参数。将测得的支路电流 $i_1(t)$,$i_2(t)$,$\cdots$,$i_n(t)$ 和电容电压 $V(t)$ 代入式(6-16)可以精确解算出容值 C_1,C_2,$\cdots$,C_n,并确定 l_n、r_n 的初步取值范围。② 遗传算法精确辨识。进一步变换数学模型可以得到

$$
\begin{cases}
l_m i_m - l_k i_k + r_m A_m(t) - r_k A_n(t) + B_m(t) - B_n(t) = 0 \\
A_m(t) = \int_0^t i_m(t)\,\mathrm{d}t \\
A_n(t) = \int_0^t i_n(t)\,\mathrm{d}t \\
B_m(t) = 1/C_m \cdot \int_0^t \int_0^T i_m(t)\,\mathrm{d}T \mathrm{d}t \\
B_n(t) = 1/C_n \cdot \int_0^t \int_0^T i_n(t)\,\mathrm{d}T \mathrm{d}t
\end{cases}
\tag{6-17}
$$

式中,$m \geq 1$、$n \geq k$,分别为第 m 和第 n 个 PFU 支路。此时,可令待优化目标函数为

$$
\begin{aligned}
f(l_m, l_k, r_m, r_k) = \mid & K_l [l_m i_m(t_{\max}) - l_k i_k(t_{\max})] \\
& + K_r [r_m A_m(t_{\max}) - r_k A_k(t_{\max})] + K_C [B_m(t_{\max}) - B_k(t_{\max})] \mid^2
\end{aligned}
\tag{6-18}
$$

式中,$t_{\max}$ 为当电流取最大值时的时间值;f 为待优化的目标函数,由电感项、电阻项和电容项组成;K_l、K_r、K_C 分别为电感项、电阻项和电容项的加权因子;l_m、l_k、r_m、r_k 为可变参数。理想状况下 $f = 0$。所以,通过式(6-18),参数辨识问题转变为在特定加权因子下,搜索最优的 l_m、l_k、r_m、r_k 四个参数的取值使得目标函数 f 最小的多参数目标优化问题。应用遗传算法可以精确辨识参数。

3)参数辨识与诊断关联

依据对系统的实际认知和试验,关联参数变化与故障的关系可诊断并定位故障。此处,当辨识出的电容值 $C_n \leq 0.95 \cdot \tilde{C}_n$ 时($\tilde{C}_n$ 为第 n 个 PFU 的初始电容值),可诊断为该 PFU 的电容器故障;当辨识出的支路等效电阻 $r_n \leq 0.95 \cdot \tilde{r}_n$ 时($\tilde{r}_n$ 为第 n 个 PFU 的初始电阻值),可诊断为该 PFU 的二极管短路故障。

4)工程应用

将上述方法应用到原理样机试验中,得到电容值和等效电阻值的辨识曲线,如图 6-23 所示。图 6-23(a)很好地捕捉到脉冲电容器的失效过程。图 6-23(b)中辨识出 PFU₈ 的等效电阻明显偏离正常值,诊断出该模块充电二极管故障,与实际情况相符。

2. 基于知识处理信号的故障诊断方法

电磁轨道发射装置由于结构复杂,难以实时监测其健康状态,一般采用离线方法,通过各种视觉仪器(内窥镜、高速摄像机等)来检查装置状态。这种检查实时性不高,难以定量分析。对于机械-电磁高度耦合的发射装置,通过测量发射瞬时的电磁信号,结合测量模型认知(专家知识)最大限度地挖掘信号异常点,可以在线、间接诊断出电磁轨道发射装置的故障。本节结合磁探针信号挖掘诊断内膛异常,详细阐述了本小节提出的方法。

1)磁探针精确测量模型

磁探针(B-dot 探头)为面积很小、匝数很多的缠绕线圈。把磁探针如图 6-24 所示分

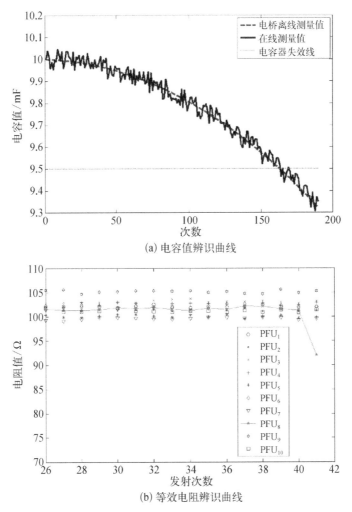

图 6 - 23　电容值和等效电阻值的辨识曲线

布于两导轨中间,当电枢经过磁探针附近时,电枢上流经的电流在磁探针处的磁场变化将会产生感应电动势。

应用电磁场理论知识,考虑电流趋肤效应和必要的简化知识,可建立感应电动势与电枢运动状态的精确数学模型,如式(6 - 19)所示。

$$
\begin{cases}
E(t) = \dfrac{\mathrm{d}\psi_{\perp}(t)}{\mathrm{d}t} = E_1(t) + E_2(t) \\[2mm]
E_1(t) = \dfrac{\mu_0 r N S I'}{8\pi d} \int_0^{\pi} \dfrac{\sin\theta}{[x^2 + r^2 + 2r \cdot x \cdot \sin\theta + (H-d)^2]^{1/2}} - \dfrac{\sin\theta}{[x^2 + r^2 + 2r \cdot x \cdot \sin\theta + (H+d)^2]^{1/2}} \mathrm{d}\theta \\[2mm]
E_2(t) = \dfrac{\mu_0 r N S I \cdot v}{16\pi d} \int_0^{\pi} \dfrac{(2x + 2r\sin\theta)\sin\theta}{[x^2 + r^2 + 2r \cdot x \cdot \sin\theta + (H+d)^2]^{3/2}} - \dfrac{(2x + 2r\sin\theta)\sin\theta}{[x^2 + r^2 + 2r \cdot x \cdot \sin\theta + (H-d)^2]^{3/2}} \mathrm{d}\theta
\end{cases}
$$

$$(6 - 19)$$

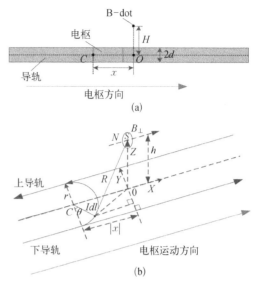

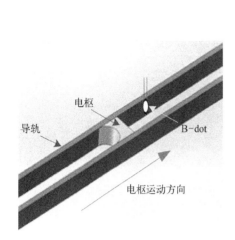

图 6 - 24　磁探针测量三维示意图　　　图 6 - 25　磁探针附近磁场计算简化示意图

式中,v 为电枢在腔内的运动速度,是关于时间 t 的函数;I' 为流经电流对时间的导数,也是关于时间 t 的函数,式(6 - 19)中各符号的物理意义参见图 6 - 25。

2) 求取电枢精确运动状态

首先求解模型,令感应电动势 $E(t) = 0$ 可以精确求得电枢经过磁探针相对平衡位置(该位置为常数,根据实际模型求得)时的时间刻度 t_T。其次将模型求导,可进一步求解电枢在该时刻的精确速度。由此,在该点应用牛顿定律可以求解其他时刻的电枢速度 $v(t_T)$。

$$x(t_T + \Delta t) = x(t_T) + v(t_T) \cdot \Delta t = v(t_T) \cdot \Delta t \qquad (6 - 20)$$

式(6 - 20)求得了 $x(t_T + \Delta t)$,结合式(6 - 19),代入测量所得 $E(t_T + \Delta t)$、$I'(t_T + \Delta t)$,可以解得 $v(t_T + \Delta t)$。 以此递推可以获取速度和位移随时间变化的曲线 $v(t)$、$x(t)$。

要想获得电枢在腔内的全程运动状态,就必须沿发射装置布置多个磁探针,且相邻两个磁探针的距离应能被精确测量。如图 6 - 26(a)所示,轨道长度为 L,以装置尾部为原点沿 x 轴方向布置 6 个磁探针,电磁发射过程中罗氏线圈和磁探针所测得的曲线如图 6 - 26(b)所示。结合前面提出的方法最终可以求得电枢的位移和速度随时间的变化满足

$$x(t) = \begin{cases} x_1(t) + x_1, t_0 \leq t < t_1, x(t_{T_1}) = x_1 + C_1 \\ x_2(t) + x_2, t_1 \leq t < t_2, x(t_{T_2}) = x_2 + C_1 \\ x_3(t) + x_3, t_2 \leq t < t_3, x(t_{T_3}) = x_3 + C_1 \\ x_4(t) + x_4, t_3 \leq t < t_4, x(t_{T_4}) = x_4 + C_1 \\ x_5(t) + x_5, t_4 \leq t < t_5, x(t_{T_5}) = x_5 + C_1 \\ x_6(t) + x_6, t_5 \leq t < t_6, x(t_{T_6}) = x_6 + C_1 \end{cases}, \quad v(t) = \begin{cases} v_1(t), t_0 \leq t < t_1, v(t_{T_1}) = v_1 \\ v_2(t), t_1 \leq t < t_2, v(t_{T_2}) = v_2 \\ v_3(t), t_2 \leq t < t_3, v(t_{T_3}) = v_3 \\ v_4(t), t_3 \leq t < t_4, v(t_{T_4}) = v_4 \\ v_5(t), t_4 \leq t < t_5, v(t_{T_5}) = v_5 \\ v_6(t), t_5 \leq t < t_6, v(t_{T_6}) = v_6 \end{cases}$$

$$(6 - 21)$$

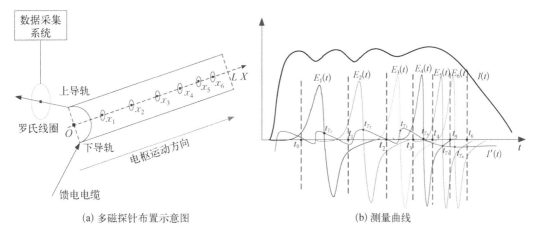

(a) 多磁探针布置示意图　　　　　　　　　　(b) 测量曲线

图 6-26　多磁探针布置示意图和测量曲线

由于在发射过程中馈入轨道的电流可以实时测出,根据洛伦兹力公式可以实时计算得到电枢的电磁推力 $F_M(t)$。结合牛顿动力学公式反推出一体化发射组件在膛内实时受到的阻力 $F_R(t)$(包括摩擦力、碰撞力、气动阻力等)。

$$F_R(t) = F_M(t) - m \cdot a(t) \tag{6-22}$$

式中, m 为一体化发射组件的质量; $a(t)$ 为加速度。

3) 故障诊断分析

通过上述方法最终可以精确求取一体化发射组件在膛内的受力曲线。在正常情况下,一体化发射组件在膛内的受力较为均衡(符合电流规律),而当出现加速异常等故障时,受力会有突变。因此,辨识受力曲线的异常点可以诊断出一体化发射组件膛内加速过程的故障。

4) 诊断算例

根据原理样机建立了仿真模型,应用提出的方法得到位移、速度与受力曲线如图 6-27 所示。结果表明,本书提出的方法不仅可以精确测量出电枢膛内运动的状态,而且能够诊断出发射过程中电枢在膛内的异常受力,得出故障结论。

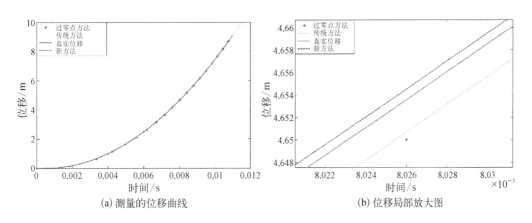

(a) 测量的位移曲线　　　　　　　　　　(b) 位移局部放大图

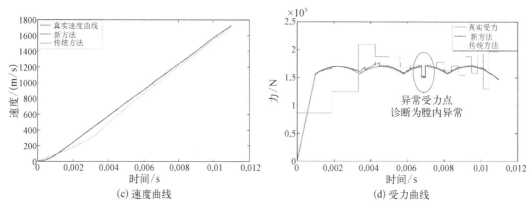

图 6-27　测量所得电枢运动位移、速度与受力曲线

3. 基于知识数据驱动的故障诊断方法

基于知识数据驱动的故障诊断方法，由于不依赖精确的物理模型，近年来得到了较大发展。本节分析应用数据驱动方法进行故障诊断的可行性，提出数据驱动的一般方法，并基于实际系统给出算例。

1）波形相似诊断算法

基于知识数据驱动的故障诊断方法的核心是数据，通过在大量的数据中寻找或构建规律，建立数据模型，并以此作为数据的固有规律诊断新的数据是否符合该规律。基于数据驱动的方法不依赖实际的物理模型，但是因为当前积累的电磁轨道发射系统的数据量较少，很难通过数据自身寻找出与故障关联的知识。这种局限可以通过已有的专家知识代替，即可以人为地告知数据应该怎样转换处理，能够提取什么特征，如异常状态下特征曲线与正常状态下的特征曲线之间的偏差等信息，之后应用到数据驱动的方法中，可以精确诊断出故障。

图 6-28 为基于知识数据驱动的故障诊断方法拓扑。首先基于已有的数据，通过获取专家知识完成数据预处理、特征提取、学习泛化等。其次在新的数据来后进行相同的数据处理，之后计算新数据的特征与学习泛化后的特征之间的距离。最后基于故障诊断知识确定偏差阈值，若相似度大于阈值，则诊断为故障，否则，诊断为正常。

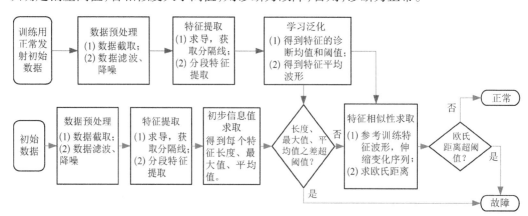

图 6-28　基于知识数据驱动的故障诊断方法拓扑

2）工程应用分析

以原理样机的发射膛口电压数据为对象,验证提出的故障诊断方法。可以将膛口电压进行预处理、学习泛化后得到四个特征量。代入一次正常发射和一次异常发射的膛口电压数据,如图 6-29 所示,故障诊断结果见表 6-4。

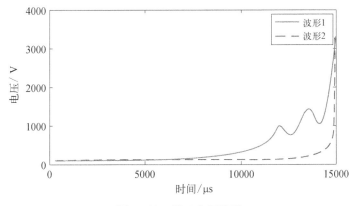

图 6-29 膛口电压波形

表 6-4 故障诊断结果

波形/相似度	特征 1	特征 2	特征 3	特征 4
波形 1	2.9	2.3	6.4	250
波形 2	17	18.5	30.8	29.3

异常发射膛口电压数据提取出的特征 4 远大于正常情况,基于该结果进一步分析判定为膛内起弧故障,符合实际情况,验证了该故障诊断方法的有效性和工程实用性。

6.3.3 基于时间序列异常侦测的故障诊断方法

1. 电磁轨道发射时间序列异常侦测特点

1）时间序列异常侦测方法分析

将测量的信号按照采集的先后顺序延展成一个时间序列,然后通过时间序列异常侦测方法来发现异常并用于在线故障诊断将是一个非常好的方向。时间序列的异常侦测有很多研究,包括相似性方法及其衍生的畸变相似性方法,其中相似性方法是工程中应用较多的方法。文献[357]提出的 shapelets 聚类的方法是时间序列聚类的一大进步,同样可以将其应用到时间序列异常侦测。但其面对动辄数百万数据点的电磁轨道发射时间序列,计算时间过长。当前,基于滑动窗口及其衍生的组合方法最有可能得到应用。文献[358]提出的方法能够实现数据流的在线异常侦测并适应多变量的情况。然而,其较低的信息利用率导致其难以发现电磁轨道发射系统的微小异常波形。因此,亟需提出新的有效异常侦测方法。

2）时间序列异常侦测特点

相比传统时间序列,电磁轨道发射系统时间序列有以下特点:① 数据量庞大,时间序列采样频率较高,单次发射过程中共有超过 100 万个数据点;② 明显的工业过程,通常包括充电、保压和放电过程,每个过程较为独立,通过侦测不同过程的异常,可定位故障;③ 波形相似特性,同工况下,每一工业过程的波形在数值和形状上非常相似;④ 时间畸变特性,由于任务使命的随机性和储能系统所处环境和电量的变化,同一工业过程存在一定程度的时间畸变。因此,电磁轨道发射系统时间序列异常侦测需解决两个难题:一是超大数据在线实时侦测;二是发现时间畸变下的微小异常子波形。

2. 组合式时间序列异常波形侦测算法

1）组合式时间序列异常侦测算法拓扑

充分利用各种异常侦测算法的优点,提出组合式的故障诊断方法,算法拓扑如图 6-30 所示,包括先验知识的获取、时间序列异常侦测和故障定位三大部分。先验知识的获取主要是基于历史正常波形数据和专家知识得到整个算法要用的模糊窗口划分、聚类阈值等参数;时间序列异常侦测是整个算法的核心部分,需要发现并定位异常波形,该部分的输入数据为新的时间序列,通常为流式数据,要求算法能够在收到部分数据后就开始工作,快速侦测出异常,实现在线故障诊断功能;故障定位部分是应用侦测结果,结合实际的工业控制过程实现故障定位的操作。

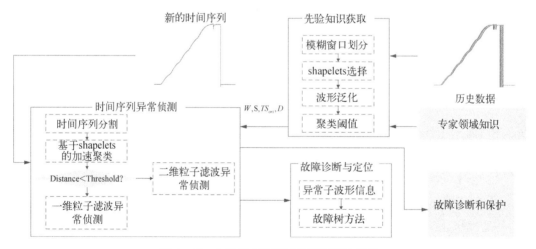

图 6-30　在线时间序列异常侦测算法拓扑

2）先验知识获取

该部分旨在通过采集到的历史正常波形和专家知识,得到异常侦测算法中需要用到的模糊窗口参数、形状基（shapelets）、比较基准波形和聚类阈值信息,并作为异常侦测算法的输入。该部分算法是预先完成的,不占用实时计算资源,但其输出参数的准确性对异常侦测的实时性和准确性至关重要。首先将时间序列按照工业控制过程进行划分,其次在过程转换时刻（如开始充电瞬时）提取 shapelets,再考虑各个波形的畸变特性（由工况微小变化而引起)泛化可能的基准波形,最后确定划分窗口的各个阈值。如果计算的相似距离大于该阈值,则判定该子窗口为故障。其中,阈值需要基于历史数据进行多次尝试才能最终确定。

3) 一维粒子滤波异常侦测算法

当通过 shapelets 聚类判断出工业过程起始瞬间为正常时,则可以相应地求出工业过程的起始时刻,这样只要找出匹配的基准波形就可以进行距离计算。如果将可能的基准波形集合等效为粒子群,则采用粒子滤波的方法就可以快速诊断出异常子窗口,并找出基准波形。一维粒子滤波异常侦测算法流程见图 6 - 31。

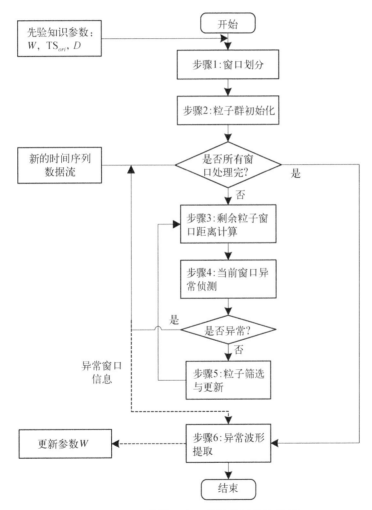

图 6 - 31　一维粒子滤波异常侦测算法流程

步骤 1:窗口划分。以瞬态过程结尾作为下一工业过程的起始点,按照前面内容划分窗口,令该工业过程时间序列为 $\mathrm{TS} = [T_1, T_2, \cdots, T_m]$,其中 $T_i = [ts_1, ts_2, \cdots, ts_{\omega_i}]$ 为对应窗口的时间序列向量。同理,可定义基准波形为 $\mathrm{TS}_{ori}^{j} = [T_{ori,1}^{j}, T_{ori,2}^{j}, \cdots, T_{ori,m}^{j}]$,其中 $j = 1, 2, \cdots, H$ 为泛化后的基准波形的数量,$T_{ori,i}^{j} = [ts_{or1}^{j}, ts_{or2}^{j}, \cdots, ts_{or\omega_i}^{j}]$。

步骤 2：粒子群初始化。初始时刻，泛化波形均有可能为基准波形，所以选定粒子 $PS^{(0)} = [1, 2, \cdots, H]$。

步骤 3：剩余粒子窗口距离计算。按照顺序依次处理窗口。根据式(6-23)计算当前窗口序列与所有剩余粒子的基准波形窗口序列的距离。

$$\text{dis}_i^j = \frac{1}{\omega_i} \sum_{l=1}^{\omega_i} (\text{ts}_i - \text{ts}_{ori}^j)^2 \tag{6-23}$$

式(6-23)代表第 i 个窗口与第 j 个粒子的距离。

步骤 4：当前窗口异常侦测。判断窗口序列与剩余粒子序列的最小距离是否小于聚类阈值，即如果 $\min\limits_{j=剩余粒子} \text{dis}_i^j < d_{f,\omega i}$（$d_{f,\omega i}$ 为该窗口聚类阈值），则说明该窗口正常，并进入步骤 5。反之，则说明该窗口异常，将异常数据代入步骤 6，算法流程回到步骤 3。

步骤 5：粒子筛选与更新。若步骤 4 已经确定该窗口正常，则表明与该窗口越相似（距离越小）的粒子（泛化波形）越接近基准波形，于是筛选出距离最小的前 1/5 的粒子，并作为更新后的剩余粒子，算法回到步骤 3，直到所有窗口均处理完。

$$PS^{(\text{new})} = \left\{ j \mid j \in \min\limits_{j=前1/5粒子} \text{dis}_i^j \right\} \tag{6-24}$$

通过式(6-24)可以快速筛选粒子，并定位基准波形，当泛化波形数量较多时，可适当加快粒子筛选进程，即可选取比例更少的剩余粒子。

步骤 6：异常波形提取。将异常的子波形信息提取出来用于后续的故障诊断。

同理，当通过 shapelets 聚类判断出工业过程起始瞬间为异常时，下一工业过程的起始时刻不确定，因此可以参考一维粒子滤波异常侦测算法研究二维粒子滤波算法。

3. 工程应用

以原理样机试验获取的 PFN 电压数据为算法数据输入，考察算法的性能，得到异常侦测结果如图 6-32 所示，算法能够准确侦测出 6 次异常发射。算法计算时间统计如图

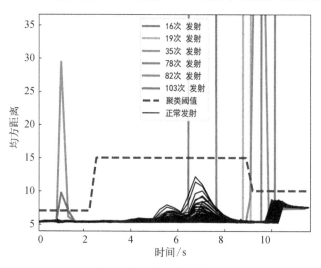

图 6-32　异常侦测结果

6-33 所示,可见连续 2~3 个窗口的平均计算耗时小于序列时长,实现了在线异常侦测的能力。因而,组合式时间序列异常波形侦测算法能够满足工程在线故障诊断和定位的要求。

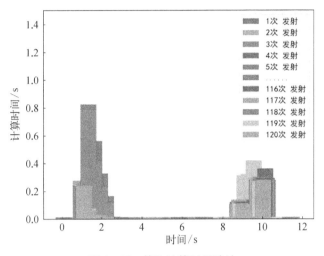

图 6-33　算法计算时间统计

6.3.4　系统故障预测方法

电磁轨道发射系统工作于非周期瞬态脉冲工况,需要进行有针对性的时间序列预测方法研究。由于系统存在多物理场和多变量耦合的特点,所以同时需要研究多变量耦合下的部件故障预测方法。本节以脉冲电容器为研究对象,首先介绍基于部件失效特性的粒子滤波算法,其次以连续发射的温升曲线为例,介绍基于时间序列预测系统故障的方法。

1. 基于部件失效特性的粒子滤波故障预测方法

1) 脉冲电容器故障特性

金属化膜脉冲电容器是当前大型电磁轨道发射系统应用较多的能源组件,其自愈过程会减少电容器的电容值,通过实时监测电容器的容值下降可以预测其故障。

为了得到电容器的容值下降特性,通常建立模拟电磁轨道发射过程的连续放电平台,并通过大量电容器样本的加速寿命试验获取电容器的容值下降规律。图 6-34 为同一批次 20 个脉冲电容器的容值退化曲线。

应用最小二乘法可以最终得到拟合函数,电容器容值可表示为

$$C(k) = a \cdot e^{bk} + c \cdot e^{dk} \tag{6-25}$$

式中,k 为发射次数;a、b、c、d 为常数,每一个电容器对应一组确定的 a、b、c、d 值。

2) 粒子滤波算法

在如图 6-34 所示的电容器的寿命试验中,还有一个可用的信息是 a、b、c、d 的取值

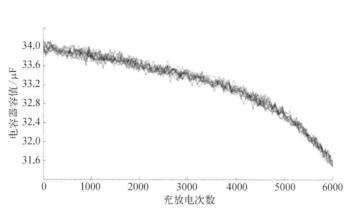

图 6 - 34 容值退化曲线

范围。可在已有的寿命试验曲线上,适当泛化后获取 a、b、c、d 的极限取值。这样,可以通过有限次发射的电容值来确定 a、b、c、d 的取值,并最终得到预测函数,精确预测电容器寿命。经过广泛的调研和尝试,提出了应用粒子滤波算法来解决该预测问题。

粒子滤波算法流程图如图 6 - 35 所示,主要包括初始粒子选取、状态模型递推和粒子筛选、重采样等步骤,详细流程如下。

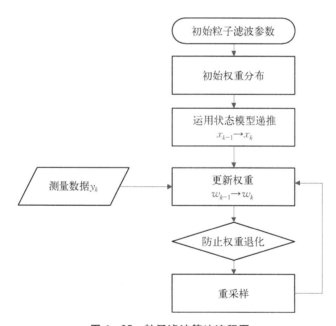

图 6 - 35 粒子滤波算法流程图

步骤 1:初始粒子选取。在 a、b、c、d 取值范围内,均匀选取大量的数值对,一般超过 5 000 对(a、b、c、d)的值,并因此可以得到 5 000 个可能的电容器失效函数。

步骤 2:状态模型递推与粒子筛选。进行一次发射试验,应用初始粒子得到的 5 000 组函数分别预测该次发射后的电容器容值 C^p。测量发射后的真实容值 C_r,得到与预测值的差 $y_k = |C^p - C_r|$,对所有的粒子进行排序,筛选出差值较小的粒子(通常取前 5%,该参数的取值需要根据实际情况选择)。

步骤 3：重采样。计算剩余粒子中 a、b、c、d 取值的范围,在新的范围内进行重采样,粒子滤波重采样过程示意图如图 6-36 所示,而后,算法流程进入步骤 2 中。

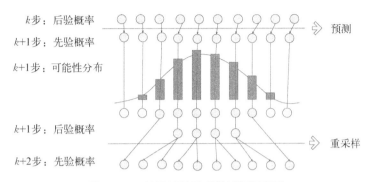

图 6-36　粒子滤波重采样过程示意图

经过上述过程,随着发射次数的增加,得到的粒子数值越来越接近,可以设定在接近到一定精度后,则停止算法,并以此时的粒子平均值为粒子的最终数值,用于后续的故障预测。

3）工程实践

为检测方法的有效性,对同一型号的另外 5 个电容器进行连续放电试验,并将数据代入提出的粒子滤波算法,预测结果如表 6-5 所示。平均预测误差为 3.68%,最大误差小于 7%,表明该方法具有工程实用性。

表 6-5　粒子滤波电容器故障预测结果

序　号	实际放电次数/次	预测放电次数/次	偏差/次	精度/%
1	5 784	5 630	154	2.7
2	5 653	5 812	−159	2.8
3	5 632	5 401	231	4.1
4	5 589	5 723	134	2.4
5	5 427	5 080	347	6.4

2. 基于时间序列预测的故障预测方法

电磁轨道发射系统的发射过程包含复杂的电磁场、热场和力场耦合,其动态过程难以精确建模,通过研究发现,高采样率传感器(10 kHz~1 MHz)测量得到的发射动态曲线,随着发射次数的进行其数值和形状会发生变化。通过信号处理捕捉这个变化,并关联发射次数,可以实现对该部件的寿命预测。本节以电磁轨道发射装置导轨的温升时间序列为研究对象,阐述基于时间序列预测的故障预测方法。

1）时间序列预测分析

图 6-37 为某电磁轨道发射系统连续发射时的导轨温升时间序列预测方法示意图。连续发射温升时间序列持续时间较短(10 次发射只有 100 s),但是数据点很多($1×10^7$);序列呈现明显的周期性,即每次发射为一个周期,波形较为相似,但每次发射的波形都有变化。与

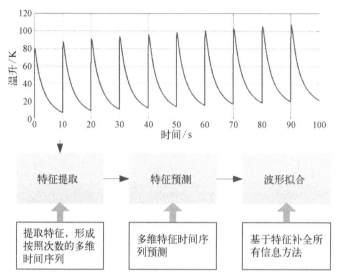

图 6-37　连续发射导轨温升时间序列预测方法示意图

传统的时间序列预测相比,上述曲线有明显的不同:① 时间间隔很短,数据点多;② 所需预测的维度很大,预测的不是一个点而是一个周期的波形;③ 非线性很明显,没有特定的规律。

　　可见,传统的方法并不能解决此类时间序列的预测问题,可以采用以下新的预测方法,主要包括:首先将时间序列按照每一次的发射时间进行截取,得到各发射波形,提取每次发射时温升波形的特征,并以发射次数为因变量得到特征序列;其次根据多维特征序列预测方法,预测未来发射时温升波形的特征;最后建立曲线拟合模型,基于特征还原曲线信息[359]。

　　2) 特征提取

　　特征提取关系到预测的精度。根据不同的曲线需要提取不同的特征,总体遵循以下几个原则:① 提取的特征要能足够代表波形的特性,包括时域特征和频域特征,如最大值、频率、上升时间、下降速度等;② 提取的特征必须要能够定量表示;③ 提取的特征集合要能够全面描述整条波形,即不能遗漏特征,如此才能最后复原整个波形,且不发生信息丢失。可以提取温升波形特征如表 6-6 所示。

表 6-6　温升波形特征

特 征 名 称	代 号	特 征 说 明	备 注
起始时刻温升/K	T_0	本次发射时刻,导轨温度	—
结束时刻温升/K	T_{end}	下一次发射时刻,导轨温度	等于下一次发射起始温度
峰值温升/K	T_{max}	本次发射导轨峰值温度	—
上升时间/s	t_{up}	温度上升时长	—
下降时间/s	t_{down}	温度下降时长	—

　　得到电磁发射导轨连续发射温升特征序列矩阵 $\boldsymbol{F}$ 为

$$\boldsymbol{F} = \begin{bmatrix} T_{01} & T_{02} & \cdots & T_{0n} \\ T_{\text{end}1} & T_{\text{end}2} & \cdots & T_{\text{end}n} \\ T_{\text{max}1} & T_{\text{max}2} & \cdots & T_{\text{max}n} \\ t_{\text{up}1} & t_{\text{up}2} & \cdots & t_{\text{up}n} \\ t_{\text{down}1} & t_{\text{down}2} & \cdots & t_{\text{down}n} \end{bmatrix} \qquad (6-26)$$

式中,每一列为一次发射的温升波形的特征集合。

3）特征预测

特征预测是通过前面每次发射的温升波形特征集合预测出后面发射的温升波形特征集合。式(6-27)描述以发射次数为因变量,通过前 n 次发射的数据预测第 $n+1$ 次波形特征。

$$\begin{cases} f(1) = \begin{bmatrix} T_0(1) & T_{\text{end}}(1) & T_{\text{max}}(1) & t_{\text{up}}(1) & t_{\text{down}}(1) \end{bmatrix} \\ f(2) = \begin{bmatrix} T_0(2) & T_{\text{end}}(2) & T_{\text{max}}(2) & t_{\text{up}}(2) & t_{\text{down}}(2) \end{bmatrix} \\ \vdots \\ f(n) = \begin{bmatrix} T_0(n) & T_{\text{end}}(n) & T_{\text{max}}(n) & t_{\text{up}}(n) & t_{\text{down}}(n) \end{bmatrix} \\ \downarrow \\ f(n+1) = \begin{bmatrix} T_0(n+1) & T_{\text{end}}(n+1) & T_{\text{max}}(n+1) & t_{\text{up}}(n+1) & t_{\text{down}}(n+1) \end{bmatrix} \end{cases} \qquad (6-27)$$

导轨的温度来源于本次发射产热加上前一次发射的残留温度减去本次发射的散热,这其中涉及材料物性参数的变化,内部的机理非常复杂,难以建立精确的数学模型。设第 $n+1$ 次发射温升和前面 p 次发射的温升曲线关系为

$$\begin{cases} T_0(n+1) = g_1\big[n+1, T_0(n), \cdots, T_n(n-p), T_{\text{end}}(n), \cdots, T_{\text{end}}(n-p), \cdots, t_{\text{down}}(n), \cdots, t_{\text{down}}(n-p)\big] \\ \vdots \\ t_{\text{down}}(n+1) = g_5\big[n+1, T_0(n), \cdots, T_n(n-p), T_{\text{end}}(n), \cdots, T_{\text{end}}(n-p), \cdots, t_{\text{down}}(n), \cdots, t_{\text{down}}(n-p)\big] \end{cases}$$
$$(6-28)$$

式中,p 称为记忆因子,表明前面多少次发射的温升特征会影响本次发射的温升特征; $g_1 \sim g_5$ 为特征序列数学模型,该模型通常为非线性,因变量包括发射次数和前面 p 次发射的其他耦合特征量。

4）曲线拟合

单次发射温升曲线为一个典型的非线性曲线,前面完成了单次发射温升曲线的特征提取和预测,但预测得到的只是极有限的几个特征参数,而整条曲线的数据点非常多,若要完全复原曲线,则需要构建一个非线性数据模型。

设第 n 次发射的曲线特征值已知,令曲线复原数据模型表示为 f_{re},得到

$$\text{Predict Line} = f_{re}\big[t, T_0(n), T_{\text{end}}(n), T_{\text{max}}(n), t_{\text{up}}(n), t_{\text{down}}(n)\big] \qquad (6-29)$$

数据模型的变量包括时间 t 和所有的特征参数。该函数是一个非线性函数,且随着

发射的进行会相应地发生变化,且并不存在真实的物理含义,无法进行物理建模,因而需要应用数据驱动的方法。考虑到f_{re}模型的高度非线性,仍然可以应用神经网络学习来获取数据模型,可构建如图6-38所示的多输入单输出单隐藏层神经网络模型。

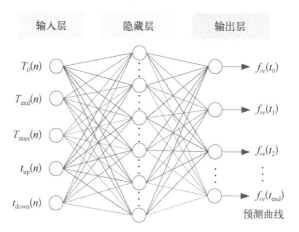

图6-38　多输入单输出单隐藏层神经网络模型

5) 故障预测

在预测出发射温升曲线后,应用已有知识分析曲线与故障的联系可预测故障。首先温升曲线的最大值不能过大($<T_{max}$,根据实际情况确定),当超过T_{max}时,诊断为故障;其次曲线的波形要与正常波形较为相似,波形的特征和已有正常波形基本一致,不能突变,否则诊断为故障。

6) 工程应用

以原理样机的15次发射试验的数据验证方法的可行性。以前13次发射的导轨温升数据为训练样本,得到神经网络模型,进而得到连续温升预测结果,见图6-39。图

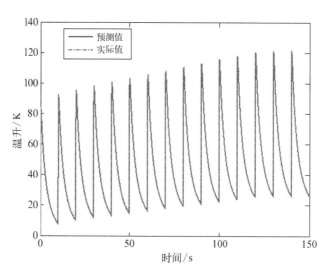

图6-39　连续发射温升预测结果

6-39中可以看出,第14、15次发射的预测温升曲线(实线)与实际测试曲线(点虚线)吻合较好,表明本书提出的方法能够较好地预测温升曲线。经分析,温升最大值逐渐平滑,没有超过极限(此处 $T_{max} = 150\,\mathrm{K}$),且波形特征也未发生突变,由此系统被预测为健康,符合实际情况。

6.4 测试技术

6.4.1 概述

电磁轨道发射过程中涉及多个物理场的相互耦合,同时涉及多个学科的交叉融合,研究过程中涉及的过程状态分析、仿真往往需要与真实的试验数据进行对比而获得支撑,因此测试系统作为获取试验原始数据的必要系统而非常关键[21]。电磁轨道发射的理论与工程研究在一定程度上也依赖测试系统获取数据的多样性及准确性。相较于传统化学能发射,电磁轨道发射的显著优点是发射速度精确可控及落点精度高,而达到精确可控的速度需要建立在全系统精确仿真模型的基础上,对仿真模型参数的调试与校正依赖测试系统所测得的试验数据。通常,测试系统测试参量包含电磁轨道发射装置参数及一体化发射组件弹道参数等。

对于电磁轨道发射装置的测量可以分为电气参数测量、电枢速度的测量及导轨应变温度测量等。电气参数测量主要包括发射过程中的馈电电流测量及电压测量,电气参数测量对电磁轨道发射系统模型中各参数的设定与校正具有重要意义。电磁轨道发射时间极短,且发射电流较大,可达数兆安培级,给测量带来一定的困难。目前,对电流的测量一般采用罗氏线圈电流传感器或光纤电流传感器[360],对电压的测量一般采用电压差分探头。

导轨热力学参数测量主要包括导轨温度测量、导轨应变测量。导轨温度测量目前主要采用光纤光栅温度传感器[361]等,光纤光栅温度传感器可以布设到导轨表面且响应时间极短,可以完整地对导轨的温度变化进行检测,得到了广泛的应用。由于发射过程中膛内环境较为恶劣,而应变测量需要深入膛内,一般为接触性测量,所以应变测量的手段相对单一,主要为光纤光栅应变传感器[362,363]。

一体化发射组件的出口速度测量方式有多种,如磁探针阵列、高速摄像机、光幕靶及多普勒雷达等。磁探针阵列是最为常见的一体化发射组件速度测量方式,因其简单易行、成本低且精度可控,目前被广泛应用于电磁轨道发射的一体化发射组件速度测试中。当电枢在膛内运动时,磁探针感应变化的磁场产生感应电动势,通过对电压波形的过零点或峰值位置的判定即可得出电枢经过磁探针的具体时刻,从而推算出电枢的速度。国内外对磁探针的线圈如何进行绕制(绕制方式)、漆包线的粗细对测量性能的影响、磁探针布设角度的影响及如何提高测量精度均有较为详尽的研究。除磁探针阵列外,多普勒雷达作为经典测速工具也被用于一体化发射组件的出口速度测试中。

此外,为加快电磁轨道发射技术的研发进度,引入了更多优势测试方法,如双目视觉姿态测量技术,X 光机等一体化发射组件观测手段,弹载加速度、温度等传感技术,以及基于光学杠杆的一体化发射组件膛内运动姿态测量等,都直接或经过改进后应用于电磁轨道发射的测试。电磁轨道发射技术的发展,一方面对测试技术有更多需求,对传统测试技术提出了更高要求;另一方面极大地促进了测试技术的进步,是传统测试技术面临的一项重大挑战和机遇。

可以看出,电磁轨道发射测试技术种类繁多,涉及多个学科,本节以其中几项主要的测试技术为例进行介绍。

6.4.2 测试数据同步处理

在电磁轨道发射过程中,获取的数据种类较多,为了便于实时处理和后期分析,必须保证所有数据在时间上具有同步性。

1. 顶层触发

当按下"发射"按钮时,由顶层控制系统发出光触发信号,光触发信号经过光/电转换模块转换成电信号后,经过零延时缓冲器输出多路触发电信号。零延时缓冲器输出的各路触发电信号通过电/光转换模块转换成光触发信号,零延时缓冲器可有效控制各测试子系统中采集仪接收到的触发信号之间的时间误差,同步性可控制在 100 ns 内。各路光触发信号经过光纤传输至各测试设备,最终触发各测试设备开始采集数据,该信号也会被数据采集设备所记录。系统同步触发方案如图 6-40 所示。

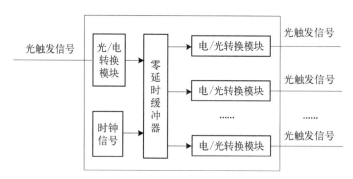

图 6-40 同步触发方案

2. 基于磁探针的触发方法

在传统火炮发射试验中,常采用物理触碰或激光阻断等触发手段,但因电磁轨道发射的高速和强光热等影响,此类触发方式精度大大降低甚至失效。因此,需要一种更加准确且有效的触发机制,提高正常触发的概率。磁探针可以提供最可信的电枢位置及对应时刻,为电磁轨道发射的同步测量提供了新的保障。

在发射装置长度方向上某位置(如膛口)的两导轨中心平面处安装磁探针,磁探针的线圈平面与电枢运动平面平行。当电枢经过该磁探针时,线圈感应出电压信号,如图 6-41 所示。

线圈输出信号经过施密特触发器转换为 30 μs 左右脉宽的脉冲信号,该信号通过电/光转换模块转换成光触发信号,利于远距离传输。光触发信号经过光/电转换模块转换成电信号后,经过零延时缓冲器输出多路触发电信号;各路触发电信号通过电/光转换模块

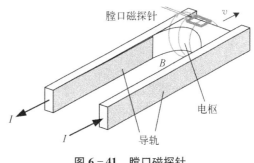

图 6-41 膛口磁探针

转换成光触发信号,可分别提供给 X 光机、高速摄像机及其他外部测试设备等作为触发源。

磁探针触发方案如图 6-42 所示。

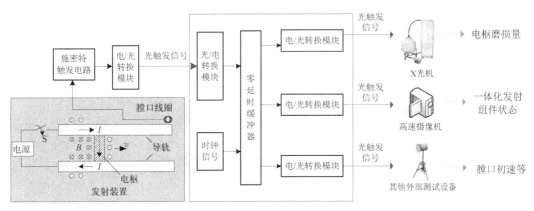

图 6-42 磁探针触发示意图

6.4.3 发射装置电气量测试

发射装置电气量测试主要包括馈电电流测试和膛口馈电电压测试。

1. 馈电电流测试

加载在发射装置上的电流是驱动电枢运动的直接输入能源,是电磁轨道发射系统仿真建模、负载特性研究、电枢动力学特性研究中的重要参数,电流的幅值和变化率直接影响导轨受力的大小与波动。另外,电流作为导轨上的载荷源也会影响导轨的使用寿命,因此准确的电流测试是必不可少的。

1)罗氏线圈

电磁轨道发射系统中的电流测量一般采用罗氏线圈测量,其结构原理图如图 6-43 所示。在环形非磁性骨架上均匀缠绕上漆包线,将待测电流回路的导线穿过线圈,线圈的输出电压正比于被测电流随时间的变化率。

设电流传输导线与罗氏线圈每匝的中心线距离为 r,被测电流为 $i(t)$,则穿过线圈每匝的磁感应强度 B_r 为

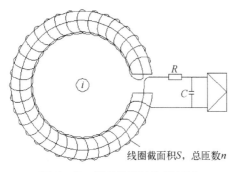

图 6-43 罗氏线圈结构原理图

$$B_r = \frac{\mu i(t)}{2\pi r} \qquad (6-30)$$

感应电压 $u(t)$ 与 B_r 的关系为

$$u(t) = ns\frac{\mathrm{d}B_r}{\mathrm{d}t} \qquad (6-31)$$

$$u(t) = \frac{\mu ns}{2\pi r}\frac{\mathrm{d}i(t)}{\mathrm{d}t} = M\frac{\mathrm{d}i(t)}{\mathrm{d}t} \qquad (6-32)$$

式中,n 为线圈匝数;s 为每匝线圈的面积;M 为测量线圈与放电回路的互感系数;感应电压 $u(t)$ 与被测电流 $i(t)$ 的导数成正比。对式(6-32)等号两边进行积分,可得被测电流 $i(t)$ 和感应电压 $u(t)$ 的积分量成正比。

在实际测试中,罗氏线圈的安装测试示意图如图 6-44 所示。

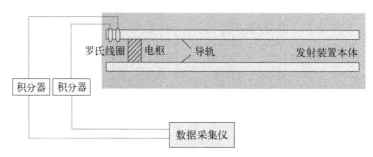

图 6-44 罗氏线圈的安装测试示意图

罗氏线圈测试的优点是响应频带宽,几乎不受被测电流大小的限制,隔离性好,无磁滞与饱和现象,体积小,重量轻,成本低,对大电流测量准确有效。

2) 光纤电流传感器

光纤电流传感器利用法拉第磁光效应对电流进行测量,其基本原理是:电流产生的磁场,使偏振光旋转与磁场强度相关的角度,经过解偏振器后输出的光强又与磁场相关,即光强与电流是相关的,如图 6-45 所示。

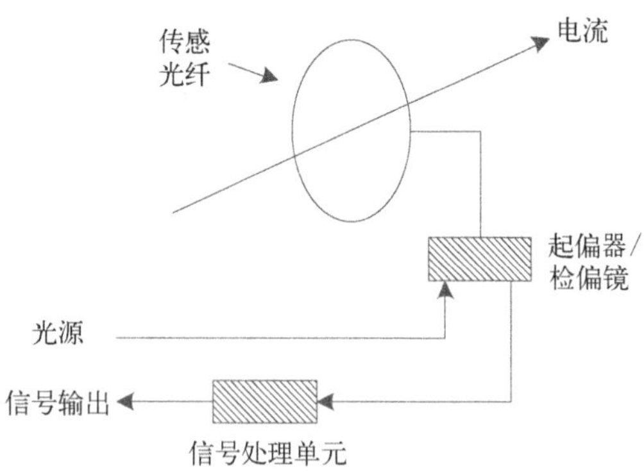

光纤电流传感器具有安全、抗干扰能力强、测量范围大(安培级~十兆安培级)等优点,但是难以准确标定被测电流与光强的关系,以及设备成本高等缺点限制了其应用范围。

图 6-45 光纤电流传感器测试示意图

3) 磁探针测电流法

在电磁轨道发射过程中,电流经过导轨在其周围形成与电流大小相关的磁场,因此在距导轨一定距离处放置磁探针,在获取磁场大小并已知磁探针相对导轨位置的条件下,可反推得到电流大小。实际测试过程中,在使用单个磁探针的情况下,由于导轨与磁探针的相对位置在动态试验中可能会发生变化,难以准确得到,影响电流的测试精度,所以 Cao 等[364]设计了一种三线圈测试结构,如图 6-46 所示。

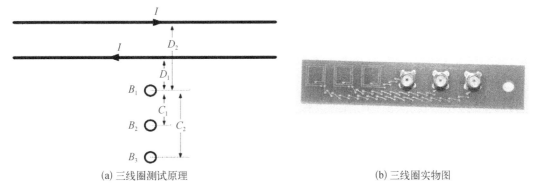

(a) 三线圈测试原理　　　　　　　　　　　　　　(b) 三线圈实物图

图 6-46　三线圈测试结构

在这种测试结构下,线圈相对位置 C_1 和 C_2 可以准确得到,未知参数只有 D_1、D_2 和 I,三线圈的磁场是可以测试得到的,并且可以表达为三个含有未知参数的解析式,求解得到 D_1、D_2 和 I,无须在测试前测量 D_1 和 D_2。

在部分场合,罗氏线圈等传感器不便于现场安装时,可考虑使用磁探针测电流方法。但是,在电磁轨道发射过程中,实际磁探针位置的磁场可能不仅取决于导轨电流,还与发射装置封装结构等因素有关,因此在实际测试时需要对完整的发射装置进行磁场建模,才能得到更为准确的电流值。

2. 膛口馈电电压测试

导轨上电压有两个:一个是膛口电压,另一个是馈电电压。膛口电压及馈电电压是分析发射装置负载特性和枢轨接触状态所必需的参量,尤其是膛口电压,能够反映电枢和导轨滑动接触是否正常。电枢在膛内运动过程中,当枢轨间接触不良好时,枢轨接触面存在空气间隙,接触电阻增大,电枢两端电压幅值将突增。因此,膛口电压幅值的突变可以作为判断枢轨接触异常的依据。同时,在电枢出膛瞬间,电枢和导轨组成的回路突然断开,枢轨接触电阻急剧升高,导致膛口电压幅值突增,因而膛口电压也可以作为判断电枢出膛时刻的依据。

1)膛口馈电电压计算

将发射装置看成电源的电负载,导轨是沿长度分布的电阻和电感。在电枢运动过程中,负载的总电阻和电感随电枢的位置线性增加。电磁轨道发射装置电路模型如图 6-47 所示。

膛口电压 V_{muzzle}、馈电电压 V_{breech} 可以分别表示为

$$V_{\text{muzzle}} = I \times (2R_c + R_{\text{armature}})$$

$$V_{\text{breech}} = IR_{\text{rail}} + \frac{\mathrm{d}(IL)}{\mathrm{d}t} + V_{\text{muzzle}} \tag{6-33}$$

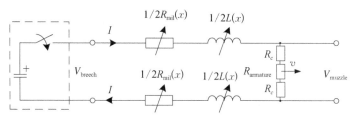

图 6 - 47　电磁轨道发射装置电路模型

式中,I 为流经导轨的电流;R_c 为枢轨接触电阻;$R_{armature}$ 为电枢电阻;R_{rail} 为导轨电阻;L 为导轨电感。

假设导轨中的电阻梯度 R'_{rail} 和导轨电感梯度 L' 为常量,则当电枢运动到 x 位置时,馈电电压可以表示为

$$
\begin{aligned}
V_{breech} &= IR'_{rail}x + L'x\frac{\mathrm{d}I}{\mathrm{d}t} + IL'\frac{\mathrm{d}x}{\mathrm{d}t} + V_{muzzle} \\
&= IR'_{rail}x + L'x\frac{\mathrm{d}I}{\mathrm{d}t} + IL'v + V_{muzzle}
\end{aligned}
\tag{6-34}
$$

可见,膛口电压主要受电枢电阻和枢轨接触电阻的影响;馈电电压与馈电电流(发射电流)大小、导轨电阻梯度、导轨电感梯度、电枢的位置 x 及速度 v 有关。

2) 电压测量传感器

一般大能级发射工况下发射装置馈电和膛口的电压信号为 $0 \sim 10\ \mathrm{kV}$,该测量范围内主要可选用的测量传感器有电压互感器和高压差分探头。电压互感器有多种类型,如图 6 - 48 所示。

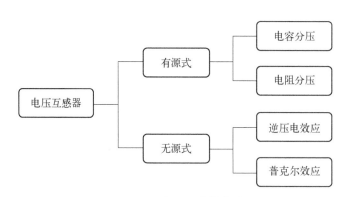

图 6 - 48　电压互感器类型

由于电容分压器频响效应的响应时间比电阻分压器要大,所以不适合用于发射装置动态发射过程中持续时间短、变化率高的电压测量。电阻分压器中的隔离式电阻分压器和电流互感器在试验发射电流较小情况下均能获得较理想波形,但当电流达到 $300\ \mathrm{kA}$ 以上时,电阻分压器明显受到电磁干扰,数据完全不可用。目前,使用效果较好的为光学电压互感器和高压差分探头。

光学电压互感器是一种基于普克尔效应的电压互感器,通过双偏振光路测量及高压等势腔等技术,实现高压一次电压非接触光学准确测量,其测量原理如图 6-49 所示。将光学电压互感器与高压电极及 SF₆ 罐体一体式集成安装,其非介入式高压测量方案绝缘可靠,安全性高,实现了高压一次侧与二次采集单元的完全光隔离。光学电压互感器的缺点是价格高且易损坏。

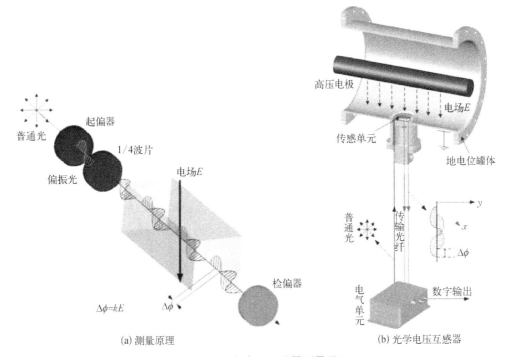

(a) 测量原理

(b) 光学电压互感器

图 6-49　光学电压互感器测量原理

高压差分探头采用差分输入,具有较好的共模抑制比,是进行非地参考、浮动或隔离测量很好的选择,其测量原理如图 6-50 所示。此外,差分探头体积小、成本低、线路连接简单,适用于导轨上的高压测量,腔口/馈电电压测量方案如图 6-51 所示。

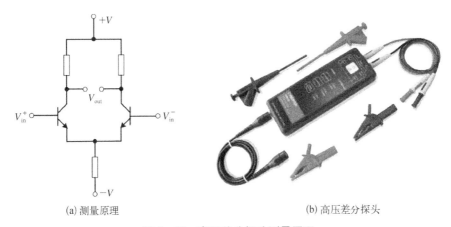

(a) 测量原理

(b) 高压差分探头

图 6-50　高压差分探头测量原理

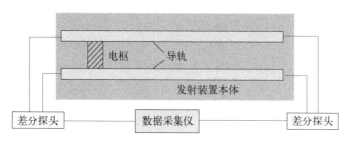

图 6-51 膛口/馈电电压测量方案

馈电电压测试是在馈电上、下母排上分别选取一点连接测试电缆,接入高压差分探头输入端;膛口电压测量是在膛口上、下导轨上各取一点连接测试电缆,接入高压差分探头输入端。

6.4.4 膛内速度测试

一体化发射组件在膛内的速度是描述电磁轨道发射过程的基本参数,是评价电磁轨道发射性能的重要指标。结合电流电压波形,可分析电磁轨道发射过程中的阻力变化,从而捕捉刨削、转捩形成等的动态信息,并可计算获得电感梯度的值;同时,膛内速度参数也是检验系统控制、系统匹配、参数优化的重要工具[365]。

1. 磁探针阵列测试

1)磁探针阵列测试原理

目前,国内外用于电磁轨道发射过程中一体化发射组件膛内运动状态检测的方法主要包括磁探针阵列、光学测距技术、多普勒雷达技术等。其中,磁探针阵列应用最为广泛,它在测量精度、便利性和稳定性等方面都具备一定的优势,是电磁轨道发射系统测试技术中最基础、最重要的一种测试方法。

磁探针(B-dot 探头)阵列是在发射装置发射方向依次布置若干 B-dot 探头,当电枢运动至某 B-dot 探头附近时,电枢磁场作用下 B-dot 探头线圈输出感应信号,通过检测各 B-dot 探头输出感应信号的过零点或峰值时刻可获得电枢运动的位置或时间离散关系,采用合理拟合方法对电枢位置或时间离散关系点进行拟合,继而获取速度、加速度等运动状态。

如图 6-52 所示,当主回路闭合时,导轨及电枢形成回路,电枢通以电流 I 并产生磁场,电枢电流与回路磁场相互作用,在电枢上产生安培力,使电枢运动。以电枢中心点为 0 点、电枢运动方向为 x 轴正向、电流方向为 z 轴正向建立坐标系。设 B-dot 探头阵列位置是沿 x 轴等距布置、高度为 h 的若干个点。

由于 B-dot 探头线圈直径相对电枢长度而言很小,为简单起见,将电枢简化为载电流为 I、长度为 $2D$ 的

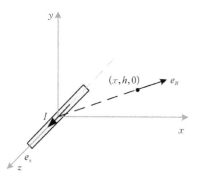

图 6-52 电枢所引起的磁感应强度

长直细导线。若以电枢中心点为 0 点,则电枢对距离中心点垂直距离 h,横向距离 x 的点 $(x, h, 0)$,所引起的磁感应强度可以表示为

$$\boldsymbol{B} = \frac{\mu_0}{4\pi} \int_l \frac{I\mathrm{d}\boldsymbol{l} \times \boldsymbol{e}_R}{R^2} \qquad (6-35)$$

式中,$I\mathrm{d}\boldsymbol{l} = I\mathrm{d}z\,\boldsymbol{e}_z$; $R = \sqrt{x^2 + h^2 + z^2}$; $I\mathrm{d}\boldsymbol{l} \times \boldsymbol{e}_R = I\mathrm{d}z\,\boldsymbol{e}_z \times \boldsymbol{e}_R = \boldsymbol{e}_\varphi I\mathrm{d}z\sqrt{x^2 + h^2}/R$,各参数物理含义参见图 6-52,因此有

$$\begin{aligned}
\boldsymbol{B} &= \boldsymbol{e}_\varphi \frac{\mu_0 I \sqrt{x^2 + h^2}}{4\pi} \int_{-D}^{D} \frac{\mathrm{d}z}{(x^2 + h^2 + z^2)^{3/2}} \\
&= \boldsymbol{e}_\varphi \frac{\mu_0 I D}{2\pi \sqrt{x^2 + h^2} \cdot \sqrt{x^2 + h^2 + D^2}}
\end{aligned} \qquad (6-36)$$

B-dot 探头的输出正比于磁通变化率,则有输出电压:

$$V = \frac{\mathrm{d}\boldsymbol{\Phi}}{\mathrm{d}t} \propto \frac{\mathrm{d}\boldsymbol{B}}{\mathrm{d}t} = \frac{\mathrm{d}\boldsymbol{B}}{\mathrm{d}x} \cdot \frac{\mathrm{d}x}{\mathrm{d}t} = \frac{\mathrm{d}\boldsymbol{B}}{\mathrm{d}x} \cdot v \qquad (6-37)$$

而 B-dot 探头放置方向将直接影响其输出电压波形。B-dot 探头可平行于发射平面放置,设产生感应电压为 V_1,或者垂直发射平面及导轨放置,设产生感应电压为 V_2,如图 6-53 所示。

则可得到

$$\begin{aligned}
V_1 &\propto \frac{\mathrm{d}\left(\dfrac{x}{\sqrt{x^2 + h^2}}\boldsymbol{B}\right)}{\mathrm{d}x} \cdot v \propto \frac{\mathrm{d}\,\dfrac{xID}{(x^2 + h^2) \cdot \sqrt{x^2 + h^2 + D^2}}}{\mathrm{d}x} \cdot v \\
V_2 &\propto \frac{\mathrm{d}\left(\dfrac{h}{\sqrt{x^2 + h^2}}\boldsymbol{B}\right)}{\mathrm{d}x} \cdot v \propto \frac{\mathrm{d}\,\dfrac{hID}{(x^2 + h^2) \cdot \sqrt{x^2 + h^2 + D^2}}}{\mathrm{d}x} \cdot v
\end{aligned} \qquad (6-38)$$

可以认为,电枢通过 B-dot 探头的很短时间内速度 v 及电流 I 保持不变,设 $h = 5$ mm、$D = 30$ mm,则可以计算得到 V_1 和 V_2 的波形分别如图 6-54 (a)、(b)所示。

可见,在 B-dot 探头平行于发射平面放置情况下,当 $x = 0$,即电枢处于 B-dot 探头正下方时,B-dot 探头输出为其峰值;在垂直发射平面及导轨放置情况下,当电枢处于 B-dot 探头正下方时,B-dot 探头输出为正、负峰值间的过零值。

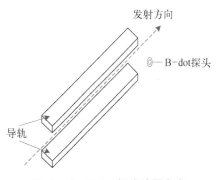

图 6-53　B-dot 探头放置方式

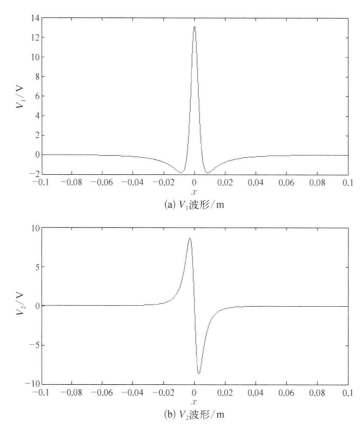

(a) V_1波形/m

(b) V_2波形/m

图 6-54　不同放置方式下 B-dot 输出波形

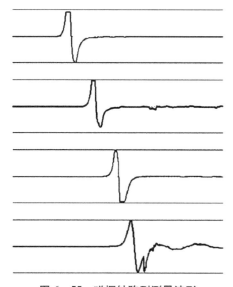

图 6-55　磁探针阵列测量波形

在多次电磁轨道发射试验过程中,发现距离出口越近,磁探针所测数据越不稳定,如图 6-55 所示。发射过程中装置整体振动带来的冲击主要导致两种状况:一种状况是磁探针感应波形不稳定;另一种状况是磁探针数据丢失。随着发射次数的增多,采用磁探针数据拟合得到的速度有逐步偏低的趋势。线圈的面积和匝数与产生的电动势呈线性比例关系,在发射中装置的振动不会对磁探针的面积和匝数有影响,但会导致磁探针的角度及其与导轨的距离有所变化。仿真及试验对比结果说明,在小范围距离变化产生的误差在可接受范围内,并没有影响到对速度的测量。所测数据表明,在振动条件下的角度偏转变化产生的时间误差会使得磁探针测量的出口速度的准确性降低。通过改进磁探针的设计和安装方式,例如,采用电路板型磁探针进行表贴式安装,可以有效减小振动对磁探针测量的影响。

2）磁探针阵列数据处理方法研究

采用合理拟合方法对 B-dot 探头阵列获得的位置或时间离散关系点进行拟合是获得速度及加速度曲线的关键。

图 6-56 为一次试验中采集到的 11 个 B-dot 探头阵列输出波形,其中每个 B-dot 探头阵列输出波形峰谷间的过零点表示电枢运动到该探头下方的时刻,由此可获得电枢位移或时间的对应关系。

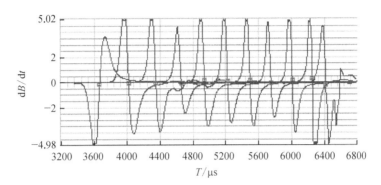

图 6-56　B-dot 探头阵列输出波形

（1）基于三次线性函数拟合方法

根据电枢受力方程:

$$F = L'i^2/2 \tag{6-39}$$

假定电感梯度 L' 为固定值,可见电枢受力(加速度)与 i^2 成正比。由于电流波形在下降段具有较好的线性特征,所以可认为在电流波形下降段,电枢加速度线性递减,加速度 a 随时间 t 的关系可表示为

$$a = -k \cdot t + b \tag{6-40}$$

式中,k 为正数;b 为偏移量。

由于电枢加速度 a 线性递减,所以距离 l 与时间 t 呈三次线性函数关系。因此,在电流波形下降段,可以使用三次线性方程拟合距离 l 与时间 t 的曲线。

（2）基于电流波形拟合方法

假定电感梯度 L' 为固定值,加速度 a 表示为

$$a = L'i^2/(2m) = Ki^2 \tag{6-41}$$

式中,m 为电枢质量;K 为正比例系数。

速度 v 的表达式可记为加速度 a 对时间 t 的积分:

$$v = \int Ki^2 \mathrm{d}t + v_0 \tag{6-42}$$

式中,v_0 为初始速度。

距离 l 的表达式为 v 的积分：

$$l = \iint Ki^2 dt + v_0 t + L_0 \qquad (6-43)$$
$$= f(t) + v_0 t + L_0$$

式中，L_0 为初始距离。

由此可见，距离 l 与 i^2 对时间 t 的两次积分（记为 $f(t)$）、时间 t 及初始距离 L_0 相关。

获得函数拟合矩阵：

$$\begin{bmatrix} f(t_1) & t_1 & 1 \\ f(t_2) & t_2 & 1 \\ \vdots & \vdots & \vdots \\ f(t_{11}) & t_{11} & 1 \end{bmatrix}$$

式中，$f(t_i)$（$i = 1, 2, \cdots, 11$）为 t_i 时刻 i^2 对时间 t 的两次积分所得数值。

采用最小二乘法对拟合矩阵进行函数拟合，可得距离 l 与时间 t 的曲线，在此基础上进行微分即可得到速度与时间的曲线。

拟合结果表明：两种拟合方法均能较为准确地拟合电枢膛内运动过程，而三次线性函数拟合法仅适用于电流波形下降段具有较好的线性特征的情形，拟合结果仅针对该阶段，该方法不具有普遍性；电流波形拟合法适用于任意驱动电流波形，其算法相对更优。

2. 其他膛内速度测试方法

1）多普勒雷达

多普勒雷达利用多普勒频移原理实现测速，即雷达发射电磁波遇到运动的目标反射会产生多普勒频移，通过测量该频移量得到运动目标相对雷达的径向速度。在测得多普勒频率 f_d 的情况下，由下式可计算出目标速度。

$$v = \frac{\lambda}{2} f_d$$

式中，λ 为多普勒雷达工作波长；f_d 为信号的多普勒频率。

在传统火炮应用中，多普勒雷达多被安装在发射身管上，用于测量弹丸出膛后一段时间内的速度，进而反推膛口初速，但是这种应用方式无法测量弹丸在膛内的速度。为此，ISL 的 Schneider 等[366]将多普勒雷达放置于装置尾部，测量一体化发射组件在膛内的速度，测量示意图如图 6-57 所示。

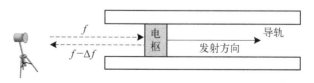

图 6-57　多普勒雷达尾部测量示意图

　　该方法在动态发射试验中测得的多普勒信号如图 6-58 所示,处理后得到如图 6-59(a)所示的多普勒测速结果,利用该速度积分求得位置曲线,并与磁探针方法测得的位置对比,如图 6-59(b)所示。可见,两者一致性较好,验证了多普勒雷达测速方法的有效性。

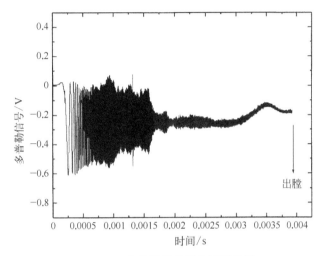

图 6-58　多普勒雷达尾部测量信号

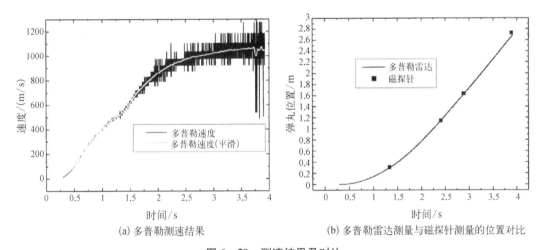

(a) 多普勒测速结果　　　　　　　　　(b) 多普勒雷达测量与磁探针测量的位置对比

图 6-59　测速结果及对比

2) 反射式光纤传感测速[367]

　　反射式光纤传感测速利用反射光原理,采用光纤作为激光传输介质,将包括入射光纤和接收光纤的探头伸入腔内,激光光源通过入射光纤提供入射光,当一体化发射组件经过某个光纤探头时,入射光照射在一体化发射组件侧面,光在一体化发射组件表面反射后进入接收光纤,接收光纤将接收到的光接入光电转换器得到电脉冲信号。一体化发射组件经过每个光纤探头都可以形成一个电脉冲信号,进而可以得到一体化发射组件经过该探头的时间数值,光纤探头自身的位置数据是已知的,类似于磁探针测速方法,可以得到一组一体化发射组件的时间-位置数据,在此基础上,采用适当的数据处理算法,即可得到一体化发射组件在膛内的速度曲线。该测速方法示意图如图 6-60 所示。

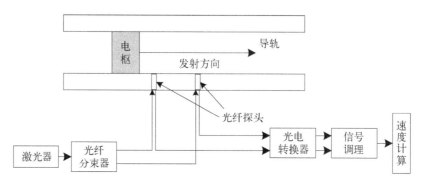

图 6-60　反射式光纤传感测速示意图

反射式光纤传感测速方法的测速误差来源主要有两个方面：位置误差和时间误差，即光纤探头的位置安装测量误差和电脉冲信号时间误差。经过严格地安装和精确测量，可使得最终的测速误差优于 0.1%，满足膛内测速误差要求。

图 6-61　高速摄像膛内测速

3）高速摄像

美国学者曾利用高速摄像机拍摄电磁轨道电枢膛内运行状态[229]，将发射装置支撑体替换为透明材质，使得弹丸在膛内的运动过程可以被观测到，如图 6-61 所示。

同时，利用高速摄像机记录电枢在一定时间间隔内运动的距离，从而得到电枢膛内运行速度，并与 B-dot 探头测量结果进行对比。两次试验对比如图 6-62 所示。其中，在高速段由于高速摄像机过曝光无法获取电枢速度，在低速段高速摄像机可以提供较高精度的速度测量结果。

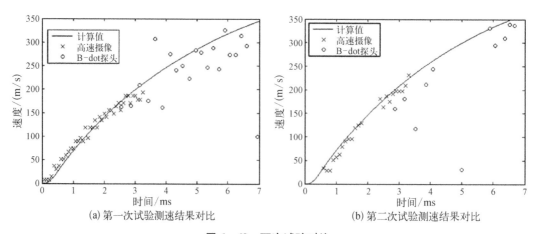

(a) 第一次试验测速结果对比　　(b) 第二次试验测速结果对比

图 6-62　两次试验对比

6.4.5　膛内磁场测试

从电磁轨道发射原理可知,导轨和电枢上的强电流会在一体化发射组件处产生感应磁场,将对一体化发射组件内部的电子设备造成一定的影响,因此有必要对膛内磁场进行测试,为一体化发射组件内部器件的抗强磁场设计提供依据。

1. 电磁感应

假设线圈匝数为 n、截面积为 S,则变化的磁场在线圈中产生的感应电动势为

$$\varepsilon = knS\frac{\mathrm{d}B}{\mathrm{d}t}$$

式中的探头系数 k 可在测试前标定。

殷强等[368]通过多匝磁场探测线圈对静止条件下的电磁轨道发射装置膛内磁场进行了测量。将线圈放置在膛内不同位置,可测量各个位置的磁场强度,试验布局图如图 6-63 所示,磁场测量结果与计算值基本一致。

图 6-63　试验布局图

对于动态试验中的膛内磁场测量[369],可通过在发射装置上预留安装孔,将测量线圈布置到膛内左右对称位置,分别测量水平方向和发射方向上的磁场强度,如图 6-64 所示。磁场的测量结果与计算值相比,虽然趋势吻合,但测试值小于计算值,说明计算模型基本可以反映磁场的变化规律,但是两者之间存在系统偏差,这可能来源于测量误差或者计算模型的简化。

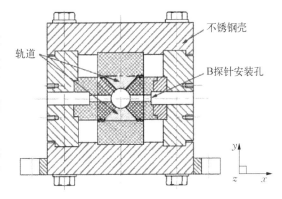

图 6-64　传感器布置示意图

2. 超巨磁阻传感器

通常情况下,物质的电阻率在磁场中变化较小,但在很强的磁场中,某些绝缘体会突然变成导体,称为超巨磁阻(colossal magnetoresistance, CMR)效应。一种利用该效应制造的传感器[370]如图 6-65 所示,传感器的敏感区域很小,典型的尺寸约为 0.5 mm×50 μm。

该传感器在 ISL 的电磁轨道发射装置中进行了静态测试,测试现场如图 6-66 所示。

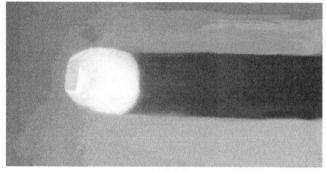
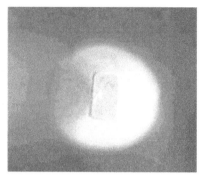

(a) 侧面　　　　　　　　　　　　　　　　　　(b) 正面

图 6 - 65　磁场传感器

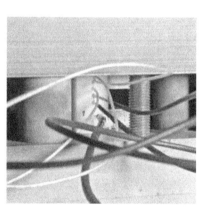

(a) ISL试验装置　　　　　　　　　　　　　(b) 传感器安装

图 6 - 66　ISL 试验装置测试现场

在静态试验中,5 个位置的磁场传感器测试结果与仿真值(MEGA 软件计算)的对比如图 6 - 67 所示,可以看出,两者吻合较好。

在 ISL RAFIRA 发射装置上进行的动态发射试验中也验证了该方法的有效性。

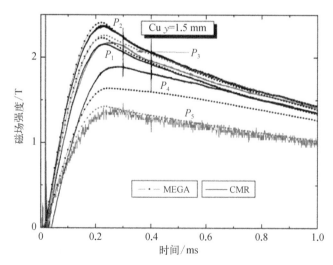

图 6 - 67　不同位置瞬态磁场测量值与计算值对比

6.4.6　光纤光栅应变与温度测试

1. 光纤光栅应变测试

导轨是电磁轨道发射装置的核心部件之一,导轨上的应力应变是导致导轨疲劳损伤、发生塑性形变的主要因素。发射过程中电枢瞬间冲击引起导轨的形变和振动,严峻考验着导轨的结构特性[371]。导轨应力应变的时空分布特性是分析导轨结构失效机理及连续发射应用边界的重要前提。发射过程中加载的电流不是恒定电流,电枢在运动过程的磨损及熔融、电流趋肤效应、装置外封装复杂结构等因素,导致难以通过建立精确的计算模型仿真获得动态载荷下导轨应变整体规律。测量导轨上的应变可以有效掌握导轨上应力场的空间分布,为评估导轨性能退化提供支撑,对导轨的结构设计、寿命评估有着重要指导意义。

传统应变测量传感器采用箔式应变片,其工作原理基于导体或半导体材料阻值的应变效应,将被测件的应变量转换成电阻变化量。由于处理电路包含电阻桥,所以传感器工作过程中带电,绝缘性要求较高,而连续发射过程中导轨的稳态高温使应变片与导轨间绝缘材料的选择成为难题。

采用光纤光栅传感器可有效解决导轨应变测量问题。光纤光栅传感器的光纤纤芯的有效折射率 n_{eff}、折射率调制的周期 Λ 在应变的作用下会发生变化,从而使中心波长发生移动。

$$\Delta\lambda_B = C_\varepsilon \Delta\varepsilon \qquad (6-44)$$

式中,$\Delta\lambda_B$ 为中心波长的变化量;C_ε 为光纤光栅传感器中心波长的应变灵敏度;$\Delta\varepsilon$ 为测量对象的应变变化量。

对于 1 550 nm 波段的光纤光栅传感器,$C_\varepsilon \approx 1.2\ \mathrm{pm/\mu\varepsilon}$。利用光纤光栅传感器的中心波长和应变的关系,采用适当的封装保护方式,可以将光纤光栅传感器用于应变量的测量。在实际测试过程中,光纤光栅传感器输出同时受温度影响,一般将光纤光栅传感器进行某种结构的封装,使光纤光栅传感器对外界环境温度不敏感,或采用温度补偿的方法测量出被测位置的温度,通过软件处理校正测量结果。

在发射过程中,沿导轨长度方向电枢所在处导轨受力达到最大值,此时导轨受到的排斥力和电枢对导轨的挤压力两者作用于导轨的中间部分。故而将应变传感器布置在导轨背部正中间位置,以此测量的导轨应变可以有效反映出动态发射过程中导轨受力的变化规律,如图 6-68 所示。

利用光纤光栅传感器测量得到的导轨应变曲线如图 6-69 所示,从中看出电枢在膛内运动时导轨应变最大值具有随电枢移动而变化的特征;电枢出膛后导轨产生了规律性振动。

光纤光栅传感器除了具有灵敏度高、尺寸小、抗电磁干扰能力强等特点外,光纤光栅

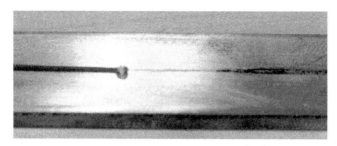

图 6 - 68 导轨背面的应变传感器[372]

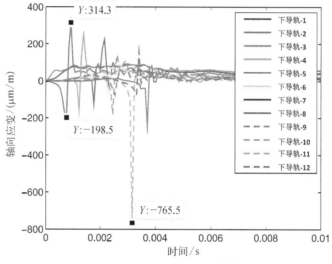

图 6 - 69 导轨应变曲线[373]

传感器的波分复用特性可使一根光纤内复用多个传感器阵元,使得传感器的布设更为简单。

2. 光纤光栅温度测试

导轨上累积的热量是导致导轨材料软化、屈服强度降低的主要因素。发射过程中高功率脉冲电流和电枢的高速滑动产生的热量,严峻考验着导轨的材料特性。导轨温度的时空分布特性同样是分析导轨材料失效机理及连续发射应用边界的重要前提,对导轨的冷却设计、寿命评估有着重要的指导意义。

目前,对待测物体温度的测量方法可以分为非接触式测温方法和接触式测温方法两大类。具体来说,非接触式测温方法包括激光测温、红外测温、光纤辐射测温等;接触式测温方法包括热电阻测温、热电偶测温、压力式测温、光纤测温等。在电磁轨道发射系统中导轨被外围封装包裹的结构难以满足非接触测量的条件。对于接触式测量,导轨温度测量可考虑采用电量式测温和光纤式测温。

电量式测温主要利用电性能与温度之间的关系进行测量,包括热电阻、热电偶等。热电阻是利用材料电阻与温度之间的关系来测量温度,实际应用中比较普遍的是铂电阻温度计。铂电阻温度计测量准确度相对较高,但其动态响应相对较差,一般用于温度标定。

热电偶工作原理是参考端和测量端之间由于存在温差将出现热电势,利用热电势和温差之间的函数关系可推算出温度。热电偶具有结构简单、测量精度高、性能稳定等特点,在实际测量中使用得较多。但将其用于导轨温度测量有很大困难,由于热电偶及其处理电路带电工作,绝缘性要求较高,所以在强磁场下易被干扰,且其体积较大,无法满足现场安装要求。

光纤光栅传感器利用光纤材料的光敏特性在光纤的纤芯上建立一种空间周期性折射率分布,从而改变或控制光在该区域的传播行为方式[374]。如图 6 - 70 所示,当光入射到光纤光栅传感器后,在满足布拉格(Bragg)条件下,入射光将发生反射,反射光谱在 Bragg 波长处出现峰值,其中心波长 λ_B 为

$$\lambda_B = 2n_{\mathrm{eff}}\Lambda \tag{6-45}$$

式中,n_{eff} 为光纤纤芯的有效折射率;Λ 为光纤光栅传感器折射率调制的周期。在温度的作用下,光纤光栅传感器的纤芯有效折射率和周期发生变化,从而使中心波长发生移动,如式(6-46)所示。

$$\Delta\lambda_B = C_T\Delta T \tag{6-46}$$

式中,C_T 为光纤光栅传感器的中心波长的温度灵敏度,对于 1 550 nm 波段的光纤光栅传感器,$C_T \approx 10$ pm/℃。

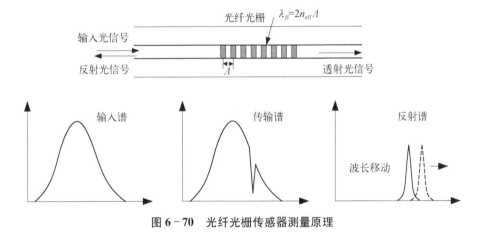

图 6 - 70　光纤光栅传感器测量原理

利用光纤光栅传感器的中心波长和温度的关系,采用适当的封装方式,可以将光纤光栅传感器用于导轨温度参量的测量。

光纤光栅传感器尤其适用于大电流、强磁场和高电压的测试环境。在综合考虑测量精度、测量的便携性、稳定性和可靠性的基础上,光纤光栅传感器最适合用于电磁轨道发射系统中导轨的温度测量。

3. 其他膛内温度测试方法

1) 红外热成像技术

枢轨之间良好的滑动电接触状态是电磁轨道发射是否正常的表征之一,如果枢轨间

滑动电接触不好,则可能在导轨上产生烧蚀、转掖、刨削等损伤,从而降低导轨的使用寿命,甚至导致发射故障。苏子舟等[228]认为枢轨接触面及其附近区域的温度分布可以直接表征枢轨间滑动电接触的状态,尝试通过测量枢轨接触面及其附近区域的温度分布数据,来分析枢轨滑动电接触性能,并介绍了一种红外热成像技术,通过测量物体辐射率来确定其温度,采用瑞典 FLIR 公司红外温度测试系统,将红外摄像机对准测试部位,即可获取特定区域的温度场数据。该方法在一个 15 mm 方口径电磁轨道发射装置的试验中得到了验证,可实现枢轨接触面温度测量,精度可达 1℃。仿真与测试结果表明,电枢发射后 0~8 ms 喷射出的高温等离子体温度达到 2 212.3℃,测得的导轨表面温度曲线与仿真温度曲线整体基本一致,一定程度上验证了测试方法的有效性。虽然目前商用红外热成像仪较为成熟,但测温范围、精度及响应时间的不足限制了该技术在高能级电磁轨道发射试验中的应用。

2) 金属等离子体温度测量技术

利用高速摄像机和光谱分析仪可对发射过程中产生的金属等离子体的辐射温度进行测量。2010 年,美国海军研究实验室在其设计的 12 MJ 能量等级的电磁轨道发射装置试验中,通过该方法测得膛内起始段的温度在 3 000~3 700 K,在膛口冲击波处温度降至约 2 500 K,整个发射过程中估算辐射温度为 2 400~4 000 K[228]。

3) 光纤辐射测温技术

对于非接触式测温方法,程洁冰[375]介绍了一种高速载流摩擦件瞬态温度场测量方法,该方法搭建的系统采用基于红外辐射原理的光纤温度传感器为测量工具,被测接触面温度升高产生热辐射,进而产生红外信号,光纤传感器接收到红外信号后可转换为电信号,后端经过信号处理和温度补偿后可输出温度数值。该方法在模拟电磁轨道发射系统的高速载流摩擦试验机上得到了初步验证,验证试验中,在导轨上测温部位以特殊方式打通孔,将光纤温度传感器以特殊方式安装固定在通孔中进行测量。试验表明,实测温度与仿真温度误差在 0.8%~2.1%,验证了测量方法的有效性。该测温技术在电磁轨道发射原理样机上可以有效进行枢轨接触面的温度测量,验证所建模型的正确性,对于电磁轨道发射技术的理论研究具有重要意义。

6.4.7 中间弹道测试

1. 基于高速摄像机的双目交会测量

为了获得电磁轨道发射一体化发射组件中间弹道数据,指导其内弹道和外弹道的设计,同时验证弹托分离模型的正确性,有必要对中间弹道进行测量。中间弹道测试内容主要包括:① 弹托分离过程中上、下弹托分离角度的测量,主要用于评估弹托分离设计的一致性和对称性;② 中间弹道飞行过程中弹体姿态的测量,主要用于评估弹托分离过程对弹体姿态的影响。

电磁轨道发射一体化发射组件恶劣的高过载和强磁场发射环境,以及复杂的电弧干扰等影响因素的作用,导致传统的接触式测量手段难以获取有效数据,而高速摄像机逐渐成为首选的非接触式测量工具,利用高速摄像机进行双目测量正成为主流的方法,并且随着计算机技术和图像处理技术的发展,双目测量精度越来越高,逐渐可以替代传统的接触式传感器测量方法,其测量原理如图 6-71 所示。

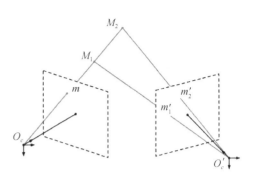

图 6-71　三维双目视觉测量原理

图 6-71 中,如果仅有左摄像机,由于 O_c、M_1、M_2 和 m 四点是共线的,所以无法通过 m 点的图像位置唯一确定 M_1 或 M_2 点的三维空间位置,但如果加入右摄像机,则可以借助右摄像机中的 m_1' 或者 m_2' 的图像位置唯一确定 M_1 或 M_2 点的三维空间位置。若能在弹上按一定的布局做标记点,通过双目测量得到标记点的空间位置,再利用标记点坐标与弹体姿态角之间的方程关系,即可求解得到弹体的姿态。

1) 标记点坐标计算

使世界坐标系与左摄像机光心坐标系重合,若已经标定出左、右摄像机参数,则可以通过式(6-47)计算空间点 M_1 的三维世界坐标:

$$\begin{bmatrix} -f_x^l & 0 & x_c^l \\ 0 & -f_y^l & x_c^l \\ x_c^r r_{31}^h - f_x^r r_{11}^h & x_c^r r_{32}^h - f_x^r r_{12}^h & x_c^r r_{33}^h - f_x^r r_{13}^h \\ y_c^r r_{31}^h - f_y^r r_{21}^h & y_c^r r_{32}^h - f_y^r r_{22}^h & y_c^r r_{33}^h - f_y^r r_{23}^h \end{bmatrix} \begin{bmatrix} X_w \\ Y_w \\ Z_w \end{bmatrix} = \begin{bmatrix} 0 \\ 0 \\ f_x^r t_x^h - x_c^r t_z^h \\ f_y^r t_y^h - y_c^r t_z^h \end{bmatrix} \quad (6-47)$$

式中,各参数物理含义如图 6-72 所示,$x_c^l = x_i^l - c_x^l$,$y_c^l = y_i^l - c_x^l$,$x_c^r = x_i^r - c_x^r$,$y_c^r = y_i^r - c_x^r$。其中,(x_i^l, y_i^l)、(x_i^r, y_i^r) 分别为左摄像机中 m 点和右摄像机中 m_1' 点的图像坐标,这是通过图像匹配获得的。$(c_x^l, c_y^l, f_x^l, f_y^l)$ 和 $(c_x^r, c_y^r, f_x^r, f_y^r)$ 分别为左、右摄像机的内部参数,其中 (c_x^l, c_y^l) 和 (c_x^r, c_y^r) 分别为左、右摄像机光轴与成像平面交点的图像坐标。$R^h = (r_{11}^h, r_{12}^h, r_{13}^h, r_{21}^h, r_{22}^h, r_{23}^h, r_{31}^h, r_{32}^h, r_{33}^h)$ 和 $T^h = (t_x^h, t_y^h, t_z^h)$ 分别为右摄像机光心坐标系相对于左摄像机光心坐标系的旋转矩阵和平移向量。

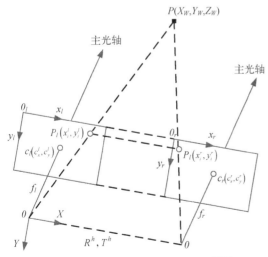

图 6-72　双目视觉系统数学模型[376]

2) 俯仰角、偏航角计算

在弹体表面做两个连线与弹轴平行的标记点,如图 6-73 所示的 P_1 和 P_2 点。采用图像跟踪算法实现对标记点的跟踪,再结合标定的高速摄像机内、外参数可解算得到两点的空间坐标,记为(x_1, y_1, z_1)和(x_2, y_2, z_2),则物体的俯仰角 α 和偏航角 β 计算公式如式(6-48)所示。

$$\begin{cases} \alpha = \arctan\left[\dfrac{z_1 - z_2}{\sqrt{(x_1 - x_2)^2 + (y_1 - y_2)^2}}\right] \\ \beta = \arctan\left(\dfrac{y_1 - y_2}{x_1 - x_2}\right) \end{cases} \tag{6-48}$$

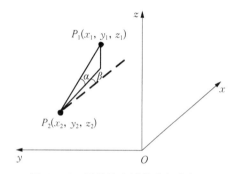

图 6-73 弹体姿态计算空间坐标系

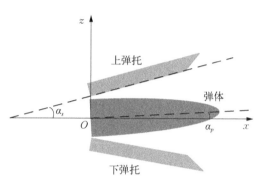

图 6-74 弹托分离角计算示意图

对于弹托分离角的测量过程参见图 6-74,可先得到弹体相对地面坐标系的俯仰角 α_p,再采用同样的方法得到弹托相对地面坐标系的俯仰角 α_s,则弹托分离角可表示为

$$\alpha = \alpha_s - \alpha_p \tag{6-49}$$

3)滚转角计算

在弹体表面沿周向做 2 个标记点,两个标记点的连线与弹轴垂直,如图 6-75 所示的 Q_1 和 Q_2。建立以弹体底部中心为原点的极坐标系,Q_1 和 Q_2 的极坐标分别为$(r_1,$

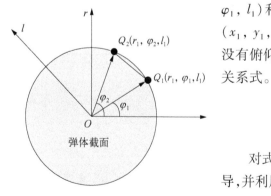

图 6-75 弹体姿态极坐标系

$\varphi_1, l_1)$和(r_1, φ_2, l_1),相应的空间坐标系坐标用(x_1, y_1, z_1)和(x_2, y_2, z_2)表示。假定弹体运动时没有俯仰角和偏航角,则可得如式(6-50)所示的关系式。

$$\begin{cases} r_1\cos\varphi_2 - r_1\cos\varphi_1 = y_1 - y_2 = \mathrm{d}y \\ r_1\sin\varphi_1 - r_1\sin\varphi_2 = z_1 - z_2 = \mathrm{d}z \end{cases} \tag{6-50}$$

对式(6-50)第一个方程等号左右关于时间 t 求导,并利用 $\mathrm{d}\varphi_1/\mathrm{d}t = \mathrm{d}\varphi_2/\mathrm{d}t = \omega$,其中 ω 表示弹体滚转角速度,可得

$$\begin{cases} \omega(r_1\sin\varphi_1 - r_1\sin\varphi_2) = \mathrm{d}\Delta y/\mathrm{d}t \\ r_1\sin\varphi_1 - r_1\sin\varphi_2 = \Delta z \end{cases} \tag{6-51}$$

则弹体滚转角速度计算公式如下:

$$\omega = \frac{\mathrm{d}\Delta y/\mathrm{d}t}{\Delta z} = \frac{\Delta \mathrm{d}y/\mathrm{d}t}{\Delta z} = \frac{v_{y1} - v_{y2}}{z_1 - z_2} \tag{6-52}$$

若考虑弹体的俯仰和偏航运动,则需要在式(6-52)基础上先对坐标系进行旋转变换,可得旋转变换后的滚转角速度计算公式如下:

$$\omega = \frac{\mathrm{d}\left(\dfrac{\Delta y}{\cos\beta}\right)\bigg/\mathrm{d}t}{\dfrac{\Delta z}{\cos\alpha}} = \frac{\cos\alpha}{\Delta z} \cdot \Delta\left[\frac{\mathrm{d}y}{\mathrm{d}t}\frac{1}{\cos\beta} + y\frac{\sin\beta}{\cos^2\beta}\frac{\mathrm{d}\beta}{\mathrm{d}t}\right] \tag{6-53}$$

$$= \frac{\cos\alpha}{\cos\beta}\frac{v_{y1} - v_{y2}}{z_1 - z_2} + \frac{\cos\alpha(y_1 - y_2)}{z_1 - z_2}\frac{\sin\beta}{\cos^2\beta}\omega_\beta$$

式中,ω_β 为偏航角速度,由式(6-48)关于时间求导得到。

2. X 光机测试

在电磁轨道发射试验中,一体化发射组件在出膛后的一段距离内被弧光、烟雾和粉尘包围,传统的可见光成像技术难以对一体化发射组件进行观测。脉冲 X 射线成像技术具有曝光时间短、穿透力强的特点,可穿过弧光、烟雾拍摄爆炸过程中的高速运动物体及不透明物体内部的状态,是爆轰试验测试、雷管爆炸、弹道测速及常规兵器战斗部研究中不可缺少的测试手段,广泛应用于等离子物理、材料科学、放射性、生物和医学的瞬态过程研究[377]。瑞典 Scandiflash 公司的 X 光机测试系统在这一领域得到了较为广泛的应用。该测试系统主要由闪光 X 光机系统、控制系统和成像系统三部分组成,如图 6-76 所示。闪光 X 光机系统主要包括高压脉冲发生器、高压电缆和封离式闪光 X 射线管等;控制系统包括充电调压器、同步机、延时机、光电探测器和示波器等;成像系统包括 X 射线底片等器

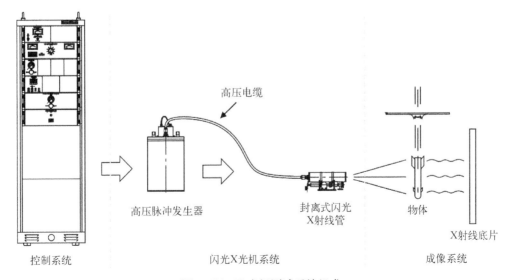

高压电缆

控制系统　　　　　　　　高压脉冲发生器　　封离式闪光　　物体　　　X射线底片
　　　　　　　　　　　　　　　　　　　　　X射线管

控制系统　　　　　　　　闪光X光机系统　　　　　　成像系统

图 6-76　X 光机测试系统组成

材。当一体化发射组件飞行到测试区,高压脉冲发生器产生一个极短的高电压脉冲加到 X 射线管上时,X 射线管产生一个短时、高强度的 X 射线脉冲。X 射线脉冲穿过一体化发射组件,所得到的信息被捕获、存储在 X 射线底片上。

试验前,首先根据要求,控制系统设置各台仪器的参数,包括触发高压值、延迟时间等。在控制系统接收到外部触发信号后,按照设定的延迟时间进行延时;延时时刻到,延时发生器输出经过触发放大器触发变压器(图 6-77),从而使 Marx 发生器输出高压脉冲;高压脉冲驱动 X 射线管发射 X 射线,最终在 X 射线探测器上获得一个有效的 X 光图像。

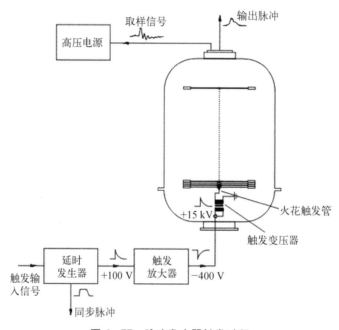

图 6-77 脉冲发生器触发过程

图 6-78 展示了 X 光机在一次火炮发射试验中获取的成像图片,在电磁轨道发射试验中也可以获取类似图像,通过适当的标定可以从中得到一体化发射组件出膛后的姿态角、弹托分离对称性,以及电枢磨损等数据,可为一体化发射组件的设计验证和优化提供重要数据。

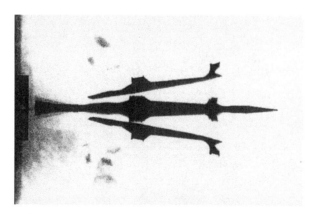

图 6-78 X 光机在一次火炮试验中获取的成像图片

3. 其他测试

特殊波段的激光是克服电磁轨道发射弧光干扰的一种潜在手段。中国兵器工业第203 研究所的王瑞等[378] 提出了一种激光数字高速摄像技术,以高能量脉冲激光器为照明光源,在同步控制器的协调下,可以使高速摄像机的曝光时间缩短到 1 μs 甚至更短,同时配合窄带滤光系统,以此克服爆炸瞬态过程强烈自发光的影响。通过压缩摄像机曝光时间和使用激光窄带滤光片,尽量减少干扰光的曝光量,而使激光照明光源能量全部曝光。同步控制器输出多路相位延时脉冲信号,控制高速摄像机的快门开启时间与激光脉冲出光时刻同步,从而保证每个激光脉冲在相应的快门内曝光。系统使用的激光反射屏(苏格兰片),具有较高的原向反射率,可形成激光亮背景。运动目标投影到反射屏形成阴影,摄像机对亮背景和目标阴影进行成像拍摄。这种测试技术理论上可以克服弧光干扰,但电磁轨道发射出口处除弧光外,还有大量的烟雾、粉尘等,极大地影响了激光高速摄像的拍摄效果,一定程度上限制了该测试技术的工程应用。

Luo 等[379] 利用多台高速摄像机对电磁轨道发射出口处的电枢进行观测,这种测试方法不仅可以得到多个时间序列的电枢成像,以计算电枢出膛速度,而且可以对电枢的形状进行三维重构,得到电枢的三维成像,估算电枢在发射过程中损失的质量,进而评估电枢的磨损量。

可以看出,非接触式测试技术尤其是光学测量在电磁轨道发射测试中得到了广泛应用。但是,限于测试环境和测试设备性能,往往获取的成像并不理想,影响了观察和定量分析效果,在这种情况下,采取图像增强、图像分割等图像处理技术可以提升成像图片的质量,并且可从现有成像图片中获取更多信息。例如,燕山大学的杨培艳[380] 利用 Mean Shift 图像分割算法将一体化发射组件从伴有弧光、碎屑的背景中提取出来,对一体化发射组件在低速和高速时的飞行状态进行了分析,并利用该算法对发射后的导轨图像进行了图像分割,提取轮廓的边界,统计了导轨不同位置处的烧蚀情况,分析了导轨烧蚀的主要区域,通过面积和深度区分了导轨的烧蚀程度,为导轨的烧蚀分析提供了有效依据。

6.4.8　短时脉冲电流条件下材料性能测试

电磁轨道发射系统涉及多种材料,如钢、铝、铜等,为了探究短时脉冲电流对材料力学性能的影响,可搭建测试平台对铜材和铝材在短时脉冲电流条件下的材料性能进行测试[381]。

1. 测试方法

试样用特殊设计的夹具固定在定制的力学测试机上,由于测试中电流很大,所以试样与加载机构、力传感器和其他测量设备均采用硅酸铝陶瓷进行绝缘。测试用的夹具和试样如图 6-79 所示。由于加载机构引入了附加柔度,所以力学测试机测得的真实应变必须进行等效处理。测试机最大载荷为 1 300 N,有恒定应变率、预定应变率两种工作模式。

脉冲电源系统主要包括 11 个 20 kV、25 μF 的电容器,通过 5 个独立的电感连接于电

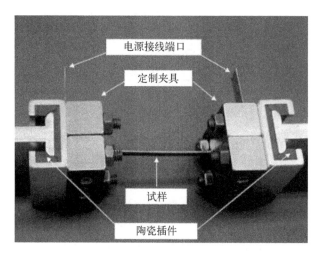

图 6-79 定制夹具和试样

路中,电容器采用 Lambda EMI 152A 型电源充电,充电速率可达 1 500 J/s,放电由固态触发电路触发。采用罗氏线圈测量流过试样的电流,通过示波器获取电流数据。试样的峰值电流密度约为 3 300 A/mm² 。在测试过程中,电流在试样中反复流动,直到耗散完毕。因此,100 μs 的电流脉冲实测通流时间约为 700 μs。

2. 测试结果及分析

图 6-80 为恒定应变率铜、钢和铝应力随时间变化。测试结果表明:在施加 2 ms 电流脉冲后,试样中的应力立即下降,随后单调地恢复到先前的应力状态,其中钢材恢复得最快,铜材次之,铝材恢复得最慢。应力下降现象可能是由试样热膨胀导致的,随后的应力恢复可能是由试样冷却、夹具的持续加载两个原因导致的。因此,很难区分是脉冲电流还是机械加载引起的塑性应变。

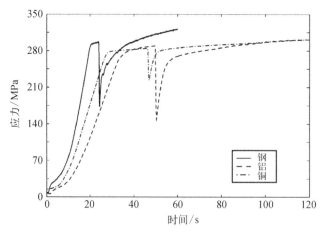

图 6-80 恒定应变率铜、钢和铝应力随时间变化

为了解决上述问题,文献[381]开展了进一步测试。按照恒定应变率测试中描述的加载过程,将铝和铜试样加载到刚好低于流动应力的点,并固定机器夹具。然后,对试样进行一系列的连续电流脉冲加载,其中铜和铝的充电电压为 6 kV,每次脉冲加载后冷却时间 90~100 s。铜试样应力随时间变化如图 6-81 所示,铝试样应力随时间变化如图 6-82 所示。

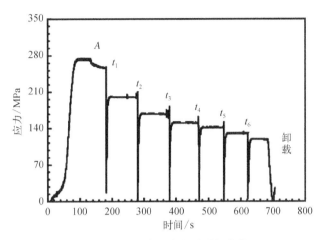

图 6-81　铜试样应力随时间变化

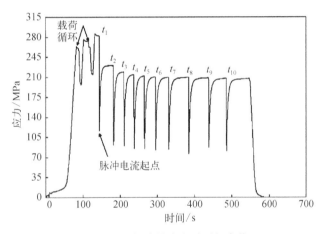

图 6-82　铝试样应力随时间变化

从测试结果可以发现,每次铝和铜试样通过电流脉冲后,试样应力无法恢复到施加脉冲电流前的水平,并且应力恢复值呈指数衰减,在最初的 3~5 个脉冲电流施加过程中规律非常明显,随着试样连续加载电流脉冲,应力恢复值与施加脉冲电流前的应力值相当。与图 6-80 对比可以确定,该过程的应力恢复主要是由于试样冷却,应力重新加载。在上述测试完成后,继续对试样进行力学性能测试,发现:铝试样和铜试样的弹性模量均未变化,铜的屈服强度没有变化,但铝的屈服强度降低了 20%,可以理解为材料硬化导致的后果。

6.5　小　　结

本章首先介绍了电磁轨道发射系统的电能控制技术和系统仿真模型,实现了系统发射参数的精确控制。在此基础上,研究了针对电磁轨道发射系统的故障诊断与预测技术,为提高电磁轨道发射系统的安全性和可靠性奠定了基础。最后,较为全面地介绍了电磁轨道发射系统中各参量的测试技术,概括了各测试技术的基本原理、精度、特点及工程应用等。通过研究,得到了以下基本结论:

(1)提出了从电能由初级储能到二级储能再到发射装置的精确控制技术,确保系统能量按照预定的发射轨迹快速安全流动,在此基础上建立了电磁轨道发射系统的全系统仿真模型,通过电流的精确控制实现一体化发射组件出口速度和过载的精确控制。

(2)针对电磁轨道发射系统结构复杂、能量大、可靠性要求高等特点,提出了基于知识的组合故障诊断方法,将已有的先验知识融入故障建模、信号处理和数据驱动,可实现系统的精确故障诊断;提出了基于时间序列异常侦测的故障诊断方法,侦测同工况下传感器获取的高频时间序列异常波形,可有效诊断系统故障。

(3)提出了基于大量寿命试验和概率统计的故障预测技术及基于时间序列的故障预测技术,从大量器件和全系统的寿命试验中获取器件的特征参数变化规律及全系统的高动态时间序列数据,实现了重要器件和全系统的状态预测,解决了器件和全系统的精确故障预测问题。

(4)全面概述了电磁轨道发射系统的测试技术,包括电气、运动、磁场、应变温度等参量及中间弹道和关键材料的测试技术,重点研究了基于磁探针阵列的一体化发射组件膛内运动状态测试方法,基于光纤光栅的导轨应变温度测试方法及基于高速摄像机的双目交会测试方法等,实现了高动态复杂环境下发射装置和一体化发射组件的高精度数据采集,为电磁轨道发射系统的精确控制、健康监测及优化设计等提供了数据支撑。

第7章 电磁轨道发射技术应用

电磁轨道发射技术是以电气工程为主,集材料、机械、力学、兵器、信息、控制等学科于一身的前沿技术,具有初速高、射程远、威力大、精度高等多种优点,瞬间可产生大电流、强磁场、超大脉冲功率和动能,在军事、民用及太空等领域都有着广阔的应用前景,为人类如何利用能量提供了新的途径。

7.1 军 事 应 用

7.1.1 海军应用

电磁轨道发射技术最直接的应用是电磁轨道炮,将给海军装备发展带来深远的影响。不同能级的电磁轨道炮可装备于驱逐舰、护卫舰、超能舰等各类舰艇,担负防空反导、远程对陆、对海等作战使命,可有效替代部分中近程舰载导弹任务。在卫星导航定位系统和战场情报侦察监视系统的支撑下,电磁轨道炮一旦成规模列装部队并形成战斗力,必将开启新的舰炮作战模式,引发新的军事技术革命,具有划时代的意义。电磁轨道炮海军应用如图7-1所示。

1. 防空反导应用

海军舰艇最大的威胁来自反舰导弹,因而防空反导是海军武器装备发展的第一要务。电磁轨道炮初速可达2 500 m/s,能大幅提升有效射程,延长武器系统的反应时间,从而有效增加目标航路上拦截炮弹的数量,针对亚声速目标,还可实现多目标拦截。此外,弹丸飞行相同距离的时间缩短,可减小火控系统中的目标运动假设误差,提高单发命中概率;且弹丸到达相同距离的存速也高,对目标的毁伤能力更强。舰载电磁轨道炮拦截巡航导弹如图7-2所示。

防空型电磁轨道炮拦截的目标主要是巡航导弹,考虑到弹丸脱靶量随射程的增加而增多,使得传统火炮的防空斜距为3~5 km。一般而言,在传统火炮平台中,小口径舰炮的防空斜距约为3 km,中口径舰炮的防空斜距为4~5 km。如果防空型电磁轨道炮能将拦截反舰导弹的防空斜距增加一倍,则相同速度目标的射击时间可延长约一倍,射击弹数也可增多约一倍,或者在相同的射击时间、射击弹数条件下,拦截的目标速度可增大一倍。由此,可初步确定防空型电磁轨道炮的口径和有效射程,见表7-1[382,383]。

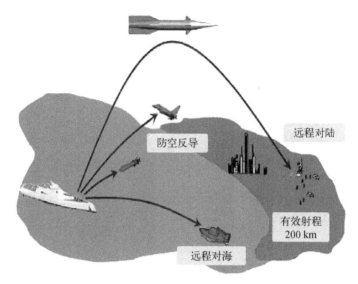

图7－1　电磁轨道炮海军应用

图7－2　舰载电磁轨道炮拦截巡航导弹

表7－1　防空型电磁轨道炮的口径和有效射程[382,383]

类　　型	口径/mm	有效射程/km
小口径防空型电磁轨道炮	约40	6
中口径防空型电磁轨道炮	约76	10

发射率指标决定了电磁轨道炮单位时间内能发射的炮弹数量,由于反舰导弹的速度较快,从电磁轨道炮开火拦截到停止射击的时间很短,所以防空型电磁轨道炮必须具有较高的发射率。表7－2列出小口径防空型电磁轨道炮和中口径防空型电磁轨道炮对不同速度来袭导弹采用不同发射率在有效射击区段内的可射击弹数。因此,为保证小口径电磁轨道炮在全航路上的命中弹数不小于10发,其发射率应该在600发/min以上,而中口

径电磁轨道炮的弹丸预制破片数量多,但在全航路上的最小命中弹数应不小于 2 发,其发射率应该在 80 发/min 以上[383]。

表 7 - 2 不同发射率在拦截区段内的可射击弹数[383]

发射率/ （发/min）	小口径防空型电磁轨道炮射击弹数/发		中口径防空型电磁轨道炮射击弹数/发	
	目标速度 1 *Ma*	目标速度 2 *Ma*	目标速度 1 *Ma*	目标速度 2 *Ma*
600	147	66	—	—
500	123	55	—	—
400	98	44	—	—
120	—	—	53	25
100	—	—	44	21
80	—	—	35	17

舰载电磁轨道炮末端动能大、弹道特性好,为了提高大口径舰载电磁轨道炮对空中目标的命中概率和毁伤概率,可采用以下三种弹丸射击控制方式[382]。

（1）无控弹丸射击:虽然技术难度低,但是命中率、毁伤效能较差,其作战使用构想如图 7 - 3 中 A 所示;

（2）定向射流方式:采用定向射流一体化弹丸,实时测量目标和弹药的位置信息,通过实时解算控制参数,调整弹丸飞行姿态,并预算抛射引信启动时机,最终命中目标,其作战使用构想如图 7 - 3 中 B 所示;

（3）毫米波架束制导:在火控诸元控制下,照射器始终对准飞行目标,弹丸出膛后,在预定距离内进入波束;弹载机收到毫米波信号后,根据偏差形成控制指令,控制弹丸飞向目标,当接近目标时,启动战斗部毁伤目标,其作战构想如图 7 - 3 中 C 所示。

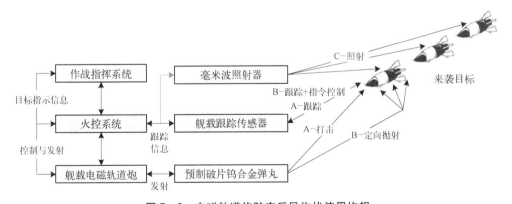

图 7 - 3 电磁轨道炮防空反导作战使用构想

2. 远程对陆打击应用

冷战后美军主导的一系列现代化局部战争表明,大规模海上攻防对抗的战争模式已经过去,取而代之的是濒海环境下的海空一体化战争。在这种战争模式中,海军的一个重要作用是实行对岸火力打击。电磁轨道炮的出现,将使海军舰炮的火力打击覆盖圈大大地向内陆地区拓展。尽管"战斧"巡航导弹等远程精确制导武器能够提供远程火力支援,但其战术弹性、反应时效及单位火力成本等方面都不如电磁轨道炮。美国海军研究表明:海军对岸火力支援,必须采用远程对陆精确打击方式,而舰载电磁轨道炮是未来执行对岸火力支援的最佳选择。电磁轨道炮对陆打击如图7-4所示。

图 7-4　电磁轨道炮对陆打击示意图

与常规武器相比,电磁轨道炮具有射程远、反应时间短等优点,在登陆作战中可为登陆部队提供更远、更强的火力支援。电磁轨道炮的弹丸体积与重量比传统舰炮弹药小,因此相同贮存空间中装载弹药更多。目前,美国海军现役导弹携载量最大的提康德罗加级导弹巡洋舰,其最大的作战导弹携载量不超过 500 枚,而同等贮存条件下,能装载数万枚电磁轨道炮弹药,这将大大提高攻击型舰艇的火力打击密度与持续性。并且电磁轨道炮即使自身暴露被击中,因为没有装载推进剂和高能炸药,所以也不会发生大规模的燃烧与爆炸事故,从而大大提高了平台的生存能力。

舰载电磁轨道炮远程对陆打击的目标可分为两大类型:坚固防御工事和岸上有生力量或装备。

(1)对于坚固防御工事目标主要采用直接命中方式,依靠舰载电磁轨道炮弹丸末端高动能直接撞击目标,达到摧毁敌坚固防御工事的目的。

(2)对于岸上有生力量或装备,弹丸采用填充大量小钨合金等子弹的形式,在弹丸临近目标时,启动抛射引信,弹丸抛射出大量高速飞行的钨合金子弹,对目标进行大面积毁伤。

作战模式可采用编队多炮齐射的方式,对岸上目标进行区域覆盖射击。为了进一步扩大毁伤面积,可利用制导弹丸和同时弹着技术,弥补目标的定位误差和弹丸飞行散布误差,可大大增强对远距离岸上目标的大面积毁伤效果。

舰载电磁轨道炮对近距离目标的作战使用构想与传统舰炮相似,而对岸上远距离目标火力打击作战使用构想如图 7-5 所示。利用无人机、飞艇等空中平台搭载光电、红外及合成孔径雷达等多种传感器,对视距外的岸上目标进行侦察、探测、跟踪;通过远程数据链路将目标定位信息回传给作战指挥系统,完成射击指挥决策,形成目标指示;火控系统进行火力通道组织和射击诸元解算,完成舰载电磁轨道炮一体化弹丸的发射、控制和评估。

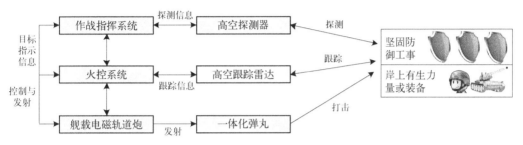

图 7-5　电磁轨道炮对岸上远距离目标火力打击作战使用构想

3. 远程对海打击应用

舰载电磁轨道炮可以在几公里到几十公里甚至上百公里外对敌方编队实施火力打击,远大于常规舰炮的射程,从发现目标到命中目标的反应时间明显优于反舰导弹,能快速、高火力密度地对上百公里以内的舰船等海上平台进行由远及近的打击,而其作战使用成本远低于反舰导弹。电磁轨道炮对海打击如图 7-6 所示。

图 7-6　电磁轨道炮对海打击示意图

目前,电磁轨道炮具备在驱逐舰、航母等水面舰艇装备的条件,可替代传统火炮打击海上舰船、潜艇、舰载机等目标,提供远程火力支援。尤其是利用其强大的穿透能力,可实现其他武器难以完成的对飞机、舰艇的毁灭性打击;试验已经表明,用电磁轨道炮发射质量仅为 50 g、初速为 3 km/s 的炮弹,就能轻易穿透 25.4 mm 厚的坦克装甲,这是目前炮弹根本无法实现的。另外,电磁轨道炮可在战术防御体系纵深对敌实施超视距打击,形成火力遮断,限制敌方机动作战。

对于海上目标,舰载电磁轨道炮弹丸采用预制大量如小钨合金子弹的形式,打击时子弹如雨点般落下,对敌舰船上的人员或装备进行毁伤。

舰载电磁轨道炮对视距内目标的作战使用构想与传统舰炮相似,而对视距外的海上目标的作战使用也必须通过天基、空基、舰基和岸基等视距外平台探测侦察手段,保持对目标的实时定位与跟踪,其作战使用构想如图 7-7 所示。

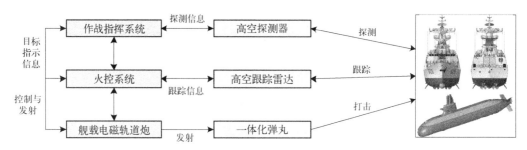

图 7-7　电磁轨道炮远程对海打击作战使用构想

4. 超能舰应用

目前,全球海军多种任务的作战平台如航母编队等,系统复杂、协同指挥难度较大,而且建造维护成本极高。随着高能武器的发展,传统的作战平台已无法满足新型武器的能量需求。针对这一现状,作者率先提出超能舰构想:集成电磁能武器和综合电力系统的新型海上攻防一体作战系统。超能舰上的装备有电磁轨道炮、电磁线圈炮、电磁火箭炮、激光武器、高功率微波等新型电磁能武器,并与全电化舰船技术集成,将舰船平台能量智能高效地转化为高能武器所需的电磁能,使单艘舰船同时具备防空、反潜、反导和对海、对陆的精确打击能力,大幅提升舰船持续作战能力,从而保证单艘超能舰船遂行传统舰艇编队的作战任务,这将彻底颠覆一百多年来的海上编队作战方式。超能舰构想图如图 7-8 所示。

超能舰的先进性表现在两方面:一方面是舰船综合电力系统的应用。全电推进大大缩小了动力装置的体积,从而获取高度自由的设备布置,同时噪声小,船体更加注重外形隐身。另一方面是舰载高能武器系统的运用。替换反舰导弹、防空导弹及鱼雷在内的传统武器系统,采用电磁轨道炮加激光武器的组合,远距离使用电磁轨道炮,近距离使用激光武器和高功率微波,协同配合,弹药造价低且携带量大幅提升。

电磁轨道发射技术是超能舰作战效能发挥的核心。根据电磁能武器理论作战能力推测,利用电磁轨道发射装置投射导弹,可以实现 2 000 km 级别的对陆、对海精确打击,以及 200~600 km 的防空反导拦截;利用电磁火箭炮和电磁轨道炮可以实现 0~400 km 的对陆、对海打击,以及 10~200 km 的防空反导拦截;10 km 以内则可利用激光炮或高功率微波武器作为最后一道防线,对末端导弹进行拦截。此外,在水下还可以利用电磁轨道发射装置

图 7-8　超能舰构想图

或电磁线圈发射装置发射反潜导弹或反鱼雷导弹,有效攻击敌方潜艇或来袭鱼雷,保障水下安全。

7.1.2　陆军应用

电磁轨道发射技术在陆军中有很大的应用潜力,包括电磁坦克、远程火力投送与海岸防御、陆基防空反导、电磁迫击炮、陆基导弹发射、电磁枪械及电磁装甲等领域。

1. 电磁坦克

传统陆基身管火炮受制于火药发射原理,侵入深度难以适应未来的反装甲作战需求。电磁轨道发射技术可突破传统火药发射的速度极限,适用于反装甲武器,尤其是坦克主炮。在可视距离直射时,电磁轨道炮还具备命中时效短、弹道更为平直等优势,同时装载电磁轨道炮的坦克不用携带传统火药发射所需的底火和高爆炸药,故而降低了弹药库被引爆的风险,大幅度提升了坦克的操作安全性和战场生存能力[384]。

早在 1985 年,美国国防技术委员会就在装甲/反装甲技术研讨会上,将电磁轨道炮确定为未来 30 年坦克主炮的重点发展方向,美国陆军的反装甲试验表明,电磁轨道炮能有效击穿第三代坦克复合装甲。英国在 20 世纪 80 年代初论证过将电磁发射武器系统应用于未来主战坦克的潜力和可行性,并开展了相关的研究工作。2003 年,美国陆军在"未来作战系统(future combat system, FCS)"计划 BAE 系统公司方案中,设计了装载电磁轨道炮的战车方案,如图 7-9 所示。英国陆军也计划在战术侦察装甲车及步兵战车上装备电磁轨道炮,用于增强轻型作战车辆的反装甲能力。

目前,电磁轨道发射技术运用于主战坦克领域还存在电源系统及冷却系统的小型化

图 7 - 9　BAE 系统公司使用电磁轨道炮的战车设计图

等问题,更为实际的方案是先实现可安装于卡车或普通装甲车的 3~5 MJ 电磁轨道炮,从而实现对自行火炮的替代,待 10 MJ 以上的电磁轨道炮系统满足装车要求后,可以期待未来主战坦克的性能实现重大提升。

2. 远程火力投送与海岸防御

电磁轨道发射技术在远程火力投送与海岸防御方面具有非常大的优势。一方面,电磁轨道炮运用于远程火力投送时,其打击范围和打击时效将远远超过当前各种身管火炮,配备制导弹丸以后还能实现与导弹相近的打击精度,从而可替代价格高昂的部分导弹,执行超视距打击及海岸防御任务;另一方面,由于电磁轨道发射技术还可以依据打击目标距离的不同来调整脉冲电源的放电能量,所以无须花费时间控制发射药的装药量,这大大缩短了发射前的准备时间,且无须储存各类发射药,降低了后勤补给及爆炸风险。

针对超视距目标,使用车载电磁轨道炮进行远程火力投送与海岸防御的作战使用构想如图 7 - 10 所示。空中预警平台对目标进行侦察、探测、跟踪,将目标位置信息回传至作战指挥系统,火控系统根据作战指挥系统下发的目标信息进行火力组织和射击诸元解算,控制车载电磁轨道炮发射制导弹丸。制导弹丸再通过卫星等制导方式,最终击中目

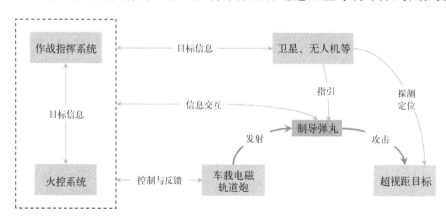

图 7 - 10　对超视距目标作战使用构想示意图

标。当打击坚固防御工事或重型装甲车时,电磁轨道炮可采用动能弹丸直接命中目标的方式,利用高动能直接将其摧毁。当打击有生力量或海上目标时,弹丸内可填充大量钨合金等弹珠,从而对目标产生大面积毁伤效果。

3. 陆基防空反导

电磁轨道炮可作为一种低成本的陆基防空反导武器,代替高射武器及部分防空导弹,用于打击敌临空飞机,拦截来袭炮弹、巡航导弹及弹道导弹等目标。

在 2013 年美国陆军协会年会上,美国 GA 公司展示了 3 MJ"闪电"车载电磁轨道炮,如图 7-11 所示。该炮射程 80 km,既可提供反炮兵火力,又可执行防空任务,还具备一定的近程弹道导弹拦截能力,其功能多样性是传统火炮及导弹无法实现的。"闪电"车载电磁轨道炮由 3 辆拖车式卡车运载,其中 2 辆拖车式卡车用于装载发电机及脉冲电源,第三辆拖车式卡车用于搭载发射装置、弹药箱及火控雷达,整套系统可通过 C-17 运输机实现全球快速机动部署。美国陆军在俄克拉马荷州福特·希尔陆军基地试验场进行了"闪电"车载电磁轨道炮的实弹射击试验,试射取得初步成功,将 1.5 kg 弹丸加速至 2 km/s(约 6 Ma)。

图 7-11　美国 GA 公司 3 MJ"闪电"车载电磁轨道炮

2014 年,美国众议院军事委员会战略部队分委员会要求美国国防部制定一份关于电磁轨道炮能否成为经济承受范围内有效弹道导弹防御武器的分析报告,以作为未来美国弹道导弹防御体系的可选方案之一。2015 年 7 月,在美国定向能峰会期间,美国陆军防空反导项目执行官透露,美国陆军正与海军及国防部合作研究电磁轨道炮的相关理论和技术,探求如何将电磁轨道炮集成到陆军防空体系中,用于应对近程弹道导弹的威胁。2017 年,法国国防采购局创新活动中,ISL 也公开展示了其研发的卡车式电磁轨道炮。

2019 年,美国 GA 公司首次公开了其研发的另一款新型电磁轨道炮进行试射打靶的画面,如图 7-12 所示。新型电磁轨道炮的炮口动能为 10 MJ。据推测,它的弹丸依旧为实心构造,射程为 100 km,试验测试时精确击中了装甲车辆改装的靶标。

图 7-12　美国 GA 公司 10 MJ 新型电磁轨道炮

4. 电磁迫击炮

电磁轨道发射技术除了可将小质量物体加速到高速、超高速外,还可以应用于常规质量或大质量物体的中低速发射领域,如电磁迫击炮。

区别于执行中远程火力投送任务的榴弹炮,迫击炮主要应用于近距离目标的快速打击,因此对射程及初速要求较低。传统的迫击炮通常依靠步兵携带,近年来有大型化和自行化发展的趋势。为了增大射程,一般采用高能推进剂和增大装药量的方法,但随之增大了发射时的后坐力,导致精度降低并增大了弹药补给难度。而采用电磁轨道发射的方式可弥补传统迫击炮射程和精度的缺陷,而且能够有效提高士兵战场生存能力、作战杀伤能力及可操作性,其军事优势如表 7-3 所示。

表 7-3　电磁迫击炮军事优势

优　势	具　体　内　容
提高生存能力	(1) 取消敏感的发射药;(2) 消除视觉信号;(3) 降低声学暴露
提高杀伤力	(1) 射程从 7 km 提升至 10 km;(2) 提升打击精度和准确度;(3) 显著缩短第一轮打击时间
提高可操作性	(1) 集成自动装弹机系统;(2) 具备多发同时弹着(multiple round simultaneous impact,MRSI)能力;(3) 可设定发射弹道从而提高有效性

常规迫击炮和电磁迫击炮指标对比如表 7-4 所示[385]。

表 7-4　常规迫击炮和电磁迫击炮指标对比

参数	120 mm 常规迫击炮	120 mm 电磁迫击炮
射程/km	7.7	9
初速/(m/s)	341	450
弹丸质量/kg	13.8	16.5(含电枢)
炮口动能/kJ	802	1 633
加速长度/m	2	2.1
工作电流/MA	—	1.5

2005 年,美国国防部高级研究计划局开启电磁迫击炮的论证计划,希望在最低程度改装现有 13 kg、120 mm 口径迫击炮的前提下,将射程由 7 km 提高至 9 km,炮口初速实现 420 m/s 的超声速发射。该项目由 IAT 负责,并于 2008 年完成发射试验,通过总长 3 m 的 2 层串联增强式电磁轨道迫击炮,如图 7 - 13 所示,成功将约 17 kg 的集成发射包加速至 430 m/s[386]。炮弹方面,IAT 直接利用现有 934 炮弹尾部加装开口型圆环电枢制作的迫击炮弹丸(图 7 - 14)。国内中北大学也进行了相关研究,针对 1.7 MJ 炮口动能的车载电磁迫击炮,进行了系统仿真和集成建模研究,如图 7 - 15 所示[387]。

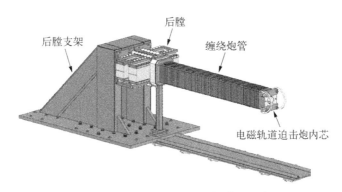

图 7 - 13　IAT 的 120 mm 电磁轨道迫击炮样机

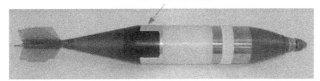

图 7 - 14　IAT 电磁轨道迫击炮弹丸(934 炮弹尾部
加装开口型圆形电枢)

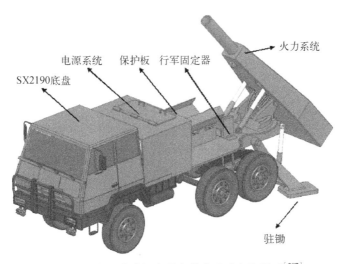

图 7 - 15　中北大学提出的车载电磁迫击炮模型[387]

5. 陆基导弹发射

陆基导弹是战略威慑和军事打击的重要力量,发射质量一般为百公斤级到数十吨级,发射速度为几十米每秒到一百多米每秒,目前发射方式主要采用热发射(自力发射)和冷发射(外力发射)两类[388],热发射依靠导弹自身的助推发动机燃烧产生的反推力进行发射,发射时的高温火焰极易暴露目标,且发射装置需要承受高温燃气烧蚀和超高速熔融残渣的侵蚀,在潮湿及沿海湿热、盐雾环境下寿命显著缩短[389]。传统冷发射以压缩空气、燃气或燃气-蒸汽混合物为动力源,将导弹弹射至一定高度后,导弹的火箭发动机再点火。这种方式避免了发动机在发射装置内的直接点火,提高了隐身性和延长了发射装置的寿命,但存在通用性差的问题,一种发射装置往往只能发射单一型号的导弹。随着电磁轨道发射技术的发展,利用电磁发射装置进行导弹发射的技术逐步得到研究应用,有效克服了传统发射的不足,具备以下优势:

(1) 速度与射程大幅提高,发射导弹质量范围广;

(2) 电磁推力精确可控,可灵活控制速度和打击精度;

(3) 无火药推进剂,弹药存储安全性增强,后勤补给和维护费用低;

(4) 初始发射无化学燃烧,有效避免了对发射系统的烧蚀;

(5) 无火焰,隐蔽性、安全性高。

目前,导弹电磁发射装置主要包括直线电机型、电磁线圈型及电磁轨道型。2004 年,美国桑迪亚国家实验室和洛克希德·马丁公司利用电磁线圈型导弹发射器将 649 kg 的导弹模型发射到 7.3 m 的高度[390],验证了电磁发射导弹这一方案的可行性。2006 年,美国桑迪亚国家实验室对小质量载荷进行了发射测试,结果如表 7-5 所示,进一步验证了电磁发射的灵活性。

表 7-5　2006 年美国桑迪亚国家实验室测试结果

参　　数	数　　值
发射质量/kg	24.6
发射角度/rad	1.39
发射垂直高度峰值/m	57
出口速度/(m/s)	34
峰值加速度	417g
加速距离/mm	251
出口动能/kJ	14.2
发射总储能/kJ	91.1
发射效率/%(出口动能/总存储电能)	15.6
每级储能/kJ	约 18

电磁轨道发射装置结构简单,技术较为成熟,且在中低速情况下烧蚀问题不明显,更

易于实现,可快速推进工程化应用。对于大质量导弹发射,需要的推力较大,而多极轨道或分层结构的电磁轨道发射装置能够产生更大的电磁推力,比传统的双导轨型更适于导弹发射。

如图 7 - 16 所示四极电磁轨道发射装置,在同等电流(300 kA)情况下,产生的电磁推力约为传统双轨发射装置的 2.2 倍[391];同样,对于六极电磁轨道发射装置(图 7 - 17),同等电流(100 kA)下产生的电磁推力为传统发射装置的 3.5 倍[392]。

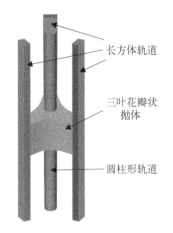

长方体轨道

三叶花瓣状抛体

圆柱形轨道

图 7 - 16　四极电磁轨道发射装置

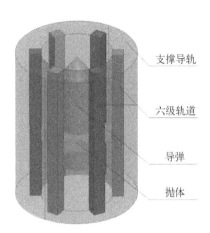

支撑导轨

六级轨道

导弹

抛体

图 7 - 17　六极电磁轨道发射装置

对于多层轨道型装置(图 7 - 18),同样可以提高电磁推力。理论上 N 层轨道的电感梯度为传统单层轨道的 N^2 倍。在供电电流相同的条件下电磁力可提高 N^2 倍,或在供电功率相同的条件下,这种高电抗负载(高电压、低电流负载)可大幅降低电路焦耳热损耗,相比单层轨道具有较大的优势。

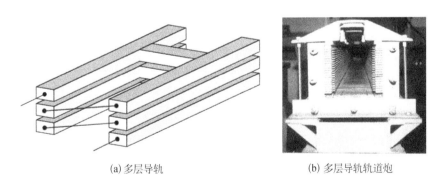

(a) 多层导轨　　　　　　　　　　(b) 多层导轨轨道炮

图 7 - 18　多层轨道电磁发射结构[393]

6. 电磁枪械

电磁枪械是在现有枪械的基础上将火药发射方式更改为电磁轨道发射方式而产生的一种新型枪械。电磁枪械在速度射程等方面优于传统火药枪械,适用于单兵武器或车载、舰载副武器等场合,图 7 - 19 为电磁枪械安装于装甲车的构想图。

与常规枪械相比,电磁枪械具有以下优势:

图 7‑19   电磁枪械安装于装甲车的构想图

（1）动能大，穿甲性能好。在同等口径下，电磁枪械发射的弹丸可以产生更大的枪口动能，从而具有很强的穿甲能力，可轻易击穿防弹衣及头盔，并对防护较弱的轻型装甲车辆带来威胁。

（2）初速高，弹丸飞行时间短。电磁枪械发射的高速子弹可以更快地飞抵目标，从而降低了射手对提前量的把握难度，并且更短的飞行时间可以降低风速对弹丸的影响，使射击精度得到提高。

（3）射程远，作战范围广。电磁枪械的射程远超常规枪械，在与持常规枪械的敌人作战时具有射程优势，可以在更远的距离下对敌方有生力量或轻型装甲车进行攻击。

（4）可控性强，弹丸动能可调节。常规枪械的发射动能依靠子弹内的装药量进行调节，针对不同场合需要携带不同的子弹。电磁枪械的弹丸动能可通过改变电流大小进行调节，更易于实现子弹的通用化。

（5）加速均匀，后坐力小。电磁枪械可采用匀加速方式推动弹丸，相比常规枪械的火药爆炸瞬间大推力的加速方式具有更低的峰值推力，从而降低了枪械的后坐力，使射手更易于操作。

（6）子弹体积小，没有弹壳。电磁枪械的子弹和发射所需能量分开存储，因此子弹没有弹壳，体积较小，发射能量可存储在能量密度较大的电池中，根据实际情况进行调配，从而避免过多的能量消耗，综合来看射手可单次携带更多的作战物资。同时，抛壳机构的取消使枪形更加多变，提高了枪械设计的灵活性。

相对于传统发射枪械类武器，电磁枪械优势比较明显，但当前急需解决的问题是如何降低发射装置的体积和重量，从而满足单兵、多兵携带或车载、船载作战使用要求。同时，可配套相应同口径的小型制导子弹，保证电磁枪械在超远射程下仍具有很高的狙击精度。图 7‑20 展示 2012 年由美国桑迪亚国家实验室设计的制导子弹结构，该制导子弹可根据制导系统全程跟踪目标并调整飞行轨迹，精度极高，计划应用于下一代超远射程狙击步枪[394]，可为未来电磁枪械的子弹设计和研制提供借鉴意义。

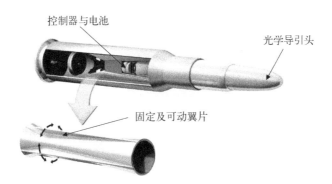

图 7 - 20　美国桑迪亚国家实验室设计的制导子弹结构

7. 电磁装甲

电磁装甲是利用电磁能干扰破坏来袭射弹,从而减轻或消除坦克主装甲损伤的一种新概念附加装甲,根据其原理可分为主动式与被动式两类。

主动式电磁装甲基于电磁线圈发射原理,如图 7 - 21 所示,在坦克主装甲外侧每隔一段距离安装一块可由线圈驱动的钢板,在坦克的探测系统发现威胁后,会控制储能装置向对应侧的线圈放电,从而驱动钢板迅速飞出,迎击来袭射弹,削弱或彻底阻止其破坏主装甲。由于主动式电磁装甲需要在很短时间内(≤0.1 s)完成威胁检测并驱动钢板反击,难度很大,所以发展相对缓慢[395]。

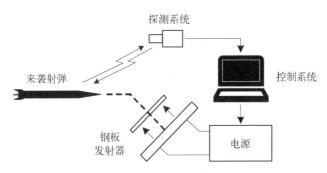

图 7 - 21　主动式电磁装甲原理

被动式电磁装甲基于电磁轨道发射原理,如图 7 - 22 所示,其由放置于坦克主装甲外侧的 2 块薄金属装甲板(外装甲板、内装甲板)、板间绝缘介质及脉冲电容器组成。正常状态下,由于绝缘介质的阻隔,电能被安全地存储于脉冲电容器中;当来袭射弹击穿外装甲板和绝缘介质并接触到内装甲板时,回路被导通,脉冲电容器中的能量通过 2 块薄金属装甲板及射弹迅速释放,产生的脉冲大电流造成横向电磁力、电

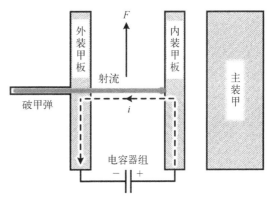

图 7 - 22　被动式电磁装甲原理

爆炸作用、磁流体扭曲效应及箍缩效应等,从而实现对来袭射流或弹芯的干扰、破坏[395]。

相比防护破甲弹产生的金属射流,防护高强度的穿甲弹固态弹芯要困难很多。被动式电磁装甲要想通过脉冲大电流折断坚硬的弹芯,横向电磁力产生的作用最为直接和有效,其瞬间的折断力为

$$F = \frac{1}{2}\Omega L'i^2 \tag{7-1}$$

式中,Ω 为电感梯度效率因子($\Omega<1$);L' 为回路的电感梯度;i 为回路的脉冲电流。

从式(7-1)中可看出,为提高被动式电磁装甲的防护效果,脉冲电流的梯度和峰值应该越大越好,从而能够更快、更彻底地破坏来袭的射流或弹芯。

由于布满坦克全身的被动式电磁装甲可由同一个脉冲电容器组集中存储能量,所以较传统的火药爆炸式反应装甲有重量轻、成本低、防护能力强、安全性高等优点,且未来可与装备电磁轨道炮的全电战车结合,从而提高脉冲电源系统的利用率,具有很好的应用前景。2003年,英国军方展示了安装被动式电磁装甲的"武士"步兵战车成功抵挡 RPG-7 反坦克火箭弹的录像,其电磁装甲总质量只有 3 t,产生的效果却相当于 10~20 t 均质钢装甲。

被动式电磁装甲的防护效果依赖电路接通瞬间的脉冲大电流,对于防护基于破甲弹原理的反坦克火箭弹和导弹,大约 1 MA 的电流可阻挡金属射流的侵蚀,此时脉冲电容器组至少需要 1~2 MJ 的储能,对于防护穿甲弹的要求更高[396]。因此,如何降低储能装置的体积及降低储能需求是未来重点发展的方向。

7.1.3　空军应用

电磁轨道发射技术在空军的应用主要包括机载电磁轨道发射、无人机发射及机场要地防空等领域。

1. 机载电磁轨道炮

电磁轨道炮可装载于空军战斗机等平台作为机载武器,可用于巡航自卫、近程防空、近程反导或反卫星[397]。机载电磁轨道炮发射弹丸的超高速优势及抗电磁干扰能力,可使敌方战机和传统导弹难以躲避。同时,利用机载电磁轨道炮发射破片弹等,在短时间内形成大面积的弹幕,可远距离精确拦截或阻滞来袭的战机或导弹。此外,借助飞机的高度优势,能够使炮弹达到更高的拦截位置,用于打击敌方卫星,摧毁通信系统;还可以借助飞机的机动性飞抵更合适的交战位置来发挥更大的作战效能[398]。IAT 机载空间发射概念如图 7-23 所示[399]。

早在 20 世纪 90 年代,美国空军就与洛克达因公司和威斯汀豪斯公司签订了合同,研究储能为 40 MW、炮长为 7.5 m 的电磁轨道炮作为机载武器[400]。之后美国空军装备研发部门考虑依照舰载速射防空电磁轨道炮的理念,为其作战飞机研制射速为 500 发/min 的

图 7-23　IAT 机载空间发射概念[399]

小型电磁轨道炮,以替代现役战斗机普遍装备的 20 mm 口径航炮[401]。受空中作战平台起飞重量与容纳体积的限制,电磁轨道发射技术在空军装备的应用受到了不少阻碍,但是随着关键技术和材料的突破,电磁轨道炮作为一种新型的机载武器将会成为现实。

2. 电磁轨道发射无人机

随着信息化作战方式的发展,无人机发挥着越来越重要的作用,受到各国研究人员的青睐。在执行作战任务过程中,无人机发射是一个至关重要的环节,尤其是在高山、海岛或者舰艇等环境中,起飞距离等条件受限,如何实现快速短距离发射是急需解决的问题。利用电磁轨道发射技术可使无人机在短距离内达到起飞速度,能够有效克服起飞距离等条件的限制,是未来无人机发射方式的较优选择。电磁轨道发射无人机如图 7-24 所示。

根据发射速度的不同,无人机发射方式可以划分为低速发射与高速发射两类。低速发射方式适用于发射速度低于 80 m/s 的动力自持型无人机,该类无人机起飞后的爬升与加速依赖机上自带能源,通常为可回收的二次无人机。高速发射方式主要应用于小质量一次性无人机,利用较高的发射速度将无人机送入高轨道,无人机在轨变形展开机翼,在目标上空持续滑翔盘旋,实现监控、干扰、打击等任务。由于发射速度高,该类轻型无人机可以极大地压缩动力系统,从而在极低的成本下实现远距离的力量投射。

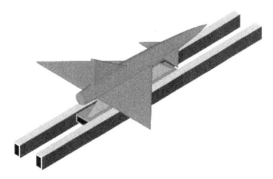

图 7-24　电磁轨道发射无人机示意图

目前,高速发射方式主要依赖火箭炮、迫击炮等燃气发射技术,但发射隐蔽性较低,发射过载较大。相较燃气发射技术,基于导轨-电枢结构的高速无人机电磁发射技术具备多项优势。除发射效率高、准确性与隐蔽性好、便于运输外,高速无人机电磁发射技术能实现更高的速度,从而拓展了无人机的投送距离,非常有利于突破地面防御系统执行远程侦察与打击任务或者构建战场空中信息链路[402]。由于克服了燃气发射口径的限制,高速无人机电磁发射技术可以实现更大体积、质量或者一炮多发的发射形式。目前,高速无人机电磁发射技术还处于概念阶段,但随着电磁发射系统及无人机器件抗过载、高速空中姿态控制等技术的发展,很快即可实现应用。图7-25是美国"弹簧刀"炮射无人机概念图。

| (a) 出炮口瞬间 | (b) 展开翼展 | (c) 正常飞行 |

图7-25   美国"弹簧刀"炮射无人机概念图

7.1.4   天基应用

在信息化战争时代,无论是陆战、海战,还是空战,都严重依赖天基系统在测地、气象、预警、监视、跟踪、定位、导航、打击效果评估等方面的支援与保障。随着联合作战体系的形成,这种依赖程度会进一步加深。将电磁轨道发射技术应用于天基系统,将进一步提升天基系统的综合能力。

1. 天基电磁能武器

天基武器主要是指装载于太空轨道,用于打击地球或太空目标的武器系统。将电磁轨道炮等电磁能武器装载于太空轨道,打击中低轨道卫星或洲际弹道导弹等,其可靠性及效率优于传统导弹[403]。一方面,电磁轨道炮发射的弹丸体积和质量小,易于存储,能够在天基平台贮存更多的弹药;另一方面,太空中的电磁能远比传统化学能易于获取,太阳能可源源不断地转化为所需的电能,作战效能更为持久。

美国政府在20世纪80年代提出了著名的"星球大战"计划,该计划的其中一项就是将电磁轨道炮装载至天基平台,尝试用等离子体电枢技术,拦截助推阶段的战略弹道导弹[21]。目前,美国国防部及空军正在开展代号为"电磁轨道系统"的天基动能武器计划,用于拦截洲际导弹和中低轨道卫星(图7-26),由于电磁轨道炮技术尚未完全攻克,太空运输装载武器工程也极为复杂,目前仍停留在实验室研究阶段。

图 7-26　天基电磁轨道炮打击洲际导弹构想图

2. 微小卫星发射

随着信息化技术的发展,卫星在现代化战争中的作用越来越明显。目前,大中型卫星技术较为成熟,但技术比较复杂、周期比较长、风险较大、研制费用高,因而严重限制了其应用与发展,无法满足瞬息万变的战场环境。微小卫星(一般指质量小于 100 kg 的小型卫星)研制周期短(通常为 1 年左右)、研制费用低(一般在几千万元的数量级)。而且,微小卫星既能以单颗快速完成各项任务,又能以多颗组成星座,完成若干耗资巨大的大卫星才能完成的工作,甚至完成有些大卫星也较难完成的任务,如全球个人通信、实时和空间高分辨率的全球环境监测等。在军事方面,微小卫星同样威力无穷,可用于侦察、监听、战术通信、战场监视、边境监视等,为快速响应的太空发射和战时卫星补网带来了新的解决途径。但目前微小卫生的发射成本依然很高,最保守估计,向近地轨道发射 1 kg 的载荷需要 4 000 美元,且发射窗口的机会往往也是有限的[399],而且仅有少数国家具备发射大型常规火箭的能力,其他国家要想发射卫星需要等待发射窗口期。这一系列因素限制了利用常规火箭发射卫星的频率。如果将电磁轨道发射技术应用于卫星发射,加速阶段使用的电能成本非常低,整个发射装置可以重复使用,可大幅降低再发射成本,缩短发射进程,提高发射频次,有效载荷比也可以得到显著提高,这对于战时卫星组网或补网十分重要。电磁发射与火箭发射技术应用效能对比如表 7-6 所示。

表 7-6　电磁发射与火箭发射技术应用效能对比

发射技术	费用	灵活性	发射时间	载荷比	可重复性
电磁发射	低	灵活	短	高	可
火箭发射	高	不灵活	长	低	不可

利用电磁技术发射微小卫星到太空有三种途径,即在配置中使用电磁轨道发射技术、

电磁线圈发射技术和直线电机发射技术。如果单纯依靠电磁能发射,目前只有电磁轨道发射技术已经证明了能够达到接近发射所需的速度(第一宇宙速度 7.9 km/s)。图 7-27 显示的 20 m 长的电磁轨道炮,将 0.1 kg 弹丸加速到了 5.5 km/s[399]。

图 7-27　20 m 长电磁轨道发射系统

1) 可行性研究

卫星的发射是一个复杂的过程,仅利用电磁发射装置在地表将卫星加速到第一宇宙速度(7.9 km/s)仍无法将卫星送入预定轨道,还必须达到一定高度(如低空轨道 150～200 km),因此在地表发射卫星初速必须高于 7.9 km/s。发射初速高将带来发射过载大、气动热负荷高等问题。对于大型助推器,过载最大只有几个 g,中型火箭最大能够发射高达 $300g$ 的反弹道防御导弹,而对于电磁轨道发射技术,发射过载将高达数万 g,目前的微小卫星难以承受如此大的过载。同时,传统的火箭由于起飞阶段的速度低,在经过低空大气层时气动热负荷易于克服,而电磁轨道发射由于起飞速度高,热负荷过大也是需要解决的难题。因而,要实现电磁轨道发射卫星的应用,必须要解决过载及气动热的问题。

根据万有引力公式:

$$G\frac{m_s M_E}{r^2} = \frac{m_s v_L^2}{r} \tag{7-2}$$

式中,G 为万有引力常数[6.672×10^{-11} m³/(kg·s²)];m_s 为卫星的质量;M_E 为地球的质量(5.973×10^{24} kg);v_L 为轨道速度;r 为轨道半径,可求得 v_L 和 r 的关系如下:

$$v_L = \sqrt{\frac{\mu_E}{r}} \tag{7-3}$$

式中,$\mu_E = GM_E = 4 \times 10^{14}$ m³/s²。

由此可知,不同高度轨道运行速度不同。在地球表面($r=6\ 378$ km),轨道速度是 7.919 km/s;在 160.9 km 高度,轨道速度是 7.818 km/s;在月球轨道 3.84×10^5 km 高度,轨道速度是 1.02 km/s。在近地情况下轨道速度与高度的关系如图 7-28 所示[404]。

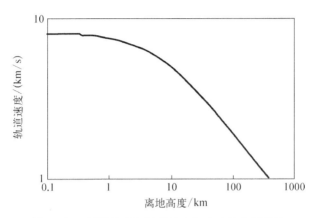

图 7-28　近地情况下轨道速度与高度的关系曲线

假设电磁轨道发射装置在 h_L 的高度,以发射角 θ 发射载荷,则运动方程如下:

$$m\frac{\mathrm{d}v}{\mathrm{d}t} = -D = -\frac{1}{2}\rho C_D A v^2 \tag{7-4}$$

式中,m 为弹体的质量;v 为弹体的初速度;D 为阻力;ρ 为空气密度;C_D 为阻力系数;A 为弹体截面积。对于发射角为 θ 的发射路径,$v\sin\theta\mathrm{d}t=\mathrm{d}h$,公式如下:

$$\frac{\mathrm{d}v}{v} = -\frac{1}{2}\rho_0\frac{C_D A}{m}\frac{1}{\sin\theta}\mathrm{e}^{-\beta h}\mathrm{d}h \tag{7-5}$$

式中,β 为反向定标高度,从而可以得到初速度和近地轨道速度 v_L 的关系:

$$\ln v_L = \ln v_0 + \frac{1}{2}\rho_0\frac{C_D A}{m}\frac{1}{\beta\sin\theta}\mathrm{e}^{-\beta h_L} \tag{7-6}$$

式中,

$$C_D \cong 2\sin^2\theta_c + \frac{R_n^2}{R_b^2}(1-2\sin^2\theta_c) \tag{7-7}$$

发射角为 45°,载荷为 10 kg 时,所需速度与高度的关系曲线如图 7-29 所示[404]。

对于 1 000 kg 的锥体,锥角为 θ_c,顶端半径 $R_n=100$ mm,底部半径 $R_b=500$ mm,$C_D=0.049$,由此得到弹道系数 $m/C_D A=26\ 000$ m^2/kg,在这种情况下,从地表发射需要 10 km/s 的发射速度;如果是在 4 km 的高空发射,则发射速度减小到 9.1 km/s;如果可以在 16 km 高度的飞机上发射,则所需的发射速度减小到 8.1 km/s。

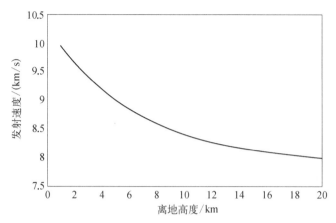

图 7-29　发射角为 45°、载荷为 10 kg 时所需速度与高度的关系曲线

通过上述分析,为实现电磁轨道发射卫星成功入轨,除了提高器件抗高过载及防护能力外,还可以通过改变发射初始高度或采用电磁发射与火箭发射的复合发射等方式减小过载要求。

德国研究人员已经证明,混合动力火箭发动机部件可以承受超过 3 000g 的过载[399]。此外,建造几十公里长的电磁轨道发射系统或依托较高的山体建设,甚至通过在高空飞行的大型运输机进行发射,可有效降低加速度。图 7-30 展示欧洲航空防务及航天公司与德国航天中心合作设计的近地轨道发射系统概念图。

(a) ISL长22 m、能级32 MJ电磁轨道发射概念图　　　　(b) 长180 m、3.4 GJ电磁轨道发射概念图

图 7-30　近地轨道发射系统概念图[405]

减小加速度的另一种措施是采用电磁能复合化学能的发射方式,即用电磁发射来取代一级火箭,因为利用一级电磁轨道发射装置只需要加速到一个中等的速度和高度,所以可以大幅降低发射时的初速,也降低了发射过程中的加速度。同时,还可以利用火箭在接近预定轨道时实现入轨、调姿等复杂动作。

例如,利用电磁发射器将火箭和卫星发射到固定高度 100 km,接着由火箭发动机提供到达近地轨道所需的额外速度 Δv,公式如下:

$$\ln v = \ln v_L - \frac{1}{2}\rho_0 \frac{C_D A}{m_{\text{payload}}\exp\left(\dfrac{\Delta v}{v_E}\right)} \frac{1}{\beta\sin\theta}e^{-\beta h_L} \tag{7-8}$$

式中，v 为火箭起飞时的速度；m_{payload} 为有效载荷的质量；$\Delta v = v_L - v$ 为火箭发动机所需要的速度；v_E 为火箭发动机的排气速度，结合等式 $m_{\text{toal}} = m_{\text{payload}}e^{(\Delta v/v_E)}$，可以在一定范围内评估火箭的发射速度。

研究表明，一种用小型火箭发动机推进的弹丸，总质量小于 50 kg，能够将重达 5 kg 的有效载荷送入近地轨道。

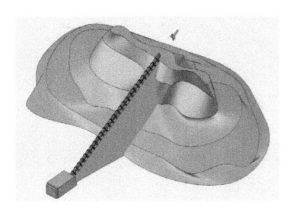

图 7-31　大型运载器电磁发射装置示意图

2）典型应用实例

（1）美国得克萨斯大学先进技术研究所在文献[406]中提出了第一级用电磁轨道炮发射，第二级保留火箭发动机的发射方案构想，将 3 000 kg 的有效载荷送入 600 km 的轨道，示意图如图 7-31 所示。为克服大型运载器低过载承受能力，轨道长度设计为 2~12 km，拟采用分布式电源供电代替传统电磁轨道炮尾部馈入供电，以降低损耗提高脉冲电流，经计算出口速度超过 3 500 m/s。该方案可靠性更高、使用寿命更长（10 000 次）、发射间隔更短。经成本估算，相比于 K-1 二级火箭方案，电磁发射方案的单发成本为其 1/4，经济优势明显。

（2）文献[407]设计了电磁轨道发射+火箭复合发射微小卫星发射系统，典型参数如表 7-7 所示，仍然采用分布式的脉冲电容器组供电。

表 7-7　微小卫星发射电磁轨道炮系统典型参数

参　　数	数　　值
炮口速度/（m/s）	5 500
平均发射加速度	7 700 g
身管长度/m	200
发射质量/kg	25.4
炮口能量/MJ	384
储存能量/MJ	710

该系统的第二级火箭总质量为 25.4 kg，其中有效载荷为 2 kg，燃料为 14.9 kg，计划在远地点、轨道倾角为 0 时二次点火，直至入轨。经估算，在 10 年里，该系统能实现约 10 万次发射，平均成本为现有纯火箭发动机方案的十分之一。

（3）欧洲学者于2003年提出并设计了近地轨道发射微小卫星的单级火箭。该火箭如图7-32所示，由外壳、火箭助推器和有效载荷组成，共42 kg，其中微小卫星重5 kg。计划由一个长为180 m、直径为120 mm的电磁轨道发射装置，按31°射角将火箭加速至6 km/s初速，并在火箭轨道倾角为0°时发动机点火，最终将卫星送入预定轨道。结合航空热力学、飞行力学和推进系统需求的分析表明，当前的技术水平能够实现该电磁轨道发射微小卫星入轨项目[408]。

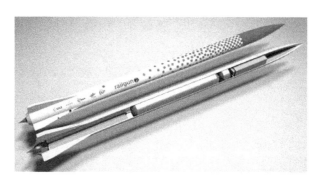

图7-32　欧洲近地轨道发射微小卫星单级火箭

（4）俄罗斯Shvetsov于2006年提出大型电磁轨道航天发射方案，以俄罗斯当时技术最先进的电磁发射部件为基础，构建导弹地面加速系统，并分析了火箭末级（飞行组件）加速有效载荷空间升力的可行性和技术经济效益[29]。该方案的结构拓扑如图7-33所示，由加速轨道、超导电感储能及电源和其他组件组成。加速器的能量供应单元沿加速轨道长度等距分布，以减少加速轨道电极系统中的热损失。导弹组件（图7-34）由一个助推火箭和一个弹托电枢组成，在离开加速轨道后分离。表7-8给出该项目的主要设计参数与俄罗斯2006年电磁发射技术水平的对比情况，采用基于电磁加速器的地面加速系统进行地轨联合发射已具备一定的研制条件。

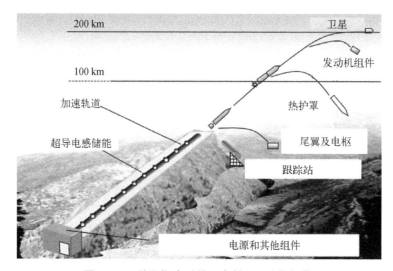

图7-33　俄罗斯电磁航天发射项目结构拓扑

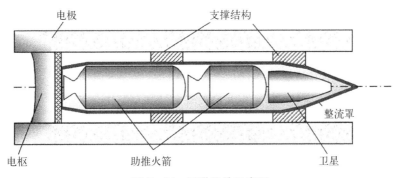

图 7-34　导弹组件示意图

表 7-8　电磁航天发射项目主要设计参数与俄罗斯 2006 年电磁发射技术水平对比

参　　数	地面电磁发射系统设计参数	俄罗斯 2006 年电磁发射技术水平
集成质量/kg	40 000	0.1~1
出口速度/(km/s)	2	1.6~3.2
通道宽度和高度/mm	2×1 500	30~80
每段长度/m	12~20	3
总加速长度/m	3 700	3
轨道对数量	4~8	1~5
最大电流/MA	2.7	1
导轨高度方向电流密度/(kA/mm)	13.5	40~70
寿命(发射次数)	约 1 000	约 50

7.2　民　　用

7.2.1　高速、远射程发射应用

电磁轨道发射装置产生的高速和大推力可用于滑橇试验、消防灭火等,在生产生活中具有重要的应用价值。

1. 滑橇试验

滑橇试验是一项航空航天领域的地面试验,通过在滑轨上高速前行获得相关的试验数据。火箭发射的滑橇试验如图 7-35 所示。滑橇试验相比风洞试验具有动态性优势,相比飞行试验具有可重复性的优点。

目前,滑橇系统的推力由火箭发动机提供。火箭发动机受化学燃料的限制,其有效载荷很低,为自重的 1% 左右,并且存在发射成本高、准备周期长的问题。而电磁轨道发射系统具有发射组件质量轻、有效载荷比大、准备周期短等优势。目前,滑橇试验的最高运行

图7-35　火箭发射的滑橇试验

速度为2.88 km/s,但受到推进性能和轨道问题的制约,常规运行速度在2.5 km/s以下。而电磁轨道发射可以克服常规速度的限制,在滑橇试验中有着非常大的应用潜力。

　　超高速条件下产生的金属轨道的刨削是制约滑橇试验发展的重要因素之一。虽然早期电磁轨道发射面临着刨削失效的问题,但随着轨道材料技术、枢轨匹配性技术及涂层技术的发展,刨削问题已经得到解决。相比目前的滑橇系统,电磁轨道发射系统具有较大优势。一方面,电磁轨道发射系统产生刨削的阈值速度(1.5~2.5 km/s)大于当前滑橇系统的阈值速度(1.5 km/s)[409];另一方面,在试验成本和安全性上,电磁轨道发射系统具有显著优势。图7-36为美国设计的应用电磁发射的滑橇系统。

(a) 静止状态　　　　　　　　　　　　　　　　(b) 运行状态

图7-36　美国设计的应用电磁发射的滑橇系统

　　2. 消防灭火

　　电磁轨道发射技术还可应用于消防工程。目前,消防系统多依赖人力实施灭火。但面对森林大火和石油化工等大型火灾,虽然有消防装甲车、消防炮等高新设备,但这些设备仍需接近火场近距离灭火,严重威胁消防人员的生命安全,即便可以用飞机向火场喷灭火剂,但这种方法的成本过高[410]。所以,需要一种机动性能好、成本较低、远离火场就可以灭火的设备。利用电磁轨道发射技术射程远的优势,可以通过电磁轨道消防炮远距离发射灭火弹,以达到远离火场灭火的目的。图7-37为电磁轨道发射灭火弹示意图,可在

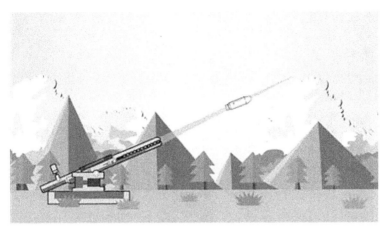

图 7 - 37　电磁轨道发射灭火弹示意图

数公里外将灭火弹投送至火灾现场。

在现有电磁轨道发射技术取得突破的基础上,只需根据所需灭火弹的尺寸、结构,设计具备相应发射能力的电磁轨道发射装置和电源系统,就可以研制出机动性能好、灭火剂投射质量大、投射距离远、灭火弹可控、高度智能引爆、远离火场的电磁轨道发射灭火系统。表 7 - 9 给出一种电磁轨道消防炮预设指标,适用于远程火灾救援。

表 7 - 9　电磁轨道消防炮预设指标

参　　　数	数　　　值
发射速率/(发/s)	6
连续发射次数/次	1 000
发射初速/(m/s)	300
发射距离	几公里至几十公里

7.2.2　脉冲强磁场应用

电磁轨道发射系统的脉冲电流一般可以达到兆安级,对应的发射装置内腔的脉冲磁场达到几十特斯拉,产生的脉冲强磁场在金属电磁成形、电磁除尘、电磁治疗、材料充磁及食品消毒加工等多个民用高科技领域发挥着重要作用(表 7 - 10)。

表 7 - 10　脉冲强磁场的应用

应用领域	应　用　原　理
金属电磁成形	金属导体在脉冲强磁场的环境下感应出涡流,并受到巨大的电磁力作用而发生形变
电磁除尘	脉冲电源的充电周期短,平均电流较小,使得粉尘层上的电荷有足够的放电时间,能够有效除尘

应用领域	应用原理
电磁治疗	通过将电场和磁场传递给组织,能够无创性地治疗多种疾病
材料充磁	脉冲强磁场使磁场中的材料磁化,进而达到充磁效果
食品消毒加工	在杀菌过程中,脉冲磁场能够产生各种电磁效应,如感应电流效应、洛伦兹力效应、震荡效应和电离效应,这些电磁效应会引起细胞生物学效应,进而起到一定的杀菌作用

1. 金属电磁成形

目前,复杂形状铝合金板材零件高质量、低成本成形与大型轻质合金板件的整体成形是板材成形领域研究的主要方向。现有材料成形方式存在制造成本高、周期长、成形质量难以有效控制等缺点。而利用电磁感应产生的电磁力,可用于金属高速成形加工,即金属电磁成形,这种成形方式不产生其他机械接触,工件剩余应力低,具有良好的可控性和重复性,同时能量释放时间短,变形过程仅为毫秒级,具有单位能量小、效能高、材料微观变形均匀、加工质量好、成本低等优势,在金属成形领域具有重要的应用价值。金属电磁成形基本原理是:利用脉冲电容器组释放的瞬变大电流,在驱动线圈中快速上升或下降的电流会导致磁通量的突变,从而在金属毛坯件上感应出涡流,涡流在线圈磁场下产生电磁力,当电磁力超过工件的屈服强度时,工件会产生变形,最终实现金属工件的塑性加工,在有模具时,会按照模具形状成形。当存在两个金属工件且其电磁力移动速度差较大时,将产生撞击并使两洁净的金属表面紧密结合从而形成连接。

根据加工的对象,金属电磁成形可分为板件和管件电磁成形,华中科技大学提出了一种多时空脉冲强磁场金属板材电磁成形方法,通过多级(时间维度)、多向(空间维度)脉冲电磁力的加载实现工件变形行为的灵活调控,进而实现工件成形质量的精确控制,其原理图如图 7 - 38 所示[411]。

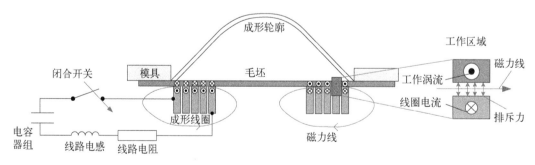

图 7 - 38　金属电磁成形原理图

板件电磁成形采用平板螺旋驱动线圈施加轴向电磁力,板件中的感应电流以环向分量为主,其场源方程分别为

$$\nabla \times E_\varphi = -\frac{\partial B_z}{\partial t} + \nabla \times (v_z \times B_r) \tag{7-9}$$

$$\nabla \times \boldsymbol{E}_\varphi = -\frac{\partial \boldsymbol{B}_z}{\partial t} + \nabla \times (\boldsymbol{v}_r \times \boldsymbol{B}_z) \qquad (7-10)$$

$$\boldsymbol{J}_\varphi = \gamma \boldsymbol{E}_\varphi \qquad (7-11)$$

式中, $\boldsymbol{E}$ 为电场强度; $\boldsymbol{B}$ 为磁通密度; $\boldsymbol{v}$ 为工件速度; $\boldsymbol{J}$ 为感应电流密度;下标 r、φ、z 分别表示其径向、环向和轴向分量。板件电磁成形中,工件速度以轴向分量为主;管件电磁成形中,工件速度以径向分量为主。脉冲电磁力是工件变形的驱动力,由工件的感应涡流与磁通密度共同决定。由式(7-12)和式(7-13)可知,板件以轴向电磁力为主,几乎不受径向电磁力作用;而管件则以径向电磁力为主。

$$\boldsymbol{F}_z = \boldsymbol{J}_\varphi \times \boldsymbol{B}_r \qquad (7-12)$$

$$\boldsymbol{F}_r = \boldsymbol{J}_\varphi \times \boldsymbol{B}_z \qquad (7-13)$$

式中, $\boldsymbol{F}$ 为电磁力体密度。轴向电磁力与环向感应电流和径向磁通密度有关,而径向电磁力与环向感应电流和轴向磁通密度有关。工件在电磁力的作用下,依据运动学定律,可推导出工件受力与位移之间的关系为[412]

$$\nabla \cdot \boldsymbol{\sigma} + \boldsymbol{F} = \rho \frac{\partial^2 \boldsymbol{u}}{\partial t^2} \qquad (7-14)$$

式中, $\boldsymbol{\sigma}$ 为应力张量; ρ 为工件密度; $\boldsymbol{u}$ 为工件位移矢量。

如图7-39所示,以管坯电磁成形为例,其主要分为涨形和缩径两种工作情况。当工件在驱动线圈外围时,工件是扩张趋势,将模具置于工件外侧,则可由模具塑形;当板材工件在线圈内侧,工件有收缩趋势,模具应置于工件内侧以塑形。当工件是电导率较低的材料时,材料本身受电磁力作用较小,可以根据受力方向将高电导率材料紧覆于工件以传递电磁力的作用,达到塑形目的[413,414]。

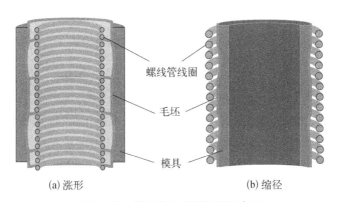

螺线管线圈

毛坯

模具

(a) 涨形　　　　(b) 缩径

图 7-39 管坯电磁成形剖面示意图

不仅如此,脉冲功率技术也可用于连接工件、铆接、焊接等,它们均是利用脉冲电源产生瞬时的强大电磁力来加工材料的。

2. 电磁除尘

脉冲电源可替代传统直流电源应用于电除尘设备中,能大幅提高现有设备的除尘效果。电除尘器的工作过程大致为:气体的电离、尘粒的荷电、荷电粒子在电场作用下向极板方向的移动、荷电粒子沉积于极板上、清除极板灰尘。如图 7−40 所示,传统电源通常为大电流供电,极易产生反电晕现象,导致其无法有效地将粉尘从收尘吸板上除下,显著降低了设备的除尘性能;而脉冲电源的充电周期短,平均电流较小,使得粉尘层上的电荷有足够的放电时间,能够有效改善反电晕和二次扬尘现象,有利于收尘[415]。脉冲电源相较传统电源而言,激发形成的电荷浓度更高,大大提高了粉尘中的电荷量,对于微细粉尘的脱除更有效,能够大大提高除尘效果[416]。脉冲电源在除尘过程中,只需提供除尘所需要的电场力即可,这样能够降低电能损耗,提高电能的利用效率。国内许多工厂采用高压脉冲电源进行节能减排改造的试点项目,发现粉尘浓度和电能损耗较改造前都显著降低[417,418]。

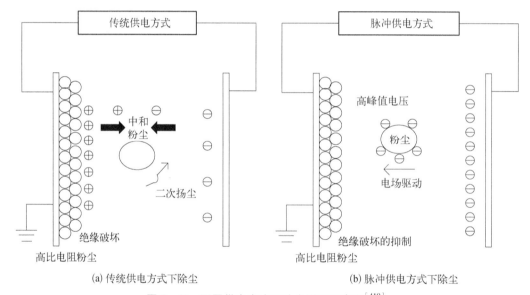

(a) 传统供电方式下除尘　　　　　　　　　(b) 脉冲供电方式下除尘

图 7−40　不同供电方式下除尘原理示意图[419]

3. 电磁治疗

脉冲功率技术在医疗方面也有广泛的应用,脉冲电磁场可以通过感应线圈将电场和磁场传递给组织,从而无创伤性地治疗多种疾病。脉冲电磁场治疗在临床上已被证明是安全有效的,可作为腰椎与颈椎椎间融合和骨折等疾病的辅助治疗手段。文献[420]中还介绍了脉冲电磁能在慢性创伤治疗中的应用,探讨了在总电流、脉冲幅度、脉冲持续时间等方面是否存在最佳治疗方案。除了在人类医学上的应用外,在兽医学中,脉冲电磁场治疗也具有重大的作用,一些无创伤性的设备已经被开发出来并临床应用于治疗动物的炎症及疼痛[421]。

此外,脉冲功率技术还可用于医疗用 NO 气体生产。吸入性 NO 气体可用于治疗多种疾病,目前低浓度 NO 气体吸入已广泛应用于各种原因所致肺动脉高压和缺氧性肺部疾病的治疗[422]。在 SARS 危机期间,多家医院和研究机构对 NO 气体吸入治疗进行了临床验证,结果表明 NO 气体吸入治疗可快速改善重症非典患者的缺氧状况,缓解病情。同时,NO 气体吸入对于急性呼吸窘迫综合征(Acute Respiratory Distress Syndrome, ARDS)也有着较好的治疗效果[423]。但是,目前产生 NO 气体的工艺较为复杂,成本高且产生量小。脉冲功率技术通过高压脉冲对空气放电产生等离子体,可有效产生 NO 气体,具有重要的医疗应用价值。脉冲功率电源产生吸入性 NO 气体的原理图如图 7-41 所示,主要是利用高压脉冲对空气放电产生等离子体,空气中的氧气和氮气被电离成 N 自由基和 O 自由基,N 与 O 自由基结合便能产生 NO 气体以供使用。

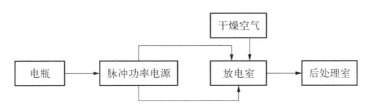

图 7-41　脉冲功率电源产生吸入性 NO 气体的原理图[423]

7.2.3　高功率电池储能技术应用

电磁轨道发射系统的蓄电池储能瞬时功率高、放电倍率大,在舰船消磁、应急电力存储、电网调频等方面具有较大的应用价值。

1. *舰船消磁*

舰船在长期航行中受地球磁场、雷达设备和海水洋流等的影响会产生一定的磁场,称为舰船磁场。舰船磁场的存在会对自身的通信质量、导航精度甚至安全性能产生不利影响,因此不管是军用舰艇还是民用船舶都需要定期进行消磁。舰船在开始消磁时,消磁系统输出脉冲电流并逐渐衰减,尤其是前五个脉冲需要的消磁电流比较大,此时要求供电系统能提供兆瓦级功率[424]。为了缓解消磁站电网的负荷压力,同时避免资源配置的浪费,使用高功率电池作为消磁电源是很好的选择。

舰船消磁系统主要由消磁绕组、高功率电池和脉冲控制器组成,如图 7-42 所示[425]。高功率电池以车载集装箱储能、码头储能形式存放,机动性强、隐蔽性好,最大放电倍率一般在 15~20 C,通过缠绕于舰船外围的消磁绕组输出大功率正负交替、逐步衰减的间歇脉冲电流(消磁工作电流),且按一定规律衰减,如图 7-43 所示,打乱或抵消舰船固定磁场及外部磁场对舰船的感应作用,达到消磁目的。

传统的固定消磁方法存在舰船系留时间长、机动性和隐蔽性差等弊端,因此近年来舰船动态消磁法成为研究热点。其基本思想是:使舰船慢速通过由平铺在海底的组合式消磁线圈所产生的磁场空间,达到在运动中消磁的目的[426]。利用高功率电池的特性,可以在海底建设移动蓄电站,通过潮汐能向蓄电池组涓流充电,在需要为舰船进行消磁时当作

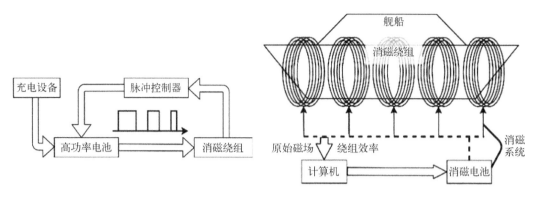

图 7 - 42　舰船消磁的原理和系统构成

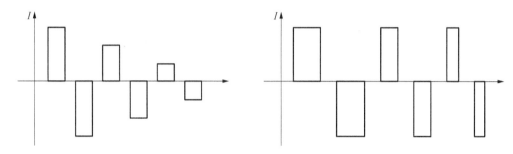

图 7 - 43　两种消磁脉冲电流的形式

消磁设备的主电源。动态消磁法如图 7 - 44(a)所示。相比于固定消磁法,动态消磁法可以免去对舰船进行"五花大绑"[图 7 - 44(b)],提高了消磁效率。

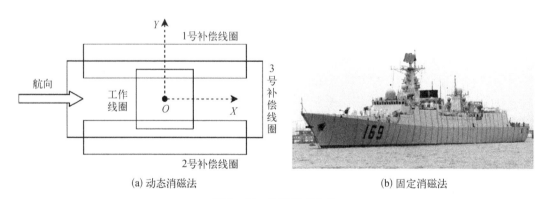

(a) 动态消磁法　　　　　　　　　　　(b) 固定消磁法

图 7 - 44　常用消磁方法

对于长期执行远航任务的舰船,高功率电池还可安装在船体内部,采用固定消磁法进行消磁,高功率电池平时处于浮充状态,定期进行维护检查,当监测到舰船磁场超出标准值时,启动消磁程序,通过在固定线圈中产生随航向和海区变化的消磁电流,补偿舰船的感应磁性,使剩余磁场始终保持在较小范围。

2. 应急电力储能

将电能大规模储存起来进行灵活稳定调度,一直是电力系统努力的方向。此前,比较成熟的储能方式是抽水储能电站,但因为建设周期长、场地要求高等制约,所以很难大面积推广。随着锂电池成本的降低,电池储能技术在分布式发电及电力储能领域大规模应用。目前,国内安装的最大的储能电站规模可达 10 万度电,相当于一个 20 万 kW 的中型发电厂 1 h 发的电量,可以同时满足 17 万户居民的用电需求。

除此以外,高功率电池还可应用在潜艇储能上,目前不依赖空气推进(air independent propulsion, AIP)潜艇的运行功率还有待提升,且噪声普遍较大,十分不利于潜艇的隐身性能。在应用高功率电池后,一方面,可以作为潜艇电磁能武器的直接能源;另一方面,当潜艇被跟踪时,可迅速切换到电池运行模式,借助高功率输出带来的快速机动能力来无声地摆脱敌舰,甚至可以反被动为主动,从艉部锁定对方。

7.2.4　科学试验与工业应用

电磁轨道发射技术在高压物理、核聚变及工业领域都有一定的应用潜力,如图 7 - 45 所示,不同弹丸质量和发射速度下具有不同的应用潜力。

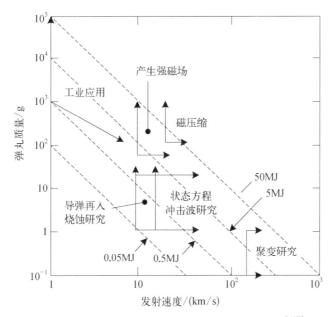

图 7 - 45　各种应用与弹丸质量和发射速度的关系[427]

1. 高压物理领域应用

高压物理试验通常研究材料在高压力作用下的性质,广泛采用高速物体进行撞击的方式来实现。电磁轨道发射装置可以将小质量的物体加速到每秒数十千米的速度,因此可以用于高压物理撞击试验领域。

高压状态下材料状态方程的参数测量是冲击波物理领域中重要的研究内容,但 1 ~ 10 TPa 的高压范围内材料状态研究较少,一是因为理论上没有可靠的计算方法;二是 1 ~ 10 TPa 的高压环境难以通过试验获得。常规的化爆或者气炮等动高压技术均是利用膨胀气体压缩获得的,但受压缩气体声速的限制,产生的压力难以进一步提升,一般用于1 TPa 以下的测量;激光驱动冲击波等可以达到10 TPa 以上,但受冲击器与试件尺寸、时间极端性的限制,测量极为复杂。而电磁轨道炮结构简单、易于测量,且具有将1～10 g 的弹丸加速至20 km/s 的能力,因此是1～10 TPa 高压范围内测量材料状态方程的理想选择[428]。

美国 Hawke 等开展过相关的计算研究,利用50 MJ 能源加速直径为15 mm、厚度为1.5 mm 的钛飞片,一次撞击钛靶即可获得约10 TPa 的压力。假设轨道电流为1 MA,弹丸质量为1 g,电感梯度取为0.41 μH/m,可求得电磁推力为200 kN,仅需1 m 的轨道加速距离即可获得20 km/s 的速度,压力可达1～10 TPa,正是材料状态方程所需的压力区间。图7-46 展示冲击压力与材料原子序数及速度的关系曲线,可据此设计电磁轨道发射装置的尺寸及弹丸质量。

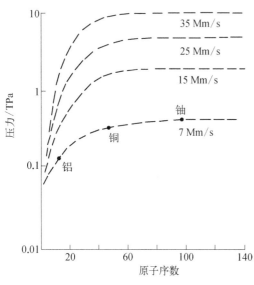

图7-46　冲击压力与材料原子序数及速度的关系曲线[427]

2. 碰撞核聚变

理论上电磁轨道发射装置可将载荷加速至每秒数公里甚至数百公里级,具有碰撞聚变的可能性。美国能源部曾在碰撞聚变专题研讨会上对实现聚变的几种方法的可行性及潜力进行了比较,分析表明,相比于激光或带电粒子束,碰撞聚变优势明显,碰撞用的高速载荷更易于进入反应堆空腔内。要实现点火,必须在约10 ns 向氘氚(DT)小球输送约1 MJ 的能量,可选的一种方法是用重约0.1 g 的小弹丸撞击来点燃小球。这些小弹丸可以被磁加速器加速到150 km/s 或更高[427]。小弹丸所需的超高速可以通过多级分段式电磁轨道发射装置加速实现。但目前,还没有人成功地将弹丸加速到如此高的速度。

3. 弹载器件抗强磁场、抗高过载试验

电磁轨道发射装置可用作环境模拟器,为导弹、火箭等敏感器件进行抗强磁场、抗高过载等测试提供试验环境,研究不同类型器件在强磁场、高过载作用下的性能变化和失效机理,从而指导弹载器件的布局和设计。海军工程大学开展了强磁场模拟平台研究,依据电磁轨道发射弹丸膛内磁场环境特性研制了内径为160 mm 的磁场发生器,如图7-47 所示。试验结果表明:其磁场输出峰值可达7.3 T,其中大于5 T 的持续时间大于5 ms,最大磁场变化率为2 800 T/s,可实现大部分弹载器件的单机强磁场性能考核及其他科学试验研究。

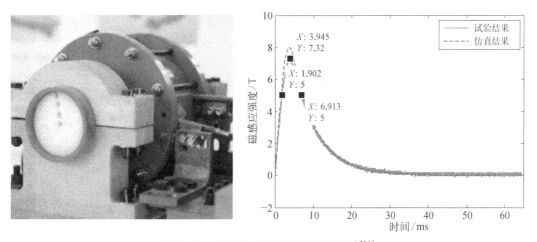

图 7-47 磁场发生器实物图及其指标[314]

7.3 太 空 应 用

7.3.1 空间碎片清理

在过去的半个多世纪,空间技术飞速发展的同时,人类的空间活动也在太空中遗留下不计其数的空间碎片(图 7-48)。这些碎片产生和运行的空间大多是目前航天器运行区域,严重污染了空间环境,威胁着空间活动的安全。近年来,国际社会对空间碎片清除问题日益关注,各航天大国也开始投入大量人力和经费用于空间碎片清除技术的探索性研究,并提出了众多的技术途径和装置设计方案。然而,现有空间碎片清除成本极高,距彻

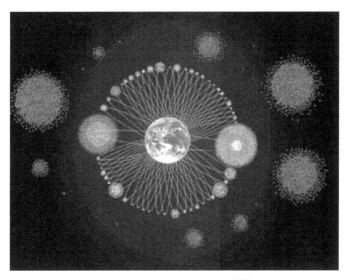

图 7-48 空间碎片示意图[430]

底解决空间碎片威胁尚有很大距离。高昂的清除成本主要来源于清除装置搭载化学火箭进入太空所需的费用。只有使用比目前化学火箭运载成本低 1～2 个数量级的运载方式把清除装置送入太空,才能使空间碎片的清除成本相较这枚碎片进入太空的成本小,从而使清除碎片在经济上变得可负担。而成本低于百万元量级的碎片清除技术,可能彻底扭转人类面对空间碎片的困局[429]。

因此,彻底解决空间碎片问题的核心在于大幅度降低碎片清除装置进入太空的运载成本。利用电磁轨道发射装置发射辅助清除碎片装置,可重复利用且能量可灵活调节,成本低于百万元量级,具有重要的应用价值。

太空碎片清除装置有多种,较为成熟的清除技术包括激光清除技术、碎片收集装置、电动力缆绳、薄膜帆阻力装置等。但是,这些清除技术目前还处于理论研究和原理试验阶段,材料、检测、跟踪等多项技术难题尚未攻克,离实际应用还有一段距离。2012 年,美国海军研究实验室(United States Naval Research Laboratory, NRL)提出在低轨空间碎片飞经区域施放人造粉尘颗粒(如钨粉),以拦截和减速空间碎片,从而使其坠入大气层,如图 7 - 49 所示。目前,该技术已申请美国专利并完成概念设计与特点证明,技术成熟度已达到 2 级。但是值得注意的是,该方案并没有说明采用什么样的方式将拦截装置运送到太空。

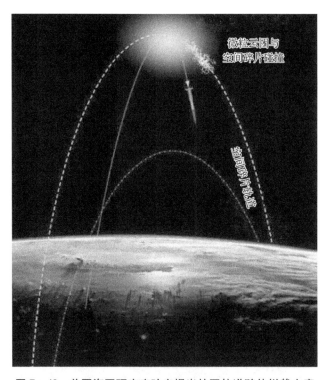

图 7 - 49　美国海军研究实验室提出的亚轨道碎片拦截方案

1. 清除原理

基于地面电磁发射的空间碎片清除原理如图 7 - 50 所示,清除过程由电磁发射、点火释放燃气射流并形成微粒云团、飞离和微粒云团碰撞并减速碎片四个阶段组成。

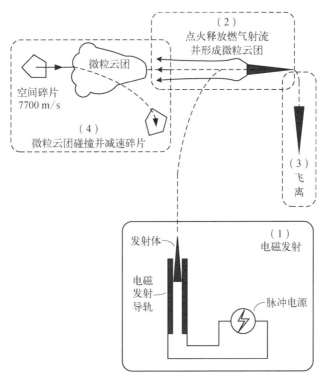

图 7-50　空间碎片清除原理

1）电磁发射

首先,通过电磁发射的原理将携带清除装置的发射体加速到预定速度;出膛后,发射体采用近垂直的发射角通过高初速将清除装置运送到太空。

2）点火释放燃气射流并形成微粒云团

空间碎片清除装置采用如图 7-51 所示的结构,由防热层、导航制导与控制装置、发动机和燃气舵组成。防热层用于防护高速运行的气动热烧蚀,导航制导与控制装置用于运行控制,发动机用于提供动力,燃气舵用于控制装置飞行姿态。

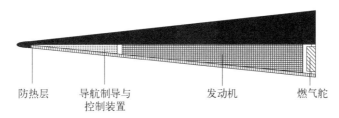

图 7-51　空间碎片清除装置示意图

空间碎片清除装置到达碎片运行区域后,在高抛弹道的顶点调姿 90°并点火,使燃气射流形成的微粒云团覆盖住空间碎片即将飞经的一小段轨道。

3）飞离

在释放燃气射流后,清除装置调姿并离轨,防止与碎片相撞。

4) 微粒云团碰撞并减速碎片

空间碎片(速度约为 7 700 m/s)与燃气射流中的稀薄微粒云团(速度约为 3 000 m/s)相向撞击,动能下降。可通过使用电磁轨道发射装置多次发射清除装置以减速碎片,最终使碎片近地点不断降低而坠入大气层。

2. 关键技术分析

尽管电磁发射技术的发展已较为成熟,但其在地基电磁发射空间碎片清除上的应用以及在过载环境、电磁环境和气动热环境上与传统的火箭发射有本质区别。

1) 过载环境分析

如表 7-11 所示,电磁发射的加速度达到火箭发射的数千倍,其过载环境相对传统火箭发射要严酷得多。基于地基电磁发射的空间碎片清除装置中,导航制导与控制装置、发动机属于过载敏感器件,抗过载能力是可行性的重要因素。目前,电磁发射技术研究的国家都在积极进行抗过载器件的研究。美国在 2016 年初,已经研制出抗过载 3.5 万 g 的制导器件,达到电磁发射抗过载技术要求,在不久的将来即可投入使用。

表 7-11　电磁发射技术与火箭发射技术过载环境对比

发射技术	加速时间	加速距离	加速度
电磁发射	毫秒级	十米级	数万 g 级
火箭发射	百秒级	万千米级	十 g 级

2) 电磁环境分析

与传统火箭发射采用化学能驱动相比,地基电磁发射过程中脉冲电流达到数百万安培,由此产生的磁场高达数十特斯拉,为驱动装置带来极其严酷的电磁环境。但电磁发射持续时间短,仅为毫秒级,且最强磁场位于电枢尾部附近区域,随时间和位置的变化磁场会急剧衰减。通过合理优化布局可将磁场强度降低至百毫特斯拉级甚至更低,加上根据电磁发射频率特性特殊设计的电磁屏蔽措施,可以达到避免强磁场干扰装置中磁敏感器件的目的。因而,从电磁环境分析,基于地基电磁发射的空间碎片清除技术不存在难以跨越的技术风险。

3) 气动热环境分析

基于地基电磁发射的空间碎片清除技术,在地面十米级距离内即可将清除装置加速至 7.5 Ma。低空大气稠密且具有较大黏性,装置表面与空气摩擦产生热量,头部驻点温度达到 2 000 ℃ 以上,造成头部烧蚀。与传统的火箭发射相比,电磁发射的空间碎片清除装置体积小、质量轻、气动载荷大,气动热更为严酷,热防护更为困难。空间碎片清除技术可采用熔点高达 3 500 ℃ 的钨合金进行热防护,同时可借鉴现有高超声速飞行器等的气动热防护方法,加上特有的飞行体外形和弹道设计,使其具备气动热防护的基础。

综上所述,基于地基电磁发射的空间碎片清除技术可行,具有显著的优势和广阔的应用前景。

7.3.2　太空物资运输

探索太空一直是人类不断追求的事业,并推动了数千项技术的发展与应用,如通信卫星、气象卫星、导航卫星、新材料技术等,使人类生产生活方式发生了翻天覆地的变化。随着科技的进步,太空探测又进入一个新的阶段,重返月球、火星登陆等成为太空探索的新阶段目标。月球是距离地球最近的天体,拥有丰富的硅、铝、铁及核聚变燃料氦-3 等元素,据估计,月壤里含有 100～500 万吨氦-3,如果把它作为可控核聚变燃料运输回地球,可解决地球能源发展需求,为人类提供长期、稳定、安全、清洁的燃料资源。另外,硅,铝,钛和铁元素对于建造大型太空船/站及航天器在轨的加工制造非常有用。美国国家航空航天局 1979 年就开展了月球资源开发的相关研究,并计划在月球上建立永久性的基地。

月球的重力加速度仅为地球的 1/6,月球第一宇宙速度为 1.68 km/s,逃逸速度为 2.38 km/s,远小于地球的第一宇宙速度 7.91 km/s。从月球发射耗能约为 1.4 MJ/kg,逃逸月球约为 2.8 MJ/kg,而从地球发射耗能至少需要 31.3 MJ/kg,这还没有考虑穿越地球大气层造成的损失。因此,相比地球发射,从月球发射载荷的耗费将大幅降低。然而,月球表面缺乏化学能发射所需的氢、氮和碳,从地球运送月球发射所需的燃料将花费巨额成本。电磁发射不依赖化学燃料,且不需要像化学火箭一样将燃料一并加速,相同有效载荷下所需的能量远低于化学火箭,因此在月球上用电磁轨道发射技术发射物资是一种非常有前景的选择。

电磁轨道发射装置可以从月球发射物资到各个目的地,这些地点包括设置在地月拉格朗日点 L_2(天文学术语,指相对于地球和月球基本保持相对静止的一个空间点,与地球和月球始终在同一直线上)的矿产航空站,而且还可以方便地在地月之间转移物资。文献[431]介绍了在月球上利用电磁线圈发射来输送物资的方案。如图 7-52(a)所示,月球本身的基础设施建造可以由机器人来完成,仅需要地球上一小部分地面人员进行监视和协调。可将电磁轨道发射装置安装在陨石坑中,轨道长 11.3 km,采用一个布置在陨石坑上方的 15 m×15 m 的太阳能电池板阵列作为初级能源,某些陨石坑几乎有永久的日照,可以保证持续发射的能源需求。为了减少损耗,太阳能电池板阵列从环形山边缘到底部通过高压电传输,然后通过储能装置释放至电磁轨道发射装置上。产生电磁推力加速负载至 2.5 km/s,即可脱离月球引力。经估算,若每次发射 5 kg 或 500 kg 物资,每年发射能力分别为 15 t 或 200 t。

文献[432]介绍了一种电磁轨道发射型月基物体运送器的概念[图 7-52(b)]。在地月间不同的轨道上可以开展不同的应用,根据应用目标的需求,可通过调节加速度或轨道距离来改变载荷初速,从而进入不同的运行轨迹。如图 7-53 所示,仅在月球表面(轨迹①)活动,发射初速约为 0 m/s,可进行材料运输、地质勘探、铁磁材料开发等应用;若进入月球亚轨道(轨迹②)短暂运行,则发射初速需达到 0～1.68 km/s,可进行月球远距离物资运输、月球地质学研究、月尘研究等应用;若进入月球轨道(轨迹③)绕行,则发射初速需达到 1.68~2.38 km/s,可用于月球轨道卫星发射、月球空间站和燃料运输等;若进入地球轨道(轨迹⑤)或返回地球(通过轨迹④至轨迹⑥),则发射初速要求在月球逃逸速度和地球最低逃逸速度之间,即 2.38~2.8 km/s,可用于太空碎片清理、地月间物资运输等;若发射初速进一步提高,则可逃逸出地月系统,进入太阳系或者更远的目的地开展太空探索。

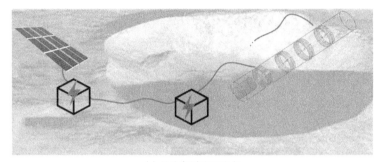

(a)月球电磁线圈发射　　　　　　　　　　　　　　　(b)月球电磁轨道发射[433]

图 7-52　月基电磁发射运载器方案

月基物体运送器的尺寸(轨道长度)由加速度和发射初速决定,与加速度成反比,与发射初速成正比。由于期望能够发射与地球发射过载相当的有效载荷,可设定最大加速度为 $20g$[432]。发射速度是由所需目标轨道的轨道力学和月球上发射地点的位置决定的。由于月球"潮汐锁定"的作用,所以可以全时段为地球进行发射。文献[432]称这种始于月球表面终于地球的运行轨迹为对地发射点(Earthshot),这个轨迹需要月球上适合的发射速度来实现,如果速度较低,将在月球或地球周围形成椭圆轨道,如图 7-54 所示。如果能够找到一条轨迹,轨迹中有效载荷的速度矢量在球体影响范围内与月球速度相交并方向相反,则有效载荷在地球参考系中的绝对速度将最小,因此可以实现最高效的对地发射。

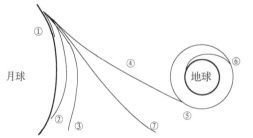

①-月球表面
②-月球亚轨道
③-月球轨道
④-传输轨迹
⑤-地球轨道
⑥-返地轨迹
⑦-逃逸轨迹

图 7-53　月基电磁发射目标轨迹

文献[432]介绍了一种月基电磁轨道发射系统方案,轨道长度约为 16 km,利用太阳能电池板给脉冲储能装置充电,可以在月球日 80% 的时间内每 24.8 h 实现一次对地发射,使物资运输回地球,如图 7-55 所示。为获得较大的推力,将多个电磁轨道发射装置

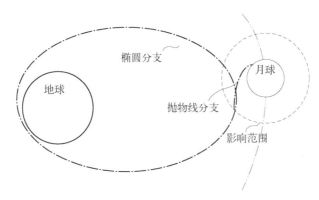

图 7‑54 月球发射轨迹 Earthshot 选取

模块化并叠加集成,通过调整模块数量即可发射不同质量的物体。假设在月海附近建设一个物资运输系统,按照一次运输 10 t 的物资、加速度 $20g$ 计算,则发射轨道长度在 16 km 左右,每年可以将总质量为 1 760 t 的载荷送入轨道或送回地球,通过提高功率及模块数量,每年运输总量最多可达 3.3×10^6 t,运输速率非常可观。

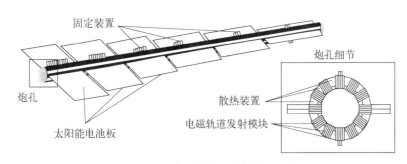

图 7‑55 月球上的电磁发射装置示意图

此外,还可将大型空间站充当太空船坞,将月球的材料采用电磁发射的形式直接输送到太空船坞,利用未来的在轨制造设施和太空 3D 打印技术,建设太空船,这些太空船可以将货物运送到月球,以扩展永久性的月球定居点或开展星际探索。

7.3.3 太空探测器发射

目前,卫星及太空探测器需求量日益增多,受地球引力影响,从地表发射需要达到 10 km/s 以上的逃逸速度,发射所需能源和成本较高。如果在太空轨道或月球等太空基地发射,则发射速度要求将大幅降低,发射系统规模和发射成本也将相应减小,是未来太空探测的发展方向。例如,在未来的月球基地,可就地选材制造所需的卫星,并利用月基电磁发射装置进行发射,如图 7‑56 所示。

利用电磁轨道发射技术,还可以在太空发射太空探测器。利用文献[432]提出的 16 km 左右的月基物体运送器可实现太阳系探测器发射的构想。利用霍曼转移原理即可求得第一次变轨所需的速度增量:

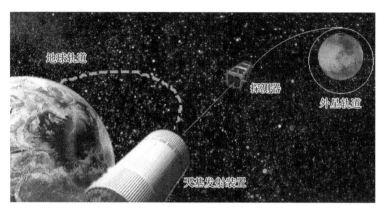

图 7 - 56　太空电磁发射卫星

$$\Delta v_l = v_{\mathrm{Hoh}} + v_{\mathrm{esc,\,e}} - v_{\mathrm{m}} + v_{\mathrm{esc,\,m}} \tag{7 - 15}$$

式中，$v_{\mathrm{esc,\,e}}$ 为从地球到月球轨道的逃逸速度（1.4 km/s）；v_{m} 为月球绕地球的平均轨道速度（1.02 km/s）；$v_{\mathrm{esc,\,m}}$ 为月球表面逃逸速度（2.38 km/s），v_{Hoh} 为到达霍曼轨道所需的速度。

表 7 - 12 给出到达太阳系典型星球或行星带所需的发射速度参数。从表 7 - 4 中可看出，用于探索太阳系的探测器质量最少约为 300 kg，远低于传统的利用火箭发射的行星际探测器，在未来星际探索中应用潜力巨大。

表 7 - 12　通过月球物质运送器发射的霍曼轨道参数与适配负载[432]

目标星球	距离/AU	发射速度/(km/s)	加速度/g	载荷质量/kg
水星	0.4	10.35	337.4	592.7
金星	0.7	5.3	88.3	2 263.9
火星	1.5	5.7	104.2	1 920
小行星带	2.7	9	258.2	780.7
木星	5.2	11.6	425.6	469.9
土星	9.6	13.1	542.9	368.4
天王星	19.2	14.1	628.2	318.3
海王星	30.1	14.4	661.9	302.2
冥王星	39.5	14.6	676.6	295.6
柯伊伯带	50	14.7	686.7	291.3

注：AU（astronomical unit），天文单位，指地球到太阳的平均距离。

7.3.4　航天器轨道转移与姿态调整

随着任务多样化及今后太空运输的需要，航天器或卫星要进行一系列的轨道转移操作,而且随着目前卫星复杂性的增加,需要采取主动手段保持或调整卫星轨道和姿态,保障卫星能够在工作轨道上以正确的姿态进行工作。利用传统的化学推进方法需要加装大量的燃料和氧化剂,体积、重量大,控制能力受限于燃料能量。电磁轨道发射装置不受化学燃料重量和能量限制,可以在卫星嵌入小型电磁轨道发射装置及适量的工质,利用太阳能转化为所需的电能,利用电磁推力高效地改变卫星姿态或进行轨道转移,优势明显,是今后航天器轨道转移或姿态调整的一个发展方向,如图 7-57 所示。

图 7-57 航天器轨道转移或姿态调整

7.4 小 结

本章介绍了电磁轨道发射技术在军事领域、民用领域及未来太空领域的应用前景,主要包括以下几个方面:

(1)在军事领域,可利用电磁轨道发射技术研制舰载、车载、机载等多型电磁轨道炮,在海军可应用于各类舰艇,甚至超能舰,履行远程对陆打击、防空反导、对海打击等使命;在陆军可应用于电磁坦克、防空反导、电磁迫击炮、导弹发射、电磁枪械和电磁装甲等领域;在空军可将电磁轨道炮作为机载武器,也可以用来发射无人机;在天基领域可以用于战时微小卫星快速投射,大幅提升作战能力。

(2)在民用领域,电磁轨道发射技术高速、远射程的技术优势可用于滑橇试验、消防灭火;脉冲强磁场技术可用于金属电磁成形、电磁除尘和电磁医疗等;高功率电池储能技术可用于舰船消磁、应急电力储能;此外,小质量超高速发射还可用于高压物理状态方程参数测量、高速碰撞核聚变、弹载器件抗强磁场和抗高过载试验等科学与工业应用研究。

(3)在太空领域,可利用电磁轨道发射系统重复快速发射空间碎片清理装置,大幅降低发射成本、缩短发射周期、提高发射安全性;月球的逃逸速度仅为 2.38 km/s,在电磁轨道发射技术的发射初速范围内,有望在月球上利用电磁轨道发射技术向地球或空间站输送所需物资。以月球为基地,可建设面向太空或太阳系其他星球的电磁轨道发射装置,开展物资运输、探测器发射及航天器轨道转移等任务,是未来太空探索重要的运输手段,对今后人类生产生活方式的改变具有深远的意义。

参 考 文 献

[1] 马伟明,鲁军勇.电磁发射技术[J].国防科技大学学报,2016,38(6):1−5.

[2] Ma W M, Lu J Y. Thinking and study of electromagnetic launch technology[J]. IEEE Transactions on Plasma Science, 2017, 45(7):1071−1077.

[3] Ma W M, Lu J Y, Liu Y Q. Research progress of electromagnetic launch technology[J]. IEEE Transactions on Plasma Science, 2019, 47(5):2197−2205.

[4] 王莹,肖峰.电炮原理[M].北京:国防工业出版社,1995.

[5] 王莹.电磁发射技术综述[C]//中国电工技术学会.电气技术发展综述,2004:66−72.

[6] 马伟明,张晓峰,焦侬,等.中国电气工程大典:第12卷 船舶电气工程[M].北京:中国电力出版社,2009.

[7] US Navy. Navy rail gun test Dalgren, VA[EB/OL]. http://www. eugenelesslover. com/ VIDEOS/ Rail_Gun. html[2014−02−04].

[8] Fein G. Navy sets new world record with electromagnetic railgun demonstration[EB/OL]. http:// www. navy. mil/submit/display. asp? story_id=57690[2016−04−01].

[9] Zhao L, Su J C, Zhang X B, et al. Research on reliability and lifetime of solid insulation structures in pulsed power systems[J]. IEEE Transactions on Plasma Science, 2013, 41(1):165−172.

[10] Wild B, Schuppler C, Alouahabi F, et al. The influence of the rail material on the multishot performance of the rapid fire railgun[J]. IEEE Transactions on Plasma Science, 2015, 43(6):2095−2099.

[11] 张世英,裴桂艳,张俊.美海军电磁轨道炮研发计划评析[J].现代舰船,2011,(9):46−49.

[12] Lipinski R J, Beard S, Boyes J, et al. Space applications for contactless coilguns[J]. IEEE Transactions on Magnetics, 1993, 29(1):691−695.

[13] 聂建新,韩晶晶,焦清介,等.电磁轨道发射器的几何尺寸对电感梯度的影响[J].高电压技术, 2010,36(3):728−732.

[14] Marshall R A,王莹.电磁轨道炮的科学与技术[M].曹延杰译.北京:兵器工业出版社,2016.

[15] Yu X J, Fan Z N. Simulation and two-objective optimization of the electromagnetic-railgun model considering VSEC resistance and contact resistance[J]. IEEE Transactions on Plasma Science, 2011, 39(1):405−410.

[16] Kidder R E. Nonlinear diffusion of strong magnetic fields into a conducting half-space[R]. Office of Scientific and Technical Information(OSTI), 1959.

[17] 李军.电磁轨道炮中的电流线密度与膛压[J].高电压技术,2014,40(4):1104−1109.

［18］ Fair H D. Electromagnetic launch science and technology in the United States enters a new era［C］. Snowbird：Symposium on Electromagnetic Launch Technology，2005.

［19］ Li J，Liu P Z，Gui Y C，et al. Recent pseudo-liquid armature experiments with details of the test systems［J］. IEEE Transactions on Magnetics，2009，45(1)：368－371.

［20］ Stefani F，Merrill R. Experiments to measure melt-wave erosion in railgun armatures［J］. IEEE Transactions on magnetics，2003，39(1)：188－192.

［21］ 李军,严萍,袁伟群.电磁轨道炮发射技术的发展与现状［J].高电压技术,2014,40(4)：1052－1064.

［22］ McNab I R. Large-scale pulsed power opportunities and challenges［J］. IEEE Transactions on Plasma Science，2014，42(5)：1118－1127.

［23］ Office of Naval Research. Program of electromagnetic railgun［EB/OL］. http：//www. onr. navy. mil/en/Science-Technology/Departments/Code-35/All-Programs/air-warfare-352/Electromagnetic Railgun. aspx［2014－02－24］.

［24］ O'Rourke R. Navy lasers，railgun，and hypervelocity projectile：Background and issues for congress［R］. Congressional Research Service Report，May 27，2016.

［25］ Shvetsov，Gennady A. Overview of some recent EML efforts within Russia［J］. IEEE Transactions on Magnetics，1997，33(1)：26.

［26］ Drobushevskii E，Kurakin R. The railgun experiments on head-on collision of bodies of different mass in 10－15 km/s range［J］. IEEE Transactions on Magnetics，1997，33(1)：528－531.

［27］ Afonin A G. Multirail electromagnetic launcher powered from a pulsed magnetoydrodynamic generator［J］. J . Appl. Mech. Tech. Phys. ，2015，56(5)：813－822.

［28］ Anisimov A G，Zykov V V，Shvetsov G A. Electromagnetic launcher for powder deposition［J］. IEEE Transactions on Plasma Science，2011，391：9－12.

［29］ Shyetsov G A，Rutberg P G，Budin A V，et al. Overview of some recent EML research in Russia［J］. IEEE Transactions on Magnetics，2007，43(1)：99－106.

［30］ Ceylan D，Karagoz M，Cevik Y，et al. Simulations and experiments of EMFY－1 electromagnetic launcher［J］. IEEE Transactions on Plasma Science，2019，47(7)：3336－3343.

［31］ Ceylan D，Keysan O. Effect of conducting containment on electromagnetic launcher efficiency［C］. Lodz：18th Int. Symp. Electromagn. Fields Mechatronics，Electr. Electron. Eng.，2017.

［32］ Ceylan D，Gudelek M U，Keysan O. Armature shape optimization of an electromagnetic launcher using genetic algorithm［C］. Brighton：IEEE International Conference on Pulsed Power，2017.

［33］ Jung J W，Kim J S，Chung K H，et al. Overview of ETC program in Korea［J］. IEEE Transactions on Magnetics，1999，35(1)：23－24.

［34］ Lee Y H，Kim S H，Lee B H，et al. Experimental tests of a 25mm square-bore railgun［C］. Beijing：16th International Symposium on Electromagnetic Launch Technology (EML)，2012.

［35］ Yang K S，Kim S H，Lee B，et al. Electromagnetic launch experiments using a 4. 8 MJ pulsed power supply［J］. IEEE Transactions on Plasma Science，2015，43(5)：1358－1361.

［36］ An S，Lee B，Bae Y，et al. Numerical analysis on the transient inductance gradient of the resistive overlay rail on the sliding electrical contact［J］. IEEE Transactions on Plasma Science，2019，47(5)：

2339 – 2342.

[37] Usuba S, Kondo K, Sawaoka A. Railgun experiment at Tokyo institute of technology[J]. IEEE Transactions on Magnetics, 1986, 22(6): 1790 – 1792.

[38] Usuba S, Kondo K I, Sawaoka A. Development of railgun accelerator combined with two-stage light gas gun[J]. IEEE Transactions on Magnetics, 1984, 20(2): 260 – 263.

[39] Usuba S, Kakudate Y, Aoki K, et al. Development of railgun accelerator at NCLI[J]. IEEE Transactions on Magnetics, 1986, 22(6): 1785 – 1789.

[40] Yanagisawa M, Sato K, Yamori A, et al. Development of railgun accelerator at ISAS[J]. IEEE Transactions on Magnetics, 1989, 25(1): 616 – 620.

[41] 徐志伟. 全电坦克"三部曲"(中)[J]. 坦克装甲车辆, 2018, (15): 15 – 19.

[42] Hundertmark S, Vincent G, Simicic D, et al. Increasing launch efficiency with the PEGASUS launcher [J]. IEEE Transactions on Plasma Science, 2017, 45(7): 1607 – 1613.

[43] Gallant J, Lehmann P. Experiments with brush projectiles in a parallel augmented railgun[J]. IEEE Transactions on Magnetics, 2005, 41(1): 188 – 193.

[44] Schneider M, Woetzel M, Wenning W, et al. The ISL rapid fire railgun project RAFIRA. part I: Technical aspects and design considerations[J]. IEEE Transactions on Magnetics, 2009, 45(1): 442 – 447.

[45] Schneider M, Woetzel M, Wenning W. The ISL rapid fire railgun project RAFIRA. Part II: First Results[J]. IEEE Transactions on Magnetics, 2009, 45(1): 448 – 452.

[46] Hundertmark S, Vincent G, Schubert F, et al. The NGL – 60 railgun[J]. IEEE Transactions on Plasma Science, 2019, 47(7): 3327 – 3330.

[47] 李超, 鲁军勇, 江汉红, 等. 电磁发射用多级混合储能充电方式对比[J]. 强激光与粒子束, 2015, 27 (7): 234 – 239.

[48] 李超, 鲁军勇, 江汉红, 等. 混合储能中电容器电压精确控制策略研究[J]. 高电压技术, 2015, 41 (7): 2231 – 2235.

[49] 吴羿廷, 鲁军勇, 龙鑫林, 等. 电磁发射混合储能系统能量传输速率优化[J]. 高电压技术, 2019, 45 (11): 3715 – 3720.

[50] 李白, 鲁军勇, 谭赛, 等. 多因素作用下的 C 形固体电枢优化设计方法[J]. 高电压技术, 2016, 42 (9): 2870 – 2875.

[51] Zhang Y S, Lu J Y, Tan S, et al. Heat generation and thermal management of a rapid-fire electromagnetic rail launcher[J]. IEEE Transactions on Plasma Science, 2019, 47(5): 2143 – 2150.

[52] 张永胜, 鲁军勇, 谭赛, 等. 连续电磁发射过程中轨道受力分析[J]. 兵工学报, 2018, 39(3): 618 – 624.

[53] 张晓, 武文轩, 鲁军勇, 等. 电磁发射制导控制器件强磁场特性分析与离线测试方法[J]. 西安交通大学学报, 2020, 54(2): 111 – 118.

[54] 郑宇锋, 鲁军勇, 江汉红, 等. 基于分布式馈电模式的电磁发射系统效能分析[J]. 海军工程大学学报, 2015, 27(5): 5 – 8.

[55] 曾德林, 鲁军勇, 郑宇锋, 等. 大规模 PFN 充电回路电气参数精确辨识和故障诊断[J]. 高电压技术, 2020, 46(6): 2200 – 2208.

［56］ Li J, Gui Y C, Yu C D. First experimental results of the "Pseudo-liquid Armature with Air-spring"［C］. Monterey：2005 IEEE Pulsed Power Conference, 2005.

［57］ Dong J N, Zhang J, Li J, et al. The 100－kJ modular pulsed power units for railgun［J］. IEEE Transactions on Plasma Science, 2011, 39(1)：275－278.

［58］ Liu P Z, Li J, Gui Y C, et al. Analysis of energy conversion efficiency of a capacitor-based pulsed-power system for railgun experiments［J］. IEEE Transactions on Plasma Science, 2011, 39(1)：300－303.

［59］ Li J, Li S Z, Liu P Z, et al. Design and testing of a 10－MJ electromagnetic launch facility［J］. IEEE Transactions on Plasma Science, 2011, 39(4)：1187－1191.

［60］ Gui Y C, Li S Z, Liu P Z, et al. Experimental investigation of pseudo-liquid armature with air-spring for railguns at zero speed［J］. IEEE Transactions on Magnetics, 2009, 45(1)：302－304.

［61］ Su Z Z, Guo W, Zhang T, et al. Design and simulation of a large muzzle kinetic energy railgun［J］. IEEE Transactions on Plasma Science, 2013, 41(5)：1416－1420.

［62］ 李明涛,孙小超,李菊香,等.电磁轨道炮身管设计的预紧机理分析［J］.火箭发射与控制学报, 2014,35(4)：11－15.

［63］ Guo W, Zhang T, Shao W Q, et al. Investigation of the driving ability on concave armature［J］. IEEE Transactions on Plasma Science, 2017, 45(7)：1308－1313.

［64］ Cao B, Guo W, Ge X, et al. Analysis of rail erosion damage during electromagnetic launch［J］. IEEE Transactions on Plasma Science, 2017, 45(7)：1263－1268.

［65］ Li J X, Cao B, Fan Z G, et al. Judging the abnormal rail-armature contact states with waveforms of B-dot probes［J］. IEEE Transactions on Plasma Science, 2017, 45(7)：1274－1280.

［66］ Xu W D, Yuan W Q, Sun Y H, et al. Research on the sliding electrical contact of the rapid fire railgun ［J］. IEEE Transactions on Plasma Science, 2013, 41(5)：1542－1546.

［67］ Fu X, Zhang D D, Yuan W Q, et al. Design and analysis of the 270 kJ PPS for augmented railgun［J］. IEEE Transactions on Plasma Science, 2017, 45(7)：1496－1502.

［68］ 马伟明.2030年前特种防御项目研究［R］.北京：海军研究报告,2009.

［69］ MacDonald J R, Schneider M A, Ennis J B, et al. High energy density capacitors［C］. Montreal：IEEE Electrical Insulation Conference, 2009.

［70］ Sarjeant W J, Zirnheld J, MacDougall F W. Capacitors［J］. IEEE Transactions on Plasma Science, 1998, 26(5)：1368－1392.

［71］ Kitzmiller J R, Cook K G, Hahne J J, et al. Predicted versus actual performance of the model scale compulsator system［J］. IEEE Transactions on Magnetics, 2001, 37(1)：362－366.

［72］ Kitzmiller J R, Pratap S B, Driga M D. An application guide for compulsators［J］. IEEE Transactions on Magnetics, 2003, 39(1)：285－288.

［73］ Kitzmiller J R, Pappas J A, Pratap S B, et al. Single and multiphase compulsator system architectures：A practical comparison［J］. IEEE Transactions on Magnetics, 2001, 37(1)：367－370.

［74］ Kim K J, Park M, Kim Y, et al. A technology review of electrodes and reaction mechanisms in vanadium redox flow batteries［J］. Journal of Materials Chemistry, 2015, 3(33)：16913－16933.

［75］ Manthiram A, Yu X W. Ambient temperature sodium-sulfur batteries［J］. Small, 2015, 11(18)：

2108 - 2114.

[76] Armand M B. Intercalation electrodes[M]//Murphy D W, Broadhead J, Steele B C H. Materials for Advanced Batteries. Boston: Springer, 1980.

[77] Mizushima K, Jones P, Wiseman P, et al. $Li_xCoO_2(0< x<-1)$: A new cathode material for batteries of high energy density[J]. Materials Research Bulletin, 1980,(15): 783 - 789.

[78] 李臻,于歆杰.高储能密度电感的设计[J].电工技术学报,2017,32(13): 125 - 129.

[79] 王莹,孙元章,阮江军.脉冲功率科学与技术[M].汕头: 汕头大学出版社,2010.

[80] 周羽生,郭芳,戴陶珍,等.超导电感储能高功率脉冲技术及其仿真研究[J].高压电器,2005,41(2): 85 - 88.

[81] 马开猛.储能电感充放电控制及应用[D].成都: 电子科技大学,2008.

[82] 王帅兵.基于超导储能电感的脉冲放电系统的研究[D].北京: 北京理工大学,2016.

[83] Ford R D, Hudson R D, Klug R T. Novel hybrid XRAM current multiplier[J]. IEEE Transactions on Magnetics, 1993, 29(1): 949 - 953.

[84] Lindner K, Long J, Girogi D, et al. A Meatgrinder circuit for energizing resistive and varying inductive loads (EM guns)[J]. IEEE Transactions on Magnetics, 1986, 22(6): 1591 - 1596.

[85] Choi S, Manthiram A X. Synthesis and electrochemical properties of $LiCo_2O_4$ spinel cathodes[J]. Journal of the Electrochemical Society, 1986, 149(2): 162.

[86] 潘凯孟.锂离子电池锰酸锂正极材料的制备与改性研究[D].武汉: 华中科技大学,2019.

[87] 姜华伟,刘亚飞,陈彦彬,等.锂离子电池三元正极材料研究及应用进展[J].人工晶体学报,2018,47(10): 2205 - 2211.

[88] Busson C, Blin M, Guichard P, et al. A primed current collector for high performance carbon-coated $LiFePO_4$ electrodes with no carbon additive[J]. Journal of Power Sources, 2018, 406(12): 7 - 17.

[89] 唐致远,阳晓霞,陈玉红,等.钛酸锂电极材料的研究进展[J].电源技术,2007,31(4): 79 - 83.

[90] 李泓.锂离子电池基础科学问题(XV): 总结和展望[J].储能科学与技术,2015,4(3): 306 - 318.

[91] Feng R, Wang L W, Lyu Z Y, et al. Carbon nanocages supported $LiFePO_4$ nanoparticles as high-performance cathode for lithium ion batteries[J]. Acta Chimica Sinica, 2014, 72(6): 653.

[92] 李萌,邱景义,余仲宝,等.$LiPF_6$/LiFSI 混合盐在高功率锂离子电池中的应用[J].电源技术,2018,42(1): 12 - 15.

[93] Li J, Cheng Y, Ai L H, et al. 3D simulation on the internal distributed properties of lithium-ion battery with planar tabbed configuration[J]. Journal of Power Sources, 2015, 36(293): 993 - 1005.

[94] Shepherd C M. Design of primary and secondary cells-part II. An equation describing battery discharge[J]. Journal of Electrochemical Society, 1965, 112(7): 657 - 664.

[95] Tremblay O, Dessaint L A. Experimental validation of a battery dynamic model for EV applications[J]. World Electric Vehicle Journal, 2009, 3(2): 289 - 298.

[96] Tröltzsch U, Kanoun O, Tränkler H R. Characterizing aging effects of lithium ion batteries by impedance spectroscopy[J]. Electrochimica Acta ,2006,51: 1664 - 1672.

[97] Smith K, Wang C Y. Solid-state diffusion limitations on pulse operation of a lithium-ion cell for hybrid electric vehicles[J]. J. Power Sources, 2006,161: 628 - 639.

[98] Doyle M, Fuller T F, Newman J. Modeling of galvanostatic charge and discharge of the lithium polymer

insertion cell[J]. Journal of the Electrochemical Society, 1993, 140(6): 1526 - 1533.

[99] Lu J Y, Zhu B F, Zhang X, et al. Dielectric strength structure-activity relationship of BOPP film for high energy density pulse capacitor[J]. IEEE Transactions on Plasma Science, 2019, 47(9): 4342 - 4349.

[100] Tortai J H, Denat A, Bonifaci N. Self-healing of capacitors with metallized film technology: Experimental observations and theoretical model[J]. Journal of Electrostatics, 2001, 53(2): 159 - 169.

[101] 李智威.应用于重复频率脉冲放电的高储能密度电容器性能研究[D].武汉:华中科技大学,2015.

[102] Hajiaghasi S, Salemnia A, Hamzeh M. Hybrid energy storage system for microgrids applications: A review[J]. Journal of Energy Storage, 2019, 21: 543 - 570.

[103] Xiong R, Chen H, Wang C, et al. Towards a smarter hybrid energy storage system based on battery and ultracapacitor — a critical review on topology and energy management[J]. Journal of Cleaner Production, 2018, 202: 1228 - 1240.

[104] 吴海峰,鲁军勇,马伟明,等.大功率混合储能装置控制策略研究[J].西安交通大学学报,2015, 49(2): 93 - 99.

[105] 周仁,鲁军勇,龙鑫林,等.混合储能蓄电池组放电均衡优化研究[J].海军工程大学学报,2016, 28(3): 105 - 109.

[106] 李成,杨秀,张美霞,等.基于成本分析的超级电容器和蓄电池混合储能优化配置方案[J].电力系统自动化,2013,37(18): 20 - 24.

[107] 刘迎,陈燎,盘朝奉,等.充放电效率的超级电容组容量配置[J].河南科技大学学报(自然科学版),2015,36(1): 23 - 28.

[108] Pokryvailo A, Ziv I. A hybrid repetitive opening switch for inductive storage systems and protection of DC circuits [C]. Hollywood: Conference Record of the 25th International Power Modulator Symposium, 2002.

[109] Pokryvailo A, Ziv I, Shapira M. Repetitive inductive storage supply for an ETC tank gun[J]. IEEE Transactions on Magnetics, 2003, 39(1): 257 - 261.

[110] Sitzman A, Surls D, Mallick J. Design, construction, and testing of an inductive pulsed-power supply for a small railgun[J]. IEEE Transactions on Magnetics, 2007, 43(1): 270 - 274.

[111] Dedie P, Brommer V, Scharnholz S. ICCOS countercurrent-thyristor high-power opening switch for currents up to 28 kA[J]. IEEE Transactions on Magnetics, 2009, 45(1): 536 - 539.

[112] Yu X J, Ma S G, Li Z. System implementation and testing of the STRETCH meat grinder with ICCOS [J]. IEEE Transactions on Plasma Science, 2015, 43(5): 1474 - 1479.

[113] 马山刚,于歆杰,李臻.基于 ICCOS 的 STRETCH meat grinder 电路中逆流回路的探讨[J].电工技术学报,2015,30(20): 79 - 84.

[114] Yu X J, Liu H, Li J, et al. Discussion on the discharging effects of two STRETCH meat grinder modules with different triggering delays[J]. IEEE Transactions on Plasma Science, 2015, 43(5): 1469 - 1473.

[115] Shrivastava P, Soon T K, Idris M Y I, et al. Overview of model-based online state-of-charge

estimation using Kalman filter family for lithium-ion batteries[J]. Renewable & Sustainable Energy Reviews, 2019, 113: 109 - 233.

[116] Lee S, Kim J, Lee J, et al. State-of-charge and capacity estimation of lithium-ion battery using a new open-circuit voltage versus state-of-charge[J]. Journal of Power Sources, 2008, 185(2): 1367 - 1373.

[117] Wei Z B, Tseng K J, Wai N, et al. Adaptive estimation of state of charge and capacity with online identified battery model for vanadium redox flow battery[J]. Journal of Power Sources, 2016, 332: 389 - 398.

[118] Zou Y, Hu X S, Ma H M, et al. Combined state of charge and state of health estimation over lithium-ion battery cell cycle lifespan for electric vehicles[J]. Journal of Power Sources, 2015, 273: 793 - 803.

[119] Chen C, Xiong R, Shen W X. A lithium-ion battery-in-the-loop approach to test and validate multiscale dual H infinity filters for state-of-charge and capacity estimation[J]. IEEE Transactions on Power Electronics, 2018, 33(1): 332 - 342.

[120] Li X Y, Wang Z P, Zhang L. Co-estimation of capacity and state-of-charge for lithium-ion batteries in electric vehicles[J]. Energy, 2019, 174: 33 - 44.

[121] Chen H Q, Zhang L, Han Y H. System-theoretic analysis of a class of battery equalization systems: Mathematical modeling and performance evaluation[J]. IEEE Transactions on Vehicular Technology, 2015, 64(4): 1445 - 1457.

[122] 董博,李永东.基于剩余容量估算的快速蓄电池均衡[J].清华大学学报(自然科学版),2012,52(3): 374 - 379.

[123] Ma H N, Hossain L M S, Hussain A, et al. Neural network approach for estimating state of charge of lithium-ion battery using backtracking search algorithm[J]. IEEE Access, 2018, 6: 10069 - 10079.

[124] 陈博,庄劲武,肖翼洋,等.基于半经验模型的高压限流熔断器电弧特性的计算与分析[J].高电压技术,2014,40(1): 282 - 287.

[125] 戴超,庄劲武,杨锋,等.大电流电弧触发式混合限流熔断器分析与设计[J].电力自动化设备,2011,31(10): 81 - 85.

[126] 周煜韬,庄劲武,武瑾,等.结构设计对于火药辅助式开断器开断特性的影响[J].电工技术学报,2020,35(5): 1075 - 1082.

[127] 刘路辉,叶志浩,付立军,等.快速直流断路器研究现状与展望[J].中国电机工程学报,2017,37(4): 966 - 978.

[128] Hassanpoor A, Häfner J, Jacobson B. Technical assessment of load commutation switch in hybrid HVDC breaker[C]. Hiroshima: 2014 International Power Electronics Conference, 2014.

[129] 郝鑫,王盼宝,孙红梅,等.直流故障限流器工作原理分析与特性研究[J].电网技术,2019,43(12): 4414 - 4424.

[130] 谭璐.高温超导直流限流器拓扑结构设计与仿真分析[D].北京:北京交通大学,2018.

[131] Liang S Y, Tang Y J, Xia Z, et al. Study on the current limiting performance of a novel SFCL in DC systems[J]. IEEE Transactions on Applied Superconductivity, 2017, 27(4): 1 - 6.

[132] 刘轶强.固态限流器发展综述[J].船电技术,2015,35(3): 77 - 80.

[133] 庄劲武,张晓锋,杨锋,等.船舶直流电网短路限流装置的设计与分析[J].中国电机工程学报,
2005,25(20):26-30.

[134] 梁天学,孙才新,邱爱慈,等. 200 kV 多级多通道火花开关[J].高电压技术,2006,32(10):
56-58.

[135] 伍友成,耿力东,何泱,等. 100 kV 重频气体开关初步研究及应用[J].强激光与粒子束,2016,28
(2):161-165.

[136] del Guercio M. A 4. 5 MJ pulsed power supply for railgun experiments[J]. IEEE Transactions on
Magnetics, 2003, 39(1): 280-284.

[137] 董健年,桂应春,李军,等.电磁弹射系统的脉冲功率源设计[J].高电压技术,2007,33(12):
105-107.

[138] Fridman B E, Rutberg P G. The multimegajoule capacitive energy stores for generating pulses with
large current integral[C]. Baltimore: 11th IEEE International Pulsed Power Conference (Cat. No.
97CH36127), 1997.

[139] Wisken H G, Podeyn F, Weise H G G. High energy density capacitors for ETC gun applications[J].
Magnetics IEEE Transactions , 2001, 37(1): 332-335.

[140] Akhmetgareev M R, Ivanov V P, Menakhin L P, et al. A high-voltage high-current switch on the
basis of triggered vacuum switches[J]. Instruments and Experimental Techniques, 2016, 59(3):
362-367.

[141] 张亚舟,李贞晓,程年恺,等.一种真空触发开关脉冲电源系统研究[J].兵工学报,2017,38(8):
1469-1475.

[142] 宋礼伟.高压大功率脉冲电源关键技术研究[D].武汉:华中科技大学,2019.

[143] 刘国友,黄建伟,舒丽辉,等.6英寸高压晶闸管的研制[J].电网技术,2007,31(2):90-92.

[144] 操国宏,朱为为.特高压直流输电换流阀用更大尺寸高压晶闸管的研制[C].济南:全球能源互
联网与大学创新发展论坛,2018.

[145] Belyaev S A, Bezuglov V G, Galakhov I V, et al. New generation of high-power semiconductor
closing switches for pulsed power applications[C]. Albuquerque: 2007 IEEE 34th International
Conference on Plasma Science (ICOPS), 2007.

[146] Podlesak T F, Simon F, Schneider S, et al. Experimental investigation of dynistors and dynistor
based pulsers[C]. Rancho Mirage: Conference Record of the Twenty-Third International Power
Modulator Symposium, 1998.

[147] He X P, Wang H Y, Xue B J, et al. A 12 kV high-voltage semiconductor switch based on 76-mm
reverse-switching dynistors[J]. IEEE Transactions on Plasma Science, 2011, 39(1): 285-287.

[148] Dodson W H, Longini R L. Probed determination of turn-on spread of large area thyristors[J]. IEEE
Transactions on Electron Devices, 1966, 13(5): 478-484.

[149] Yamasaki H. Experimental observation of the lateral plasma propagation in a thyristor[J]. IEEE
Transactions on Electron Devices, 1975, 22(2): 65-68.

[150] Ikeda S, Araki T. The di/dt capability of thyristors[J]. Proceedings of the IEEE, 1967, 55(8):
1301-1305.

[151] 陈旭.高压脉冲晶闸管热特性研究[D].武汉:华中科技大学,2015.

[152] 蓝元良,汤广福,印永华,等.串联晶闸管反向恢复暂态过程的研究[J].电网技术,2006,30(16): 15-19.

[153] 丁立志.基于晶闸管的高电压大电流放电开关特性分析与设计[D].武汉:华中科技大学,2019.

[154] EPCOS AG. SIOV metal oxide varistors application notes [R]. Japan, TDK Group Company, 2018:1-17.

[155] 苏成.小型化脉冲电感的研究[D].武汉:华中科技大学,2013.

[156] Liebfried O, Brommer V, Scharnholz S, et al. Refurbishment of a 30 MJ pulsed power supply for pulsed power applications[J]. IEEE Transactions on Plasma Science, 2013, 41(5): 1285-1289.

[157] Fridman B E, Li B M, Belyakov V A, et al. A 1 MJ capacitive energy storage[J]. Instruments and Experimental Techniques, 2011, 54(5): 695-698.

[158] 孟绍良,栗保明.用于电热化学发射实验的脉冲电源系统[J].弹道学报,2004,(16):86-90.

[159] 苏子舟,杨栋,王乐,等.韩国电磁轨道发射技术概述[J].飞航导弹,2018,(9):9-13.

[160] Jin Y S, Kim Y B, Kim J, et al. Fabrication and testing of a 600 kJ pulsed power system[J]. IEEE Transactions on Plasma Science, 2013, 41(10): 2671-2674.

[161] 肖后秀,李亮.500 kV 脉冲磁体的电感计算[J].电工技术学报,2010,25(1):14-18.

[162] 陈水明,王小川,王振兴.500 kV 限流用电抗器过电压耐受分析[J].高压电器,2009,45(1): 11-14.

[163] 李欢.平顶长脉冲强磁场的优化设计理论和方法[D].武汉:华中科技大学,2014.

[164] 雷德明,严新平.多目标智能优化算法及其应用[M].北京:科学出版社,2009.

[165] Branke J, Deb K, Miettinen K, et al. Multiobjective optimization[M]. Heidelberg: Springer, 2008.

[166] Deb K, Pratap A, Agarwal S, et al. A fast and elitist multiobjective genetic algorithm: NSGA-II [J]. IEEE Transactions on Evolutionary Computation, 2002, 6(2): 182-197.

[167] 李松乘,鲁军勇,程龙,等.电磁发射用脉冲电抗器应力分析及结构设计[J].国防科技大学学报, 2019,41(4):39-45.

[168] 王杰,鲁军勇,张晓,等.两型 PFN 脉冲功率电源放电特性研究[J].海军工程大学学报,2019,31 (6):1-7.

[169] 刘建宝,邵英,秦昕昕.脉冲电源储能电容反向充电电压释放方法[J].电机与控制学报,2017,21 (8):41-47.

[170] 李贞晓,张亚舟,高梁,等.电热化学发射中硅堆故障试验分析[J].兵工学报,2015,36(4):577- 581.

[171] 王莹.高功率脉冲电源[M].北京:原子能出版社,1991.

[172] 曹绍云.螺旋脉冲形成线实验研究[D].绵阳:中国工程物理研究院,2006.

[173] 高飞.甘油介质级联 Blumlein 型脉冲形成线的研究[D].长沙:国防科学技术大学,2012.

[174] 王松松.陶瓷储能层叠 Blumlein 线研究[D].长沙:国防科学技术大学,2013.

[175] 熊平戡.紧凑型高压纳秒脉冲电源的设计[D].成都:电子科技大学,2011.

[176] 董志强,任人,黄凯,等.脉冲功率电缆的受力分析与结构优化[J].强激光与粒子束,2016,28 (7):1-4.

[177] Dai Y F, Lu J Y, Zhang X, et al. Research on temperature characteristic of coaxial cable under the condition of repetitious pulse high current[J]. IEEE Transactions on Plasma Science, 2017, 45(7):

1184 − 1189.

[178] 戴宇峰,鲁军勇,张晓,等.脉冲功率同轴电缆瞬态阻抗特性研究[J].高电压技术,2018,45(6): 1915 − 1920.

[179] Paul C. Inductance loop and Partial[M]. Hoboken: Wiley-IEEE Press, 2009.

[180] 雷银照.轴对称线圈磁场计算[M].北京:中国计量出版社,1991.

[181] 卡兰塔罗夫,采依特林.电感计算手册[M].陈汤铭等译.北京:机械工业出版社,1992.

[182] Gustavsen B, Semlyen A. Combined phase and modal domain calculation of transmission line transients based on vector fitting[J]. IEEE Transactions on Power Delivery, 1998, 13(2): 596 − 604.

[183] Gustavsen B, Semlyen A. Rational approximation of frequency domain responses by vector fitting[J]. IEEE Transactions on Power Delivery, 1999, 14(3): 1052 − 1061.

[184] Gustavsen B. Improving the pole relocating properties of vector fitting[J]. IEEE Transactions on Power Delivery, 2006, 21(3): 1587 − 1592.

[185] Gustavsen B. Fast passivity enforcement for pole-residue models by perturbation of residue matrix eigenvalues[J]. IEEE Transactions on Power Delivery, 2008, 23(4): 2278 − 2285.

[186] Deschrijver D, Mrozowski M, Dhaene T, et al. Macromodeling of multiport systems using a fast implementation of the vector fitting method[J]. IEEE Microwave and Wireless Components Letters, 2008, 18(6): 383 − 385.

[187] 张重远,王增超,张欣,等.基于改进矢量匹配法的变压器铁芯频变涡流模型[J].高电压技术, 2015,41(5): 1618 − 1623.

[188] 孔繁,盛卫星,韩玉兵,等.基于矢量拟合的过孔等效电路提取方法[J].电波科学学报,2013,28 (5): 869 − 876.

[189] 王杰,张晓.脉冲电源系统传输电缆短路故障研究[J].海军工程大学学报,2016,28(S1): 70 − 74.

[190] 陈树义.电磁发射脉冲功率源系统放电过程特性分析[D].南京:南京理工大学,2010.

[191] 谭赛,鲁军勇.电磁轨道炮的电气参数特性研究及优化设计[J].船电技术,2012,32(2): 8 − 12.

[192] 李超,鲁军勇,马伟明,等.电磁发射用多级混合储能充电策略优化[J].电工技术学报,2017,32 (13): 118 − 124.

[193] Jin Y S, Kim Y B, Kim J S, et al. A 4.8 MJ pulsed-power system for electromagnetic launcher experiment[J]. IEEE Transactions on Plasma Science, 2015, 43(10): 3369 − 3373.

[194] 戴宇峰,鲁军勇,张晓,等.脉冲功率电源连续发射水冷模拟负载[J].国防科技大学学报,2016, 38(6): 6 − 11.

[195] Watt T, Crawford M. Experimental results from a two-turn 40 mm railgun[J]. IEEE Transactions on Magnetics, 2009, 45(1): 490 − 494.

[196] Laird D J. The investigation of hypervelocity gouging[D]. Alabama: Air Force institute of technology, 2002.

[197] Nie J X, Ming R, Kang X P, et al. Study on mechanical character of armature and rail with non-rectangular cross section in EML[C]. Beijing: 16th International Symposium on Electromagnetic Launch Technology Proceedings, 2012.

［198］ Wang Y, Marshall R A, Cheng S K. Physics of electric launch［M］. Beijing: Science Press, 2004.

［199］ Parker J V, Berry D T, Snowden P T. The IAT electromagnetic launch research facility［J］. IEEE Transactions on Magnetics, 1997, 33(1): 129 − 133.

［200］ 刘贵民,杨忠须,闫涛,等.电磁轨道炮导轨失效研究现状及展望［J］.材料导报,2015,29(7): 63 − 68.

［201］ Cooper K P, Jones H N, Meger R A. Analysis of railgun barrel material［J］. IEEE Transactions on Magnetics, 2007, 43(1): 120 − 125.

［202］ 吴金国.电磁轨道炮枢轨结构动力学与超高速刨削研究［D］.南京:南京理工大学,2018.

［203］ Gerstle F P, Follansbee P S, Pearsall G W, et al. Thermoplastic shear and fracture of steel during high-velocity sliding［J］. Wear, 1973, 24(1): 97 − 106.

［204］ Laird D J, Palazotto A N. Effect of temperature on the process of hypervelocity gouging［J］. AAA Journal, 2003, 41(11): 2251.

［205］ Persad C, Prabhu G, White G, et al. Characterization of hypervelocity gouge craters in rail conductors ［J］. IEEE Transactions on Magnetics, 1997, 33(1): 401 − 405.

［206］ Watt T J, Clay C E, Bassett P M, et al. The effect of surface indentations on gouging in railguns［J］. Wear, 2014, 310(1): 41 − 50.

［207］ Stefani F, Parker J. Experiments to measure gouging threshold velocity for various metals against copper［J］. IEEE Transactions on Magnetics, 1999, 35(1): 312 − 316.

［208］ Tarcza K R, Weldon W F. Metal gouging at low relative sliding velocities［J］. Wear, 1997, 209(1): 21 − 30.

［209］ 杨丹,袁伟群,赵莹,等.电磁轨道发射器结构刚度系数与刨削形成［J］.电工电能新技术,2014, 33(3): 48 − 52.

［210］ Bourell D L, Persad C. Simulation of railgun gouging［J］. IEEE Transactions on Magnetics, 1999, 35 (1): 274 − 276.

［211］ 李鹤,雷彬.轨道炮轨道刨削形成及相关参数分析［J］.机械设计与研究,2013,29(4): 99 − 102.

［212］ Zhu R, Zhang Q, Li Z, et al. Impact physics model and influencing factors of gouging for electromagnetic rail launcher［C］. La Jola: 17th International Symposium on Electromagnetic Launch Technology (EML), 2014.

［213］ 金龙文,雷彬,李治源,等.轨道炮刨削形成机理分析及数值模拟［J］.爆炸与冲击,2013,33(5): 537 − 543.

［214］ 金龙文,雷彬,张倩.冲击载荷下轨道炮刨削形成机理及仿真分析［J］.火炮发射与控制学,2012, 33(2): 13 − 16.

［215］ Szmerekovsky A, Palazotto A N. Structural dynamic considerations for a hydrocode analysis of hypervelocity test sled impacts［J］. AIAA Journal, 2006, 44(6): 1350 − 1359.

［216］ Watt T J, Motes D. The effects of surface coatings on the onset of rail gouging［J］. IEEE Transactions on Plasma Science, 2011, 39(1): 168 − 173.

［217］ Siopis M J, Neu R W. Materials selection exercise for electromagnetic launcher rails［J］. IEEE Transactions on Magnetics, 2013, 49(8): 4831 − 4838.

［218］ Barber J P, Bauer D P, Jamison K, et al. A survey of armature transition mechanisms［J］. IEEE

Transactions on Magnetics, 2003, 39(1)：47-51.

[219] Fair H D. Advances in electromagnetic launch science and technology and its applications[J]. IEEE Transactions on Magnetics, 2009, 45(1)：225-230.

[220] 李丹.大电流直线驱动装置中的绝缘问题研究[D].北京：中国科学院大学,2016.

[221] 李帅.绝缘材料烧蚀机理的有限元模拟与实验[D].秦皇岛：燕山大学,2012.

[222] Johnson A J, Moon F C. Elastic waves and solid armature contact pressure in electromagnetic launchers[J]. IEEE Transactions on Magnetics, 2006, 42(3)：422-429.

[223] Ghassemi M, Barsi Y M, Hamedi M H. Analysis of force distribution acting upon the rails and the armature and prediction of velocity with time in an electromagnetic launcher with new method[J]. IEEE Transactions on Magnetics, 2007, 43(1)：132-136.

[224] Olsen R, Chamberlain F, McClung J. Railgun insulator materials test[J]. IEEE Transactions on Magnetics, 1986, 22(6)：1628-1632.

[225] Rosenwasser S N. Recent advances in large railgun structures and materials technology[J]. IEEE Transactions on Magnetics, 2002, 27(1)：444-451.

[226] Rosenwasser S N, Stevenson R. Selection and evaluation of insulator materials for high performance railgun bores[J]. IEEE Transactions on Magnetics, 1986, 22(6)：1722-1729.

[227] Jiang Y Z, Lu J Y, Wu H, et al. Analysis of GFRP insulator characteristics under multiphysical fields in electromagnetic rail launchers[J]. Composite Structures, 2019, 221：110900.

[228] 苏子舟,曹斌,国伟,等.红外热成像技术在电磁轨道炮中的应用[J].激光与红外,2016,46(9)：1080-1084.

[229] Chakravarthy K M, Watt T J, Bourell D L. The use of high-speed video as an in-bore diagnostic for electromagnetic launchers[J]. IEEE Transactions on Plasma Science, 2011, 39(2)：809-814.

[230] 赵伟康,徐蓉,袁伟群,等.电磁轨道发射装置绝缘问题的研究进展[J].电工电能新技术,2017,36(7)：63-72.

[231] Wetz D A, Watt T J, Surls D, et al. Investigation into the behavior of armature ejecta in electromagnetic launchers[J]. IEEE Transactions on Plasma Science, 2011, 39(3)：947-952.

[232] Hayes R J, Zowarka R C. Experimental results from CEM-UT's single shot 9 MJ railgun[J]. IEEE Transactions on Magnetics, 1991, 27(1)：33-38.

[233] Nornoo K B, King T L. Ablation measurements on EML insulators using free-arcs[J]. IEEE Transactions on Magnetics, 1999, 35(1)：294-299.

[234] 谭赛,鲁军勇,张晓,等.电磁轨道发射器动态发射过程的数值模拟[J].国防科技大学学报,2016,38(6)：43-48.

[235] Tan S, Lu J Y, Li B, et al. A new finite-element method to deal with motion problem of electromagnetic rail launcher[J]. IEEE Transactions on Plasma Science, 2017, 45(7)：1374-1379.

[236] Tan S, Lu J Y, Zhang X, et al. The numerical analysis methods of electromagnetic rail launcher with motion[J]. IEEE Transactions on Plasma Science, 2016, 44(12)：3417-3423.

[237] Watt T, Stefani F. The effect of current and speed on perimeter erosion in recovered armatures[J]. IEEE Transactions on Magnetics, 2005, 41(1)：448-452.

[238] 王福军.计算流体动力学分析：CFD 软件原理与应用[M].北京：清华大学出版社,2004.

［239］ Ding T, Chen G X, Bu J, et al. Effect of temperature and arc discharge on friction and wear behaviors of carbon strip/copper contact wire in pantograph - catenary systems［J］. Wear, 2011, 271(9): 1629 - 1636.

［240］ 楼宇涛. 电磁轨道炮管身涡流的理论和实验研究［D］. 南京: 南京理工大学, 2017.

［241］ 董霖. 载流摩擦磨损机理研究［D］. 成都: 西南交通大学, 2008.

［242］ Brown L, Xu D, Ravi-Chandar K, et al. Coefficient of friction measurement in the presence of high current density［J］. IEEE Transactions on Magnetics, 2007, 43(1): 334 - 337.

［243］ Wang M, Xu D, Ravi-Chandar K, et al. On the development of a mesoscale friction tester［J］. Experimental Mechanics, 2007, 47(1): 123 - 131.

［244］ Wild B, Wenske R, Simicic D, et al. Investigations on the frictional behavior of electromagnetic railgun armatures［C］. Austin: Pulsed Power Conference, 2015.

［245］ 杨正海. 载流摩擦副的电弧损伤机制研究［D］. 北京: 机械科学研究总院, 2015.

［246］ 常红慧. 滑动载流摩擦电弧及其烧蚀行为的研究［D］. 洛阳: 河南科技大学, 2018.

［247］ 刘贵民, 朱硕, 闫涛, 等. 电磁轨道炮膛内热效应研究综述［J］. 兵器装备工程学报, 2017, 38(7): 15 - 18.

［248］ Hopkins D, Stefani F, Hsieh K, et al. Analysis of startup behavior in a "C-shaped" armature using linked EMAP3D/DYNA3D finite element codes［J］. IEEE Transactions on Magnetics, 1999, 35(1): 59 - 64.

［249］ Balić E E. Melt Wear Control of metals in high-speed sliding contacts［D］. New York: Rensselaer Polytechnic Institute, 2008.

［250］ Dreizin Y A, Barber J P. On the origins of muzzle voltage［J］. IEEE Transactions on Magnetics, 1995, 31(1): 582 - 586.

［251］ Parker J V. Experimental observation of the rail resistance contribution to muzzle voltage［J］. IEEE Transactions on Magnetics, 1999, 35(1): 437 - 441.

［252］ Smith A N, Ellis R L, Bernardes J S, et al. Thermal management and resistive rail heating of a large-scale naval electromagnetic launcher［J］. IEEE Transactions on Magnetics, 2004, 41(1): 235 - 240.

［253］ 张永胜, 鲁军勇, 谭赛, 等. 电磁轨道连续快速发射下轨道中热量分布特性［J］. 海军工程大学学报, 2016, 28(B06): 94 - 99.

［254］ Hsieh K, Satapathy S, Hsieh M T. Effects of pressure-dependent contact resistivity on contact interfacial conditions［J］. International Symposium on Electromagnetic Launch Technology, 2008, 45(1): 313 - 318.

［255］ Wang Z H, Wan M, Li X J. Numerical modeling of electromagnetic railgun rail temperature field［J］. International Journal of Applied Electromagnetics and Mechanics, 2016, 51(2): 173 - 183.

［256］ Kealey E R, Joyce P J, Cerza M, et al. Investigation of elliptical cooling channels for a naval electromagnetic railgun［C］. Orlando: Proceedings of ASME Conference on ASME 2005 International Mechanical Engineering Congress and Exposition, 2008.

［257］ Myers S H, Smith A N. Demonstration of combined spray and evaporative cooling of an electromagnetic railgun［J］. International Symposium on Electromagnetic Launch Technology, 2008, 45(1): 396 - 401.

［258］ 杨天润,孙锲,程林.相变蓄冷材料的研究进展[J].工程热物理学报,2018,39(3):567－573.

［259］ 王章飞,栗保明.电磁炮热管理中导轨和电源的液冷研究进展[J].火炮发射与控制学报,2020,41(3):95－101

［260］ Weimer J J, Singer I L, 2011. Temperatures from spectroscopic studies of hot gas and flame fronts in a railgun[J]. IEEE Transactions on Plasma Science, 2011, 39(1):174－179.

［261］ Gao Y, Xiao H C, Ni Y J, et al. Simulation and analysis of the railgun muzzle flow field considering the arc plasma[J]. IEEE Transactions on Plasma Science, 2019, 47(5):2242－2249.

［262］ Gao Y, Ni Y J, Wang Z X, et al. Modeling and simulation of muzzle flow field of railgun with metal vapor and arc[J]. Defence Technology, 2020, 16(4):802－810.

［263］ Bernardes J S, Lacava G P, Schrader M J. Analysis of a railgun capacitor-muzzle-shunt energy recovery scheme[J]. IEEE Transactions on Magnetics, 1995, 31(1):168－173.

［264］ Honig E M. Counter pulse railgun energy recovery circuit[P]. USA, 4572964, 1986.

［265］ 冬雷,王帅兵,刘依依,等.用于轨道炮的超导储能脉冲电源设计[J].高电压技术,2017,43(12):4006－4012.

［266］ 王杰.电磁轨道炮脉冲功率电源充放电特性研究[D].武汉:海军工程大学,2018.

［267］ 唐波,徐英桃,栗保明.电磁轨道炮被动式炮口消弧装置的理论分析与优化设计[J].弹道学报,2016,28(4):62－67.

［268］ McAllister D R. Muzzle arc suppressor for electromagnetic projectile launcher[P]. USA, 4437383, 1984.

［269］ Kemeny G A, Condit W C. Electromagnetic projectile launcher with reduced muzzle arcing and associated method[P]. USA, 89313654.9, 1990.

［270］ 李顺.空心脉冲发电机驱动电磁轨道炮系统的建模与仿真研究[D].武汉:华中科技大学,2015.

［271］ 杨帆,陈丽艳,韩洁.一种基于反向消弧的电磁发射膛口电弧抑制方案[J].科技创新与应用,2018,(20):9－12.

［272］ 何勇,程诚,宋盛义,等.电磁轨道发射中炮口电弧的抑制[J].强激光与粒子束,2016,28(2):151－154.

［273］ McKee B D, Rindal R A, Condit Jr W C. Muzzle switch for an electromagnetic launcher[P]. USA, 4864911, 1989.

［274］ 龚晨,于歆杰,初祥祥,等.电容储能型轨道炮能量回收方案及仿真实现[J].高电压技术,2014,40(4):1134－1140.

［275］ 裴朋超,王剑安,曹斌,等.轨道炮消弧器结构设计及电磁特性分析[J].火炮发射与控制学报,2019:1－5.

［276］ Cassie A M. Arc rupture and circuit severity: A new theory[J]. Cigre Report, 1939, 102(1):1－14.

［277］ Mayr O. Beiträge zur Theorie des statischen und des dynamischen Lichtbogens[J]. Archiv Für Elektrotechnik, 1943, 37(12):588－608.

［278］ Schavemaker P H, van der Slui L. An improved Mayr-type arc model based on current-zero measurements [circuit breakers][J]. IEEE Transactions on Power Delivery, 2000, 15(2):580－584.

[279] Habedank U. Application of a new arc model for the evaluation of short-circuit breaking tests[J]. IEEE Transactions on Power Delivery, 2002, 8(4): 1921-1925.

[280] Smeets R P P, Kertesz V. Evaluation of high-voltage circuit breaker performance with a validated arc model[J]. IEE Proceedings — Generation, Transmission and Distribution, 2000, 147(2): 121-125.

[281] Hsu K C, Etemadi K, Pfender E. Study of the free-burning high-intensity argon arc[J]. Journal of Applied Physics, 1983, 54(3): 1293-1301.

[282] Swierczynski B, Gonzalez J J, Teulet P, et al. Advances in low-voltage circuit breaker modelling[J]. Journal of Physics D Applied Physics, 2004, 37(4): 595-609.

[283] 谢克瑜,袁伟群,徐蓉,等.电磁轨道发射系统后坐力研究及反后坐装置设计[J].弹道学报, 2014,26(4): 98-101.

[284] 马新科,邱群先,何行,等.螺栓紧固式轨道炮后坐规律研究[J].兵工学报,2019,40(6): 1297-1303.

[285] 陈建伟,吕庆敖,张倩,等.电磁轨道炮滑动电接触导电涂层应用研究[J].飞航导弹,2018,(8): 80-85.

[286] Drobyshevski E M, Kolesnikova E N, Yuferev V S. Calculating the liquid film effect on solid armature rail-Gun launching[J]. IEEE Transactions on Magnetics, 1999, 35(1): 53-58.

[287] Ghassenmi M, Barsi Y M. Effect of liquid film(indium) on thermal and electromagnetic distribution of an electromagnetic launcher with new armature[J]. IEEE Transactions on Magnetics, 2005, 41(1): 386-392.

[288] Engel T G, Rada N M. Time and frequency domain characterization of railgun sliding contact noise [J]. IEEE Transactions on Plasma Science, 2017, 45(7): 1321-1326.

[289] Shvetsov G A, Stankevich S V. Problem of materials for railguns[C]. Monterey: Pulsed Power Conference, 2005.

[290] Watt T, Motes D T. The effect of surface coatings on the onset of rail gouging[J]. IEEE Transactions on Plasma Science, 2011, 39(4): 1-6.

[291] 奚恒恒,何鹏飞,刘世贵,等.导电耐磨自润滑涂层的研究现状与展望[J].表面技术,2019,48 (7): 353-363.

[292] 刘贵民,杨忠须,张一帆,等.基于正交试验法的超音速等离子喷涂钼涂层组织及性能研究[J]. 兵工学报,2016,37(8): 1489-1496.

[293] 闫涛,刘贵民,吴行,等.超音速等离子喷涂 Mo-W 涂层的力学性能[J].中国表面工程,2017,30 (1): 107-114.

[294] Colon N, Chu E. Application of coatings for electromagnetic gun technology[J]. IEEE Transactions on Magnetics, 1995, 31(1): 700-704.

[295] 温诗铸,黄平.摩擦学原理[M].3 版.北京:清华大学出版社,2008.

[296] Wang L. Modeling of the armature-rail interface in an electromagnetic launcher with lubricant injection [D]. Atlanta: Georgia Institute of Technology, 2008.

[297] Patir N, Cheng H. Application of average flow model to lubrication between rough sliding surfaces [J]. Journal of Lubrication Technology, 1979, 101(2): 220-229.

[298] Ma W M, Lu J Y, Liu Y Q. Research progress of electromagnetic launch technology[J]. IEEE Transactions on Plasma Science, 2019, 47(5): 2197−2205.

[299] Zowarka R C, Yun H D, Alexander A. Railgun solid armature scaling model[J]. IEEE Transactions on Magnetics, 1997, 33(1): 169−172.

[300] Nie J X, Jiao Q J, Li J, et al. Plasma armatures for railguns[J]. IEEE Transactions on Plasma Science, 2011, 39(1): 452−455.

[301] McNab I R, Crawford M T, Satapathy S, et al. IAT armature development[J]. IEEE Transactions on Plasma Science, 2011, 39(1): 442−451.

[302] Satapathy S, Watt T, Persad C. Effect of geometry change on armature behavior[J]. IEEE Transactions on Magnetics, 2007, 43(1): 408−412.

[303] Melton D, Stefani F. Noise component in muzzle voltage traces[J]. IEEE Transactions on Magnetics, 2005, 41(1): 214−219.

[304] 杜传通,雷彬,吕庆敖,等.石墨烯涂层对电磁轨道炮滑动电接触性能的影响[J].火炮发射与控制学报,2018,39(2): 1−6.

[305] Chen L X, He J J, Xiao Z. Study on the length of trailing arm of monolithic c-armature in a 20 mm caliber railgun[J]. IEEE Transactions on Plasma Science, 2011, 39(1): 417−421.

[306] Watt T, Stefani F. Experimental and computational investigation of root-radius melting in C-shaped solid armatures[J]. IEEE Transactions on Magnetics, 2004, 41(1): 442−447.

[307] Hsieh K T, Kim B K. One kind of scaling relations on electromechanical systems[J]. IEEE Transactions on Magnetics, 1997, 33(1): 240−244.

[308] 金龙文,李军.电磁轨道炮物理场模化方法下枢轨界面润滑性能的相似性[J].高电压技术,2016,42(9): 2850−2856.

[309] 金龙文,李军,雷彬.模化方法在电磁轨道炮研究中的应用综述[J].火炮发射与控制学报,2016,37(1): 87−91.

[310] Haugh D C, Hainsworth G M G. Why "C" armatures work (and why they don't!)[J]. IEEE Transactions on Magnetics, 2003, 39(1): 52−55.

[311] Rada N M, Engel T G. A railgun test bench and standardized methodology for muzzle voltage noise analysis[J]. IEEE Transactions on Plasma Science, 2015, 43(5): 1634−1641.

[312] Watt T, Fish S. Examination of high frequency contact chatter in trailing arm armatures[J]. IEEE Transactions on Magnetics, 2001, 37(1): 106−110.

[313] Chung B, Green I, Cowan R S. Finite element analysis of contact and structural phenomena of a lab-scale electromagnetic accelerator[C]. San Diego: ASME/STLE International Joint Tribology Conference, 2007.

[314] 马伟明,鲁军勇,李湘平.电磁发射超高速一体化弹丸[J].国防科技大学学报,2019,41(4): 1−10.

[315] 潘文庚.温度和电磁环境对航弹的失效影响分析[D].南京:南京理工大学,2008.

[316] 龚磊.如何利用 Fluent 二次开发(UDF)辅助科学计算[EB/OL]. http://www.docin.com/p-40025261.html[2020−03−11].

[317] Hsieh K T. Hybrid FE/BE implementation on electromechanical systems with moving conductors[J].

IEEE Transactions on Magnetics, 2007, 43(3): 1131 – 1133.

[318] 林碧华,张开淋,刘向军.电器电弧弧根三维运动特性测试与分析[J].电器与能效管理技术, 2016,(24): 8 – 12.

[319] 李白,鲁军勇,谭赛,等.滑动电接触界面粗糙度对电枢熔化特性的影响[J].电工技术学报, 2018,33(7): 1607 – 1615.

[320] Du P P, Lu J Y, Feng J H, et al. Analysis of the factors influencing the dynamic response of electromagnetic rail launcher[J]. IEEE Transactions on Plasma Science, 2019, 47(5): 2151 – 2158.

[321] Cao B, Ge X, Guo W, et al. Analysis of rail dynamic deformation during electromagnetic launch[J]. IEEE Transactions on Plasma Science, 2017, 45(7): 1269 – 1273.

[322] Shvetsov G, Stankevich S V. Three-dimensional numerical simulation of the joule heating of various shapes of armatures in railguns[J]. IEEE Transactions on Plasma Science, 2011, 39(1): 456 – 460.

[323] Timoshenko S. Method of analysis of statical and dynamical stresses in rail[C]. Swizerland: Proceedings of the 2nd International Congress of Applied Mechanics, 1927.

[324] 鲁军勇,杜佩佩,冯军红,等.电磁轨道发射器临界速度仿真研究[J].中国电机工程学报,2019, 39(7): 1862 – 1869.

[325] Du P P, Lu J Y, Li K. Dynamic response of electromagnetic rail launcher due to projectile motion [J]. IEEE Transactions on Plasma Science, 2019, 47(5): 2166 – 2171.

[326] Du P P, Lu J Y, Li K. Interior ballistic characteristics of continuous launch of electromagnetic rail launcher[C]. Mumbai: 22nd International Conference on Electrical Machines and Systems (ICEMS), 2019.

[327] Tzeng J T, Sun W. Dynamic response of cantilevered rail guns attributed to projectile/Gun interaction: theory[J]. IEEE Transactions on Magnetics, 2007, 43(1): 207 – 213.

[328] 邵盼.次口径脱壳飞行体的气动及动力学仿真研究[D].沈阳:沈阳理工大学,2015.

[329] 杨富锋,芮筱亭,周晓丽.脱壳穿甲弹膛外卡瓣分离与碰撞建模与仿真[J].系统与仿真学报, 2005,17(10): 2493 – 2495,2511.

[330] 黄振贵.尾翼稳定脱壳穿甲弹脱壳动力学研究[D].南京:南京理工大学,2015.

[331] Schmidt E M, Shear D D. Aerodynamic interference during sabot discard[J]. Journal of Spacecraft and Rockets, 1978, 15(3): 162 – 167.

[332] 杨启仁,徐直军.脱壳动力学[M].北京:国防工业出版社,1996.

[333] 章程浩,沈培辉.新型弹托脱壳机理研究[J].高压物理学报,2017,31(5): 643 – 648.

[334] 王福华,张可忠,赵润祥,等.脱壳穿甲弹弹托分离干扰的实验研究[J].弹道学报,1996,8(3): 18 – 21.

[335] Bhange N, Sen A, Ghosh A. Technique to improve precision of kinetic energy projectiles through motion study[C]. Chicago: AIAA Atmospheric Flight Mechanics Conference, 2009.

[336] Acharya R S, Naik S D. Modelling of shockwave force and its effect during sabot discard process[J]. Defence Science Journal, 2007, 57(5): 677 – 690.

[337] Huang Z G, Wessam M E, Chen Z H. Numerical investigation of the three-dimensional dynamic process of sabot discard[J]. Journal of Mechanical Science and Technology, 2014, 28(7): 2637 – 2649.

[338] 黄振贵,汤祁忠,陈志华,等.非零攻角和侧滑角条件下弹托不同步分离的数值模拟[J].兵工学报,2016,37(6):1006-1015.

[339] 张学伟,李强,高斌,等.不同攻角对尾翼稳定脱壳穿甲弹脱壳过程影响分析[J].弹箭与制导学报,2016,36(3):28-31.

[340] 李湘平,鲁军勇,冯军红,等.采用动网格技术的弹托分离仿真模型[J].国防科技大学学报,2018,40(5):9-13.

[341] Zielinski A, Weinacht P, Bennett J. Electromagnetic and aeromechanical analysis of sabot discard for railgun projectiles[J]. Journal of Spacecraft and Rockets, 2000, 37(2):257-264.

[342] 隋洪涛,李鹏飞,马世虎.精通 CFD 动网格工程仿真与案例实战[M].北京:人民邮电出版社,2013.

[343] Li X P, Lu J Y, Feng J H. Simulation of sabot discard for electromagnetic launch integrated projectile[J]. IEEE Transactions on Plasma Science, 2018, 46(7):2636-2641.

[344] 刘亚杰,孙世岩.舰炮制导炮弹弹托分离过程非定常流场数值模拟[J].弹箭与制导学报,2016,36(4):98-104.

[345] 赵国志,王晓鸣,沈培辉.杆式穿甲弹设计理论[M].北京:兵器工业出版社,1997.

[346] Mehrnet E. An aerodynamic model for symmetric sabot separation[C]. Reno:37th Aerospace Sciences Meeting and Exhibit, 1999.

[347] Nielsen J N, Hemsch M J, Smith C A. A preliminary method for calculating the aerodynamic characteristics of cruciform missiles to high angles of attack including effects of roll angle and control deflections[R]. Office of Naval Research, Report ONR-CR215-226-4F, 1977.

[348] 李湘平,鲁军勇,冯军红,等.采用遗传算法的弹托迎风窝结构设计[J].国防科技大学学报,2019,41(2):24-30.

[349] 徐明友.火箭外弹道学[M].哈尔滨:哈尔滨工业大学出版社,2004.

[350] 陈亮,李翔,何行.超高速弹丸气动力与气动加热的仿真分析[J].机电产品开发与创新,2017,30(2):54-57.

[351] 李湘平,鲁军勇,冯军红,等.电磁发射弹丸飞行弹道仿真[J].国防科技大学学报,2019,41(4):25-32.

[352] 李开.高温真实气体条件下的磁控热防护机理研究[D].长沙:国防科学技术大学,2017.

[353] 薛华飞,姚秀荣,程海明,等.热防护用轻质烧蚀材料现状与发展[J].哈尔滨理工大学学报,2017,22(1):123-128.

[354] Sziroczak D, Smith H. A review of design issues specific to hypersonic flight vehicles[J]. Progress in Aerospace Sciences, 2016, 84:1-28.

[355] Kareev Y A, Zayatdinov R M. Transition conditions for solid armatures in railguns with muzzle current feed[J]. IEEE Transactions on Magnetics, 1995, 31(1):180-182.

[356] Holland L. Distributed-current-feed and distributed-energy-store railguns[J]. IEEE Transactions on Magnetics, 1984, 20(2):272-275.

[357] Ye L X, Keogh E. Time series shapelets:A new primitive for data mining[C]. Paris:Proceedings of the 15th ACM SIGKDD International Conference on Knowledge Discovery and Data Mining, 2009.

[358] Wang X, Lin J, Patel N, et al. Exact variable-length anomaly detection algorithm for univariate and

multivariate time series[J]. Data Mining and Knowledge Discovery, 2018, 32(6): 1806 - 1844.

[359] Zeng D L, Lu J L, Zheng Y F, et al. Research on the instantaneous temperature rise prediction of continuous electromagnetic launch guide rail based on data-driven technology[C]. Harbin: 2019 22nd International Conference on Electrical Machines and Systems (ICEMS), 2019.

[360] 曾正华. 脉冲大电流测试技术研究[D]. 南京: 南京理工大学, 2006.

[361] 武晓康, 鲁军勇, 李玉, 等. 电磁发射中导轨温度时空分布规律的实验研究[J]. 高电压技术, 2018, 44(6): 1982 - 1987.

[362] 武晓康, 鲁军勇, 李玉, 等. 电磁发射中导轨应变时空分布的实验研究[J]. 高电压技术, 2019, 45 (4): 1338 - 1344.

[363] 王巧琴. 基于 Bragg 光栅电磁轨道炮应变测试技术研究[D]. 南京: 南京理工大学, 2015.

[364] Cao R G, Li J, Jiao Q J, et al. Analysis and measurement of transient currents in railgun with loop probes[J]. IEEE Transactions on Plasma Science, 2013, 41(5): 1479 - 1483.

[365] 李玉, 李湘平, 武晓康. 基于磁探针阵列的电磁发射内膛速度拟合方法[J]. 海军工程大学学报, 2016, 28(3): 31 - 34.

[366] Schneider M, Eckenfels D, Nezirevic S. Doppler-radar: A possibility to monitor projectile dynamics in railguns[J]. IEEE Transactions on Magnetics, 2003, 39(1): 183 - 187.

[367] 任敏, 张艳兵, 祖静. 基于反射式光纤传感的弹丸测速方法[J]. 探测与控制学报, 2014, 36(6): 72 - 75.

[368] 殷强, 张合, 李豪杰, 等. 静止条件下轨道炮膛内磁场分布特性分析[J]. 强激光与粒子束, 2016, 28(2): 1 - 6.

[369] 林庆华, 栗保明. 电磁轨道炮瞬态磁场测量与数值模拟[J]. 兵工学报, 2016, 37(10): 1788 - 1794.

[370] Schneider M, Liebfried O, Stankevic V, et al. Magnetic diffusion in railguns: Measurements using CMR-based sensors[J]. International Symposium on Electromagnetic Launch Technology, 2008, 45 (1): 430 - 435.

[371] 田振国, 白象忠, 杨阳. 电磁轨道发射状态下导轨的动态响应[J]. 振动与冲击, 2012, 31(2): 10 - 14.

[372] Johnson A J, Haran T, Moon F C, et al. Stress wave measurements in an electromagnetic launcher [C]. Victoria: 2008 14th Symposium on Electromagnetic Launch Technology, 2008.

[373] Zhang Y S, Lu J Y, Tan S, et al. Dynamic response of interior ballistic process and rail stress in electromagnetic rail launcher[J]. IEEE Transactions on Plasma Science, 2019, 47(5): 2172 - 2178.

[374] 姚开方. 高频响应光纤布喇格光栅加速度传感器的研究[D]. 武汉: 武汉理工大学, 2009.

[375] 程洁冰. 高速载流摩擦件瞬态温度场测量研究[D]. 秦皇岛: 燕山大学, 2016.

[376] 牟科瀚, 王泽勇. 主动式双目视觉三维成像技术研究[J]. 电子制作, 2018, (7): 98 - 100.

[377] 吴红光, 赵延安, 刘金锋, 等. 450 kV 数字化闪光照相系统[J]. 高能量密度物理, 2016, (4): 173 - 177.

[378] 王瑞, 孙卫平, 李红兵. 基于面阵 CCD 的激光高速摄影技术在弹道测试中的应用[J]. 弹箭与指导学报, 2009, 29(5): 197 - 199.

[379] Luo H, Gu J L, Chen Y X, et al. A muzzle velocity measurement method based on shadow

photograph system with three laser pulses' illumination [C]. Dalian: Proceedings of 2011 International Conference on Electronics and Optoelectronics, 2011.

[380] 杨培艳.基于图像处理的电磁轨道炮弹道研究[D].秦皇岛:燕山大学,2012.

[381] Gallo F, Watkins R, Ravi-Chandar K, et al. Strain evolution in metal conductors subjected to short-duration current pulses[J]. IEEE Transactions on Magnetics, 2007, 43(1): 338 – 342.

[382] 王航宇,卢发兴,许俊飞,等.舰载电磁轨道炮作战使用问题的思考[J].海军工程大学学报, 2016,28(3):1 – 6.

[383] 张世英,裴桂艳,张俊.防空型电磁炮总体方案权衡分析[J].海军工程大学学报,2016,28(3): 11 – 15.

[384] 史梁.电磁炮用动能弹高速侵彻半无限钢靶的机理研究[D].南京:南京理工大学,2016.

[385] 贾强,高跃飞,柯彪.电磁迫击炮可行性分析[J].火炮发射与控制学报,2012,(2):1 – 4.

[386] Crawford M, Subramanian R, Watt T, et al. The design and testing of a large-caliber railgun[J]. IEEE Transactions on Magnetics, 2009, 45(1): 256 – 260.

[387] 贾强.电磁轨道炮技术及应用研究[D].太原:中北大学,2012.

[388] 刘放,张永久,张强,等.战略导弹陆基多样式发射方式研究[J].飞航导弹,2019,(10):61 – 65.

[389] 安进,张胜利,吴长春.导弹电磁发射技术综述[J].飞航导弹,2012,(5):27 – 29.

[390] Aubuchon M S, Lockner T R, Turman B N. Results from sandia national laboratories/lockheed martin electromagnetic missile launcher (EMML) [C]. Monterey: 2005 IEEE Pulsed Power Conference, 2005.

[391] 刘明,舒涛,薛新鹏.新型四极轨道电磁发射器[J].火力与指挥控制,2019,44(3):23 – 27.

[392] 舒涛,薛新鹏,刘明,等.六极轨道发射器电磁推进与屏蔽数值验证设计[J].弹箭与制导学报, 2019,39(5):107 – 110,114.

[393] 吕庆敖,雷彬,李治源,等.电磁轨道炮军事应用综述[J].火炮发射与控制学报,2008,(1): 92 – 96.

[394] Anderson M. Smart bullets first look[J]. IEEE Spectrum, 2012, 49(6): 25.

[395] 郑萍,程树康,李治源,等.电磁装甲及其发展[J].微电机(伺服技术),2002,(2):36 – 39.

[396] 李治源,罗又天,邢彦昌.电磁装甲防护技术的现状及发展趋势[J].装甲兵工程学院学报,2014, 28(1):1 – 7.

[397] 吕庆敖,雷彬,李治源,等.电磁轨道炮军事应用综述[J].火炮发射与控制学报,2009,(1): 92 – 96.

[398] 张凯.浅析美国动能反导拦截技术最新进展[J].军民两用技术与产品,2017,(22):41 – 41.

[399] McNab I R. Electromagnetic space launch considerations[J]. IEEE Transactions on Plasma Science, 2018, 46(10): 3628 – 3633.

[400] 饶振纲.21世纪的新型武器——电磁炮[J].现代兵器,1990,(10):2 – 5,21.

[401] 黄毓森.膛内革命——电磁轨道炮的实验与探索[D].长沙:国防科学技术大学,2016.

[402] 袁新波,江多琨,周前进,等.某型迫击炮射无人机应用研究[J].兵器装备工程学报,2018,39 (6):105 – 109.

[403] 黄毓森,石海明.未来战争利器——电磁轨道炮[J].军事文摘,2017,(3):46 – 49.

[404] McNab I R, Candler G V, Barbee C S. Projectile nosetip thermal management for railgun launch to

space[J]. IEEE Transactions on Magnetics, 2007, 43(1): 491-495.

[405] Boi O, Giese P. Aerothermodynamic aspects of railgun-assisted launches of projectiles with sub- and low-earth-orbit payloads[J]. IEEE Transactions on Magnetics, 2007, 43(1): 474-479.

[406] McNab I R. Electromagnetic augmentation can reduce space launch costs[J]. IEEE Transactions on Plasma Science, 2013, 41(5): 1047-1054.

[407] Mcnab I R. Preliminary study on the EM launch of nano-satellites[C]. Brighton: IEEE International Conference on Pulsed Power, 2017.

[408] Bozic O, Longo J M, Giese P. New European concept of single staged rocket to launch nano-satellites in low earth orbit (LEO)[C]. Istanbul: International Conference on Recent Advances in Space Technologies, 2003.

[409] 张倩,朱仁贵,李治源,等.金属材料的超高速刨削研究进展[J].兵器材料科学与工程,2013,(4): 101-107.

[410] 刘少刚,邱波,庞永刚.电磁弹射式森林消防炮的研究[J].北京林业大学学报,2010,32(1): 108-113.

[411] 赖智鹏.多时空脉冲强磁场金属板材电磁成形研究[D].武汉:华中科技大学,2017.

[412] Han X, Li L, Qiu L, et al. Effect of workpiece motion on forming velocity in electromagnetic forming [C]. The 5th International Conference on High Speed Forming (ICHSF2012), Dortmund, 2012.

[413] 李正瀛.脉冲功率技术[M].北京:水利电力出版社,1992.

[414] 韩飞,莫健华,黄树槐.电磁成形技术理论与应用的研究进展[J].锻压技术,2006,(6): 4-8,32.

[415] 汤丰,姚凌飞.脉冲电源在电除尘器上应用特性的研究[J].电子产品世界,2017,24(7): 44-46.

[416] 江晨.脉冲电源在电除尘器上的应用特性分析[J].机电信息,2019,(17): 62-63.

[417] 温鹏.高压脉冲电源技术在电除尘中的实际应用[J].重庆电力高等专科学校学报,2018,23(3): 48-50.

[418] 刘振兴,邹标,李文芹.脉冲高压电源的应用[J].中国环保产业,2017,(2): 29-31.

[419] 潘云,刘星辰.电除尘高压脉冲电源技术探讨[J].电力科技与环保,2016,32(4): 35-37.

[420] McGaughey H, Dhamija S, Oliver L, et al. Pulsed electromagnetic energy in management of chronic wounds: A systematic review[J]. Physical Therapy Reviews, 2009, 14(2): 132-146.

[421] Gaynor J S, Hagberg S, Gurfein B T. Veterinary applications of pulsed electromagnetic field therapy [J]. Research in Veterinary Science, 2018, 119: 1-8.

[422] 樊爱霞,何俊佳,周杰,等.利用脉冲放电产生吸入性 NO[J].高电压技术,2005,(3): 65-67.

[423] 高兴林,黄思贤.一氧化氮吸入治疗急性呼吸窘迫综合征的临床观察[J].中华医学杂志,1998,(5): 46-48.

[424] 桂永胜.舰船消磁控制设备现状和发展趋势[J].中国舰船研究,2010,(8): 75-80.

[425] 聂冬,朱运裕.现代储能技术在舰船消磁系统中的应用研究[J].船电技术,2013,(2): 40-42.

[426] 曹军宏,周耀忠,郭成豹.舰船动态消磁方法初步研究[J].海军工程大学学报,2007,19(6): 94-98.

[427] Hawke R S. Railgun accelerators for gram-sized projectiles[J]. IEEE Transactions on Nuclear

Science, 1981, 28(2): 1542 - 1545.

[428] 沈金华,贾浩.电磁轨道炮及其应用[J].爆炸与冲击,1984,4(2): 90 - 96.

[429] 张晓,鲁军勇,侯重远,等.应用地面电磁发射清除空间碎片方法[J].国防科技大学学报,2016, 38(6): 54 - 58.

[430] 马楠,贵先洲.国外空间碎片清除计划[J].国际太空,2013,(2): 64 - 69.

[431] Mascolo L, Stoica A. Electro-magnetic launchers on the moon[C]. Edinburgh: 2018 NASA/ESA Conference on Adaptive Hardware and Systems (AHS), 2018.

[432] Ehresmann M, Gabrielli R, Herdrich G, et al. Lunar based massdriver applications[J]. Acta Astronautica, 2017, 134: 189 - 196.

[433] Ehresmann M. Mission and system analysis for lunar massdriver applications[D].Stuttgart: Institute of Space Systems University of Stuttgart, 2016.